# J. Nentwig · M. Kreuder · K. Morgenstern
## Lehrprogramm Chemie I

J. Nentwig · M. Kreuder · K. Morgenstern

# Lehrprogramm Chemie I

20 Programme Anorganische Chemie
7 Programme Allgemeine Chemie
2 Programme Organische Chemie

**4. Auflage**

Verlag Chemie · Weinheim · New York · 1977

Dr. Joachim Nentwig
A-3500 Krems
Philosophensteig 10

Dr. Manfred Kreuder, Dr. Karl Morgenstern
Bayer AG, Werk Uerdingen
D-4150 Krefeld-Uerdingen

1. Auflage 1969
2. Auflage 1970
1. Nachdruck, 1970, der 2. Auflage 1970
2. Nachdruck, 1970, der 2. Auflage 1970
3., völlig neu bearbeitete Auflage 1971
1. Nachdruck, 1973, der 3. Auflage 1971
2., verbesserter Nachdruck, 1974, der 3. Auflage 1971
**4. Auflage 1977**

Dieses Buch enthält 41 Abbildungen und 38 Tabellen

CIP-Kurztitelaufnahme der Deutschen Bibliothek

**Nentwig, Joachim**
Lehrprogramm Chemie / J. Nentwig ; M. Kreuder ;
K. Morgenstern. – Weinheim, New York : Verlag
Chemie.

NE: Kreuder, Manfred:; Morgenstern, Karl :

1. 20 Programme anorganische Chemie, 7 Programme
allgemeine Chemie, 2 Programme organische Chemie. –
4. Aufl. – 1977.
    ISBN 3-527-25714-4

Satz und Druck: Schwetzinger Verlagsdruckerei, Schwetzingen;
**Bindung: Buchbinderei Lachenmaier, In Laisen 34, 7410 Reutlingen**
**Printed in West Germany.**

## Vorwort zur 3. Auflage

Die sehr gute Aufnahme dieses Buches führte innerhalb kurzer Zeit zu einer praktisch unveränderten 2. Auflage.

Neben vielen positiven Stellungnahmen erhielten wir auch einige kritische Zuschriften, die besonders das Fehlen des Ionenbegriffes beanstandeten. In der 3. Auflage wird der Ionenbegriff im 7. Programm eingeführt. Die sich daraus ergebenden Konsequenzen führten zu entsprechenden Veränderungen in vielen der folgenden Programme.

Die bewährte Programmierungstechnik wurde beibehalten: Lineare Programmierung (nach Skinner) und verzweigte Programmierung (nach Crowder) werden nebeneinander verwendet. Es hat uns gefreut, daß auf der Didakta 1970 in Basel solche gemischten Programme als besonders wirkungsvoll herausgestellt wurden. Man hat dafür die Bezeichnung „Hybridprogramme" vorgeschlagen.

Die vielen Zuschriften, für die wir an dieser Stelle danken, zeigen, daß ein Lehrprogramm Chemie für einen großen, weit gestreuten Kreis von Benutzeren interessant ist. Schüler und Lehrlinge, Fach- und Hochschulstudenten mit Chemie als Nebenfach und Erwachsene, die chemische Grundkenntnisse erwerben müssen, können durch das Studium des Lehrprogramms Chemie auf interessante Weise ein Grundwissen erwerben, auf dem sie dann weiter aufbauen können.

Das Lehrprogramm Chemie II ist inzwischen erschienen. Es bringt eine Vertiefung der Anorganischen und Allgemeinen Chemie in 7 Programmen, wobei u. a. die chemische Bindung im Zusammenhang mit dem Atombau und das chemische Gleichgewicht behandelt werden. Schwerpunkt des Lehrprogramms II bildet die Behandlung der Organischen Chemie in 15 Programmen. Ordnungsprinzip ist hier die funktionelle Gruppe, weshalb auch aliphatische und aromatische Verbindungen nebeneinander besprochen werden. Die beiden letzten Programme geben eine Einführung in die Chemie der Polymeren und der Naturstoffe.

Für Anregungen und kritische Bemerkungen sind wir jederzeit dankbar.


Krefeld, im Juli 1971                                        Die Autoren

## Aus dem Vorwort zur 1. Auflage

Die Methoden des programmierten Unterrichts wurden in den USA entwickelt und dort in der Praxis angewandt. In Europa ist die programmierte Unterweisung erst seit Anfang der 60er Jahre über einen kleinen Kreis von Fachleuten hinaus bekannt geworden. Inzwischen sind auf verschiedenen Wissensgebieten Lehrprogramme auch in deutscher Sprache erschienen. Auf dem naturwissenschaftlichen Sektor, besonders in der Chemie, beschränken sich die Programme jedoch auf die Behandlung von Einzelthemen.

Wir freuen uns deshalb, mit dem „Lehrprogramm Chemie I" den ersten Teil eines Lehrbuches vorlegen zu können, das die Grundlagen eines in sich geschlossenen Wissensgebietes nach den Methoden der programmierten Unterweisung behandelt.

Wir haben uns bei der Gestaltung der Programme nicht dogmatisch auf eine bestimmte Methode festgelegt, sondern waren immer bemüht, die Programmierungstechnik dem Lehrstoff optimal anzupassen. Die lineare Programmierung (nach Skinner) und die verzweigte Programmierung (nach Crowder) wurden nebeneinander verwendet.

Die Ausarbeitung und vor allem die breite Erprobung von Lehrprogrammen erfordert einen beträchtlichen materiellen Aufwand. Ohne die großzügige Unterstützung der Farbenfabriken Bayer AG wäre das Projekt kaum zu verwirklichen gewesen.

Krefeld, im November 1969

Joachim Nentwig
Manfred Kreuder
Karl Morgenstern

# Inhalt Lehrprogramm Chemie I

IX    Inhalt Lehrprogramm Chemie I

# Anleitung zum Gebrauch der Lehrprogramme

Sie haben mit diesem Buch die Möglichkeit, sich chemische Grundkenntnisse nach einer modernen Unterrichtsmethode anzueignen, nach der Methode der

*programmierten Unterweisung.*

Der Lehrstoff wird Ihnen in 29 Programmen dargeboten. Die anfänglich geringen Anforderungen werden bei den folgenden Programmen rasch gesteigert.

Die neue Methode bedingt eine besondere Arbeitstechnik, mit der Sie jetzt vertraut gemacht werden sollen.

In einem Lehrprogramm ist der Lernstoff in viele kleine Abschnitte zerlegt. Am Ende eines jeden Abschnittes wird Ihnen eine Aufgabe gestellt. Sie sollen zeigen, daß Sie den Inhalt dieses Abschnittes verstanden haben. Die Aufgabe besteht z. B. darin, eine Formel oder Gleichung aufzustellen, etwas zu berechnen, fehlende Worte zu ergänzen usw. Sie werden dann auf den nächsten Abschnitt verwiesen, wo Sie die Lösung der Aufgabe finden oder wo Ihnen Ihre Fehler erklärt werden. Anschließend lernen Sie wieder etwas Neues. So werden Sie Schritt für Schritt durch das Programm geführt.

Diese Arbeitstechnik soll Ihnen an zwei einfachen Lernabschnitten erläutert werden, wobei Sie zugleich die beiden grundsätzlichen Möglichkeiten der Fragestellung kennenlernen werden. Sie brauchen beim Durcharbeiten des Programms stets Schreibpapier und einen Bleistift, Kugelschreiber o.ä.

---

**1**     Sie können Chemie nach einer modernen Unterrichtsmethode, nach der Methode der programmierten Unterweisung lernen. Der Lehrstoff wird in 29 Programmen dargeboten.

Bitte notieren Sie mit Ergänzung:
Wir lernen Chemie mit Hilfe der . . . . . . . . . . . Unterweisung.

Lesen Sie bitte weiter unter 11 .

---

Sie schreiben also auf: „Wir lernen Chemie mit Hilfe der programmierten Unterweisung."

Aber bitte *nicht* in das Programm hineinschreiben! Sie nehmen sich sonst selbst die Möglichkeit der späteren Wiederholung! Für *alle Notizen* benutzen Sie bitte Schreibpapier.

Wenn Sie Ihre Antwort aufgeschrieben haben, schlagen Sie den angegebenen Abschnitt 11 auf. Dort können Sie selbst kontrollieren, ob Ihre Antwort richtig war. (Achten Sie aber darauf, daß Sie beim Blättern innerhalb des gleichen Programms bleiben.)

*Wegweiser* durch das Programm sind nicht die Seitenzahlen, sondern die Nummern in Kästchen oben links vor jedem Abschnitt.

Sie suchen jetzt also nach Abschnitt $\boxed{11}$ , (*nicht* Seite 11!) und finden die richtige Antwort, die Sie mit Ihrer Lösung vergleichen. In der Lösung ist das Wort, das in der Aufgabe fehlt, kursiv gedruckt.

---

$\boxed{11}$      Wir lernen Chemie mit Hilfe der *programmierten* Unterweisung.

Es hat sich gezeigt, daß das programmierte Lernen wirkungsvoller ist als das Lernen mit Hilfe eines Lehrbuches.

Man lernt nach einem Programm leichter und besser, weil der Lernstoff in kleinen Schritten dargeboten wird, weil man sich sofort selbst kontrollieren und sein individuelles Lerntempo einhalten kann.

Wie lernt man am wirkungsvollsten?

- Beim Lernen nach einem Lehrbuch      → $\boxed{3}$
- Beim Lernen nach einem Programm      → $\boxed{18}$
- Es gibt keinen unterschiedlichen Lernerfolg      → $\boxed{34}$
- Ich kann die Frage noch nicht beantworten      → $\boxed{54}$

---

Sie müssen sich jetzt für eine der vier Antworten entscheiden und den Abschnitt im Programm aufschlagen, der hinter der nach Ihrer Meinung richtigen Antwort angegeben ist.

Wenn Sie als Antwort $\boxed{3}$ oder $\boxed{34}$ auswählen, dann werden Sie erfahren, daß Ihre Antwort *nicht richtig* ist. Das ist nicht schlimm, denn Sie bekommen eine zusätzliche Erklärung und werden im Programm weitergeführt.

Die richtige Antwort ist $\boxed{18}$ .

Wenn Sie aber noch zu unsicher sind, um die Frage sofort zu beantworten und eine zusätzliche Erklärung wünschen, schlagen Sie $\boxed{54}$ auf. Es ist immer besser, diesen Weg zu gehen, als bei einer solchen Auswahlantwort einfach zu raten.

In den nächsten Wochen werden Sie selbst erkennen, daß das Arbeiten mit Lehrprogrammen nicht nur leichter ist und wesentlich mehr Spaß macht als das Lernen nach einem üblichen Lehrbuch, sondern auch, daß der Lernerfolg bei der programmierten Unterweisung besser ist. Allerdings: *Eine Wundermethode,* die Ihre eigene Mitarbeit überflüssig macht und mit der Sie die Chemie „im Schlafe" lernen, *ist auch die programmierte Unterweisung nicht!* Nur wenn Sie die Programme gewissenhaft durcharbeiten, werden Sie Erfolg haben. Dazu noch einige Tips:

1. Wenn Sie sich ein Programm vornehmen, müssen Sie *Zeit und Ruhe* haben. Es ist das Beste, ein Programm in *einem* Zug durchzuarbeiten und in den nächsten Tagen mehrfach zu wiederholen. Man kann das Durcharbeiten eines Programms natürlich unterbrechen. Notieren Sie sich in diesem Falle die Nummer des letzten Lernabschnittes. Bei den umfangreichen Programmen ist gelegentlich die Mitte markiert, damit dort eine sinnvolle Pause möglich ist.

2. Die einzelnen Abschnitte sind zum Durch*arbeiten,* nicht zum Durch*lesen* geschrieben. Verlassen Sie deshalb einen Abschnitt erst, wenn Sie den Inhalt wirklich begriffen haben. Sie können nämlich nicht mehr zurückblättern! Vergleichen Sie Ihre Antworten mit den Lösungen im nächsten Lernabschnitt sehr sorgfältig und verbessern Sie evtl. Fehler. Es ist nicht schlimm, wenn Sie, besonders beim 1. Durcharbeiten, einige Fehler machen. Es wäre aber sehr schade, wenn Sie sich nicht bemühen würden, aus diesen Fehlern zu lernen!

3. Seien Sie *ehrlich* an den Stellen, wo Sie aus mehreren Antwortmöglichkeiten die richtige heraussuchen sollen. Natürlich kann man bei der Beantwortung dieser „Quizfragen" mogeln. Bemühen Sie sich aber, die richtige Antwort selbst zu finden. Durch Mogeln bringen Sie sich *um den Lernerfolg.*
Manchmal werden Sie die Möglichkeit haben, als Antwort zu wählen: „Ich verstehe die Frage nicht" oder „Ich kann die Frage nicht beantworten." Nutzen Sie ruhig diese Möglichkeit, wenn Sie unsicher sind. Sie werden dann im Programm an einen Abschnitt geführt, wo Sie zusätzlich eine ausführliche Erklärung erhalten.

4. Durch die ständige Kontrolle Ihres Lernerfolges und durch die Auswahlantworten, die eine Entscheidung von Ihnen verlangen, kommt ein Element der Spannung und des Spiels in das Lernen hinein. Das ist durchaus beabsichtigt und erwünscht, hat aber auch die Gefahr, daß das Programm einen „Sog" auf Sie ausübt, der Sie zum zu schnellen Durchblättern und Raten verführt. Hüten Sie sich davor! Arbeiten Sie langsam, ruhig und konzentriert!

Erfolgreiches Lernen setzt *aktive Teilnahme* des Lernenden, *sofortige Kontrolle* des Lernergebnisses und Arbeiten nach *individuellem Lernrythmus* voraus. Diese Voraussetzungen erfüllt das programmierte Lernen.

## 1. Programm

### Einführung

**1**      Die Chemie bildet einen Teil der Naturwissenschaften. Andere Teile der Naturwissenschaften sind z. B. die Zoologie (Tierkunde), die Botanik (Pflanzenkunde), die Mineralogie und die Physik. Bei der Chemie und der Physik grenzen die Forschungsgebiete besonders eng aneinander. Wir wollen versuchen, uns den Unterschied zwischen physikalischen und chemischen Vorgängen klarzumachen.

Wasser kennen wir nicht nur als flüssiges Wasser, sondern auch als Eis oder als Wasserdampf. Es tritt also fest, flüssig oder gasförmig auf.

Wissenschaftlich ausgedrückt:

Wasser tritt in drei *Zustandsformen* auf: fest, flüssig, gasförmig.

Beantworten Sie folgende Fragen:

Wie nennt man Wasser im festen Zustand?
Wie nennt man Wasser im gasförmigen Zustand?

Schreiben Sie bitte die Antwort als vollständigen Satz auf ein Blatt Papier, und vergleichen Sie das Ergebnis unter  **8** .

---

**2**      Sie haben richtig erkannt, daß es sich beim 2. Versuch (Erstarren des Wassers zu Eis) um einen physikalischen Vorgang handelt. Es findet nur eine Zustandsänderung statt.

Der 1. Versuch (Verdampfen des Wassers) ist aber *kein* chemischer, sondern ein physikalischer Vorgang. Wasserdampf ist nur eine andere *Zustandsform* des Wassers, denn beim Abkühlen wandelt sich der Dampf wieder in flüssiges *Wasser* um.

Lesen Sie bitte weiter bei  **7** .

---

**3**      Sie arbeiten nicht sorgfältig und konzentriert mit. Ihre Antwort zeigt, daß Sie den bisher behandelten Lehrstoff nicht in sich aufgenommen haben. Beginnen Sie nochmals bei  **1** , lassen Sie sich durch nichts ablenken und arbeiten Sie nicht zu schnell, sondern ruhig Schritt für Schritt das Programm durch.

---

**4**      Sie haben zwar richtig erkannt, daß sich der Stoff Glas nicht ändert, wenn man die Gläser durch leichtes Anstoßen zum Klingen bringt.

Aber auch bei dem zweiten Versuch handelt es sich um einen physikalischen Vorgang, denn wenn Sie Glas durch einen kräftigen Stoß zerschlagen, ändert sich der Stoff Glas nicht. Auch Glasscherben, selbst feinstgemahlenes Glaspulver, ist immer noch Glas. Eine Stoffumwandlung ist also *nicht* eingetreten. Es handelt sich daher auch *nicht* um einen chemischen Vorgang.

Lesen Sie bitte weiter bei 13 .

---

5 Sie haben zwar richtig erkannt, daß das hellgraue Pulver *keine* chemische Verbindung ist.

Das Verreiben ist aber ein *physikalischer* Vorgang, denn beim Zerkleinern und Mischen bleiben *die Stoffe erhalten*, nur der Zustand ändert sich.

Es ist schade, daß Sie in der Beurteilung, ob ein Vorgang physikalischer oder chemischer Natur ist, noch nicht sicher sind. Sie sollten dieses Programm baldigst wiederholen!

Gehen Sie jetzt nach 29 .

---

6 Schwefeldioxid ist eine chemische Verbindung, die durch Vereinigung von *Schwefel* und *Sauerstoff* entstanden ist.

Die *chemische Verbindung* Schwefeldioxid ist durch einen *chemischen Vorgang* entstanden. Schwefel und Sauerstoff haben sich unter Flammenerscheinung miteinander verbunden. Chemische Verbindungen bilden sich häufig unter Feuererscheinungen oder Hitzeentwicklung.

Wichtig für Sie ist der neue Begriff: *chemische Verbindung.*

Damit ist *kein Vorgang* gemeint, sondern *die Substanz*, die sich durch einen chemischen Vorgang gebildet hat. Vereinigen sich zwei Stoffe in einem chemischen Vorgang, so entsteht eine . . . . . . . . . . . . . . . . . . . . . . . . .

Notieren Sie bitte, was fehlt, und lesen Sie weiter unter 35 .

---

7 Ihre Antwort ist richtig.

Erstarren und Verdampfen des Wassers sind *physikalische* Vorgänge, da nur *Zustandsänderungen* eingetreten sind.

Dagegen sind *chemische* Vorgänge solche, bei denen sich die beteiligten Stoffe . . . . . . . . . . . . . . . . . .

Ergänzen Sie bitte diese Begriffsbestimmung schriftlich, und vergleichen Sie bei 17 .

**8**     Wasser in festem Zustand ist *Eis*, Wasser in gasförmigem Zustand ist *Wasserdampf*.

Aber nicht nur Wasser tritt in den drei *Zustandsformen* (fest, flüssig und gasförmig) auf.

Eisen kann man schmelzen (Übergang des festen Zustandes in den flüssigen). Benzin wird im Vergaser des Autos verdampft. Übergang des . . . . . . . . . . Zustandes in den . . . . . . . . . .

Schreiben Sie bitte die Ergänzungen auf, und vergleichen Sie unter ⟦16⟧ .

---

**9**     Sie haben die Beschreibung des Versuchs nicht genau gelesen. Es hätte Ihnen auffallen müssen, daß das Gemenge nicht in der Flamme geglüht wurde, sondern beim Erwärmen plötzlich selbst zu glühen begann. Das Glühen wurde noch stärker, nachdem die Flamme schon wieder entfernt worden war. Die große Hitze hat sich also aus dem Gemenge selbst entwickelt.

Die entstandene graue Masse stellt einen einheitlichen Stoff dar. Mit der Lupe ließ sich nichts von dem ursprünglichen Schwefel oder Eisen erkennen, und mit einem Magneten ließ sich kein freies Eisen mehr herausholen. Auch der Versuch, mit Schwefelkohlenstoff aus der grauen Masse Schwefel herauszulösen, gelang nicht.

Wiederholen Sie ab ⟦38⟧ .

---

**10**    1. Das Schmelzen des Zuckers ist ein physikalischer Vorgang. Zustandsänderung fest ⟶ flüssig.

     2. Beim starken Erhitzen verkohlt der Zucker. Stoffumwandlung. Chemischer Vorgang.

     3. Eisen verrostet. Es bildet sich Rost, eine Substanz mit völlig anderen Eigenschaften. Stoffumwandlung. Chemischer Vorgang.

     4. a) Wachs schmilzt. Zustandsänderung. Physikalischer Vorgang.

        b) Wachs verbrennt. Stoffumwandlung. Chemischer Vorgang.

Denken Sie auch bei anderen Beispielen und Vorgängen aus dem täglichen Leben darüber nach, ob es sich um einen chemischen oder physikalischen Vorgang handelt!

Lesen Sie bitte weiter bei ⟦19⟧ .

---

**11**     Gut, daß Sie nicht geraten haben, sondern ehrlich zugeben, daß Ihnen noch einiges unklar ist.

Das Lösen von Zucker in Wasser ist ein physikalischer Vorgang.

Zucker erfährt dabei keine Stoffumwandlung, das heißt es entsteht kein neuer Stoff mit völlig anderen Eigenschaften. Durch einen einfachen physikalischen Vorgang (Verdunsten des Wassers) gewinnt man den unveränderten Zucker zurück.

Vergleichen Sie diese Angaben mit der Begriffsbestimmung für eine chemische Verbindung, und gehen Sie nach | 30 | zurück.

---

| 12 |  Vereinigen sich zwei oder mehrere Stoffe zu *einem neuen Stoff mit völlig anderen Eigenschaften*, so ist dieser neue Stoff eine *chemische Verbindung*.

Wir wollen (in Gedanken) noch einen Versuch machen:

4 g (Gramm) Schwefel und 7 g Eisenpulver werden in einer Reibschale verrieben (zerkleinert und gemischt). Man erhält aus dem gelben Schwefel und dem grauen Eisenpulver ein hellgraues Pulver. Sieht man dieses Gemisch durch eine Lupe an, so erkennt man, daß Schwefel- und Eisenkörnchen *unverändert* nebeneinander liegen.

Was ist richtig?

- Das Verreiben ist ein physikalischer Vorgang.
  Das hellgraue Pulver ist eine chemische Verbindung. ⟶ | 43 |

- Das Verreiben ist ein physikalischer Vorgang.
  Das hellgraue Pulver ist *keine* chemische Verbindung. ⟶ | 29 |

- Das Verreiben ist ein chemischer Vorgang.
  Das hellgraue Pulver ist eine chemische Verbindung. ⟶ | 36 |

- Das Verreiben ist ein chemischer Vorgang.
  Das hellgraue Pulver ist *keine* chemische Verbindung. ⟶ | 5 |

---

| 13 |  Ja, es handelt sich um zwei physikalische Vorgänge. Wenn wir die Gläser zum Klingen bringen, verändern wir den Stoff in keiner Weise. Selbst wenn wir Glas zerschlagen, ändert sich der Stoff nicht. Auch Glasscherben, selbst feinstgemahlenes Glaspulver, sind immer noch Glas. In keinem Fall tritt eine Stoffumwandlung ein.

Noch ein drittes Beispiel:

Schwefel ist eine gelbe Substanz. Er ist spröde und kann leicht gepulvert werden.

1. Versuch: Wir erhitzen Schwefel vorsichtig auf einem Porzellanlöffel. Nach kurzer Zeit schmilzt der Schwefel.

2. Versuch: Wir erhitzen stärker. Der geschmolzene Schwefel beginnt mit einer blauen Flamme zu brennen. Es bilden sich Verbrennungsgase von stechendem Geruch. Nach einiger Zeit ist der Schwefel verschwunden. Beim Abkühlen der Verbrennungsgase bildet sich kein Schwefel.

Worum handelt es sich bei den beiden Versuchen?

- Um zwei physikalische Vorgänge → 39

- Um zwei chemische Vorgänge → 21

- Beim ersten Versuch um einen physikalischen, beim zweiten um einen chemischen Vorgang → 27

- Beim ersten Versuch um einen chemischen, beim zweiten um einen physikalischen Vorgang → 3

---

14    Richtig! Beim Verdampfen und beim Erstarren ändert Wasser *nur* seine Zustandsform.

Kehren Sie zurück nach 15 , und beantworten Sie die Frage dort noch einmal.

---

15    Physikalische Vorgänge sind solche, bei denen der Stoff erhalten bleibt und nur eine Änderung seines Zustandes und der damit verbundenen Eigenschaften eintritt.

Vorgänge, bei denen die Stoffe selbst umgewandelt werden, sind chemische Vorgänge (Kohle → Asche und Rauch).

**Begriffsbestimmung**: Chemische Vorgänge sind solche, bei denen sich die beteiligten Stoffe *in andere Stoffe umwandeln*.

Bitte merken Sie sich auch diese Begriffsbestimmung gut!

Beispiele für chemische Vorgänge sind alle *Verbrennungen*. Denken Sie an das Verbrennen von Leuchtgas, Wachskerzen, Zigaretten, Streichhölzern usw.

Wir machen folgende Versuche:

1. Wir erhitzen Wasser zum Sieden. Bei 100 °C beginnt das Wasser zu kochen. Wasserdampf steigt auf. Nach einiger Zeit ist das Wasser restlos verdampft.

2. In einem zweiten Versuch kühlen wir Wasser ab. Bei 0 °C erstarrt es zu Eis.

Worum handelt es sich bei diesen Versuchen?

- Um zwei chemische Vorgänge                                    ⟶  25

- Um zwei physikalische Vorgänge                              ⟶  7

- Bei dem ersten um einen chemischen,
  bei dem zweiten um einen physikalischen Vorgang    ⟶  2

- Bei dem ersten um einen physikalischen,
  bei dem zweiten um einen chemischen Vorgang        ⟶  31

---

**16**    Benzin wird im Vergaser des Autos verdampft. Übergang des *flüssigen* Zustandes in den *gasförmigen*.

Bei einer solchen Änderung des Zustandes *bleibt der Stoff erhalten*, er geht *nur* vom einen in den anderen Zustand über. Eine Zustandsänderung kann auch ohne weiteres *rückgängig* gemacht werden.

**Beispiel:** Wenn wir Wasser in einem Topf zum Kochen bringen, bildet sich Wasserdampf (Übergang flüssig → gasförmig). Am kalten Deckel des Topfes beobachten wir nach kurzer Zeit Wassertropfen, die sich durch Abkühlen des Wasserdampfes bilden (Übergang gasförmig → flüssig).

Beschreiben Sie entsprechend dem vorstehenden Beispiel die Zustandsänderung flüssig → fest → flüssig beim Wasser. Vergleichen Sie unter  24 .

---

**17**    Chemische Vorgänge sind solche, bei denen sich die beteiligten Stoffe *in andere Stoffe umwandeln*.

Wenn Sie diese Begriffsbestimmung richtig ergänzt haben, dann arbeiten Sie gut mit! Hatten Sie aber Schwierigkeiten und haben Sie noch Fehler gemacht, so prägen Sie sich diesen wichtigen Merksatz nochmals gut ein.

Schreiben Sie jetzt die Begriffsbestimmung für physikalische Vorgänge auf, und vergleichen Sie bei  26 .

---

**18**    Das Auflösen von Zucker in Wasser ist ein *physikalischer* Vorgang. Wasser enthält dann den Zucker in gelöster Form. Dabei ist *keine stoffliche Veränderung* des Zuckers oder des Wassers eingetreten. Wir können den Zucker auch in Lösung noch am Geschmack erkennen.

Ihnen ist der wichtige Begriff „chemische Verbindung" noch nicht klar. Wiederholen Sie ab  35 .

---

**19**     Erinnern Sie sich noch an den chemischen Vorgang der Verbrennung von Schwefel? Sie können den Versuch selbst ausprobieren. Kaufen Sie sich in einer Drogerie für wenige Pfennige ein Stück Schwefelfaden, den Sie mit einem Streichholz entzünden. Aber Vorsicht, machen Sie den Versuch über einer nicht brennbaren Unterlage (z. B. Porzellanteller)! Der Schwefel brennt mit einer blauen Flamme ab. Es entwickelt sich ein stechend riechendes Gas.

Beim Verbrennen des Schwefels verbindet sich Schwefel mit dem Sauerstoff der Luft zu einem neuen Stoff, dem Schwefeldioxid, das wir als stechend riechendes Gas bemerken. Schwefel und Sauerstoff liegen im Schwefeldioxid nicht mehr frei, sondern in verbundener Form vor. Es hat sich eine chemische Verbindung gebildet.

Ergänzen Sie im folgenden Satz die fehlenden Wörter:

Schwefeldioxid ist eine chemische Verbindung, die durch Vereinigung von
. . . . . . . . . . . . und . . . . . . . . . . . . . . . . . . entstanden ist.

Vergleichen Sie unter  6 .

**20**     Es ist gut, daß Sie nicht geraten haben, sondern nach einer zusätzlichen Erklärung suchen.

Bei der Versuchsbeschreibung müssen Ihnen zwei Tatsachen besonders aufgefallen sein.

1. Das Glühen der Masse wurde stärker, obwohl die Flamme bereits entfernt worden war.
   Diese Tatsache deutet auf einen chemischen Vorgang hin. Chemische Vorgänge laufen oft unter Wärmeentwicklung, ja sogar unter Feuererscheinungen ab.

2. Die dabei entstandene graue Masse zeigte andere Eigenschaften als das ursprüngliche Gemenge.

Gehen Sie zurück nach  38 , und vergleichen Sie besonders die Eigenschaften der grauen Masse mit denen des ursprünglichen Gemenges.

**21**     Sie haben zwar richtig erkannt, daß das *Verbrennen* des Schwefels ein *chemischer* Vorgang ist.

Aber beim Schmelzen des Schwefels tritt nur eine *Zustandsänderung* (fest → flüssig), keine Stoffumwandlung ein. Das Schmelzen des Schwefels ist also ein *physikalischer* Vorgang.

Lesen Sie bitte weiter bei  37 .

**22**    *Schwefel + Sauerstoff* → Schwefeldioxid

Schwefeldioxid ist eine chemische Verbindung, die durch die Vereinigung von Schwefel und Sauerstoff entstanden ist.

Was versteht man unter einer chemischen Verbindung?

Vereinigen sich zwei oder mehrere Stoffe zu . . . . . . . . . . . . . . . . . . . . . . . . . . . . . ., so ist der neue Stoff eine . . . . . . . . . . . . . . . .

Bitte notieren Sie die vollständige Begriffsbestimmung, und vergleichen Sie bei [12] .

**23**    Sicher sind Sie selbst auf die richtige Antwort gekommen: Die Kohle als solche bleibt *nicht* erhalten, sondern wird vollkommen umgewandelt. Es kann sich deshalb *nicht* um einen physikalischen Vorgang handeln, denn wie lautete die Begriffsbestimmung?

Physikalische Vorgänge sind . . . . . . . . Ergänzen Sie diesen Satz, und kontrollieren Sie Ihr Ergebnis bei [15] .

**24**    Kühlt man Wasser unter 0 °C ab, bildet sich Eis (Übergang: flüssig → fest). Erwärmt man das Eis, bildet sich wieder Wasser (Übergang: fest → flüssig).

Zustandsänderungen sind *physikalische Vorgänge* und haben mit Chemie nichts zu tun.

Andere Eigenschaften von Stoffen, die sich während eines *physikalischen Vorgangs* ändern können, sind z. B. warm - kalt, magnetisch - unmagnetisch, grobkörnig - feinkörnig - gepulvert, aufgelöst - ungelöst.

Beachten Sie bitte, daß bei den hier angeführten Änderungen *der Stoff* als solcher *erhalten bleibt.* Das heißt: Stellt man die ursprünglichen Bedingungen (Temperatur usw.) wieder her, so nimmt auch der Stoff wieder seine ursprüngliche Beschaffenheit an. Das ist ein wichtiges Kennzeichen physikalischer Vorgänge.

Ergänzen Sie: Physikalische Vorgänge sind solche, bei denen der Stoff erhalten bleibt und sich nur sein . . . . . . . . . . . ändert.          → [32]

**25**    Ihre Antwort ist nicht richtig.

*Chemische* Vorgänge sind doch solche, bei denen sich die beteiligten Stoffe in *andere* Stoffe umwandeln.

Überlegen Sie bitte: Wandelt sich Wasser, wenn es verdampft oder zu Eis erstarrt, in einen *anderen* Stoff um?

- Ja    ⟶  33
- Nein   ⟶  14

---

**26**    Physikalische Vorgänge sind solche, bei denen der Stoff erhalten bleibt und nur eine Änderung seines Zustandes und der damit verbundenen Eigenschaften eintritt.

Wir wollen noch ein zweites Beispiel untersuchen:

Versuch 1: Wenn wir zwei Weingläser vorsichtig gegeneinander stoßen, hören wir einen Klang.

Versuch 2: Stoßen wir zu kräftig, gibt es Scherben. Die Scherben können wir in einer Reibschale weiter zerkleinern (mahlen), bis wir ein Pulver vor uns haben.

Worum handelt es sich bei den beiden Versuchen?

- Um zwei physikalische Vorgänge    ⟶  13
- Bei Versuch 1 um einen physikalischen, bei Versuch 2 um einen chemischen Vorgang    ⟶  4
- Um zwei chemische Vorgänge    ⟶  41
- Bei Versuch 1 um einen chemischen, bei Versuch 2 um einen physikalischen Vorgang    ⟶  34

---

**27**    Das Schmelzen des Schwefels ist ein physikalischer, das Verbrennen des Schwefels ein chemischer Vorgang.

Ihre Antwort zeigt, daß Sie den bisher behandelten Lehrstoff verstanden haben. Sie dürfen deshalb nach 19 springen!

Oder fühlen Sie sich trotzdem noch nicht ganz sicher?

Dann kontrollieren Sie Ihr Wissen bei 37 .

---

**28**    Beide Fragen müssen Sie mit „nein" beantwortet haben, denn weder beim Klingen noch beim Zerkleinern wandelt sich Glas in einen *anderen* Stoff um.

Kehren Sie zurück nach 26 , und beantworten Sie die Frage dort noch einmal.

---

**29**   Richtig! Das Verreiben von Eisen- und Schwefelpulver ist ein physikalischer Vorgang. Die Stoffe bleiben erhalten, nur der Zerteilungsgrad ändert sich.

Das Gemisch aus Eisen- und Schwefelkörnchen, ein hellgraues Pulver, ist keine chemische Verbindung. Es ist *kein neuer Stoff* mit anderen Eigenschaften entstanden. Durch Trennen des Gemisches können wir uns davon überzeugen.

Wir können das Trennen leicht auf zwei verschiedenen Wegen erreichen:

1. Da Eisen von einem Magneten angezogen wird, Schwefel aber nicht, gelingt es mit einem Magneten, das Eisen aus dem Gemisch herauszuziehen. Schwefel bleibt zurück.

2. Da Schwefel in einem bestimmten Lösungsmittel (Schwefelkohlenstoff) löslich ist, Eisen dagegen nicht, gelingt es, durch Behandeln des Gemisches mit Schwefelkohlenstoff den Schwefel herauszulösen. Beim Filtrieren bleibt das Eisen auf dem Filter zurück. Schwefel können wir zurückgewinnen, wenn wir den Schwefelkohlenstoff nach dem Filtrieren verdunsten lassen. (**Vorsicht!! Schwefelkohlenstoff ist leicht brennbar und sehr giftig.**)

Beide Trennmethoden sind . . . . . . . . . . . . . . . . . (physikalische/chemische? ) Vorgänge.    ⟶   **38**

---

**30**   Ihre Antwort ist richtig. Das graue Produkt ist eine neue chemische Verbindung. Das starke Glühen, das noch stärker wurde, nachdem die Flamme schon wieder entfernt worden war, deutete auf einen chemischen Vorgang hin, bei dem sich eine neue Verbindung bildete. Die dabei aus Schwefel und Eisen entstandene Verbindung nennen wir Schwefeleisen oder *Eisensulfid* (lateinisch sulfur = Schwefel). Sie hat andere Eigenschaften als das Gemenge aus Schwefel und Eisen.

Im Gegensatz zu einem Gemenge (oder Gemisch) läßt sich eine chemische Verbindung *nicht* durch *physikalische* Vorgänge in die ursprünglichen Ausgangsstoffe zerlegen. (Ein Gemisch fester Stoffe nennt man besser „Gemenge".)

In einem weiteren Versuch lösen wir Zucker in Wasser. Das Wasser bekommt einen süßen Geschmack. Ansonsten können wir aber nicht ohne weiteres erkennen, daß im Wasser Zucker gelöst worden ist. Lassen wir das Wasser verdunsten, bleibt eine Kruste aus Zucker zurück.

Ist beim Auflösen des Zuckers in Wasser eine neue chemische Verbindung entstanden?

- Ja                ⟶   **18**

- Nein            ⟶   **42**

- Ich weiß es nicht    ⟶   **11**

**31**      Sie haben richtig erkannt, daß es sich beim 1. Versuch (Verdampfen des Wassers) um einen physikalischen Vorgang handelt. Das Verdampfen ist lediglich eine Zustandsänderung.

Der 2. Versuch ist aber *kein* chemischer, sondern ein physikalischer Vorgang, denn das Erstarren des Wassers zu Eis ist nur eine Zustandsänderung! Es findet *keine* Stoffumwandlung statt. Sobald genügend Wärme zugeführt wird, schmilzt das Eis wieder zu *Wasser*.

Lesen Sie weiter bei $\boxed{7}$ .

---

**32**      Physikalische Vorgänge sind solche, bei denen der Stoff erhalten bleibt und sich nur sein *Zustand* ändert.

Diesen wichtigen Satz wollen wir noch etwas anders formulieren und kommen damit zu einer *Begriffsbestimmung*. (Begriffsbestimmungen sollen es Ihnen erleichtern, auf Fragen nach diesen Begriffen eine klare Antwort zu geben.)

**Begriffsbestimmung:** *Physikalische* Vorgänge sind solche, bei denen der *Stoff* erhalten bleibt und nur eine *Änderung seines Zustandes und der damit verbundenen Eigenschaften eintritt.*

Prägen Sie sich diese Begriffsbestimmungen gut ein!

Beim Verbrennen von Kohle entsteht neben der gewünschten Wärme noch Asche und Rauch. Was meinen Sie: Bleibt bei diesem Vorgang die Kohle als solche erhalten und ändert sich nur ihr Zustand?

Die richtige Antwort finden Sie unter $\boxed{23}$ , denken Sie aber vorher selbst nach!

---

**33**      Nein! Wenn Wasser verdampft, wandelt es sich *nicht* in einen *anderen* Stoff um, sondern es ändert *nur* seine *Zustandsform*. Beim Abkühlen wandelt sich der Wasserdampf wieder in flüssiges Wasser um.

Wenn Wasser zu Eis erstarrt, wandelt es sich *nicht* in einen anderen Stoff um, sondern es ändert *nur* seine *Zustandsform*. Sobald genügend Wärme zugeführt wird, schmilzt das Eis wieder zu Wasser.

Wiederholen Sie bitte ab $\boxed{16}$ .

---

**34**      Sie haben zwar richtig erkannt, daß sich der Stoff Glas nicht ändert, wenn das Glas durch einen kräftigen Stoß zerbrochen wird.

Aber auch bei dem ersten Versuch handelt es sich um einen physikalischen Vorgang, denn wenn wir die Gläser durch Anstoßen zum Klingen bringen, verändern wir den Stoff Glas in keiner Weise. Eine Stoffumwandlung ist *nicht* eingetreten. Es handelt sich daher auch *nicht* um einen chemischen Vorgang.

Lesen Sie bitte weiter bei  |13| .

---

|35|      *Chemische Verbindung.*

Wir wollen für diesen wichtigen Begriff wieder eine allgemein gültige Begriffsbestimmung formulieren, die leicht zu behalten ist.

**Begriffsbestimmung:** Vereinigen sich zwei oder mehrere Stoffe zu einem neuen Stoff mit anderen Eigenschaften, so ist der neue Stoff eine *chemische Verbindung.*

Rost ist z. B. eine chemische Verbindung und ist durch die Vereinigung von Eisen und Sauerstoff entstanden. Rost hat andere Eigenschaften als der Ausgangsstoff Eisen.

       Eisen   +   Sauerstoff   → Rost

Wie entsteht die chemische Verbindung Schwefeldioxid?

     . . . . . + . . . . . . . . → Schwefeldioxid

Bitte ergänzen Sie die letzte Zeile, und vergleichen Sie bei  |22| .

---

|36|      Beim Verreiben (Zerkleinern und Vermischen) wird nur der Zustand eines Stoffes (grob → feinkörnig → gepulvert) geändert.

Solange im Gemisch Schwefel- und Eisenkörnchen *unverändert* nebeneinander vorliegen, kann man nicht von einer Stoffumwandlung sprechen.

Gehen Sie zurück nach |12| , und durchdenken Sie die Aufgabe erneut!

---

|37|      Bei den folgenden Versuchen sollen Sie entscheiden, ob es sich um einen physikalischen oder chemischen Vorgang handelt.

1. Zucker wird in einem Topf vorsichtig erhitzt. Es entsteht eine zähflüssige, klare Schmelze.

2. Den geschmolzenen Zucker erhitzen wir weiter. Die Schmelze wird dunkel, Dämpfe steigen auf, und schließlich bleibt eine kohleartige Substanz zurück.

3. Eisen verrostet.

4. Eine Wachskerze brennt. Dabei wird
   a) das Wachs durch die Wärme der Flamme geschmolzen,
   b) das Wachs am Docht der Kerze verbrannt.

Notieren Sie bitte kurz, um welche Vorgänge es sich bei den Beispielen 1, 2, 3, 4 a und 4 b handelt, und vergleichen Sie unter $\boxed{10}$ .

---

$\boxed{38}$     Beide Trennmethoden sind *physikalische* Vorgänge.

(Ist Ihnen noch nicht klar warum? Dann lesen Sie die zusätzliche Erklärung unter $\boxed{40}$ . Dort ist auch ein Versuch beschrieben, den Sie selbst ausführen können.)

Wir wollen nun das Gemenge (Gemisch) von 4 g Schwefel und 7 g Eisenpulver in einem Reagenzglas vorsichtig mit kleiner Flamme an *einer* Stelle erhitzen. Noch ehe der ganze Inhalt des Reagenzglases heiß geworden ist, beginnt an der Erwärmungsstelle ein Glühen. Obwohl wir jetzt das Reagenzglas *sofort* aus der Flamme nehmen, wird das Glühen stärker und erfaßt schließlich das ganze Gemenge.

Nach dem Erkalten liegt im Reagenzglas eine einheitliche graue Masse vor. Mit der Lupe läßt sich nichts mehr von den ursprünglichen Schwefel- oder Eisenteilchen erkennen. Aus der gepulverten grauen Masse läßt sich weder mit dem Magneten Eisen, noch mit Schwefelkohlenstoff Schwefel herausholen.

Was stellt die graue Masse dar?

- Ein Gemenge von Schwefel und Eisenpulver, das in der Flamme geglüht worden ist     $\longrightarrow$   $\boxed{9}$

- Eine neue chemische Verbindung     $\longrightarrow$   $\boxed{30}$

- Ich weiß es nicht     $\longrightarrow$   $\boxed{20}$

---

$\boxed{39}$     Sie haben zwar richtig erkannt, daß das *Schmelzen* des Schwefels ein *physikalischer* Vorgang ist, da dabei nur eine Zustandsänderung (fest $\rightarrow$ flüssig) eintritt.

Beim Verbrennen des Schwefels bildet sich jedoch ein stechend riechendes Verbrennungsgas. Es handelt sich hierbei *nicht* um dampfförmigen Schwefel. Schwefel hat sich bei der Verbrennung in einen neuen Stoff umgewandelt. (Beim Abkühlen der Verbrennungsgase bildet sich kein Schwefel zurück!) Das *Verbrennen* des Schwefels ist also ein *chemischer* Vorgang.

Lesen Sie bitte weiter bei $\boxed{37}$ .

---

$\boxed{40}$     Bei der ersten Trennmethode (Eisen wird durch einen Magneten aus dem Gemisch herausgezogen) ist es leichter einzusehen als bei der zweiten Trennmethode (lösen in Schwefelkohlenstoff und filtrieren), daß es sich um physikalische Vorgänge handelt.

Es ist offensichtlich keine Stoffumwandlung, wenn Eisen von einem Magneten angezogen wird. Auch der Schwefel bleibt dabei unverändert.

Beim Behandeln des Gemisches mit Schwefelkohlenstoff löst sich Schwefel vollständig auf (wie z. B. Salz in Wasser). Es findet dabei aber *keine* Stoffumwandlung statt. Beweis: Beim Verdunsten des Schwefelkohlenstoffs bleibt der Schwefel unverändert zurück.

Wenn Sie sich diesen Vorgang schlecht vorstellen können, machen Sie selbst folgenden Versuch:

| *Versuch* | *Vergleich* |
|---|---|
| 1. Mischen Sie Sand und Salz. | Schwefel + Eisen werden verrieben. |
| 2. Etwas Wasser dazugeben und umrühren (Salz löst sich, Sand nicht). | Lösen von Schwefel in Schwefelkohlenstoff, Eisen löst sich nicht. |
| 3. Filtrieren (Kaffeefilter), Sand bleibt auf dem Filter. | Filtrieren, Eisen bleibt auf dem Filter. |
| 4. Durchgelaufene Lösung in einer flachen Schale verdunsten lassen. Salz bleibt zurück (Sie dürfen ruhig mal kosten!). | Schwefelkohlenstoff verdunstet, Schwefel bleibt zurück. |

Lesen Sie wieder weiter bei $\boxed{38}$ .

---

$\boxed{41}$      Es handelt sich *nicht* um zwei chemische Vorgänge.

Überlegen Sie bitte:

1. Wandelt sich Glas in einen *anderen* Stoff um, wenn es durch Anstoßen zum Klingen gebracht wird? . . . . . . (ja/nein)

2. Wandelt sich Glas in einen *anderen* Stoff um, wenn es zerkleinert wird? . . . . . . (ja/nein)

Notieren Sie bitte Ihre Antwort, und vergleichen Sie bei $\boxed{28}$ .

---

$\boxed{42}$    Ihre Antwort ist richtig.

Beim Lösen des Zuckers in Wasser handelt es sich um einen physikalischen Vorgang, es entsteht keine neue chemische Verbindung.

Die Trennung der beiden Stoffe, Zucker und Wasser, voneinander ist ganz einfach: Lassen wir das Wasser verdunsten oder abdampfen, dann bleibt Zucker zurück. Den dabei entstehenden Wasserdampf können wir durch eine geeignete Vorrichtung abkühlen und so wieder in flüssiges Wasser umwandeln (kondensieren).

Es gibt jedoch Fälle, in denen die Unterscheidung zwischen physikalischem und chemischem Vorgang, zwischen einer chemischen Verbindung und einem Gemenge, nicht so einfach ist wie bei den hier genannten Beispielen. Manchmal bedarf es dazu größerer Apparaturen und umfangreicher Arbeit. In jedem Falle ist es jedoch wichtig, alle Versuche, die man anstellt, sehr genau vorzubereiten, mit der größten Gewissenhaftigkeit durchzuführen und alle auftretenden Erscheinungen sorgfältig und genau zu beobachten. Auch kleinste Beobachtungen sind bei der Durchführung chemischer Versuche von größter Wichtigkeit.

Wir fassen zusammen:

Sie haben drei Begriffsbestimmungen gelernt (und hoffentlich behalten!). Durch Anwendung der Begriffsbestimmungen können Sie einfache *physikalische* und *chemische Vorgänge* unterscheiden und beurteilen, ob eine neue *chemische Verbindung* auftritt.

Gemische, Gemenge und Lösungen können durch *physikalische Vorgänge* zerlegt werden, *chemische Verbindungen* dagegen können *nicht* durch physikalische Vorgänge zerlegt werden.

Ende des 1. Programms.

**43** Sie haben zwar richtig erkannt, daß das Verreiben ein physikalischer Vorgang ist.

Das hellgraue Pulver, ein Gemisch aus feinen Eisen- und Schwefelkörnchen, ist aber *keine* chemische Verbindung.

Begründung:

1. Chemische Verbindungen entstehen nur durch chemische Vorgänge, nie durch physikalische Vorgänge.

2. Eisen und Schwefel haben sich nicht verbunden, sondern liegen unverändert nebeneinander vor. Man kann, wenn auch nur mit der Lupe, gelbe Schwefelkörnchen und graue Eisenkörnchen erkennen.

Gehen Sie weiter nach 29 .

### Die Luft

Wir wissen, daß viele Stoffe brennen, z. B. Holz, Benzin, Kohle, Papier. Auch Phosphor ist brennbar.

Wir machen folgende Versuche:

Versuch 1. In eine kleine Schale, die auf Wasser schwimmt, legen wir ein Stück Phosphor und stellen einen Glaszylinder darüber (Abb. 1). Bald entzündet sich der Phosphor von selbst und verbrennt. Wir beobachten, daß das Wasser im Glaszylinder hochsteigt und daß die Flammenerscheinung — sofern wir nicht zu wenig Phosphor genommen haben — erlischt, noch ehe aller Phosphor verbrannt ist. (Im Schälchen befindet sich jetzt außer dem restlichen Phosphor noch eine weiße Substanz.) Etwa *ein Fünftel* (1/5) der ursprünglichen Luftmenge *fehlt*.

(Führen Sie diesen Versuch bitte nicht selbst aus. Versuche mit Phosphor sind gefährlich!)

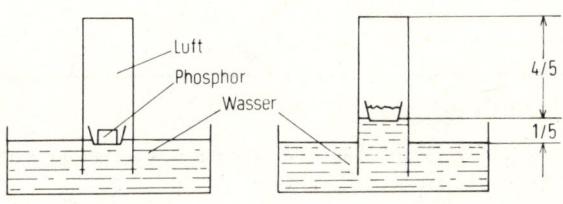

Abb. 1.                    Abb. 2.

Versuch 2. In ein Glasrohr füllen wir kleine Kupferdrahtstückchen und erhitzen diese mit einer Flamme bis zur Rotglut. Nun blasen wir 1 Liter Luft (= 1000 cm³) an einem Ende in das Rohr. Am anderen Ende messen wir die ausströmende Gasmenge und stellen fest, daß es nur rund 800 cm³ sind. Etwa 200 cm³ fehlen also.

Wieviel der eingeblasenen Luft fehlt?

- Etwa 1/3      →  8
- Etwa 1/5      →  16
- Ich weiß es nicht  →  24

**2**     Durchdenken Sie nochmals, was sich beim Verbrennen von Phosphor ereignet: Phosphor verbindet sich mit Sauerstoff, den er der Luft entzieht. Zum Phosphor kommt also etwas hinzu, nämlich die Menge Sauerstoff, um welche die an der Verbrennung beteiligte Luftmenge geringer wird.

Lesen Sie bitte nochmals ⟨10⟩ .

---

**3**     Luft ist kein einheitlicher Stoff, sondern ein Gemisch von hauptsächlich zwei Gasen. Das *eine* beteiligt sich an der Verbrennung und wird dabei *verbraucht*. Das *andere* beteiligt sich *nicht* an der Verbrennung, wird also auch *nicht verbraucht*.

Lesen Sie bitte noch einmal ⟨1⟩ .

---

**4**     Es handelt sich wohl bei der Oxidation um eine *chemische Reaktion,* aber Stickstoff ist *nicht* beteiligt. Wie schon der Name erkennen läßt, *erstickt Stickstoff* z. B. eine brennende Kerze, d. h. jede Verbrennung oder Oxidation kommt im Stickstoff zum Stillstand.

Lesen Sie bitte noch einmal ⟨19⟩ .

---

**5**     Ihre Antwort ist richtig

Die Farbe des Lackmus schlägt, wenn die Lösung sauer wird, von *blau* nach *rot* um. Wir können uns das leicht merken:

    Säure rötet

(In beiden Wörtern kommt ein **r** vor.)

Kehren wir zur Luft zurück und wiederholen kurz:

Was ist Luft?

- Ein Gemisch aus hauptsächlich zwei Gasen   ⟶ ⟨13⟩
- Ein einheitliches Gas   ⟶ ⟨30⟩
- Eine chemische Verbindung von zwei Gasen   ⟶ ⟨21⟩

---

**6**     Bitte genau aufpassen:

Bei der Verbrennung, z. B. von Phosphor, wird der Luft rund 1/5 ihres Volumens entzogen. Die restlichen 4/5 unterhalten die Verbrennung nicht, sie ersticken jede Verbrennung, daher der Name Stickstoff.

Notieren Sie bitte:

Luft besteht zu etwa 1/5 aus . . . . . . . . . und zu etwa . . . . . aus . . . . . . . . .

Lesen Sie weiter unter $\boxed{15}$ .

---

**7**     Sie haben zwar richtig erkannt, daß bei der Verbrennung nur ein *Teil* der Luft verbraucht wird, jedoch ist die Mengenangabe falsch.

Lesen Sie bitte noch einmal $\boxed{1}$ .

---

**8**     1/3 von 1000 cm$^3$ sind 333 cm$^3$.
Es fehlen aber nur rund 200 cm$^3$! Rechnen Sie noch einmal nach, und kehren Sie zurück nach $\boxed{1}$ .

---

**9**     Stickstoff *verdampft* aus flüssiger Luft *zuerst*, anschließend Sauerstoff.

Wir wollen uns das Verflüssigen und Verdampfen von Luft ausführlicher ansehen: Luft wird von +20 °C auf 0 °C, −10 °C, −50 °C, −100 °C, −150 °C usw. abgekühlt und verflüssigt sich bei etwa − 200 °C. Erwärmt man die flüssige, hellblaue Luft von ca. −200 °C langsam auf etwa −195 °C, so beginnt die Flüssigkeit zu sieden. Der Stickstoff (Siedepunkt −196 °C) verdampft allmählich. Dabei steigt die Temperatur weiter von −195 °C über −194 °C, −193 °C usw. bis − 183 °C. Die Flüssigkeit verfärbt sich dabei langsam von hellblau nach tiefblau, da sie an flüssigem Stickstoff verarmt, der farblos ist. Sauerstoff, im flüssigen Zustand tiefblau, reichert sich an. Bei −183 °C ist nur noch flüssiger Sauerstoff vorhanden, der bei dieser Temperatur vollkommen verdampft.

Notieren Sie bitte:   1. Farbe der flüssigen Luft.

                        2. Farbe und Siedepunkt von flüssigem Stickstoff.

                        3. Farbe und Siedepunkt von flüssigem Sauerstoff.   $\longrightarrow$ $\boxed{22}$

---

**10**     Ihre Antwort ist richtig.

Eine *chemische Reaktion*, bei der sich ein Stoff mit Sauerstoff *verbindet*, ist eine Oxidation.

Wird Phosphor verbrannt, verbindet er sich mit dem in der Luft enthaltenen Sauerstoff. Bei dieser Oxidation entsteht eine chemische Verbindung aus Phosphor und Sauerstoff, ein Phosphoroxid. Es ist eine weiße feste Substanz.

Ist die gebildete Menge Phosphoroxid im Vergleich zur ursprünglichen Menge Phosphor leichter, schwerer oder gleich schwer?

- Sie ist leichter      →   $\boxed{34}$
- Sie ist schwerer      →   $\boxed{26}$
- Sie ist gleich schwer   →   $\boxed{2}$
- Ich weiß es nicht      →   $\boxed{18}$

---

$\boxed{11}$      Überlegen Sie sich nochmals den Unterschied zwischen einem chemischen und einem physikalischen Vorgang. Bei einem chemischen Vorgang tritt eine Stoffumwandlung, bei einem physikalischen Vorgang nur eine Zustandsänderung (z. B. Übergang flüssig → fest) der beteiligten Stoffe auf.

Das Verflüssigen der Luft ist nur eine Zustandsänderung, also ein . . . . . . . . . . . . Vorgang.

Notieren Sie bitte das fehlende Wort.     →    $\boxed{31}$

---

$\boxed{12}$      Nur der *Sauerstoff* vermag Verbrennungen zu unterhalten, *Stickstoff* dagegen nicht.

Bei der Verbrennung bilden sich Oxide.

Beispiel:

Phosphor + Sauerstoff ergeben ein . . . . . . . . . . . . . .

Ergänzen Sie den letzten Satz, und vergleichen Sie unter   $\boxed{29}$

---

$\boxed{13}$      Ihre Antwort ist richtig.

Luft ist ein *Gemisch* aus hauptsächlich zwei Gasen.
Wie heißen die beiden Gase?

Luft ist ein Gemisch, das zur Hauptsache aus . . . . . . . . . . und . . . . . . . . . . besteht.

Notieren Sie bitte die Namen, und vergleichen Sie unter   $\boxed{25}$ .

---

$\boxed{14}$      Die blaue Farbe von Lackmusfarbstoff schlägt in Säuren nach *rot* um.

Beantworten Sie bitte folgende Fragen schriftlich:

1. Auf welche Temperatur muß man Luft abkühlen, um sie zu verflüssigen?

2. Welche Farbe hat flüssige Luft?

3. Welcher Bestandteil der flüssigen Luft verdampft beim Erwärmen zuerst?

4. Welche beiden Gase werden in der Technik in großen Mengen aus flüssiger Luft gewonnen?    ⟶   32

---

**15**      Ihre Antwort ist richtig.

Luft ist ein Gemisch, das aus etwa 20 % (1/5) Sauerstoff und etwa 80 % (4/5) Stickstoff besteht. Luft ist ein farbloses und geruchloses Gas. Man kann Luft auch verflüssigen.

Damit wir uns das Verflüssigen leichter vorstellen können, wollen wir an den Wasserdampf denken, der sich beim Abkühlen verflüssigt und sich in Form von flüssigem Wasser niederschlägt, z. B. innen am Deckel eines Kochtopfes.

Auch Luft wird beim Abkühlen flüssig, allerdings müssen wir die Luft dazu sehr stark abkühlen, nämlich auf −200 °C (lies: minus 200 Grad Celsius).

Frisch kondensierte flüssige Luft ist eine bläuliche Flüssigkeit, ein Gemisch, in dem ungefähr . . . . mal mehr Stickstoff als Sauerstoff enthalten ist.

Bitte ergänzen Sie das fehlende Wort.    ⟶   23

---

**16**      Ihre Antwort ist richtig.

Es fehlt etwa 1/5 der eingeblasenen Luft, also ebenso viel wie beim ersten Versuch!

Bringen wir in den Rest der Luft, der bei unseren Versuchen übriggeblieben ist (nämlich rund 4/5 der ursprünglichen Menge) eine brennende Kerze, so erlischt sie sofort.

Wir gewinnen folgende Erkenntnisse:

In der Luft sind zwei verschiedenartige Gase enthalten. Ein Gas beteiligt sich an der Verbrennung und verschwindet dabei aus der Luft. Es macht etwa 1/5 der gesamten Luft aus. Das Restgas (rund 4/5 der ursprünglichen Menge) beteiligt sich nicht an der Verbrennung. Im Gegenteil, in ihm erstickt jede Flamme.

Wie groß ist der Anteil der Luft, der bei der Verbrennung verbraucht wird?

- Die Luft wird vollständig verbraucht.    ⟶   3
- Etwa 1/5 der Luft wird verbraucht.    ⟶   27
- Etwa 4/5 der Luft werden verbraucht.    ⟶   7

---

**17**    Sie haben die Farben verwechselt.

Lackmus ändert seine Farbe bei der Zugabe von *Säuren* von . . . . . . nach . . . . . .

Notieren Sie bitte, was fehlt, und lesen Sie weiter unter  5 .

---

**18**    Durchdenken Sie nochmals, was sich beim Verbrennen von Phosphor
ereignet: Phosphor verbindet sich mit Sauerstoff, den er der Luft entzieht. Zum
Phosphor kommt also etwas hinzu, nämlich die Menge Sauerstoff, um welche die
an der Verbrennung beteiligte Luftmenge geringer wird.

Lesen Sie bitte nochmals  10 .

---

**19**    Vergleichen Sie:

Luft besteht zu rund 1/5 (oder 20 %) aus *Sauerstoff* und zu rund 4/5 (oder 80 %)
aus *Stickstoff.*

Sauerstoff fördert die Verbrennung, Stickstoff dagegen erstickt die Flamme. Es
ist also nicht die Luft, die eine Verbrennung unterhält, sondern der in der Luft
enthaltene Sauerstoff. Dabei verbindet sich der Sauerstoff mit dem brennbaren
Stoff (z. B. mit der Kohle oder dem Phosphor) und wird durch diese *chemische
Reaktion* der Luft entzogen. Wir nennen diese chemische Reaktion *Oxidation.*

Was ist eine Oxidation?

- Eine chemische Reaktion (chemischer Vorgang), bei der sich ein
  Stoff mit Sauerstoff verbindet                                          ⟶  10

- Eine chemische Reaktion (chemischer Vorgang), bei der sich ein
  Stoff mit Stickstoff verbindet                                          ⟶  4

- Jede chemische Reaktion ist eine Oxidation                              ⟶  28

---

**20**    Flüssige Luft hat eine Temperatur von etwa −200 °C.

Beim Erwärmen verdampft flüssige Luft. Dabei verdampft der flüssige Stickstoff
früher und schneller als der flüssige Sauerstoff. Die flüssige Luft wird also beim
Verdampfen immer ärmer an Stickstoff, und schließlich bleibt flüssiger Sauerstoff
zurück, der nun ebenfalls verdampft.

Notieren Sie bitte, in welcher Reihenfolge die Bestandteile der flüssigen Luft beim
Erwärmen verdampfen.    ⟶  9

---

**21**     Ihre Antwort zeigt, daß Sie das bisher Gelesene nicht verstanden haben.

Luft ist ein Gemisch aus hauptsächlich zwei Gasen, aber *keine* chemische Verbindung. In einem Gemisch liegen die gemischten Stoffe unverändert nebeneinander vor. Denken Sie an das Gemisch aus Schwefel und Eisen.

Nicht nur feste Stoffe kann man mischen, sondern auch Flüssigkeiten oder Gase. Luft ist ein . . . . . . . . . . . . . verschiedener Gase.

Notieren Sie bitte das fehlende Wort, und lesen Sie weiter unter   **13** .

---

**22**     Bitte vergleichen Sie:

    1. hellblau

    2. farblos, $-196\,^\circ$C

    3. tiefblau, $-183\,^\circ$C

Da Stickstoff aus flüssiger Luft bei tieferer Temperatur verdampft als der Sauerstoff, können beide Stoffe nacheinander aufgefangen und damit jeder für sich rein gewonnen werden. (Wie rein, ist im wesentlichen eine Frage des apparativen Aufwands und des experimentellen Geschicks.)

Auf diese Weise werden in der Technik *große Mengen* Stickstoff und Sauerstoff aus Luft gewonnen und anschließend unter hohem Druck in Stahlflaschen (sogenannte Bomben) gefüllt. Aus diesen Bomben können die Gase in kleinen Mengen bei Bedarf entnommen werden. (Stickstoff und Sauerstoff werden im Laboratorium also *nicht* aus flüssiger Luft gewonnen. Die benötigten Apparate wären zu unhandlich und zu kompliziert.)

Wir wollen wiederholen:

Luft ist ein farbloses, geruchloses Gas, ein Gemisch, das aus

      etwa 1/5 (20 %) Sauerstoff und

      etwa 4/5 (80 %) Stickstoff besteht.

Nur der . . . . . . . . . . . . . vermag Verbrennungen zu unterhalten, . . . . . . . . . . . . dagegen nicht.

Ergänzen Sie bitte den letzten Satz, und vergleichen Sie unter   **12** .

---

**23**     Ja, *flüssige* Luft enthält, wie Luft im gasförmigen Zustand, ungefähr *vier*mal mehr Stickstoff als Sauerstoff.

Ist das Verflüssigen der Luft ein chemischer oder physikalischer Vorgang?

- Ein chemischer Vorgang         ⟶  $\boxed{11}$

- Ein physikalischer Vorgang     ⟶  $\boxed{31}$

---

$\boxed{24}$     Es fehlen rund 200 cm$^3$. Der wievielte Teil von 1000 cm$^3$ ist das?

100 cm$^3$ sind der zehnte Teil (1/10) von 1000 cm$^3$
250 cm$^3$ sind der vierte Teil  (1/4 ) von 1000 cm$^3$
500 cm$^3$ sind die Hälfte       (1/2 ) von 1000 cm$^3$
200 cm$^3$ sind der . . . . Teil (1/   ) von 1000 cm$^3$

Ergänzen Sie, was fehlt, und vergleichen Sie bei  $\boxed{16}$

---

$\boxed{25}$     Luft ist ein Gemisch, das zur Hauptsache aus *Sauerstoff* und *Stickstoff* besteht.

Haben Sie auch die Mengenverhältnisse der beiden Gase behalten?

- Etwa 2/5 Sauerstoff und etwa 3/5 Stickstoff   ⟶  $\boxed{6}$

- Etwa 4/5 Sauerstoff und etwa 1/5 Stickstoff   ⟶  $\boxed{33}$

- Etwa 1/5 Sauerstoff und etwa 4/5 Stickstoff   ⟶  $\boxed{15}$

---

$\boxed{26}$     Ihre Antwort ist richtig.

Das Produkt (der entstehende Stoff) der Oxidation, das Phosphoroxid, ist infolge der Aufnahme von Sauerstoff *schwerer* als die ursprüngliche Menge Phosphor.

Wir wollen jetzt versuchen, das Verbrennungsprodukt des Phosphors, das Phosphoroxid in Wasser zu lösen. Es löst sich gut. Wasser, in dem Phosphoroxid gelöst wurde, ist sauer, da eine *Säure* entstanden ist. (Übrigens hat der *Sauerstoff* von Experimenten dieser Art seinen Namen erhalten.)

Um festzustellen, ob das Wasser durch Auflösen des Phosphoroxids sauer geworden ist, benutzen wir jedoch keinesfalls die Zunge, denn das könnte gefährlich sein. Es gibt Farbstoffe, welche bei Berührung mit Säuren ihre Farbe ändern. Man sagt: ,,Sie schlagen um". Ein solcher Farbstoff ist der *Lackmus*farbstoff. Lackmus hat die Eigenschaft, bei Zugabe von Säuren von *blau* nach *rot* umzuschlagen.

Löst man das Verbrennungsprodukt des Phosphors, das Phosphoroxid, in Wasser, das Lackmus enthält, so ändert dieser Farbstoff seine Farbe. Welche Farbänderung tritt auf?

- von blau nach rot   ⟶  $\boxed{5}$

- von rot nach blau   ⟶  $\boxed{17}$

---

**27**        Ihre Antwort ist richtig.

Bei der Verbrennung wird etwa 1/5 der Luft verbraucht.

Das Gas, das bei der Verbrennung verbraucht wird, nennen wir *Sauerstoff*.

Das Gas, das sich nicht an der Verbrennung beteiligt, nennen wir *Stickstoff* (weil es die Flamme *erstickt*).

Luft ist ein Gemisch aus zwei Gasen und besteht zu rund 1/5 (oder 20 %) aus . . . . . . . . . . . . . und zu rund 4/5 (oder 80 %) aus . . . . . . . . . . . . . .

Notieren Sie bitte die fehlenden Namen.  ⟶  **19**

---

**28**        Nein, eine Oxidation ist nur eine *bestimmte* chemische Reaktion, nämlich eine chemische Reaktion, bei der sich ein Stoff mit . . . . . . . . . . . . verbindet.

Notieren Sie bitte den fehlenden Namen.  ⟶  **10**

---

**29**        Phosphor + Sauerstoff ergeben ein *Phosphoroxid*.

Löst man dieses Phosphoroxid im Wasser, so reagiert die Lösung *sauer*. Die blaue Farbe von Lackmusfarbstoff schlägt dabei nach . . . um.

Notieren Sie bitte die Farbe.  ⟶  **14**

---

**30**        Ihre Antwort zeigt, daß Sie das bisher Gelesene nicht verstanden haben.

Lesen Sie noch einmal **1** , und achten Sie gut auf die dort beschriebenen Versuche, die Ihnen klarmachen sollen, daß Luft *kein* einheitliches Gas ist.

---

**31**        Ihre Antwort ist richtig.

Das Verflüssigen der Luft ist nur eine Zustandsänderung, also ein *physikalischer* Vorgang.

Gießen wir flüssige Luft auf einen Tisch, so verdampft sie, wie ein Wassertropfen auf einer heißen Herdplatte verdampft. Der Tisch ist um mehr als $200^{\circ}$ C wärmer als die flüssige Luft, die eine Temperatur von etwa $- \; ..^{\circ}$ C hat.

Notieren Sie bitte die Temperatur der flüssigen Luft, und lesen Sie weiter unter **20** .

---

**32**     Richtig ist:

1. *−200 °C*

2. *hellblau*

3. *Stickstoff*

4. *Stickstoff* und *Sauerstoff*

Haben Sie bei den Wiederholungen noch Fehler gemacht? Wenn ja, arbeiten Sie das Programm in Ihrem eigenen Interesse möglichst bald nochmals durch.

Ende des 2. Programms.

---

**33**     Bedenken Sie, daß bei der Verbrennung etwa 1/5 der Luft verbraucht wird. Die restlichen 4/5 können die Verbrennung *nicht* unterhalten; sie ersticken jede Verbrennung, daher der Name Stickstoff.

Sie haben also die Mengen der zwei Hauptbestandteile der Luft verwechselt. Notieren Sie bitte:

Zusammensetzung der Luft:   rund 1/5 . . . . . . . . . . . . . .

rund 4/5 . . . . . . . . . . . . . .

Lesen Sie bitte weiter unter  15 .

---

**34**     Durchdenken Sie nochmals, was sich beim Verbrennen von Phosphor ereignet: Phosphor verbindet sich mit Sauerstoff, den er der Luft entzieht. Zum Phosphor kommt also etwas hinzu, nämlich die Menge Sauerstoff, um welche die an der Verbrennung beteiligte Luftmenge geringer wird.

Lesen Sie bitte nochmals  10 .

---

# 3. Programm

**Sauerstoff**

---

1     Wir wissen vom Sauerstoff schon eine ganze Menge, denn er wurde im letzten Programm bei der Besprechung der Luft oft erwähnt. Wir wollen das Bekannte kurz wiederholen:

Luft ist ein Gemisch aus zwei Gasen und besteht zu etwa 20% aus Sauerstoff und zu etwa 80% aus Stickstoff.

Sauerstoff unterhält die Verbrennung. Sauerstoff läßt sich verflüssigen. Flüssiger Sauerstoff siedet bei −183 °C und sieht . . . . (Farbe? ) aus.

Sauerstoff wird in der Technik durch Erwärmen von flüssiger Luft gewonnen, wobei zuerst der . . . . . . . . ., später der . . . . . . . . siedet. Beide Stoffe können *nacheinander* aufgefangen werden. So werden die beiden Hauptbestandteile der Luft getrennt.

Notieren Sie bitte die Farbe des flüssigen Sauerstoffs und die Reihenfolge, in der die beiden Hauptbestandteile der Luft sieden, wenn man flüssige Luft erwärmt. ⟶ 8

---

2     Nein, Wasser ist eine *Verbindung*!
Wiederholen Sie ab 28 .

---

3     Ihre Antwort ist richtig.

Eine *Elektrolyse* ist ein *chemischer* Vorgang, bei dem durch den elektrischen Gleichstrom Verbindungen zerlegt werden.

Wasser erweist sich also als eine *Verbindung* aus Sauerstoff und Wasserstoff.

Luft dagegen ist ein . . . . . . . aus Sauerstoff und Stickstoff.

Bitte notieren Sie das fehlende Wort.    ⟶  12

---

4     Das Gemisch wird nicht leichter. Es geht nichts verloren, sondern die beiden gemischten Stoffe Schwefel und Eisen bilden (ohne daß etwas hinzukommt oder weggenommen wird) die Verbindung Eisensulfid.

Lesen Sie noch einmal 37 .

---

**3**

| 5 |        Sauerstoff, Wasserstoff und Eisen sind Elemente. Luft ist aber ein *Gemisch*, das hauptsächlich aus den Elementen Stickstoff und Sauerstoff besteht.

Beantworten Sie die Frage unter | 34 | noch einmal.

---

| 6 |        Sauerstoff ist ein *Gas*, das sich zu einer *blauen* Flüssigkeit verflüssigen läßt.

Man gewinnt Sauerstoff:

1. Durch Erhitzen von . . . . . . . . . . . . (in Gegenwart von Braunstein als Katalysator).

2. Aus flüssiger Luft durch Abtrennen des . . . . . . . . . . .

3. Durch . . . . . . . . . . des . . . . . . . . . . im Hofmannschen Wasserzersetzungsapparat.

Bitte notieren Sie die drei Verfahren.    ⟶   | 25 |

---

| 7 |        Eine Verbrennung ist keine Methode zur Herstellung von Sauerstoff. Im Gegenteil, bei der Verbrennung wird Sauerstoff *verbraucht*.

Lesen Sie bitte nochmals | 46 |

---

| 8 |        Flüssiger Sauerstoff ist *tiefblau*. Zuerst siedet *Stickstoff* (Siedepunkt $-196\,°C$), dann *Sauerstoff* (Siedepunkt $-183\,°C$).

Wenn Sie einen Fehler haben, sollten Sie unbedingt das zweite Programm nochmals gründlich durcharbeiten, damit Sie mit seinem Inhalt völlig vertraut sind, bevor Sie jetzt etwas Neues hinzulernen.

Ein zweiter Weg zur Gewinnung von Sauerstoff besteht in der Zerlegung des Wassers durch den elektrischen Strom. Wir benutzen dazu den *Hofmannschen Wasserzersetzungsapparat* (siehe Abbildung).

**3**

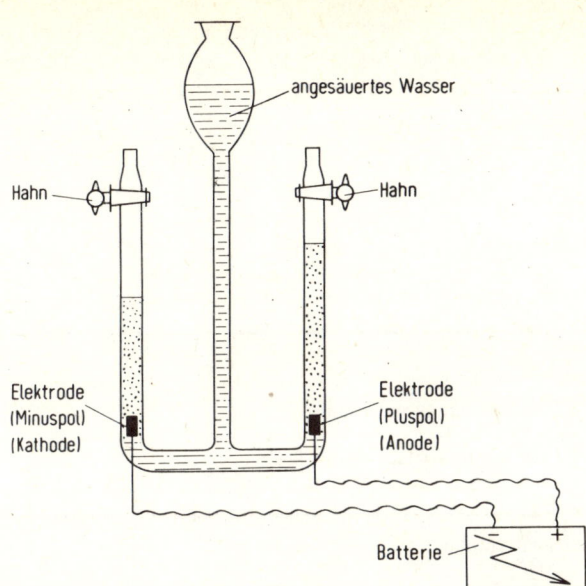

angesäuertes Wasser

Hahn

Hahn

Elektrode
(Minuspol)
(Kathode)

Elektrode
(Pluspol)
(Anode)

Batterie

Abb. 3.

Zeichnen Sie den Hofmannschen Wasserzersetzungsapparat ab. Er besteht aus drei Glasröhren, die unten verbunden sind. Zwei Rohre sind oben mit je einem .... verschlossen. Unten ist in jedem der äußeren Rohre eine ........ angebracht. Beide Elektroden sind mit der ........ verbunden.

Notieren Sie die fehlenden Wörter, und vergleichen Sie unter  16

---

**9**     Wir hatten schon besprochen, daß die Gewinnung von Sauerstoff durch Verflüssigen der Luft und Abtrennen des Stickstoffs für das Labor wegen der großen Apparaturen unhandlich und ungeeignet, dagegen für die Technik gut geeignet ist.

Ihre Antwort war also falsch.  ⟶  30

---

**10**     Ja, eine *Verbindung* wird durch *chemische* Vorgänge zerlegt.

Wie wird Wasser in Sauerstoff und Wasserstoff zerlegt?

• Durch einen physikalischen Vorgang     ⟶   2

• Durch einen chemischen Vorgang     ⟶   18

---

**11**     *Physikalische* Vorgänge sind solche, bei denen der Stoff erhalten bleibt und nur eine Änderung seines Zustandes und der damit verbundenen Eigenschaften eintritt.

**3**

Bei der Elektrolyse wird aber das Wasser durch den elektrischen Gleichstrom in zwei Stoffe (Sauerstoff und Wasserstoff) zerlegt, die andere Eigenschaften als das Wasser haben. Es ist durch die Elektrolyse keine Zustandsänderung, sondern eine *Stoffumwandlung* eingetreten.

*Vorgänge*, bei denen sich die beteiligten Stoffe in andere Stoffe umwandeln, sind *chemische* Vorgänge.

Die Elektrolyse ist also ein . . . . . . . . Vorgang.

Bitte notieren Sie das fehlende Wort.     ⟶     3

---

**12**     *Gemisch*

Luft ist ein *Gemisch*, Wasser dagegen ist eine . . . . . . . . .

Bitte notieren Sie das fehlende Wort.     ⟶     20

---

**13**     Ihre Antwort ist richtig.

Das Gewicht ändert sich nicht, da kein Stoff während der Reaktion hinzutritt. Es geht auch nichts verloren.

Dieses Prinzip können wir bei allen chemischen Versuchen beobachten. Es ist das *Gesetz von der Erhaltung der Masse*:

*Bei chemischen Vorgängen wird keine Masse (= keine Substanz) vernichtet oder aus dem Nichts geschaffen.*

Wir wollen das Erlernte kurz zusammenfassen und wiederholen.

Sauerstoff ist ein farbloses, geruchloses und geschmackloses . . . . . Er unterhält die Verbrennung, brennt aber selbst nicht. Man erkennt Sauerstoff daran, daß er einen glimmenden Span zum lebhaften Brennen entfacht. Sauerstoff läßt sich zu einer . . . . . . (Farbe) Flüssigkeit verflüssigen. Der Siedepunkt des flüssigen Sauerstoffs ist $-183\ ^\circ$C.

Bitte notieren Sie die beiden fehlenden Wörter.     ⟶     6

---

**14**     Reiner Sauerstoff wirkt bei der Verbrennung *nicht* als Katalysator, denn Sauerstoff wird bei der Verbrennung chemisch gebunden und damit verbraucht.

In Luft verläuft die Verbrennung nur deshalb langsamer, weil hier der Sauerstoff in verdünnter Form (20%) vorliegt.     ⟶     33

---

**15**     Nein, in der von Ihnen ausgewählten Zeile stehen nur *Verbindungen*! Sie sollten aber nach *Elementen* suchen.

Gehen Sie bitte zurück nach $\boxed{34}$ , und überlegen Sie sich bei jedem der dort genannten Stoffe genau, ob es sich um ein Element (das also chemisch nicht weiter zerlegt werden kann) oder um eine Verbindung (die also aus Elementen zusammengesetzt ist) handelt.

---

$\boxed{16}$     *Hahn, Elektrode, Batterie.*

Im Wasserzersetzungsapparat sind als Elektroden kleine Metallplatten angebracht.

Sie werden mit den Polen einer Batterie (oder anderen Gleichstromquelle) verbunden, wodurch die eine Elektrode zum *Pluspol* und die andere zum *Minuspol* wird. Der Pluspol heißt auch *Anode*, der Minuspol *Kathode*.

Schicken wir durch den mit angesäuertem Wasser gefüllten Apparat elektrischen Gleichstrom, beispielsweise durch Anschließen einer Batterie, so bemerken wir an den beiden Elektroden eine lebhafte Gasentwicklung. Die Gasbläschen steigen nach oben und sammeln sich unterhalb der Hähne.

Das Gas, das sich unterhalb des einen Hahnes (in unserer Abbildung *rechts*) gesammelt hat, erweist sich bei der Untersuchung als reiner Sauerstoff. Das Gas, das sich unterhalb des anderen Hahnes (in unserer Abbildung *links*) gesammelt hat, ist Wasserstoff (den wir erst später besprechen).

Vergleichen Sie diese Angaben mit Ihrer Zeichnung, und notieren Sie bitte mit den entsprechenden Ergänzungen:

Am Pluspol (oder . . . . . . .) entsteht . . . . . . . . . . .

Am Minuspol (oder . . . . .) entsteht . . . . . . . . . .  $\longrightarrow$  $\boxed{24}$

---

$\boxed{17}$     Ihre Antwort ist teilweise richtig.

Auch die Elektrolyse des Wassers ist für die Gewinnung des Sauerstoffs im *Labor* geeignet. In der Technik dagegen wird die Elektrolyse des Wassers zur Gewinnung von Sauerstoff wegen der hohen Stromkosten wenig verwendet.  $\longrightarrow$  $\boxed{22}$

---

$\boxed{18}$     Ihre Antwort ist richtig.

Wasser ist eine Verbindung. Es kann deshalb nur durch einen *chemischen* Vorgang zerlegt werden, z. B. durch die Elektrolyse.

Bei der Elektrolyse von Wasser im . . . . . . . . . . . . .apparat entsteht am Pluspol (Anode) Sauerstoff und am Minuspol (Kathode) Wasserstoff.

Notieren Sie den fehlenden Namen, und vergleichen Sie unter $\boxed{26}$ .

---

**3**

**19**        Ja, Gemische lassen sich durch *physikalische* Vorgänge trennen.

Wie kann eine Verbindung zerlegt werden?

- Durch physikalische Vorgänge    →    27
- Durch chemische Vorgänge    →    10

**20**        *Verbindung*

Luft ist ein Gemisch aus . . . . . . . . . und . . . . . . . . . . .

Wasser ist eine Verbindung aus . . . . . . . . und . . . . . . . . . . . .

Notieren Sie bitte die fehlenden Wörter.    →    28

**21**        Ihre Antwort ist teilweise richtig.

Auch das Erhitzen von Kaliumchlorat ist zur Gewinnung von Sauerstoff im *Labor* geeignet.    →    22

**22**        Ihre Antwort ist richtig.

Die Elektrolyse des Wassers (Verfahren 2) und das Erhitzen von Kaliumchlorat (Verfahren 3) liefern schnell und ohne großen Aufwand kleinere Mengen Sauerstoff und sind deshalb für das Labor geeignet.

Für die Technik sind die beiden Verfahren wegen zu hoher Kosten nicht geeignet.

Die Methode zur Gewinnung von Sauerstoff aus Kaliumchlorat hat einen Nachteil: Die Sauerstoffabgabe erfolgt sehr ungleichmäßig, und man muß sehr stark erhitzen. Viel schneller läuft die Reaktion ab, wenn man dem Kaliumchlorat *Braunstein* zusetzt: Die Sauerstoffentwicklung beginnt viel früher. Sie verläuft gleichmäßiger und bei tieferer Temperatur.

Braunstein selbst wird bei dieser Reaktion nicht verbraucht, sondern liegt am Ende der Reaktion im gleichen Zustand vor, wie am Anfang.

Derartige Stoffe, welche einen chemischen Vorgang beschleunigen, heißen *Katalysatoren*. Den Vorgang selbst bezeichnet man als *Katalyse*.

Bitte überlegen Sie:

Ein glimmender Holzspan verbrennt in reinem Sauerstoff schneller als mit Luft. Wirkt reiner Sauerstoff bei diesem Vorgang als Katalysator?

- Ja    →    14
- Nein    →    33

**3**

---

|23|

Phosphor, Wasserstoff und Schwefel sind Elemente.
Eisensulfid ist aber eine *Verbindung!*

Phosphor, Wasserstoff und Schwefel können, da sie *Elemente* sind, chemisch nicht weiter zerlegt werden. Eisensulfid als *Verbindung* kann aber durch . . . . . . . . Vorgänge zerlegt werden.    →   |10|

---

|24|

Am Pluspol (oder *Anode*) entsteht *Sauerstoff*.
Am Minuspol (oder *Kathode*) entsteht *Wasserstoff*.

Eine solche Zerlegung einer Substanz mit Hilfe des elektrischen Gleichstroms nennt man *Elektrolyse*.

Ist die Elektrolyse ein chemischer Vorgang?

- ja                                       →   |3|

- nein, sie ist ein physikalischer Vorgang     →   |32|

- Ich weiß es nicht                        →   |11|

---

|25|

1. Durch Erhitzen von *Kaliumchlorat* (in Gegenwart von Braunstein als Katalysator).

2. Aus flüssiger Luft durch Abtrennen des *Stickstoffs*.

3. Durch *Elektrolyse* des *Wassers* im Hofmannschen Wasserzersetzungsapparat.

Verfahren 2 ist besonders geeignet für . . . . . . . . . .
Verfahren 1 und 3 sind besonders geeignet für . . . . . . . . .

Bitte notieren Sie, welche Verfahren für die Technik oder das Labor besonders geeignet sind.                            →   |61|

---

|26|

Im *Hofmannschen Wasserzersetzungsapparat* entsteht am Pluspol (Anode) **Sauerstoff** und am Minuspol (Kathode) **Wasserstoff**.

Sauerstoff und Wasserstoff können durch chemische Vorgänge *nicht* weiter zerlegt werden. Wir nennen sie *chemische Elemente*.

Auch Eisen, Schwefel und Phosphor lassen sich durch chemische Vorgänge *nicht* zerlegen.

Eisen, Schwefel und Phosphor sind deshalb . . . . . . . . . . .

Notieren Sie bitte die beiden fehlenden Wörter.     →   |34|

---

**3**

**27**       Nein, denken Sie an die *Verbindung* aus Eisen und Schwefel, das Eisensulfid! Aus dieser Verbindung läßt sich durch physikalische Vorgänge (Magnet, Lösen mit Schwefelkohlenstoff) weder Eisen noch Schwefel abtrennen.

Verbindungen lassen sich durch physikalische Vorgänge **nicht** trennen.

Verbindungen kann man nur durch . . . . . . . . Vorgänge zerlegen.

Notieren Sie bitte das fehlende Wort.    ⟶    10

---

**28**       Luft ist ein Gemisch aus *Sauerstoff* und *Stickstoff*.
         Wasser ist eine Verbindung aus *Sauerstoff* und *Wasserstoff*.

Der Unterschied zwischen *Gemisch* und *Verbindung* ist wichtig!

Wie kann ein Gemisch zerlegt werden?

- Durch physikalische Vorgänge    ⟶    19
- Durch chemische Vorgänge    ⟶    36
- Ich weiß es nicht    ⟶    44

---

**29**       Je *mehr* Sauerstoff der Flamme beim Verbrennen zur Verfügung steht, umso *heißer* ist die Flamme!    ⟶    62

---

**30**       Verfahren zur Gewinnung von Sauerstoff:

1. Verflüssigen der Luft. Abtrennen des Stickstoffs, zurück bleibt *Sauerstoff*.

2. Elektrolyse des Wassers im Hofmannschen Wasserzersetzungsapparat. Am Pluspol entwickelt sich *Sauerstoff*, am Minuspol Wasserstoff.

3. Erhitzen von Kaliumchlorat, es entwickelt sich *Sauerstoff*.

Welches Verfahren ist für das Labor geeignet? .

- Verfahren 1    ⟶    9
- Verfahren 2    ⟶    21
- Verfahren 3    ⟶    17
- Verfahren 2 und 3    ⟶    22
- Ich weiß es nicht    ⟶    40

**3**

---

**31**    Es gibt verschiedene Oxide. Wir kennen Phosphor*oxid* und Eisen*oxid*. Im Eisenoxid ist kein Phosphor, im Phosphoroxid ist kein Eisen enthalten. Beide Oxide enthalten aber . . . . . . . . . . ., der grundsätzlich in jedem Oxid vorkommt.

Notieren Sie bitten den Namen.    $\longrightarrow$    **41**

---

**32**    *Physikalische* Vorgänge sind solche, bei denen der Stoff erhalten bleibt und nur eine Änderung seines Zustandes und der damit verbundenen Eigenschaften eintritt.

Bei der Elektrolyse wird aber das Wasser durch den elektrischen Gleichstrom in zwei Stoffe (Sauerstoff und Wasserstoff) zerlegt, die andere Eigenschaften als das Wasser haben. Es ist durch die Elektrolyse keine Zustandsänderung, sondern eine *Stoffumwandlung* eingetreten.

*Vorgänge*, bei denen sich die beteiligten Stoffe in andere Stoffe umwandeln, sind *chemische* Vorgänge.

Die Elektrolyse ist also ein . . . . . . . . . . Vorgang.

Bitte notieren Sie das fehlende Wort.    $\longrightarrow$    **3**

---

**33**    Ihre Antwort ist richtig.

Reiner Sauerstoff ist *kein* Katalysator.

Die Verbrennung läuft zwar in Luft langsamer als in reinem Sauerstoff, aber *nur* wegen des niedrigen Sauerstoffgehaltes der Luft (20%). Sauerstoff wird bei der Verbrennung (gleichgültig ob in Luft oder als reiner Sauerstoff) *verbraucht*.

*Ein Katalysator ist ein Stoff, der einen chemischen Vorgang beschleunigt, am Ende der Reaktion aber wieder in der gleichen Form vorliegt wie am Anfang; der Vorgang heißt Katalyse.*

Merken Sie sich diese Begriffsbestimmung gut!

Wenn man ein Stück Würfelzucker in eine Gasflamme hält, wird der Zucker gebräunt und beginnt zu schmelzen. Es gelingt nicht, den Zucker zu entzünden. Bringt man jedoch auf den Zucker eine kleine Menge von Zigarettenasche, dann entzündet sich der Zucker und brennt langsam ab. Würden Sie diesen Vorgang als Katalyse bezeichnen?

● Ja    $\longrightarrow$    **43**

● Nein    $\longrightarrow$    **51**

---

**3**

---

|34| *Chemische Elemente*

Elemente können sich zu *chemischen Verbindungen* vereinigen. So verbindet sich z. B. das Element *Phosphor* mit dem Element *Sauerstoff* zu einem *Phosphoroxid*.

(Der Name *Oxid* leitet sich von *Oxygenium*, dem lateinischen Namen für *Sauerstoff*, ab.)

Das Element *Schwefel* vereinigt sich mit dem Element *Eisen* zur Verbindung *Eisensulfid*.

(Der Name *Sulfid* leitet sich von *Sulfur*, dem lateinischen Namen für Schwefel, ab.)

Das Element *Sauerstoff* und das Element *Wasserstoff* vereinigen sich zu der Verbindung *Wasser* (das wir durch Elektrolyse wieder in die Elemente Sauerstoff und Wasserstoff zerlegen können). Im chemischen Sinne ist Wasser also ein Wasserstoff*oxid*.

In welcher der folgenden Zeilen stehen *nur Elemente*?

- Sauerstoff, Luft, Wasserstoff, Eisen     ⟶ |5|
- Phosphor, Wasserstoff, Schwefel, Eisensulfid   ⟶ |23|
- Eisensulfid, Phosphoroxid, Wasser     ⟶ |15|
- Eisen, Schwefel, Wasserstoff     ⟶ |42|

---

|35| Ihre Antwort ist falsch.

Arbeiten Sie konzentrierter, und lesen Sie noch einmal |72| .

---

|36| Wir haben schon die Zerlegung verschiedener Gemische besprochen. Denken Sie an

die Zerlegung der flüssigen Luft und
die Trennung von Eisen- und Schwefelpulver

Die zur Trennung dieser Gemische erforderlichen Maßnahmen waren alles . . . . . . . . . . Vorgänge.

Bitte notieren Sie das fehlende Wort.   ⟶ |19|

---

|37| Ihre Antwort ist richtig.

Das Verbrennungsprodukt ist *schwerer*. Zum Phosphor kam ja bei dieser chemischen Reaktion der Sauerstoff *hinzu*.

**3**

Beim Verbrennen von Kohle, Holz oder Heizöl sieht es so aus, als ob diese Stoffe „verschwinden". In Wirklichkeit verbinden sie sich jedoch mit Sauerstoff zu Verbrennungsgasen, die man mit einer geeigneten Versuchsapparatur auffangen und wiegen kann. Dabei stellt man dann fest, daß die Verbrennungsgase und die Asche zusammengenommen schwerer als das verbrannte Ausgangsmaterial sind, da Sauerstoff hinzugekommen ist.

Auch beim Rosten von Eisen gilt sinngemäß das gleiche:
Eisen wird beim Rosten durch Aufnahme von Sauerstoff *schwerer*.

Wir können beim Verbrennen keine Substanz vernichten, sondern wandeln nur die eine Substanz in eine andere um. Die „Masse" bleibt dabei erhalten.

Wenn Schwefel und Eisen unter Aufglühen Eisensulfid bilden, wird das Gemisch dann

- schwerer?             →   67

- leichter?              →   4

- weder schwerer, noch leichter?   →   13

---

**38**     Ja, Kaliumchlorat gibt beim Erhitzen *Sauerstoff* ab.

Beim Erhitzen von Kaliumchlorat schmilzt dieses zunächst zu einer klaren Flüssigkeit. Beim weiteren Erhitzen steigen Gasblasen auf. Halten wir einen glimmenden Holzspan in das Reagenzglas, dann beginnt dieser sofort lebhaft zu brennen. Das entstandene Gas ist also Sauerstoff.

Wir haben damit eine dritte Gewinnungsmethode für Sauerstoff kennengelernt. Erinnern Sie sich noch an die beiden anderen Methoden zur Gewinnung von Sauerstoff?

Beschreiben Sie die drei Methoden in Stichworten, und lesen Sie weiter unter  30  .

---

**39**     Sie haben sich durch die Feuererscheinung, die auftritt, wenn sich Schwefel und Eisen verbinden, täuschen lassen.

Feuer *kann* bei einer Verbrennung auftreten. Es gibt aber auch Vorgänge *ohne* Flammenerscheinung, die man in übertragenem Sinne „Verbrennungen" nennt, weil sie mit den unter Flammenerscheinung verlaufenden Prozessen verwandt sind (Eisen + Sauerstoff → Rost).

Was ist das Wesentliche bei einer Verbrennung?

Die Vereinigung eines Stoffes mit . . . . . . . . . .

Notieren Sie bitte das fehlende Wort.    →   47

---

**3**

**40**       Es ist gut, daß Sie nicht geraten haben. Überlegen Sie sich folgendes:

Verfahren 1 (Verflüssigen der Luft und Abtrennen des Stickstoffs) benötigt große, unhandliche Apparaturen.

Verfahren 2 (Elektrolyse des Wassers) ist für kleine Mengen gut geeignet. Bei größeren sind die Stromkosten zu hoch.

Verfahren 3 (Erhitzen von Kaliumchlorat) liefert schnell und einfach kleine Mengen Sauerstoff.

Beantworten Sie die Frage unter **30** nochmals.

**41**       Ihre Antwort ist richtig.

Oxide sind Verbindungen des *Sauerstoffs*. (Der Name *Oxid* leitet sich von der lateinischen Bezeichnung *Oxygenium* für *Sauerstoff* ab.)

Sauerstoff verbindet sich auch mit dem Element Kohlenstoff. Kohle besteht hauptsächlich aus Kohlenstoff. Den Vorgang, bei dem sich Sauerstoff (z. B. aus der Luft) und Kohlenstoff (z. B. aus der Kohle) verbinden, haben wir alle schon beobachtet. Es ist die *Verbrennung* der Kohle.

Aber nicht nur beim Verbrennen der Kohle ist Sauerstoff maßgeblich beteiligt, sondern *bei jeder Verbrennung* muß *Sauerstoff* zugegen sein. *Ohne Sauerstoff ist keine Verbrennung möglich.*

Wir haben (außer Kohlenstoff) schon zwei Elemente kennengelernt, die unter Flammenbildung verbrennen. Notieren Sie bitte die beiden Namen.   →   **49**

**42**       Ihre Antwort ist richtig: Eisen, Schwefel und Wasserstoff sind Elemente.

Vereinigen sich zwei (oder mehrere) *Elemente*, so entsteht eine Verbindung.

Die Verbindung *Wasser* besteht aus den Elementen . . . . . . . . . . und . . . . . . . .

Die Verbindung *Phosphoroxid* besteht aus den Elementen . . . . . . . . und . . . . . . .

Notieren Sie bitte die fehlenden Namen.   →   **50**

**43**       Ihre Antwort ist richtig.

Bei dieser Katalyse wirkt Zigarettenasche als *Katalysator*. Der Katalysator beschleunigt den chemischen Vorgang der Verbrennung von Zucker so, daß der Zucker auch weiterbrennt, wenn wir ihn aus der Gasflamme herausnehmen. Die Zigarettenasche wird bei diesem Vorgang in keiner Weise verändert.

Die Zigarettenasche hatte bei dem beschriebenen Versuch einen überraschenden Effekt. Der Chemiker spricht im Laborjargon von einem „Dreckeffekt" und ist

**3**

peinlich darauf bedacht, solche Effekte bei seiner täglichen Arbeit auszuschließen. Er achtet deshalb streng darauf, nur mit sauberen Geräten und Chemikalien zu arbeiten.

Notieren Sie bitten den folgenden Satz mit Ergänzungen:

Ein Katalysator ist ein Stoff, der einen chemischen Vorgang . . . . . . . . . . . , am Ende der Reaktion aber in der gleichen Form vorliegt wie am Anfang; der Vorgang heißt . . . . . . . . . .  $\longrightarrow$  $\boxed{52}$

$\boxed{45}$    Ihre Antwort ist falsch.

Arbeiten Sie konzentrierter, und lesen Sie nochmals $\boxed{72}$ .

$\boxed{44}$    Wir haben schon die Zerlegung verschiedener Gemische besprochen. Denken Sie an

> die Zerlegung der flüssigen Luft und
> die Trennung von Eisen- und Schwefelpulver.

Die zur Trennung dieser Gemische erforderlichen Maßnahmen waren alles . . . . . . . . . . Vorgänge.

Bitte notieren Sie das fehlende Wort.  $\longrightarrow$  $\boxed{19}$

$\boxed{46}$    *Sauerstoff* entsteht, wenn wir Kaliumchlorat mit Braunstein als Katalysator erhitzen. Dabei wird die *Verbindung* Kaliumchlorat zerlegt. Das ist ein *chemischer* Vorgang.

Wir kennen noch einen zweiten chemischen Vorgang, um aus einer Verbindung Sauerstoff herzustellen. Um welches der folgenden Verfahren handelt es sich?

- Gewinnung aus der flüssigen Luft        $\longrightarrow$  $\boxed{71}$
- Elektrolyse des Wassers        $\longrightarrow$  $\boxed{55}$
- Verbrennen von Zucker in Gegenwart von Zigarettenasche  $\longrightarrow$  $\boxed{7}$
- Verbrennen von Phosphor        $\longrightarrow$  $\boxed{63}$

$\boxed{47}$    *Sauerstoff*

Bei der Bildung von Eisensulfid aus Eisen und Schwefel ist *Sauerstoff* aber *nicht* beteiligt.

Es handelt sich daher nicht um eine Verbrennung!  $\longrightarrow$  $\boxed{48}$

$\boxed{48}$    Es ist keine Verbrennung, wenn sich Schwefel und Eisen zu Eisensulfid verbinden, da an der Reaktion *kein Sauerstoff* teilnimmt. Zu jeder Verbrennung

**3**

gehört *Sauerstoff*. (Das Auftreten von Feuererscheinungen ist für den Chemiker *nicht* das Wesentliche einer Verbrennung.)

Im allgemeinen stammt der für eine Verbrennung notwendige Sauerstoff aus der Luft (Ofen, Kerze). Ein Feuer, das nicht gut brennen will, wird durch Zuführung von frischer Luft angefacht.

Am schnellsten läuft die Verbrennung daher in reinem Sauerstoff ab. Einen Holzspan, der an der Luft (also in verdünntem Sauerstoff) nur glimmt, tauchen wir in ein mit reinem Sauerstoff gefülltes Glasgefäß. Sofort beginnt er mit heller Flamme zu brennen. (Dieser Versuch mit einem glimmenden Span kann als *Nachweis* für *Sauerstoff* dienen.)

Sogar Eisen verbrennt in reinem Sauerstoff rasch und unter lebhaftem Funkensprühen.

In reinem Sauerstoff verbrennen alle Stoffe schneller und lebhafter als in der Luft oder in verdünntem Sauerstoff.

Wir können den zur Verbrennung eines Stoffes notwendigen Sauerstoff statt aus der Luft oder aus einer Bombe auch aus einer Verbindung entnehmen, die Sauerstoff gebunden enthält und ihn leicht abgibt. Eine solche Verbindung ist *Kaliumchlorat*.

Machen wir einen Versuch:

Wir erhitzen in einem Reagenzglas *Kaliumchlorat*. In die Schmelze werfen wir Holzkohlestückchen. Sie entzünden sich sofort von selbst und brennen unter Feuererscheinungen schnell vollkommen ab. Kaliumchlorat gibt beim Erhitzen ......... ab, der zum lebhaften Verbrennen der Holzkohle führt.

Lesen Sie weiter bei 38

---

**49**　　*Schwefel, Phosphor*

Eine Verbrennung muß aber nicht unbedingt unter Feuererscheinungen und Flammenbildung vor sich gehen. In übertragenem Sinne werden auch manche langsam verlaufenden Vorgänge, die ohne Feuer, ohne Flamme und ohne spürbare Wärmeentwicklung vonstatten gehen, ebenfalls als „Verbrennungen" bezeichnet. Zum Beispiel ist das Rosten des Eisens eine solche langsame „Verbrennung"; hier geht Eisen mit dem Sauerstoff der Luft langsam in Eisenoxid (Rost) über.

Der Vorgang, bei dem sich aus Phosphor und Sauerstoff die Verbindung ........ bildet, ist eine ......... .

Ergänzen Sie die fehlenden Wörter, und vergleichen Sie unter 57

---

**50** Wasser besteht aus *Wasserstoff* und *Sauerstoff*.
Phosphoroxid besteht aus *Phosphor* und *Sauerstoff*.

Das Element Sauerstoff zeigt eine große Neigung, sich mit anderen Elementen zu verbinden. Wir wissen, daß sich der Sauerstoff, der in der Luft enthalten ist, mit dem Element Phosphor zu einem Phosphoroxid verbindet (Phosphor verbrennt).

Auch mit dem Element Eisen verbindet sich der Sauerstoff sehr leicht. Wir haben alle schon gesehen, wie Eisen verrostet (zum Beispiel rosten Schienen, Nägel oder die eisernen Teile eines Fahrrades). Bei diesem Vorgang, beim Verrosten, verbindet sich Sauerstoff mit Eisen. Es entsteht die Verbindung Eisenoxid (die wir im allgemeinen Rost nennen).

Welches Element ist in *allen* Oxiden enthalten?

* Phosphor        ⟶  **58**

* Sauerstoff      ⟶  **41**

* Eisen           ⟶  **31**

---

**51** Warum nicht? Der Vorgang ist eine Katalyse. Die Zigarettenasche ist der Katalysator für das Brennen des Zuckers. Ohne Zigarettenasche brennt der Zucker nicht. Erst wenn Asche als Katalysator zugegen ist, brennt der Zucker langsam ab. Der Katalysator (Zigarettenasche) liegt nach dem Versuch in keiner Weise verändert vor. Damit sind alle Bedingungen für eine Katalyse erfüllt.

Lesen Sie weiter unter  **43**

---

**52** Vergleichen Sie bitte:

Ein Katalysator ist ein Stoff, der einen chemischen Vorgang *beschleunigt*, am Ende der Reaktion aber im gleichen Zustand vorliegt wie am Anfang; der Vorgang heißt *Katalyse*.

Wir haben zwei Stoffe kennengelernt, die chemische Vorgänge katalysieren können.

Ergänzen Sie:

1. . . . . . . . . . . katalysiert die Sauerstoffentwicklung aus . . . . . . . . . . .

2. . . . . . . . . . . . . . katalysiert die Verbrennung des . . . . . . .        ⟶  **60**

---

**53** Nein, es handelt sich um einen *chemischen* Vorgang. Sie hätten die richtige Antwort gefunden, wenn Sie folgendes beachtet hätten:

**3**

1. Die *Verbindung* Kaliumchlorat wird zerlegt, um Sauerstoff zu gewinnen.

2. Ein Katalysator ist ein Stoff, der einen *chemischen* Vorgang beschleunigt, usw.

Lesen Sie weiter unter  46  .

---

**54**   Ihre Antwort ist richtig.

Im Laboratorium wird häufig mit brennbaren Stoffen gearbeitet. Es ist deshalb wichtig, hier einige Maßnahmen zur Bekämpfung von Bränden zu erwähnen:

Es ist nicht immer richtig, mit Wasser zu löschen. Das gilt besonders für Laborbrände, aber auch z. B. für Autobrände.

Brennen nämlich Flüssigkeiten, die eine geringere Dichte als Wasser haben, also auf Wasser schwimmen (z. B. Benzin oder Öl), ist mit Wasser als Löschmittel nur wenig auszurichten.

Man bekämpft den Brand dann mit Feuerlöschern, deren Löschmittel den Brandherd von der Luft (und damit vom Sauerstoff) abschließen und so das Feuer ersticken.

Sehr gefährlich sind Kleiderbrände. Hier gilt vor allem:

> **nie weglaufen,**
> **Geistesgegenwart bewahren,**
> **niederwerfen und das Feuer durch Löschdecken ersticken.**

Durch Weglaufen würde nur die Sauerstoffzufuhr vermehrt und damit das Feuer weiter angefacht.

Soweit einige Verhaltensregeln bei Bränden, die natürlich nicht nur für das Labor gelten.

Und nun zurück zum Verbrennungsvorgang, den wir uns noch genauer ansehen wollen.

Erinnern wir uns an die Verbrennung des Phosphors an der Luft.

Wiegt das als Verbrennungsprodukt entstehende Phosphoroxid

- mehr als der eingesetzte Phosphor?   ⟶  37
- weniger als der eingesetzte Phosphor?   ⟶  66
- genau soviel wie der eingesetzte Phosphor?   ⟶  74

**3**

|55|     Ihre Antwort ist richtig.

Zwei der drei Gewinnungsmethoden für Sauerstoff sind *chemische Verfahren:*

    1. Elektrolyse des Wassers

    2. Erhitzen von Kaliumchlorat mit Braunstein.

Die dritte Methode ist ein *physikalisches Verfahren:*

    3. Trennung der flüssigen Luft.

Bei den chemischen Verfahren gehen wir von Verbindungen aus, nämlich von . . . . . . bzw. von . . . . . . . . . . . . .     →   |64|

|56|     Ihre Antwort ist falsch.

Arbeiten Sie konzentrierter, und lesen Sie nochmals |72| .

|57|     Der Vorgang, bei dem sich aus Phosphor und Sauerstoff *Phosphoroxid* bildet, ist eine *Verbrennung.*

*Die Vereinigung eines Stoffes mit Sauerstoff (mit oder ohne Flammenbildung) ist im chemischen Sinne eine Verbrennung.* Der Chemiker nennt diesen Vorgang *Oxidation.*

Eine Verbrennung tritt ein, wenn

1. ein brennbarer Stoff vorhanden ist.

2. Sauerstoff vorhanden ist.

3. die Entzündungstemperatur erreicht ist (bei Verbrennungen mit Flammenerscheinungen).

Wir kennen eine ganze Reihe brennbarer Stoffe: Benzin, Öl, Holz, Kohle, Phosphor und Eisen.

Die meisten der aufgezählten brennbaren Stoffe beginnen erst oberhalb einer bestimmten Temperatur zu verbrennen. Mit anderen Worten, wir müssen sie anzünden. Dann geht allerdings die Verbrennung oft sehr rasch vor sich, wobei Wärme und Flammenerscheinungen auftreten.

Phosphor und Eisen verbinden sich schon bei Zimmertemperatur mit dem Sauerstoff der Luft, wenn auch sehr langsam. Bei höherer Temperatur verbrennen auch sie rasch und unter Feuererscheinungen.

Die folgende Frage ist nicht ganz leicht zu beantworten.

**3**

Schwefel und Eisen verbinden sich beim Erhitzen unter Feuererscheinungen zu Eisensulfid. Handelt es sich um eine Verbrennung?

- Ja                              ⟶  65

- Nein                         ⟶  48

- Ich bin mir nicht sicher  ⟶  39

---

**58**  Es gibt verschiedene *Oxide*. Wir kennen Phosphor*oxid*. Im Eisenoxid ist kein Phosphor, im Phosphoroxid ist kein Eisen enthalten. Beide Oxide enthalten aber . . . . . . . . . . . . , der grundsätzlich in jedem Oxid vorkommt.

Notieren Sie bitte den Namen.    ⟶   41

---

**59**  Eine Verbrennung im chemischen Sinne ist jede Vereinigung eines Stoffes mit Sauerstoff, mit oder ohne Flammenerscheinung. An der Verbrennung können wir besonders gut das Gesetz von der Erhaltung der Masse erkennen.

Wie heißt es?

Notieren Sie den Merksatz, und vergleichen Sie unter  73

---

**60**  *Braunstein* katalysiert die Sauerstoffentwicklung aus *Kaliumchlorat*. *Zigarettenasche* katalysiert die Verbrennung des *Zuckers*.

Wenn wir durch Erhitzen von Kaliumchlorat Sauerstoff entwickeln können, so muß der Sauerstoff im Kaliumchlorat enthalten sein.

Wir können auch sagen:

Kaliumchlorat ist eine *sauerstoff*haltige *Verbindung*.

Sauerstoff kommt im Kaliumchlorat gebunden vor. Wenn wir Sauerstoff herstellen wollen, müssen wir ihn *aus der Verbindung* Kaliumchlorat *befreien*. Das geschieht, wenn wir Kaliumchlorat mit Braunstein als Katalysator erhitzen.

Handelt es sich dabei um einen physikalischen oder um einen chemischen Vorgang?

- Physikalischer Vorgang  ⟶  53

- Chemischer Vorgang       ⟶  46

- Ich bin nicht sicher          ⟶  68

**3**

---

**61**      Sauerstoff gewinnt man in der *Technik* aus flüssiger Luft. Die anderen
beiden Verfahren sind für *das Labor* besonders geeignet.

Sauerstoff ist lebenswichtig. Er unterhält die Atmung. Schreiben Sie bitte folgenden
Satz ab, und ergänzen Sie:

Menschen und Tiere atmen . . . . . . . ein und . . . . . . . . aus.   $\longrightarrow$   **69**

---

**62**      Ihre Antwort ist richtig.

Beim Atmen wird Sauerstoff aufgenommen und Kohlendioxid abgegeben.

Im chemischen Laboratorium erleben wir täglich einen Verbrennungsvorgang,
wenn wir den *Bunsenbrenner* benutzen. Dieser Brenner verwendet Leuchtgas und
hat eine Vorrichtung, durch die Luft zugeführt werden kann. Drosselt man die
Luftzufuhr, so erhält man eine gelb leuchtende, nicht sehr heiße Flamme. Die Verbrennung
des Leuchtgases ist unvollständig. Bei stärkerer Luftzufuhr ist die Verbrennung
vollständig. Die Flamme ist sehr heiß und leuchtet schwach blau.

Wir sehen an diesem Beispiel wieder, daß zu jeder Verbrennung

1. ein *brennbarer Stoff* und

2. *Sauerstoff* gehören.
   Außerdem muß (bei Verbrennungen mit Feuererscheinungen)

3. die *Entzündungstemperatur* erreicht sein.

Wie erzeugt man heiße Flammen mit dem Bunsenbrenner?

● Durch Drosseln der Luftzufuhr   $\longrightarrow$   **29**

● Durch Steigern der Luftzufuhr   $\longrightarrow$   **54**

● Durch Steigern der Gaszufuhr   $\longrightarrow$   **70**

---

**63**      Eine Verbrennung ist keine Methode zur Herstellung von Sauerstoff; im
Gegenteil, bei der Verbrennung wird Sauerstoff *verbraucht*.

Lesen Sie bitte nochmals   **46**

---

**64**      Bei den chemischen Verfahren gehen wir von *Wasser* bzw. von *Kaliumchlorat*
aus. Beide sind Verbindungen. Denn *nur durch chemische Verfahren
können wir sauerstoffhaltige Verbindungen zerlegen*, um aus ihnen Sauerstoff zu
gewinnen.

Da die flüssige Luft ein *Gemisch* ist, können wir sie durch ein physikalisches Verfahren zerlegen, um Sauerstoff zu gewinnen.

In einem Gemisch sind die Bestandteile *nicht* miteinander *verbunden.* Luft ist ein Gemisch aus *freiem Sauerstoff* und *freiem Stickstoff.*

Verbindungen (z. B. Wasser) werden durch . . . . . . . . . Verfahren zerlegt.

Gemische (z. B. Luft) werden durch . . . . . . . . . . Verfahren zerlegt.

Ergänzen Sie die beiden letzten Sätze. ⟶ 72

---

**65** Sie haben sich durch die Feuererscheinung, die auftritt, wenn sich Schwefel und Eisen verbinden, täuschen lassen.

Feuer *kann* bei einer Verbrennung auftreten. Es gibt aber auch Vorgänge *ohne* Flammenbildung (Eisen + Sauerstoff → Rost), die man in chemischem Sinne als Verbrennungen auffassen kann.

Was ist für den Chemiker das Wesentliche bei einer Verbrennung?

Eine Verbrennung ist die Vereinigung eines Stoffes mit . . . . . . . . .

Notieren Sie bitte das fehlende Wort. ⟶ 47

---

**66** Beim Verbrennen des Phosphors geht von der ursprünglichen Menge des Phosphors nichts verloren, sondern es kommt etwas hinzu, nämlich der Sauerstoff. Das Reaktionsprodukt ist also . . . . . . . (leichter/schwerer).

Lesen Sie weiter unter 37 .

---

**67** Das Gemisch wird nicht schwerer. Es tritt nichts hinzu, sondern die beiden gemischten Stoffe Schwefel und Eisen bilden (ohne daß etwas hinzukommt oder weggenommen wird) die Verbindung Eisensulfid.

Lesen Sie noch einmal 37 .

---

**68** Achten Sie bitte beim Beantworten der Frage auf Folgendes:

1. Die *Verbindung* Kaliumchlorat wird zerlegt, um Sauerstoff zu gewinnen.

2. Ein Katalysator ist ein Stoff, der einen *chemischen* Vorgang beschleunigt, usw.

Gehen Sie bitte zurück nach 60 .

**3**

---

**69**     Menschen und Tiere atmen *Sauerstoff* ein und *Kohlendioxid* aus.

Sauerstoff unterhält nicht nur die Atmung, sondern auch die Verbrennung. Erklären Sie kurz, was eine Verbrennung ist, und lesen Sie weiter unter $\boxed{59}$ .

---

**70**     Durch Steigern der Gaszufuhr (bei gleicher Luftmenge) erzeugt man keine heißeren Flammen.

Wird die Gasmenge bei gleicher Luftmenge größer, so erfolgt eine schlechtere Verbrennung des Gases.    →  $\boxed{62}$

---

**71**     Luft ist *keine* Verbindung, sondern ein *Gemisch*. Die Trennung eines Gemisches ist *kein* chemischer, sondern ein *physikalischer Vorgang*.

Lesen Sie bitte $\boxed{46}$ nochmals.

---

**72**     Verbindungen werden durch *chemische* Verfahren zerlegt. Gemische werden durch *physikalische* Verfahren zerlegt.

Sauerstoff kommt also in der Luft frei als Element und im Wasser in chemisch gebundener Form vor. Da beide Stoffe auf der Erde in großen Mengen vorhanden sind, ist Sauerstoff das am häufigsten vorkommende Element. Auch viele Gesteine enthalten Sauerstoff in gebundener Form.

Sauerstoff ist lebenswichtig. Wir atmen mit der Luft Sauerstoff ein und Kohlendioxid aus. Wo Sauerstoff zum Atmen fehlt, z. B. im Weltraum, muß der Mensch Sauerstoff mitnehmen, um leben zu können.

Sauerstoff findet Verwendung beim Schweißen, weil durch Verbrennung bei Gegenwart von reinem Sauerstoff sehr heiße Flammen erzeugt werden können (Genaueres darüber später).

Welcher Vorgang spielt sich bei der Atmung ab?

- Man atmet Sauerstoff ein und Stickstoff aus.          →  $\boxed{35}$
- Man atmet Sauerstoff ein und Kohlendioxid aus.       →  $\boxed{62}$
- Man atmet Kohlendioxid ein und Sauerstoff aus.       →  $\boxed{56}$
- Man atmet Kohlendioxid ein und Stickstoff aus.       →  $\boxed{45}$

---

**73**     Bei chemischen Vorgängen wird keine Masse (keine Substanz) vernichtet oder aus dem Nichts geschaffen.

**3**

Hatten Sie bei den Wiederholungen noch Fehler? Wenn ja, arbeiten Sie das Programm baldmöglichst noch einmal durch.

Ende des 3. Programms.

---

**74**      Beim Verbrennen des Phosphors geht von der ursprünglichen Menge des Phosphors nichts verloren, sondern es kommt etwas hinzu, nämlich der Sauerstoff. Das Reaktionsprodukt ist also . . . . . . . . . (leichter/schwerer).

Lesen Sie weiter unter  37

## 4. Programm

### Das Wasser

**1**       Wasser ist eine außerordentlich weit verbreitete chemische Verbindung. Der größte Teil der Erdoberfläche ist vom Wasser der Ozeane bedeckt. Dazu kommt das Wasser in Seen, Teichen und Flüssen.

Wenn an kalten Tagen die Fenster beschlagen, dann haben wir einen Beweis, daß auch in der Luft stets mehr oder weniger große Mengen von normalerweise unsichtbarem Wasserdampf vorhanden sind.

Wasser ist ein wesentlicher Bestandteil aller Lebewesen.

Das Wasser befindet sich auf der Erde in einem ständigen Kreislauf: Durch Verdunstung gelangt Wasser als unsichtbarer Wasserdampf in die Luft. Dieser bildet Dunst, Nebel oder Wolken. Aus den Wolken kann das Wasser je nach den Witterungsbedingungen als Tau, Regen, Hagel oder Schnee wieder zur Erde herunterkommen. Als Grundwasser sammelt es sich dann im Erdreich und kann in Quellen wieder an die Oberfläche treten. Die Quelle wächst an zum Bach, zum Fluß, zum Strom, der schließlich in Seen oder Meere mündet. Dort beginnt durch Verdunsten der Kreislauf des Wassers von neuem.

Wodurch kommt der beschriebene Kreislauf des Wassers zustande?

- Durch eine Reihe von chemischen Vorgängen          → **26**
- Durch eine Reihe von physikalischen Vorgängen       → **8**
- Durch eine Reihe von physikalischen und chemischen Vorgängen    → **18**

---

**2**       Bei der Elektrolyse wird zwar elektrischer Gleichstrom verwendet, und die Erzeugung und Handhabung von elektrischem Gleichstrom gehört in das Gebiet der Physik. Wenn aber der elektrische Gleichstrom durch Wasser geht, ruft er einen *chemischen* Vorgang hervor.

Eine Elektrolyse ist ein chemischer Vorgang, bei dem mit Hilfe des elektrischen Gleichstroms Stoffe zerlegt werden.

Notieren Sie diese Definition, und lesen Sie dann bitte weiter bei **19**

---

**3**       Nein. Beachten Sie bitte, daß sich beim Einleiten von Chlor in einen mit Luft gefüllten Glaszylinder dieser *von unten nach oben* mit dem Chlor füllt.

**4**

Denken Sie daran, daß Körper, die eine größere Dichte als Wasser haben, im Wasser nach unten sinken.

Lesen Sie bitte noch einmal $\boxed{17}$ .

---

$\boxed{4}$     Temperaturskala nach *Celsius*.

Häufig benutzen wir Wasser als Lösungsmittel. Wasser löst feste Stoffe (Kochsalz, Zucker, Soda), flüssige Stoffe (Schwefelsäure, Alkohol) und gasförmige Stoffe (Kohlendioxid im Mineralwasser).

Leitungswasser oder Quellwasser enthalten geringe Mengen von *Calcium*-Verbindungen, die aus dem Erdboden herausgelöst wurden. Wir nennen solches Wasser *hartes* Wasser. Regenwasser enthält keine gelösten *Calcium*-Verbindungen. Es ist reiner als Leitungswasser, wir nennen es *weiches* Wasser.

(Calcium ist ein Element, dessen wichtigste Verbindungen später besprochen werden.)

Hartes Wasser, z. B. Quellwasser, enthält . . . . . . . . . . . . . . . . . . . .

Weiches Wasser, z. B. . . . . . . . . . . , enthält keine . . . . . . . . . . . . . . . . . .

Bitte notieren Sie die fehlenden Wörter $\boxed{12}$ .

---

$\boxed{5}$     Wenn Sie Ihr Thermometer in schmelzendes Eis halten, können Sie nur den $0°$-Punkt festlegen.

Zur Festlegung einer Skala brauchen Sie aber *zwei* Fixpunkte. Sie müssen also auch noch durch Eintauchen des Thermometers in siedendes Wasser den $100°$-Punkt festlegen. Durch Einteilung der Strecke zwischen dem $0°$-Punkt und dem $100°$-Punkt in . . . . gleiche Teile erhalten Sie die Thermometerskala nach Celsius.

Notieren Sie bitte die fehlende Zahl. $\longrightarrow$ $\boxed{13}$

---

$\boxed{6}$     Nein, bitte notieren Sie:

Chlorknallgas = Mischung von Wasserstoff und . . . . . . .

Knallgas     = Mischung von . . . . . . . und Sauerstoff.

Lesen Sie bitte weiter unter $\boxed{15}$ .

---

$\boxed{7}$     Sicher haben Sie schon folgende Beobachtung gemacht: Wenn man ein Gefäß bis zum Rand gefüllt hat, z. B. einen Eimer mit Sand, kann man durch Rütteln und Klopfen erreichen, daß der Sand etwas zusammenrutscht. Der Eimer ist nicht mehr ganz voll.

Die gleiche Menge Sand, die, locker geschüttet, den Eimer gefüllt hat, nimmt nach dem Zusammenrütteln einen kleineren Raum (ein kleineres Volumen) ein. Der Sand liegt jetzt dichter.

Auch die Dichte von Wasser kann größer werden, allerdings nicht durch Zusammenrütteln, sondern durch Abkühlen.

Lesen Sie noch einmal  16

**4**

---

**8**      Ihre Antwort ist richtig: Der Kreislauf des Wassers in der Natur kommt durch eine Reihe von *physikalischen* Vorgängen zustande.

Das Wasser als chemische Verbindung ändert sich dabei ja nicht. Es ist lediglich durch Verdunsten vom flüssigen in den dampfförmigen Zustand und durch Kondensieren vom dampfförmigen wieder in den flüssigen Zustand übergegangen.

Wir wollen den Kreislauf des Wassers noch einmal in einer Zeichnung betrachten:

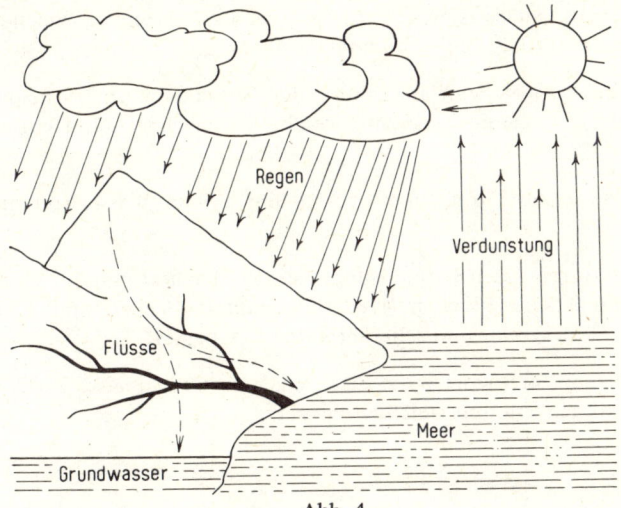

Abb. 4.

Ist die Zeichnung des Wasserkreislaufs richtig?

- Ja   ⟶   16
- Nein  ⟶   21

---

**9**      Nein, Sie haben etwas verwechselt.
Sehen Sie sich die Skizze bei 19 nochmals an. Überlegen Sie sich bitte genau, welches Gas an der Kathode und welches an der Anode entsteht.

**4**

---

**10**     Es ist gut, daß Sie nicht raten. Notieren Sie die folgende Begriffsbestimmung:

Eine Elektrolyse ist ein chemischer Vorgang, bei dem mit Hilfe des elektrischen Gleichstroms Stoffe zerlegt werden.

Lesen Sie bitte weiter unter   **19**  .

---

**11**     Bei der Elektrolyse von Wasser entsteht zwar Wasserstoff. In der Technik wird Wasserstoff aber meist durch Elektrolyse von Kochsalzlösung gewonnen. Hierbei erhält man als weitere wichtige Produkte . . . . . . und . . . . . . . . . .

Notieren Sie bitte die beiden Namen.   →  **42**

---

**12**     Bitte vergleichen Sie:

Hartes Wasser, z. B. Quellwasser, enthält *Calcium-Verbindungen*. Weiches Wasser, z. B. *Regenwasser*, enthält keine *Calcium-Verbindungen*.

Man kann hartes und weiches Wasser durch den Geschmack unterscheiden: Hartes Wasser schmeckt erfrischend. Das reine, weiche Regenwasser schmeckt schal und fade.

Es gibt noch eine weitere Möglichkeit, hartes und weiches Wasser voneinander zu unterscheiden:

Gibt man zu Leitungswasser Seifenlösung, dann beobachtet man im Wasser die Ausscheidung unlöslicher Flocken. Wiederholt man den Versuch mit Regenwasser, dann bleibt die Lösung klar und schäumt außerdem besser.

Notieren Sie bitte in Stichworten die Eigenschaften (Geschmack, Verhalten gegen Seifenlösung) von hartem und weichem Wasser.

Hartes Wasser: . . . . . . . . . . . . . . . .

Weiches Wasser: . . . . . . . . . . . . . . . .   →  **20**

---

**13**     Ihre Antwort ist richtig.

Nach Festlegung des 0°-Punktes und des 100°-Punktes wird die dazwischenliegende Strecke in 100 gleiche Teile eingeteilt.

So erhält man die Temperaturskala nach . . . . . . . .

Notieren Sie bitte den Namen.   →  **4**

---

**4**

| 14 |

Wenn Wasser gefriert, dehnt es sich aus. 1 kg Eis nimmt also einen größeren Raum ein als 1 kg Wasser. Eis ist also nicht so „dicht gepackt" wie Wasser. Die Dichte von Eis ist kleiner als die Dichte von Wasser.

Was geschieht, wenn man ein Stück Eis in Wasser gibt? Sie können diese Frage leicht beantworten, wenn Sie bedenken, daß weniger dichte Stoffe auf dichteren schwimmen.

- Das Eis schwimmt auf dem Wasser.   $\longrightarrow$   | 22 |

- Das Eis sinkt unter.   $\longrightarrow$   | 30 |

---

| 15 |

Ihre Antwort ist richtig.

Chlorknallgas = Mischung von Wasserstoff und Chlor.

Knallgas      = Mischung von Wasserstoff und Sauerstoff.

Die bei der Reaktion von Chlorknallgas aus Chlor und Wasserstoff entstehende neue chemische Verbindung nennt man *Chlorwasserstoff.*

Chlorwasserstoff ist ein stechend riechendes Gas. Es löst sich sehr leicht in Wasser. Diese wäßrige Lösung von Chlorwasserstoff reagiert sauer, wir nennen sie Salzsäure.

Chlor ist eines der aktivsten chemischen Elemente. Es verbindet sich leicht mit vielen anderen Elementen. Aus diesem Grunde kommt Chlor in der Natur nicht frei, sondern nur in Verbindungen vor. Die wichtigste natürlich vorkommende Chlorverbindung ist das Kochsalz. Seine chemische Bezeichnung ist Natriumchlorid, denn es besteht aus den Elementen Natrium und Chlor.

Notieren Sie Namen und Eigenschaften der in diesem Abschnitt genannten zwei Chlorverbindungen.

Lesen Sie dann bitte weiter unter | 34 | .

---

| 16 |

Ihre Antwort ist richtig.

Wir wollen uns nun eine wichtige physikalische Eigenschaft des Wassers klarmachen.

Wasser hat die Dichte 1 g/cm$^3$, d. h. 1 cm$^3$ Wasser wiegt bei +4 °C 1 g. Füllt man Wasser von +20 °C in ein langes, enges Röhrchen, markiert den Wasserstand und kühlt das Wasser ab, dann kann man feststellen, daß der Wasserspiegel sinkt.

In welchem Röhrchen hat das Wasser die größte Dichte?

**4**

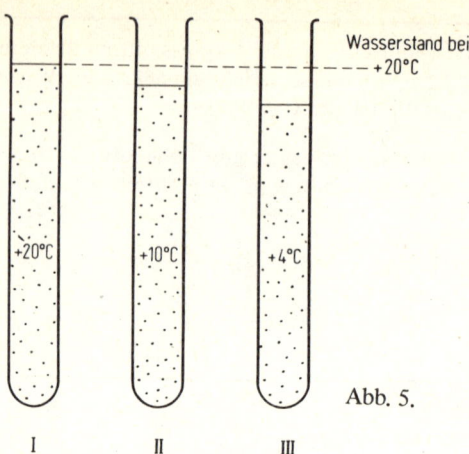

Abb. 5.

I          II          III

- Im Röhrchen I    →    32
- Im Röhrchen II    →    40
- Im Röhrchen III    →    24
- Ich weiß es nicht.    →    7

---

**17**    Es entsteht *Knallgas*.

Knallgas enthält Wasserstoff und Sauerstoff in dem Volumenverhältnis, in dem die beiden Gase bei der Elektrolyse von Wasser entstehen, nämlich im Volumenverhältnis:

Wasserstoff : Sauerstoff = 2 : 1

Auch in der Technik wird Wasserstoff durch Elektrolyse gewonnen. Allerdings elektrolysiert man hier nicht Wasser, sondern Kochsalzlösung. Hierbei entstehen neben Wasserstoff noch Natronlauge und Chlor. Während wir die Natronlauge erst später kennenlernen werden, wollen wir das *Chlor* schon jetzt besprechen.

Chlor ist ein Gas. Es sieht grünlich-gelb aus. **Chlor ist giftig.**

Wenn wir in einen Glaszylinder (unter dem Abzug!) Chlor einleiten, wird die Luft aus dem Zylinder verdrängt; dieser füllt sich allmählich *von unten nach oben* mit Chlor.

Welche der drei Angaben ist die richtige?

**4**

Die Dichte von Chlor ist

- größer als die von Luft    $\longrightarrow$   25
- kleiner als die von Luft    $\longrightarrow$   45
- gleich wie die von Luft    $\longrightarrow$   3

---

**18**      Der Kreislauf des Wassers kommt nur durch physikalische Vorgänge zustande. Das Wasser ändert sich ja dabei *als Stoff* nicht. Nur sein Zustand ändert sich von flüssig nach dampfförmig oder von dampfförmig nach flüssig. Es sind also ausschließlich physikalische Vorgänge, die den Kreislauf des Wassers bedingen.

Lesen Sie noch einmal   1 .

---

**19**     Ihre Antwort ist richtig.

Eine Elektrolyse ist ein chemischer Vorgang, bei welchem mit Hilfe des elektrischen Gleichstroms Stoffe zerlegt werden.

Schickt man elektrischen Gleichstrom durch angesäuertes Wasser, dann wird das Wasser in seine Bestandteile zerlegt. Wir erhalten an der Anode (dem Pluspol) Sauerstoff, an der Kathode (dem Minuspol) Wasserstoff. Wasser besteht also aus Wasserstoff und Sauerstoff. Der Versuch gibt zugleich Auskunft über die *mengenmäßige* Zusammensetzung.

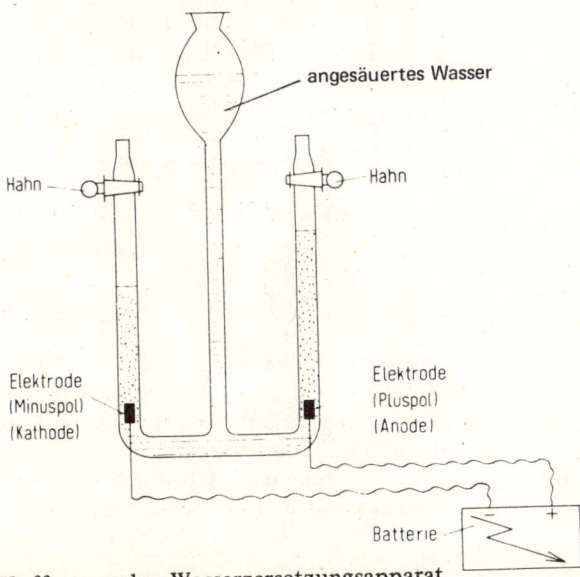

Abb. 6. Hoffmannscher Wasserzersetzungsapparat

**4**

Zu Beginn des Versuches sind die beiden Schenkel des Hofmannschen Wasserzer-
setzungsapparates bis an die Hähne mit Wasser gefüllt. Nach dem Anschließen der
Batterie steigen von den Elektroden Gasbläschen auf und sammeln sich unter den
Hähnen. Nach einiger Zeit bietet sich uns vorstehendes Bild.

Was können Sie anhand der Skizze folgern?

● Es entsteht doppelt so viel Wasserstoff wie Sauerstoff.           →  29

● Es entsteht doppelt so viel Sauerstoff wie Wasserstoff.           →  9

● Es entstehen gleiche Raumteile Sauerstoff und Wasserstoff.        →  39

---

20   Bitte vergleichen Sie:

Hartes Wasser: Geschmack gut und erfrischend; mit Seifenlösung unlösliche
Flocken, schäumt schlecht.

Weiches Wasser: Geschmack schal und fade; löst Seife klar, schäumt gut.

Weiches Wasser können wir aus hartem Wasser durch Destillieren gewinnen. Eine
Apparatur zur Destillation von Wasser ist in der folgenden Skizze dargestellt.

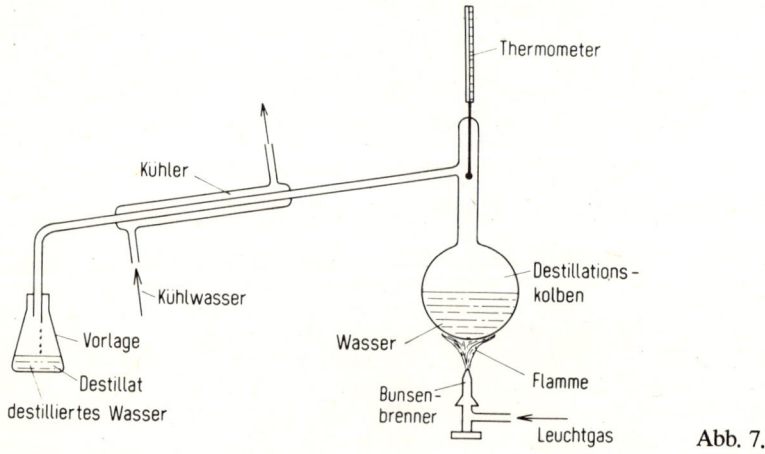

Abb. 7.

Wenn Sie sich die Skizze genau ansehen, finden Sie leicht die in der folgenden Beschreibung fehlenden Wörter: Notieren Sie diese bitte in der richtigen Reihenfolge:
Wasser wird im . . . . . . . . . . . . . . . . . . verdampft. Der Dampf steigt auf, geht an
einem . . . . . . . . . . . vorbei und wird im . . . . . . wieder zu Wasser kondensiert (verdichtet). Zur Kühlung wird . . . . . . . . . gebraucht. Das durch Destillation gereinigte
Wasser tropft in die . . . . . . . . Das gewonnene Destillat nennt man . . . . . . . . . .

Lesen Sie bitte weiter unter  28

**4**

---

| 21 |      Die Zeichnung zeigt *völlig richtig*, wie das Wasser der Meere durch Ver-
dunsten in die Atmosphäre gelangt, sich dort zu Wolken verdichtet und wieder
als Niederschlag auf die Erde zurückkehrt. Dort sammelt es sich im Grundwasser
zu Quellen, die zu Bächen und Flüssen werden und in das Meer münden. Damit
ist der Kreislauf geschlossen.

Sehen Sie sich die Zeichnung noch einmal an; Sie finden sie unter   | 8 |

---

| 22 |      Ihre Antwort ist richtig.

Wasser gefriert bei 0 °C und siedet unter einem Druck von einer Atmosphäre
(= Druck einer Quecksilbersäule von 760 mm) bei 100 °C. Diese beiden Temperatur-
punkte, **0 °C** und **100 °C**, sind sogenannte Festpunkte oder Fixpunkte, auf denen
die Einteilung des Thermometers nach Celsius beruht. Man erhält diese Einteilung,
indem man an einem Quecksilberthermometer die Strecke zwischen den beiden
Fixpunkten in 100 gleiche Teile teilt. Eine solche Thermometereinteilung bezeichnet man auch als Temperatur-Skala oder Thermometerskala.

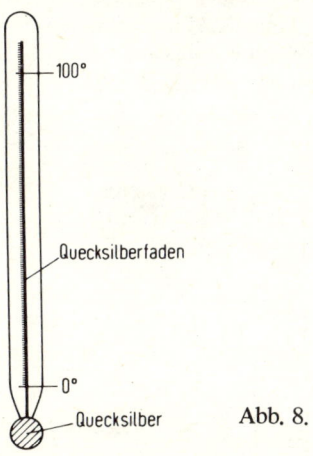

Abb. 8.

Wie können Sie die beiden Fixpunkte eines Thermometers auf möglichst einfache
Weise selbst ermitteln?

- Durch Übertragen der entsprechenden Punkte von irgendwelchen
  anderen Thermometern.                                                    → | 31 |

- Indem ich das Thermometer in siedendes Wasser halte.                      → | 43 |

- Indem ich das Thermometer in siedendes Wasser und dann in
  schmelzendes Eis halte.                                                   → | 13 |

- Indem ich das Thermometer in schmelzendes Eis halte.                      → | 5 |

**4**

23| Sie haben vorhin notiert:

Wasser $\xrightarrow{\text{Elektrolyse}}$ 2 Raumteile Wasserstoff + 1 Raumteil Sauerstoff.

Die Raumteile verhalten sich also wie .... : ....  →  |37|

---

24|     Ihre Antwort ist richtig.

Sicher haben Sie schon folgende Beobachtungen gemacht: Wenn man ein Gefä
z. B. einen Eimer, bis zum Rand mit Sand gefüllt hat, kann man durch Rütteln
und Klopfen erreichen, daß der Sand etwas zusammenrutscht. Der Eimer ist nicht
mehr ganz voll.

Die gleiche Menge Sand, die, locker geschüttet, den Eimer gefüllt hat, nimmt nach
dem Zusammenrütteln einen kleineren Raum (ein kleineres Volumen) ein. Der
Sand liegt jetzt dichter. Auch die Dichte von Wasser kann größer werden, allerdings nicht durch Zusammenrütteln, sondern durch Abkühlen.

Bei +4 °C hat Wasser also eine größere Dichte als bei +10 °C oder +20 °C. Das ist
nichts Besonderes. Alle Stoffe ziehen sich ja beim Abkühlen zusammen. Etwas
Besonderes können wir jedoch beobachten, wenn wir das auf +4 °C abgekühlte
Wasser noch weiter abkühlen. Dann zieht sich das Wasser nämlich nicht mehr
weiter zusammen, sondern es dehnt sich wieder aus!

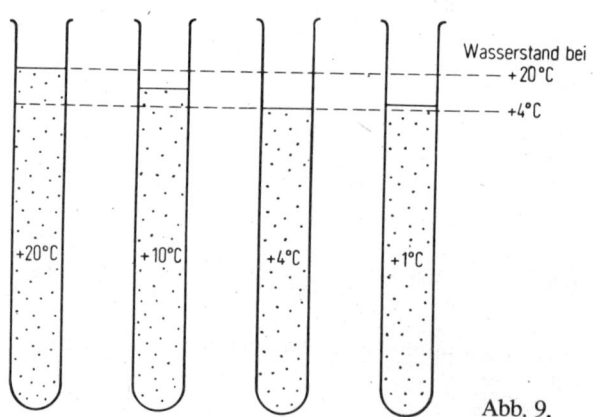

Abb. 9.

Ergänzen Sie bitte in den folgenden Sätzen die Wörter: *größer* oder *kleiner*.

1. Kühlt man Wasser von +10 °C auf +4 °C ab, wird seine Dichte ....... und
   sein Volumen ........ .

2. Kühlt man Wasser von +4 °C auf +1 °C ab, wird seine Dichte ....... und
   sein Volumen ........ .  →  |33|

**4**

25    Ihre Antwort ist richtig.

Die Dichte von Chlor ist größer als die von Luft. Chlor riecht stechend und ist **giftig**. In kleinen Mengen wirkt Chlor bleichend und desinfizierend. Denken Sie daran, daß man das Wasser von Badeanstalten, in manchen Gegenden auch das Trinkwasser, durch Zusatz kleiner Mengen Chlor keimfrei macht. Chlor ist ein sehr reaktionsfähiges Element. Es verbindet sich z. B. mit Wasserstoff.

**Vorsicht!** Füllen wir einen Glaszylinder zur Hälfte mit Chlor und zur Hälfte mit Wasserstoff und bringen eine Flamme an die Öffnung des Zylinders oder belichten den Zylinder stark (Sonne, Ultraviolettlampe, Blitzlicht), so **explodiert** das Gasgemisch mit lautem Knall.

Man nennt dieses Gemisch deshalb *Chlorknallgas*.

Woraus besteht Chlorknallgas?

- Aus Wasserstoff und Sauerstoff    $\longrightarrow$    46
- Aus Wasserstoff und Chlor         $\longrightarrow$    15
- Aus Chlor und Sauerstoff          $\longrightarrow$    6

---

26    Das Wasser bleibt bei seinem Kreislauf *als Stoff* unverändert. Es geht lediglich vom flüssigen in den dampfförmigen und vom dampfförmigen wieder in den flüssigen Zustand über. Es kann sich also beim Kreislauf des Wassers nicht um chemische Vorgänge handeln, denn bei einem chemischen Vorgang wandeln sich die beteiligten Stoffe in andere um.

Lesen Sie noch einmal    1

---

27    Ihre Antwort ist richtig. Destilliertes Wasser ist *weiches* Wasser.

Es ist reiner als Regenwasser, das zwar auch keine Calciumverbindungen, aber dafür meist andere Verunreinigungen enthält.

Wasser ist lebenswichtig für Menschen, Tiere und Pflanzen. Auch die Bedeutung und Anwendung des Wassers im täglichen Leben ist sehr groß. Denken wir nur an Kochen und Waschen. Auch in der Technik und Industrie ist Wasser unentbehrlich, z. B. zum Spülen, Reinigen oder Lösen. Auch als Wasserdampf zum Heizen oder als Eis zum Kühlen ist Wasser wichtig.

Um zu klären, welche chemische Zusammensetzung das Wasser hat, können wir das Wasser einer Elektrolyse unterwerfen.

Was versteht man unter einer Elektrolyse?

- Einen physikalischen Vorgang, bei dem elektrischer Gleichstrom verwendet wird.  → 2

- Einen chemischen Vorgang, bei welchem mit Hilfe des elektrischen Gleichstroms Stoffe zerlegt werden.  → 19

- Eine chemische Stoffumwandlung, die durch Zusatz geringer Mengen anderer Stoffe beschleunigt wird.  → 35

- Ich weiß es nicht.  → 10

---

**28** Vergleichen Sie:

*Destillationskolben*

*Thermometer*

*Kühler*

*Kühlwasser*

*Vorlage*

*destilliertes Wasser*

Beschreiben Sie bitte die Destillation des Wassers. (In der Beschreibung müssen die sechs soeben genannten Begriffe vorkommen!)  → 36

Sollten Sie Schwierigkeiten haben, dann lesen Sie bitte noch einmal 20

---

**29** Ja. Es entsteht doppelt soviel Wasserstoff wie Sauerstoff. Neben 2 Raumteilen Wasserstoff entsteht bei der Elektrolyse 1 Raumteil Sauerstoff. Man erhält also z. B. 2 Liter Wasserstoff und 1 Liter Sauerstoff.

Ergänzen Sie bitte:

Wasser $\xrightarrow{\text{Elektrolyse}}$ . . . . Raumteile . . . . . . . . + . . . . Raumteile . . . . . . . .

→ 38

---

**30** Ihre Antwort stimmt *nicht* mit Beobachtungen überein, die Sie im Winter sicherlich schon selbst gemacht haben!  → 33

---

**31** Woher wissen Sie, ob das Vergleichsthermometer in allen Einzelheiten mit dem übereinstimmt, das Sie eichen wollen?

Lesen Sie bitte noch einmal 22

**4**

---

| **32** | Ihre Antwort ist falsch. |

Eine Erklärung finden Sie unter ⬚7

---

| **33** | Bitte vergleichen Sie: |

1. Kühlt man Wasser von +10 °C auf +4 °C ab, wird seine Dichte *größer* und sein Volumen *kleiner.*

2. Kühlt man Wasser von +4 °C auf +1 °C ab, wird seine Dichte *kleiner* und sein Volumen *größer.*

Wenn man Wasser weiter abkühlt, gefriert es bei 0 °C zu Eis. Dabei tritt eine weitere Ausdehnung, eine Vergrößerung des Volumens ein.

Es ist aus diesem Grunde notwendig, ungeschützt liegende Wasserleitungen bei Frostgefahr zu entleeren. Das gefrierende Wasser würde sonst wegen der Ausdehnung die Leitungen auseinandersprengen.

Hat Eis eine kleinere Dichte als Wasser?

- Ja                              ⟶  ⬚22
- Nein                          ⟶  ⬚41
- Die Dichten sind gleich    ⟶  ⬚49
- Ich weiß es nicht          ⟶  ⬚14

---

| **34** | Bitte vergleichen Sie: |

Chlorwasserstoff: Gas, riecht stechend, sehr leicht löslich in Wasser, die Lösung reagiert sauer und heißt Salzsäure.

Kochsalz (= Natriumchlorid): Verbindung aus Natrium und Chlor, fest, löst sich gut in Wasser, schmeckt salzig.

Wir wiederholen:

Wasser ist eine chemische Verbindung, die auf der Erde sehr häufig vorkommt. Es gefriert bei 0 °C und siedet bei 100 °C. Auf diesen beiden Fixpunkten beruht die Temperaturskala nach Celsius. Die Dichte von Eis ist kleiner als die von Wasser.

Wasser besteht aus Wasserstoff und Sauerstoff. Bei der Elektrolyse von Wasser erhält man zwei Volumenteile Wasserstoff und einen Volumenteil Sauerstoff.

Wie wird in der Technik Wasserstoff gewonnen?

- Durch Elektrolyse von Wasser            ⟶  ⬚11
- Durch Elektrolyse von Kochsalzlösung  ⟶  ⬚42

4

**35** Sie haben zwei Begriffe durcheinandergebracht:

Einen chemischen Vorgang, der durch Zusatz geringerer Mengen anderer Stoffe beschleunigt wird, nennt man *Katalyse*.

Eine Elektrolyse ist ein chemischer Vorgang, bei welchem mit Hilfe des elektrischen Gleichstroms Stoffe zerlegt werden.

Notieren Sie die Definition der Elektrolyse, und lesen Sie dann bitte weiter unter 19

**36** Ihre Beschreibung einer Destillation von Wasser muß sinngemäß lauten:

Wasser wird im *Destillationskolben* verdampft. Die Dampftemperatur wird durch ein *Thermometer* gemessen. Im *Kühler* kondensiert der Wasserdampf zu Wasser. Es wird mit *Kühlwasser* gekühlt. Das *destillierte Wasser* tropft als Destillat in die *Vorlage*.

Erinnern Sie sich an die Begriffe hartes und weiches Wasser?

Was ist destilliertes Wasser?

● Weiches Wasser      ⟶  27

● Hartes Wasser       ⟶  44

● Ich weiß es nicht   ⟶  48

**37** Ihre Antwort ist richtig.

Bei der Elektrolyse von Wasser entstehen Wasserstoff und Sauerstoff im Volumenverhältnis 2 : 1.

Wasser ist eine Verbindung der Elemente Wasserstoff und Sauerstoff. Wenn sich Wasserstoff und Sauerstoff verbinden, wenn also Wasserstoff verbrannt wird, entsteht Wasser.

**Vorsicht!** Diese Reaktion von Wasserstoff mit Sauerstoff verläuft so heftig, daß Gemische von Wasserstoff und Sauerstoff beim Anzünden **explodieren**. Besonders heftig ist der Knall, wenn man ein Gemisch aus zwei Volumenteilen Wasserstoff und einem Volumenteil Sauerstoff anzündet. Man nennt dieses Gemisch deshalb *Knallgas*.

Was entsteht, wenn man die bei der Elektrolyse von Wasser entstehenden Gase mischt?

Es entsteht . . . . . . . . .

Notieren Sie bitte den Namen.    ⟶   17

**4**

**38**
$$\text{Wasser} \xrightarrow{\text{Elektrolyse}} 2 \text{ Raumteile } \textit{Wasserstoff} + 1 \text{ Raumteil } \textit{Sauerstoff}$$

Bei der Elektrolyse von Wasser entsteht an der Anode . . . . . . . . . und an der
Kathode . . . . . . . . . . . Das Wasser besteht also aus . . . . . . . . . . . und . . . . . . . . . .

Bitte notieren Sie die fehlenden Wörter.    →  47

Wenn Sie nicht zurechtkommen, lesen Sie noch einmal  19

**39**    Die Gasmengen, die sich unter den Hähnen gesammelt haben, sind doch
nicht gleich! Unter dem linken Hahn hat sich doppelt so viel Gas gesammelt wie
unter dem rechten. Kehren Sie zurück nach  19

**40**    Ihre Antwort ist falsch. Eine Erklärung finden Sie unter  7

**41**    Ihre Antwort ist falsch. Eine Erklärung finden Sie bei  14

**42**    Ihre Antwort ist richtig. In der Technik wird Wasserstoff durch Elektrolyse
von Kochsalzlösung gewonnen. Als Nebenprodukte entstehen *Natronlauge* und *Chlor*.

Chlor ist ein grünlich-gelbes, stechend riechendes, **giftiges** Gas, dessen Dichte größer
als die von Luft ist. Die Mischung von Chlor und Wasserstoff nennt man . . . . . . . . . . .
Chlor verbindet sich mit Wasserstoff zu . . . . . . . . . . Die wäßrige Lösung von Chlorwasserstoff heißt . . . . . . . . . Die wichtigste, in der Natur vorkommende Verbindung
des Chlors ist das . . . . . . . . . . .

Bitte notieren Sie die fehlenden Wörter.    →  50

**43**    Wenn Sie Ihr Thermometer in siedendes Wasser halten, können Sie zwar
feststellen, wo der 100°-Punkt der Skala liegen muß. Zur Festlegung der Skala
brauchen Sie aber *zwei* Fixpunkte. Sie müssen also auch noch durch Eintauchen
des Thermometers in schmelzendes Eis den 0°-Punkt der Skala festlegen. Durch
Einteilung der Strecke zwischen dem 0°-Punkt und dem 100°-Punkt in . . . .
gleiche Teile erhalten Sie die Thermometerskala nach Celsius.

Notieren Sie bitten die fehlende Zahl.    →  13

**44**    Nein. Destilliertes Wasser ist durch Destillieren gereinigtes Wasser. Verunreinigungen, z. B. Calcium-Verbindungen, bleiben im Destillationskolben zurück.

Destilliertes Wasser ist also . . . . . . . . (hartes/weiches) Wasser.    →  27

**4**

**45**     Nein. Beachten Sie bitte, daß sich beim Einleiten von Chlor in einen mit Luft gefüllten Glaszylinder dieser *von unten nach oben* mit dem Chlor füllt.

Denken Sie daran, daß Körper, die eine größere Dichte als Wasser haben, im Wasser nach unten sinken.

Lesen Sie noch einmal  $\boxed{17}$

---

**46**     Nein, bitte notieren Sie:

Chlorknallgas = Mischung von Wasserstoff und . . . . . .

Knallgas      = Mischung von . . . . . . . . und Sauerstoff.

Lesen Sie bitte weiter unter  $\boxed{15}$

---

**47**     Bitte vergleichen Sie:

Bei der Elektrolyse von Wasser entsteht an der Anode *Sauerstoff* und an der Kathode *Wasserstoff*. Wasser besteht aus *Sauerstoff* und *Wasserstoff*.

Wie verhalten sich die Raumteile von Sauerstoff und Wasserstoff, die bei der Elektrolyse des Wassers entstehen?

- Wasserstoff : Sauerstoff = 2 : 1   →  $\boxed{37}$
- Wasserstoff : Sauerstoff = 1 : 1   →  $\boxed{39}$
- Wasserstoff : Sauerstoff = 1 : 2   →  $\boxed{9}$
- Ich weiß es nicht   →  $\boxed{23}$

---

**48**     Destilliertes Wasser ist durch Destillieren gereinigtes Wasser. Verunreinigungen, z. B. Calcium-Verbindungen, bleiben im Destillationskolben zurück.

Destilliertes Wasser ist also . . . . . . . (hartes/weiches) Wasser.   →  $\boxed{27}$

---

**49**     Ihre Antwort ist falsch. Eine Erklärung finden Sie bei  $\boxed{14}$ .

---

**50**     Bitte vergleichen Sie:

Die Mischung von Chlor und Wasserstoff nennt man *Chlorknallgas*. Chlor verbindet sich mit Wasserstoff zu *Chlorwasserstoff*. Die wäßrige Lösung von Chlorwasserstoff heißt *Salzsäure*. Die wichtigste, in der Natur vorkommende Verbindung des Chlors ist das *Natriumchlorid (Kochsalz)*.      Ende des 4. Programms.

## 5. Programm

**Wasserstoff**

---

| 1 | Wasserstoff ist ein chemisches Element, von dem Sie in den beiden letzten Programmen schon einiges erfahren haben. |

Wasserstoff ist ein farbloses, geruchloses und geschmackloses Gas.

Brennt Wasserstoff?

- Ich weiß es nicht → 26
- Ja → 12
- Nein → 16

---

| 2 | Sie müssen sinngemäß geantwortet haben:

Vor der Durchführung chemischer Reaktionen mit Wasserstoff muß man sich davon überzeugen, daß die verwendete Apparatur **frei von Sauerstoff** ist, um folgenschwere Explosionen zu vermeiden. Zur Kontrolle dient die **Knallgasprobe**.

Wir wollen jetzt drei Verfahren zur Gewinnung von Wasserstoff besprechen. *Ein Verfahren kennen wir schon.* Wie kann man Wasserstoff gewinnen?

- Durch Verdampfen von Wasser → 10
- Durch Elektrolyse von Wasser → 28
- Ich weiß es nicht → 35

---

| 3 | *Knallgas, Wasser*

Gase haben, wie Flüssigkeiten und feste Stoffe, eine bestimmte Dichte. Es gibt Gase, die eine größere oder kleinere Dichte als Luft haben. Vereinfachend sagt man oft: Es gibt schwere und leichte Gase.

Um festzustellen, ob Wasserstoff ein schweres oder ein leichtes Gas ist, machen wir folgenden Versuch:

Wir nehmen zwei mit Wasserstoff gefüllte Glaszylinder. Einen hängen wir mit der Öffnung nach unten auf, den anderen lassen wir mit der Öffnung nach oben stehen. Nach kurzer Zeit (ca. 1 Minute) halten wir an die Öffnungen beider Glaszylinder eine Flamme:

Bei dem oben offenen Glaszylinder erhalten wir keine Reaktion: Der Wasserstoff ist nach oben entwichen.

Bei dem unten offenen Glaszylinder erfolgt eine kleine Verpuffung: Dieser enthielt noch Wasserstoff.

Sie können aufgrund dieser Beobachtungen folgende Frage beantworten:

Ist Wasserstoff leichter oder schwerer als Luft?

- Leichter          $\longrightarrow$     | 11 |

- Schwerer          $\longrightarrow$     | 27 |

- Ich weiß es nicht          $\longrightarrow$     | 20 |

---

| 4 |          Ihre Antwort ist richtig.

Zunächst hat sich das Kupfer mit dem Sauerstoff der Luft zu Kupferoxid verbunden: *Oxidation* des Kupfers zum Kupferoxid.

Im zweiten Teil des Versuchs wurde Wasserstoff über das Kupferoxid geleitet. Dieser Wasserstoff hat sich mit dem Sauerstoff des Kupferoxids zu Wasser verbunden: *Reduktion* des Kupferoxids zum Kupfer.
*Wasserstoff kann also zur Durchführung von Reduktionen verwendet werden.*

Hier noch einmal der Versuch in Kurzfassung (bitte mit Ergänzungen notieren!)

1. *Oxidation:*

   Kupfer + . . . . . . . . . . $\longrightarrow$ . . . . . . . . . .

2. *Reduktion:*

   Kupferoxid + Wasserstoff $\longrightarrow$ . . . . . . + . . . . . .     $\longrightarrow$     | 15 |

---

| 5 |          Das Verfahren zur Herstellung von Wasserstoff durch Einwirkung von Wasserdampf auf glühenden Koks ist ein *technisches Verfahren,* das für das Laboratorium nicht geeignet ist.

Kehren Sie zurück nach | 23 |

---

| 6 |          Ihre Antwort ist falsch.

Sie haben gerade erfahren, daß Wasserstoff das *leichteste* aller Gase ist, d. h. Wasserstoff hat von allen Gasen die *kleinste* Dichte. Mit Wasserstoff gefüllte Ballons haben *wegen der geringen Dichte* des Wasserstoffs einen großen Auftrieb, d. h. sie steigen gut.

Kehren Sie zurück nach | 23 |

**5**

---

| 7 | *Wasserstoff* |

*Knallgas*

Notieren Sie bitte drei Verfahren zur Gewinnung von Wasserstoff.   ⟶   |19|

---

| 8 | Sie müssen sinngemäß geantwortet haben: |

Wird der Hahn H geöffnet, dann entweicht das im Raum B befindliche Gas. So kann die Salzsäure von A über C nach B fließen. In der Kugel B befindet sich auf einem Sieb das Zink. Sobald die Salzsäure mit dem Zink in Berührung kommt, entwickelt sich Wasserstoff.

Was geschieht, wenn man Hahn H wieder schließt?

Bitte antworten Sie wieder schriftlich.   ⟶   |17|

---

| 9 | 1. Hofmannscher Wasserzersetzungsapparat |

      2. Gasentwickler von Kipp

      3. Wassergas

Was ist  a) eine Oxidation und
        b) eine Reduktion?

a) Ein . . . . . . . . . . Vorgang, bei dem . . . . . . . . . . . . . . . . . , ist eine Oxidation.

b) Ein . . . . . . . . . . Vorgang, bei dem . . . . . . . . . . . . . . . . . , ist eine Reduktion.

Bitte notieren Sie die vollständigen Begriffsbestimmungen.   ⟶   |29|

---

| 10 | Nein. Durch Verdampfen von Wasser verändern wir das Wasser chemisch gar nicht. Auch Wasserdampf ist Wasser. Es handelt sich beim Verdampfen von Wasser um einen rein physikalischen Vorgang.

Wasserstoff ist aber ein anderer Stoff als Wasser. Wir können Wasserstoff also nur durch einen chemischen Vorgang aus Wasser gewinnen.

Denken Sie an die Besprechung des Wassers. Dort haben wir gesehen, daß man Wasser mit Hilfe des elektrischen Gleichstromes in Wasserstoff und Sauerstoff zerlegen kann. Wasserstoff scheidet sich an der Kathode (am Minuspol), Sauerstoff an der Anode (am Pulspol) ab.

Ein Verfahren zur Gewinnung des Wasserstoffs besteht also in der . . . . . . . . . von Wasser.

Notieren Sie bitte das fehlende Wort.   ⟶   |28|

---

**5**

**11**      Ihre Antwort ist richtig.

Wasserstoff ist sogar wesentlich leichter als Luft. Wasserstoff ist das leichteste aller Gase. Ein Liter wiegt rund 1/10 Gramm.

Beim Arbeiten mit Wasserstoff sind besondere **Vorsichtsmaßnahmen** notwendig. Man muß eine **Schutzbrille** tragen und sollte seine Apparatur hinter einer **Schutzscheibe** aufbauen. Die Apparatur muß **frei von Sauerstoff** sein. Wasserstoff und Sauerstoff bilden ja ein Gemisch, das bei Entzündung **sehr heftig explodiert** (Knallgas).
Vor Durchführung chemischer Reaktionen mit Wasserstoff muß man stets die sogenannte **Knallgasprobe** machen:
Man läßt **Wasserstoff** durch die Versuchsapparatur strömen, entnimmt nach einiger Zeit am Ende der Apparatur eine Gasprobe mit einem Reagenzglas (Öffnung nach unten) und hält dieses mit der Öffnung nach unten an eine Flamme. Erfolgt eine **Verpuffung**, dann enthält die Apparatur noch mehr oder weniger große Mengen von **Sauerstoff**. Es kann sich noch **Knallgas** bilden.
In diesem Fall muß solange mit Wasserstoff gespült werden, bis eine neue Gasprobe ruhig und ohne Verpuffung abbrennt. Jetzt ist die Apparatur frei von Sauerstoff.

Warum wird die Knallgasprobe durchgeführt? Schreiben Sie bitte Ihre Antwort kurz auf, und vergleichen Sie unter   2

---

**12**      Ihre Antwort ist richtig.

Wasserstoff brennt. Er verbindet sich sogar sehr heftig mit Sauerstoff.

**Vorsicht!** Eine Mischung aus Sauerstoff und Wasserstoff **explodiert** mit einem lauten Knall beim Entzünden. Man nennt diese Mischung deshalb . . . . . . . . . . Bei der Verbrennung des Wasserstoffs entsteht . . . . . . . . Schreiben Sie bitte die fehlenden Wörter auf, und lesen Sie dann weiter unter   3

---

**13**      Verwendungsmöglichkeiten für Wasserstoff:

      1. Füllgas für Luftschiffe und Ballons
      2. zum Schweißen

Große Mengen von Wasserstoff werden in der chemischen Großindustrie verbraucht, zum Beispiel zur Herstellung von *Ammoniak* und von *Methylalkohol*. Näheres darüber später.

Wir wollen zum Schluß noch eine letzte Anwendung des Wasserstoffs kennenlernen und brauchen dazu zunächst zwei Begriffsbestimmungen:

*Ein chemischer Vorgang, bei dem sich ein Stoff mit Sauerstoff verbindet, ist eine Oxidation.*

*Ein chemischer Vorgang, bei dem einer Verbindung Sauerstoff entzogen wird, ist eine Reduktion.*

Ein Beispiel für eine *Oxidation* ist jede *Verbrennung.*

Ein Beispiel für eine *Reduktion* wollen wir jetzt kennenlernen.

Wir machen einen Gedankenversuch, der zwei Teile hat.

1. Wir erhitzen einen Kupferdraht an der Luft. Das rote metallische Kupfer färbt sich schwarz, es entsteht Kupferoxid, weil sich das Kupfer mit dem Sauerstoff der Luft verbindet. Kupferoxid ist eine Verbindung von Kupfer und Sauerstoff.

2. Wir legen den an der Luft erhitzten schwarzen Kupferdraht in ein Glasrohr und leiten Wasserstoff hindurch. Wir spülen solange, bis eine am Ende der Apparatur entnommene Gasprobe beim Entzünden ruhig abbrennt (dadurch sind wir sicher, daß kein Sauerstoff mehr in der Apparatur vorhanden ist; **Knallgasprobe).** Nun erhitzen wir das Glasrohr von außen an der Stelle, an der der Kupferdraht liegt. Nach kurzer Zeit tritt der metallische Glanz des Kupfers am Draht wieder auf. Außerdem scheidet sich an den kälteren Stellen der Apparatur Wasser in Form von Tröpfchen ab.

Welche der folgenden Angaben ist richtig?

- Beim ersten Teil dieses Versuchs handelte es sich um eine Oxidation, beim zweiten Teil um eine Reduktion des Kupfers     →   4

- Beim ersten Teil des Versuchs handelte es sich um eine Reduktion, beim zweiten Teil um eine Oxidation des Kupfers     →   25

- Es handelte sich bei beiden Teilen des Versuchs um Reduktionen des Kupfers     →   30

- Es handelte sich bei beiden Teilen des Versuchs um Oxidationen des Kupfers     →   34

- Ich brauche eine Hilfe     →   21

---

14      Ihre Antwort ist falsch.

Sie haben gerade erfahren, daß Wasserstoff das *leichteste* aller Gase ist, d. h. Wasserstoff hat von allen Gasen die *kleinste* Dichte. Mit Wasserstoff gefüllte Ballons haben *wegen der geringen Dichte* des Wasserstoffs einen großen Auftrieb, d. h. sie steigen gut.

Kehren Sie zurück nach 23 .

**5**

---

|15|    Vergleichen Sie:

1. *Oxidation:*

     Kupfer + *Sauerstoff* → *Kupferoxid*

2. *Reduktion:*

     Kupferoxid + Wasserstoff → *Kupfer + Wasser*

Zum Schluß beantworten Sie bitte einige Wiederholungsfragen.

Welches ist das leichteste aller Gase?
Wie heißt das Gemisch aus Wasserstoff und Sauerstoff?

Notieren Sie bitte Ihre Antworten.   →  |7|

---

|16|    Ihre Antwort ist falsch.

Wasserstoff brennt. Er verbindet sich sogar sehr heftig mit Sauerstoff.

**Vorsicht!** Eine Mischung von Sauerstoff und Wasserstoff **explodiert** mit einem lauten Knall beim Entzünden.

Man nennt diese Mischung deshalb . . . . . . . . . . Bei der Verbrennung des Wasserstoffs entsteht . . . . . . . .

Notieren Sie bitte die fehlenden Namen.   →  |3|

---

|17|    Sie müssen sinngemäß geantwortet haben:

Beim Schließen des Hahnes H drückt der sich weiterentwickelnde Wasserstoff die Salzsäure wieder von B über C nach A. Es kommt keine Salzsäure mehr mit dem Zink in Berührung, die Wasserstoffentwicklung hört auf.

Bitte ergänzen Sie die fehlenden Wörter:

Man erhält Wasserstoff, wenn man Salzsäure auf . . . . einwirken läßt. Ein besonders zweckmäßiger Gasentwickler ist der von . . . . .   →  |24|

---

|18|    Beantworten Sie mit Hilfe Ihrer Skizze schriftlich folgende Frage:

Was geschieht, wenn der Hahn H geöffnet wird?   →  |8|

---

**5**

**19**     1. Elektrolyse von Wasser oder Kochsalzlösung.

2. Einwirkung von Säuren auf Metalle.

3. Einwirkung von Wasserdampf auf glühenden Koks.

Verfahren 1 und 2 können in bestimmten Apparaten durchgeführt werden. Wie heißen diese beiden Apparate?
Bei Verfahren 3 bildet sich ein Gasgemisch aus Wasserstoff und Kohlenoxid. Wie heißt dieses Gasgemisch?

Bitte notieren Sie ihre Antworten.    →    9

---

**20**     Stellen Sie sich folgenden Versuch vor:

Wir füllen zwei Flaschen mit Öl, verschließen beide und bringen sie in eine Wanne mit Wasser, so daß die Flaschen vollständig vom Wasser bedeckt sind. Dann öffnen wir beide Flaschen, eine mit der Öffnung nach oben, die andere mit der Öffnung nach unten. Aus der ersten Flasche strömt das Öl sofort nach oben aus, denn es ist ja leichter als das Wasser. Aus der zweiten Flasche, der mit der Öffnung nach unten, strömt das Öl nicht aus.

Lesen Sie noch einmal 3

---

**21**     1. Teil des Versuchs:

Wir erhitzen Kupfer an der Luft. Dabei *verbindet* sich das Kupfer *mit Sauerstoff*. Es entsteht Kupferoxid, eine Verbindung aus Kupfer und Sauerstoff.

2. Teil des Versuchs:

Wir leiten Wasserstoff über das Kupferoxid. Dem Kupferoxid wird der *Sauerstoff entzogen,* es entsteht wieder Kupfer.

Vergleichen Sie diese Angaben mit den Begriffsbestimmungen bei 13

---

**22**     Ihre Antwort ist richtig.

Verbrennt Wasserstoff, so entsteht eine sehr heiße Flamme, besonders wenn man statt Luft reinen Sauerstoff zuführt. Solche heißen Flammen werden zum *Schweißen* gebraucht.

Bei der Herstellung einer Wasserstoff-Sauerstoff-Mischung zum Schweißen sind besondere **Vorsichtsmaßnahmen** erforderlich. Für ein Wasserstoff-Sauerstoff-Gebläse benutzt man deshalb einen besonders konstruierten Brenner:

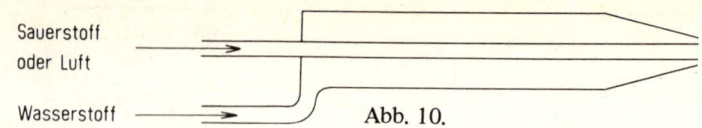

Sauerstoff
oder Luft

Wasserstoff             Abb. 10.

**5**

Bei diesem sogenannten *Daniellschen Hahn* strömt der Wasserstoff durch den äußeren Teil, während durch das in der Mitte angeordnete Rohr der Sauerstoff zugeführt wird. So werden die beiden Gase erst unmittelbar vor dem Anzünden zusammengeführt. Eine Ansammlung der gefährlichen Wasserstoff-Sauerstoff-Mischung (Knallgas) wird durch diesen Trick vermieden.

Bei Benutzung solcher Gebläse und Brenner öffnet man zuerst den Wasserstoffhahn, entzündet das Gas und öffnet dann den Sauerstoff- bzw. Lufthahn. Umgekehrt verfährt man beim Abstellen: Zuerst wird die Sauerstoff- bzw. Luftzufuhr abgestellt, dann der Wasserstoff.

Zeichnen Sie die Skizze ab, notieren Sie sich zwei Verwendungsmöglichkeiten für Wasserstoff, und lesen Sie dann weiter unter |13| .

---

|23|      Im Wasser ist der Wasserstoff an *Sauerstoff* gebunden, wie uns die Elektrolyse gezeigt hat.

Welches ist das wichtigste Verfahren zur Gewinnung von Wasserstoff im Laboratorium?

● Die Elektrolyse von Wasser                            →  |31|

● Die Einwirkung von Säuren auf Metalle            →  |33|

● Die Einwirkung von Wasserdampf auf glühenden Koks    →  |5|

---

|24|     *Zink*
            *Kipp*

Wir haben bisher zwei Verfahren zur Gewinnung von Wasserstoff kennengelernt:

       1. Elektrolye von Wasser oder Kochsalzlösung.

       2. Einwirkung von Säuren auf Metalle.

Als 3. Verfahren müssen wir noch einen wichtigen technischen Weg zur Gewinnung von Wasserstoff erwähnen. Wenn man Wasserdampf über glühenden Koks leitet, bildet sich ein Gemisch von Wasserstoff und Kohlenoxid. Dieses Gasgemisch wird wegen seiner Herkunft „Wassergas" genannt.

Wenn man aus diesem „Wassergas" das Kohlenoxid entfernt, erhält man *Wasserstoff*.

Wie das geschieht, hören wir später.

Bitte notieren Sie mit Ergänzungen:

„Wassergas" ist ein Gemisch aus . . . . . . . . . . und . . . . . . . . . Es entsteht beim
Überleiten von . . . . . . . . . über . . . . . . . . . . . . .    ⟶  $\boxed{32}$

**5**

---

$\boxed{25}$    Nein, lesen Sie bitte $\boxed{21}$ , und durchdenken Sie den Versuch noch einmal.

---

$\boxed{26}$    Wasserstoff brennt. Er verbindet sich sogar sehr heftig mit Sauerstoff.

**Vorsicht!** Eine Mischung von Sauerstoff und Wasserstoff **explodiert** beim Entzünden mit einem lauten Knall.

Man nennt diese Mischung deshalb . . . . . . . . . Bei der Verbrennung des Wasserstoffs entsteht . . . . . .

Notieren Sie bitte die fehlenden Namen.    ⟶    $\boxed{3}$

---

$\boxed{27}$    Stellen Sie sich folgenden Versuch vor:

Wir füllen zwei Flaschen mit Öl, verschließen beide und bringen sie in eine Wanne
mit Wasser, so daß die Flaschen vollständig vom Wasser bedeckt sind. Dann öffnen
wir beide Flaschen, eine mit der Öffnung nach oben, die andere mit der Öffnung
nach unten. Aus der ersten Flasche strömt das Öl sofort nach oben aus, denn es ist
ja leichter als das Wasser. Aus der zweiten Flasche, der mit der Öffnung nach unten, strömt das Öl nicht aus.

Lesen Sie noch einmal $\boxed{3}$

---

$\boxed{28}$    Ihre Antwort ist richtig. Man kann Wasserstoff durch *Elektrolyse* von
Wasser gewinnen.

In der Technik wird Wasserstoff auf ähnlichem Wege gewonnen. Man elektrolysiert
allerdings nicht Wasser, sondern wäßrige Kochsalzlösung.

Wasserstoff entsteht ferner bei der Einwirkung von Säuren auf Metalle. Das ge-
bräuchlichste Verfahren zur Entwicklung von Wasserstoff im *Laboratorium* besteht in der Einwirkung von Salzsäure auf Zink. Man benutzt dazu besondere Gas-
entwicklungsapparate, z. B. den *Gasentwickler von Kipp* (der Erfinder dieses Ge-
rätes hieß Kipp).

Lesen Sie den folgenden Abschnitt so oft, bis Sie ihn gut verstanden haben, und
vergleichen Sie immer wieder mit der Zeichnung.

5

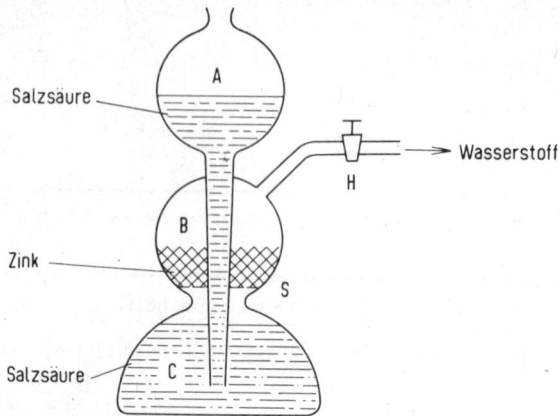

Wird der Hahn H geöffnet, dann entweicht das im Raum B befindliche Gas. So kann die Salzsäure von A über C in die Kugel B fließen. In der Kugel B befindet sich auf einem Sieb S das Zink. Sobald die Salzsäure mit dem Zink in Berührung kommt, entwickelt sich Wasserstoff, der durch den geöffneten Hahn H ausströmt. Beim Schließen des Hahns H drückt der sich weiterentwickelnde Wasserstoff die Salzsäure wieder von B über C nach A. Es kommt keine Salzsäure mehr mit dem Zink in Berührung, die Wasserstoffentwicklung hört auf.

Zeichnen Sie den Gasentwicklungsapparat von Kipp ab (mit allen Bezeichnungen!), und lesen Sie dann weiter unter 18

29     a) Ein *chemischer* Vorgang, bei dem *sich ein Stoff mit Sauerstoff verbindet,* ist eine Oxidation.

       b) Ein *chemischer* Vorgang, bei dem *einer Verbindung Sauerstoff entzogen wird,* ist eine Reduktion.

Ende des 5. Programms.

30     Nein, lesen Sie bitte 21 , und durchdenken Sie den Versuch noch einmal.

31     Ihre Antwort ist nur bedingt richtig.

Man kann Wasserstoff im Laboratorium durch Elektrolyse von Wasser gewinnen. Das Verfahren ist jedoch umständlich und arbeitet zu langsam. Es wird deshalb zur Gewinnung des Wasserstoffs im Laboratorium nur wenig angewendet. Die Elektrolyse wird aber in der Technik angewendet. Dabei entstehen noch weitere, gut verwertbare Produkte. Bei der Elektrolyse einer Kochsalzlösung entstehen Natronlauge, Chlor und Wasserstoff.

Kehren Sie zurück nach 23 .

**5**

---

**32**      „Wassergas" ist ein Gemisch aus *Wasserstoff* und *Kohlenoxid.* Es entsteht beim Überleiten von *Wasserdampf* über *glühenden Koks.*

Wasserstoff ist in rot angestrichenen Stahlflaschen im Handel. Während die Sauerstoff-Stahlflaschen *Rechts*gewinde haben, sind Stahlflaschen für Wasserstoff mit *Links*gewinden ausgerüstet. So lassen sich Ventile von Sauerstoff-Flaschen nicht auf Wasserstoff-Flaschen aufschrauben und umgekehrt.

Im Gegensatz zum Sauerstoff, der in der Natur als Element vorkommt (z. B. in der Luft), finden wir freien Wasserstoff kaum in unserer Umgebung. Wasserstoff ist viel zu reaktionsfähig. Nur an wenigen Stellen, z. B. im Zusammenhang mit Erdgas- und Erdölquellen, kommt Wasserstoff aus der Erde. In der Hauptsache finden wir Wasserstoff aber nicht frei als Element, sondern gebunden in Verbindungen. Die wichtigste Verbindung ist das Wasser.
(In den höheren Schichten der Atmosphäre und besonders im Weltraum kommt freier Wasserstoff in großen Mengen vor.)

An welches Element ist der Wasserstoff im Wasser gebunden?

Notieren Sie bitte den Namen.    $\longrightarrow$    [23]

---

**33**      Ihre Antwort ist richtig.

Das wichtigste Verfahren zur Herstellung von Wasserstoff im Laboratorium besteht in der Einwirkung von Säuren auf Metalle (zum Beispiel Salzsäure auf Zink).

Wasserstoff ist das leichteste aller Gase und eignet sich desshalb als Füllgas für Luftschiffe und Ballons. Nachteilig für diesen Verwendungszweck ist seine

● geringe Dichte         $\longrightarrow$    [6]

● leichte Brennbarkeit    $\longrightarrow$    [22]

● große Dichte           $\longrightarrow$    [14]

---

**34**      Nein, lesen Sie bitte [21], und durchdenken Sie den Versuch noch einmal.

---

**35**      Denken Sie an die Besprechung des Wassers. Dort haben wir gesehen, daß man Wasser mit Hilfe des elektrischen Gleichstromes in Wasserstoff und Sauerstoff zerlegen kann. Wasserstoff scheidet sich an der Kathode (am Minuspol), Sauerstoff an der Anode (am Pluspol) ab.

Ein Verfahren zur Gewinnung des Wasserstoffs besteht also in der . . . . . . . . von Wasser.

Notieren Sie bitte das fehlende Wort.    $\longrightarrow$    [28]

---

# 6. Programm

## Theoretische Grundlagen (I)

**1**      In den ersten fünf Programmen haben wir eine ganze Reihe von Stoffen kennengelernt:

Eisen, Schwefel, Eisensulfid, Schwefeldioxid, Stickstoff, Sauerstoff, Wasserstoff, Wasser, Chlorwasserstoff und Chlor.

Dabei haben wir

> aus Schwefel und Eisen das Eisensulfid und
> aus Chlor und Wasserstoff den Chlorwasserstoff

hergestellt.

In diesem Programm wollen wir uns das alles etwas genauer ansehen und ein wenig in die theoretischen Grundlagen eindringen.

Erinnern Sie sich noch an den Versuch zur Herstellung von Eisensulfid aus Schwefel und Eisen?

Wir stellten aus Schwefel und Eisenpulver durch Verreiben in einem Mörser ein Gemisch aus Schwefel und Eisen her und füllten dieses in ein Reagenzglas. Nach kurzem Erwärmen des Reagenzglases am unteren Ende mit einer kleinen Flamme begann das Gemisch an der Erwärmungsstelle zu glühen. Obwohl wir das Reagenzglas sofort aus der Flamme nahmen, wurde das Glühen noch stärker und erfaßte schließlich das ganze Gemenge. Nach dem Erkalten lag im Reagenzglas eine einheitliche graue Masse vor, die Verbindung Eisensulfid. Aus ihr konnte weder mit dem Magneten das Eisen, noch mit Schwefelkohlenstoff der Schwefel herausgeholt werden.

Was für ein Vorgang ist diese Herstellung des Eisensulfids aus Schwefel und Eisen?

- Ein physikalischer Vorgang    →   **39**
- Ein chemischer Vorgang    →   **15**
- Ich weiß es nicht genau    →   **28**

---

**2**      Fest:      Schwefel
                       Phosphor

        Flüssig:     Brom

**6**

Gasförmig:          Sauerstoff
                    Stickstoff
                    Wasserstoff
                    Chlor

Bisher haben wir immer für die Elemente, die wir bei den Versuchen kennenlernten, den ganzen Namen ausgeschrieben.

Für das Beschreiben von chemischen Reaktionen ist es nun viel praktischer, wenn
anstelle der langen Namen kurze Zeichen (Symbole) benutzt werden. So hat man
für jedes Element eine Abkürzung, ein Symbol oder Zeichen, festgelegt.

Zum Beispiel:

| | | | |
|---|---|---|---|
| Wasserstoff | H | Phosphor | P |
| Stickstoff | N | Schwefel | S |
| Sauerstoff | O | Chlor | Cl |
| Natrium | Na | Eisen | Fe |
| Magnesium | Mg | Kupfer | Cu |

Bitte merken Sie sich diese Symbole gut, da wir sie später immer anstelle der
Namen benutzen.

Welche Symbole haben folgende Elemente?

Stickstoff
Magnesium
Chlor

Notieren Sie die Symbole, und vergleichen Sie bei 13 .

---

3     Phosphoroxid ist *kein Element*, sondern eine Verbindung aus den Elementen
Phosphor und Sauerstoff.

Chlorwasserstoff ist *kein Element*, sondern eine Verbindung aus den Elementen
Chlor und Wasserstoff.

Kehren Sie zurück nach 12 .

---

4     Es fehlte:

*Elektronenschalen*

Ergänzen Sie im folgenden Satz die fehlenden Wörter: negativ, positiv, neutral.

Die Atome erscheinen nach außen hin elektrisch . . . . . . . , weil jedes Atom gleich
viele . . . . . . . geladene Protonen im Atomkern enthält wie . . . . . . . geladene
Elektronen in den Elektronenschalen.

Vergleichen Sie bei 14 .

---

**5**     Ihre Antwort ist falsch.

Gehen Sie nach 2 , schreiben Sie die dort angegebene Tabelle der Elemente mit Symbolen ab, und arbeiten Sie das Programm ab 2 noch einmal durch.

---

**6**     Elektronen sind, wie der Name schon sagt, in der Elektronenhülle, nicht im Atomkern.

Lesen Sie weiter bei 36

---

**7**     *Chlor, Wasserstoff*

Das Produkt, welches hergestellt wird, das also am Ende der Reaktion vorliegt, ist das *End*produkt oder *Reaktions*produkt.

Aus den . . . . . . . .-stoffen Schwefel und Eisen entsteht bei der Reaktion das End-produkt . . . . . . . . . . .

Notieren Sie bitte, was fehlt. ⟶ 24

---

**8**     Sie haben sicherlich nur geraten, denn Sie brauchen doch in der Skizze nur nachzuzählen, um die richtige Antwort zu finden.

Lesen Sie noch einmal 46

---

**9**     Sie haben doch selbst das Wasserstoffatom abgezeichnet und dabei die Symbole der Bausteine eingetragen.

Kehren Sie zurück nach 48 , vergleichen Sie Ihre Zeichnung dort mit der Ab-bildung, und achten Sie besonders darauf, daß Sie die drei Bausteine des Atoms und ihre Symbole nicht miteinander verwechseln.

---

**10**     Ihre Antwort ist falsch.

Wiederholen Sie ab 38 .

---

**11**     Ihre Antwort ist richtig, wenn Sie die Namen folgender Metalle aufge-schrieben haben:

Eisen, Kupfer, Gold, Silber, Aluminium, Blei.

      *Alle* Metalle sind (unter Normalbedingungen) fest.
      *Alle* Nichtmetalle sind (unter Normalbedingungen) fest oder gasförmig.

Es gibt aber zwei Ausnahmen:

> *Quecksilber* ist das einzige (unter Normalbedingungen) *flüssige* Metall.
> *Brom* ist das einzige (unter Normalbedingungen) *flüssige* Nichtmetall.

(Normalbedingungen sind: 1 Atmosphäre Druck und 0 °C.)

**6**

Von den 103 Elementen sind etwa 75% Metalle und etwa 25% Nichtmetalle.

(Allerdings gibt es Elemente, die sich aufgrund ihrer Eigenschaften sowohl den Metallen als auch den Nichtmetallen zuordnen lassen. Die folgenden Elemente lassen sich eindeutig zuordnen.)

*Metalle:*       Eisen, Magnesium, Kupfer, Blei, Gold, Silber, Platin, Zink, Aluminium und Quecksilber.

*Nichtmetalle:*  Schwefel, Sauerstoff, Stickstoff, Wasserstoff, Chlor, Phosphor und Brom.

Bitte notieren Sie, welche der genannten *Nichtmetalle* (unter Normalbedingungen) fest, flüssig oder gasförmig sind.

Fest:       . . . . . . . . . . . . . . . .
Flüssig:    . . . . . . . . . . . . . . .
Gasförmig: . . . . . . . . . . . . . . .      ⟶   | 2 |

---

| 12 |   Elemente sind Stoffe, die chemisch nicht weiter zerlegt werden können.

In welcher der folgenden Zeilen stehen *nur Elemente*?

- Kupferoxid, Stickstoff, Wasser           ⟶   | 31 |
- Sauerstoff, Wasserstoff, Chlor, Eisen    ⟶   | 21 |
- Phosphoroxid, Chlorwasserstoff, Schwefel ⟶   | 3 |
- Wasserstoff, Knallgas, Wassergas         ⟶   | 41 |

---

| 13 |   Stickstoff     N
        Magnesium      Mg
        Chlor          Cl

Notieren Sie die Symbole für die folgenden Elemente:

     Natrium
     Schwefel
     Kupfer

Vergleichen Sie bei  | 25 |

**14**

Die richtige Reihenfolge der fehlenden Wörter ist:

*neutral*
*positiv*
*negativ*

**6**

Ergänzen Sie die fehlenden Wörter:

Die kleinste Einheit, in der ein Element auftreten kann, ist ein . . . . . . . . . Jedes
Element besteht aus ungeheuer vielen gleichen . . . . . . . . . .

Vergleichen Sie bei   **30**

---

**15**      Ihre Antwort ist richtig. Die Herstellung des Eisensulfids aus Eisen und
Schwefel ist ein *chemischer* Vorgang.

Wir wollen jetzt anhand dieses chemischen Vorgangs einige neue Bezeichnungen
kennenlernen.

Da die Chemiker zu einem chemischen Vorgang *Reaktion* sagen, müssen wir hier
von der *Reaktion* des Schwefels mit dem Eisen sprechen. Der Schwefel *reagiert*
mit dem Eisen, und dabei entsteht Eisensulfid.

Schreiben Sie bitte die in den folgenden Sätzen fehlenden Wörter auf:

Chlorwasserstoff entsteht, wenn Chlor mit Wasserstoff . . . . . . . . . Dabei handelt
es sich um einen . . . . . . . Vorgang oder um eine . . . . . . .  ⟶  **33**

---

**16**      Ihre Antwort ist richtig.

Der Atomkern besteht aus Protonen und Neutronen, während die Elektronen die
Elektronenhülle bilden.

Ergänzen Sie das fehlende Wort:

Die Elektronen befinden sich in der Elektronenhülle auf bestimmten Bahnen, den
. . . . . . . . . . . . . . . . . .

Vergleichen Sie bei   **4**

---

**17**      Ihre Antwort ist falsch.

Der Atomkern besteht aus zwei Arten von Bausteinen.

Eine Erklärung finden Sie bei   **36**

**6**

---

**18**    Ihre Antwort ist falsch.    Wiederholen Sie ab 38

---

**19**    Ihre Antwort ist falsch.

Gehen Sie nach 2 , schreiben Sie die dort angegebene Tabelle der Elemente mit Symbolen ab, und arbeiten Sie das Programm ab 2 noch einmal durch.

---

**20**    Es fehlten die Wörter:

*Umsetzung*
*Verbindung*

Ergänzen Sie die fehlenden Wörter:

Bei einer chemischen Reaktion reagieren die . . . . .-stoffe miteinander. Dabei bildet sich das . . . . . . . . . .

Vergleichen Sie bei 40

---

**21**    Ihre Antwort ist richtig.

Die chemischen Elemente werden in zwei große Klassen eingeteilt:

1. Metalle
2. Nichtmetalle

Bei der Unterscheidung zwischen Metallen und Nichtmetallen helfen uns leicht erkennbare Eigenschaften:

*Metalle* haben den charakteristischen Metall*glanz*, sie leiten die Wärme und den elektrischen Strom gut.
*Nichtmetalle* leiten die Wärme und den elektrischen Strom schlecht.

Welche der folgenden Elemente sind Metalle?

Sauerstoff, Eisen, Kupfer, Chlor, Gold, Stickstoff, Wasserstoff, Silber, Aluminium, Blei.

Die hier genannten Metalle sind Ihnen sicher schon als Werkstoffe bekannt. Es wird Ihnen daher nicht schwerfallen, die Metalle herauszusuchen und ihre Namen zu notieren.  →  11

---

**22**    Ihre Antwort ist falsch.    Lesen Sie die Erklärung bei 74

**23**          Ihre Antwort ist richtig.

Die Zerlegung des Wassers in Wasserstoff und Sauerstoff durch die Elektrolyse zeigt, daß Wasser eine Verbindung aus den Elementen Wasserstoff und Sauerstoff ist.

Wir wollen jetzt die *Elemente* eingehender besprechen.

Bitte notieren Sie als Wiederholung die Begriffsbestimmung für Elemente.          $\longrightarrow$  12

**6**

---

**24**          *Ausgangs*stoffen
              *Eisensulfid*

Oft sagt man auch statt: Schwefel *reagiert* mit Eisen: Schwefel wird mit Eisen *umgesetzt*. Entsprechend gilt dann für das Wort *„Reaktion"* das Wort *„Umsetzung"*

Sie sehen, es gibt einige Begriffe mit gleicher Bedeutung.

Schreiben Sie zu den aufgezählten Wörtern je eins mit gleicher Bedeutung auf:

        Reaktionsprodukt    ≡ . . . . . . . . . .

        Reaktion            ≡ . . . . . . . . .

        reagieren           ≡ . . . . . . . .          $\longrightarrow$  37

---

**25**          Natrium    Na
              Schwefel   S
              Kupfer     Cu

Für welche Elemente stehen die folgenden Symbole?

        O
        P
        Cl

Notieren Sie bitte die Namen der Elemente, und vergleichen Sie bei  35  .

---

**26**          Die Bausteine der Atome sind:

        *Protonen*
        *Elektronen*
        *Neutronen*

Welche Bausteine davon bilden den Atomkern?

- Neutronen und Elektronen          $\longrightarrow$  18

- Protonen und Elektronen          $\longrightarrow$  67

- Neutronen und Protonen          $\longrightarrow$  16

- Neutronen, Protonen und Elektronen          $\longrightarrow$  10

**6**

---

27          Ihre Antwort ist richtig.

Das Wasserstoffatom ist aus zwei Bausteinen, einem Proton (p) als Atomkern und einem Elektron (e) in der Elektronenhülle, aufgebaut. Das Wasserstoffatom, das am einfachsten aufgebaute Atom, hat *kein* Neutron im Kern.

Die anderen Elemente, die alle schwerer sind als Wasserstoff, haben Atome, welche aus einer größeren Zahl von Bausteinen aufgebaut sind.

Das nächst schwerere Element ist das Edelgas Helium (He). Wir haben es bisher noch nicht kennengelernt.

Das Heliumatom hat folgenden Aufbau:

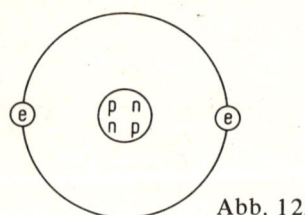

Abb. 12.

Zeichnen Sie bitte die Skizze des Heliumatoms ab, und ergänzen Sie dann die fehlenden Wörter in dem folgenden Satz:

Das Heliumatom (He) enthält im Atomkern . . . . . . . . . . Protonen und ebensoviele . . . . . . . . . . . In der . . . . . . . . . . . . befinden sich . . . . . . . . . . Elektronen.

Vergleichen Sie bitte bei  46  .

---

28          Wir hatten gelernt:

*Physikalische Vorgänge* sind solche, bei denen der Stoff erhalten bleibt und nur eine *Änderung seines Zustandes und der damit verbundenen Eigenschaften* eintritt.

*Chemische Vorgänge* sind solche, bei denen sich die beteiligten Stoffe *in andere Stoffe umwandeln*.

Bei der Herstellung von Eisensulfid aus Schwefel und Eisen ist eine *Stoffumwandlung* eingetreten. Die Eigenschaften von Eisensulfid sind andere als die von Eisen oder Schwefel.

Eisen wird von Magneten angezogen.
Schwefel ist löslich in Schwefelkohlenstoff.
Eisensulfid wird nicht von Magneten angezogen und ist in Schwefelkohlenstoff unlöslich.

Die Herstellung des Eisensulfids aus Schwefel und Eisen ist also ein . . . . . . . . .
Vorgang. Lesen Sie weiter bei $\boxed{15}$ .

**6**

---

$\boxed{29}$      Es fehlten die Wörter:

> *Atomkern*
> *Elektronenhülle*

Während die *Elektronen* die Elektronenhülle bilden, ist der Atomkern aus *Neutronen* und *Protonen* aufgebaut. (Eine Ausnahme ist das Wasserstoffatom, dessen Kern nur aus einem Proton besteht.)

Damit wissen wir, wie in einem Atom die Protonen, Neutronen und Elektronen angeordnet sind.

Welche Bausteine bilden den Atomkern?

- Elektronen, Neutronen und Protonen      $\longrightarrow$   $\boxed{17}$
- Elektronen und Protonen                 $\longrightarrow$   $\boxed{58}$
- Neutronen und Protonen                  $\longrightarrow$   $\boxed{48}$
- Neutronen und Elektronen                $\longrightarrow$   $\boxed{6}$

---

$\boxed{30}$      Es fehlten die Wörter:

> *Atom*
> *Atomen*

Ergänzen Sie die fehlenden Wörter:

Wenn sich in einer chemischen Reaktion oder . . . . . . zwei Elemente vereinigen, so entsteht eine . . . . . . . . .

Vergleichen Sie bei $\boxed{20}$ .

---

$\boxed{31}$      Kupferoxid ist *kein Element*, sondern eine *Verbindung* aus den Elementen Kupfer und Sauerstoff.

Wasser ist *kein Element*, sondern eine *Verbindung* aus den Elementen Wasserstoff und Sauerstoff.

Kehren Sie zurück nach ☐12 .

---

**6**

☐32     Ja, die Herstellung von Eisensulfid aus Schwefel und Eisen ist eine *Synthese*.

Das Gegenteil der Synthese ist die *Analyse*.

Unter *Analyse* versteht man in der Chemie allerdings nicht nur die *Zerlegung eines Stoffes*, sondern darüber hinaus auch die *Untersuchung* eines Stoffes auf *Zusammensetzung* oder Reinheit.

Früher mußte jeder Stoff, dessen Zusammensetzung festgestellt werden sollte, *zerlegt* werden. Daher kommt der Name *Analyse* für die Untersuchung eines Stoffes. Heute gibt es aber Verfahren, die es gestatten, einen Stoff auch *ohne Zerlegung* auf seine Zusammensetzung zu untersuchen. Trotzdem zählt man auch diese zu den *analytischen* Verfahren.

Die im 2. Programm beschriebene Untersuchung der Luft, bei der wir festgestellt hatten, daß Luft ein Gemisch aus hauptsächlich 20% Sauerstoff und 80% Stickstoff ist, war eine *Analyse*.

Welcher der aufgezählten Vorgänge ist eine Analyse?

● Verbrennung von Wasserstoff     ⟶  ☐51

● Elektrolyse von Wasser          ⟶  ☐23

● Oxidation von Phosphor          ⟶  ☐43

---

☐33     Es fehlten die Wörter:

*reagiert, chemischen, Reaktion.*

Da wir bei der Herstellung des Eisensulfids von Schwefel und Eisen *ausgehen*, nennen wir diese Stoffe *Ausgangsstoffe*.

Welches sind die Ausgangsstoffe für folgende Reaktion?

Chlor + Wasserstoff → Chlorwasserstoff

Notieren Sie bitte die Namen der Ausgangsstoffe.     ⟶  ☐7

---

☐34     Ihre Antwort ist falsch.

Sie haben die Regel nicht beachtet:

In jedem Atom ist die Zahl der Protonen und die Zahl der Elektronen gleich groß.

Lesen Sie weiter bei $\boxed{53}$ .

---

**6**

$\boxed{35}$    Die Namen der Elemente sind:

O    Sauerstoff
P    Phosphor
Cl   Chlor

Notieren Sie bitte die Symbole für die folgenden Elemente:

Wasserstoff
Eisen
Magnesium

Vergleichen Sie bei $\boxed{45}$ .

---

$\boxed{36}$    Die Atome bestehen aus drei Bausteinen:

Protonen
Neutronen
Elektronen

Im Aufbau des Atoms unterscheiden wir den *Atomkern* und die *Elektronenhülle*.
Dabei bilden die Protonen und Neutronen den Atomkern.

```
· · · · · · · ⎫
            ⎬ ⟶   Atomkern   ⎫
· · · · · · · · · ⎭              ⎬ Atom
Elektronen  ⟶    Elektronenhülle ⎭
```

Schreiben Sie bitte dieses Schema ab, ergänzen Sie die fehlenden Wörter, und
lesen Sie weiter bei $\boxed{48}$ .

---

$\boxed{37}$    Vergleichen Sie:

Reaktionsprodukt   $\equiv$ *Endprodukt*
Reaktion           $\equiv$ *Umsetzung*
reagieren          $\equiv$ *umsetzen*

Weil man für Reaktion auch Umsetzung sagen kann, gibt es für Reaktionsprodukt
noch ein weiteres Wort mit gleicher Bedeutung: *Umsetzungs*produkt.

Notieren Sie die im folgenden Satz fehlenden Wörter. (Es sind für jeden Begriff
alle gleichbedeutenden Wörter aufzuschreiben.)

Bei der . . . . . . . . . (. . . . . . . .) von Schwefel mit Eisen reagieren die . . . . . . . .-
stoffe unter Glühen miteinander. Nach beendeter Umsetzung (Reaktion) kühlt

das Reaktionsgemisch ab, und wir erhalten als . . . -, (. . . . . . . . . -, . . . . . . . . . -)
produkt das Eisensulfid.

Vergleichen Sie bei $\boxed{55}$ .

**6**

$\boxed{38}$     Es fehlten die Wörter:

*Atom*
*Neutron*
*Proton*
*Elektron*

Wie ist nun ein Atom aufgebaut?

In der Mitte des Atoms befindet sich der *Atomkern*. Um diesen Atomkern sind
die Elektronen auf *Elektronenschalen* angeordnet. Weil der Atomkern von den
Elektronenschalen umhüllt wird, sprechen wir von einer *Elektronenhülle*. (In der
folgenden Skizze ist die Größe des Atomkerns im Verhältnis zum Durchmesser
der Elektronenhülle stark übertrieben.)

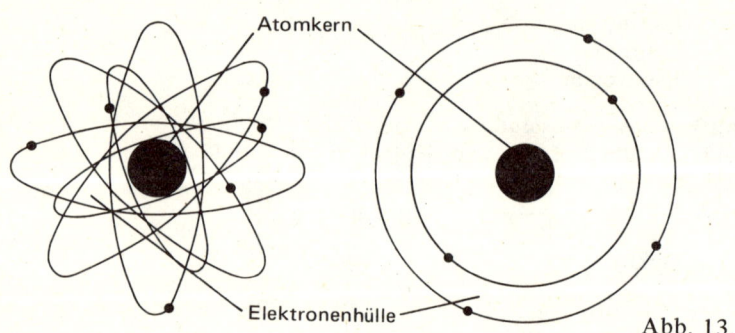

Atombau

Atombau
(vereinfacht gezeichnet)

Abb. 13.

Notieren Sie die fehlenden Wörter:

Die Atome haben in der Mitte einen . . . . . . . . . Dieser wird von der . . . . . . . . . .
umgeben.

Vergleichen Sie bei $\boxed{29}$ .

$\boxed{39}$     Nein, eine Erklärung finden Sie unter $\boxed{28}$ .

**40**    Es fehlten die Wörter:

*Ausgangs*stoffe
*Endprodukt* oder *Reaktionsprodukt*

Ergänzen Sie die fehlenden Wörter:

Die 103 bis heute bekannten Elemente bestehen zu etwa 25% aus . . . . . . . . . . . .
und zu etwa 75% aus . . . . . . . .

Vergleichen Sie bei  49 .

---

**41**    Knallgas ist *kein Element*, sondern ein *Gemisch* aus den Elementen Wasserstoff und Sauerstoff.

Wassergas ist *kein Element*, sondern ein *Gemisch* aus Wasserstoff und Kohlenoxid.

Kehren Sie zurück nach  12 .

---

**42**    Ja, Wasserstoff und Chlor sind die *Ausgangsstoffe* für die Herstellung des Chlorwasserstoffs.

Die Herstellung von Chlorwasserstoff aus Wasserstoff und Chlor nennt man auch *Synthese* des Chlorwasserstoffs.

Vereinigen sich also durch eine chemische Reaktion zwei oder mehrere Stoffe zu einem neuen Stoff, so ist das eine *Synthese*. Die Wörter „Herstellung", „Darstellung" und „Synthese" werden oft im gleichen Sinn gebraucht.

Welcher der aufgezählten Vorgänge ist eine Synthese?

● Aus Wasser bilden sich bei der Elektrolyse Wasserstoff und Sauerstoff. ⟶ 50

● Beim Lösen von Zucker in Wasser entsteht eine Zuckerlösung. ⟶ 60

● Schwefel und Eisen reagieren zu Eisensulfid. ⟶ 32

---

**43**    Bei der Oxidation von Phosphor entsteht aus Phosphor und Sauerstoff ein Phosphoroxid. Das ist eine *Synthese*, aber *keine* Analyse!

Wiederholen Sie ab  42 .

---

**44**    Ihre Antwort ist richtig.

In jedem Atom ist die Zahl der Protonen genau so groß wie die Zahl der Elektronen. Da das Phosphoratom 15 Protonen im Atomkern enthält, sind in der Elektronenhülle auch 15 Elektronen.

Protonen und Elektronen besitzen elektrische Ladungen.

Das Proton ist *positiv* geladen,
das Elektron ist *negativ* geladen.

Die Neutronen haben keine Ladung, sie sind elektrisch *neutral*.

**6**

Welche Ladung hat nun ein Atom als Ganzes?
Ist es positiv oder negativ geladen, oder ist es elektrisch neutral?

● Das Atom ist positiv geladen, da es positiv geladene Protonen im
Kern enthält.                                                      ⟶ 76

● Das Atom ist negativ geladen, da es negativ geladene Elektronen in
der Elektronenhülle enthält.                                       ⟶ 66

● Das Atom ist elektrisch neutral. Die Zahl der Protonen und die
Zahl der Elektronen ist gleich groß, die positiven und negativen
Ladungen heben sich also gegenseitig auf.                          ⟶ 57

---

**45**
        Wasserstoff    H
        Eisen          Fe
        Magnesium      Mg

Für welche Elemente stehen die folgenden Symbole?

        Na
        Fe
        Cu

Notieren Sie bitte die Namen der Elemente, und vergleichen Sie bei 54 .

---

**46**       Das Heliumatom (He) enthält im Atomkern *zwei* Protonen und ebensoviele *Neutronen*. In der *Elektronenhülle* befinden sich *zwei* Elektronen.

Das nächst schwerere Element ist das Metall Lithium (Li). Wir haben es bisher
noch nicht kennengelernt.

Das Lithiumatom hat folgenden Aufbau:

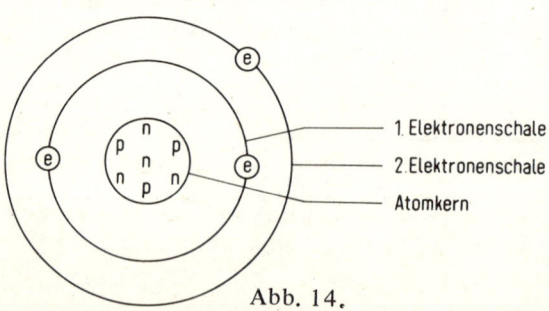

Abb. 14.

Wir bemerken hierbei etwas Besonderes: Die drei Elektronen der Elektronenhülle befinden sich auf zwei verschiedenen Bahnen. Diese Bahnen werden *Elektronen-schalen* genannt.

Zeichnen Sie bitte die Skizze des Lithiumatoms ab.

Wieviele Elektronen befinden sich beim Lithium auf der 1. Schale und wieviele auf der 2. Schale?

| *1. Schale* | *2. Schale* | |
|---|---|---|
| • 1 | 2 | → 70 |
| • 2 | 1 | → 56 |
| • 3 | 0 | → 8 |

**47**      Es fehlten die Wörter:

*einem Proton, positiv*
*einem Elektron, negativ*
*neutral*

Wir wollen jetzt wiederholen:

Notieren Sie untereinander die drei Bausteine, aus denen alle Atome aufgebaut sind:

. . . . . . . . .
. . . . . . . . .
. . . . . . . . .

Vergleichen Sie bitte bei   **26**

**48**      Ihre Antwort ist richtig, wenn Sie geantwortet haben:

Protonen und Neutronen bilden den Atomkern.

Wir wollen nun den inneren Aufbau der Atome ein wenig genauer ansehen. Nur durch den verschiedenartigen Aufbau der Atome aus den drei Bausteinen ist es möglich, daß es verschiedene Elemente gibt.

Für die Zeichnungen im folgenden benötigen wir noch einige Abkürzungen (Symbole).

Wir schreiben für ein Neutron:   n
         für ein Proton:   p
         für ein Elektron:   e

Wasserstoff (H), das leichteste aller Elemente, hat auch die leichtesten Atome.

**6**

Ein Wasserstoffatom hat folgenden Aufbau:

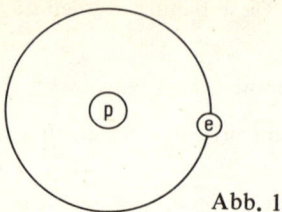

Abb. 15.

Zeichnen Sie die Skizze des Wasserstoffatoms ab, und beantworten Sie dann die Frage:

Aus welchen Bausteinen ist das Wasserstoffatom aufgebaut?

- 1 Neutron        1 Proton        1 Elektron    $\longrightarrow$   75

- 1 Neutron        1 Proton                      $\longrightarrow$   9

- 1 Neutron                        1 Elektron    $\longrightarrow$   64

-                    1 Proton        1 Elektron    $\longrightarrow$   27

---

**49**       Es fehlten die Wörter:

*Nichtmetallen*
*Metallen*

Ergänzen Sie die fehlen Wörter:

Zur besseren und kürzeren Schreibweise hat man für jedes Element eine Abkürzung oder ein . . . . . . festgelegt.

Vergleichen Sie bei  61  .

---

**50**       Die Elektrolyse des Wassers ist *keine* Synthese.

Bei einer Synthese *vereinigen* sich Stoffe, bei der Elektrolyse dagegen wird das Wasser *zerlegt*.

Kehren Sie zurück nach  42  .

---

**51**       Bei der Verbrennung von Wasserstoff bildet sich aus Wasserstoff und Sauerstoff Wasser. Es handelt sich hier also um eine Synthese, nämlich um eine *Synthese* des Wassers (und nicht um eine Analyse).

Wiederholen Sie ab  42  .

**52**    Es fehlten die Wörter:

*Atom*
*Stickstoffatom*
*Phosphoratom*

Die kleinste Einheit, in der das Element Kupfer auftreten kann, ist ein *Kupferatom.*

Die kleinste Einheit, in der das Element Chlor auftreten kann, ist ein *Chloratom.*

Atome sind also für jedes Element von anderer Art.

Die Atome sind *sehr* klein. Sie sind mit keinem Mikroskop sichtbar zu machen. Das wird Ihnen sofort klar, wenn Sie erfahren, daß 1 Gramm Wasserstoff aus 602000000000000000000000 Wasserstoffatomen besteht. Diese ungeheure Zahl (602 mit 21 Nullen) brauchen Sie sich nicht zu merken, sie soll Ihnen nur zeigen, wie *klein* ein Wasserstoffatom ist. Die Masse eines Wasserstoffatoms ist also 1 Gramm geteilt durch diese ungeheuer große Zahl. Ganz ähnlich ist das bei den anderen Elementen. Trotz dieser Kleinheit sind die Atome ihrerseits noch aus einzelnen Bausteinen aufgebaut.

Die Atomphysik konnte feststellen, daß alle Atome der verschiedenen Elemente aus drei Bausteinen bestehen. Diese Bausteine sind:

    das Proton
    das Neutron und
    das Elektron.

Notieren Sie bitte die fehlenden Wörter:

Die kleinste Einheit, in der ein Element auftreten kann, ist ein . . . . . . .

Die Bausteine eines Atoms heißen: . . . . . . . . . , . . . . . . . . . , . . . . . . . .

Vergleichen Sie bei  **38** .

---

**53**    Der Atomkern des Phosphoratoms besteht aus 15 Protonen und 16 Neutronen. Es gilt die Regel: In jedem Atom ist die Zahl der Protonen und die Zahl der Elektronen gleich groß.

Das Phosphoratom hat 15 Protonen im Atomkern.
Das Phosphoratom hat also . . . . . . . Elektronen in der Elektronenhülle.

Ergänzen Sie bitte die fehlende Zahl.   →   **44**

---

**54**     Die Namen der Elemente sind:

Na    Natrium
Fe    Eisen
Cu    Kupfer

**6**

Welchen Elementen entsprechen die Zeichen N, O und S?

- Natrium, Phosphor und Stickstoff      $\longrightarrow$    19

- Wasserstoff, Chlor und Sauerstoff      $\longrightarrow$    5

- Stickstoff, Sauerstoff und Schwefel    $\longrightarrow$    63

---

**55**     Es fehlten die Wörter:

*Umsetzung (Reaktion)*
*Ausgangs*stoffe
*End-(Reaktions-, Umsetzungs-)*produkt

Wenn Sie mehr als zwei Fehler haben, dann gehen Sie im eigenen Interesse noch einmal zurück nach  33  , wenn Sie alles richtig haben, so ist das ein Zeichen dafür, daß Sie gut gearbeitet haben.

Wasserstoff reagiert mit Chlor zu Chlorwasserstoff.

Wie bezeichnet man Chlor und Wasserstoff in diesem Falle?

- Als Endprodukte        $\longrightarrow$    68

- Als Reaktionsprodukte    $\longrightarrow$    22

- Als Ausgangsstoffe       $\longrightarrow$    42

- Ich weiß es nicht        $\longrightarrow$    74

---

**56**     Ihre Antwort ist richtig.

Im Lithiumatom befinden sich zwei Elektronen auf der 1. Elektronenschale und ein Elektron auf der 2. Elektronenschale.

In dieser Weise geht der Aufbau der verschiedenen Atome weiter. Es kommen immer weitere Protonen und Neutronen in den Atomkern und weitere Elektronen auf die Elektronenschalen, aus denen die Elektronenhülle aufgebaut ist.

Dabei gibt es eine Regel:

*In jedem Atom ist die Zahl der Protonen im Atomkern und die Zahl der Elektronen in der Elektronenhülle gleich groß.*

**6**

Das Wasserstoffatom hat 1 Proton und 1 Elektron,
das Heliumatom hat 2 Protonen und 2 Elektronen,
das Lithiumatom hat 3 Protonen und 3 Elektronen.

Der Atomkern eines Phosphoratoms besteht aus 15 Protonen und 16 Neutronen.

Wieviele Elektronen sind in der Elektronenhülle des Phosphoratoms?

- 31 Elektronen $\longrightarrow$ 34
- 16 Elektronen $\longrightarrow$ 73
- 15 Elektronen $\longrightarrow$ 44
- 10 Elektronen $\longrightarrow$ 65
- Ich weiß es nicht $\longrightarrow$ 53

---

**57** Ihre Antwort ist richtig.

In jedem Atom ist die Zahl der Protonen und die Zahl der Elektronen gleich groß. Die Ladungen heben sich also gegenseitig auf, das Atom ist nach außen hin elektrisch *neutral*.

Bitte ergänzen Sie:

Der Kern des Wasserstoffatoms besteht aus . . . . . . . . (Ladung: . . . .).
Die Elektronenhülle des Wasserstoffatoms besteht aus . . . . . . . . (Ladung: . . . . .).

Das Wasserstoffatom ist elektrisch . . . . . . . . . . $\longrightarrow$ 47

---

**58** Elektronen sind, wie der Name schon sagt, in der Elektronenhülle, nicht im Atomkern.

Lesen Sie weiter bei 36 .

---

**59** Es fehlten die Wörter:

*schlecht*
*Brom*

Ergänzen Sie die fehlenden Wörter:

Metalle leiten den elektrischen Strom . . . . . . . . Es gibt nur ein (unter Normalbedingungen) flüssiges Metall, das . . . . . . . .

Vergleichen Sie bei 69 .

**6**

---

**60**          Das Lösen von Zucker in Wasser ist *keine* Synthese.

Eine Synthese ist ein *chemischer* Vorgang, das Lösen von Zucker in Wasser dagegen ist ein *physikalischer* Vorgang.

Kehren Sie zurück nach [42] .

---

**61**          *Symbol*

Notieren Sie für die folgenden Elemente die Symbole:

  Wasserstoff
  Stickstoff
  Schwefel
  Sauerstoff
  Eisen

Vergleichen Sie bei [71] .

---

**62**          Vergleichen Sie:

*Elemente sind Stoffe, die chemisch nicht weiter zerlegt werden können.*

Jetzt wird jeder fragen:

Woraus bestehen denn nun die Elemente?

| Die kleinste Einheit, in der ein Element auftreten kann, ist ein Atom. |
|---|

Die kleinste Einheit, in der das Element Wasserstoff auftreten kann, ist ein Wasserstoffatom.

Die kleinste Einheit, in der das Element Sauerstoff auftreten kann, ist ein Sauerstoffatom.

Die kleinste Einheit, in der das Element Schwefel auftreten kann, ist ein Schwefelatom.

Die kleinste Einheit, in der das Element Eisen auftreten kann, ist ein Eisenatom.

Notieren Sie bitte die fehlenden Wörter:

Die kleinste Einheit, in der ein Element auftreten kann, ist ein . . . . . . . .

Die kleinste Einheit, in der das Element Stickstoff auftreten kann, ist ein . . . . . . . . .

Die kleinste Einheit, in der das Element Phosphor auftreten kann, ist ein . . . . . . . .

Vergleichen Sie bei [52] .

---

**6**

**63** Ihre Antwort ist richtig.

N ist das Symbol für Stickstoff, O ist das Symbol für Sauerstoff, und S ist das Symbol für Schwefel.

Mit Hilfe der chemischen Symbole können wir nun sehr einfach und übersichtlich formulieren, welche Ausgangsstoffe einer Reaktion miteinander reagieren und welche Umsetzungsprodukte dabei entstehen.

Als erste chemische Reaktion hatten wir die Umsetzung von Eisen mit Schwefel zu Eisensulfid kennengelernt.

In Worten beschrieben sieht das so aus:

Eisen + Schwefel → Eisensulfid

Wenn wir anstelle der Namen die Symbole einsetzen ergibt sich:

Fe + S → FeS

Wenn wir über Kupfer in der Hitze Sauerstoff leiten, entsteht schwarzes Kupferoxid.

In Worten:

Kupfer + Sauerstoff → Kupferoxid

Beschreiben Sie bitte diese Reaktion mit den Symbolen, und vergleichen Sie bei **72** .

**64** Sie haben doch selbst das Wasserstoffatom abgezeichnet und dabei die Symbole der Bausteine eingetragen.

Kehren Sie zurück nach **48** , vergleichen Sie Ihre Zeichnung dort mit der Abbildung, und achten Sie besonders darauf, daß Sie die drei Bausteine des Atoms und ihre Symbole nicht miteinander verwechseln.

**65** Ihre Antwort ist falsch.

Sie haben die Regel nicht beachtet:

In jedem Atom ist die Zahl der Protonen und die Zahl der Elektronen gleich groß.

Lesen Sie weiter bei **53** .

**66** Nein, beachten Sie bitte, daß sich eine positive und eine negative elektrische Ladung gegenseitig aufheben.

Da die Zahl der Protonen und die Zahl der Elektronen im Atom stets gleich groß ist, ist im Atom auch die Zahl der positiven Ladungen und die Zahl der negativen Ladungen gleich groß.

Das Atom ist also elektrisch . . . . . . . . . . . .    →    $\boxed{57}$

**6**

---

$\boxed{67}$     Ihre Antwort ist falsch.    Wiederholen Sie ab $\boxed{38}$ .

---

$\boxed{68}$     Ihre Antwort ist falsch.    Lesen Sie die Erklärung bei $\boxed{74}$ .

---

$\boxed{69}$     Es fehlten die Wörter:

*gut*
*Quecksilber*

Notieren Sie von den folgenden Elementen die Nichtmetalle mit Namen und Symbol:

Wasserstoff, Schwefel, Kupfer, Chlor, Eisen, Stickstoff, Phosphor, Sauerstoff.

Vergleichen Sie bei $\boxed{77}$ .

---

$\boxed{70}$     Sie haben sicherlich nur geraten, denn Sie brauchen doch in der Skizze nur nachzuzählen, um die richtige Antwort zu finden.

Lesen Sie noch einmal $\boxed{46}$ .

---

$\boxed{71}$     Wasserstoff    H
          Stickstoff    N
          Schwefel    S
          Sauerstoff    O
          Eisen    Fe

Wenn Sie nicht alle Symbole richtig hatten, dann sollten Sie das Programm recht bald noch einmal durcharbeiten.

Ergänzen Sie die fehlenden Wörter:

Nichtmetalle leiten den elektrischen Strom . . . . . . .
Es gibt nur ein (unter Normalbedingungen) flüssiges Nichtmetall, das . . . . . . .

Vergleichen Sie bei $\boxed{59}$ .

**72**

$$Cu + O \longrightarrow CuO$$

Bevor wir die Reaktionen aller bisher durchgeführten Versuche mit Hilfe der Symbole formulieren, müssen wir uns aber die Elemente noch etwas genauer ansehen.

Wir haben gelernt:

Elemente sind Stoffe, die . . . . . . . . . . . . . . . . . . . . . .

Notieren Sie diesen Satz, ergänzen Sie die fehlenden Wörter, und vergleichen Sie bei  62 .

6

**73**          Ihre Antwort ist falsch.

Sie haben die Regel nicht beachtet:
In jedem Atom ist die Zahl der Protonen und die Zahl der Elektronen gleich groß.

Lesen Sie weiter bei  53 .

**74**          *Ausgangs*stoffe sind die Stoffe, von denen man bei einer chemischen Reaktion *ausgeht*.

*End*produkte oder Reaktionsprodukte sind die Stoffe, welche am *Ende* der Reaktion vorhanden sind. Es sind die Stoffe, welche bei der Reaktion entstanden sind.

Wenn Wasserstoff mit Chlor zu Chlorwasserstoff reagiert, so sind *Chlor und Wasserstoff* die . . . . . . . . . . .

Lesen Sie weiter bei  42 .

**75**          Sie haben doch selbst das Wasserstoffatom abgezeichnet. Es besteht nur aus *zwei* Bausteinen.

Kehren Sie zurück nach  48 .

**76**          Nein, beachten Sie bitte, daß sich eine positive und eine negative elektrische Ladung gegenseitig aufheben.

Da die Zahl der Protonen und die Zahl der Elektronen im Atom stets gleich groß ist, ist im Atom auch die Zahl der positiven Ladungen und die Zahl der negativen Ladungen gleich groß.

Das Atom ist also elektrisch . . . . . . . . . . . .          $\longrightarrow$  57

**77**     Von den aufgezählten Elementen sind Nichtmetalle:

|            |    |
|------------|----|
| Wasserstoff | H  |
| Schwefel    | S  |
| Chlor       | Cl |
| Stickstoff  | N  |
| Phosphor    | P  |
| Sauerstoff  | O  |

**6**

Ende des 6. Programms.

# 7. Programm

## Theoretische Grundlagen (II)

**1**  Sie sollen in diesem Programm lernen, wie man die Zusammensetzung einer chemischen Verbindung durch eine *Formel*, und wie man den Ablauf einer chemischen Reaktion durch eine *Gleichung* beschreiben kann. Voraussetzung ist, daß Sie den Stoff des letzten Programms sicher beherrschen.

Was bedeuten die Symbole Fe, P, O, H, S, K ?

Notieren Sie die Namen der entsprechenden Elemente,

      Fe
      P
      usw.

und vergleichen Sie unter **10** .

**2**  *Atomen, Atome.*

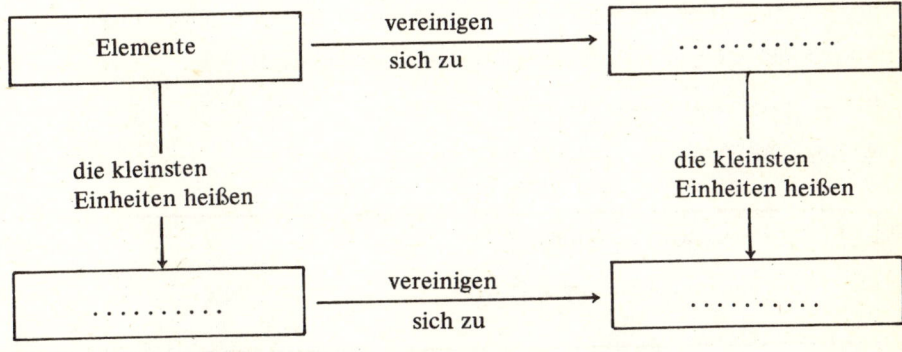

Ergänzen Sie dieses Schema, und vergleichen Sie unter **11** .

**3**  Phosphor ist ein *Element*, Phosphoroxid ist eine *Verbindung*. Ihre Antwort kann also nicht stimmen.

Kehren Sie zurück nach **20** und achten Sie besonders darauf, wie die kleinsten Einheiten von *Elementen* und wie die kleinsten Einheiten von *Verbindungen* heißen.

**4**    Nein. Bitte überlegen Sie: Das elektrisch neutrale Chloratom nimmt ein Elektron, das *elektrisch negativ* geladen ist, auf. Die Zahl der Protonen und der Elektronen ist jetzt nicht mehr gleich groß, sondern die Zahl der Elektronen ist um *eins* größer als die Zahl der Protonen.

Das Chloratom, das ein Elektron aufgenommen hat, ist also . . . . . . . . . . . geladen.    →    32

**5**    Ihre Antwort ist falsch.

Wir haben früher schon gelernt, daß Wasser aus Wasserstoff und Sauerstoff zusammengesetzt ist. Also ist Wasser eine *Verbindung*.

Ergänzen Sie: Die kleinste Einheit, in der eine chemische Verbindung auftreten kann, ist ein . . . . . . . .    →    12

**6**    Nein, Wasser besteht zwar aus 2 *Elementen*, nämlich Wasserstoff und Sauerstoff. Im Wassermolekül sind aber 3 *Atome* vereinigt, nämlich 2 Wasserstoffatome und 1 Sauerstoffatom. Daß es sich um 2 Wasserstoffatome handelt, wird in der Formel $H_2O$ durch die kleine 2 rechts unten am H gekennzeichnet.

Aus wieviel Atomen besteht ein Molekül der Verbindung $H_2S$ ?

- Aus 2 Atomen    →    15
- Aus 3 Atomen    →    29

**7**    Ihre Antwort ist falsch.

Eine Erklärung finden Sie unter   13  .

**8**    Nein, die 3 vor $H_3PO_4$ bedeutet, daß das *ganze Molekül* 3mal vorhanden ist.

Man muß also rechnen: 3 x 3 H-Atome =  9 H-Atome
                      3 x 1 P-Atome =  3 P-Atome
                      3 x 4 O-Atome = 12 O-Atome

zusammen:                              24   Atome

Wieviele Atome sind insgesamt in 4 $H_2SO_3$ vorhanden?    →    30

| 9 |        Sie müssen sinngemäß geantwortet haben:

Ein Ion ist ein elektrisch geladenes Atom (oder eine elektrisch geladene Atomgruppe).

Natrium-Ionen ($Na^{\oplus}$) und Chlor-Ionen ($Cl^{\ominus}$) haben entgegengesetzte elektrische Ladungen.
Entgegengesetzte elektrische Ladungen ziehen sich bekanntlich an.
Diese elektrische Anziehungskraft ist die Ursache für die Bildung der Verbindung Natriumchlorid (NaCl).
Natriumchlorid besteht aus Natrium-Ionen und Chlor-Ionen.

**7**

Wir haben am Beispiel des Natriumchlorids (NaCl) und des Wasserstoffmoleküls ($H_2$) zwei verschiedene chemische Bindungsarten kennengelernt.

Wir müssen unterscheiden (bei zweiatomigen Molekülen):

1. Verbindungen, bei denen das bindende Elektronenpaar zu einem der beiden Atome hin verschoben ist, so daß Ionen entstehen (Beispiel: NaCl).

2. Verbindungen, bei denen sich das bindende Elektronenpaar etwa in der Mitte zwischen den beiden verbundenen Atomen aufhält (Beispiel: $H_2$).

Bei mehratomigen Molekülen gelten entsprechende Unterscheidungen für jede einzelne Bindung.

Welche Verbindung besteht aus Ionen?

- $H_2$          $\longrightarrow$   | 25 |

- NaCl          $\longrightarrow$   | 19 |

- $H_2$ und NaCl   $\longrightarrow$   | 72 |

---

| 10 |   | Fe | Eisen | P | Phosphor | O | Sauerstoff |
|---|---|---|---|---|---|---|
| | H | Wasserstoff | S | Schwefel | K | Kalium |

Notieren Sie als Antworten auf folgende Fragen die entsprechenden Begriffsbestimmungen:

1. Was ist ein chemisches Element?
2. Was ist eine chemische Verbindung?
3. Was ist ein Atom?

Vergleichen Sie unter   | 20 |

11

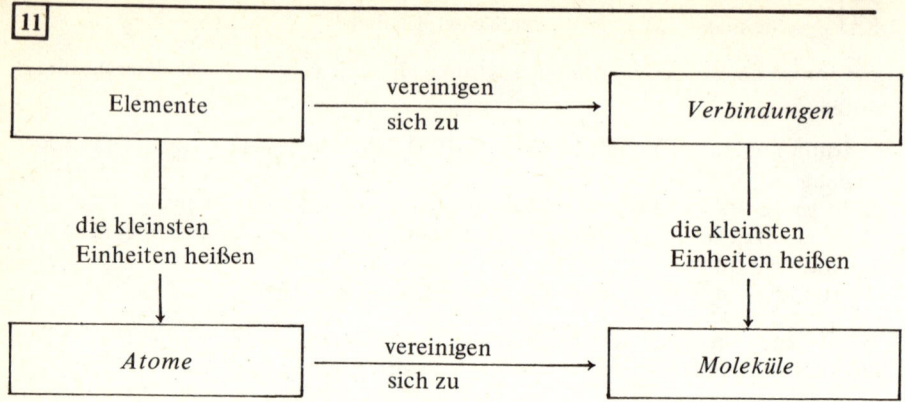

Welches sind die kleinsten Einheiten, in denen

      Phosphor und
      Phosphoroxid

auftreten können?

| Phosphor | Phosphoroxid | | |
|----------|--------------|----|----|
| • Atome | Moleküle | ⟶ | 21 |
| • Atome | Atome | ⟶ | 3 |
| • Moleküle | Moleküle | ⟶ | 33 |
| • Moleküle | Atome | ⟶ | 41 |

12    Ihre Antwort ist richtig.

Die kleinste Einheit, in der Wasser auftreten kann, ist ein *Molekül* (ein Wasser-Molekül).

Wir wollen gleich noch eine Frage beantworten:

Wir betrachten die jeweils kleinsten Einheiten, in denen Eisensulfid, Wasser, Magnesium, Chlorwasserstoff und Eisen auftreten können. Worum handelt es sich dabei?

Es handelt sich

| | | |
|---|---|---|
| • um 5 Moleküle | ⟶ | 7 |
| • um 4 Moleküle und 1 Atom | ⟶ | 36 |
| • um 3 Moleküle und 2 Atome | ⟶ | 28 |

- um 2 Moleküle und 3 Atome     $\longrightarrow$  44

- um 1 Molekül und 4 Atome      $\longrightarrow$  52

- um 5 Atome                    $\longrightarrow$  61

---

**13**      Damit Ihnen der Unterschied zwischen Atomen und Molekülen klar
wird, lernen Sie folgende Sätze auswendig:

Die kleinste Einheit, in der eine chemische *Verbindung* auftreten kann, ist ein
*Molekül.*
Die kleinste Einheit, in der ein *Element* auftreten kann, ist ein *Atom.*

Oder wissen Sie nicht mehr, welche der aufgezählten Stoffe Elemente und welche
Verbindungen sind?

Eisensulfid erhielten wir durch Umsetzung von Schwefelpulver mit Eisenspänen.
Wasser entsteht durch Verbrennen von Wasserstoff. Magnesium ist ein Element.
Chlorwasserstoff besteht aus Chlor und Wasserstoff. Eisen ist ein Element.

Kehren Sie zurück nach  12  .

---

**14**      Beim Aufschreiben von Gleichungen muß man darauf achten, daß links
und *rechts* vom Pfeil (oder vom Gleichheitszeichen) die gleiche Anzahl von *Atomen*
steht.

Wir müssen beim Aufstellen von Gleichungen aber nicht nur darauf achten, daß
rechts und links die Gesamtzahl von Atomen gleich ist, sondern rechts und links
muß stets von *jedem Element* die *gleiche* Anzahl von Atomen vorhanden sein.

Wenn also in der Gleichung links *ein* Eisenatom steht, so muß auch rechts *ein*
Eisenatom stehen. Dabei spielt es keine Rolle, ob das Eisen als Element oder
in einer Verbindung vorkommt.

Wir wollen uns jetzt Moleküle ansehen, in denen das gleiche Element mehrfach
vorkommt.

$H_2O$ ist Wasser. Oder genauer gesagt: $H_2O$ ist die *Formel* für Wasser. Aus wieviel
Atomen besteht das Wassermolekül?

- Aus 2 Atomen     $\longrightarrow$  6

- Aus 3 Atomen     $\longrightarrow$  29

---

**15**      Sie passen nicht auf! Ihre Antwort ist falsch.

Die kleine, tiefgestellte **2** in den Formeln $H_2O$ und $H_2S$ besagt, daß in diesen
Molekülen **2** Wasserstoffatome vorkommen.

$H_2S$ besteht aus

|   |   |
|---|---|
| 2 | Wasserstoffatomen und |
| 1 | Schwefelatom |

zusammen:     3 Atome

$H_2O$ besteht also aus

|   |   |
|---|---|
| 2 | Wasserstoffatomen und |
| 1 | Sauerstoffatom |

zusammen:     . . Atome

Lesen Sie weiter bei  29 .

**7**

---

**16**     $Cl^{\ominus}$

Was ist ein Ion?  Bitte antworten Sie schriftlich.  ⟶  9

---

**17**     Ihre Antwort ist richtig.

Das Molekül mit der Formel $H_3PO_4$ besteht aus 8 Atomen, nämlich aus 3 H-Atomen, einem P-Atom und 4 O-Atomen.

Die kleinen, tiefgestellten Zahlen in Formeln beziehen sich *nur* auf die Atome, *hinter* denen sie stehen.

Schreiben wir dagegen eine Zahl *vor* die Formel, z. B. 2 FeS, so sind entsprechend viele Moleküle vorhanden, in unserem Beispiel also zwei Moleküle Eisensulfid.

Wieviele Atome sind insgesamt in 3 $H_3PO_4$ vorhanden?

- 11 Atome  ⟶  40
- 14 Atome  ⟶  8
- 24 Atome  ⟶  30

---

**18**     Richtig ist:     $2\,Na + Cl_2 \longrightarrow 2\,NaCl$

Wenn Sie daran gedacht haben, daß Chlor *zwei*atomig ist, haben Sie sicher die richtige Lösung gefunden. Denken Sie beim Aufstellen von Gleichungen daran, daß bestimmte Elemente immer *zwei*atomig auftreten. Notieren Sie diese Elemente mit Namen und Symbol:

|   |   |
|---|---|
| Brom | $Br_2$ |
| . . . . . . . . | . . . . . . . . |
| . . . . . . . . | . . . . . . . . |
| . . . . . . . . | . . . . . . . . |
| . . . . . . . . | . . . . . . . . |

Vergleichen Sie bei  26 .

| 19 |     Ihre Antwort ist richtig.

Natriumchlorid (NaCl) besteht aus Ionen. Die Bindung wird durch die Anziehungs-kraft der beiden gegensätzlich geladenen Ionen ($Na^{\oplus}$ und $Cl^{\ominus}$) verursacht. Diese Art der Bindung nennt man:

      Ionenbindung

Im Wasserstoffmolekül erfolgt die Bindung durch die Bildung des Elektronenpaares, das sich in der Mitte zwischen den beiden Wasserstoffatomen aufhält. Das Elektronenpaar gehört den Elektronenhüllen der *beiden* Wasserstoffatome gemeinsam an. Diese Art der Bindung nennt man:

**7**

      Atombindung

Wir unterscheiden vorläufig also zwei chemische Bindungsarten:

      1. Die Ionenbindung
      2. Die Atombindung

Welche Art der chemischen Bindung liegt im Chlormolekül (Cl–Cl) vor?

- Ionenbindung      $\longrightarrow$   | 66 |

- Atombindung      $\longrightarrow$   | 31 |

- Ich weiß es nicht   $\longrightarrow$   | 71 |

---

| 20 |     Ihre Antworten müssen sinngemäß lauten:

1. *Elemente* sind Stoffe, die chemisch nicht weiter zerlegt werden können.

2. Vereinigen sich zwei oder mehrere Stoffe zu einem neuen Stoff mit anderen Eigenschaften, so ist der neue Stoff eine *chemische Verbindung*.

3. Die kleinste Einheit, in der ein Element auftreten kann, ist ein *Atom*.

Als neue Begriffsbestimmung lernen wir:

Die kleinste Einheit, in der eine chemische Verbindung auftreten kann, ist ein *Molekül*.

Woraus besteht ein Molekül? Überlegen Sie:

*Verbindungen* entstehen bei einer chemischen Reaktion durch die *Vereinigung von Elementen*. Moleküle (die kleinsten Einheiten einer Verbindung) entstehen also durch die *Vereinigung von* . . . . . . . . , den kleinsten Einheiten der Elemente.

Umgekehrt können *Verbindungen* durch eine chemische Reaktion in *Elemente zerlegt* werden. Dabei werden die Moleküle der Verbindung in . . . . . . . . . gespalten.

Ergänzen Sie die fehlenden Wörter, und vergleichen Sie bei 2 .

**7**

---

21      Ihre Antwort ist richtig.

Phosphor ist ein *Element*; deshalb ist die kleinste Einheit, in der Phosphor auftreten kann, ein Atom (ein Phosphor-Atom).

Phosphoroxid ist eine *Verbindung*; deshalb ist die kleinste Einheit, in der Phosphoroxid auftreten kann, ein *Molekül* (ein Phosphoroxid-Molekül).

Welches ist die kleinste Einheit, in der Wasser auftreten kann?

- Ein Atom          ⟶   5
- Ein Molekül       ⟶   12

---

22      Ihre Antwort ist richtig.

Das Natrium hat ein Elektron abgegeben, das sich zusammen mit einem Elektron des Chlors als Elektronenpaar beim Chlor befindet:

Na          |Cl

Dadurch *fehlt* jetzt in der Elektronenhülle des Natriumatoms ein *Elektron*, in der Elektronenhülle des Chloratoms ist dafür *ein Elektron mehr*.

Wir wissen, daß Elektronen eine elektrische Ladung haben.

Welche elektrische Ladung hat das Chloratom nach Aufnahme eines Elektrons?

- Es ist elektrisch negativ geladen     ⟶   32
- Es ist elektrisch positiv geladen     ⟶   4
- Es ist elektrisch neutral             ⟶   74
- Ich weiß es nicht                     ⟶   63

---

23      Nein, Protonen und Neutronen sind die Bausteine des *Atomkerns*.

In der Hülle befinden sich die . . . . . . . .   ⟶   69

**24**          Ihre Antwort ist richtig.

Das Natriumatom, das ein Elektron abgegeben hat, ist elektrisch *positiv* geladen. Da im Vergleich zu den Elektronen *ein* Proton *mehr* vorhanden ist, hat das Natriumatom jetzt nach außen hin *eine positive Ladung.*

Elektrisch geladene Atome (oder Atomgruppen) werden *Ionen* genannt. Ein Ion ist entweder positiv oder negativ geladen.

Eine positive Ladung wird durch ein Plus-Zeichen im Kreis $\oplus$, eine negative Ladung durch ein Minus-Zeichen im Kreis $\ominus$ symbolisiert.

Ein Natrium-Ion schreibt man so:   $Na^{\oplus}$

Schreiben Sie bitte das Symbol für ein Chlor-Ion auf.   $\longrightarrow$   $\boxed{16}$

---

**25**          Nein. Wir haben gelernt, daß sich Ionen bilden, wenn das bindende Elektronenpaar zu einem der beiden Atome, die sich verbinden, hin verschoben ist. Das ist im Wasserstoffmolekül nicht der Fall.

Wiederholen Sie ab $\boxed{49}$ .

---

**26**          Zu ergänzen waren:
Chlor $Cl_2$, Sauerstoff $O_2$, Stickstoff $N_2$, Wasserstoff $H_2$, Jod $J_2$, Fluor $F_2$.

Welche Faktoren sind in der folgenden Gleichung zu ergänzen?

$$H_2 + N_2 \longrightarrow NH_3$$

Vergleichen Sie bei $\boxed{35}$ .

---

**27**          Richtig ist:    $2\,H_2 + O_2 \longrightarrow 2\,H_2O$

Stellen Sie auch die folgende Gleichung richtig, indem Sie den fehlenden Ausgangsstoff und die fehlenden Faktoren ergänzen.

$$Na + \ldots \longrightarrow NaCl$$

Vergleichen Sie bei $\boxed{18}$ .

---

**28**          Ihre Antwort ist richtig.

Wir wollen jetzt lernen, chemische Vorgänge durch *Gleichungen* zu beschreiben.

Wenn wir die Reaktion von Eisen mit Schwefel zu Eisensulfid beschreiben wollen, benutzen wir die Elementsymbole. Wir schreiben also:

$$Fe + S \longrightarrow FeS$$

**7**

Wir haben hier eine *Gleichung* vor uns. Gleichung deshalb, weil vor und hinter dem Pfeil (oder links und rechts vom Pfeil) die *gleiche* Anzahl (und die gleiche Art) von Atomen steht.

Fe   bedeutet nämlich nicht nur Eisen, sondern auch: 1 Atom Eisen.
S     bedeutet also:   1 Atom Schwefel
FeS bedeutet also:   1 Molekül Eisensulfid.

Da das FeS-Molekül aus 2 Atomen besteht, stehen in der Gleichung links und rechts vom Pfeil also je 2 Atome, wobei die beiden Atome rechts vom Pfeil zusammen ein Molekül bilden.

$$Fe \quad + \quad S \longrightarrow \quad FeS$$
1 Atom      1 Atom      1 Molekül Eisensulfid
Eisen        Schwefel    (bestehend aus je einem Atom Eisen und
                                  Schwefel)

Statt eines Pfeiles ($\longrightarrow$) findet man in chemischen Gleichungen auch oft das Gleichheitszeichen (=):

$$Fe + S = FeS$$

Ergänzen Sie den folgenden Satz:

Beim Aufschreiben von Gleichungen muß man darauf achten, daß links und . . . . vom Pfeil (oder vom Gleichheitszeichen) die gleiche Anzahl von . . . . . steht.

Vergleichen Sie bei   [14] .

---

**29**      Ihre Antwort ist richtig.

$H_2O$ besteht aus 3 Atomen. Die kleine, tiefgestellte 2 in der Formel rechts unten am H bedeutet, daß es sich um 2 Wasserstoffatome handelt.

Aus wieviel Atomen besteht die Verbindung $H_3PO_4$?

● Aus 8 Atomen    $\longrightarrow$  [17]
● Aus 3 Atomen    $\longrightarrow$  [48]
● Ich weiß es nicht  $\longrightarrow$  [39]

---

**30**      Ihre Antwort ist richtig.

Es handelt sich um 24 Atome.

Wenn wir eine *Zahl vor* ein Elementsymbol setzen, z. B. 2 Fe, so heißt das: Es handelt sich um so viele Atome wie die Zahl angibt, also z. B. um 2 Eisenatome.

8 S sind also 8 Schwefelatome, 5 P sind 5 Phosphoratome usw.

In den Formeln *der Verbindungen* werden aber mehrere Atome der gleichen Art durch eine kleine, tiefgestellte Zahl hinter dem Elementsymbol gekennzeichnet, wie wir es bereits am Beispiel der Formel

$H_3PO_4$ (Phosphorsäure)

kennengelernt haben.

Schreiben Sie bitte mit Zahlen und Symbolen auf:

7

Vier Natriumatome .........
Ein Eisenatom .........
Die Formel für Wasser .........
Die Formel für Eisensulfid .........
Die Formel für Schwefelsäure .........
(Das Schwefelsäuremolekül besteht aus zwei Wasserstoffatomen, einem Schwefelatom und vier Sauerstoffatomen.) $\longrightarrow$ |38|

---

|31|     Ja, es handelt sich um eine *Atom*bindung.
Eine Atombindung liegt immer dann vor, wenn sich das bindende Elektronenpaar mehr oder weniger in der Mitte zwischen den beiden gebundenen Atomen aufhält. (Es tritt dann *keine* Ionenbildung ein. Es sind keine Ionen, sondern zwei *Atome* verbunden. Daher auch der Name: *Atom*bindung.)
Wir müssen zwischen Ionen und Atomen unterscheiden. Welcher Unterschied besteht zwischen einem Ion und einem Atom?

Bitte antworten Sie schriftlich. $\longrightarrow$ |42|

---

|32|     Ihre Antwort ist richtig: Das Chloratom ist nach Aufnahme eines Elektrons *negativ* geladen.
Die Zahl seiner Elektronen ist jetzt um *eins* größer als die Zahl seiner Protonen. Wir können auch sagen:
Die Zahl der negativen Ladungen ist jetzt im Chloratom um *eins* größer als die Zahl der positiven Ladungen.
Das Chloratom hat also nach Aufnahme eines Elektrons nach außen hin *eine negative Ladung.*

Wie ist das Natriumatom *nach Abgabe* eines Elektrons geladen?

● Es ist elektrisch negativ geladen    $\longrightarrow$ |57|

● Es ist elektrisch positiv geladen    $\longrightarrow$ |24|

● Es ist elektrisch neutral    $\longrightarrow$ |73|

● Ich weiß es nicht    $\longrightarrow$ |45|

**7**

**33**     Phosphor ist ein *Element*, Phosphoroxid ist eine *Verbindung*. Ihre Antwort kann also nicht stimmen.

Kehren Sie zurück nach $\boxed{20}$ , und achten Sie besonders darauf, wie die kleinsten Einheiten von *Elementen* und wie die kleinsten Einheiten von *Verbindungen* heißen.

---

**34**

1. Im Wasserstoffmolekül befindet sich das Elektronenpaar *in der Mitte* zwischen den beiden Wasserstoffatomen.

2. Im Natriumchlorid ist das Elektronenpaar zum Chloratom hin *verschoben*.

Im Natriumchlorid befindet sich das Elektronenpaar also beim *Chloratom*.

Wie ist dieses Elektronenpaar entstanden?

- Aus 2 Elektronen des Natriums      $\longrightarrow$  $\boxed{67}$

- Aus 2 Elektronen des Chlors       $\longrightarrow$  $\boxed{58}$

- Aus 1 Elektron des Natriums und
  aus 1 Elektron des Chlors        $\longrightarrow$  $\boxed{22}$

---

**35**     Richtig ist:     $3 H_2 + N_2 \longrightarrow 2 NH_3$

Die Schwierigkeit bestand darin, daß rechts 3 Wasserstoffatome, also eine *ungerade* Anzahl, standen. Links kann nun aber nur eine gerade Anzahl von Wasserstoffatomen stehen, nämlich **2** als $H_2$, durch Verdoppeln **4** ($2 H_2$) oder durch Verdreifachen **6** ($3 H_2$). Durch Verdoppeln der rechten Seite ($2 NH_3$) kommt man auch hier zu einer *geraden* Anzahl von Wasserstoffatomen, nämlich 6.

Ergänzen Sie folgende Gleichung:

$$C + \ldots\ldots \longrightarrow CO$$

Vergleichen Sie bei  $\boxed{43}$ .

---

**36**     Ihre Antwort ist falsch.

Eine Erklärung finden Sie unter  $\boxed{13}$ .

---

**37**     $4 P + 5 O_2 \longrightarrow 2 P_2O_5$

In der folgenden Gleichung fehlen auch zwei Faktoren.

$$H_2 + O_2 \longrightarrow H_2O$$

Überlegen Sie gut. Da Sauerstoff zweiatomig ist, sind wir *gezwungen*, links von 2 Sauerstoffatomen (geschrieben: $O_2$) auszugehen. Schreiben Sie die richtige Gleichung auf, und vergleichen Sie bei 27 .

**38**     Bitte vergleichen Sie.

Vier Natriumatome          4 Na
Ein Eisenatom            Fe    (ohne 1 !)
Die Formel für Wasser       $H_2O$
Die Formel für Eisensulfid    FeS
Die Formel für Schwefelsäure   $H_2SO_4$

**7**

Bei den (unter Normalbedingungen) *gasförmigen* Nichtmetallen und bei den Nichtmetallen Fluor (F), Brom (Br) und Jod (J) müssen wir nun etwas Besonderes beachten:

Diese Nichtmetalle (außer den Edelgasen) treten normalerweise als *Moleküle* auf, die aus *zwei* Atomen bestehen.

Wir müssen daher schreiben:

$$H_2, N_2, O_2, F_2, Cl_2, Br_2 \text{ und } J_2$$

Wir sagen: Diese Nichtmetalle sind *zweiatomig*.
Es handelt sich hier um Moleküle, die nicht durch die *Vereinigung* von Atomen *von zwei oder mehreren Elementen*, sondern ausnahmsweise durch die Vereinigung von Atomen *eines* Elements entstanden sind.

Notieren Sie unter Verwendung der Symbole, welche der folgenden Elemente zweiatomig sind:

     Kalium, Sauerstoff, Wasserstoff, Eisen, Kupfer, Natrium, Brom, Magnesium, Chlor, Stickstoff, Phosphor, Schwefel.

Zweiatomig sind: $O_2$, . . . . . .   →   47

**39**     $H_3PO_4$ besteht aus 3 verschiedenen *Elementen*, nämlich Wasserstoff, Phosphor und Sauerstoff.

Die kleine, tiefgestellte 3 hinter dem H gibt an, daß in jedem Molekül 3 H-Atome vorhanden sind.
Außerdem sind in der Verbindung $H_3PO_4$ pro Molekül 1 P-Atom und 4 O-Atome vorhanden.

Kehren Sie nach 29 zurück.

**7**

**40**    Nein, die 3 vor $H_3PO_4$ bedeutet, daß das *ganze Molekül* 3mal vorhanden ist.

Man muß also rechnen:

| | | |
|---|---|---|
| 3 x 3 H-Atome | = | 9 H-Atome |
| 3 x 1 P-Atom | = | 3 P-Atome |
| 3 x 4 O-Atome | = | 12 O-Atome |

zusammen:                                    24    Atome

Wieviele Atome sind insgesamt in 4 $H_2SO_3$ vorhanden?  → 30

**41**    Phosphor ist ein *Element*, Phosphoroxid ist eine *Verbindung*. Ihre Antwort kann also nicht stimmen.

Kehren Sie zurück nach 20 , und achten Sie besonders darauf, wie die kleinsten Einheiten von *Elementen* und wie die kleinsten Einheiten von *Verbindungen* heißen.

**42**    Ionen haben eine elektrische Ladung.
Atome sind nach außen hin elektrisch neutral.

Welche Arten von elektrischer Ladung treten bei Ionen auf, und wie werden sie symbolisiert?

Bitte antworten Sie schriftlich.  → 54

**43**    Richtig ist:    $2 C + O_2 \longrightarrow 2 CO$

Auch hier mußte die rechte Seite verdoppelt werden, um zu einer geraden Anzahl von Sauerstoffatomen zu gelgangen.

Wie kommt es nun, daß die Atome eines Elements in der einen Verbindung im Molekül nur *einmal*, bei einer anderen Verbindung jedoch im Molekül *mehrmals* vorkommen, zum Beispiel der *Wasserstoff* im Chlorwasserstoff (HCl) und im Wasser ($H_2O$)?

Jedes Element hat eine sogenannte *Wertigkeit*. Sie gibt die *Anzahl der Bindungen* an, die das betreffende Atom zu anderen Atomen hin ausbilden kann.

Wasserstoff ist *ein*wertig, er kann *eine* Bindung eingehen.
Sauerstoff ist *zwei*wertig, er kann *zwei* Bindungen eingehen.

Wenn man die Bindung zwischen zwei Atomen durch einen Strich symbolisiert, kann man sich das Wassermolekül so aufgebaut denken:

H–O–H

Suchen Sie aus folgenden Formeln durch Abzählen der Bindungsstriche alle einwertigen, zweiwertigen und dreiwertigen Elemente heraus:

$$H-S-H \quad H-Cl \quad Fe=S \quad H-\underset{|}{N}-H \quad Fe=O$$
$$H$$

Einwertig sind:  . . . . . . . .
Zweiwertig sind:  . . . . . . . .
Dreiwertig ist:  . . . . . . . .

Vergleichen Sie bei 53 .

---

**44**  Ihre Antwort ist falsch.

Eine Erklärung finden Sie unter 13 .

---

**45**  Nein. Bitte überlegen Sie: Das elektrisch neutrale Natriumatom gibt ein Elektron (und damit eine negative Ladung) ab.

*Nach* der Abgabe eines Elektrons ist die Zahl der Protonen um *eins größer* als die Zahl der Elektronen.

Das Natriumatom, das ein Elektron abgegeben hat, ist daher . . . . . . . . . . . . . . . . geladen.  → 24

---

**46**  $H_2 + Cl_2 \longrightarrow 2\,HCl$

Sicher haben Sie richtig erkannt, daß vor HCl eine 2 zu ergänzen ist. Diese Zahlen, die *vor* den Elementsymbolen in einer Gleichung stehen, nennen wir *Faktoren*. Vor HCl war also der *Faktor* 2 zu ergänzen.

In der folgenden Gleichung fehlen zwei Faktoren.

$$P + O_2 \longrightarrow 2\,P_2O_5$$

Schreiben Sie die vollständige Gleichung auf, und vergleichen Sie bei 37 .

---

**47**  Zweiatomig sind:  $O_2, H_2, Br_2, Cl_2, N_2$

Wenn sich diese Nichtmetalle an chemischen Reaktionen beteiligen, treten sie in den entsprechenden Gleichungen infolge ihrer *Zwei*atomigkeit immer nur mit einer *geraden* Zahl von Atomen auf, also nur 2, 4, 6 usw. Atome.

2 Sauerstoffatome werden geschrieben:  $O_2$
4 Sauerstoffatome werden geschrieben:  $2\,O_2$
6 Sauerstoffatome werden geschrieben:  $3\,O_2$

In Verbindungen können diese Elemente jedoch in beliebigen Zahlen auftreten,
z. B.

$$H_2O$$
$$SO_2$$
$$O_3$$
$$H_2SO_4$$
$$P_2O_5$$

**7**

(Beachten Sie in diesen Beispielen besonders den Sauerstoff.)

Notieren Sie bitte mit Hilfe der Elementsymbole:

2 Sauerstoffatome, 8 Stickstoffatome, 4 Chloratome, 12 Bromatome.  $\longrightarrow$  $\boxed{56}$

---

$\boxed{48}$     Ihre Antwort ist falsch.

$H_3PO_4$ besteht zwar aus 3 verschiedenen *Elementen* (Wasserstoff, Phosphor und
Sauerstoff). Wasserstoff und Sauerstoff sind im Molekül aber *mehrfach* enthalten.
Die Anzahl der Wasserstoff- und Sauerstoffatome geben die kleinen, tiefgestellten
Zahlen 3 bzw. 4 an.

Kehren Sie nach $\boxed{29}$ zurück.

---

$\boxed{49}$     *Elektronenpaar*

Wir wollen die bisherige Schreibweise der Bauformeln, in der die Bindung zwischen
zwei Atomen durch einen Strich symbolisiert wird, beibehalten. Der Strich stellt
das *Elektronenpaar* dar, das die chemische Bindung verursacht.

In vielen Fällen befindet sich das Elektronenpaar (mehr oder weniger) *in der
Mitte* zwischen den beiden Atomen, die sich verbunden haben. Zum Beispiel:

$$H-H \qquad Cl-Cl$$

In anderen Fällen ist das Elektronenpaar aber (mehr oder weniger) zu einem der
beiden Atome hin *verschoben*. Das ist zum Beispiel beim Natriumchlorid (NaCl)
besonders deutlich der Fall:

Na     —Cl   oder anders geschrieben:   Na     |Cl

Bitte beantworten Sie schriftlich folgende Fragen:

1. Wo befindet sich das Elektronenpaar im Wasserstoffmolekül?

2. Wo befindet sich das Elektronenpaar im Natriumchlorid?  $\longrightarrow$  $\boxed{34}$

**50**

     Nein, Protonen und Neutronen sind die Bausteine des *Atomkerns*.

In der Hülle befinden sich die . . . . . . .    $\longrightarrow$   69

---

**51**

     Nein, Sie brauchen doch nur in der Bauformel

       H - N - H
           |
           H

die vom Stickstoff ausgehenden Bindungsstriche abzuzählen, um festzustellen, wieviel wertig Stickstoff hier ist.

Wiederholen Sie ab   43   .

---

**52**

     Ihre Antwort ist falsch.

Eine Erklärung finden Sie unter   13   .

---

**53**

     Einwertig sind:    Wasserstoff, Chlor
     Zweiwertig sind:   Eisen, Sauerstoff, Schwefel
     Dreiwertig ist:     Stickstoff

Chlor ist also einwertig, es kann eine Bindung eingehen:

     H–Cl

Damit haben wir erklärt, warum der Wasserstoff im Wassermolekül zweimal, im Chlorwasserstoffmolekül aber nur einmal vorkommt. Der Grund ist die verschiedene Wertigkeit von Sauerstoff und Chlor.

     H–O–H     H–Cl

Anhand dieser Formeln können wir uns eine Vorstellung vom Bau der Moleküle machen. Sie heißen deshalb *Bauformeln* (häufig liest man auch: Strukturformeln).

Wir schreiben die Bauformel des Wassermoleküls also so, daß in der Mitte ein . . . .-atom, rechts und links davon je ein . . . . .-atom steht.

Welche Wörter sind zu ergänzen? Vergleichen Sie bei   62   .

---

**54**

     Ionen können positiv ($\oplus$) oder negativ ($\ominus$) geladen sein.

Welche Arten von chemischer Bindung kennen Sie?

. . . . . . . . . . . . . . . . . .

. . . . . . . . . . . . . . . . . .     $\longrightarrow$     64

---

**7**

55|     Ja, die Gleichung

$$2\,H_2O \longrightarrow 2\,H_2 + O_2$$

ist richtig. Links und rechts stehen je 4 H-Atome und je 2 O-Atome. (Die Gleichung beschreibt übrigens die Herstellung von Wasserstoff und Sauerstoff durch die Elektrolyse des Wassers.)

In der folgenden Gleichung (Chlorknallgas reagiert zu Chlorwasserstoff) fehlt vor HCl eine Zahl, die Gleichung ist also falsch.

$$H_2 + Cl_2 \longrightarrow \quad HCl$$

Schreiben Sie die richtige Gleichung auf, und vergleichen Sie bei  46  .

---

56|     Bitte vergleichen Sie:

$$O_2,\ 4\,N_2,\ 2\,Cl_2,\ 6\,Br_2$$

Alle anderen Elemente (mit Ausnahme des Edelgase) treten normalerweise in Form großer Atomverbände auf. Da man deren Größe meist nicht kennt, behandelt man alle derartigen Elemente in Reaktionsgleichungen so, als wären sie *einatomig*. Sie können in Gleichungen also sowohl mit *geraden* als auch mit *ungeraden* Zahlen von Atomen auftreten, z. B. Fe, 2 Fe, 3 Fe, 4 Fe usw.

Notieren Sie bitte mit Hilfe der Elementsymbole:

4 Eisenatome, 6 Chloratome, 5 Phosphoratome, 2 Bromatome, 1 Schwefelatom, 3 Natriumatome, 4 Stickstoffatome, 8 Wasserstoffatome.

Vergleichen Sie bitte bei  65  .

---

57|     Nein. Bitte überlegen Sie: Das elektrisch neutrale Natriumatom gibt ein Elektron (und damit eine negative Ladung) ab.

*Nach* der Abgabe eines Elektrons ist die Zahl der Protonen um *eins größer* als die Zahl der Elektronen.

Das Natriumatom, das ein Elektron abgegeben hat, ist daher . . . . . . . . . . . . . . . .
geladen.     $\longrightarrow$     24

---

**58**      Nein, das Elektronenpaar ist aus je einem Elektron des Natriumatoms und des Chloratoms entstanden.

Wiederholen Sie ab 77 .

---

**59**      $H^{\cdot} + {\cdot}H^{'} \longrightarrow H : H$

Durch die Bildung des Elektronenpaares haben sich die beiden Wasserstoffatome zum Wasserstoffmolekül *verbunden*. Durch die Bildung eines Elektronenpaares wird eine *chemische Bindung* verursacht.

Wir haben bisher die Bindung zwischen zwei Atomen in den Bauformeln durch einen Strich symbolisiert:

$H - O - H$      $H - Cl$      $H - H$

Wir wissen jetzt, was dieser Strich darstellt. Dieser Strich stellt das . . . . . . . . . . dar, das die chemische Bindung verursacht.

Schreiben Sie bitte das fehlende Wort auf.   $\longrightarrow$   49

---

**60**      Ihre Antwort ist richtig. Der Stickstoff (N) im $NH_3$ ist dreiwertig.

Die Wertigkeit gibt die Anzahl der Bindungen an, die das betreffende Atom zu anderen Atomen hin ausbilden kann.

Wodurch werden Bindungen von Atomen verursacht?
Um die folgenden Erklärungen zu verstehen, müssen Sie sich an den Aufbau der Atome erinnern.

Atome bestehen aus einem Kern und einer Hülle.

Wie heißen die Bausteine des Atoms, die sich in der Hülle aufhalten?

- Protonen      $\longrightarrow$   50
- Elektronen      $\longrightarrow$   69
- Neutronen      $\longrightarrow$   23

---

**61**      Ihre Antwort ist falsch.

Eine Erklärung finden Sie unter 13 .

---

**7**

---

|62|  Im Wassermolekül (H–O–H) steht ein *Sauerstoff*atom in der Mitte. Rechts und links davon steht je ein *Wasserstoff*atom.

Außer einer Bauformel hat jede Verbindung noch eine *Summenformel*. Wasser hat die Summenformel $H_2O$.

Diese Formel besagt nichts über den Bau des Moleküls, sie gibt lediglich die Anzahl (die *Summe*) und Art der im Molekül vorhandenen Atome an. Die Bindungsstriche werden hierbei *nicht* mitgeschrieben.

Schreiben Sie die folgenden Formeln ab, und sortieren Sie diese in Bauformeln und Summenformeln.

$$H-Cl, \quad NH_3, \quad H-N-H, \quad HCl, \quad H_3PO_4, \quad Fe=O, \quad Fe=S, \quad FeS, \quad H_2SO_4, \quad Na_2O, \quad NaCl$$
$$\overset{|}{H}$$

$\longrightarrow$ |70|

---

|63|  Nein. Bitte überlegen Sie: Das elektrisch neutrale Chloratom nimmt ein Elektron, das *elektrisch negativ* geladen ist, auf. Die Zahl der Protonen und der Elektronen ist jetzt nicht mehr gleich groß, sondern die Zahl der Elektronen ist um *eins* größer als die Zahl der Protonen.

Das Chloratom, das ein Elektron aufgenommen hat, ist also . . . . . . . . . . . . . . . . . geladen.  $\longrightarrow$ |32|

---

|64|  *Ionenbindung*
    *Atombindung*

Notieren Sie je ein Beispiel für eine Verbindung mit Ionenbindung bzw. Atombindung.  $\longrightarrow$ |76|

---

|65|  $4\,Fe, \quad 3\,Cl_2, \quad 5\,P, \quad Br_2, \quad S, \quad 3\,Na, \quad 2\,N_2, \quad 4\,H_2$

Haben Sie alles richtig? Wenn ja, haben Sie gut gearbeitet. Wenn nein, dann wiederholen Sie im eigenen Interesse ab |30| .

Doch jetzt zurück zu den Gleichungen. Wir hatten gelernt:
Links und rechts in einer *Gleichung* muß die *gleiche* Anzahl und Art von Atomen stehen.
Ist dieses Prinzip in der folgenden Gleichung gewahrt, ist die Gleichung also richtig?

$$2\,H_2O \longrightarrow 2\,H_2 + O_2$$

● ja    $\longrightarrow$ |55|

● nein   $\longrightarrow$ |75|

**7**

**66**     Nein. Sie haben die Bauformel des Chlormoleküls

Cl – Cl

nicht beachtet. Das bindende Elektronenpaar hält sich in der Mitte zwischen den beiden Chloratomen auf.

Es liegt also eine . . . . . . . .-Bindung vor.    $\longrightarrow$   31

---

**67**     Nein, das Elektronenpaar ist aus je einem Elektron des Natriumatoms und des Chloratoms entstanden.

Wiederholen Sie ab 77 .

---

**68**     Die beiden Punkte sollen ein *Elektronenpaar* darstellen.

Zur Bildung dieses Elektronenpaares hat jedes der beiden Wasserstoff*atome*, aus denen das Wasserstoff*molekül* entstanden ist, *ein Elektron* beigesteuert.

Schreiben Sie bitte die folgende Gleichung ab, und ergänzen Sie durch Punkte die fehlenden Elektronen und das fehlende Elektronenpaar.

H + H $\longrightarrow$ H H $\longrightarrow$ 59

---

**69**     Ja, in der Hülle befinden sich die *Elektronen*.
Man spricht deshalb von der *Elektronenhülle* des Atoms.
In der Elektronenhülle des Wasserstoffatoms befindet sich ein Elektron. Wir wollen dieses Elektron durch einen Punkt neben dem Symbol des Wasserstoffs (H) formal darstellen:

H ·

Was bedeutet der Punkt neben dem H? Bitte notieren Sie Ihre Antwort. $\longrightarrow$ 77

---

**70**     Bitte vergleichen Sie:

Bauformeln: H-Cl, H-N-H, Fe=O, Fe=S
                  |
                  H

Summenformeln: $NH_3$, HCl, $H_3PO_4$, FeS, $H_2SO_4$, $Na_2O$, NaCl

$NH_3$ ist die Summenformel einer Ihnen noch unbekannten Verbindung. Mit ihren bisherigen Kenntnissen sind Sie aber in der Lage, aus der dazugehörigen Bauformel die Wertigkeit des Stickstoffs abzulesen.

Wieviel wertig ist der Stickstoff im $NH_3$?

- Einwertig → ⏎ 78
- Zweiwertig → ⏎ 51
- Dreiwertig → ⏎ 60

---

**71**    Sie haben die Bauformel des Chlormoleküls

Cl – Cl

nicht beachtet. Das bindende Elektronenpaar hält sich in der Mitte zwischen den beiden Chloratomen auf.

Es liegt also eine . . . . . . .-Bindung vor. → 31

---

**72**    Ihre Antwort ist nur teilweise richtig.

Natriumchlorid (NaCl) besteht aus Ionen.
Im Wasserstoffmolekül ($H_2$) befindet sich das bindende Elektronenpaar aber in der Mitte zwischen den Wasserstoffatomen.

Wiederholen Sie ab 49 .

---

**73**    Nein. Bitte überlegen Sie: Das elektrisch neutrale Natriumatom gibt ein Elektron (und damit eine negative Ladung) ab.

*Nach* der Abgabe eines Elektrons ist die Zahl der Protonen um *eins größer* als die Zahl der Elektronen.

Das Natriumatom, das ein Elektron abgegeben hat, ist daher . . . . . . . . . . . . . . . . geladen. → 24

---

**74**    Nein. Bitte überlegen Sie: Das elektrisch neutrale Chloratom nimmt ein Elektron, das *elektrisch negativ* geladen ist, auf. Die Zahl der Protonen und der Elektronen ist jetzt nicht mehr gleich groß, sondern die Zahl der Elektronen ist um *eins* größer als die Zahl der Protonen.

Das Chloratom, das ein Elektron aufgenommen hat, ist also . . . . . . . . . . . . . . . . geladen. → 32

---

|75|

Sie haben sicherlich nicht beachtet, daß sich die 2 vor $H_2O$ auf das *ganze* Molekül $H_2O$ bezieht, links also 2 O-Atome stehen.

$$2\,H_2O \quad \longrightarrow \quad 2\,H_2 + O_2$$

das sind:

        4 H-Atome     4 H-Atome

        2 O-Atome     2 O-Atome

Die Gleichung ist also richtig.

Lesen Sie weiter bei |55| .

---

|76|

     Ionenbindung:     $Na^{\oplus}\,Cl^{\ominus}$ oder NaCl
     Atombindung:     H − H, Cl − Cl

Ende des 7. Programms.

---

|77|

    Der Punkt soll das *Elektron* darstellen, das sich in der Elektronenhülle des Wasserstoffs befindet.

Verbinden sich zwei Wasserstoffatome zu einem Wasserstoffmolekül,

$$H + H \longrightarrow H_2$$

so bilden die beiden Elektronen ein *Elektronenpaar*:

$$H\cdot + \cdot H \longrightarrow H : H$$

Was bedeuten die beiden Punkte zwischen den beiden H auf der rechten Seite der Gleichung?

Bitte notieren Sie Ihre Antwort.    $\longrightarrow$    |68|

---

|78|

    Nein, Sie brauchen doch nur in der Bauformel

```
H-N-H
  |
  H
```

die vom Stickstoff ausgehenden Bindungsstriche abzuzählen, um festzustellen, wieviel wertig Stickstoff hier ist.

Wiederholen Sie ab |43| .

# 8. Programm

## Natrium und Kalium

**1**       In diesem Programm lernen Sie die Metalle Natrium (Na) und Kalium (K) und ihre wichtigsten Verbindungen kennen. Wenn Sie das Programm sorgfältig durchgearbeitet haben, werden Sie in der Lage sein, die Umsetzungen der beiden Metalle mit Sauerstoff und Wasser zu beschreiben. Sie können für die Herstellung von Natrium, Kalium, Natriumhydroxid und Kaliumhydroxid die Reaktions-gleichungen aufstellen. Auch über Vorkommen und analytischen Nachweis der beiden Metalle werden Sie Bescheid wissen.

**8**

Wir wissen bereits, daß alle Elemente in Metalle und Nichtmetalle eingeteilt wer-den können. Die Metalle selbst werden nochmals unterteilt in

     *Schwermetalle*
und     *Leichtmetalle.*

Ergänzen Sie folgende Sätze:

Elemente werden eingeteilt in Metalle und . . . . . . . . . . . . .
Metalle werden eingeteilt in . . . . . . . . . . . . und . . . . . . . . . . . . .

Bitte unter  7  vergleichen.

---

**2**       Es ist gut, wenn Sie nicht raten. Machen Sie es sich aber auch nicht zu bequem.

Wir wissen bereits, daß es *Metalle* und *Nichtmetalle* gibt. Die entsprechenden Oxide heißen *Metall*oxide und *Nichtmetall*oxide.

*Metalloxide* bilden mit Wasser *Metallhydroxide*. Wässrige Lösungen der Metall-hydroxide nennen wir *Laugen*. *Nichtmetalloxide* bilden mit Wasser *Säuren*.

Gehen Sie zurück nach  35  .

---

**3**       Sie arbeiten nicht sorgfältig mit! Wir hatten folgende Natriumverbindungen kennengelernt:

Natriumchlorid (Kochsalz, Steinsalz)    $NaCl$
Natriumhydroxid    $NaOH$
Natriumcarbonat (Soda)    $Na_2CO_3$
Natriumnitrat (Natronsalpeter)    $NaNO_3$

Notieren Sie jetzt die entsprechenden Kaliumverbindungen mit Namen und Summenformel.   $\longrightarrow$   39

---

**4**      Es entsteht zwar Chlor, aber *kein* Sauerstoff.

Überlegen Sie noch einmal genau, und entscheiden Sie sich für die richtige Antwort bei ☐49 .

---

**5**      Sie haben ☐35 nicht sorgfältig genug gelesen!

*Laugen* entstehen, wenn sich das Reaktionsprodukt eines *Metalloxids* mit Wasser in Wasser löst.

Phosphor und Schwefel sind aber *Nichtmetalle,* entsprechend sind Phosphoroxid und Schwefeldioxid *Nichtmetalloxide.* Bei der Umsetzung von Phosphoroxid oder Schwefeldioxid mit Wasser entsteht eine . . . . . . . Blaues Lackmuspapier wird rot gefärbt. ⟶ ☐48

---

**6**      Sie arbeiten nicht sorgfältig mit!

Wir hatten folgende Natriumverbindungen kennengelernt:

Natriumchlorid (Kochsalz, Steinsalz)    $NaCl$
Natriumhydroxid    $NaOH$
Natriumcarbonat (Soda)    $Na_2CO_3$
Natriumnitrat (Natronsalpeter)    $NaNO_3$

Notieren Sie jetzt die entsprechenden Kaliumverbindungen mit Namen und Summenformel. ⟶ ☐39

---

**7**      Elemente werden eingeteilt in Metalle und *Nichtmetalle.* Metalle werden eingeteilt in *Schwermetalle* und *Leichtmetalle.*

Zur Unterscheidung von Leicht- und Schwermetallen benutzt man die Dichte. Die Dichte eines Stoffes ist die Masse (in g) eines Kubikzentimeters ($cm^3$) dieses Stoffes.

Leichtmetalle:    Dichte kleiner als 5 $g/cm^3$
Schwermetalle:    Dichte größer als 5 $g/cm^3$

| Beispiele: | Dichte ($g/cm^3$) | | Dichte ($g/cm^3$) |
|---|---|---|---|
| Aluminium | 2,7 | Kupfer | 8,9 |
| Blei | 11,3 | Natrium | 0,97 |
| Eisen | 7,8 | Platin | 21,5 |
| Gold | 19,3 | Silber | 10,5 |
| Kalium | 0,86 | Zink | 7,2 |

Notieren Sie, welche dieser Metalle Schwermetalle und welche Leichtmetalle sind. ⟶ ☐15

**8**     Das ist richtig. Natrium und Kalium sind sehr *reaktionsfreudige* Elemente. Sie reagieren z. B. mit Sauerstoff sehr schnell.

Beide Metalle sind in ihren Verbindungen immer einwertig

Wenn Sie noch wissen, daß Sauerstoff (O) zweiwertig ist, können Sie leicht die Summenformel für Natriumoxid und Kaliumoxid aufstellen.

Versuchen Sie, die beiden Summenformeln aufzustellen, und vergleichen Sie unter 28 .

Wenn Sie Schwierigkeiten haben, lesen Sie zuvor 36 .

**8**

**9**     Sie arbeiten nicht sorgfältig mit! Wir hatten folgende Natriumverbindungen kennengelernt:

Natriumchlorid (Kochsalz, Steinsalz)    NaCl
Natriumhydroxid    NaOH
Natriumcarbonat (Soda)    $Na_2CO_3$
Natriumnitrat (Natronsalpeter)    $NaNO_3$

Notieren Sie jetzt die entsprechenden Kaliumverbindungen mit Namen und Summenformel. → 39

**10**     Sie müssen sich die Aufstellung der wichtigsten Natrium- und Kaliumverbindungen unter 42 nochmals sorgfältig ansehen!

**11**     Ihre Gleichung ist richtig, wenn Sie geschrieben haben:

$$4 K + O_2 \longrightarrow 2 K_2O$$

Natrium und Kalium werden stets unter *Petroleum* aufbewahrt.

Können Sie sich denken, warum? Formulieren Sie schriftlich eine Antwort. → 25

**12**     NaCl, $Na_2CO_3$, $NaNO_3$, $K_2CO_3$, $KNO_3$, NaOH, KOH.

Auf welche Weise kann man nun analytisch leicht feststellen, ob eine Verbindung Natrium oder Kalium enthält?

Bringt man Natrium oder eine Natriumverbindung in die nicht leuchtende Bunsenbrennerflamme, dann färbt sich die Flamme sofort *intensiv gelb*. Bei Kalium oder Kaliumverbindungen wird die nicht leuchtende Bunsenbrennerflamme *violett*.

Diese unterschiedliche Erscheinung kann man zum Nachweis von Natrium- bzw. Kaliumverbindungen benutzen. Besonders beim Natrium und seinen Verbindungen ist die Flammenfärbung äußerst intensiv. Selbst Spuren von Natriumverbindungen rufen eine gelbe Flammenfärbung hervor.

Ergänzen Sie:

Soda färbt die Bunsenbrennerflamme . . . . . . . . . .
Pottasche färbt die Bunsenbrennerflamme . . . . . . . . . .
Kochsalz färbt die Bunsenbrennerflamme . . . . . . . . . .  $\longrightarrow$  44

---

**13**     So ist die Reaktionsgleichung richtig:

$$K_2O + H_2O \longrightarrow 2\,KOH$$

Es entsteht Kaliumhydroxid.

Kaliumhydroxid und auch Natriumhydroxid lösen sich in Wasser. Wir nennen die wäßrige Lösung von Natriumhydroxid:

*Natronlauge*

und die von Kaliumhydroxid:

*Kalilauge*

Wir lernten bereits früher Lackmus als Indikator kennen. Die blaue Farbe des Lackmusfarbstoffs schlägt nach rot um, wenn man den Farbstoff zur wäßrigen Lösung einer Säure gibt.

Wie ändert sich die Farbe eines mit rotem Lackmusfarbstoff getränkten Papierstreifens beim Eintauchen in die wäßrige Lösung von Natrium- oder Kaliumhydroxid?

Die rote Farbe des Lackmuspapiers schlägt nach . . . . . . . . . . um.  $\longrightarrow$  23

---

**14**     Natrium und Kalium werden unter *Petroleum* aufbewahrt.

Natriumhydroxid entsteht auch, wenn Natriumoxid und Wasser zusammenkommen.

Natriumoxid + Wasser $\longrightarrow$ Natriumhydroxid.

Stellen Sie die Reaktionsgleichung auf, und vergleichen Sie bei 26 .

---

**15**     Schwermetalle: Blei, Eisen, Gold, Kupfer, Platin, Silber, Zink.
Leichtmetalle: Aluminium, Kalium, Natrium.

Die beiden Metalle *Kalium* und *Natrium,* die wir in diesem Programm besprechen wollen, sind also *Leichtmetalle.*

Begründen Sie schriftlich mit einem kurzen Satz, warum Kalium (K) und Natrium (Na) Leichtmetalle sind. ⟶ 22

**8**

---

**16**          Sie müssen sich die Aufstellung der wichtigsten Natrium- und Kaliumverbindungen unter 42 nochmals sorgfältig ansehen!

---

**17**          Bei der Elektrolyse von Kochsalzlösung entsteht zwar Wasserstoff, aber *kein* Natrium.

Sie passen nicht genau auf. Wie sollte das reaktionsfreudige Natrium im Wasser beständig sein?

Überlegen Sie noch einmal genau, und entscheiden Sie sich für die richtige Antwort bei 49 .

---

**18**          Sie müssen sich die Aufstellung der wichtigsten Natrium- und Kaliumverbindungen unter 42 nochmals sorgfältig ansehen!

---

**19**          $4 \, Na + O_2 \longrightarrow 2 \, Na_2O$

Formulieren Sie nun die Reaktionsgleichung für die Bildung des Kaliumoxids (Kalium = K)! Vergleichen Sie bei 11 .

---

**20**          Es wurde gesagt, daß sich die frischen Schnittflächen *nach wenigen Sekunden* mit einer dünnen Oxidschicht überziehen. Natrium oder das Kalium reagieren also *sofort* mit dem Sauerstoff der Luft.

Wenn dagegen die frische Schnittfläche eines Metalles lange Zeit glänzt, dann bleibt sie unverändert; es tritt keine Reaktion mit Sauerstoff ein. Ein Beispiel ist Gold.

Ein Element, das leicht mit einem anderen reagiert, ist reaktions*freudig.*

Ein Element, das nicht (oder nur langsam) mit einem anderen reagiert, ist reaktions*träge.*

Natrium und Kalium sind zwei . . . . . . . . . . . . . . . Elemente.

Ergänzen Sie das fehlende Wort, und lesen Sie weiter bei 8 .

---

21
$Na_2CO_3$ ist Natriumcarbonat
$KNO_3$   ist Kaliumnitrat

Aus dem täglichen Leben kennen wir:

Kochsalz, Soda und Pottasche.

Welches sind die chemischen Bezeichnungen für diese drei Substanzen?

- Natriumhydroxid, Natriumnitrat, Kaliumnitrat     $\longrightarrow$   3
- Natriumchlorid, Natriumcarbonat, Kaliumnitrat     $\longrightarrow$   6
- Natriumoxid, Kaliumoxid, Kaliumchlorid     $\longrightarrow$   9
- Natriumchlorid, Natriumcarbonat, Kaliumcarbonat     $\longrightarrow$   38

22
Kalium und Natrium sind Leichtmetalle, *weil ihre Dichte kleiner als 5 g/cm³ ist.*

Beide Metalle sind weich wie Wachs und lassen sich leicht mit einem Messer zerschneiden. Die dabei entstehende frische Schnittfläche glänzt metallisch silberweiß. Dieser Glanz bleibt aber an der Luft nur wenige Sekunden erhalten, dann überzieht sich das Metall an der Schnittfläche mit einem blaugrauen Schimmer. Dieser wird von einer dünnen Oxidschicht hervorgerufen. Der für die Bildung der Oxidschicht notwendige Sauerstoff wird der Luft entnommen.

Das Natrium überzieht sich sofort mit einer Natriumoxid-Schicht, das Kalium entsprechend mit einer . . . . . . . . . . . -Schicht.   $\longrightarrow$   30

23
Die rote Farbe des Lackmuspapiers schlägt nach *blau* um.

Die wäßrigen Lösungen von Natriumhydroxid und Kaliumhydroxid sind Laugen (Natronlauge bzw. Kalilauge). Der Indikatorfarbstoff Lackmus schlägt in *Laugen* von rot nach *blau* um.

Wir haben zwei verschiedene Wege zur Bildung von Natriumhydroxid kennengelernt (gleiches gilt für die Bildung von Kaliumhydroxid):

1. Durch Reaktion von Natrium mit Wasser.
2. Durch Reaktion von Natriumoxid mit Wasser.

Stellen Sie zu 1. und 2. die Gleichungen auf. *Es ist wichtig, daß Sie das Aufstellen von Gleichungen immer wieder üben!*

Unter 24 ist noch einmal ganz genau beschrieben, wie man schrittweise beim Aufstellen von Gleichungen vorgeht. Lesen Sie also am besten 24, bevor Sie die beiden Gleichungen zu 1. und 2. aufstellen und unter 35 vergleichen.

|24|    **Aufstellen von Gleichungen:**

1. Schreiben Sie den chemischen Vorgang in Worten auf, z. B.

$$\text{Natrium} + \text{Chlor} \longrightarrow \text{Natriumchlorid}$$

(Punkt 1. kann bei einiger Übung entfallen)

2. Ersetzen Sie die Namen der Elemente und Verbindungen durch die entsprechenden Symbole bzw. Summenformeln.

$$Na + Cl \longrightarrow NaCl$$

**8**

3. Achten Sie auf zweiatomige Gase!

$$Na + Cl_2 \longrightarrow NaCl$$

4. Prüfen Sie, ob links und rechts die gleiche Anzahl von Atomen eines jeden Elements steht.

   In unserem Beispiel ist das beim Chlor *nicht* der Fall, da links 2, rechts nur 1 Cl stehen.

5. Wenn 4. verneint werden muß, ergänzen Sie die Gleichung durch Faktoren.

   In unserem Beispiel ergänzen wir:

$$Na + Cl_2 \longrightarrow 2\,NaCl$$

   Jetzt stimmt links und rechts die Anzahl der Cl-Atome. Beim Na ist das aber nicht mehr der Fall. Also ergänzen durch einen weiteren Faktor:

$$2\,Na + Cl_2 \longrightarrow 2\,NaCl$$

   Jetzt ist die Gleichung richtig.   $\longrightarrow$    |23|

---

|25|    Weil beide Metalle so außerordentlich empfindlich gegen Sauerstoff sind, müssen sie unter *Petroleum* aufbewahrt werden. Auf diese Weise hat der Sauerstoff der Luft nicht die Möglichkeit, mit dem Natrium oder dem Kalium in Berührung zu kommen.

Stellen Sie zur Übung nochmals die Gleichungen für die Reaktion von Na oder K mit Sauerstoff auf, und vergleichen Sie unter |34| .

---

|26|    So ist die Reaktionsgleichung richtig:

$$Na_2O + H_2O \longrightarrow 2\,NaOH$$

Schreiben Sie jetzt bitte die Reaktionsgleichung für die Umsetzung des Kaliumoxids mit Wasser auf, und vergleichen Sie bei |13| .

| 27 | Steinsalz ist Natriumchlorid | $NaCl$ |
|----|------------------------------|--------|
|    | Natronsalpeter ist Natriumnitrat | $NaNO_3$ |
|    | Kalisalpeter ist Kaliumnitrat | $KNO_3$ |

Welche chemischen Bezeichnungen haben Kochsalz, Soda und Pottasche?  ⟶  38

---

| 28 | Natriumoxid | $Na_2O$ |
|----|-------------|---------|
|    | Kaliumoxid | $K_2O$ |

**8**

(Falls Sie Schwierigkeiten hatten, sollten Sie zur Ergänzung 36 lesen).

$Na_2O$ entsteht durch die Reaktion von Natrium mit Sauerstoff. Dieser Vorgang

$$Natrium + Sauerstoff \longrightarrow Natriumoxid$$

soll jetzt durch eine Gleichung dargestellt werden. Die Ausgangsstoffe der Reaktion (Natrium und Sauerstoff) stehen links:

$$Na + O_2 \longrightarrow \qquad\qquad \text{(Sauerstoff ist zweiatomig!)}$$

Das Endprodukt ($Na_2O$) steht rechts:

$$Na + O_2 \longrightarrow Na_2O$$

So stimmt die Gleichung aber noch nicht. Bei einer Gleichung müssen ja links und rechts die *gleiche* Anzahl von Atomen eines jeden Elements stehen.

Hier steht links    1 Na,    rechts dagegen    2 Na.
Hier stehen links    2 O,    rechts dagegen    1 O.

Es fehlen also noch *Faktoren!*

Versuchen Sie selbst, die richtigen Faktoren zu finden, und vergleichen Sie unter 19 .

---

| 29 | Das Verfahren, nach dem Na hergestellt wird, heißt *Schmelzelektrolyse.* |

*Kalium* wird durch Elektrolyse von geschmolzenem KOH hergestellt.

Wir wollen kurz wiederholen:

Natrium und Kalium sind chemisch sehr aktive Elemente. Natrium reagiert mit Wasser zu Natriumhydroxid und Wasserstoff.

$$2\,Na + 2\,H_2O \longrightarrow 2\,NaOH + H_2$$

Kalium reagiert mit Wasser zu Kaliumhydroxid und Wasserstoff; dabei reagiert das Kalium viel stürmischer als das Natrium. Beide Metalle müssen wegen ihrer Empfindlichkeit gegenüber Sauerstoff und Feuchtigkeit unter Petroleum aufbewahrt werden. Frei kommen beide Elemente in der Natur nicht vor.

Natrium und Kalium sind Leichtmetalle.

Sie werden gewonnen durch Elektrolyse von geschmolzenem Natriumchlorid bzw. Kaliumhydroxid (Schmelzelektrolyse):

$$2\ NaCl \longrightarrow 2\ Na + Cl_2$$

Natrium - und Kaliumhydroxid werden aus Natriumchlorid bzw. Kaliumchlorid durch Elektrolyse der wäßrigen Lösungen erhalten:

$$2\ NaCl + 2\ H_2O \longrightarrow 2\ NaOH + Cl_2 + H_2$$

**8**

**Natrium- und Kaliumhydroxid sind stark ätzende, feste Stoffe. Auch ihre wäßrigen Lösungen, die Natron- und Kalilauge, wirken ätzend.**

**Vorsicht beim Umgang mit diesen Verbindungen!**

**Vorsicht beim Arbeiten mit metallischem Natrium wegen seiner Empfindlichkeit gegen Wasser! Natrium nicht mit den Fingern anfassen!**

Wichtige Natrium- bzw. Kaliumverbindungen sind:

Natriumchlorid (Kochsalz, Steinsalz), Natriumcarbonat (Soda), Natriumnitrat (Natronsalpeter), Kaliumcarbonat (Pottasche), Kaliumnitrat (Kalisalpeter), Natriumhydroxid und Kaliumhydroxid.

Notieren Sie die Summenformeln dieser Verbindungen. $\longrightarrow$ $\boxed{12}$

---

$\boxed{30}$　　　Die frische Schnittfläche des Na überzieht sich an der Luft *sofort* mit einer Natriumoxid-Schicht, die des K mit einer *Kaliumoxid*-Schicht.

Die Vorgänge an der frischen Schnittfläche geben uns einen Hinweis auf die Reaktionsfähigkeit von Natrium und Kalium.

Welcher der beiden folgenden Sätze ist richtig?

- Natrium und Kalium sind sehr reaktions*träge*　　$\longrightarrow$　$\boxed{20}$
- Natrium und Kalium sind sehr reaktions*freudig*　　$\longrightarrow$　$\boxed{8}$

---

$\boxed{31}$　　　Bei der Elektrolyse von Kochsalzlösung entsteht zwar Wasserstoff, aber *kein* Sauerstoff. (Sauerstoff und Wasserstoff entstehen bei der Elektrolyse von Wasser!)

Überlegen Sie noch einmal genau, und entscheiden Sie sich für die richtige Antwort bei $\boxed{49}$ .

**32**

Natriumhydroxid (NaOH) und Kaliumhydroxid (KOH) sind stark ätzend.

Wie heißen folgende Verbindungen:

$$Na_2CO_3, KNO_3$$

- Natriumchlorid, Kaliumcarbonat    →   10
- Natriumnitrat, Kaliumchlorid    →   16
- Natriumcarbonat, Kaliumnitrat    →   21
- Natriumcarbonat, Kaliumchlorid    →   18

**8**

**33**

Bitte vergleichen Sie:

$$2\,K + 2\,H_2O \longrightarrow 2\,KOH + H_2$$

KOH ist *Kaliumhydroxid.*

Wegen der Reaktionsfreudigkeit des Natriums und des Kaliums gegenüber dem Wasser ist die Aufbewahrung beider Leichtmetalle in der schon genannten Flüssigkeit unbedingt erforderlich. Es könnte sonst außer der *Reaktion mit* dem *Sauerstoff* der Luft auch die *Reaktion mit* dem in der Luft enthaltenen *Wasserdampf* zustandekommen.

Notieren Sie den Namen der Flüssigkeit, in der Natrium und Kalium aufbewahrt werden, und vergleichen Sie bei 14 .

**34**

$$4\,Na + O_2 \longrightarrow 2\,Na_2O$$

$$4\,K + O_2 \longrightarrow 2\,K_2O$$

Auch gegenüber *Wasser* zeigt sich die große Reaktionsfreudigkeit dieser Metalle.

Betrachten wir folgenden Versuch:

Wir werfen ein kleines Stück Natrium in Wasser. Sofort tritt unter Zischen eine heftige Reaktion ein. Durch die dabei entstehende Reaktions*wärme* steigt die Temperatur des Natriumstückchens, es schmilzt (Na schmilzt schon bei 98 °C). Das geschmolzene Natrium saust als Kugel lebhaft auf dem Wasser hin und her. Dabei wird Wasserstoff entwickelt, und das Natriumkügelchen wird immer kleiner, bis es schließlich ganz verschwindet.

Zwei Tatsachen sind an diesem Versuch bemerkenswert:

1. Das geschmolzene Na schwimmt auf dem Wasser.
   *Erklärung:* Die Dichte von Na (0,97 g/cm$^3$)
                   ist kleiner als die des Wassers (1,00 g/cm$^3$)

2. Das Natriumkügelchen verschwindet. Warum?

● Das Natriumkügelchen verdampft       ⟶ 45

● Das Natrium reagiert mit Wasser zu einer neuen,
in Wasser löslichen Verbindung       ⟶ 46

● Ich weiß es nicht       ⟶ 47

---

**8**

35      1. $2\,Na + 2\,H_2O \longrightarrow 2\,NaOH + H_2$
      2. $Na_2O + H_2O \longrightarrow 2\,NaOH$

Haben Sie bei Gleichung 1. oder bei beiden Gleichungen noch Fehler, wiederholen Sie ab 46 .

Haben Sie bei Gleichung 2. noch Fehler, wiederholen Sie ab 14 .

Allgemein können wir sagen:

Bei der Reaktion von *Metalloxiden* mit Wasser entstehen *Metallhydroxide.* Ihre wäßrigen Lösungen sind meist *Laugen,* sie färben rotes Lackmuspapier blau.

Wir haben bereits früher die Reaktion anderer Oxide mit Wasser kennengelernt, z. B. die von Phosphoroxid mit Wasser. Was entsteht bei der Reaktion von Phosphoroxid oder Schwefeldioxid mit Wasser?

(Überlegen Sie sorgfältig, denn die Frage ist nicht ganz leicht!)

● Laugen       ⟶ 5

● Säuren       ⟶ 48

● Ich weiß es nicht       ⟶ 2

---

36      Sie sollen die Summenformeln für Natriumoxid und Kaliumoxid aufstellen. Natriumoxid besteht aus Natrium (Na) und Sauerstoff (O).

Natrium ist einwertig.
Sauerstoff ist zweiwertig.
Ein Sauerstoffatom kann mit 2 Natriumatomen verbunden werden.
Die Summenformel ist also $Na_2O$.

Stellen Sie nun selbst die Summenformel für Kaliumoxid auf, und lesen Sie unter 28 weiter.

---

37      Bildung von festem Natriumhydroxid beim Eindampfen der Lösung:

$$Na^{\oplus} + OH^{\ominus} \longrightarrow NaOH$$

Kaliumhydroxid wird nach dem gleichen Verfahren hergestellt. Man geht von Kaliumchlorid (KCl) aus. Formulieren Sie die Reaktionsgleichungen, und vergleichen Sie bei 60 .

Wenn Sie nicht zurecht kommen, finden Sie unter 68 eine Hilfe.

**8**

---

**38**   Kochsalz ist Natriumchlorid.
Soda ist Natriumcarbonat.
Pottasche ist Kaliumcarbonat.

Wie wird Natrium hergestellt?

*Natrium wird durch Schmelzelektrolyse von Natriumchlorid gewonnen.* Wir hatten gelernt, daß Natriumchlorid fest ist. Durch starkes Erhitzen wird es flüssig, es schmilzt. Diese *Schmelze* wird elektrolysiert, deshalb der Name *Schmelzelektrolyse.*

Ausgehend von Natriumchlorid entstehen durch Schmelzelektrolyse Natrium und Chlor.

Versuchen Sie, die Reaktionsgleichung aufzustellen. Die Aufgabe ist nicht ganz einfach. Falls Sie Hilfe brauchen, lesen Sie unter 66 weiter.

Oder haben Sie es allein geschafft? Dann vergleichen Sie unter 57 .

---

**39**   Kaliumchlorid (Kali)         KCl
Kaliumhydroxid               KOH
Kaliumcarbonat (Pottasche)   $K_2CO_3$
Kaliumnitrat                 $KNO_3$

Welche Summenformeln und welche chemischen Namen haben Steinsalz, Natronsalpeter und Kalisalpeter?   →  27

---

**40**   Die Gleichung lautet:

$$H_2O \longrightarrow H^\oplus + OH^\ominus$$

In einer wäßrigen Natriumchlorid-Lösung befinden sich also durch den Zerfall des Natriumchlorids und durch den Zerfall eines kleinen Teils der Wassermoleküle vier Ionenarten.

Welche sind das? Notieren Sie die vier Ionenarten mit Namen und Symbol, und vergleichen Sie bei 53 .

**41**

| | |
|---|---|
| a) NaCl ohne Kobaltglas | gelb |
| b) NaCl mit Kobaltglas | keine Flammenfärbung zu erkennen |
| c) NaCl + KCl ohne Kobaltglas | gelb |
| d) NaCl + KCl mit Kobaltglas | violett |
| e) $KNO_3$ ohne Kobaltglas | violett |
| f) $KNO_3$ mit Kobaltglas | violett |

Noch eine letzte Frage:

Welche Farbe hat das Kobaltglas?   →   70

**8**

**42**     *Natronlauge* und *Kalilauge.*

Bisher haben wir folgende Verbindungen des Natriums und Kaliums kennengelernt:

| | |
|---|---|
| Natriumchlorid (auch Steinsalz oder Kochsalz genannt) | NaCl |
| Kaliumchlorid (auch Kali genannt) | KCl |
| Natriumhydroxid | NaOH |
| Kaliumhydroxid | KOH |

Es gibt noch einige technisch wichtige Produkte, die wir hier kurz aufzählen wollen:

| | |
|---|---|
| Natriumcarbonat (Soda) | $Na_2CO_3$ |
| Kaliumcarbonat (Pottasche) | $K_2CO_3$ |
| Natriumnitrat (Natronsalpeter) | $NaNO_3$ |
| Kaliumnitrat (Kalisalpeter) | $KNO_3$ |

Prägen Sie sich Namen und Summenformeln gut ein. Weitere Einzelheiten über diese Substanzen erfahren wir später.

Welche beiden Verbindungen sind stark ätzend? Notieren Sie bitte Namen und Summenformeln!   →   32

**43**     Ihre Gleichung ist richtig, wenn Sie geschrieben haben:

$$2\,Na + 2\,H_2O \longrightarrow 2\,NaOH + H_2$$

*Kalium* reagiert mit dem Wasser in gleicher Weise. Hierbei ist die Reaktion noch *viel heftiger.* Kalium schmilzt nicht nur, sondern die größere Reaktionswärme führt zur *Entzündung* des entstehenden Wasserstoffes, so daß das Kalium von kleinen Flammen begleitet auf dem Wasser herumschwimmt.

Stellen Sie bitte die Reaktionsgleichung für die Umsetzung des Kaliums mit Wasser auf, schreiben Sie den Namen der entstehenden Kaliumverbindung auf, und vergleichen Sie bei 33 .

**44**          Soda und Kochsalz färben die Flamme *gelb*, es sind Natriumverbindungen. Pottasche färbt die Flamme *violett*, es ist eine Kaliumverbindung.
Bringen wir Natrium- und Kaliumverbindungen gleichzeitig in die Flamme, so sehen wir nur die *gelbe Flammenfärbung* des Natriums. Diese ist so intensiv, daß die violette Flamme des Kaliums nicht zu erkennen ist.

Um dennoch Kalium und Natrium gleichzeitig durch die Flammenfärbung nachweisen zu können, benutzen wir ein Kobaltglas. Dies ist ein dunkelblaues Glas, das *kein gelbes,* wohl aber *violettes* Licht hindurchläßt. Beim Betrachten der durch Natrium oder Natriumverbindungen gelb gefärbten Bunsenflamme durch ein Kobaltglas sieht man gar keine Flamme. Beim Betrachten der durch Kalium oder Kaliumverbindungen violett gefärbten Flamme durch das Kobaltglas sieht man eine violette Flamme. Wir können also mit dem dunkelblauen Kobaltglas das Kalium in der Flamme erkennen, auch wenn diese gleichzeitig durch Natriumverbindungen gelb gefärbt ist.

Wir bringen ein Gemisch aus Natriumnitrat und Kaliumnitrat in die Flamme:

1. Wie erscheint die Flamme durch das Kobaltglas?

2. Wie erscheint die Flamme ohne Kobaltglas?

Notieren Sie Ihre Antwort, und vergleichen Sie bei |56|.

---

**45**          Der Vorgang, der sich abspielt, wenn wir ein kleines Stück Natrium ins Wasser werfen, ist offenbar ein *chemischer* Vorgang. Es entsteht *Reaktionswärme.* Das Natriumkügelchen verdampft *nicht,* sondern setzt sich chemisch mit Wasser um. Dabei wird es verbraucht. ⟶ |46|

---

**46**          Richtig, Na reagiert mit Wasser und wird dabei verbraucht. Welche Produkte entstehen bei dieser Reaktion?

Da ist einmal der *Wasserstoff,* der gasförmig entweicht.
Das zweite Reaktionsprodukt ist im Wasser gelöst. Wir erhalten nämlich beim Eindampfen des Wassers einen weißen Rückstand. Dieser Rückstand ist *Natriumhydroxid* (Summenformel NaOH).

Beschreiben Sie diese Reaktion *in Worten:*

Natrium + . . . . . . . . . . ⟶ . . . . . . . . . . + . . . . . . . . . . . . . ⟶ |55|

---

**47**          Der Vorgang, der sich abspielt, wenn wir ein kleines Stück Natrium ins Wasser werfen, ist offenbar ein *chemischer* Vorgang. Es entsteht *Reaktionswärme.*

Das Natriumkügelchen verdampft *nicht*, sondern setzt sich chemisch mit Wasser um. Dabei wird es verbraucht.    $\longrightarrow$  |46|

---

|48|        Ja. Phosphoroxid und Schwefeldioxid bilden mit Wasser *Säuren*. (Wenn Sie diese Antwort gleich als erste gewählt haben, arbeiten Sie gut mit.) Schwefeldioxid ist wie Phosphoroxid ein Nichtmetalloxid.

Wir können allgemein formulieren:

Metalloxide bilden mit Wasser Metallhydroxide, deren wäßrige Lösungen Laugen heißen.
Nichtmetalloxide bilden mit Wasser Säuren.

Wegen der Reaktionsfreudigkeit von Natrium und Kalium kommen diese beiden Metalle in der Natur nicht frei (als reine Metalle), sondern nur in Verbindungen vor. Die wichtigsten Verbindungen sind das Natriumchlorid (Kochsalz oder Steinsalz, NaCl) und das Kaliumchlorid (Kali, KCl). Das Natriumchlorid können wir uns aus Natrium und Chlor entstanden denken:

$$\text{Natrium} + \text{Chlor} \longrightarrow \text{Natriumchlorid}$$

Stellen Sie bitte dazu die entsprechende Reaktionsgleichung auf, und vergleichen Sie bei  |58| .

---

|49|        Gewinnung von Natriumchlorid:

1. Aus den Elementen:  $2\,Na + Cl_2 \longrightarrow 2\,NaCl$

   (Nach dieser Methode wird in der Technik kein NaCl hergestellt. Das wäre unwirtschaftlich. Die folgenden drei Methoden sind wesentlich billiger.)

2. Bergmännisch aus Steinsalzlagern.

3. Eindampfen von Salzlösungen aus Steinsalzlagern.

4. Eindampfen (Verdunsten) von Meerwasser.

Natriumchlorid ist das Ausgangsprodukt zur Herstellung von Natriumhydroxid, Natrium und Natriumverbindungen.

Zur Synthese von Natriumhydroxid wird in der Technik eine wäßrige Natriumchloridlösung benutzt. Die Lösung wird mit Gleichstrom elektrolysiert. (Die Elektrolyse von Wasser im *Hofmann*schen Wasserzersetzungsapparat kennen wir schon. Sie liefert Wasserstoff und Sauerstoff.)

Bei der Elektrolyse einer wäßrigen Lösung von Natriumchlorid (NaCl) entsteht Natronlauge (in Wasser gelöstes NaOH).

Welche anderen Produkte treten bei dieser Elektrolyse auf?

- Sauerstoff und Wasserstoff $\longrightarrow$ $\boxed{31}$
- Natrium und Wasserstoff $\longrightarrow$ $\boxed{17}$
- Chlor und Sauerstoff $\longrightarrow$ $\boxed{4}$
- Chlor und Wasserstoff $\longrightarrow$ $\boxed{61}$

**8**

$\boxed{50}$  Ausgangsstoff: NaCl (steht in der Gleichung links)

Endprodukte: Na und $Cl_2$ (stehen in der Gleichung rechts)

$$NaCl \longrightarrow Na + Cl_2$$

Es fehlen noch die Faktoren:
Rechts stehen zwei Cl. Also müssen auch links zwei Chloratome stehen.

$$2\,NaCl \longrightarrow Na + Cl_2$$

Ein Faktor fehlt noch, den müssen Sie selbst finden! $\longrightarrow$ $\boxed{57}$

$\boxed{51}$  Die vollständige Gleichung lautet:

$$NaCl \xrightarrow{\text{Lösen in Wasser}} Na^{\oplus} + Cl^{\ominus}$$

Die negativ geladenen Chlor-Ionen ($Cl^{\ominus}$) nennt man auch *Chlorid*-Ionen.

Auch von den Wassermolekülen ($H_2O$) ist stets ein kleiner Teil in Ionen zerfallen, nämlich in positiv geladene Wasserstoff-Ionen ($H^{\oplus}$) und negativ geladene *Hydroxid*-Ionen ($OH^{\ominus}$).

Formulieren Sie die Gleichung für den Zerfall eines Wassermoleküls in Ionen, und vergleichen Sie bei $\boxed{40}$ .

$\boxed{52}$  An der Anode (positiven Elektrode) werden die negativ geladenen Ionen entladen, also die *Chlorid-Ionen*.

An der Kathode (negativen Elektrode) werden die positiv geladenen Ionen entladen, also die *Natrium-Ionen*.

$$Cl^{\ominus} \xrightarrow{\text{Anode}} \dots\dots\dots\dots$$
$$Na^{\oplus} \xrightarrow{\text{Kathode}} \dots\dots\dots\dots$$

Notieren Sie bitte die vollständigen Gleichungen. $\longrightarrow$ $\boxed{62}$

**53** Eine wäßrige Natriumchlorid-Lösung enthält positiv geladene Natrium- und Wasserstoff-Ionen ($Na^{\oplus}$ und $H^{\oplus}$) sowie negativ geladene Chlorid- und Hydroxid-Ionen ($Cl^{\ominus}$ und $OH^{\ominus}$).

Bringt man eine solche Lösung in eine Elektrolysierapparatur, beispielsweise in den *Hofmann*schen Wasserzersetzungsapparat, und schließt die beiden Pole an eine Batterie an, so wandern die *negativ* geladenen Ionen zum *positiven* Pol (zur Anode), die *positiv* geladenen Ionen zum *negativen* Pol (zur Kathode).

Notieren Sie, welche der vier in einer wäßrigen Kochsalzlösung vorhandenen Ionenarten zur Anode und welche zur Kathode wandern.

Zur Anode wandern: . . . . . . . . . .
Zur Kathode wandern: . . . . . . . . . .

Vergleichen Sie unter **63** .

**54** An der Anode werden die Chlorid-Ionen ($Cl^{\ominus}$) entladen.
Es entwickelt sich Chlor ($Cl_2$).

$$2\ Cl^{\ominus} \xrightarrow{\text{Anode}} Cl_2$$

An der Kathode werden die Wasserstoff-Ionen ($H^{\oplus}$) entladen.
Es entwickelt sich Wasserstoff ($H_2$).

$$2\ H^{\oplus} \xrightarrow{\text{Kathode}} H_2$$

Welche der 4 Ionenarten, die in einer wäßrigen Natriumchloridlösung vorliegen, werden nicht entladen?

Notieren Sie bitte Ihre Antwort. $\longrightarrow$ **67**

**55** Natrium + *Wasser* $\longrightarrow$ *Natriumhydroxid + Wasserstoff.*

Natriumhydroxid hat die Summenformel NaOH.

Stellen Sie jetzt die Reaktionsgleichung auf. Gehen Sie dabei in folgenden Schritten vor:

1. Schreiben Sie Elementsymbol und Summenformel der Ausgangsstoffe links hin.
2. Schreiben Sie Elementsymbol und Summenformel der Endprodukte rechts hin. (Bitte beachten: Wasserstoff ist zweiatomig!)
3. Prüfen Sie, ob links und rechts die gleiche Anzahl von Atomen eines jeden Elements stehen.
4. Wenn nein, ergänzen Sie die Gleichung durch Faktoren.

Vergleichen Sie bitte unter **43** .

**56** Durch das Kobaltglas erscheint die Flamme violett, ohne Kobaltglas sieht die Flamme gelb aus.

Noch ein paar Beispiele: Welche Flammenfärbung ist zu beobachten, wenn wir folgende Verbindungen in die Flamme bringen?

a) NaCl ohne Kobaltglas
b) NaCl mit Kobaltglas
c) NaCl + KCl ohne Kobaltglas
d) NaCl + KCl mit Kobaltglas
e) $KNO_3$ ohne Kobaltglas
f) $KNO_3$ mit Kobaltglas

Bitte Antworten notieren. $\longrightarrow$ **41**

---

**57** Die Raktionsgleichung der Elektrolyse von geschmolzenem Natriumchlorid ist:

$$2\, NaCl \longrightarrow 2\, Na + Cl_2$$

(Sind Sie selbst darauf gekommen? Ja? Dann haben Sie schon eine Menge gelernt!)

Auch bei der Schmelzelektrolyse wandern die Ionen des Ausgangsstoffes zu den Elektroden und werden dort entladen.

Welche Ionen entstehen durch Zerfall des Ausgangsstoffes?

Notieren Sie bitte Ihre Antwort, möglichst in Form einer Gleichung. $\longrightarrow$ **65**

---

**58** Die Gleichung heißt richtig:

$$2\, Na + Cl_2 \longrightarrow 2\, NaCl$$

Steinsalz kommt in riesigen Lagern (Lagerstätten) in der Erde vor und kann dort bergmännisch abgebaut werden. Gelegentlich wird das Salz aus seinen Lagerstätten auch durch Lösen mit Wasser herausgeholt. Man erhält eine wäßrige Natriumchloridlösung, sogenannte Salzsole, aus der man durch Eindampfen festes Natriumchlorid (Kochsalz) gewinnen kann.

In südlichen Ländern wird Natriumchlorid durch Verdunsten von Meerwasser gewonnen. Meerwasser enthält ca. 2,7 % Natriumchlorid.

Schreiben Sie stichwortartig 4 Methoden zur Gewinnung von Natriumchlorid auf. $\longrightarrow$ **49**

**59**        1. Zerfall der Ausgangsstoffe in Ionen:

$$NaCl \longrightarrow Na^{\oplus} + Cl^{\ominus}$$
$$H_2O \longrightarrow H^{\oplus} + OH^{\ominus}$$

2. Entladung der Wasserstoff-Ionen und der Chlorid-Ionen:

$$. . . . \xrightarrow{\text{Kathode}} . . . .$$

$$. . . . \xrightarrow{\text{Anode}} . . . .$$

Bitte notieren Sie die vollständigen Gleichungen.  $\longrightarrow$  69

---

**60**        1. Zerfall in Ionen:

$$KCl \longrightarrow K^{\oplus} + Cl^{\ominus}$$
$$H_2O \longrightarrow H^{\oplus} + OH^{\ominus}$$

2. Entladung der Wasserstoff-Ionen und der Chlorid-Ionen:

$$2\,H^{\oplus} \xrightarrow{\text{Kathode}} H_2$$
$$2\,Cl^{\ominus} \xrightarrow{\text{Anode}} Cl_2$$

3. Bildung von festem Kaliumhydroxid beim Eindampfen der Lösung:

$$K^{\oplus} + OH^{\ominus} \longrightarrow KOH$$

Natriumhydroxid und Kaliumhydroxid sind weiße, sehr stark Feuchtigkeit anziehende Stoffe.
**Beide wirken außerordentlich stark ätzend. Man muß daher beim Arbeiten mit Natrium- oder Kaliumhydroxid sehr vorsichtig sein (Schutz der Augen!). Auch die wäßrigen Lösungen beider Verbindungen wirken stark ätzend.**

Wie heißen die wäßrigen Lösungen von Natriumhydroxid und Kaliumhydroxid?
                                                    $\longrightarrow$  42

---

**61**        Ihre Antwort ist richtig. Außer Natronlauge (in Wasser gelöstem Natriumhydroxid) entstehen bei der Elektrolyse der Natriumchloridlösung Wasserstoff und Chlor.
An der Anode entwickelt sich Chlor. An der Kathode kommt es zur Entwicklung von Wasserstoff.

Wie können wir uns diese Elektrolyse klarmachen?

Wir wissen, daß die Verbindung Natriumchlorid aus Ionen aufgebaut ist, und zwar aus positiv geladenen Natrium-Ionen ($Na^{\oplus}$) und negativ geladenen Chlor- oder Chlorid-Ionen ($Cl^{\ominus}$). Löst man Natriumchlorid in Wasser, so zerfällt es in diese Ionen.

Ergänzen Sie folgende Gleichung:

$$NaCl \xrightarrow[\text{Wasser}]{\text{Lösen in}} \quad \ldots + \ldots$$

Vergleichen Sie bei 51 .

---

**62**
$$2\,Cl^{\ominus} \xrightarrow{\text{Anode}} Cl_2$$
$$Na^{\oplus} \xrightarrow{\text{Kathode}} Na$$

Hatten Sie beide Gleichungen richtig? Wenn ja, arbeiten Sie gut mit! Besonders bei der ersten Gleichung muß man aufpassen, da Chlor zweiatomig auftritt!

Wie heißt das Verfahren, nach dem Natrium aus Natriumchlorid hergestellt wird?

Notieren Sie bitte den Namen.   ⟶  29

---

**63**     Zur Anode (Pluspol) wandern $Cl^{\ominus}$ und $OH^{\ominus}$, zur Kathode (Minuspol) wandern $Na^{\oplus}$ und $H^{\oplus}$.

An jedem Pol wird nun eine dieser Ionenarten entladen. Die beiden anderen bleiben im Wasser gelöst. Da Sie bereits wissen, daß bei der Bildung von Natronlauge durch Elektrolyse von Natriumchlorid-Lösung Wasserstoff und Chlor gasförmig entweichen, können Sie jetzt folgende Frage beantworten:

Welches Ion wird an der Anode entladen und welches an der Kathode?

Notieren Sie bitte Ihre Antwort.   ⟶  54

---

**64**     Die positive Elektrode heißt *Anode*.
Dorthin wandern die *negativ* geladenen Ionen und werden entladen.

Die negative Eletrode heißt *Kathode*.
Dorthin wandern die *positiv* geladenen Ionen und werden entladen.

Kehren Sie zurück nach 65 .

---

**65**     $NaCl \longrightarrow Na^{\oplus} + Cl^{\ominus}$

Es entstehen Natrium-Ionen und Chlorid-Ionen.

Welche Ionen wandern zur Anode und werden dort entladen?
Welche Ionen wandern zur Kathode und werden dort entladen?

An der Anode werden entladen: . . . . . . . . . . . .
An der Kathode werden entladen: . . . . . . . . . .

Bitte notieren Sie Ihre Antwort.   →    $\boxed{52}$
Eine Hilfe finden Sie unter $\boxed{64}$ .

---

$\boxed{66}$     Ausgangsstoff ist geschmolzenes Natriumchlorid.
Endprodukte sind Natrium und Chlor.
Achten Sie darauf, daß Chlor zweiatomig ist (also $Cl_2$ !).
Schaffen Sie es jetzt allein? Dann vergleichen Sie unter $\boxed{57}$ .
Eine ausführliche Erklärung finden Sie unter $\boxed{50}$ .

---

$\boxed{67}$     In der Lösung bleiben die Ionen $Na^{\oplus}$ und $OH^{\ominus}$.

Elektrolysiert man solange, bis alle Chlorid-Ionen entladen **worden** sind, und dampft
die Lösung dann ein, so treten die Ionen $Na^{\oplus}$ und $OH^{\ominus}$ zu **festem** Natriumhydroxid
(NaOH) zusammen.

$$Na^{\oplus} + OH^{\ominus} \longrightarrow NaOH$$

Wir können für die Gewinnung von **Natriumhydroxid** durch Elektrolyse von wäßriger
Natriumchlorid-Lösung also folgende Gleichungen aufstellen:

      1. Zerfall der Ausgangsstoffe in Ionen:

      $NaCl \longrightarrow$ . . . . $+$ . . . .
      $H_2O \longrightarrow$ . . . . $+$ . . . .

Notieren Sie bitte die vollständigen Gleichungen.   →    $\boxed{59}$

---

$\boxed{68}$     Wir können für die Gewinnung von Kaliumhydroxid (KOH) aus einer
wäßrigen Kaliumchlorid-Lösung durch Elektrolyse folgende Gleichungen aufstellen:

      1. Zerfall der Ausgangsstoffe in Ionen (2 Gleichungen).
      2. Entladung an Anode und Kathode (2 Gleichungen).
      3. Bildung von KOH beim Eindampfen der Lösung (1 Gleichung).

Bitte formulieren Sie diese Gleichungen, und vergleichen Sie bei $\boxed{60}$ .

---

$\boxed{69}$     2. Entladung der Wasserstoff-Ionen und Chlorid-Ionen:

$$2\,H^{\oplus} \xrightarrow{\text{Kathode}} H_2$$
$$2\,Cl^{\ominus} \xrightarrow{\text{Anode}} Cl_2$$

3. Bildung von festem Natriumhydroxid aus Natrium-Ionen und Hydroxid-Ionen beim Eindampfen der Lösung.

Bitte notieren Sie die entsprechende Gleichung.   $\longrightarrow$   $\boxed{37}$

---

$\boxed{70}$     Das Kobaltglas ist dunkelblau.

Ende des 8. Programms.

---

**8**

## 9. Programm

### Theoretische Grundlagen (III)

[1]      In jedem Laboratorium findet man mehrere, zum Teil sehr genaue *Waagen*. Sie dienen u. a. dazu, alle Stoffe, die für einen Versuch gebraucht werden, vorher genau *abzuwiegen*.

Wie berechnet der Chemiker nun, wieviel er von dem einen oder anderen Stoff für einen Versuch braucht?

Das vorliegende Programm gibt Ihnen auf diese Frage Antwort, und wenn Sie es sorgfältig durchgearbeitet haben, können auch Sie solche Berechnungen anstellen.

Sie erinnern sich sicher noch an die Herstellung von Eisensulfid aus Schwefel und Eisenpulver. Grundlage aller Berechnungen ist die Reaktionsgleichung. Schreiben Sie also die Reaktionsgleichung für die Herstellung von Eisensulfid auf.

Vergleichen Sie unter [10] .

---

[2]      Die Atommasseneinheit ist 1/12 der Masse des Kohlenstoffatoms.

> **Die Atommasse eines Elements gibt an, wieviel mal größer seine Masse als 1/12 der Masse des Kohlenstoffatoms ist.**

Bitte lernen Sie diesen Merksatz auswendig.

Die Elemente verbinden sich im Verhältnis ihrer Atommassen miteinander. Im Eisensulfid ist ein Atom Schwefel mit einem Atom Eisen verbunden. Also reagieren 32 g Schwefel mit 56 g Eisen beim Erhitzen zu 88 g Eisensulfid (32+56=88).

Wieviel Gramm Eisen benötigt man, um 16 g Schwefel zu Eisensulfid umzusetzen?

- 16 g        $\longrightarrow$   [13]
- 28 g        $\longrightarrow$   [26]
- 14 g        $\longrightarrow$   [34]
- Ich brauche eine Hilfe   $\longrightarrow$   [24]

---

[3]      Wenn Eisen- und Schwefelatome gleich schwer wären, würden auch gewichtsmäßig gleiche Mengen Eisen und Schwefel reagieren. Das ist aber *nicht* der Fall!

Wiederholen Sie ab [20] .

**4** Sie müssen sich Ihre Antwort noch einmal überlegen.

Lesen Sie weiter bei $\boxed{45}$ .


**5** Sie haben nicht daran gedacht, daß Sauerstoff zweiatomig als Molekül vorkommt, nämlich als $O_2$ .

Außerdem müssen Sie den Unterschied zwischen Molekülmasse und Grammolekül beachten!

Wieviel ist also 1 mol Sauerstoff? $\longrightarrow$ $\boxed{28}$


**6** Sie haben offenbar die Reaktionsgleichung nicht richtig aufgestellt.
Die Reaktionsgleichung für die Verbrennung von Wasserstoff zu Wasser lautet:

$$2\,H_2 + O_2 \longrightarrow 2\,H_2O$$

Sie müssen jetzt nur noch die Atommassen von Wasserstoff (1) und Sauerstoff (16) einsetzen, um das Gewichtsverhältnis zu erhalten, in dem Wasserstoff mit Sauerstoff reagiert. Führen Sie das Verhältnis durch Kürzen auf die kleinsten ganzen Zahlen zurück.

Welches Massenverhältnis von H : O haben Sie berechnet?

- 4 : 32 $\longrightarrow$ $\boxed{21}$
- 1 : 8 $\longrightarrow$ $\boxed{31}$


**7** Rechnen Sie die 3 Aufgaben nach folgendem Schema nochmals durch:

32 g Schwefel reagieren mit 56 g Eisen.

1 g Schwefel reagiert mit $\frac{56}{32}$ g Eisen.

16 g Schwefel reagieren mit $\frac{56}{32} \cdot$ 16 g Eisen.

Kehren Sie zurück nach $\boxed{30}$ .


**8** Überlegen Sie noch einmal:

Wir haben erfahren, daß das Eisensulfid-Molekül aus einem Atom Schwefel und einem Atom Eisen aufgebaut ist; dann ist in einem Stück Eisensulfid die Zahl der Eisenatome und Schwefelatome gleich groß. Wenn zur Herstellung des Eisensulfids nur 32 g Schwefel, aber 56 g Eisen benötigt werden, die Anzahl der Atome von

beiden Elementen aber gleich groß ist, dann ist ein Schwefelatom . . . . . . . . . .
(leichter / schwerer) als ein Eisenatom.

Lesen Sie weiter bei 19 .

**9**   Die Atommasse eines Elements gibt an, wieviel mal größer seine Masse als **1/12** *der Masse des Kohlenstoffatoms* ist.

Die Atommasse eines Elements in Gramm ist das . . . . . . . . .

Lesen Sie weiter unter 37 .

**9**

**10**   Fe + S $\longrightarrow$ FeS

Für uns hat diese Gleichung zwei Bedeutungen:

1. Eisen reagiert mit Schwefel zu Eisensulfid.

2. Ein Atom Eisen reagiert mit einem . . . . Schwefel zu einem . . . . . . . . . . .
Eisensulfid.

Schreiben Sie den letzten Satz mit Ergänzungen ab, und gehen Sie nach 20 .

**11**   Sie arbeiten nicht sorgfältig und haben den bisher geübten Stoff nicht verstanden.

Wiederholen Sie ab 20 .

**12**   Man muß 58,5 g Natriumchlorid lösen.

Bei *Verbindungen* wird die Menge also häufig in *„mol"* angegeben, bei Elementen dagegen in *„Grammatom"*.

Z. B. *1 Grammatom* Schwefel und *1 Grammatom* Eisen reagieren zu *1 mol* Eisensulfid.

Das heißt: 32 g Schwefel und 56 g Eisen reagieren zu 88 g Eisensulfid.

Man hört oft, daß statt „Grammatom" auch „mol" gesagt wird, z.B. 1 mol Schwefel (= 32 g) oder 2 mol Eisen (= 112 g).

Bei der Berechnung des mol müssen wir ganz besonders *bei den 2-atomigen Gasen achtgeben!*

Stickstoff hat die Atommasse 14. Ein Grammatom Stickstoff sind also 14 g. Ein mol Stickstoff sind aber 28 g, da Stickstoff stets 2-atomig als Molekül ($N_2$) vorkommt!

Wieviel ist 1 mol Sauerstoff?

- 16   $\longrightarrow$   5
- 16 g   $\longrightarrow$   49
- 32   $\longrightarrow$   51
- 32 g   $\longrightarrow$   28

**9**

**13**   Sie brauchen eine Hilfe, um die richtige Antwort zu finden.

Lesen Sie weiter bei 24 .

**14**   Überlegen Sie noch einmal:

Unter einem Grammatom eines Elementes verstehen wir soviel Gramm dieses Elementes, wie seine Atommasse beträgt. Demnach sind:

16 g Sauerstoff     1 Grammatom Sauerstoff,
32 g Schwefel       1 Grammatom Schwefel und
 1 g Wasserstoff    1 Grammatom Wasserstoff.

Kehren Sie zurück nach 35 , und beantworten Sie die Frage erneut.

**15**   Sie müssen sich Ihre Antwort noch einmal überlegen.

Lesen Sie weiter bei 45 .

**16**   Die Reaktionsgleichung ist:

$$2\,H_2 + O_2 \longrightarrow 2\,H_2O$$

Es reagieren also 4 g Wasserstoff (Atommasse 1; $H_2$ hat die Molekülmasse 2; 2 x 2 = 4; 2 x, da vor $H_2$ eine 2 steht!)

und 32 g Sauerstoff (Atommasse 16; $O_2$ hat die Molekülmasse 32) miteinander. Das heißt, sie reagieren im Verhältnis 4 : 32 bzw. (durch 4 geteilt) 1 : . . . . . . . .

Lesen Sie weiter unter 31 .

**17**   Es ist gut, daß Sie hier nachschlagen, um Fehler oder Unsicherheiten zu beseitigen.

Berechnung der Molekülmasse der Schwefelsäure ($H_2SO_4$):

| | |
|---|---|
| 2 Atome Wasserstoff (Atommasse 1) | $2 \times 1 = 2$ |
| 1 Atom Schwefel (Atommasse 32) | $1 \times 32 = 32$ |
| 4 Atome Sauerstoff (Atommasse 16) | $4 \times 16 = \underline{64}$ |
| Molekülmasse von $H_2SO_4$ | 98 |

Berechnung der Molekülmasse des Phosphoroxids ($P_2O_5$):

| | |
|---|---|
| 2 Atome Phosphor (Atommasse 31) | $2 \times 31 =$ |
| 5 Atome Sauerstoff (Atommasse 16) | $5 \times 16 = \underline{\hspace{3cm}}$ |
| Molekülmasse von $P_2O_5$ | |

Ergänzen Sie das Fehlende, und lesen Sie weiter unter $\boxed{27}$ .

**9**

---

$\boxed{18}$    Nein.      Eine zusätzliche Hilfe finden Sie unter $\boxed{52}$ .

---

$\boxed{19}$      Ihre Antwort ist richtig, wenn Sie geantwortet haben:
Ein Schwefelatom ist *leichter* als ein Eisenatom.

Die Atome der *verschiedenen* Elemente sind also *verschieden* schwer!

Einzelne Atome kann man natürlich nicht abwiegen. Dazu sind sie viel zu klein!
Man ist aber heute durchaus in der Lage, das Gewicht (oder genauer: die Masse)
eines Atoms zu berechnen.

Zum Beispiel hat ein Schwefelatom die Masse

0,00000000000000000000000053 g.

Es ergeben sich also sehr kleine, unhandliche Zahlen. Man hat deshalb die *relative
Atommasse* eingeführt und festgesetzt:

Kohlenstoff (C) hat die relative Atommasse 12.

Auf Grund dieser Festsetzung ergibt sich

für Wasserstoff (H) die relative Atommasse 1
und für Sauerstoff (O) die relative Atommasse 16.

Was heißt das?

Die Masse eines Wasserstoffatoms ist so groß wie 1/12 der Masse des Kohlenstoffatoms.
Die Masse eines Sauerstoffatoms ist 16mal so groß wie 1/12 der Masse des Kohlenstoffatoms.

Schwefel (S) hat die relative Atommasse 32.

Was heißt das? Bitte antworten Sie schriftlich.    $\longrightarrow$    $\boxed{38}$

20

Ja, die Gleichung   Fe + S  $\longrightarrow$  FeS   bedeutet:

Ein *Atom* Eisen reagiert mit einem *Atom* Schwefel zu einem *Molekül* Eisensulfid.

Auf *ein* Atom Eisen kommt also *ein* Atom Schwefel.
Nehmen wir mehr Eisen, so bleiben bei der Reaktion Eisenatome übrig. Nehmen wir mehr Schwefel, so bleiben Schwefelatome übrig.

Der experimentelle Befund sagt:

**56** g Eisen reagieren mit **32** g Schwefel zu **88** g Eisensulfid.
Auf **56** g Eisen kommen also **32** g Schwefel.

**Versuch 1.** Nehmen wir 66 g Eisen und 32 g Schwefel, so bleibt bei der Reaktion etwas übrig.

**Versuch 2.** Nehmen wir 56 g Eisen und 40 g Schwefel, so bleibt auch etwas übrig.

|  | Was bleibt übrig? | Wieviel bleibt übrig? |
|---|---|---|
| Versuch 1. | . . . . . . . . . . . . . . | . . . . . . . . . g |
| Versuch 2. | . . . . . . . . . . . . . . | . . . . . . . . . g |

Vergleichen Sie unter  29 .

---

21

Ihre Antwort ist noch nicht ganz richtig.

Die Gleichung

$$2\,H_2 + O_2 \longrightarrow 2\,H_2O$$

ist richtig, und das Verhältnis von Wasserstoff zu Sauerstoff von  4 : 32 auch, beide Zahlen kann man aber noch durch 4 teilen, so daß das feste Massenverhältnis, in welchem Wasserstoff mit Sauerstoff miteinander reagieren, . . . . . : . . . . . ist.

Lesen Sie weiter bei  31 .

---

22

Ihre Antwort ist richtig.

Bitte achten Sie darauf, daß Sie nicht *Atommasse* und *Grammatom* miteinander verwechseln!

Eisen hat die Atommasse  56.
1 Grammatom Eisen sind  56 g.

Schreiben Sie mit Ergänzungen ab:

a) Schwefel hat die Atommasse ....
b) 3 Grammatom Eisen sind ....
c) 2 Grammatom Schwefel sind ....
d) Wasserstoff hat die Atommasse ....
e) 6 Grammatom Wasserstoff sind ....

Vergleichen Sie bitte bei $\boxed{33}$ .

**9**

---

$\boxed{23}$      Es ist das Gesetz der *festen Massenverhältnisse* (weniger genau: *Gewichtsverhältnisse*).

In welcher der folgenden Reaktionen verbinden sich die Ausgangsstoffe im Massenverhältnis (Gewichtsverhältnis) 7 : 3 ?

Rechnen Sie alle Beispiele durch:

- $4 P + 5 O_2 \longrightarrow 2 P_2O_5$ $\longrightarrow$ $\boxed{44}$
- $S + O_2 \longrightarrow SO_2$ $\longrightarrow$ $\boxed{18}$
- $C + O_2 \longrightarrow CO_2$ $\longrightarrow$ $\boxed{55}$
- $4 Fe + 3 O_2 \longrightarrow 2 Fe_2O_3$ $\longrightarrow$ $\boxed{36}$
- Ich weiß es nicht. $\longrightarrow$ $\boxed{52}$

---

$\boxed{24}$      Wenn für 32 g Schwefel bei der Umsetzung mit Eisen 56 g Eisen benötigt werden, dann kann man nach dem Dreisatz ausrechnen, wieviel Gramm Eisen man für 16 g Schwefel benötigt.

Für 32 g Schwefel benötigt man 56 g Eisen.

Für 1 g Schwefel benötigt man $\frac{56}{32}$ g Eisen.

Für 16 g Schwefel benötigt man $\frac{56}{32} \cdot 16$ g Eisen.

Rechnen Sie das aus, und gehen Sie weiter nach $\boxed{26}$ .

---

$\boxed{25}$      Die Masse des Eisenatoms ist 56mal so groß wie 1/12 der Masse des Kohlenstoffatoms.

Wie groß ist die Atommasseneinheit?

Bitte antworten Sie schriftlich. $\longrightarrow$ $\boxed{2}$

**26**       Ihre Antwort ist richtig, denn 16 g Schwefel sind die Hälfte von 32 g, also benötigt man auch die Hälfte von 56 g Eisen, nämlich 56 g : 2 = 28 g Eisen.

32 g Schwefel, also soviel Gramm, wie die Atommasse angibt, nennen wir ein *Grammatom* Schwefel.

> Ein Grammatom eines Elementes ist seine Atommasse in Gramm.

Bitte prägen Sie sich auch diesen Merksatz gut ein.

Die Atommasse des Sauerstoffs ist 16.
Ein Grammatom Sauerstoff sind 16 g.

Wir haben in einem Gefäß 48 g Sauerstoff. Wieviel Grammatom Sauerstoff sind das?

- 1 Grammatom    $\longrightarrow$   4
- 2 Grammatom    $\longrightarrow$   15
- 3 Grammatom    $\longrightarrow$   35

**27**       Molekülmassen:     $H_2SO_4 = 98$

$$P_2O_5 = 142$$

Wenn Sie Fehler gemacht haben oder noch unsicher sind, schlagen Sie 17 auf, dort werden die Berechnungen ausführlich erklärt.

Ähnlich wie wir

        die Atommasse in Gramm *das Grammatom*

nennen, so nennen wir

        die Molekülmasse in Gramm *das Grammolekül.*

Wieviel ist 1 Grammolekül Schwefelsäure bzw. 1 Grammolekül Phosphoroxid? $\longrightarrow$   39

**28**       1 mol Sauerstoff ($O_2$) sind 32 g.

Berechnen Sie bitte:

(Die Atommassen, die Sie dazu brauchen, haben Sie notiert.)

1. Die Molekülmassen von Natriumcarbonat ($Na_2CO_3$) und
   von Salpetersäure ($HNO_3$).

2. Wieviel sind 4 mol Sauerstoff, 2 mol Salpetersäure,
   1 Grammatom Eisen, 2 mol Wasserstoff, 3 Grammatom Schwefel,
   3 mol Eisensulfid?    $\longrightarrow$   54

| 29 | Übrig bleibt: | Versuch 1: | Eisen | 10 g |
|----|--------------|------------|-------|------|
|    |              | Versuch 2: | Schwefel | 8 g |

Wir haben festgestellt: Ein Atom Eisen reagiert mit einem Atom Schwefel.
Ferner: 56 g Eisen reagieren mit 32 g Schwefel.
Vom Schwefel wird also gewichtsmäßig weniger benötigt.
Was können wir daraus schließen?

● Ein Atom Schwefel ist schwerer als ein Atom Eisen     ⟶   8

● Ein Atom Schwefel ist leichter als ein Atom Eisen     ⟶   19

● Ein Atom Schwefel ist genau so schwer wie ein Atom Eisen     ⟶   3

**9**

---

| 30 | 1. Die Molekülmasse einer Verbindung errechnet sich durch Zusammen-zählen der Atommassen aller Atome, aus denen nach der Formel die Verbindung zusammengesetzt ist. |
|----|---|

    2. Ein *Grammolekül* oder *1 mol* einer Verbindung ist die Molekülmasse der Verbindung in Gramm.

Die chemische Reaktionsgleichung

$$Fe + S \longrightarrow FeS$$

gibt uns also nicht nur an, welche Elemente und wieviele Atome miteinander reagieren, sondern sie macht auch eine Aussage über die Mengen, mit denen die einzelnen Elemente in Reaktion treten. Da die Atommasse des Eisens (Fe) 56 und die des Schwefels (S) 32 ist, reagieren nach obiger Gleichung 56 g Eisen mit 32 g Schwefel zu 88 g Eisensulfid. In diesem Verhältnis von 56 : 32 reagieren Eisen und Schwefel *immer* miteinander, wenn sie Eisensulfid bilden.

Wieviel Gramm Eisen reagieren mit     1.     16 g Schwefel
                                       2.      8 g Schwefel
                                       3.      4 g Schwefel

zu Eisensulfid?

   1.             2.             3.

● 28 g Eisen      8 g Eisen      4 g Eisen   ⟶   7

● Immer die gleiche Menge Eisen                ⟶   11

● 28 g Eisen      14 g Eisen      7 g Eisen   ⟶   40

● Ich habe andere Zahlen                     ⟶   50

● 28 g Eisen      14 g Eisen      4 g Eisen   ⟶   47

**31** Wasserstoff und Sauerstoff reagieren nach der Gleichung

$$2\,H_2 + O_2 \longrightarrow 2\,H_2O$$

miteinander. Das Massenverhältnis von Wasserstoff zu Sauerstoff ist 4 : 32; beide Zahlen lassen sich durch 4 kürzen. Man erhält 1 : 8.

Wie heißt das Gesetz der festen Massenverhältnisse?
Notieren Sie mit Ergänzungen:

Verbinden sich zwei Elemente miteinander, so erfolgt das nach bestimmten, durch ihre . . . . . . . . . . . festgelegten . . . . . . . . . . . . . . . . .

Vergleichen Sie unter 42 .

**9**

**32** Die Molekülmasse in Gramm ist das *Grammolekül*, abgekürzt das *mol*.

Eisensulfid hat die . . . . . . . . . 88.
Ein . . . . . . . Eisensulfid sind 88 g.

Notieren Sie die fehlenden Wörter, und lesen Sie weiter unter 48 .

**33**  a) Schwefel hat die Atommasse 32

   b) 3 Grammatom Eisen sind 168 g

   c) 2 Grammatom Schwefel sind 64 g

   d) Wasserstoff hat die Atommasse 1

   e) 6 Grammatom Wasserstoff sind 6 g

Haben Sie bei b), c) und e) die Abkürzung „g" nicht vergessen? Und auch sonst keine Fehler gemacht?

Wer Fehler hat, wiederhole im eigenen Interesse ab 26 .

Erst wenn Sie den bisherigen Lehrstoff sicher beherrschen, hat es überhaupt Zweck, daß Sie etwas Neues hinzulernen.

Haben Sie auch die beiden Merksätze behalten?
Was ist die Atommasse? Die Atommasse eines Elements gibt an, . . . . . .
Was ist ein Grammatom? Ein Grammatom eines Elementes ist . . . . . .

Bitte ergänzen Sie (schriftlich!), und vergleichen Sie unter 53 .

**34**          Sie brauchen eine Hilfe, um die richtige Antwort zu finden.

Lesen Sie weiter bei 24 .

---

**35**          Ihre Antwort ist richtig.

3 Grammatom Sauerstoff sind 48 g.

Beantworten Sie gleich noch eine weitere Frage:

Wir haben 32 g Sauerstoff, 32 g Schwefel und 32 g Wasserstoff.

Wieviel Grammatom Sauerstoff, Schwefel bzw. Wasserstoff sind das?

9

- 2 Grammatom Sauerstoff,
  1 Grammatom Schwefel und
  32 Grammatom Wasserstoff          $\longrightarrow$ 22

- 1 Grammatom Sauerstoff,
  1 Grammatom Schwefel und
  1 Grammatom Wasserstoff          $\longrightarrow$ 14

- 1 Grammatom Sauerstoff,
  2 Grammatom Schwefel und
  16 Grammatom Wasserstoff          $\longrightarrow$ 46

---

**36**          Ihre Antwort ist richtig.

In der Reaktion

$$4\,Fe + 3\,O_2 \longrightarrow 2\,Fe_2O_3$$

reagieren Eisen und Sauerstoff im Massenverhältnis 7 : 3.

Wir wollen kurz die in diesem Programm besprochenen Lehr- und Merksätze wiederholen:

Wie groß ist die Atommasseneinheit?

Bitte antworten Sie schriftlich, und vergleichen Sie unter 43 .

---

**37**          Die Atommasse eines Elements in Gramm ist das *Grammatom*.

Schwefel hat die . . . . . . . . . . . . . 32.
32 g sind ein . . . . . . . . . . . . . Schwefel.

Vergleichen Sie unter 56 .

---

38      Die Masse des Schwefelatoms ist 32mal so groß wie 1/12 der Masse des Kohlenstoffatoms.

1/12 der Masse des Kohlenstoffatoms ist also die

*Atommasseneinheit.*

(Exakt bezieht sich die Atommasse auf das Kohlenstoffisotop $^{12}$C. Isotope werden im 2. Teil des Lehrprogramms Chemie behandelt.)

In der folgenden Tabelle finden Sie einige wichtige Elemente und ihre *Atommassen*. (Statt „relative Atommasse" sagen wir von jetzt an kurz: *Atommasse*. Früher sagte man dazu: Atomgewicht.)

Die *Atommasse* ist die Masse eines Atoms in Atommassen-Einheiten.

Schreiben Sie sich die folgenden Atommassen bitte auf ein Blatt Papier, da diese Zahlen beim Durcharbeiten des Programms häufig benötigt werden:

|             |    |
|-------------|----|
| Wasserstoff | 1  |
| Kohlenstoff | 12 |
| Sauerstoff  | 16 |
| Stickstoff  | 14 |
| Natrium     | 23 |
| Phosphor    | 31 |
| Schwefel    | 32 |
| Eisen       | 56 |

Bitte ergänzen Sie:

Die Masse des Eisenatoms ist . . . . . . so groß wie . . . . . . der Masse des Kohlenstoffatoms.   →   25

---

39      1 Grammolekül $H_2SO_4$  =   98 g

1 Grammolekül $P_2O_5$   = 142 g

Statt „Grammolekül" sagen wir kürzer „mol".

Merksatz (bitte auswendig lernen!):

> Ein Grammolekül oder 1 mol einer Verbindung ist die Molekülmasse der Verbindung in Gramm.

Mengen in chemischen Vorschriften und Rezepten werden häufig *in mol* angegeben.

Z.B.: „Man löst 1 mol Natriumchlorid in einem Liter Wasser".

Wieviel Natriumchlorid müssen Sie also in einem Liter Wasser lösen? (Atommasse Na = 23; Cl = 35,5). ⟶ 12

---

**40**  Ihre Berechnungen sind richtig.

Mit 32 g Schwefel reagieren 56 g Eisen.

Mit 1 g Schwefel reagieren $\frac{56}{32}$ g Eisen.

Mit 16 g Schwefel reagieren $\frac{56}{32} \cdot 16 = 28$ g Eisen.

Mit 8 g Schwefel reagieren $\frac{56}{32} \cdot 8 = 14$ g Eisen.

Mit 4 g Schwefel reagieren $\frac{56}{32} \cdot 4 = 7$ g Eisen.

Schwefel und Eisen reagieren also nur in einem ganz *bestimmten, festen Massenverhältnis* miteinander. Dieses Massenverhältnis ist festgelegt durch die *Atommassen* von Eisen und Schwefel.

Ein festes Massenverhältnis gilt auch, wenn andere Elemente miteinander reagieren.

Verwenden wir zu einer Reaktion mehr von einem der Ausgangsstoffe als dem Massenverhältnis entspricht, so reagiert *der Überschuß nicht* mit.

Das Gesetz der festen Massenverhältnisse (weniger genau: Gewichtsverhältnisse) heißt allgemein:

> Verbinden sich zwei Elemente miteinander, so erfolgt das nach bestimmten, *durch ihre Atommassen festgelegten* Massenverhältnissen.

Lernen Sie diesen Satz auswendig!

Stellen Sie die Reaktionsgleichung für die Verbrennung von Wasserstoff zu Wasser auf, und berechnen Sie:

In welchem Massenverhältnis verbinden sich Wasserstoff und Sauerstoff zu Wasser? (Atommasse H = 1, O = 16)

- 1 : 16      ⟶ 6
- 1 : 8      ⟶ 31
- 4 : 32      ⟶ 21
- Die Frage ist mir zu schwer ⟶ 16

**41**      Die Molekülmasse einer Verbindung errechnet sich durch Zusammenzählen der *Atommassen* aller Atome, aus denen nach der *Formel* die Verbindung
zusammengesetzt ist.

Die Molekülmasse in Gramm ist das . . . . . . . . . ., abgekürzt das . . . .

Was fehlt?  Sie finden die richtigen Wörter unter  32 .

---

**42**      Verbinden sich zwei Elemente miteinander, so erfolgt das nach bestimmten, durch ihre *Atommassen* festgelegten *Massenverhältnissen* (weniger genau:
*Gewichtsverhältnissen*).

Wie heißt dieses Gesetz?

Es ist das Gesetz der . . . . . . . . . . . . . . . . . . . . . .  ⟶  23

---

**43**      Die Atommasseneinheit ist 1/12 der Masse des Kohlenstoffatoms.

Die Atommasse eines Elements gibt an, wieviel mal größer seine Masse als
. . . . . . . . . . . . . . . . . . . . ist.

Die richtige Ergänzung finden Sie unter  9 .

---

**44**      Nein.      Eine zusätzliche Hilfe finden Sie unter  52 .

---

**45**      Wir hatten gesagt:

*Ein Grammatom* eines Elementes ist seine Atommasse *in Gramm*.

Ein Beispiel:

Die Atommasse von Eisen ist **56**. Die Atommasse von Eisen in Gramm sind also
56 g Eisen. Wenn wir **56 g Eisen** haben, so sprechen wir von *einem Grammatom
Eisen*.

Die Frage, wieviel Grammatom Sauerstoff sind 48 g Sauerstoff, wird also so beantwortet:

Die Atommasse von Sauerstoff ist 16.
Ein Grammatom Sauerstoff sind 16 g Sauerstoff.
48 g : 16 g gibt also die Anzahl der Grammatom Sauerstoff.

Wieviel Grammatom Sauerstoff sind also 48 g Sauerstoff?  ⟶  35

**46**          Überlegen Sie noch einmal:

Unter einem Grammatom eines Elementes verstehen wir soviel Gramm dieses Elementes, wie seine Atommasse beträgt. Demnach sind:

16 g Sauerstoff   = 1 Grammatom Sauerstoff,
32 g Schwefel     = 1 Grammatom Schwefel und
 1 g Wasserstoff = 1 Grammatom Wasserstoff.

Kehren Sie zurück nach 35 und beantworten Sie die Frage erneut.

**47**          Rechnen Sie die 3 Aufgaben nach folgendem Schema nochmals durch:

32 g Schwefel reagieren mit 56 g Eisen.

 1 g Schwefel reagiert mit $\frac{56}{32}$ g Eisen.

16 g Schwefel reagieren mit $\frac{56}{32} \cdot$ 16 g Eisen.

Kehren Sie zurück nach 30 .

**48**          Eisensulfid hat die *Molekülmasse* 88.

          Ein *mol* Eisensulfid sind 88 g.

Wie heißt das Gesetz der festen Massenverhältnisse (Gewichtsverhältnisse)?

Schreiben Sie bitte den entsprechenden Merksatz auf, und vergleichen Sie  unter 57 .

**49**          Sie haben zwar den Unterschied zwischen Molekülmasse und Grammolekül beachtet, haben aber vergessen, daß Sauerstoff zweiatomig vorkommt, nämlich als $O_2$.

Wieviel ist also 1 mol Sauerstoff?   →   28

**50**          Rechnen Sie die 3 Aufgaben nach folgendem Schema nochmals durch:

32 g Schwefel reagieren mit 56 g Eisen.

 1 g Schwefel reagiert mit $\frac{56}{32}$ g Eisen.

16 g Schwefel reagieren mit $\frac{56}{32} \cdot$ 16 g Eisen.

Kehren Sie zurück nach 30 .

**51**　　　Sauerstoff ist zwar zweiatomig, also $O_2$, aber Sie haben nicht an den Unterschied zwischen Molekülmasse und Grammolekül gedacht!

Wieviel ist also 1 mol Sauerstoff?　　$\longrightarrow$　　**28**

---

**52**　　　Wir wollen die erste Reaktion durchrechnen:

$$4\,P + 5\,O_2 \longrightarrow 2\,P_2O_5$$

Phosphor hat die Atommasse 31; es sind 4 Phosphoratome vorhanden, also

$$4 \cdot 31 = 124$$

Sauerstoff hat die Atommasse 16; es sind $5 \cdot 2 = 10$ Sauerstoffatome vorhanden, also

$$10 \cdot 16 = 160$$

Phosphor und Sauerstoff reagieren im Massenverhältnis

$$124 : 160$$

(geteilt durch 2)　　　　62 : 80
(nochmals : 2)　　　　31 : 40　　　(nicht weiter teilbar!)

Kehren Sie nach **23** zurück, und rechnen Sie die anderen Reaktionen ebenso durch.

---

**53**　　　Die *Atommasse* eines Elementes gibt an, wieviel mal größer seine Masse als 1/12 der Masse des Kohlenstoffatoms ist. Ein *Grammatom* eines Elementes ist seine Atommasse in Gramm.

Jetzt wollen wir uns mit der Molekülmasse befassen. Die *Molekülmasse* einer Verbindung errechnet sich durch Zusammenzählen der Atommassen aller Atome, aus denen nach der Formel die Verbindung zusammengesetzt ist.
(Die Bezeichnung „Molekulargewicht" für Molekülmasse ist veraltet.)

Beispiele:

Eisensulfid (FeS) ist aus einem Atom Eisen und einem Atom Schwefel zusammengesetzt.

　　　1 Atom Eisen (Atommasse Fe = 56)　　56
　　　1 Atom Schwefel (Atommasse S = 32)　32

---

　　　Molekülmasse Eisensulfid　　　　　88

Wasser ($H_2O$) ist aus 2 Atomen Wasserstoff und einem Atom Sauerstoff zusammengesetzt.

  2 Atome Wasserstoff (Atommasse H = 1)    2

  1 Atom Sauerstoff (Atommasse O = 16)    16

---

  Molekülmasse Wasser       18

Berechnen Sie die Molekülmassen für Schwefelsäure ($H_2SO_4$) und Phosphoroxid ($P_2O_5$). $\longrightarrow$ 27

---

**54**

  1. Molekülmasse von  $Na_2CO_3$ : 106

                  $HNO_3$  :  63

  2. 4 mol $O_2$ = 128 g, 2 mol $HNO_3$ = 126 g, 1 Grammatom Fe = 56 g

     2 mol $H_2$ = 4 g, 3 Grammatom S = 96 g, 3 mol FeS = 264 g.

**9**

Haben Sie alles richtig? Wenn nein, wiederholen Sie ab 19 .

Beantworten Sie bitte schriftlich folgende Fragen:

1. Wie errechnet sich die Molekülmasse einer Verbindung?

2. Was ist ein Grammolekül oder 1 mol? $\longrightarrow$ 30

---

**55**

  Nein.     Eine zusätzliche Hilfe finden Sie unter 52 .

---

**56**

  Schwefel hat die *Atommasse* 32.

  32 g Schwefel sind ein *Grammatom* Schwefel.

Die Molekülmasse einer Verbindung errechnet sich durch Zusammenzählen der . . . . . . . . . aller Atome, aus denen nach der . . . . . . . . . die Verbindung zusammengesetzt ist.

Schreiben Sie bitte die fehlenden Wörter auf, und vergleichen Sie unter 41 .

---

**57**

  Gesetz der festen Massenverhältnisse:

Verbinden sich zwei Elemente miteinander, so erfolgt das nach bestimmten, durch ihre Atommassen festgelegten Massenverhältnissen.

Ende des 9. Programms.

## 10. Programm

**Theoretische Grundlagen (IV)**

---

1⃞     In diesem Programm lernen Sie die wichtigsten Gesetze über das Verhalten der Gase kennen. Voraussetzung hierzu ist, daß Sie den Stoff der ersten drei theoretischen Programme (Programme Nr. 6, 7, 9) sicher beherrschen.

Wieviel Gramm sind 1 mol

a) Chlor,     b) Wasserstoff,     c) Stickstoff?

Atommasse    Cl = 35,5
                 H = 1
                 N = 14

- a)  35,5 g    b) 1 g    c) 14 g   ⟶  14⃞
- a)  71  g    b) 2 g    c) 28 g   ⟶  25⃞
- a) 106,5 g    b) 3 g    c) 42 g   ⟶  33⃞

---

2⃞     Rechnen Sie noch einmal nach:

Wenn eine Kraft von 18 kp auf eine Fläche von 6 cm$^2$ drückt, dann drückt auf jeden cm$^2$

$$\frac{18 \text{ kp}}{6 \text{ cm}^2} = ? \text{ at}$$

Gehen Sie zurück nach 10⃞ .

---

3⃞     Bei 4 at wird das eingeschlossene Gas auf ein Volumen von 0,5 Liter zusammengedrückt.

Wir erkennen also: Wenn wir den Druck *verdoppeln*, dann wird das Volumen auf die *Hälfte* zusammengedrückt.

In unserem Beispiel hat das Gas

        bei einem Druck von 1 at ein Volumen von 2     Liter
        bei einem Druck von 2 at ein Volumen von 1     Liter
        bei einem Druck von 4 at ein Volumen von 0,5   Liter
        bei einem Druck von 8 at ein Volumen von 0,25 Liter

Sie sehen, *zwischen Druck und Volumen* eines eingeschlossenen Gases *besteht* ein strenger *Zusammenhang*.

Multiplizieren Sie nun in unserem Beispiel in den einzelnen Fällen den Druck mit dem zugehörigen Volumen. Also

Druck   x   Volumen

1     x     2     = 2

2     x     1     =

usw.

Vergleichen Sie dann die erhaltenen Zahlen miteinander.

Was beobachten Sie?

**10**

• Die Zahlen werden immer kleiner          ⟶  31

• Die Zahlen werden immer größer          ⟶  19

• Die Zahlen haben alle den gleichen Wert  ⟶  43

---

**4**          In unserem Beispiel gilt: Druck x Volumen = 100.

Wir können jetzt in unserem Beispiel für jeden Druck das zugehörige Volumen ausrechnen; denn Druck x Volumen ist in diesem Falle immer 100.

Wie groß ist das Volumen des eingeschlossenen Gases,
wenn der Druck 10 at beträgt?  ⟶  21

---

**5**          1 Kubikmeter = 1000 Liter.

Berechnen Sie:

Wieviel $cm^3$ enthält 1 Liter?
(1 Liter = 1 $dm^3$, 1 dm = 10 cm)

• 10     ⟶  60

• 100    ⟶  18

• 1000   ⟶  30

---

**6**          Sie haben sich verrechnet.

Im ersten Beispiel: Bei 1 at und 2 Liter

ist 1 x 2 = 2.

Im zweiten Beispiel: Bei 0,5 at und 4 Liter

>    ist 0,5 x 4 = 2.

Im dritten Beispiel: Bei 0,25 at und 8 Liter

>    ist 0,25 x 8 = . . . . .

Im vierten Beispiel: Bei 0,125 at und 16 Liter

>    ist 0,125 x 16 = . . . . .

Die Multiplikation vom Druck mit dem zugehörigen Volumen ergibt in unserem Beispiel immer die Zahl . . . . .

Die Zahlen haben also alle den gleichen Wert.

Wiederholen Sie ab $\boxed{43}$ .

**10**

---

$\boxed{7}$     Wir wollen die Aufgabe bei $\boxed{77}$ Schritt für Schritt lösen.

---

$\boxed{8}$     Sie passen nicht auf, denn sonst hätten Sie die auftretenden Änderungen an den Bildern erkannt.

Lesen Sie $\boxed{21}$ noch einmal.

---

$\boxed{9}$     Sie haben sich verrechnet.

Wir wollen die Aufgabe bei $\boxed{59}$ Schritt für Schritt lösen.

---

$\boxed{10}$     Das Volumen wird *kleiner,* der Druck *größer.*

Bei wissenschaftlichen Versuchen können wir uns mit Angaben wie „wird kleiner" oder „ wird größer" keinesfalls begnügen. Wir müssen bei Gasen das Volumen und den Druck exakt (in Zahlen) bestimmen können.

Der *Druck* wird in *Atmosphären* (Abkürzung = at) gemessen.

1 Atmosphäre ist der Druck, den eine Kraft von 1 kp auf eine Fläche von 1 $cm^2$ ausübt. (Einheit der Kraft: 1 Kilopond, kp; Einheit der Masse: 1 Kilogramm, kg. Näheres siehe Lehrbücher der Physik).

>    1 at = 1 $kp/cm^2$

Berechnen Sie:

Wie groß ist der Druck in at, wenn eine Kraft von 18 kp auf eine Fläche von 6 cm$^2$ drückt?

- Der Druck ist 18 at          $\longrightarrow$  2

- Der Druck ist  9 at          $\longrightarrow$  20

- Der Druck ist  6 at          $\longrightarrow$  28

- Der Druck ist  3 at          $\longrightarrow$  39

- Die Berechnungsmethode ist mir noch nicht klar          $\longrightarrow$  47

---

**10**

**11**          Der Luft- oder Atmosphärendruck nimmt doch mit zunehmender Höhe ab! In den Alpen, die ja höher liegen als der Meeresspiegel, ist also der Druck ........ als an der See.  $\longrightarrow$  62

---

**12**          Sie haben sich verrechnet.
Wir wollen die Aufgabe bei  59  Schritt für Schritt lösen.

---

**13**          Ja, in allen Fällen ergab die Multiplikation von Druck und Volumen die gleiche Zahl, nämlich 2.

Wir können also ausrechnen, wie groß das Volumen wird, wenn wir den Druck vermindern.

Berechnen Sie, wie groß das Volumen eines Gases (100 Liter bei 1 at) wird, wenn der Druck auf 0,5 at fällt.  $\longrightarrow$  24

---

**14**          Sie haben nicht beachtet, daß die Gase Chlor, Wasserstoff, Stickstoff sowie Sauerstoff *nur zweiatomig, als Moleküle,* vorkommen; nämlich $Cl_2$, $H_2$, $N_2$ sowie $O_2$.

Im eigenen Interesse sollten Sie die Programme Nr. 7 und Nr. 9 wiederholen. Am besten noch bevor Sie wieder bei  1  beginnen.

---

**15**          Wir wollen die Aufgabe bei  77  Schritt für Schritt lösen.

---

**16**          Richtig ist:    1 m$^3$ = 1 000 000 cm$^3$

Doch zurück zu unseren Versuchen mit der Luftpumpe. Stellen wir uns eine Luftpumpe vor, die unten *keinen Ausgang* hat, aus der die Luft also nicht entweichen kann. Drücken wir jetzt die Luft zusammen, wird das Volumen der eingeschlossenen Luft um so ......... (kleiner/größer), je stärker wir drücken.  $\longrightarrow$  68

---

**17**     $1 \text{ m}^3 = 1000$ Liter

Eine Berechnungsanleitung finden Sie bei 56 .

---

**18**     1 Liter $= 1000 \text{ cm}^3$

Eine Berechnungsanleitung finden Sie bei 46 .

---

**19**     Sie haben sich verrechnet.

Im ersten Beispiel:    1 at; 2 Liter

        ist $1 \times 2 = \quad 2.$

Im zweiten Beispiel: 2 at; 1 Liter

        ist $2 \times 1 = \ldots..$

Im dritten Beispiel:  4 at; 0,5 Liter

        ist $4 \times 0,5 = \ldots..$

Und im vierten Beispiel:    8 at; 0,25 Liter

        ist $8 \times 0,25 = \ldots..$

Die Multiplikation vom Druck mit dem zugehörigen Volumen ergibt in unserem Beispiel *immer* die Zahl . . . . .

Die Zahlen haben also alle den gleichen Wert.    $\longrightarrow$   43

---

**20**     Rechnen Sie noch einmal nach:

Wenn eine Kraft von 18 kp auf eine Fläche von $6 \text{ cm}^2$ drückt, dann drückt auf jeden $\text{cm}^2$

$$\frac{18 \text{ kp}}{6 \text{ cm}^2} = ? \text{ at}$$

Gehen Sie zurück nach 10 .

---

**21**     Das Gas in unserem Beispiel hat bei einem Druck von 10 at ein Volumen von 10 Liter, denn

     $10 \times 10 = 100.$

10

Was passiert nun, wenn wir den Druck verringern?

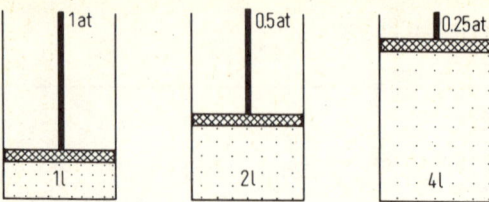

- Es passiert gar nichts       ⟶  44
- Das Volumen wird kleiner    ⟶  8
- Das Volumen wird größer    ⟶  35

**10**

---

22   Überlegen Sie noch einmal:

In dem Gefäß ist ein Gas unter Unterdruck (0,5 at) eingeschlossen. Der Druck der umgebenden Luft ist 1 at, also größer! Sobald wir in das Gefäß ein Loch bohren, wird Luft von außen in das Gefäß einströmen, bis der Druckunterschied ausgeglichen ist.   ⟶  34

---

23   Ein Gas, das bei 12,5 at einen Raum von 80 Liter einnimmt, steht unter einem Druck von nur **0,25 at**, wenn es einen Raum von 4 m$^3$ oder 4000 Liter einnimmt.

Wir unterscheiden

>     Unterdruck
>     Überdruck und
>     Atmosphärendruck.

Die uns umgebende Luft (Atmosphäre) übt auf uns einen Druck (Atmosphärendruck) aus. Wir spüren diesen Druck nicht, weil unser Körper an diesen Druck gewöhnt ist. In großen Höhen wird dieser Atmosphärendruck aber viel kleiner, man sagt: ,,Die Luft wird dünner". Deshalb werden die Flugzeuge mit Druckkabinen ausgerüstet, die im Flugzeug den Druck aufrechterhalten, den unser Körper benötigt.

Wie groß ist nun der Atmosphärendruck?

In Meereshöhe ist er etwa 1 at. Wie groß wird der Luftdruck in den Alpen im Vergleich zum Luftdruck an der See sein?

- Größer                 $\longrightarrow$ ☐ 36

- Kleiner                 $\longrightarrow$ ☐ 62

- Der Druck ist gleich   $\longrightarrow$ ☐ 11

---

**24**      Das Gas hat bei 0,5 at ein Volumen von 200 Liter, denn wenn der Druck auf die Hälfte sinkt, verdoppelt sich das Volumen.

Bei  1  at :    1 x 100 = 100
Bei   0,5 at :  0,5 x 200 = 100

Wir sehen, auch für dieses Beispiel ergibt das Produkt aus Druck und Volumen immer denselben Zahlenwert.

Allgemein gilt folgender Zusammenhang zwischen dem Druck p und dem Volumen v:

**10**

$$\boxed{p \cdot v = const.}$$      const. = konstante Zahl

Die konstante Zahl (const.) kann für die verschiedenen Beispiele verschiedene Zahlenwerte annehmen (bei unseren Beispielen einmal 2, einmal 100), behält aber bei Änderung von Druck und Volumen *für das gewählte Beispiel denselben Wert*.

Sie werden jetzt die folgende Aufgabe ausrechnen können.

Ein Gas ist in einem Volumen von 150 Liter unter einem Druck von 3 at eingeschlossen. Wie groß wird das Volumen dieses Gases, wenn durch Zusammendrücken mit einem beweglichen Stempel ein Druck von 9 at hergestellt wird?

-   25 Liter                                    $\longrightarrow$ ☐ 7

-   50 Liter                                    $\longrightarrow$ ☐ 45

- 100 Liter                                    $\longrightarrow$ ☐ 15

- 250 Liter                                    $\longrightarrow$ ☐ 37

- 450 Liter                                    $\longrightarrow$ ☐ 65

- 500 Liter                                    $\longrightarrow$ ☐ 57

- Ich kann das Volumen noch nicht ausrechnen   $\longrightarrow$ ☐ 77

---

**25**      Sie haben das Gelernte gut behalten.

Die Gase Chlor, Wasserstoff, Stickstoff sowie Sauerstoff kommen nur als Moleküle ($Cl_2$, $H_2$, $N_2$, $O_2$) vor. Die Molekülmasse beträgt bei ihnen immer das Doppelte der Atommasse.

Wenn wir mit diesen Gasen chemische Versuche machen wollen, genügt es aber nicht, wenn wir nur die Molekülmassen kennen. Wir müssen oft auch die Menge des Gases genau bestimmen, die wir für einen Versuch verwenden wollen. Bei festen Stoffen und bei Flüssigkeiten können wir die Versuchsmengen (Massen) *abwiegen*. Flüssige Stoffe können wir auch *abmessen*, indem wir ihr *Volumen* bestimmen, z.B. 1 Liter.

Bei Gasen ist das Abmessen oder Abwiegen aus verschiedenen Gründen, die wir noch kennenlernen werden, oft recht schwierig.

Die Menge bei festen Stoffen und Flüssigkeiten bestimmen wir durch . . . . . . . . . das Volumen von Flüssigkeiten durch . . . . . . . .   ⟶  $\boxed{32}$

**10**

$\boxed{26}$    Sie haben sich verrechnet.

Im ersten Beispiel: Bei 1 at und einem Volumen von 2 Liter

       ist 1 x 2 = 2.

Im zweiten Beispiel: Bei 0,5 at und 4 Liter

       ist 0,5 x 4 = 2.

Im dritten Beispiel: Bei 0,25 at und 8 Liter

       ist 0,25 x 8 = . . . . . .

Im vierten Beispiel: Bei 0,125 at und 16 Liter

       ist 0,125 x 16 = . . . . . .

Die Multiplikation vom Druck mit dem zugehörigen Volumen ergibt in unserem Beispiel immer die Zahl . . . . .

Die Zahlen haben also alle den gleichen Wert.

Wiederholen Sie ab $\boxed{43}$ .

$\boxed{27}$    Überlegen Sie noch einmal:

In dem Gefäß ist ein Gas unter Unterdruck (0,5 at) eingeschlossen. Der Druck der umgebenden Luft ist 1 at, also größer! Sobald wir in das Gefäß ein Loch bohren, wird Luft von außen in das Gefäß einströmen, bis der Druckunterschied ausgeglichen ist.   ⟶  $\boxed{34}$

**28**      Rechnen Sie noch einmal nach:

Wenn eine Kraft von 18 kp auf eine Fläche von 6 cm$^2$ drückt, dann drückt auf jeden cm$^2$

$$\frac{18 \text{ kp}}{6 \text{ cm}^2} = ? \text{ at}$$

Gehen Sie zurück nach 10 .

---

**29**      1 m$^3$ = 1000 Liter

Eine Berechnungsanleitung finden Sie bei 56 .

**10**

---

**30**      1 Liter = 1000 cm$^3$.

Berechnen Sie nun: Wieviel cm$^3$ enthält ein m$^3$?   $\longrightarrow$   16

---

**31**      Sie haben sich verrechnet.

Im ersten Beispiel: 1 at: 2 Liter

   ist 1 x 2 = 2.

Im zweiten Beispiel: 2 at: 1 Liter

   ist 2 x 1 = . . . . .

Im dritten Beispiel: 4 at; 0,5 Liter

   ist 4 x 0,5 = . . . . .

Im vierten Beispiel: 8 at: 0,25 Liter

   ist 8 x 0,25 = . . . . .

Die Multiplikation vom Druck mit dem zugehörigen Volumen ergibt in unserem Beispiel *immer* die Zahl . . . . .   $\longrightarrow$   43

---

**32**      Die Menge (Masse) bei festen Soffen und Flüssigkeiten bestimmen wir durch *Abwiegen*, das Volumen von Flüssigkeiten durch *Abmessen*.

Bei Gasen ist das Bestimmen der Menge sehr viel schwieriger, wie wir gleich sehen werden.

Haben Sie schon einmal einen Fahrradschlauch aufgepumpt?

Sicherlich! Wir wollen uns diesen Vorgang etwas genauer ansehen. Die Luft in der Pumpe wird zusammengedrückt, bis der Druck so groß wird, daß sie durch das Ventil in den Schlauch strömen kann.

Wichtig für uns ist jetzt an diesem Vorgang die Tatsache, daß man Luft *zusammendrücken* kann. (Bei festen Stoffen und Flüssigkeiten geht das nicht so leicht!)

Beim Zusammendrücken der Luft wird das Volumen . . . . . . . . . (kleiner/größer), der Druck der zusammengepreßten Luft wird dabei . . . . . . . . . (kleiner/größer).

$$\longrightarrow \boxed{10}$$

**10**

$\boxed{33}$　　Sie haben nicht beachtet, daß die Gase Chlor, Wasserstoff, Stickstoff sowie Sauerstoff *nur zweiatomig, als Moleküle,* vorkommen; nämlich $Cl_2$, $H_2$, $N_2$, sowie $O_2$.

Im eigenen Interesse sollten Sie die Programme Nr. 7 und Nr. 9 wiederholen. Am besten noch bevor Sie wieder bei $\boxed{1}$ beginnen.

$\boxed{34}$　　Richtig. Es strömt solange Luft in das Gefäß ein, bis der Druckunterschied ausgeglichen ist.

Wenn wir in einem Gefäß ein Gas eingeschlossen haben, und der Druck p des eingeschlossenen Gases ist *größer als 1 at* (im Bild p = 3 at), so sprechen wir von einem *Überdruck.*

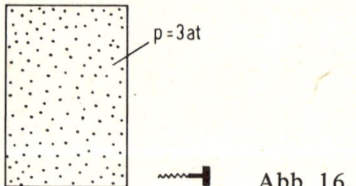

p = 3 at

Abb. 16.

Was passiert, wenn wir in das Gefäß mit einem Bohrer ein Loch bohren?

- Luft strömt in das Gefäß ein          $\longrightarrow \boxed{64}$

- Das eingeschlossene Gas strömt teilweise aus          $\longrightarrow \boxed{82}$

- Es passiert gar nichts          $\longrightarrow \boxed{51}$

$\boxed{35}$　　Ihre Antwort ist richtig, bei *kleiner* werdendem *Druck* dehnt sich das Gas aus, es nimmt ein *größeres Volumen ein.*

Ein Gas hat zum Beispiel:

|  |  |  |  |  |
|---|---|---|---|---|
| bei 1 | at ein Volumen von | 2 Liter |
| bei 0,5 | at ein Volumen von | 4 Liter |
| bei 0,25 | at ein Volumen von | 8 Liter |
| bei 0,125 | at ein Volumen von | 16 Liter |

Multiplizieren Sie nun in unserem Beispiel in den einzelnen Fällen den Druck mit dem zugehörigen Volumen.

Also: Druck x Volumen

1     x     2 =

0,5 x     4 =

usw.

Vergleichen Sie dann die erhaltenen Zahlen miteinander.

Was beobachten Sie?

- Die Zahlen werden immer kleiner          ⟶  26
- Die Zahlen werden immer größer           ⟶  6
- Die Zahlen haben alle den gleichen Wert  ⟶  13

10

---

**36**     Der Luft- oder Atmosphärendruck nimmt doch mit zunehmender Höhe ab! In den Alpen, die ja höher liegen als der Meeresspiegel, ist also der Druck . . . . . . . als an der See.  ⟶  62

---

**37**     Wir wollen die Aufgabe bei  77  Schritt für Schritt lösen.

---

**38**     1 Liter = 1000 cm$^3$

Eine Berechnungsanleitung finden Sie bei  46  .

---

**39**     Ihre Antwort ist richtig, der Druck ist 3 at.

Das *Volumen* eines Gases wird im allgemeinen in *Litern* gemessen. Bei kleineren Volumina benutzt man Kubikzentimeter (cm$^3$), bei größeren Volumina Kubikmeter (m$^3$).

Wissen Sie, wieviel Liter 1 Kubikmeter enthält?

- 10 Liter          ⟶  17
- 100 Liter         ⟶  29
- 1000 Liter        ⟶  5
- 10000 Liter       ⟶  50
- Ich weiß es nicht ⟶  56

**40**     Ihre Antwort ist falsch.

Eine Erklärung finden Sie bei $\boxed{125}$ .

---

**41**     Die Antwort ist richtig.

Falls Sie diese Antwort gleich gefunden hatten, so zeigt das, daß Sie gut mitarbeiten.

Da sich bei der Reaktion

$$H_2 \quad + \quad Cl_2 \quad \longrightarrow \quad 2\ HCl$$

22,4 Liter          22,4 Liter          2 x 22,4 Liter

**10**

die Zahl der mol auf beiden Seiten der Gleichung nicht ändert, ändert sich auch die Gasmenge nicht, und damit bleibt der Druck im Gefäß konstant. Beim Eintauchen in Quecksilber und Öffnen des Hahnes a passiert also nichts.

Das ist ein für uns jetzt leicht verständliches Ergebnis, da wir wissen, daß in den Gasen Wasserstoff und Chlor Moleküle vorliegen.

Es ist aber ein *sehr wichtiges Ergebnis,* denn es ist der *Beweis* dafür, daß in den Gasen Wasserstoff und Chlor die Moleküle $H_2$ bzw. $Cl_2$ (und nicht die Atome H bzw. Cl) vorliegen.

Das wollen wir uns genauer ansehen:

Falls im Wasserstoff und Chlor Atome vorliegen würden, müßte die Gleichung heißen:

$$H \quad + \quad Cl \quad \longrightarrow \quad HCl$$

1 g          35,5 g          36,5 g

entsprechend den folgenden Volumina bei Normalbedingungen:

22,4 Liter          22,4 Liter          22,4 Liter

Das Volumen der Ausgangsstoffe beträgt demnach 44,8 Liter und das des Endproduktes 22,4 Liter. Das Volumen müßte also bei der Reaktion um die Hälfte abnehmen (bei gleichem Druck).

Das stimmt *nicht* mit dem Experiment überein!
Das Ergebnis des Experimentes ist *nur* durch das Auftreten von Wasserstoff und Chlor als *Moleküle* ($H_2$, $Cl_2$) zu erklären.

Das Auftreten der Gase als Moleküle erkannte zuerst 1811 der Italiener *Avogadro.* Er formulierte den Lehrsatz:

> Gleiche Volumina aller Gase enthalten bei gleichem Druck und gleicher
> Temperatur die gleiche Anzahl von Molekülen.

Schreiben Sie diesen *Lehrsatz von Avogadro* ab, und lernen Sie ihn auswendig.

Wir kennen bereits als Merksatz:
1 mol eines Gases nimmt unter . . . . . . . . . . . ein Volumen von . . . . Liter ein.

Notieren Sie den Satz mit Ergänzungen, und vergleichen Sie bei 91 .

---

**42**      Ihre Berechnung ist falsch.

Eine Erklärung finden Sie unter 117 .

**10**

---

**43**      Ja, in allen Fällen ergab die Multiplikation von Druck und Volumen die
gleiche Zahl, nämlich 2.

Das ist ein wichtiges Ergebnis.

Wenn wir also ein bestimmtes Gasvolumen bei verschiedenen Drücken betrachten,
so erkennen wir jetzt, daß das *Produkt aus Druck und Volumen immer gleich groß ist.*

In unserem Beispiel ist es immer gleich 2.

Hier ein anderes Beispiel: Eine bestimmte Gasmenge steht nacheinander unter verschiedenen Drücken:

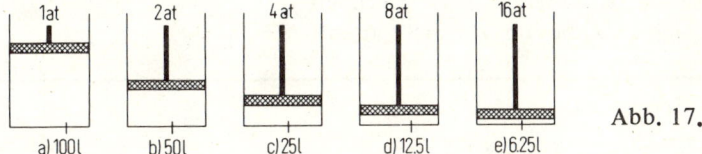

Abb. 17.

a) Bei   1 at hat das Gas ein Volumen von 100  Liter

b) Bei  2 at hat das Gas ein Volumen von 50    Liter

c) Bei  4 at hat das Gas ein Volumen von 25    Liter

d) Bei  8 at hat das Gas ein Volumen von 12,5 Liter

e) Bei 16 at hat das Gas ein Volumen von 6,25 Liter

Multiplizieren Sie auch hier Druck und Volumen.

Wie groß sind die Zahlen?      ⟶    4

| 44 |

Sie passen nicht auf, denn sonst hätten Sie die auftretenden Änderungen an den Bildern erkannt.

Lesen Sie | 21 | noch einmal.

| 45 |

Ihre Antwort ist richtig.

$$p \cdot v = 450$$

$$9 \cdot 50 = 450$$

Ein Gas, das bei 3 at einen Raum von 150 Liter einnimmt, erfüllt bei 9 at ein Volumen von 50 Liter.

Eine andere Aufgabe:

Ein Gas erfüllt bei 12,5 at einen Raum von 80 Liter.

Wie groß ist der Druck, wenn die gleiche Gasmenge ein Volumen von 4 m$^3$ einnimmt? (Die Aufgabe ist nicht ganz leicht, Sie müssen zuerst 4 m$^3$ in Liter umrechnen.)

- 25,0    at          → | 80 |
- 2,5    at          → | 12 |
- 0,25   at          → | 23 |
- 0,025 at          → | 9 |
- Ich habe einen anderen Druck errechnet, oder: Ich kann die Aufgabe nicht lösen.    → | 59 |

| 46 |

Gefragt war:

Wieviel cm$^3$ enthält 1 Liter?

Ein Liter ist ein Würfel mit den Maßen 10 cm x 10 cm x 10 cm.

Rechnen Sie das aus, und vergleichen Sie bei | 30 | .

| 47 |

Wir hatten gelernt: 1 Atmosphäre (at) ist der Druck, den eine Kraft von 1 kp auf eine Fläche von 1 cm$^2$ ausübt.

$$1 \text{ at} = 1 \text{ kp/cm}^2$$

Wichtig ist also, wie groß der Druck auf einer Fläche von 1 cm$^2$ ist.

**Unsere Aufgabe:**

Wie groß ist der Druck in at, wenn eine Kraft von 18 kp auf eine Fläche von 6 cm$^2$ drückt?

Wenn eine Kraft von 18 kp auf eine Fläche von 6 cm$^2$ drückt, dann drücken auf jeden einzelnen cm$^2$

$$18 \text{ kp} : 6 \text{ cm}^2 \text{ oder } \frac{18 \text{ kp}}{6 \text{ cm}^2} = ? \text{ at}$$

Berechnen Sie diesen Bruch. Welchen Wert erhalten Sie?  $\longrightarrow$  $\boxed{39}$

---

$\boxed{48}$     Wieviel g Wasser entstehen, wenn sich 44,8 Liter Wasserstoff und 22,4 Liter Sauerstoff verbinden? (Die Mengenangaben beziehen sich auf Normalbedingungen.)     **10**

1. 44,8 Liter Wasserstoff  = 2 mol
   22,4 Liter Sauerstoff   = 1 mol

2. Reaktionsgleichung    $2 H_2 + O_2 \longrightarrow 2 H_2O$

   2 mol $H_2$ und 1 mol $O_2$ geben 2 mol Wasser

3. 2 mol Wasser = . . . . . g   $\longrightarrow$   $\boxed{76}$

---

$\boxed{49}$     Ihre Antwort ist richtig.

| | |
|---|---|
| 48 g $O_2$ = 1,5 mol $O_2$ | = 33,6 Liter (1 atm, 0 °C) |
| | = 16,8 Liter (2 atm, 0 °C) |
| 73 g HCl = 2 mol HCl | = 44,8 Liter (1 atm, 0 °C) |
| | = 22,4 Liter (2 atm, 0 °C) |

Welches Volumen nehmen 56 g Stickstoff bei 4 atm und 0 °C ein?

Vergleichen Sie Ihre Berechnung bei $\boxed{66}$

---

$\boxed{50}$     1 m$^3$ = 1000 Liter.

Eine Berechnungsanleitung finden Sie bei $\boxed{56}$ .

---

$\boxed{51}$     Sie arbeiten nicht mit.
Lesen Sie das Programm noch einmal gründlich ab $\boxed{23}$ .

**52**          Richtig ist: 22,4 Liter Wasserstoff, 11,2 Liter Sauerstoff.

Sie können jetzt auch folgende Frage beantworten:

Wieviel Gramm Wasser entstehen, wenn sich 44,8 Liter Wasserstoff mit 22,4 Liter Sauerstoff verbinden? (Die Mengenangaben beziehen sich auf Normalbedingungen.)

- 18 g            $\longrightarrow$    95

- 36 g            $\longrightarrow$    76

- 54 g            $\longrightarrow$    114

- Ich weiß es nicht   $\longrightarrow$    48

**10**

**53**          Sie wählten die Antwort „ich weiß es nicht".

Es ist gut, daß Sie nicht geraten haben; nur bedenken Sie eines: Hätten Sie die richtige Antwort wirklich nicht gefunden, wenn Sie gründlich überlegt hätten?

Lesen Sie weiter bei 117 .

**54**          Um beurteilen zu können, ob bei der Reaktion im Gefäß eine Druckänderung stattgefunden hat, müssen wir uns überlegen, wieviel mol an gasförmigen Ausgangsstoffen *vor* der Reaktion und wieviel mol an gasförmigen Endprodukten *nach* der Reaktion vorliegen.

Nach der Reaktionsgleichung

$$Cl_2 \quad + \quad H_2 \longrightarrow \quad 2\ HCl$$

22,4 Liter      22,4 Liter      2 x 22,4 Liter

entstehen aus 1 mol Chlor (22,4 Liter) und 1 mol Wasserstoff (22,4 Liter) 2 mol Chlorwasserstoff (44,8 Liter).

Die Molzahl ist in dieser Reaktionsgleichung auf beiden Seiten *gleich*, nämlich 2. An ihr ändert sich bei unserem Versuch *nichts*. Wo vorher Chlor- und Wasserstoffmoleküle waren, sind am Ende des Versuches gleich viele Chlorwasserstoffmoleküle.

Welchen Schluß können wir aus diesen Überlegungen ziehen?

Wir machen den letzten Versuch noch einmal: In A befindet sich (unter Normaldruck) Chlor, in B befindet sich (unter Normaldruck) Wasserstoff. Wir öffnen Hahn b und bestrahlen mit UV-Licht. Chlor und Wasserstoff reagieren zu Chlorwasserstoff. Hahn a wird jetzt in eine Schale mit Quecksilber getaucht.

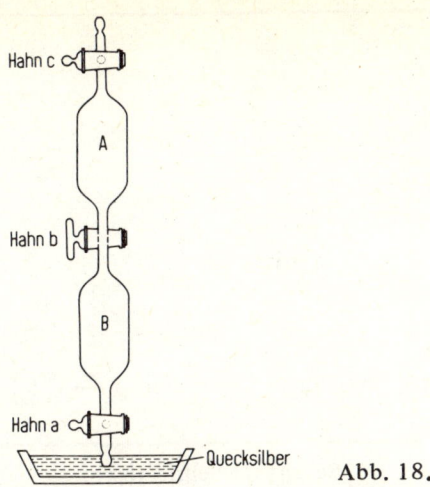

Abb. 18.

Was wird beim Öffnen des Hahnes a geschehen?

● Wegen Überdruckes wird ein Teil des Clorwasserstoffs herausgedrückt ⟶ |118|

● Der Druck hat sich bei der Reaktion nicht geändert, es wird nichts passieren ⟶ |41|

● Wegen Unterdrucks wird Quecksilber in das untere Gefäß steigen ⟶ |90|

---

|55|     Das Volumen der Ausgangsstoffe ($N_2 + 3 H_2$ unter Normalbedingungen), $V_{Anfang}$, ist 89,6 Liter.

Das Volumen des Endproduktes ($2 NH_3$ unter Normalbedingungen), $V_{Ende}$, ist 44,8 Liter.

Demnach verhält sich

$$V_{Anfang} : V_{Ende} = 89,6 : 44,8$$

Dieses Ergebnis läßt sich noch verbessern, indem man versucht, das Verhältnis auf möglichst kleine und ganze Zahlen zurückzuführen. Erst unter kleinen Zahlen kann man sich gut etwas vorstellen. Sie hatten nur unvollständig gekürzt.

89,6 und 44,8 lassen sich durch 44,8 teilen.

Führen Sie die Rechnung durch und notieren Sie sich, zu welchem Verhältnis

$$V_{Anfang} : V_{Ende} = \ldots\ldots : \ldots\ldots$$

Sie dann kommen.    ⟶ |94|

---

**56**       Gefragt war:

Wieviel Liter enthält 1 Kubikmeter?

1 Liter ist ein Würfel mit den Maßen:

$$10 \text{ cm} \times 10 \text{ cm} \times 10 \text{ cm} = 1 \text{ Liter}$$

oder: $1 \text{ dm} \times 1 \text{ dm} \times 1 \text{ dm} = 1 \text{ dm}^3 = 1$ Liter
   (dm = Dezimeter, 1 dm = 10 cm, 1 m = 10 dm)

1 Kubikmeter hat die Maße:

$$1 \text{ m} \times 1 \text{ m} \times 1 \text{ m} = 1 \text{ m}^3$$

oder   $10 \text{ dm} \times 10 \text{ dm} \times 10 \text{ dm} = 1000 \text{ dm}^3 = 1000$ Liter   $\longrightarrow$   5

---

**57**       Wir wollen die Aufgabe bei 77 Schritt für Schritt lösen.

---

**58**       Die Normalbedingungen sind:

Druck              = 1 atm
Temperatur         = 0 °C

Ende des 10. Programms.

---

**59**       Wir wollen die Aufgabe Schritt für Schritt lösen.

*Aufgabe:*

Ein Gas erfüllt bei 12,5 at einen Raum von 80 Liter. Wie groß ist der Druck, wenn das gleiche Gas ein Volumen von 4 m$^3$ einnimmt?

Zuerst errechnen wir das Produkt p · v, also die konstante Zahl. Es ist p = 12,5 at und v = 80 Liter, also ist unsere konstante Zahl

$$12,5 \cdot 80 = \mathbf{1000}$$

Ehe wir weiterrechnen, müssen wir 4 m$^3$ in Liter umrechnen. (Da wir die konstante Zahl durch Multiplizieren von 12,5 *at* mit 80 *Liter* errechnet haben, müssen wir jetzt dabei bleiben und alle Größen in *at* bzw. *Liter* angegeben.)

$$1 \text{ m}^3 = 1000 \text{ Liter}$$

$$4 \text{ m}^3 = 4000 \text{ Liter}$$

Das Gesetz heißt:

$$p \cdot v = \text{const.}$$

Wir kennen davon das Volumen            v = 4000 Liter
und die konstante Zahl.                 const = 1000
Unbekannt ist uns der Druck             p = ?

$$p \cdot 4000 = 1000$$

Notieren Sie die Zahl, mit welcher 4000 multipliziert werden muß, um 1000 zu ergeben!    $\longrightarrow$  $\boxed{73}$

---

$\boxed{60}$     1 Liter = 1000 cm$^3$

Eine Berechnungsanleitung finden Sie bei $\boxed{46}$ .

---

**10**

$\boxed{61}$     5,6 Liter Wasserstoff wiegen 0,5 g.

Noch ein Anwendungsbeispiel für das, was Sie bisher gelernt haben:

Wieviel Liter Wasserstoff und wieviel Liter Sauerstoff entstehen unter Normalbedingungen, wenn 18 g Wasser im Hofmannschen Wasserzersetzungsapparat durch Gleichstrom zerlegt werden?

Eine Hilfe finden Sie unter  $\boxed{72}$.

Wenn Sie überzeugt sind, allein das richtige Ergebnis gefunden zu haben, schlagen Sie $\boxed{52}$ auf.

---

$\boxed{62}$     Ja, der Druck ist *kleiner*.

Wenn wir in einem Gefäß ein Gas eingeschlossen haben, und der Druck p des eingeschlossenen Gases ist *kleiner* als eine Atmosphäre (im Bild p = 0,5 at), so sprechen wir von einem *Unterdruck*.

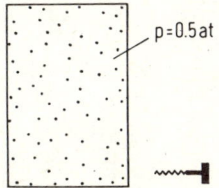

Was passiert, wenn wir in das Gefäß mit einem Bohrer ein Loch bohren?

- Luft strömt in das Gefäß ein            $\longrightarrow$  $\boxed{34}$

- Das eingeschlossene Gas strömt aus      $\longrightarrow$  $\boxed{22}$

- Es passiert gar nichts                  $\longrightarrow$  $\boxed{27}$

**63**          $p \cdot v = const.$

Dieses Gesetz gilt natürlich nur, wenn wir die Temperatur nicht verändern. Wir lernten noch den Merksatz kennen:
1 mol eines Gases nimmt unter . . . . . . . . . . . . . . . . . ein Volumen von . . . . . ein.

Notieren Sie den Satz mit Ergänzung und vergleichen Sie bei |99|.

---

**64**          Sie arbeiten nicht mit.
Lesen Sie das Programm noch einmal gründlich ab |23|.

---

**10**

**65**          Wir wollen die Aufgabe bei |77| Schritt für Schritt lösen.

---

**66**          Richtig ist: 11,2 Liter.

56 g $N_2$ (2 mol) bei 1 atm, 0 °C = 44,8 Liter
56 g $N_2$          bei 4 atm, 0 °C = 44,8 : 4 = **11,2 Liter**

Beim 4-fachen Druck wird das Volumen auf ein Viertel zusammengedrückt. Oder, wenn wir mit der Formel   $p \cdot v = const.$   rechnen:

$$1 \cdot 44,8 = 44,8 \quad (p = 1 \text{ atm}, v = 44,8 \text{ Liter})$$
$$4 \cdot ? = 44,8 \quad (p = 4 \text{ atm}, v = ? \quad \text{Liter})$$
$$? = \frac{44,8}{4} = 11,2 \text{ Liter}$$

Welches Volumen nehmen 10 g Wasserstoff bei 0 °C und 20 atm ein?

- 112,0 Liter          $\longrightarrow$          |79|
- 56,0 Liter          $\longrightarrow$          |86|
- 11,2 Liter          $\longrightarrow$          |107|
- 5,6 Liter          $\longrightarrow$          |97|
- Ich habe andere Zahlen          $\longrightarrow$          |115|

---

**67**          Ihre Antwort ist nur bedingt richtig.
Eine Erklärung finden Sie bei |55|.

---

**68**          Ja, je größer der Druck, desto *kleiner* das Volumen. Wir betrachten jetzt ein eingeschlossenes Gasvolumen von v = 2 Liter unter einem Druck von p = 1 at.

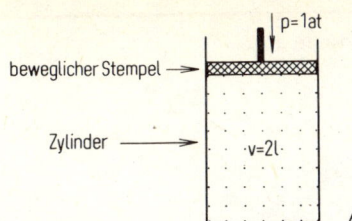

Abb. 19.

Wenn wir jetzt den Druck p auf p = 2 at *verdoppeln,* dann bewegt sich der Stempel nach unten, das Volumen wird *halb* so groß.

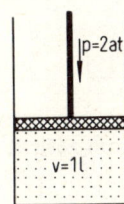

Abb. 20.

Wie groß wird das Volumen, wenn wir den Druck nochmals verdoppeln, also auf 4 at?

Notieren Sie den Wert, und vergleichen Sie bei ⌐3⌐ .

---

⌐69⌐        Der Lehrsatz von Avogadro:

Gleiche Volumina aller Gase enthalten bei gleichem Druck und gleicher Temperatur die gleiche Anzahl von Molekülen.

Wir unterscheiden

>     Unterdruck,
>     Überdruck,
>     Atmosphärendruck.

Gase dehnen sich beim Erwärmen aus und ziehen sich beim Abkühlen wieder zusammen.

Was sind die Normalbedingungen?

Schreiben Sie die festgelegten Bedingungen auf, und vergleichen Sie bei ⌐58⌐ .

---

⌐70⌐        Die Frage ist schwer. Es ist erfreulich, daß Sie nicht einfach geraten haben. Genau erklärt wird Ihnen das Versuchsergebnis bei ⌐54⌐ .

---

**71**

Wasserstoff und Stickstoff kommen als

$H_2$ und $N_2$ vor.

1 mol $H_2$ = 2 g Wasserstoff
1 mol $N_2$ = 28 g Stickstoff
10 g $H_2$ sind 5 mol $H_2$
56 g $N_2$ sind 2 mol $N_2$

1 mol eines Gases nimmt unter Normalbedingungen ein Volumen von 22,4 Liter ein.

**10**

Also:   5 mol $H_2$ = . . . . . Liter
        2 mol $N_2$ = . . . . . Liter   $\longrightarrow$   119

---

**72**

18 g Wasser sollen durch Gleichstrom zerlegt werden. Wieviel Liter Wasserstoff bzw. Sauerstoff entstehen?

Wir beginnen mit der Reaktionsgleichung. (Die Reaktionsgleichung ist der *Ausgangspunkt* bei *jeder Berechnung,* die sich auf einen *chemischen* Vorgang bezieht.)

$$2\,H_2O \longrightarrow 2\,H_2 + O_2$$

In Worten: 2 mol Wasser liefern bei der Zerlegung 2 mol Wasserstoff und 1 mol Sauerstoff.

18 g Wasser sind wieviel mol Wasser? Wenn Sie diese Frage zuerst beantworten, sollte Ihnen die Lösung der oben genannten Aufgabe keine große Schwierigkeiten mehr machen. Vergleichen Sie Ihr Ergebnis unter 52 .

Oder ist Ihnen der Lösungsweg noch nicht klar? Dann schlagen Sie 89 auf.

---

**73**

Die Zahl ist 0,25, denn

$$0,25 \cdot 4000 = 1000$$

Das Gas steht also unter einem Druck von 0,25 at, wenn es einen Raum von 4000 Liter = 4 m$^3$ einnimmt.   $\longrightarrow$   23

---

**74**

Wir hatten an dem Verschwinden der Farbe des Chlors festgestellt, daß die beiden Gase miteinander *reagiert* haben. Läge nur eine Mischung vor, dann wäre durch das Verdünnen des Chlors mit dem Wasserstoff die grüne Farbe des Chlors nur etwas aufgehellt worden.

Beantworten Sie die Frage bei 97 noch einmal.

---

75    Um die Aufgabe leichter lösen zu können, schließen wir die Luft nicht in ein festverschlossenes Gefäß, sondern in ein Gefäß mit beweglichem Stempel ein.

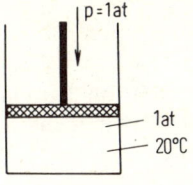

Das mit Luft gefüllte Gefäß, in dem die Luft unter Druck von 1 at eingeschlossen ist, wird durch Abb. 1 dargestellt.

**10**

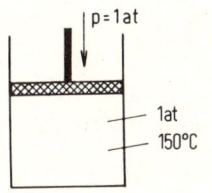

Wird nun die Luft von 20 °C auf 150 °C erwärmt, so dehnt sie sich aus. Der bewegliche Stempel wird nach oben gedrückt (Abb. 2). Das Volumen der eingeschlossenen Luft wird also größer.

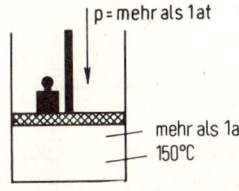

Wollen wir die Luft wieder auf das ursprüngliche bei 20 °C eingenommene Volumen bringen, dann müssen wir sie z. B. durch Aufstellen eines Gewichtes zusammendrücken (Abb. 3). Der Druck nimmt dabei zu.

Abb. 21.

Anhand dieser Überlegungen werden Sie jetzt sicher die Frage unter 96 richtig beantworten können.

---

76    Es entstehen **36 g Wasser.**

Wir wollen jetzt wiederholen:

Druck und Volumen stehen bei Gasen in festem Zusammenhang. Wird der Druck größer, so wird das Volumen . . . . . . . .

Notieren Sie das fehlende Wort.    $\longrightarrow$   92

---

77    Wir wollen die Aufgabe Schritt für Schritt lösen.

Aus unseren früheren Beispielen haben wir gelernt, daß

$$p \cdot v = \text{const.}$$

ist.

Durch Multiplikation von Druck p und Volumen v erhalten wir eine Zahl (const.). Diese Zahl (const.) behält für das eingeschlossene Gas immer denselben Wert, ganz gleich unter welchem Druck das Gas steht. Bei Änderung des Drucks ändert sich ja auch das Volumen.

Unsere Aufgabe hieß:

Ein Gas ist in ein Volumen von 150 Liter unter einem Druck von 3 at eingeschlossen. Wie groß wird das Volumen dieses Gases, wenn durch Zusammendrücken mit einem beweglichen Stempel ein Druck von 9 at hergestellt wird?

Wir berechnen zuerst die Zahl (const.). Gegeben ist  p = 3 at und v = 150 Liter.

$$p \cdot v \quad \text{ist also} \quad 3 \times 150 = 450$$

Die Zahl (const.) ist demnach 450.

Wie groß ist das Volumen des eingeschlossenen Gases, wenn der Druck 9 at ist?

$$p \cdot v = 450$$

$$9 \cdot ? = 450$$

Welche Zahl gibt mit 9 multipliziert 450?    $\longrightarrow$    45

---

**78**     Der Lehrsatz von *Avogadro:*

---

> Gleiche Volumina aller Gase enthalten bei gleichem Druck
> und gleicher Temperatur die gleiche Anzahl von Molekülen.

---

Für die weiteren Erläuterungen benötigen wir einige Molekülmassen. Notieren Sie sich bitte die Molekülmassen von:

Wasserstoff
Chlor
Chlorwasserstoff (HCl)
Ammoniak ($NH_3$)

(Atommasse H=1; Cl=35,5; N=14)    $\longrightarrow$    108

---

**79**     Ihre Antwort ist falsch.
Eine Erklärung der Berechnung finden Sie bei 115 .

---

**80**     Sie haben sich verrechnet.
Wir wollen die Aufgabe bei 59 Schritt für Schritt lösen..

**81**          Ihre Antwort ist nur bedingt richtig.

Eine Erklärung finden Sie bei $\boxed{55}$ .

---

**82**          Richtig.

Das Gas strömt solange aus, bis der Druckunterschied ausgeglichen ist. (Denken Sie an ein Loch im Fahrradschlauch.)

Notieren Sie die fehlenden Wörter:

Ist der Druck kleiner als 1 at, so sprechen wir von . . . . . . . . . . . Ist der Druck größer als 1 at, so sprechen wir von . . . . . . . . . .  $\longrightarrow$  $\boxed{96}$

**10**

---

**83**          Die Berechnung erfolgt nach dem Dreisatz:

71 g Chlor nehmen ein Volumen von 22,4 Liter ein.
 ? g Chlor nehmen ein Volumen von  1    Liter ein.

$\dfrac{71}{22,4}$  g Chlor nehmen ein Volumen von 1 Liter ein.

Wieviel wiegt also 1 Liter Chlor?    $\longrightarrow$    $\boxed{120}$

---

**84**          Ihre Antwort ist falsch.

Eine Erklärung finden Sie bei $\boxed{125}$ .

---

**85**          Ihre Antwort ist richtig.

Der Druck in einem *geschlossenen,* mit Luft gefüllten Gefäß muß beim Erwärmen ansteigen, da die Luft sich nicht ausdehnen kann.

Wir merken uns:

1. Beim Erwärmen dehnen sich alle Gase aus.
2. Beim Abkühlen ziehen sich alle Gase zusammen.

Weil sich die Gase zusammendrücken lassen, und weil sie sich bei wechselnder Temperatur ausdehnen oder zusammenziehen, muß man bei der Messung von Gasvolumina immer genau die Bedingungen (Druck und Temperatur) angeben. Um vergleichbare Werte zu erhalten, wurden folgende

„*Normalbedingungen*" festgelegt:

1 atm und 0 °C

Das heißt: Wird ein Gasvolumen unter *Normalbedingungen* gemessen, dann steht das Gas unter einem Druck von 1 atm; die Messung wird bei 0 °C durchgeführt.

(atm = Abkürzung für physikalische Atmosphäre, at = Abkürzung für technische Atmosphäre. Zwischen beiden Druckeinheiten besteht ein geringfügiger Unterschied, siehe Lehrbücher der Physik.)

Wir wollen uns jetzt die Gase und Gasreaktionen genauer ansehen. Folgender Lehrsatz ist sehr wichtig:

> 1 mol eines Gases nimmt unter Normalbedingungen ein Volumen von 22,4 Liter ein.

**10**

Prägen Sie sich diesen Satz gut ein!

Zum Beispiel:

1 mol $N_2$ (28 g)  =  22,4 Liter Stickstoff unter Normalbedingungen.
1 mol $Cl_2$ (71 g)  =  22,4 Liter Chlor unter Normalbedingungen.

Lösen Sie mit Hilfe des obigen Lehrsatzes die Aufgabe:

Wie groß ist das Volumen, das unter Normalbedingungen von 32 g Sauerstoff eingenommen wird?

Notieren Sie Ihr Ergebnis, und vergleichen Sie bei $\boxed{100}$ .

---

$\boxed{86}$     Ihre Antwort ist falsch.

Eine Erklärung der Berechnung finden Sie bei $\boxed{115}$ .

---

$\boxed{87}$     Das Ergebnis ist

$$\frac{32}{1,43} = 22,4 \text{ Liter.}$$

Die Kenntnis des Gesetzes über das Molvolumen der Gase können Sie vielfältig anwenden.

Hier ein Beispiel:

Es liegen 5,6 Liter Wasserstoff unter Normalbedingungen vor. Berechnen Sie, wieviel g Wasserstoff das sind.

- 1 g                    $\longrightarrow$  $\boxed{110}$

- 0,5 g                 $\longrightarrow$  $\boxed{61}$

- 0,25 g               $\longrightarrow$  $\boxed{42}$

- Ich weiß es nicht.  $\longrightarrow$  $\boxed{53}$

---

**88**     Es ist gut, daß Sie nicht einfach geraten haben, weil Ihre Zahlen nicht mit den angegebenen übereinstimmen.

Eine genaue Erklärung finden Sie bei $\boxed{71}$ .

---

**89**     18 g Wasser sollen zerlegt werden. Wieviel Liter $H_2$ bzw. $O_2$ entstehen?

Lösungsweg:

1. Reaktionsgleichung $2\,H_2O \longrightarrow 2\,H_2 + O_2$ .
   2 mol Wasser liefern 2 mol Wasserstoff und 1 mol Sauerstoff.

2. Wieviel mol $H_2O$ sind 18 g?
   Die Molekülmasse von Wasser beträgt 18 (1 + 1 + 16). 18 g Wasser ist also gerade 1 mol.

3. 2 mol Wasser liefern 1 mol $O_2$ .
   Also: 1 mol Wasser liefert 0,5 mol $O_2$ = 11,2 Liter.

4. 2 mol Wasser liefern 2 mol $H_2$ .
   Also: 1 mol Wasser liefert 1 mol $H_2$ = 22,4 Liter.

18 g Wasser liefern bei der Zerlegung also . . . . . Liter Wasserstoff und . . . . . Liter Sauerstoff (unter Normalbedingungen).     $\longrightarrow$  $\boxed{52}$

---

**90**     Es ist *kein* Unterdruck vorhanden.

Eine Erklärung finden Sie bei $\boxed{104}$ .

---

**91**     Vergleichen Sie:

1 mol eines Gases nimmt unter *Normalbedingungen* ein Volumen von **22,4** Liter ein.

Wir betrachten jetzt die Reaktion zur Bildung von Ammoniak ($NH_3$). Die Reaktionsgleichung dazu heißt:

$$N_2 + 3\,H_2 \longrightarrow 2\,NH_3$$

Schreiben Sie diese Reaktionsgleichung ab, und schreiben Sie unter die Ausgangsstoffe und das Endprodukt die Volumina, die diese Gase aufgrund ihrer durch die Reaktionsgleichung festgelegten Molverhältnisse unter Normalbedingungen einnehmen. ($NH_3$ ist unter Normalbedingungen ein Gas.)     $\longrightarrow$  $\boxed{122}$

---

**10**

**92**    Wird der Druck größer, so wird das Volumen *kleiner*.

Auch das Umgekehrte gilt:

Wird der Druck kleiner, so wird das Volumen größer.

Diese Gesetzmäßigkeit wird beschrieben durch die Formel

$$p \cdot v = \ldots \ldots$$

Notieren Sie die Formel mit Ergänzung, und vergleichen Sie bei 63 .

**10**

**93**    Der Chlorwasserstoff steht *nicht* unter Unterdruck.

Eine Erklärung finden Sie bei 54 .

**94**    Ihre Antwort ist richtig.

Bei der Reaktion

$$N_2 + 3\,H_2 \longrightarrow 2\,NH_3$$

verhält sich das Volumen der Ausgangsstoffe ($V_{Anfang}$) zum Volumen des End-produktes ($V_{Ende}$) wie 2 : 1.

Das Volumen der Ausgangsstoffe (89,6 Liter) ist doppelt so groß wie das Volumen des Endproduktes (44,8 Liter).

In unserem Bild vom Zylinder mit beweglichem Stempel sieht das so aus:

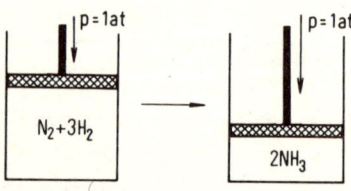

Abb. 22.

Die Zahl der Moleküle verringert sich bei der Reaktion; deshalb mußte das Volumen kleiner werden. Das stimmt überein mit dem Lehrsatz von A. . . . . . . . .

Notieren Sie den Namen, und vergleichen Sie bei 78 .

**95**    Ihre Berechnung ist falsch.

Eine Erklärung finden Sie bei 48 .

**96**      Druck kleiner als  1 at:          *Unterdruck*
            Druck größer als  1 at:           *Überdruck*

(Dieses Programm ist recht umfangreich. Sie befinden sich jetzt etwa in der Mitte
und können hier eine Pause machen. Merken Sie sich aber den Lernschritt **96**
oder legen Sie hier ein Blatt Papier in das Buch, damit Sie diese Stelle leichter wieder-
finden.)

Ein weiteres Gesetz:

*Alle Gase dehnen sich beim Erwärmen aus.*

Was wird geschehen, wenn ein Gas in einem *festverschlossenen* Gefäß von 20 °C
auf 150 °C erwärmt wird? (Weil das Gefäß fest verschlossen ist, kann das Gas kein
größeres Volumen einnehmen, kann sich also *nicht* ausdehnen.)

**10**

- Der Druck im Gefäß wird sich erniedrigen    →    112

- Der Druck im Gefäß wird sich erhöhen    →    85

- Der Druck im Gefäß wird sich nicht ändern    →    105

- Ich weiß es nicht    →    75

---

**97**      Ihre Antwort ist richtig.

10 g Wasserstoff nehmen bei 0 °C und 20 atm ein Volumen von 5,6 Liter ein.

Wir wollen jetzt einige Versuche machen:

Wir nehmen ein Glasgefäß (siehe Abbildung). Es besteht aus 2 gleichgroßen Teilen
A und B von je 22,4 Liter Rauminhalt, die durch Hähne verschließbar sind. Der
Raum A ist mit Chlor, der Raum B ist mit Wasserstoff gefüllt.

Hahn c          Hahn b          Hahn a          Abb. 23.

Der Druck ist in beiden Gefäßen gleich dem Atmosphärendruck. Alle Hähne sind
geschlossen. Jetzt bringen wir die ganze Anordnung in das Licht einer UV-Lampe
oder in grelles Sonnenlicht und öffnen den Hahn b zwischen Gefäß A und B. An
dem Verschwinden der gelbgrünen Farbe des Chlors erkennen wir, daß sich nach
Öffnen des mittleren Hahnes die beiden Gase vermischen und miteinander reagieren.

Was entsteht bei dieser Reaktion aus Wasserstoff und Chlor?

- Salzsäure                                    $\longrightarrow$  $\boxed{121}$
- Chlorwasserstoff                             $\longrightarrow$  $\boxed{113}$
- Eine Mischung von Chlor und Wasserstoff  $\longrightarrow$  $\boxed{74}$

---

$\boxed{98}$    71 g Chlor (1 mol) haben ein Volumen von 22,4 Liter unter Normalbedingungen.

1 Liter Chlor wiegt also . . . . . g.  $\longrightarrow$  $\boxed{120}$

Haben Sie Schwierigkeiten bei der Berechnung? Dann schlagen Sie $\boxed{83}$ auf.

**10**

---

$\boxed{99}$    1 mol eines Gases nimmt unter *Normalbedingungen* ein Volumen von **22,4** Liter ein.

Das von einem mol eines Gases eingenommene Volumen ist das Molvolumen. Das Molvolumen aller Gase beträgt unter Normalbedingungen 22,4 Liter.

Hiermit steht im Zusammenhang der *Lehrsatz von Avogadro:* Gleiche Volumina aller Gase enthalten bei . . . usw.

Schreiben Sie den vollständigen Satz auf, und vergleichen Sie bei $\boxed{69}$.

---

$\boxed{100}$    32 g Sauerstoff sind 1 mol $O_2$. Nach dem Lehrsatz nimmt 1 mol Sauerstoff unter Normalbedingungen (also bei 0 °C und unter einem Druck von 1 atm) ein Volumen von **22,4** Liter ein.

Wie groß sind die Volumina, die von 10 g Wasserstoff und von 56 g Stickstoff unter Normalbedingungen eingenommen werden?

|  | 10 g Wasserstoff | 56 g Stickstoff | |
|---|---|---|---|
| • | 22,4 Liter | 22,4 Liter | $\longrightarrow$ $\boxed{109}$ |
| • | 112,0 Liter | 44,8 Liter | $\longrightarrow$ $\boxed{119}$ |
| • | 224,0 Liter | 89,6 Liter | $\longrightarrow$ $\boxed{124}$ |
| • | Ich habe andere Zahlen. | | $\longrightarrow$ $\boxed{88}$ |
| • | Ich weiß es nicht. | | $\longrightarrow$ $\boxed{71}$ |

---

$\boxed{101}$    Der Chlorwasserstoff steht *nicht* unter Überdruck.

Eine Erklärung finden Sie bei $\boxed{54}$.

---

| **102** | Richtig ist: 11,2 Liter. |

1 mol $O_2$ bei Normalbedingungen (1 atm, 0 °C) = 22,4 Liter
1 mol $O_2$ bei          2 atm, 0 °C          = 11,2 Liter
1 mol $O_2$ bei          4 atm, 0 °C          =  5,6 Liter
usw.

Und nun lösen Sie bitte die folgende Aufgabe:

Welches Volumen nehmen 48 g Sauerstoff und 73 g Chlorwasserstoff bei einem Druck von 2 atm und einer Temperatur von 0 °C ein?

|  48 g Sauerstoff | 73 g Chlorwasserstoff | | |
|---|---|---|---|
| • 22,4 Liter | 22,4 Liter | $\longrightarrow$ | 40 |
| • 11,2 Liter | 11,2 Liter | $\longrightarrow$ | 84 |
| • 33,6 Liter | 44,8 Liter | $\longrightarrow$ | 116 |
| • 16,8 Liter | 22,4 Liter | $\longrightarrow$ | 49 |
| • Ich habe andere Zahlen. | | $\longrightarrow$ | 125 |

10

---

| **103** | Ihre Antwort ist nur bedingt richtig. |

Eine Erklärung finden Sie bei 55 .

---

| **104** | Nach der Reaktionsgleichung: |

$$Cl_2 + H_2 \longrightarrow 2\,HCl$$

entstehen aus 1 mol Chlor (22,4 Liter) und 1 mol Wasserstoff (22,4 Liter) 2 mol Chlorwasserstoff (2 x 22,4 = 44,8 Liter).

Die Ausgangsstoffe sind:

| 1 mol $Cl_2$ | 22,4 Liter |
|---|---|
| 1 mol $H_2$ | 22,4 Liter |
| zusammen | 44,8 Liter |

Das Endprodukt ist:

| 2 mol HCl | 2 x 22,4 Liter = 44,8 Liter |

Wir haben als Ausgangsstoffe 2 mol (1 mol $Cl_2$ und 1 mol $H_2$), die zusammen ein Volumen von 44,8 Liter (bei Normaldruck) einnehmen. Als Endprodukt erhalten wir 2 mol HCl, die zusammen auch ein Volumen von 44,8 Liter (bei Normalbedingungen) einnehmen.

Während der Reaktion hat sich die Zahl der mol nicht geändert (vorher 1 mol Chlor und 1 mol Wasserstoff, nachher 2 mol Chlorwasserstoff), also hat sich auch der Druck nicht geändert. Beim Eintauchen des einen Endes unserer Apparatur in Quecksilber passiert nach Öffnen des Hahnes a nichts.   →  $\boxed{41}$

---

$\boxed{105}$    Ihre Überlegungen sind nicht richtig.

Eine genaue Erklärung finden Sie bei $\boxed{75}$ .

---

$\boxed{106}$    Der Satz heißt:

**10**

| |
|---|
| **Das Molvolumen eines Gases beträgt unter Normalbedingungen 22,4 Liter** |

Prägen Sie sich diesen wichtigen Satz gut ein!

Wir wollen die Richtigkeit dieses Satzes an einem Beispiel prüfen:

1,43 g Sauerstoff nehmen unter Normalbedingungen ein Volumen von 1 Liter ein.

Berechnen Sie nach dem Dreisatz das von 1 mol = 32 g Sauerstoff unter Normalbedingungen eingenommene Volumen.   →  $\boxed{87}$

---

$\boxed{107}$    Ihre Antwort ist falsch.

Eine Erklärung der Berechnung finden Sie bei $\boxed{115}$ .

---

$\boxed{108}$    Molekülmassen:

| | |
|---|---|
| Wasserstoff ($H_2$) | 2 |
| Chlor ($Cl_2$) | 71 |
| Chlorwasserstoff (HCl) | 36,5 |
| Ammoniak ($NH_3$) | 17 |

Sie sollen folgende Frage beantworten:

Wieviel wiegt 1 Liter Chlor unter Normalbedingungen? Sie wissen, daß 71 g Chlor unter Normalbedingungen ein Volumen von . . . . . . Liter einnehmen.   →  $\boxed{98}$

---

$\boxed{109}$    Sie müssen zuerst berechnen, wieviel mol 10 g Wasserstoff und 56 g Stickstoff sind.

*Ein mol eines Gases nimmt unter Normalbedingungen ein Volumen von 22,4 Liter ein.*

Beantworten Sie die Frage bei $\boxed{100}$ noch einmal.

---

$\boxed{110}$    Ihre Berechnung ist falsch.

Eine Erklärung finden Sie unter $\boxed{117}$ .

---

$\boxed{111}$    Ihre Antwort ist bedingt richtig.

Das Volumen der Ausgangsstoffe ($N_2 + 3\,H_2$) unter Normalbedingungen, $V_{Anfang}$, ist 89,6 Liter.

Das Volumen des Endproduktes ($2\,NH_3$) unter Normalbedingungen, $V_{Ende}$, ist 44,8 Liter.

Demnach verhält sich

$$V_{Anfang} : V_{Ende} = 89,6 : 44,8$$

Das ist Ihr Ergebnis.

**10**

Es läßt sich noch verbessern, indem man versucht, das Verhältnis auf möglichst kleine und ganze Zahlen zurückzuführen. Nur dann kann man sich unter den Zahlen gut etwas vorstellen.

89,6 und 44,8 lassen sich durch 44,8 teilen.

Führen Sie die Rechnung durch und notieren Sie sich, zu welchem Verhältnis

$$V_{Anfang} : V_{Ende} = \ldots : \ldots$$

Sie dann kommen.   $\longrightarrow$   $\boxed{94}$

---

$\boxed{112}$    Ihre Überlegungen sind nicht richtig.

Eine genaue Erklärung finden Sie bei $\boxed{75}$ .

---

$\boxed{113}$    In beiden Gefäßen entsteht aus Wasserstoff und Chlor *Chlorwasserstoff* nach der Gleichung:

$$H_2 + Cl_2 \longrightarrow 2\,HCl$$

*Chlorwasserstoff* ist eine bei Zimmertemperatur *gasförmige* Verbindung. Deshalb gilt auch für Chlorwasserstoff der *Merksatz:*

> 1 mol eines Gases nimmt unter Normalbedingungen ein Volumen von 22,4 Liter ein.

In unserem Versuchsgefäß ist nach der Reaktion Chlorwasserstoff enthalten. Wir tauchen das eine Ende des Gefäßes, an dem sich Hahn a befindet, in eine Schale mit Quecksilber (vergleiche Abbildung); Hahn b ist offen, Hahn a und c geschlossen.

**10**

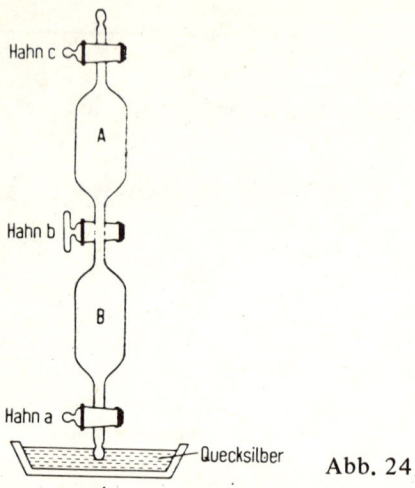

Abb. 24.

Aufgrund der Reaktionsgleichung

$$H_2 + Cl_2 \longrightarrow 2\,HCl$$

und nach dem Merksatz können Sie die folgende, nicht ganz leichte Frage beantworten.

Was wird beim Öffnen des Hahnes a geschehen?

● Wegen Überdruckes wird ein Teil des Chlorwasserstoffs herausgedrückt ⟶ ☐101

● Der Druck hat sich bei der Reaktion nicht geändert, es wird nichts
  passieren                                                            ⟶ ☐41

● Wegen Unterdrucks wird Quecksilber in das untere Gefäß steigen       ⟶ ☐93

● Ich weiß es nicht                                                    ⟶ ☐70

---

☐114    Ihre Berechnung ist falsch.

Eine Erklärung finden Sie bei ☐48 .

---

☐115    Welches Volumen nehmen 10 g Wasserstoff bei 20 atm und 0 °C ein?

Wir berechnen zuerst, wieviel mol 10 g Wasserstoff sind.

1 mol Wasserstoff = 2 g

10 g $H_2$ sind also $\frac{10}{2}$ = 5 mol

---
**1 mol Wasserstoff nimmt unter Normalbedingungen ein Volumen von 22,4 Liter ein.**

---

5 mol $H_2$ nehmen unter Normalbedingungen (0 °C, 1 atm) also

5 x 22,4 = 112,0 Liter ein.

Bei 20 atm: $\frac{112}{20}$ = . . . . . . . . Liter

Lesen Sie weiter bei 97 .

**10**

**116**    Ihre Antwort ist falsch.

Eine Erklärung finden Sie bei 125 .

**117**    Die Frage, die Sie noch nicht richtig beantworten konnten, hieß:

Es liegen 5,6 Liter Wasserstoff unter Normalbedingungen vor. Wieviel Gramm Wasserstoff sind das?

Unter Normalbedingungen nimmt 1 mol (= 2 g) Wasserstoff ein Volumen von 22,4 Liter ein. Nach dem Dreisatz gilt:

22,4 Liter Wasserstoff ($H_2$) wiegen 2 g.

1 Liter Wasserstoff wiegt $\frac{2}{22,4}$ g.

5,6 Liter Wasserstoff wiegen $\frac{2}{22,4}$ · 5,6 g.

Rechnen Sie aus, wieviel 5,6 Liter Wasserstoff wiegen, und vergleichen Sie unter 61 .

**118**    Es ist *kein* Überdruck vorhanden.

Eine Erklärung finden Sie bei 104 .

**119**    Ihre Antwort ist richtig.

10 g $H_2$ = 5 mol $H_2$ = 112 Liter $H_2$ (unter Normalbedingungen)
56 g $N_2$ = 2 mol $N_2$ = 44,8 Liter $N_2$ (unter Normalbedingungen)

Falls Sie diese Antwort direkt gewählt haben, arbeiten Sie gut mit.

Wir hatten gelernt, daß sich ein Gas auf die Hälfte seines Volumens zusammendrükken läßt, wenn man den Druck verdoppelt.

Welches Volumen nimmt 1 mol $O_2$ bei 0 °C und 2 atm ein?

Notieren Sie bitte Ihr Ergebnis, und vergleichen Sie bei $\boxed{102}$ .

---

$\boxed{120}$

$$1 \text{ Liter Chlor wiegt } \frac{71}{22,4} \text{ g } = 3,16 \text{ g}$$

Auf diese Weise können wir die Litergewichte aller Gase unter Normalbedingungen schnell ausrechnen.

**10**

Wie groß ist das Litergewicht (das Gewicht — eigentlich die Masse — eines Liters) von Wasserstoff unter Normalbedingungen? $\longrightarrow$ $\boxed{123}$

---

$\boxed{121}$     Ihre Antwort ist nicht ganz richtig.

Salzsäure ist die wäßrige Lösung des Chlorwasserstoffs. Bei der Reaktion zwischen Wasserstoff und Chlor entsteht . . . . . . . . . . . . . .

Lesen Sie weiter bei $\boxed{113}$ .

---

$\boxed{122}$     Vergleichen Sie, und verbessern Sie, wenn nötig:

| $N_2$ | $+ 3 H_2$ | $\longrightarrow$ | $2 NH_3$ |
|---|---|---|---|
| 1 x 22,4 Liter | 3 x 22,4 Liter | | 2 x 22,4 Liter |
| **22,4 Liter** | **67,2 Liter** | | **44,8 Liter** |

Bei *dieser* Reaktion nimmt das Volumen also während der Reaktion *ab*.
Es gibt also Reaktionen, bei denen das Volumen gleichbleibt ($H_2 + Cl_2 \longrightarrow 2 HCl$), solche, bei denen das Volumen abnimmt ($N_2 + 3 H_2 \longrightarrow 2 NH_3$), aber auch Reaktionen, bei denen das Volumen zunimmt.

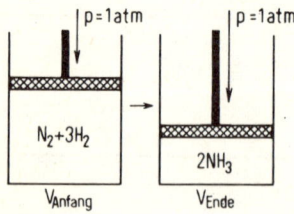

Das am Anfang von den Ausgangsstoffen bei Normalbedingungen eingenommene Volumen ist $V_{\text{Anfang}}$, das von den Endprodukten bei Normalbedingungen eingenommene Volumen ist $V_{\text{Ende}}$.

Abb. 25.

Wir wollen uns vorstellen, wir könnten die Reaktion

$$N_2 + 3 H_2 \longrightarrow 2 NH_3$$

in einem Zylinder mit beweglichem Stempel durchführen.
(In Wirklichkeit reagieren die beiden Gase erst bei hoher Temperatur und in Gegenwart eines Katalysators.)

Wie verhält sich $V_{Anfang}$ zu $V_{Ende}$ bei der hier genannten Reaktion?

$V_{Anfang}$ : $V_{Ende}$

● 89,6 : 44,8 $\longrightarrow$ $\boxed{111}$

● 44,8 : 22,4 $\longrightarrow$ $\boxed{103}$

● 11,2 : 5,6 $\longrightarrow$ $\boxed{67}$

● 5,6 : 2,8 $\longrightarrow$ $\boxed{81}$

● 2 : 1 $\longrightarrow$ $\boxed{94}$

**10**

---

$\boxed{123}$
                    1 Liter Wasserstoff unter Normalbedingungen wiegt $\dfrac{2}{22,4}$ g = 0,089 g.

Wir hatten gelernt:

> 1 mol eines Gases nimmt unter Normalbedingungen ein Volumen
> von 22,4 Liter ein.

Das von *1 mol eines Gases* eingenommene Volumen ist das *Molvolumen* dieses Gases.

> Das Molvolumen eines Gases beträgt unter Normalbedingung
> . . . . . . . . . . . . .

Notieren Sie den Satz mit Ergänzungen, und vergleichen Sie bei $\boxed{106}$ .

---

$\boxed{124}$     Sie haben nicht berücksichtigt, daß die Gase Stickstoff und Wasserstoff als $N_2$ und $H_2$ vorkommen.

Beantworten Sie die Frage bei $\boxed{100}$ noch einmal.

---

$\boxed{125}$     Wir müssen zuerst berechnen, welches Volumen 48 g Sauerstoff und welches 73 g Chlorwasserstoff unter Normalbedingungen einnehmen.

1 mol $O_2$ = 32  g;  48 g $O_2$ = 1,5 mol $O_2$
1 mol HCl = 36,5 g;  73 g HCl = 2   mol HCl

Bei Normalbedingungen:

$$48 \text{ g } O_2 \quad = 1,5 \text{ mol } O_2 \quad = 33,6 \text{ Liter } O_2$$
$$73 \text{ g HCl} \quad = 2 \quad \text{mol HCl} = 44,8 \text{ Liter HCl}$$

Bei 2 atm und 0 °C sind die Volumina nur noch halb so groß:

      48 g $O_2$   nehmen bei 2 atm und 0 °C . . . . . Liter ein.
      73 g HCl  nehmen bei 2 atm und 0 °C . . . . . Liter ein.

Lesen Sie weiter bei 49 .

**10**

## 11. Programm

### Theoretische Grundlagen (V)

---

$\boxed{1}$    Wir kennen die Begriffe:

Säuren
Laugen
Salze

Im folgenden Programm wollen wir lernen, welche Zusammenhänge zwischen diesen drei Verbindungsklassen bestehen.

Zuerst sehen wir uns die *Säuren* genauer an.

Wichtige Säuren sind zum Beispiel:

$HCl$      = Chlorwasserstoff (wäßrige Lösung: Salzsäure)
$HNO_3$   = Salpetersäure
$H_2SO_4$ = Schwefelsäure
$H_3PO_4$ = Phosphorsäure

Prägen Sie sich die Formeln und Namen gut ein.

Wir wissen bereits, wie man Säuren nachweisen kann: Man benutzt dazu Lackmuspapier.

Schreiben Sie folgenden Satz ab, und ergänzen Sie:

Säuren färben blaues Lackmuspapier ....   $\longrightarrow$   $\boxed{8}$

---

$\boxed{2}$    Salpetersäure dissoziiert in Wasser in *positiv* geladene Wasserstoff-Ionen ($H^{\oplus}$) und *negativ* geladene Nitrat-Ionen ($NO_3^{\ominus}$). Ihre Formulierung mußte lauten:

$$HNO_3 \xrightarrow{\text{Dissoziation}} H^{\oplus} + NO_3^{\ominus}$$

Das Nitrat-Ion ist *als ganzes* Träger der negativen Ladung.

Die *Dissoziation* ist ein sehr wichtiger Vorgang. Man findet ihn nicht nur bei Säuren. Auch andere Verbindungen können beim Auflösen in Wasser in Ionen zerfallen. Um sicher zu sein, daß Sie die Bedeutung des Wortes Dissoziation verstanden haben, beantworten Sie bitte folgende Frage: Was ist eine Dissoziation?

●   Das Auflösen einer Verbindung in Wasser     $\longrightarrow$   $\boxed{11}$

●   Die Trennung eines Stoffgemisches durch Erhitzen     $\longrightarrow$   $\boxed{21}$

●   Der Zerfall einer Verbindung in Ionen beim Auflösen in Wasser   $\longrightarrow$   $\boxed{31}$

---

$\boxed{3}$      Salpetersäure dissoziiert nach der Gleichung

$$HNO_3 \xrightarrow{\text{Dissoziation}} H^{\oplus} + NO_3^{\ominus}$$

in (positiv geladene) Wasserstoff-Ionen und (negativ geladene) Nitrat-Ionen. Kalium-hydroxid dissoziiert nach der Gleichung

$$KOH \xrightarrow{\text{Dissoziation}} K^{\oplus} + OH^{\ominus}$$

in (positiv geladene) Kalium-Ionen und (negativ geladene) Hydroxid-Ionen. Bei der *Neutralisation* vereinigen sich die (positiv geladenen) *Wasserstoff-Ionen* der Salpetersäure mit den (negativ geladenen) *Hydroxid-Ionen* des Kaliumhydroxids zu Wasser:

$$H^{\oplus} + OH^{\ominus} \longrightarrow H_2O$$

Zählt man jetzt jeweils für sich die linken und die rechten Seiten dieser drei Gleichungen zusammen, so erhält man:

$$HNO_3 + KOH + H^{\oplus} + OH^{\ominus} \longrightarrow K^{\oplus} + NO_3^{\ominus} + H^{\oplus} + OH^{\ominus} + H_2O$$

Jetzt kann man die auf beiden Seiten stehenden Wasserstoff- und Hydroxid-Ionen „kürzen". Übrig bleibt die Gleichung für die Neutralisation der Salpetersäure mit Kaliumhydroxid, die Sie jetzt sicher selbständig formulieren können.
Überprüfen Sie Ihr Ergebnis bei $\boxed{16}$ .

---

$\boxed{4}$      Es war doch ganz klar gesagt worden:

Salze bestehen auch in kristalliner Form (also im festen Zustand) aus *Ionen!*

Welche Bindung liegt also in den Salzen vor?    $\longrightarrow$   $\boxed{28}$

---

$\boxed{5}$      Nein. Wir wollen zuerst die Dissoziationsgleichungen der Schwefelsäure und des Natriumhydroxids aufschreiben:

$$H_2SO_4 \longrightarrow H^{\oplus} + H^{\oplus} + SO_4^{2\ominus}$$
$$NaOH \longrightarrow Na^{\oplus} + OH^{\ominus}$$

Beim Neutralisieren verbinden sich die Hydroxid-Ionen der Base mit den Wasserstoff-Ionen der Säure.
Wenn Sie die beiden Gleichungen zusammenzählen, ergibt sich:

$$H_2SO_4 + NaOH \longrightarrow H^{\oplus} + H^{\oplus} + SO_4^{2\ominus} + Na^{\oplus} + OH^{\ominus}$$

In dieser Gleichung stehen rechts zwei Wasserstoff-Ionen und nur ein Hydroxid-Ion! Es müssen aber *zwei* Hydroxid-Ionen vorhanden sein, um *zwei* Wasserstoff-Ionen zu binden.
Man braucht also zur Neutralisation von 1 mol $H_2SO_4$ . . . . . . . . . mol NaOH.

$\longrightarrow$   $\boxed{22}$

**6**          Ja, es entstehen **1** *mol* Kaliumnitrat und **1** *mol* Wasser.

In Zahlen:  63 g (1 mol) Salpetersäure werden von
           56 g (1 mol) Kaliumhydroxid neutralisiert.

Es entstehen . . . . . g Kaliumnitrat und . . . . . g Wasser.

Bitte rechnen Sie aus, was fehlt, und vergleichen Sie unter $\boxed{14}$ .

(Atommassen: K = 39;  N = 14;  O = 16)

---

**7**          Ihre Antwort ist nicht ganz richtig. Eine Erklärung finden Sie unter $\boxed{66}$ .

---

**8**          Säuren färben blaues Lackmuspapier *rot*.

Diese Eigenschaft der Säuren haben wir bisher auch benutzt, um zu erklären, was
eine Säure ist. Auf die Frage: Was ist eine Säure?  haben wir geantwortet:

          Eine Säure ist eine Verbindung, die blaues Lackmuspapier rot färbt.

Diese Antwort ist durchaus richtig, aber sie erklärt genau genommen *nicht,* was
eine Säure wirklich ist. Es wird nur eine Eigenschaft der Säuren genannt, aber nicht
ihr Wesen erklärt.

Um das Wesentliche einer Säure zu erkennen, schreiben Sie die Summenformeln des
Chlorwasserstoffs, der Schwefelsäure, der Salpetersäure und der Phosphorsäure auf.
Beantworten Sie schriftlich die Frage:

Welches Element kommt in allen vier Säuren vor?  $\longrightarrow$  $\boxed{15}$

---

**9**          Im letzten Lernabschnitt war genau erklärt, was bei der Reaktion von
$H_2SO_4$ mit NaOH entsteht, nämlich Wasser und Natriumsulfat.

Die Gleichung lautet also:

$$H_2SO_4 + NaOH \longrightarrow Na_2SO_4 + H_2O$$

Es fehlen allerdings noch Faktoren! Doch diese müssen Sie allein finden.  $\longrightarrow$  $\boxed{37}$

---

**10**          Richtig! Schwefelsäure dissoziiert in Wasser in zwei positiv geladene
Wasserstoff-Ionen ($H^{\oplus}$) und einen *zwei*fach negativ geladenen Sulfat-Rest
($SO_4{}^{2\ominus}$).

$$H_2SO_4 \xrightarrow{\text{Dissoziation}} 2\,H^{\oplus} + SO_4{}^{2\ominus}$$

Bitte formulieren Sie schriftlich, was man unter Dissoziation versteht.  $\longrightarrow$  $\boxed{18}$

---

| 11 |

Das Auflösen einer Verbindung in Wasser ist zwar Voraussetzung für die Dissoziation, aber das Wort selbst beschreibt etwas anderes. Nicht alle Verbindungen dissoziieren beim Auflösen in Wasser!

Kehren Sie zurück nach | 2 |.

---

| 12 |         Sie haben nur geraten.         Gehen Sie nach | 45 | zurück.

---

| 13 |         $NaCl \longrightarrow Na^{\oplus} + Cl^{\ominus}$

Das negativ geladene Chlor-Ion heißt auch *Chlorid*-Ion. (Daher der Name: Natrium-*chlorid*, NaCl)

**11**

Auch die anderen Säurereste haben besondere Namen:

Der Säurerest der Salpetersäure,  $NO_3$ , heißt: Nitrat.
Der Säurerest der Schwefelsäure, $SO_4$ , heißt: Sulfat.
Der Säurerest der Phosphorsäure, $PO_4$ , heißt: Phosphat.
Der Säurerest der Kohlensäure,   $CO_3$ , heißt: Carbonat.

Bitte merken Sie sich diese Namen gut!

Formulieren Sie jetzt bitte die Gleichung für die Dissoziation der Salpetersäure.

$\longrightarrow$  | 2 |

---

| 14 |         Es entstehen **101 g** (1 mol) Kaliumnitrat und **18 g** (1 mol) Wasser.
Sie sollen jetzt die Formel für die Neutralisation von Schwefelsäure und Natronlauge aufstellen:

$$H_2SO_4 + NaOH \longrightarrow$$

Dabei müssen Sie sich genau überlegen, wieviel mol NaOH Sie benötigen, um 1 mol $H_2SO_4$ zu neutralisieren.

Bitte beachten Sie: In der Formel der Schwefelsäure stehen **2 H**, die beim Lösen in Wasser als Wasserstoff-Ionen abdissoziieren!

Wieviel mol NaOH benötigen Sie, um 1 mol $H_2SO_4$ zu neutralisieren?

- 1 mol          $\longrightarrow$  | 5 |

- 2 mol          $\longrightarrow$  | 22 |

- Ich weiß es nicht.   $\longrightarrow$  | 35 |

---

---

**15**     Bitte vergleichen Sie:

| Chlorwasserstoff | HCl (wäßrige Lösung: Salzsäure) |
|---|---|
| Salpetersäure | $HNO_3$ |
| Schwefelsäure | $H_2SO_4$ |
| Phosphorsäure | $H_3PO_4$ |

In allen diesen Säuren kommt *Wasserstoff* vor.
Nimmt man (in Gedanken) den Wasserstoff fort, so bleibt der *Säurerest* übrig.

| Chlorwasserstoff, HCl; | Säurerest: Cl |
|---|---|
| Salpetersäure, $HNO_3$; | Säurerest: $NO_3$ |
| Schwefelsäure, $H_2SO_4$; | Säurerest: $SO_4$ |

Schreiben Sie bitte den Säurerest der Kohlensäure, $H_2CO_3$, und der Phosphorsäure, $H_3PO_4$, auf.  ⟶  23

**11**

---

**16**     $HNO_3 + KOH \longrightarrow K^\oplus + NO_3^\ominus + H_2O$

Wenn Sie dieses Ergebnis ohne Hilfe hatten, haben Sie vorzüglich mitgearbeitet!

Wir haben zwei Neutralisationsgleichungen aufgeschrieben. In beiden Fällen standen auf der rechten Seite neben Wasser ein positiv geladenes Metall-Ion und ein negativ geladener Säurerest.

Machen wir nun das Experiment, das diesen Neutralisationsgleichungen entspricht, d. h. vereinigen wir die wäßrige Lösung einer Säure mit der wäßrigen Lösung einer Base und dampfen wir anschließend das Wasser ab, so vereinigen sich die (positiv geladenen) Metall-Ionen und die (negativ geladenen) Säurereste zu einem *Salz,* das in kristalliner Form im Gefäß zurückbleibt.

Obwohl Salze auch in kristalliner Form *aus Ionen* bestehen, läßt man bei Neutralisationsgleichungen häufig die Ladungszeichen weg und schreibt:

$$HNO_3 + KOH \longrightarrow KNO_3 + H_2O$$

Welche Art der chemischen Bindung liegt in den Salzen im festen Zustand vor?

- Atombindung  ⟶  4
- Ionenbindung  ⟶  28
- Ich weiß es nicht.  ⟶  36

---

**17**     Bitte überlegen Sie:

Schwefelsäure enthält zwei Wasserstoffatome, die bei der Dissoziation als positiv geladene Wasserstoff-Ionen auftreten:

$$H_2SO_4 \xrightarrow{\text{Dissoziation}} 2\,H^\oplus + \ldots\ldots$$

Die 2 vor $H^\oplus$ bedeutet: Es handelt sich um **2 positiv geladene Wasserstoff-Ionen**, also treten auf der rechten Seite der Gleichung **2 positive Ladungen** auf. Diesen 2 *positiven* Ladungen muß die entsprechende Anzahl *negativer* Ladungen gegenüberstehen, da die wäßrige Schwefelsäurelösung nach außen hin nicht geladen ist.

Bitte ergänzen Sie die Dissoziations-Gleichung für Schwefelsäure. Wieviel negative Ladungen hat der Sulfat-Rest?   →   $\boxed{10}$

---

$\boxed{18}$    Sie müssen sinngemäß geantwortet haben:

Den Zerfall einer Verbindung in Ionen beim Auflösen in Wasser bezeichnet man als Dissoziation.

**11**

Stellen Sie jetzt die Gleichung für die vollständige Dissoziation der Phosphorsäure ($H_3PO_4$) auf.   →   $\boxed{25}$

---

$\boxed{19}$    Die vollständige Gleichung lautet:

$$HNO_3 \quad + \quad KOH \xrightarrow{\hspace{3cm}} KNO_3 \quad + \quad H_2O$$

Salpetersäure        Kaliumhydroxid              Kaliumnitrat   Wasser

Diese Neutralisationsgleichung sagt aber nicht nur etwas darüber aus, welche *Säure* mit welcher *Base* neutralisiert wird und welches *Salz* dabei entsteht. Wir wissen, daß eine Gleichung auch über die *Mengen* der Stoffe Auskunft gibt, die miteinander reagieren.

1 mol Salpetersäure wird von 1 mol Kaliumhydroxid neutralisiert, dabei entstehen .......... Kaliumnitrat und ........ Wasser.

Was ist zu ergänzen?   →   $\boxed{6}$

---

$\boxed{20}$    Richtig ist

*Phenolphthalein*
*Lackmus*
*Methylorange*

Schreiben Sie nun die folgende Tabelle ab und ergänzen Sie die fehlenden Farben:

| Indikator | mit Säuren | mit Laugen |
|---|---|---|
| Phenolphthalein | ......... | ......... |
| Methylorange | ......... | ......... |
| Lackmus | ......... | ......... |

Wenn Sie noch unsicher sind, gehen Sie nach $\boxed{39}$ zurück. Wenn Sie die Aufgabe geschafft haben, vergleichen Sie bitte bei $\boxed{34}$ .

---

$\boxed{21}$      Nein! Sie haben „Destillation" mit „Dissoziation" verwechselt.

Lesen Sie noch einmal $\boxed{2}$ .

---

$\boxed{22}$      Ja, 2 mol NaOH.

Schwefelsäure dissoziiert nach folgender Gleichung:

$$H_2SO_4 \longrightarrow 2\,H^{\oplus} + SO_4{}^{2\ominus}$$

Auf der rechten Seite der Gleichung stehen also **2** Wasserstoff-Ionen. Daher braucht man zur Neutralisation von 1 mol $H_2SO_4$ **2** mol NaOH.

$$2\,NaOH \longrightarrow 2\,Na^{\oplus} + 2\,OH^{\ominus}$$

Die Wasserstoff-Ionen und Hydroxid-Ionen bilden Wasser:

$$2\,H^{\oplus} + 2\,OH^{\ominus} \longrightarrow 2\,H_2O$$

Beim Eindampfen der Lösung entsteht festes Natriumsulfat, $Na_2SO_4$.

Vervollständigen Sie jetzt bitte folgende Gleichung:

$$H_2SO_4 + NaOH \longrightarrow$$

Ich schaffe es allein.     $\longrightarrow$   $\boxed{37}$

Ich brauche eine Hilfe.     $\longrightarrow$   $\boxed{9}$

---

$\boxed{23}$      Der Säurerest der Kohlensäure ist $CO_3$. Wir erhalten ihn, wenn wir in der Summenformel der Kohlensäure, $H_2CO_3$, die beiden Wasserstoffatome weglassen. Der Säurerest der Phosphorsäure ist $PO_4$. Wir erhalten ihn, indem wir in der Summenformel der Phosphorsäure, $H_3PO_4$, alle drei Wasserstoffatome weglassen.

Löst man eine Säure in Wasser, so zerfällt sie tatsächlich in Wasserstoff und Säurerest. Allerdings treten *beide* als *Ionen* auf. Wasserstoff tritt als *positiv* geladenes Wasserstoff-Ion auf, der Säurerest als *negativ* geladenes Ion. Diesen Zerfall in Ionen beim Auflösen in Wasser nennt man *Dissoziation*.
Chlorwasserstoff dissoziiert in Wasser also in positiv geladene Wasserstoff-Ionen ($H^{\oplus}$) und negativ geladene Chlor-Ionen ($Cl^{\ominus}$).

$$HCl \xrightarrow{\text{Dissoziation}} H^{\oplus} + Cl^{\ominus}$$

Die negativ geladenen Chlor-Ionen ($Cl^\ominus$) kennen Sie bereits. Sie bilden sich auch beim Zerfall (bei der Dissoziation) von Natriumchlorid, wenn es im Wasser gelöst wird.

Stellen Sie bitte die Dissoziationsgleichung für Natriumchlorid auf.

$$NaCl \longrightarrow \quad \ldots + \ldots$$

Wie heißt das negativ geladene Chlor-Ion noch? $\ldots\ldots\ldots$  $\longrightarrow$  $\boxed{13}$

---

$\boxed{24}$     Die vollständigen Gleichungen lauten:

**11**

Dissoziation von Salzsäure
$$HCl \longrightarrow H^\oplus + Cl^\ominus$$

Dissoziation von Natriumhydroxid
$$NaOH \longrightarrow Na^\oplus + OH^\ominus$$

Vereinigung von Wasserstoff-Ionen und Hydroxid-Ionen bei der Neutralisation
$$H^\oplus + OH^\ominus \longrightarrow H_2O$$

Addiert man jetzt diese drei Gleichungen, d. h. zählt man jeweils für sich zusammen, was auf den *linken* und was auf den *rechten* Seiten steht, und formuliert man daraus eine neue Gleichung, so erhält man:

$$HCl + NaOH + H^\oplus + OH^\ominus \longrightarrow Na^\oplus + Cl^\ominus + H^\oplus + OH^\ominus + H_2O$$

Auf beiden Seiten dieser Gleichung treten die Ionen $H^\oplus$ und $OH^\ominus$ auf. Wir können sie also ,,kürzen". Damit erhalten wir:

$$HCl + NaOH \longrightarrow Na^\oplus + Cl^\ominus + H_2O$$

Das ist die *Gleichung für die Neutralisation einer Säure mit einer Base.* Wir wollen dafür noch ein anderes Beispiel formulieren.
Wie lautet die Gleichung für die Neutralisation von Salpetersäure mit Kaliumhydroxid? Schaffen Sie es allein, oder möchten Sie eine Hilfe haben?

● Ich schaffe es allein.          $\longrightarrow$  $\boxed{16}$

● Ich möchte eine Hilfe haben.   $\longrightarrow$  $\boxed{3}$

---

$\boxed{25}$     Bei der vollständigen Dissoziation der Phosphorsäure in Wasser entstehen drei positiv geladene Wasserstoff-Ionen ($H^\oplus$) und der dreifach negativ geladene Phosphat-Rest ($PO_4{}^{3\ominus}$).

$$H_3PO_4 \xrightarrow{\text{Dissoziation}} 3\,H^\oplus + PO_4{}^{3\ominus}$$

Aus diesen Beispielen können wir jetzt eine allgemeine *Begriffsbestimmung* für Säuren ableiten:

> Säuren sind Verbindungen, bei deren Dissoziation in Wasser positiv geladene Wasserstoff-Ionen entstehen.

Die positiv geladenen Wasserstoff-Ionen sind für die saure Wirkung der Säuren verantwortlich.

Wir wissen bereits, daß man Säuren mit blauem Lackmuspapier nachweisen kann: Es wird gerötet. Wodurch wird nach Ihrer Meinung die Rötung verursacht?

- Durch eine Reaktion des Lackmus-Farbstoffes mit dem Säurerest  $\longrightarrow$  48

- Durch eine Reaktion des Lackmus-Farbstoffes mit dem positiv geladenen Wasserstoff-Ion  $\longrightarrow$  39

- Ich weiß es nicht.  $\longrightarrow$  32

**11**

---

**26**   Richtig! Das Calcium-Ion trägt *zwei* positive Ladungen. Die Dissoziationsgleichung für Calciumhydroxid lautet:

$$Ca(OH)_2 \xrightarrow{\text{Dissoziation}} Ca^{2\oplus} + 2\ OH^{\ominus}$$

Sie sehen, daß Kaliumhydroxid und Calciumhydroxid in wäßriger Lösung unter Bildung von *Hydroxid-Ionen* dissoziieren.

Dasselbe gilt natürlich auch für Natriumhydroxid und andere basisch reagierende Metallhydroxide. Es ist also das *Hydroxid-Ion,* das ein Metallhydroxid zu einer Base macht.

Erinnern wir uns jetzt wieder unserer Begriffsbestimmungen für Säuren und Basen. Können Sie beide Begriffsbestimmungen noch formulieren? Wenn ja, bitte schriftlich!

- Ja  $\longrightarrow$  41
- Nein  $\longrightarrow$  50

---

**27**   Gleichung I   $H_2SO_4 + KOH \longrightarrow KHSO_4 + H_2O$

Gleichung II   $KHSO_4 + KOH \longrightarrow K_2SO_4 + H_2O$

Zählt man Gleichung I und II zusammen (jeweils für sich die rechten und die linken Seiten), dann erhält man

$H_2SO_4 + KOH + KHSO_4 + KOH \longrightarrow KHSO_4 + H_2O + K_2SO_4 + H_2O$

Aus dieser Gleichung kann man das $KHSO_4$ herauskürzen und KOH sowie $H_2O$ zusammenzählen. Man erhält dann die Gleichung für die vollständige Neutralisation der Schwefelsäure mit Natronlauge, die wir bereits kennen:

$$H_2SO_4 + 2\,KOH \longrightarrow K_2SO_4 + 2\,H_2O$$

$K_2SO_4$ heißt Kaliumsulfat.

$KHSO_4$ heißt Kaliumhydrogensulfat.

Allgemein nennt man solche Salze, die durch unvollständige Neutralisation entstanden sind, also im Wasser noch Wasserstoff-Ionen abspalten,

*Hydrogensalze.*

$KHSO_4$ und $NaHSO_4$ sind zwei Hydrogensalze.

Alle *zwei*basigen Säuren können *zwei* verschiedene Arten von Salzen bilden. Sie haben ja zwei Wasserstoffatome; von diesen kann man *entweder nur eines* oder *alle beide* durch Metall-Ionen ersetzen.

Alle *ein*basigen Säuren können natürlich nur *eine Art* von Salzen bilden; sie haben ja nur *ein Wasserstoffatom,* das durch ein Metall-Ion ersetzt werden kann.

Wir erinnern uns, daß Phosphorsäure eine *drei*basige Säure ist. Wieviel verschiedene Salze wird Phosphorsäure also bei der Reaktion mit Natriumhydroxid bilden können?

- Zwei verschiedene Salze  $\longrightarrow$  7
- Drei verschiedene Salze  $\longrightarrow$  43
- Nur ein Salz  $\longrightarrow$  55
- Ich weiß es nicht  $\longrightarrow$  66

---

**28**  Richtig, Ionenbindung!

Wir können unsere Neutralisationsgleichung auch mit Worten formulieren:

*Säure + Base $\longrightarrow$ Salz + Wasser*

Um ein praktisches Beispiel zu geben, greifen wir noch einmal die Neutralisation von Salzsäure mit Natriumhydroxid heraus:

HCl + NaOH $\longrightarrow$ NaCl + $H_2O$

Salzsäure  Natrium-hydroxid  Natriumchlorid (Kochsalz)  Wasser

Vervollständigen Sie jetzt bitte die folgende Gleichung:

. . . . . .    +    KOH  $\longrightarrow$    . . . . . .    +    . . . . . . .

Salpeter-                      . . . . . . .           Kalium-              . . . . . . .
säure                                                  nitrat

Prüfen Sie Ihr Ergebnis unter $\boxed{19}$ .

---

$\boxed{29}$     $2\,KOH + H_2SO_4 \longrightarrow$

Wir müssen uns zuerst überlegen, welche Endprodukte bei dieser Neutralisation entstehen. Nach dem Schema

Base + Säure $\longrightarrow$ Salz + Wasser

müssen wir rechts *ein Salz und Wasser* ergänzen.

**11**

Eine Verbindung aus (negativ geladenem) Säurerest und (positiv geladenen) Metall-Ionen ist ein Salz. In diesem Fall ist der Säurerest $SO_4^{2\ominus}$, das Metall-Ion ist $K^{\oplus}$. Der Säurerest hat zwei Ladungen, bindet also zwei Kalium-Ionen. Das Salz hat die Formel: $K_2SO_4$.

Wir können also auf die rechte Seite der Gleichung schreiben:

$\longrightarrow K_2SO_4 + H_2O$

Auf Ihrem Blatt steht dann:

$2\,KOH + H_2SO_4 \longrightarrow K_2SO_4 + H_2O$

Da sich aber $2\,H^{\oplus}$ und $2\,OH^{\ominus}$ verbinden, müssen wir rechts auch $2\,H_2O$ schreiben.

Die vollständige Gleichung ist demnach:

$2\,KOH + H_2SO_4 \longrightarrow K_2SO_4 + 2\,H_2O$

Lesen Sie jetzt nochmals $\boxed{37}$ .

---

$\boxed{30}$     Mit Säuren rot: *Methylorange* und *Lackmus.*
            Mit Laugen rot: *Phenolphthalein.*

Welcher Indikator ist          mit  Säure farblos? . . . . . . . . . .
                               mit Lauge blau? . . . . . . . . . . .
                               mit Lauge orangegelb? . . . . . . .

Schreiben Sie die Namen in der richtigen Reihenfolge auf, und vergleichen Sie unter $\boxed{20}$ .

---

**31**      Richtig! *Als Dissoziation bezeichnet man den Zerfall einer Verbindung in Ionen beim Auflösen in Wasser.*
Versuchen Sie jetzt, die Gleichung für die Dissoziation der Schwefelsäure, $H_2SO_4$, zu formulieren. Wieviele negative Ladungen trägt der Säurerest?

- Eine Ladung      $\longrightarrow$   **40**

- Zwei Ladungen      $\longrightarrow$   **10**

- Ich weiß es nicht      $\longrightarrow$   **17**

---

**32**      Offenbar haben Sie sich die Begriffsbestimmung der Säuren nicht gründlich genug eingeprägt. Sie lautet: Säuren sind Verbindungen, bei deren Dissoziation in Wasser positiv geladene Wasserstoff-Ionen entstehen. Sie sehen aus dieser Begriffsbestimmung, daß positiv geladene Wasserstoff-Ionen das charakteristische Merkmal aller Säuren sind. Sie sind für die saure Wirkung der Säuren verantwortlich, also auch für das Röten des Lackmus-Papiers.

Kehren Sie zurück nach **25** .

---

**33**      Der Bestandteil eines basisch reagierenden Metallhydroxids, der (positiv geladene) Wasserstoff-Ionen zu binden vermag, ist das (negativ geladene) *Hydroxid-Ion.* Beide Ionen vereinigen sich nach der Gleichung

$$H^{\oplus} + OH^{\ominus} \longrightarrow H-OH \ (= H_2O)$$

zu *Wasser.*
Diese Gleichung zeigt Ihnen, wieso eine Base in der Lage ist, die Wirkung einer Säure aufzuheben oder, wie man sagt, die Säure zu ,,neutralisieren'': Die (negativ geladenen) *Hydroxid-Ionen* der Base verbinden sich mit den (positiv geladenen) *Wasserstoff-Ionen* der Säure zu (elektrisch neutralen) Wassermolekülen.

Wir haben uns in den vorangehenden Lernschritten drei Begriffe erarbeitet:

> *Dissoziation von Säuren*
> *Dissoziation von Basen*
> *Neutralisation von Säuren mit Basen*

Diese drei Begriffe sind so wichtig, daß wir sie anhand einiger Gleichungen noch einmal üben wollen, ehe wir im Programm fortschreiten. Ergänzen Sie bitte die folgenden Gleichungen:

> Dissoziation von Salzsäure
>
> $HCl \longrightarrow$ . . . . . . + . . . . . .

Dissoziation von Natriumhydroxid

NaOH $\longrightarrow$ ...... + ......

Vereinigung von Wasserstoff-Ionen und Hydroxid-Ionen bei der Neutralisation

...... + ...... $\longrightarrow$ $H_2O$

Überprüfen Sie Ihr Resultat bei $\boxed{24}$ .

---

| $\boxed{34}$ Indikator | mit Säuren | mit Laugen |
|---|---|---|
| Phenolphthalein | *farblos* | *rot* |
| Methylorange | *rot* | *orangegelb* |
| Lackmus | *rot* | *blau* |

**11**

Wir haben also festgestellt, daß Säuren und Laugen *gegensätzliche* Wirkungen haben. Wir wollen uns überlegen, wie das zustande kommen kann.
Charakteristisches Kennzeichen der *Säuren* sind positiv geladene *Wasserstoff-Ionen*. Wenn Laugen von gegensätzlicher Wirkung sind wie Säuren, müssen sie in der Lage sein, die positiv geladenen Wasserstoff-Ionen der Säuren „unschädlich" zu machen. Sie müssen also einen Stoff enthalten, der positiv geladene Wasserstoff-Ionen „abfangen" kann.
Man bezeichnet einen solchen Stoff als *Base*. Wir kommen damit zu folgender Begriffsbestimmung:

> Basen sind Verbindungen, die positiv geladene Wasserstoff-Ionen
> zu binden vermögen.

Worin sehen Sie das charakteristische Merkmal einer Base?

- Sie löst sich in Wasser zu einer Lauge $\longrightarrow$ $\boxed{67}$
- Sie färbt Lackmus-Papier blau $\longrightarrow$ $\boxed{58}$
- Sie vermag positiv geladene Wasserstoff-Ionen zu binden $\longrightarrow$ $\boxed{47}$

---

$\boxed{35}$    Nein. Wir wollen zuerst die Dissoziationsgleichung der Schwefelsäure und des Natriumhydroxids aufschreiben:

$$H_2SO_4 \longrightarrow H^\oplus + H^\oplus + SO_4^{2\ominus}$$

$$NaOH \longrightarrow Na^\oplus + OH^\ominus$$

Beim Neutralisieren verbinden sich die Hydroxid-Ionen der Base mit den Wasserstoff-Ionen der Säure.

Wenn Sie die beiden Gleichungen zusammenzählen, ergibt sich:

$$H_2SO_4 + NaOH \longrightarrow H^\oplus + H^\oplus + SO_4^{2\ominus} + Na^\oplus + OH^\ominus$$

In dieser Gleichung stehen rechts zwei Wasserstoff-Ionen und nur ein Hydroxid-Ion! Es müssen aber *zwei* Hydroxid-Ionen vorhanden sein, um *zwei* Wasserstoff-Ionen zu binden.

Man braucht also zur Neutralisation von 1 mol $H_2SO_4$ . . . . . . . mol NaOH.

→ 22

**36**

Es war doch ganz klar gesagt worden:

Salze bestehen auch in kristalliner Form (also im festen Zustand) aus *Ionen*!

**11**

Welche Bindung liegt also in den Salzen vor?     →   28

**37**

$$H_2SO_4 + 2\,NaOH \longrightarrow Na_2SO_4 + 2\,H_2O$$

Der Säurerest der Schwefelsäure, $SO_4^{2\ominus}$, hat 2 negative Ladungen. Er bindet bei der Salzbildung *zwei* Metall-Ionen mit *einer* positiven Ladung ($Na_2SO_4$, $K_2SO_4$) oder *ein* Metall-Ion mit *zwei* positiven Ladungen ($CaSO_4$).

Ergänzen Sie folgende Gleichungen:

$$2\,KOH \quad + \quad H_2SO_4 \longrightarrow$$
$$Ca(OH)_2 \quad + \quad H_2SO_4 \longrightarrow$$

Vergleichen Sie unter 45 .

**38**

$$NaHSO_4 + NaOH \longrightarrow Na_2SO_4 + H_2O$$

Die Reaktionsgleichung zur Herstellung von Natriumhydrogensulfat ist:

$$NaOH + H_2SO_4 \longrightarrow NaHSO_4 + H_2O \qquad \text{(Gleichung I)}$$

Durch Umsetzung von $NaHSO_4$ mit Natriumhydroxid entsteht Natriumsulfat:

$$NaOH + NaHSO_4 \longrightarrow Na_2SO_4 + H_2O \qquad \text{(Gleichung II)}$$

Wir haben damit die uns schon bekannte Gleichung

$$H_2SO_4 + 2\,NaOH \longrightarrow Na_2SO_4 + 2\,H_2O$$

in **2** *Teilschritte* zerlegt (Gleichung I und II), indem wir zu 1 mol Schwefelsäure nicht die gesamte zur vollständigen Neutralisation notwendige Menge der Base (2 mol) auf einmal gegeben haben, sondern erst 1 mol (Gleichung I) und dann noch 1 mol (Gleichung II).

Zerlegen Sie die Gleichung

$$H_2SO_4 + 2\,KOH \longrightarrow K_2SO_4 + 2\,H_2O$$

ebenfalls in 2 Teilschritte, und notieren Sie die den Gleichungen I und II entsprechenden Gleichungen. Vergleichen Sie unter $\boxed{27}$ .

---

$\boxed{39}$      Richtig! *Die positiv geladenen Wasserstoff-Ionen verursachen die Rötung des Lackmus-Papiers.*

Die Rötung kann man rückgängig machen. Man braucht auf das Lackmus-Papier nur einen Tropfen Lauge (z.B. Natronlauge) zu geben, und schon schlägt seine Farbe wieder in blau um.
Laugen und Säuren haben also offenbar *gegensätzliche* Wirkungen.
Wir wollen uns diese gegensätzliche Wirkung noch an anderen Farbstoffen ansehen, die bei der Einwirkung von Säuren oder Laugen einen deutlich erkennbaren Farbumschlag zeigen.

**11**

> *Phenolphthalein:*     mit Säuren farblos, mit Laugen rot.
> *Methylorange:*      mit Säuren rot, mit Laugen orangegelb.

(Phenolphthalein wird gesprochen wie Fenolftale-in.)
Farbstoffe, welche beim Zusammengeben mit Säuren oder Laugen ihre Farbe ändern, heißen *Indikatoren.*

> Farbstoffe, die bei der Einwirkung von Säuren oder Laugen einen deutlich erkennbaren Farbumschlag zeigen, heißen *Indikatoren.*

Welche Indikatoren färben sich mit Säuren rot und welche färben sich mit Laugen rot?
Schreiben Sie auf:
Mit Säuren rot: . . . . . . . . . . und . . . . . . . . . .
Mit Laugen rot: . . . . . . . . . .     $\longrightarrow$   $\boxed{30}$

---

$\boxed{40}$     Nein. Bitte überlegen Sie:

Schwefelsäure enthält zwei Wasserstoffatome, die bei der Dissoziation als positiv geladene Wasserstoff-Ionen auftreten:

$$H_2SO_4 \xrightarrow{\text{Dissoziation}} 2\,H^{\oplus} + \ldots \ldots$$

Die 2 vor $H^{\oplus}$ bedeutet: Es handelt sich um **2** positiv geladene Wasserstoff-Ionen, also treten auf der rechten Seite der Gleichung **2** *positive Ladungen* auf. Diesen 2 *positiven* Ladungen muß die entsprechende Anzahl *negativer* Ladungen gegenüberstehen, da die wäßrige Schwefelsäurelösung nach außen hin nicht geladen ist.

Bitte ergänzen Sie die Dissoziations-Gleichung für Schwefelsäure. Wieviel negative Ladungen hat der Sulfat-Rest?  →  $\boxed{10}$

**11**

---
$\boxed{41}$     Säuren sind Verbindungen, bei deren Dissoziation in Wasser positiv geladene *Wasserstoff-Ionen* entstehen.

Basen sind Verbindungen, die positiv geladene *Wasserstoff-Ionen* zu binden vermögen.

Wenn Sie diese Begriffsbestimmungen mit unserer früheren Feststellung kombinieren, daß basisch reagierende Metallhydroxide in Wasser unter Bildung von *Hydroxid-Ionen* dissoziieren, können Sie die folgende Frage leicht beantworten:

Welcher Bestandteil eines basisch reagierenden Metallhydroxids vermag positiv geladene Wasserstoff-Ionen zu binden, und was entsteht dabei? Bitte antworten Sie schriftlich.  →  $\boxed{33}$

Die Frage ist mir zu schwer.  →  $\boxed{51}$

---
$\boxed{42}$     Bitte überlegen Sie: Calciumhydroxid, $Ca(OH)_2$, enthält zwei OH-Gruppen. Jede dieser Gruppen trägt *eine* negative Ladung. Zusammen sind das *zwei* negative Ladungen im Molekül.

Die Zahl der *positiven* Ladungen am Calcium muß der Gesamtzahl der *negativen* Ladungen im Molekül gleich sein, denn das Molekül ist ja nach außen hin *elektrisch nicht geladen*.

Wieviele positive Ladungen hat also das Calcium-Ion?  →  $\boxed{26}$

---
$\boxed{43}$     Die Phosphorsäure bildet mit Natriumhydroxid *drei* verschiedene Salze.

Die Summenformeln und die chemischen Bezeichnungen für die drei Salze lauten:

$NaH_2PO_4$     Natrium**di**hydrogenphosphat          (di = 2!)

$Na_2HPO_4$     **Di**natriumhydrogenphosphat

$Na_3PO_4$     **Tri**natriumphosphat          (tri = 3!)

Phosphorsäure bildet also *zwei* verschiedene Hydrogensalze: $NaH_2PO_4$ und $Na_2HPO_4$.

Im $NaH_2PO_4$ ist eines der drei Wasserstoffatome der Phosphorsäure durch $Na^\oplus$ ersetzt.

Im $Na_2HPO_4$ sind zwei Wasserstoffatome der Phosphorsäure durch $Na^\oplus$ ersetzt.

Im $Na_3PO_4$ sind alle drei Wasserstoffatome der Phosphorsäure durch $Na^\oplus$ ersetzt.

Ergänzen Sie folgende Gleichungen auf der rechten Seite:

$$NaOH + H_3PO_4 \longrightarrow$$
$$2\,NaOH + H_3PO_4 \longrightarrow$$
$$3\,NaOH + H_3PO_4 \longrightarrow$$

Vergleichen Sie unter 53 .

---

**44**   $Na\,HSO_4 \longrightarrow Na^\oplus + H^\oplus + SO_4{}^{2\ominus}$

Natriumhydrogensulfat zerfällt in Wasser in ein Natrium-Ion, ein Wasserstoff-Ion und ein Sulfat-Ion. Das Wasserstoff-Ion verleiht der Lösung einen *sauren* Charakter, beispielsweise wird blaues Lackmuspapier gerötet.

Setzt man 1 mol Natriumhydrogensulfat ($NaHSO_4$) mit 1 mol Natriumhydroxid um, dann erhält man Natriumsulfat:

$$NaHSO_4 + NaOH \longrightarrow \ldots\ldots\ldots + \ldots\ldots\ldots$$

Ergänzen Sie bitte die Reaktionsgleichung.   $\longrightarrow$ 38

**11**

---

**45**   $2\,KOH + H_2SO_4 \longrightarrow K_2SO_4 + 2\,H_2O$

$$Ca(OH)_2 + H_2SO_4 \longrightarrow CaSO_4 + 2\,H_2O$$

Haben Sie beide Gleichungen richtig? Dann haben Sie gut gearbeitet.

Haben Sie aber noch Fehler, dann gehen Sie im eigenen Interesse nach 29 .
Dort wird die Aufstellung der ersten Gleichung ausführlich besprochen.

Schreiben Sie die folgende Gleichung mit den richtigen Faktoren auf:

$$NaOH + H_3PO_4 \longrightarrow Na_3PO_4 + H_2O$$

Welche Faktoren haben Sie eingesetzt?

| vor NaOH | vor $H_3PO_4$ | vor $Na_3PO_4$ | vor $H_2O$ | |
|---|---|---|---|---|
| • 2 | 3 | 3 | 2 | $\longrightarrow$ 12 |
| • 3 | – | – | – | $\longrightarrow$ 65 |
| • 3 | – | – | 3 | $\longrightarrow$ 56 |
| • Ich habe Schwierigkeiten | | | | $\longrightarrow$ 73 |

---

**46**   Wir wollen uns die fünf genannten Verbindungen einzeln genau ansehen.

KCl ist ein *Salz*. Es enthält als *Metall*-Ion $K^\oplus$ und als *Säurerest* das Chlorid-Ion.

$HNO_3$ ist eine *Säure,* die Salpetersäure. Bei ihrer Dissoziation in Wasser entstehen Wasserstoff-Ionen. $HNO_3 \longrightarrow H^\oplus + NO_3^\ominus$

NaCl, Natriumchlorid, ist genauso wie Kaliumchlorid ein Salz.

NaOH ist eine *Base.* Sie enthält die Hydroxy-Gruppe, die in Wasser als Hydroxid-Ion Wasserstoff-Ionen zu binden vermag. $OH^\ominus + H^\oplus \longrightarrow H_2O$

$CaCl_2$, Calciumchlorid, ist genauso wie Kaliumchlorid und Natriumchlorid ein Salz.

Wiederholen Sie die Begriffsbestimmungen ab $\boxed{56}$ .

---

**47**      Richtig! *Basen sind Verbindungen, die positiv geladene Wasserstoff-Ionen zu binden vermögen.*

Basen sind z. B.:

|         |                       |
|---------|-----------------------|
| NaOH    | = Natriumhydroxid     |
| KOH     | = Kaliumhydroxid      |
| $Ca(OH)_2$ | = Calciumhydroxid  |

Beantworten Sie jetzt die Frage: Welche Elemente kommen in allen drei Basen vor?   $\longrightarrow$   $\boxed{59}$

---

**48**      Bitte erinnern Sie sich unserer Begriffsbestimmung für Säuren. Dort hieß es:

Säuren sind Verbindungen, bei deren Dissoziation in Wasser positiv geladene Wasserstoff-Ionen entstehen.

Gemeinsames Merkmal aller Säuren ist also *nicht* der Säurerest − dieser ist von Säure zu Säure verschieden! Gemeinsames Merkmal aller Säuren sind vielmehr die *positiv geladenen Wasserstoff-Ionen,* und sie sind für saure Wirkung der Säuren verantwortlich.

Wenn Sie das bedenken, können Sie die Frage jetzt sicher richtig beantworten.

$\longrightarrow$ $\boxed{25}$

**49**      Kaliumhydroxid besteht aus *positiv geladenen Kalium-Ionen* ($K^\oplus$) und *negativ geladenen Hydroxid-Ionen* ($OH^\ominus$).

Löst man solche Metallhydroxide in Wasser, so dissoziieren sie, d. h. sie zerfallen in die Ionen, aus denen sie bestehen. Für Kaliumhydroxid lautet die Dissoziationsgleichung also:

$$KOH \xrightarrow{\text{Dissoziation}} K^\oplus + OH^\ominus$$

Schreiben Sie jetzt auch die Dissoziationsgleichung für Calciumhydroxid, $Ca(OH)_2$, auf, und beantworten Sie dann folgende Frage:

Wieviele positive Ladungen trägt das Calcium-Ion?

- Eine Ladung       $\longrightarrow$   57
- Zwei Ladungen      $\longrightarrow$   26
- Ich brauche eine Hilfe   $\longrightarrow$   42

---

**50**     Bemühen Sie sich bitte, Begriffsbestimmungen besser zu lernen. Schreiben Sie die Begriffsbestimmungen für Säuren und Basen ab, und ergänzen Sie die fehlenden Wörter.

*Säuren* sind Verbindungen, bei deren Dissoziation in Wasser positiv geladene ......... entstehen.

*Basen* sind Verbindungen, die positiv geladene ......... zu binden vermögen.

$\longrightarrow$   41

---

**51**     Die Frage war: Welcher Bestandteil eines basisch reagierenden Metallhydroxids vermag positiv geladene Wasserstoff-Ionen zu binden, und was entsteht dabei?

Wir wählen als Beispiel für ein basisch reagierendes Metallhydroxid das *Natriumhydroxid.* Aus welchen Bestandteilen oder (genauer gesagt:) aus welchen Ionen besteht Natriumhydroxid?

Bitte notieren Sie Ihre Antwort.   $\longrightarrow$   60

---

**52**     $H_2SO_4 + NaOH \longrightarrow NaHSO_4 + H_2O$

Durch Umsetzung von 1 mol Schwefelsäure mit nur 1 mol Natriumhydroxid entsteht also 1 mol Wasser und 1 mol Natrium*hydrogen*sulfat.

(Erinnern Sie sich? Der Lateinische Name für Wasserstoff ist *Hydrogenium.* Daher Natrium*hydrogen*sulfat.)

Stellen Sie bitte die Dissoziationsgleichung für Natrium*hydrogen*sulfat auf.

$NaHSO_4 \longrightarrow$         $\longrightarrow$   44

---

**53**     $NaOH + H_3PO_4 \longrightarrow NaH_2PO_4 + H_2O$

$2\,NaOH + H_3PO_4 \longrightarrow Na_2HPO_4 + 2\,H_2O$

$3\,NaOH + H_3PO_4 \longrightarrow Na_3PO_4 + 3\,H_2O$

In allen drei Fällen handelt es sich um *Neutralisations*reaktionen, auch wenn dabei die Phosphorsäure nur teilweise neutralisiert wird und Hydrogensalze entstehen, wie in den ersten beiden Gleichungen.

Die drei Gleichungen geben an, wie wir drei verschiedenen Salze, welche die Phosphorsäure mit Natriumhydroxid bilden kann, herstellen können.

Wie heißen diese drei Salze?

Schreiben Sie die Summenformeln und die drei Namen auf, und vergleichen Sie unter 63 .

---

**54**

Ihre Antwort ist nicht ganz richtig. Eine Erklärung finden Sie unter 46 .

**11**

**55**

Ihre Antwort ist nicht richtig. Eine Erklärung finden Sie unter 66 .

---

**56**

Die richtige Reaktionsgleichung ist:

$$3\,NaOH + H_3PO_4 \longrightarrow Na_3PO_4 + 3\,H_2O$$

Wir merken uns:
Eine Verbindung aus (negativ geladenem) Säurerest und (positiv geladenem) Metall-Ion ist ein Salz.

Wir wollen die Merksätze für Basen, Säuren und Salze wiederholen.

Basen sind Verbindungen, die . . . . . . . . . .

Schreiben Sie diesen Satz mit Ergänzungen auf, und vergleichen Sie unter 64 .

---

**57**

Sie haben nicht gründlich genug nachgedacht. Bedenken Sie, daß das OH-Ion immer *eine* negative Ladung hat, daß das Calciumhydroxid *zwei* OH-Gruppen enthält und daß die Gesamtzahl der *negativen* Ladungen im Molekül gleich der Gesamtzahl der *positiven* Ladungen sein muß.

Wieviele positive Ladungen hat also das Calcium-Ion?     ⟶  26

---

**58**

Sie haben zwar recht: Wäßrige Lösungen von Basen, d. h. Laugen, färben Lackmus-Papier blau. Aber das ist doch nur *eine* bestimmte Reaktion, aber *nicht* das charakteristische Merkmal einer Base!

Lesen Sie in der unter 34 stehenden Begriffsbestimmung noch einmal, welches das charakteristische Merkmal aller Basen ist. Die Blaufärbung des Lackmus-Papiers ist lediglich eine Auswirkung dieser Eigenschaft.

**59**      In allen drei Basen kommen vor:

*Sauerstoff* und *Wasserstoff*

Diese beiden Elemente treten als **OH**-*Gruppe* auf. Sie wissen bereits, daß die OH-Gruppe eine negative Ladung hat ($OH^{\ominus}$) und Hydroxid-Ion heißt. Wir nennen diese Gruppe auch *Hydroxy*-Gruppe. Daher die Namen:

| | |
|---|---|
| Natrium*hydroxid* | NaOH |
| Kalium*hydroxid* | KOH |
| Calcium*hydroxid* | $Ca(OH)_2$ |

Die hier betrachteten Basen sind also aus einem Metallatom und einer oder mehreren Hydroxy-Gruppen zusammengesetzt. Zwischen Metall und Hydroxy-Gruppe besteht eine Ionenbindung, d. h.: Das Metall liegt als positiv geladenes Ion, die Hydroxy-Gruppe als negativ geladenes Ion (Hydroxid-Ion) vor. Im Falle des Natriumhydroxids also:

$$Na^{\oplus} \ OH^{\ominus}$$

(Bitte beachten Sie, daß in der OH-Gruppe nicht das H oder das O die negative Ladung tragen, sondern die OH-Gruppe *als Ganzes* Träger der Ladung ist!)

Aus welchen Ionen besteht die Base Kaliumhydroxid?    $\longrightarrow$   **49**

---

**60**      Natriumhydroxid besteht aus Natrium-Ionen, $Na^{\oplus}$, und Hydroxid-Ionen, $OH^{\ominus}$.

Bitte überlegen Sie jetzt, welches dieser beiden Ionen positiv geladene Wasserstoff-Ionen zu binden vermag und was dabei entsteht.

Bitte notieren Sie Ihre Antwort.    $\longrightarrow$   **33**

Ich kann die Frage nicht beantworten.    $\longrightarrow$   **68**

---

**61**      Ihre Antwort ist richtig.

Setzen wir eine mehrbasige Säure mit einer Base um, dann *müssen nicht alle* Wasserstoff-Ionen durch Hydroxid-Ionen gebunden werden. Es ist vielmehr auch möglich, daß 1mol Schwefelsäure nur mit 1mol Natriumhydroxid reagiert:

$$H_2SO_4 + NaOH \longrightarrow NaHSO_4 + \dots\dots$$

Ergänzen Sie die Gleichung.    $\longrightarrow$   **52**

---

**62** Lesen Sie noch einmal genau 71 , und achten Sie bei den Formeln für Schwefelsäure und Phosphorsäure besonders auf die Anzahl der vorhandenen Wasserstoffatome!

Eine *ein*basige Säure gibt in Wasser *ein* Wasserstoff-Ion ab.

---

**63** Richtig ist:　Natriumdihydrogenphosphat　　　$NaH_2PO_4$

Dinatriumhydrogenphosphat　　　$Na_2HPO_4$

Trinatriumphosphat　　　$Na_3PO_4$

Um was für Salze handelt es sich bei $NaH_2PO_4$ und $Na_2HPO_4$?

Bitte, notieren Sie den allgemeinen Namen für solche Salze. $\longrightarrow$ 74

---

**11**

**64** Basen sind Verbindungen, die positiv geladene Wasserstoff-Ionen zu binden vermögen.

Säuren sind Verbindungen, . . . . . . . . . . . . . . . . . .
Schreiben Sie den vollständigen Satz auf, und vergleichen Sie unter 72 .

---

**65** Ihre Antwort ist noch nicht vollständig.

Die Gleichung müßte nach Ihren Angaben so aussehen:

$$3\,NaOH + H_3PO_4 \longrightarrow Na_3PO_4 + H_2O$$

Zählen Sie die Wasserstoffatome auf beiden Seiten der Reaktionsgleichung nach. Sie werden selbst merken, daß etwas noch nicht stimmt. Gehen Sie zurück nach 45 .

---

**66** Eine *ein*basige Säure ($HCl$, $HNO_3$) spaltet im Wasser *ein* Wasserstoff-Ion ab. Sie kann also mit einer Base, zum Beispiel mit Natriumhydroxid, nur *ein* Salz bilden ($NaCl$, $NaNO_3$).

Anders ist das bei einer *zwei*basigen Säure ($H_2SO_4$). Eine solche Säure spaltet in Wasser *zwei* Wasserstoff-Ionen ab. Man erhält also bei der Reaktion mit Natriumhydroxid zwei Salze:
Ein Hydrogensalz, das in Wasser noch ein Wasserstoff-Ion abspalten kann ($NaHSO_4$), und ein Salz, das in Wasser keine Wasserstoff-Ionen mehr abspalten kann ($Na_2SO_4$).

Die Phosphorsäure ist eine *drei*basige Säure und kann in Wasser also *drei* Wasserstoff-Ionen abspalten. Phosphorsäure bildet bei der Reaktion mit Natriumhydroxid also . . . . . . . . . . verschiedene Salze.

Notieren Sie bitte die fehlende Zahl, und lesen Sie weiter unter 43 .

---

**67**      Sie haben zwar recht: Die wäßrige Lösung einer Base ist eine Lauge, aber das ist doch nicht das *charakteristische Merkmal* einer Base!

Lesen Sie in der unter 34 stehenden Begriffsbestimmung noch einmal, welches die charakteristische chemische Eigenschaft aller Basen ist.

---

**68**      Bitte denken Sie daran, daß sich Teilchen mit gleicher elektrischer Ladung abstoßen, und daß sich Teilchen mit entgegengesetzter elektrischer Ladung anziehen.

Jetzt können Sie sicher die Frage unter 60 beantworten.

---

**69**      Ja, es handelte sich um eine *exotherme* Reaktion, denn nachdem wir durch vorsichtiges Erwärmen die Reaktion in Gang gebracht hatten, erhitzte sich das Gemisch aus Schwefel und Eisen durch die Reaktion von selbst so stark, daß es zu glühen begann.

**11**

Wie heißt eine Reaktion, die unter Selbstabkühlung verläuft?

. . . . . . . . . . Reaktion    $\longrightarrow$    76

---

**70**      In der Formel des Natriumsulfat stehen *zwei* Natrium-Ionen ($Na_2SO_4$). In der Formel des Natriumphosphat stehen *drei* Natrium-Ionen ($Na_3PO_4$).

Beide Säurereste müssen also verschiedene Ladungen haben. Lesen Sie bitte noch einmal 78 .

---

**71**      Ihre Antwort ist richtig.

$HNO_3$ ist eine Säure.
NaOH ist eine Base.
KCl, NaCl und $CaCl_2$ sind Salze.

Wir nennen Säuren, die in Wasser *ein* Wasserstoff-Ion abgeben, auch *ein*basige Säuren.

1 mol einer einbasigen Säure reagiert mit 1 mol Natriumhydroxid oder Kaliumhydroxid unter Bildung von 1 mol Salz und 1 mol $H_2O$.
Einbasige Säuren sind zum Beispiel HCl und $HNO_3$.

Überlegen Sie bitte, wie wir

a) die Schwefelsäure ($H_2SO_4$)      b) die Phosphorsäure ($H_3PO_4$)

bezeichnen müssen:

- a) als dreibasige   b) als zweibasige Säure   → $\boxed{62}$
- a) als zweibasige   b) als dreibasige Säure   → $\boxed{87}$
- Beide Säuren als zweibasig   → $\boxed{96}$
- Beide Säuren als dreibasig   → $\boxed{79}$

---

$\boxed{72}$    Säuren sind Verbindungen, bei deren Dissoziation in Wasser positiv geladene Wasserstoff-Ionen entstehen.

Eine Verbindung aus . . . . . . . . . . und . . . . . . . . . . ist ein Salz.

Ergänzen Sie die fehlenden Wörter, und vergleichen Sie unter $\boxed{80}$ .

---

**11**

$\boxed{73}$    Wir wollen Schritt für Schritt beim Suchen der richtigen Faktoren vorgehen. Hier nochmals die Gleichung ohne Faktoren:

$$NaOH + H_3PO_4 \longrightarrow Na_3PO_4 + H_2O$$

Phosphorsäure soll neutralisiert werden. $H_3PO_4$ dissoziiert beim Lösen in Wasser in *drei* Wasserstoff-Ionen und den Säurerest der Phosphorsäure, das Phosphat-Ion, das *drei* negative Ladungen trägt.

$$H_3PO_4 \longrightarrow 3\,H^{\oplus} + PO_4^{3\ominus}$$

Zur Neutralisation werden *drei* Hydroxid-Ionen, also **3** NaOH benötigt.

Die Gleichung sieht jetzt so aus:

$$3\,NaOH + H_3PO_4 \longrightarrow Na_3PO_4 + H_2O$$

Sehen wir uns nun die Zahl der Wasserstoffatome an.

Links stehen 6, rechts dagegen nur 2. Da in der Gleichung links und rechts die *gleiche* Anzahl von Wasserstoffatomen stehen muß, schreiben wir vor $H_2O$ eine 3, dann stehen auch rechts 6 Wasserstoffatome.

$$3\,NaOH + H_3PO_4 \longrightarrow Na_3PO_4 + 3\,H_2O$$

Zählen Sie jetzt links und rechts die einzelnen Atomarten nach. Sie werden sehen: Die Gleichung stimmt.

Lesen Sie weiter unter $\boxed{56}$ .

---

$\boxed{74}$    $NaH_2PO_4$ und $Na_2HPO_4$ sind *Hydrogensalze.*

Was sind Hydrogensalze?

Bitte antworten Sie schriftlich.   →  $\boxed{82}$

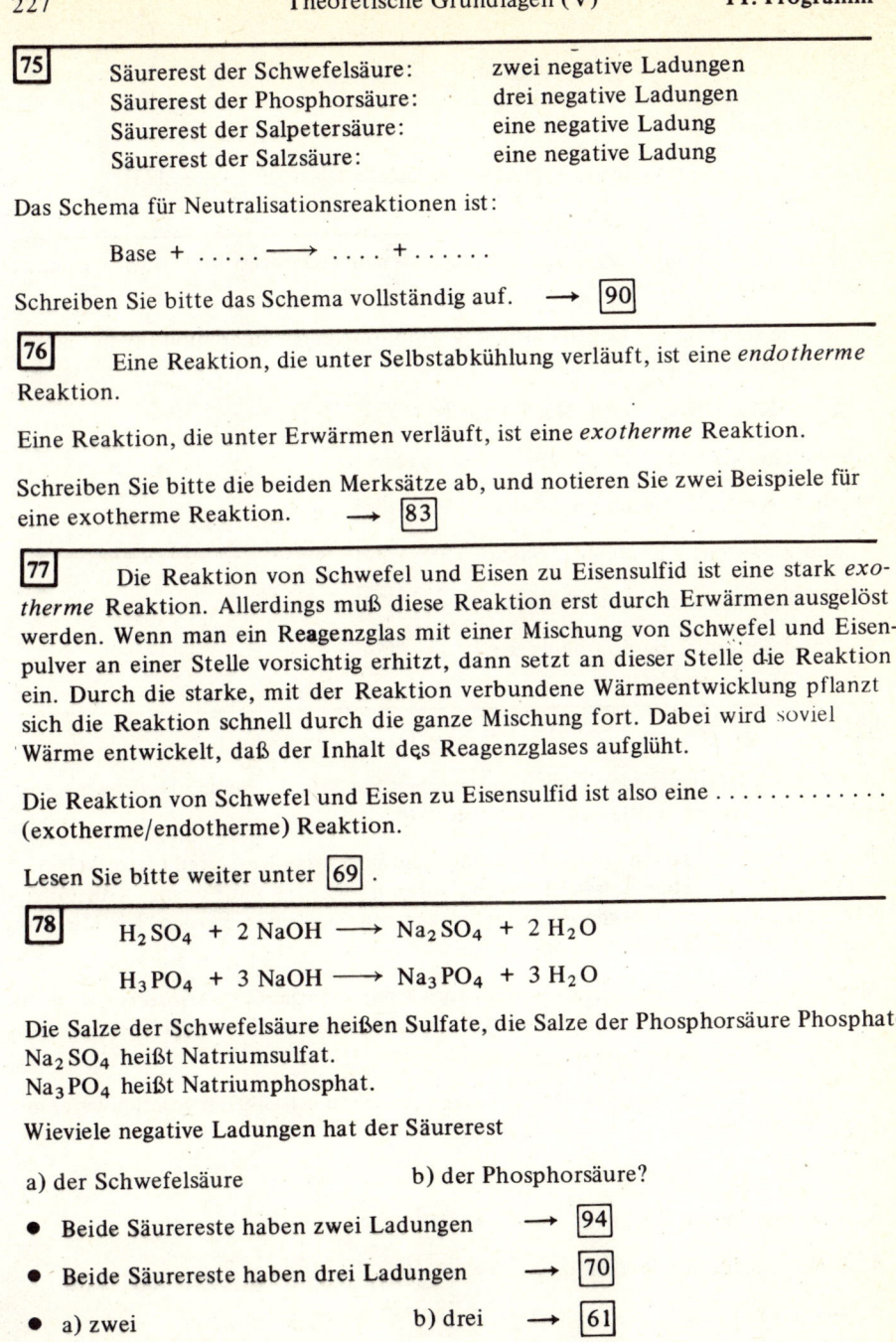

**75**

| | |
|---|---|
| Säurerest der Schwefelsäure: | zwei negative Ladungen |
| Säurerest der Phosphorsäure: | drei negative Ladungen |
| Säurerest der Salpetersäure: | eine negative Ladung |
| Säurerest der Salzsäure: | eine negative Ladung |

Das Schema für Neutralisationsreaktionen ist:

Base + ..... $\longrightarrow$ .... + ......

Schreiben Sie bitte das Schema vollständig auf.    $\longrightarrow$   **90**

---

**76**     Eine Reaktion, die unter Selbstabkühlung verläuft, ist eine *endotherme* Reaktion.

Eine Reaktion, die unter Erwärmen verläuft, ist eine *exotherme* Reaktion.

Schreiben Sie bitte die beiden Merksätze ab, und notieren Sie zwei Beispiele für eine exotherme Reaktion.    $\longrightarrow$   **83**

**11**

---

**77**     Die Reaktion von Schwefel und Eisen zu Eisensulfid ist eine stark *exotherme* Reaktion. Allerdings muß diese Reaktion erst durch Erwärmen ausgelöst werden. Wenn man ein Reagenzglas mit einer Mischung von Schwefel und Eisenpulver an einer Stelle vorsichtig erhitzt, dann setzt an dieser Stelle die Reaktion ein. Durch die starke, mit der Reaktion verbundene Wärmeentwicklung pflanzt sich die Reaktion schnell durch die ganze Mischung fort. Dabei wird soviel Wärme entwickelt, daß der Inhalt des Reagenzglases aufglüht.

Die Reaktion von Schwefel und Eisen zu Eisensulfid ist also eine . . . . . . . . . . . . .
(exotherme/endotherme) Reaktion.

Lesen Sie bitte weiter unter **69** .

---

**78**    $H_2SO_4$ + 2 NaOH $\longrightarrow$ $Na_2SO_4$ + 2 $H_2O$

     $H_3PO_4$ + 3 NaOH $\longrightarrow$ $Na_3PO_4$ + 3 $H_2O$

Die Salze der Schwefelsäure heißen Sulfate, die Salze der Phosphorsäure Phosphate.
$Na_2SO_4$ heißt Natriumsulfat.
$Na_3PO_4$ heißt Natriumphosphat.

Wieviele negative Ladungen hat der Säurerest

a) der Schwefelsäure      b) der Phosphorsäure?

●   Beide Säurereste haben zwei Ladungen    $\longrightarrow$   **94**

●   Beide Säurereste haben drei Ladungen    $\longrightarrow$   **70**

●   a) zwei      b) drei    $\longrightarrow$   **61**

●   a) drei      b) zwei    $\longrightarrow$   **86**

**79**        Lesen Sie noch einmal genau **71**, und achten Sie bei den Formeln für Schwefelsäure und Phosphorsäure besonders auf die Anzahl der vorhandenen Wasserstoffatome!

Eine *ein*basige Säure gibt in Wasser *ein* Wasserstoff-Ion ab.    ⟶    **71**

---

**80**        Eine Verbindung aus (negativ geladenem) Säurerest und (positiv geladenem) Metall-Ion ist ein Salz.

Sehen Sie sich nun die folgenden fünf Verbindungen genau an, und teilen Sie diese in Säuren, Basen und Salze ein!

$$KCl, HNO_3, NaCl, NaOH, CaCl_2$$

Um welche Art von Verbindungen handelt es sich?

- Um 1 Säure, 2 Basen und 2 Salze    ⟶    **88**
- Um 2 Säuren, 1 Base und 2 Salze    ⟶    **95**
- Um 1 Säure, 1 Base und 3 Salze    ⟶    **71**
- Um 2 Säuren, 2 Basen und 1 Salz    ⟶    **54**

---

**81**        $NaH_2PO_4 + 2\,NaOH \longrightarrow Na_3PO_4 + 2\,H_2O$

Anhand der letzten beiden Gleichungen sehen Sie, wie die beiden Hydrogensalze der Phosphorsäure vollständig neutralisiert werden.

Bei jeder Neutralisation tritt Wärme auf. Man merkt das Auftreten dieser Wärme beim Zusammengeben von verdünnten Säuren und Laugen nur wenig. Konzentrierte Säuren und Laugen dagegen dürfen nicht zusammengegeben werden. Die Mischung würde zu heiß und heftig verspritzen.

Man nennt Reaktionen, die unter Selbsterwärmung verlaufen, *exotherme* Reaktionen. Im Gegensatz dazu nennt man Reaktionen, die unter Selbstabkühlung verlaufen, *endotherme* Reaktionen.

Sie erinnern sich sicher an unseren ersten Versuch, die Reaktion von Schwefel mit Eisen zu Eisensulfid.

Welche Art von Reaktion war das?

- Eine exotherme Reaktion    ⟶    **69**
- Eine endotherme Reaktion    ⟶    **97**
- Keins von beiden    ⟶    **89**

---

**82**      Sinngemäß müssen Sie geantwortet haben:
Hydrogensalze geben beim Lösen in Wasser Wasserstoff-Ionen ab.

$KHSO_4$ ist ein Hydrogensalz, es gibt beim Lösen in Wasser ein $H^\oplus$ ab, das durch Basen, z. B. KOH, neutralisiert werden kann.

$$KHSO_4 \longrightarrow K^\oplus + H^\oplus + SO_4^{2\ominus}$$

$$\underbrace{K^\oplus + H^\oplus + SO_4^{2\ominus}}_{KHSO_4} + \underbrace{K^\oplus + OH^\ominus}_{KOH} \longrightarrow \underbrace{2\,K^\oplus + SO_4^{2\ominus}}_{K_2SO_4} + H_2O$$

Ergänzen Sie bitte:

$$Na_2HPO_4 + NaOH \longrightarrow$$

Vergleichen Sie unter  **91** .

---

**83**      *Exo*therme Reaktionen sind z. B.

    1. Neutralisationsreaktionen
    2. Die Bildung von Eisensulfid aus Eisen und Schwefel
    3. Alle Verbrennungen

Sie haben im vorliegenden Programm eine ganze Reihe sehr wichtiger Merksätze und Definitionen (Begriffsbestimmungen) gelernt, die Sie sich gut merken müssen. Wir wollen sie deshalb widerholen:

Farbstoffe, die bei der Einwirkung von Säuren oder . . . . . . einen deutlich erkennbaren Farbumschlag zeigen, nennt man . . . . . . . . .

Notieren Sie die fehlenden Worte, und vergleichen Sie unter  **92** .

---

| **84** | mit Säuren | mit Laugen |
|---|---|---|
| Lackmus | *rot* | *blau* |
| *Phenol*phthalein | *farblos* | rot |
| Methyl*orange* | *rot* | orange*gelb* |

Bitte notieren Sie, wieviele negative Ladungen die folgenden Säurereste haben.

Säurerest der Schwefelsäure: . . . . . . . . . .

Säurerest der Phosphorsäure: . . . . . . . . . .

Säurerest der Salpetersäure: . . . . . . . . . .

Säurerest der Salzsäure: . . . . . . . . . .   $\longrightarrow$   **75**

**85**

Phosphorsäure ist eine *dreibasige* Säure.
Salzsäure ist eine *einbasige* Säure.
Schwefelsäure ist eine *zweibasige* Säure.
Salpetersäure ist eine *einbasige* Säure.

Welche Ionen entstehen, wenn man ein Hydrogensalz in Wasser löst?

Eine Reaktion, die unter Selbstabkühlung verläuft, ist eine . . . . . . . . . Reaktion.

*Gegensatz:* Eine Reaktion, die unter . . . . . verläuft, ist eine . . . . . . Reaktion.

Bitte schriftlich beantworten bzw. ergänzen. → **93**

---

**86**      Achten Sie darauf, wieviele Na-Ionen in der Formel des Natriumsulfats und in der Formel des Natriumphosphats vorkommen.

Das Natrium-Ion hat immer *eine* positive Ladung. Es ist dann doch leicht, die Frage unter **78** richtig zu beantworten.

Lesen Sie noch einmal **78** .

---

**87**      Ja, Schwefelsäure ist eine *zwei*basige Säure und Phosphorsäure eine *drei*basige Säure.

Die Schwefelsäure gibt in Wasser *zwei* Wasserstoff-Ionen ab. Bei der Phosphorsäure sind es entsprechend *drei* Wasserstoff-Ionen.

Wie kommt es zu der Bezeichnung ein*basig,* zwei*basig* oder drei*basig*?

Wenn man die verschiedenen Säuren mit einer Base neutralisiert, die *eine* Hydroxy-Gruppe hat z. B. NaOH, KOH, so benötigt man folgende Mengen:

Für **1** mol einer **ein***basigen* Säure ($HCl$, $HNO_3$)      **1** mol der *Base.*
Für **1** mol einer **zwei***basigen* Säure ($H_2SO_4$)      **2** mol der *Base.*
Für **1** mol einer **drei***basigen* Säure ($H_3PO_4$)      **3** mol der *Base.*

Stellen Sie jetzt nochmals die Neutralisationsgleichung für Schwefelsäure und Phosphorsäure auf.

$$H_2SO_4 + NaOH \longrightarrow Na_2SO_4 + \ldots$$

$$H_3PO_4 + NaOH \longrightarrow Na_3PO_4 + \ldots \quad \longrightarrow \boxed{78}$$

---

**88**      Ihre Antwort ist nicht ganz richtig.
Eine Erklärung finden Sie unter **46**.

**89**    Ihre Antwort ist falsch.    Eine Erklärung finden Sie unter 77 .

---

**90**    Base + Säure $\longrightarrow$ Salz + Wasser

Was ist eine Säure?
Was ist eine Base?
Was ist eine Lauge?
Welche Art der chemischen Bindung liegt in den Salzen vor?
Bitte beantworten Sie die vier Fragen schriftlich.  $\longrightarrow$  98

---

**91**    $Na_2HPO_4 + NaOH \longrightarrow Na_3PO_4 + H_2O$

Ergänzen Sie:

$NaH_2PO_4 + 2\,NaOH \longrightarrow$

Vergleichen Sie unter 81 .

**11**

---

**92**    Farbstoffe, die bei der Einwirkung von Säuren oder *Laugen* einen deutlich erkennbaren Farbumschlag zeigen, nennt man *Indikatoren*.

Ergänzen Sie die folgende Tabelle:

|  | mit Säuren | mit Laugen |
| --- | --- | --- |
| Lackmus | . . . | . . . . |
| . . . . . . phthalein | . . . . . . . | rot |
| Methyl . . . . . . | . . . | orange . . . . . . |

Vergleichen Sie unter 84 .

---

**93**    Hydrogensalze dissoziieren beim Lösen in Wasser in Metall-Ionen, Wasserstoff-Ionen und den negativ geladenen Säurerest.

Eine Reaktion, die unter Selbstabkühlung verläuft, ist eine *endotherme* Reaktion.

*Gegensatz:* Eine Reaktion, die unter Selbsterwärmung verläuft, ist eine *exotherme* Reaktion.

Ende des 11. Programms.

94
       In der Formel des Natriumsulfats stehen zwei Natrium-Ionen ($Na_2SO_4$).
In der Formel des Natriumphosphats stehen *drei* Natrium-Ionen ($Na_3PO_4$).

Beide Säurereste müssen also verschiedene Ladungen haben.
Lesen Sie noch einmal 78 .

95
       Ihre Antwort ist nicht ganz richtig.
Eine Erklärung finden Sie unter 46 .

96
       Lesen Sie noch einmal genau 71 und achten Sie bei den Formeln für
Schwefelsäure und Phosphorsäure besonders auf die Anzahl der vorhandenen Wasserstoffatome!

Eine *ein*basige Säure gibt in Wasser *ein* Wasserstoff-Ion ab.

97
       Ihre Antwort ist falsch.          Eine Erklärung finden Sie unter 77 .

98
       Eine *Säure* ist eine Verbindung, bei deren Dissoziation in Wasser positiv
geladene Wasserstoff-Ionen entstehen.

Eine *Base* ist eine Verbindung, die positiv geladene Wasserstoff-Ionen zu binden
vermag.

Eine *Lauge* ist die wäßrige Lösung einer Base.

In Salzen liegt die *Ionenbindung* vor.

Phosphorsäure ist eine . . . .basige Säure.
Salzsäure ist eine . . . . . . . . . . . Säure.
Schwefelsäure ist eine . . . . . . . . .. . . Säure.
Salpetersäure ist eine . . . . . . . . . Säure.

Bitte mit Ergänzungen abschreiben.   →   85

## 12. Programm

### Der Schwefel und seine Verbindungen (I)

---

| 1 | Schwefel ist ein Element. Er hat die Atommasse 32 und das chemische Zeichen S.

Schwefel ist fest und spröde. Er kommt in Stangen oder Brocken in den Handel. Im Laboratorium verwendet man ihn meist als feines Pulver, als sogenannte „Schwefelblume". Schwefel ist hellgelb, er glänzt nicht, leitet die Wärme schlecht und den elektrischen Strom nicht.

Ist Schwefel ein Metall oder ein Nichtmetall?

- Ein Nichtmetall      →   | 10 |
- Ein Metall            →   | 20 |
- Ich weiß es nicht     →   | 26 |

**12**

---

| 2 | Sie arbeiten nicht genau.        Lesen Sie noch einmal sorgfältig | 10 | .

---

| 3 | Um den Schwefel aus einem Gemisch von Schwefel und Eisen durch Destillation zu entfernen, müßte man dieses Gemisch erhitzen. Dabei würde jedoch eine chemische Reaktion eintreten. Schwefel und Eisen verbinden sich ja beim Erhitzen unter heftigem Aufglühen zu Eisensulfid.

Sie müssen also eine andere physikalische Eigenschaft des Schwefels benutzen, um das Gemisch aus Schwefel und Eisen zu trennen.

Angaben über die physikalischen Eigenschaften des Schwefels finden Sie unter | 22 | .

---

| 4 | $H_2S$ wird zur Herstellung von Natriumsulfid mit *Natronlauge* umgesetzt.

Formulieren Sie diesen chemischen Vorgang in einer Gleichung!

Um welchen Reaktionstyp handelt es sich?

- Um eine Neutralisation     →   | 50 |
- Um eine Reduktion          →   | 33 |
- Um eine Oxidation          →   | 43 |

---

**5**     In den beiden Oxiden des Schwefels, im $SO_2$ und im $SO_3$, muß die Wertigkeit des Schwefels *verschieden* sein. Schließlich ist der Schwefel mit verschiedenen Mengen Sauerstoff verbunden. Sauerstoff ist zweiwertig (vgl. in $H_2O$, $Na_2O$!). Welche Wertigkeit hat der Schwefel in $SO_2$ bzw. $SO_3$?

Notieren Sie bitte die Wertigkeiten des Schwefels, in denen er gegenüber Sauerstoff auftritt. $\longrightarrow$ [39]

**6**     Sie haben die Bauformel des Schwefelwasserstoffs, $H_2S$, offenbar nicht richtig aufgestellt. Die Bauformel dieser Verbindung sieht so aus:

H–S–H

Wir benutzen die Bauformeln als Hilfsmittel, um die Wertigkeiten zu veranschaulichen.
Wenn Sie die Zahl der Bindungen abzählen, die vom Schwefel ausgehen, dann erkennen Sie, wieviel wertig der Schwefel im Schwefelwasserstoff ist. Bitte notieren Sie:

Der Schwefel im Schwefelwasserstoff ist . . . .wertig.

Lesen Sie bitte weiter unter [12].

**12**

**7**     Die verschiedenen Erscheinungsformen eines chemischen Elements bezeichnet man als *Modifikationen*.

Erhitzt man Schwefel in einem Reagenzglas, so schmilzt er. An den kälteren Stellen des Glases schlägt sich ein Belag von feinverteiltem, festem Schwefel nieder. Der Schwefel ist also verdampft und aus dem dampfförmigen Zustand sofort in den festen Zustand übergegangen. Der flüssige Zustand wurde dabei übersprungen.

Auf diese Weise wird in der Technik Schwefel gereinigt. Das gereinigte, feine Schwefelpulver bezeichnet man auch als *Schwefelblume*.

Ergänzen Sie bitte, welche Aggregatzustände der Schwefel bei der Reinigung durchläuft:

Fest – . . . . . . . – . . . . . . . . . . . – . . . . . . .

Lesen Sie bitte weiter unter [22].

**8**     Ihre Antwort ist nicht richtig.
Eine Erklärung finden Sie unter [40].

**9**     Ihre Gleichung ist noch nicht richtig.

Hier noch einmal die unvollständige Gleichung:

$$H_2S + O_2 \longrightarrow S + 2\,H_2O$$

Die Anzahl der Sauerstoffatome ist auf beiden Seiten gleich, ebenso die Anzahl der Schwefelatome. Dagegen finden Sie rechts 2 x 2 = 4 Wasserstoffatome, links dagegen nur 2. Wir müssen also 2 $H_2S$ nehmen:

$$2\,H_2S + O_2 \longrightarrow S + 2\,H_2O$$

Ist die Gleichung jetzt richtig?

- ja    $\longrightarrow$   **70**
- nein   $\longrightarrow$   **61**

**12**

**10**     Schwefel ist ein Nichtmetall.

Beim Erhitzen schmilzt Schwefel zu einer gelben, leicht beweglichen Flüssigkeit. Diese wird beim weiteren Erhitzen dunkler und zähflüssiger, schließlich bei etwa 400 °C wieder dünnflüssig. Schwefel zeigt also in geschmolzenem Zustand bei verschiedenen Temperaturen verschiedene Erscheinungsformen. Kühlt man die 400 °C warme Schwefelschmelze ab, dann werden diese Erscheinungsformen in umgekehrter Reihenfolge durchlaufen: Die braune dünnflüssige Schmelze wird zunächst zähflüssig, schließlich gelb und dünnflüssig. Die verschiedenen Erscheinungsformen eines Elementes nennt man auch *Modifikationen.*

Auch in festem Zustand kann Schwefel in verschiedenen Erscheinungsformen, Modifikationen, auftreten. Gießt man eine hoch erhitzte Schwefelschmelze in dünnem Strahl in Wasser, so erhält man eine leicht verformbare, plastische Erscheinungsform des Schwefels. Läßt man *den plastischen Schwefel* einige Zeit bei Raumtemperatur liegen, dann verliert er seine Verformbarkeit und wird wieder spröde. Die beständige Modifikation des Schwefels bei Raumtemperatur ist die spröde Form.

Beantworten Sie bitte folgende Frage:

Wir lassen eine Mischung von sprödem und plastischem Schwefel bei Zimmertemperatur liegen. Was wird dann nach einer gewissen Zeit geschehen sein?

- Der spröde Schwefel ist in den plastischen Zustand übergegangen.    $\longrightarrow$   **2**

- Der plastische Schwefel ist in den spröden Zustand übergegangen.    $\longrightarrow$   **19**

- Gar nichts, beide Modifikationen bleiben nebeneinander bestehen.    $\longrightarrow$   **28**

---

**11**   Ihre Antwort ist nicht richtig.   Eine Erklärung finden Sie unter 31 .

---

**12**   Der Schwefel im Schwefelwasserstoff ist *zwei*wertig:

H–S–H

Schwefelwasserstoff ist ein widerlich nach faulen Eiern riechendes Gas.
**Schwefelwasserstoff ist sehr giftig, daher ist beim Arbeiten mit diesem Gas größte Vorsicht geboten!**

Schwefelwasserstoff ist eine Säure. Die Wasserstoffatome des Schwefelwasserstoffs können wie bei allen Säuren in Wasser abdissoziieren.

Stellen Sie bitte die Dissoziationsgleichung für Schwefelwasserstoff auf.   ⟶   23

---

**12**

**13**   Bitte vergleichen Sie:

$$H_2S \longrightarrow 2\,H^{\oplus} + S^{2\ominus}$$

Das Sulfid-Ion hat also *zwei* negative Ladungen. Bitte überlegen Sie, wieviel Natrium-Ionen das Sulfid-Ion bei der Salzbildung zu binden vermag.

Stellen Sie nun die Summenformel für Natriumsulfid auf, und berechnen Sie die Molekülmasse (Atommassen: Na + 23, S = 32).

Welche Zahl haben Sie gefunden?

- 55   ⟶   63
- 78   ⟶   24
- 87   ⟶   38

---

**14**   Bitte vergleichen Sie:

Schwefeldioxid        $SO_2$

Schwefeltrioxid       $SO_3$

Man kann sich die Wertigkeiten veranschaulichen, indem man die Bauformeln als Hilfsmittel dazu benutzt.

$SO_2$ hat die Bauformel O=S=O

Und nun stellen Sie bitte die Bauformel des Schwefeltrioxids auf.   ⟶   27

---

---

**15**       Aus einer Mischung von Eisen und Schwefel kann man das Eisen mit einem Magneten herausholen. Die Trennung der beiden Stoffe sollte aber aufgrund der physikalischen Eigenschaften *des Schwefels* bewirkt werden. Ihre Antwort ist deshalb nur bedingt richtig. -

Angaben über physikalische Eigenschaften des Schwefels finden Sie unter $\boxed{22}$ .

---

**16**       Bitte vergleichen Sie:

$$FeS \quad + \quad 2\,HCl \longrightarrow \quad\quad H_2S \quad\quad + \quad FeCl_2$$

Eisensulfid  +  Salzsäure $\longrightarrow$ Schwefelwasserstoff + Eisenchlorid

Notieren Sie bitte:

Die Salze des Schwefelwasserstoffs heißen . . . . . . . . . . $\longrightarrow$ $\boxed{49}$

---

**17**       In den beiden Oxiden des Schwefels, im $SO_2$ und im $SO_3$, muß die Wertigkeit des Schwefels *verschieden* sein. Schließlich ist der Schwefel mit verschiedenen Mengen Sauerstoff verbunden. Sauerstoff ist zweiwertig (vgl. in $H_2O$, $Na_2O$!). Welche Wertigkeit hat der Schwefel in $SO_2$ bzw. $SO_3$?

Notieren Sie bitte die Wertigkeiten des Schwefels, in denen er gegenüber Sauerstoff auftritt.  $\longrightarrow$  $\boxed{39}$

---

**18**       Ihre Antwort ist nicht richtig.      Eine Erklärung finden Sie unter $\boxed{31}$ .

---

**19**       Ihre Antwort ist richtig.

Die beständige Erscheinungsform des Schwefels bei Raumtemperatur ist die spröde Form. Deshalb geht die plastische Erscheinungsform des Schwefels bei Zimmertemperatur allmählich in die spröde Erscheinungsform über.

Kennen Sie noch den Fachausdruck, mit dem man verschiedene Erscheinungsformen eines Elements bezeichnet?

Wenn ja, dann notieren Sie den Fachausdruck und lesen weiter unter $\boxed{7}$ ,wenn nein, lesen Sie weiter unter $\boxed{10}$ .

---

**20**       Nein, Metalle *glänzen* und *leiten die Wärme* und *den elektrischen Strom* gut.

Lesen Sie noch einmal $\boxed{1}$ .

---

**12**

21    Nein. Schwefelwasserstoff hat die Formel $H_2S$. Stellen Sie bitte zu dieser Summenformel die entsprechende Bauformel auf, und beantworten Sie dann die Frage noch einmal:

Wievielwertig ist der Schwefel im Schwefelwasserstoff?

● zweiwertig    ⟶    12

● vierwertig    ⟶    6

● sechswertig    ⟶    29

22    Bitte vergleichen Sie:

Fest − *flüssig − dampfförmig − fest.*

Schwefel kommt in der Natur frei vor.

Zur Gewinnung wird das Gestein, das Schwefel enthält, unter Luftabschluß erhitzt. Dabei schmilzt der Schwefel heraus. Man kann auch überhitzten Wasserdampf in die unterirdischen Lagestätten des Schwefels pressen. Dadurch schmilzt der Schwefel und wird durch den Druck des eingepreßten Wasserdampfes an die Oberfläche befördert.

Ein ausgezeichnetes Lösungsmittel für Schwefel ist Schwefelkohlenstoff.

Sie kennen damit die wichtigsten physikalischen Eigenschaften des Schwefels:

*Schwefel ist fest und spröde. Er kann nur vorübergehend durch Abschrecken der Schmelze in eine plastische Erscheinungsform (Modifikation) übergeführt werden. Auch die Schmelze zeigt bei verschiedenen Temperaturen verschiedene Erscheinungsformen. Schwefel löst sich in Schwefelkohlenstoff.*

Aus einem früheren Versuch kennen Sie die Aufgabe, aus einem Gemisch von Schwefelblume und Eisenpulver auf möglichst einfache Weise den Schwefel herauszuholen. Wie können Sie aufgrund der physikalischen Eigenschaften *des Schwefels* diese Aufgabe lösen?

Die Beantwortung dieser Frage ist nicht leicht; Sie müßten aber nach sorgfältiger Überlegung die richtige Antwort finden können.

● Entfernung des Schwefels durch Destillation    ⟶    3

● Herausholen des Eisens mit einem Magneten    ⟶    15

● Auflösen des Schwefels in Schwefelkohlenstoff
  und Abtrennen des Eisens durch Filtration    ⟶    32

● Schmelzen des Schwefels und Abtrennen des Eisens durch
  Filtration.    ⟶    42

---

**23**  $H_2S \longrightarrow 2H^{\oplus} + S^{2\ominus}$

Ersetzt man die beiden Wasserstoffatome im Schwefelwasserstoff durch ein zweifach positiv geladenes Eisen-Ion ($Fe^{2\oplus}$), dann erhält man Eisensulfid, FeS, ein Salz des Schwefelwasserstoffs.

Wie heißt der Säurerest des Schwefelwasserstoffs, und welche Ladung hat er?

Bitte notieren Sie Ihre Antwort.    $\longrightarrow$   **34**

---

**24**     Die Molekülmasse des Natriumsulfids ist 78. Wenn Sie diese Antwort sofort gaben, arbeiten Sie gut mit.

Natriumsulfid wird in der chemischen Industrie benötigt. Da es nicht in der Natur vorkommt, muß es synthetisch hergestellt werden.

Dazu wird $H_2S$ umgesetzt mit . . . . . . . . . .

Wenn Sie bedenken, daß $H_2S$ eine Säure ist, dürfte Ihnen die Antwort nicht schwer fallen.    $\longrightarrow$   **4**

**12**

---

**25**     In den beiden Oxiden des Schwefels, im $SO_2$ und im $SO_3$, muß die Wertigkeit des Schwefels *verschieden* sein. Schließlich ist der Schwefel mit verschiedenen Mengen Sauerstoff verbunden. Sauerstoff ist zweiwertig (vgl. in $H_2O$, $Na_2O$!). Welche Wertigkeit hat der Schwefel in $SO_2$ bzw. $SO_3$?

Notieren Sie bitte die Wertigkeiten des Schwefels, in denen er gegenüber Sauerstoff auftritt.    $\longrightarrow$   **39**

---

**26**     Merken Sie sich gut den Unterschied zwischen Metallen und Nichtmetallen.

*Metalle* glänzen und leiten die Wärme und den elektrischen Strom gut.

*Nichtmetalle* leiten die Wärme schlecht und den elektrischen Strom nicht.

Lesen Sie noch einmal **1**.

---

**27**     Bitte vergleichen Sie:

Schwefeltrioxid

S ist hier sechswertig.

Schwefel verbindet sich mit Wasserstoff zum *Schwefelwasserstoff*. Schwefelwasserstoff hat die Summenformel $H_2S$.

Wievielwertig ist der Schwefel im Schwefelwasserstoff?

- zweiwertig      $\longrightarrow$    $\boxed{12}$

- vierwertig       $\longrightarrow$    $\boxed{21}$

- sechswertig     $\longrightarrow$    $\boxed{35}$

---

$\boxed{28}$     Sie arbeiten nicht genau.     Lesen Sie noch einmal sorgfältig $\boxed{10}$ .

---

**12**

$\boxed{29}$     Sie haben die Strukturformel des Schwefelwasserstoffs, $H_2S$, offenbar nicht richtig aufgestellt. Die Bauformel dieser Verbindung sieht so aus:

H–S–H

Wir benutzen die Bauformel als Hilfsmittel, um die Wertigkeiten zu veranschaulichen.

Wenn Sie die Zahl der Bindungen abzählen, die vom Schwefel ausgehen, dann erkennen Sie, wieviel wertig der Schwefel im Schwefelwasserstoff ist. Bitte notieren Sie:

Der Schwefel im Schwefelwasserstoff ist . . . . wertig.

Lesen Sie bitte weiter unter $\boxed{12}$ .

---

$\boxed{30}$     Eisensulfid          FeS
          Natriumsulfid      $Na_2S$

In der Natur kommt ein Eisensulfid in großen Mengen vor, das nach der Summenformel *zwei* Atome Schwefel enthält: $FeS_2$. Diese Verbindung ist der Pyrit oder auch Schwefelkies.

Im Pyrit liegt eine Ionenbindung zwischen (zweifach positiv geladenen) Eisen-Ionen und (zweifach negativ geladenen) Schwefel-Ionen vor, die aus einem Paar von zwei Schwefelatomen bestehen:

$$Fe^{2\oplus} \left[\begin{matrix} S \\ | \\ S \end{matrix}\right]^{2\ominus}$$

Die natürlich vorkommenden Sulfide werden wegen ihres Aussehens oft als Kiese (z.B. Pyrit = Schwefelkies = $FeS_2$) oder als Blenden (z.B. Zinkblende = ZnS) oder als Glanze (z.B. Bleiglanz = PbS) bezeichnet.

Notieren Sie die Formeln der beiden letzten Sulfide, und schreiben Sie die *chemische Bezeichnung* daneben.

Vergleichen Sie dann unter $\boxed{37}$ .

---

$\boxed{31}$      Wir wollen die Gleichung Schritt für Schritt entwickeln.

Hier zunächst noch einmal die beteiligten Stoffe ohne Faktoren:

$$H_2S + O_2 \longrightarrow SO_2 + H_2O$$

Auf der rechten Seite der Gleichung stehen drei Atome Sauerstoff, auf der linken dagegen nur zwei. Um zunächst die Zahl der Sauerstoffatome auf beiden Seiten gleichzumachen, nehmen wir links 3 $O_2$ und rechts 2 $SO_2$ und 2 $H_2O$. Damit ist die Zahl der Sauerstoffatome auf beiden Seiten der Gleichung gleich:

$$H_2S + 3O_2 \longrightarrow 2SO_2 + 2H_2O$$

Wenn Sie sich diese Gleichung ansehen, können Sie leicht feststellen, welcher Faktor vor $H_2S$ noch fehlt.

- Der Faktor 2     $\longrightarrow$ $\boxed{57}$
- Der Faktor 3     $\longrightarrow$ $\boxed{45}$

**12**

---

$\boxed{32}$      Ihre Antwort ist richtig: Man löst den Schwefel in Schwefelkohlenstoff und filtriert vom ungelösten Eisen ab.

Beim Verbrennen verbindet sich Schwefel mit Sauerstoff:

$$S + O_2 \longrightarrow SO_2$$

$SO_2$ heißt Schwefeldioxid. **Di**oxid, weil der Sauerstoff in diesem Molekül *zwei*mal vorkommt (di bedeutet 2).

Man kennt noch ein weiteres Oxid des Schwefels, ein Oxid mit *drei* Sauerstoffatomen. Es hat die Summenformel $SO_3$ und heißt Schwefel**tri**oxid (tri bedeutet 3).

Bei der Verbrennung des Schwefels entsteht immer Schwefeldioxid. Die weitere Oxidation des Schwefeldioxids zum Schwefeltrioxid gelingt nur in Gegenwart besonderer Katalysatoren.

Welche Wertigkeit hat der Schwefel in

| $SO_2$? | $SO_3$? | | |
|---|---|---|---|
| zweiwertig | zweiwertig | $\longrightarrow$ | $\boxed{5}$ |
| vierwertig | vierwertig | $\longrightarrow$ | $\boxed{17}$ |
| sechswertig | sechswertig | $\longrightarrow$ | $\boxed{25}$ |
| vierwertig | sechswertig | $\longrightarrow$ | $\boxed{39}$ |

---

**33**    Die Umsetzung von Natronlauge mit Schwefelwasserstoff ist eine *Neutralisation!*
Bitte notieren Sie das Folgende:

Base  + Säure $\longrightarrow$ Salz + Wasser
NaOH + $H_2S$ $\longrightarrow$

und vervollständigen Sie die Reaktionsgleichung.  $\longrightarrow$  $\boxed{50}$

---

**34**    Der Säurerest des Schwefelwasserstoffs ist das *Sulfid*-Ion mit *zwei* negativen Ladungen.
Die Salze des Schwefelwasserstoffs heißen *Sulfide,* z. B. Eisensulfid, FeS.

Schwefelwasserstoff ist eine schwache, leichtflüchtige Säure.

Säuren, die schwerer flüchtig sind, wie z. B. die Salzsäure oder Schwefelsäure, verdrängen Schwefelwasserstoff aus seinen Salzen. Wegen der Leichtflüchtigkeit entweicht er dann gasförmig aus dem Reaktionsgemisch. Man nutzt diese Eigenschaft aus, um auf diese Weise im Laboratorium Schwefelwasserstoff herzustellen.

Die noch unvollständige Gleichung dafür lautet:

FeS + 2 HCl $\longrightarrow$ $H_2S$ +

Notieren Sie bitte die vollständige Gleichung, und schreiben Sie die Namen der beteiligten Stoffe darunter.

Lesen Sie dann bitte weiter unter $\boxed{16}$ .

---

**35**    Nein. Schwefelwasserstoff hat die Formel $H_2S$. Stellen Sie bitte zu dieser Summenformel die entsprechende Bauformel auf, und beantworten Sie dann die Frage noch einmal:

Wievielwertig ist der Schwefel im Schwefelwasserstoff?

- zweiwertig  $\longrightarrow$  $\boxed{12}$
- vierwertig  $\longrightarrow$  $\boxed{6}$
- sechswertig  $\longrightarrow$  $\boxed{29}$

---

**36**    Ihre Antwort ist nicht richtig.    Eine Erklärung finden Sie unter $\boxed{40}$ .

---

**37**    ZnS   Zinksulfid
PbS   Bleisulfid

Bitte notieren Sie mit Ergänzungen:

$FeS_2$ nennt man . . . . . oder . . . . . . . . . .
$ZnS$  nennt man Zinksulfid oder . . . . . . .
$PbS$  nennt man Bleisulfid oder . . . . . . .  $\longrightarrow$  47

---

**38**    Ihre Antwort ist falsch.

Die Summenformel von Natriumsulfid ist $Na_2S$.

Die Molekülmasse von Natriumsulfid erhalten wir durch Zusammenzählen der einzelnen Atommassen:

$$Na = 23$$
$$Na = 23$$
$$\underline{S = 32}$$
$$Na_2S = ....$$

Wie groß ist die Molekülmasse des Natriumsulfids?
Lesen Sie weiter unter 24 .

**12**

---

**39**    Schwefel tritt gegenüber Sauerstoff *vier-* und *sechs*wertig auf.

Sauerstoff ist zweiwertig.

Notieren Sie nun bitte die Namen und die Summenformeln der beiden Oxide des Schwefels, die Sie soeben kennengelernt haben, und lesen Sie dann weiter unter 14 .

---

**40**    Sie haben entweder einen Rechenfehler gemacht oder die Formel des Natriumsulfids nicht richtig aufgestellt.

Natriumsulfid ist ein Salz des Schwefelwasserstoffs.

Um die Summenformel des Salzes aufschreiben zu können, wollen wir zunächst die Dissoziationsgleichung des Schwefelwasserstoffs aufschreiben. (Summenformel ist $H_2S$.)

Notieren Sie bitte die Dissoziationsgleichung, und vergleichen Sie unter 13 .

**41**     Wir wollen die Gleichung schrittweise entwickeln:

Hier zunächst noch einmal die beteiligten Stoffe ohne Faktoren:

$$H_2S + O_2 \longrightarrow S + H_2O$$

Wir machen zunächst die Zahl der Sauerstoffatome rechts und links gleich, indem wir rechts *zwei* Moleküle Wasser hinschreiben.

$$H_2S + O_2 \longrightarrow S + 2 H_2O$$

Sie erkennen jetzt sicher, welche Faktoren vor $H_2S$ und S noch fehlen. Welches sind diese Faktoren?

| vor $H_2S$ | vor S | |
|---|---|---|
| ● 2 | 3 | → 48 |
| ● 2 | 2 | → 75 |
| ● 3 | 2 | → 9 |

**12**

**42**     Wenn Sie in einem Gemisch von Schwefel und Eisen den Schwefel zum Schmelzen bringen wollen, dann müssen Sie das Gemisch ja erhitzen. Dabei würde aber eine chemische Reaktion eintreten. Schwefel und Eisen verbinden sich beim Erhitzen unter heftigem Aufglühen zu Eisensulfid.

Sie müssen also eine andere physikalische Eigenschaft des Schwefels benutzen, um eine Trennung des Schwefels vom Eisen zu bewirken.

Angaben über physikalische Eigenschaften des Schwefels finden Sie unter 22 .

**43**     Die Umsetzung von Natronlauge mit Schwefelwasserstoff ist eine *Neutralisation!* Bitte notieren Sie das Folgende,

Base     +  Säure $\longrightarrow$ Salz  +  Wasser

NaOH   +  $H_2S \longrightarrow$

und vervollständigen Sie die Reaktionsgleichung.   →   50

**44**     Silber ist *ein*wertig, Blei ist *zwei*wertig.

Bitte notieren Sie die fehlenden Wörter der folgenden Sätze in der angegebenen Reihenfolge.

Die Salze des Schwefelwasserstoffs heißen . . . . . . . . Man weist sie in Lösung nach, durch Zugabe einer Lösung von . . . . - oder . . . . . .salzen. Es entstehen Niederschläge von . . . . oder . . . . . . . Farbe.

Lesen Sie bitte weiter unter $\boxed{52}$ .

---

$\boxed{45}$        Lesen Sie noch einmal genau $\boxed{31}$ , und beachten Sie vor allem, wieviele Schwefelatome auf der linken bzw. rechten Seite stehen.

---

$\boxed{46}$        Der Schwefel kann doch in den Anhydriden der schwefligen Säure und der Schwefelsäure nicht die gleiche Wertigkeit haben.

Der Schwefel ist in diesen Anhydriden einmal mit *zwei*, das andere Mal mit *drei* Sauerstoffatomen verbunden!

Stellen Sie bitte die Bauformel der beiden Anhydride auf, und vergleichen Sie unter $\boxed{77}$ .

**12**

---

$\boxed{47}$        $FeS_2$ nennt man *Pyrit* oder Schwefel*kies,* $ZnS$ Zinksulfid oder *Zinkblende* und $PbS$ Bleisulfid oder *Bleiglanz.*

Schwefelwasserstoff läßt sich entzünden. Er verbrennt mit blauer Flamme, wobei Schwefeldioxid und Wasser entstehen. Bei der folgenden Gleichung fehlen noch alle Faktoren:

$$H_2S + O_2 \longrightarrow SO_2 + H_2O$$

Die Aufgabe ist nicht ganz einfach, aber bei einigem Überlegen werden Sie dahinter kommen, welche Faktoren vor den vier Stoffen dieser Gleichung stehen müssen.

| vor $H_2S$ | vor $O_2$ | vor $SO_2$ | vor $H_2O$ | | |
|---|---|---|---|---|---|
| • 2 | 2 | 2 | 2 | $\longrightarrow$ | $\boxed{11}$ |
| • 2 | 2 | 3 | 3 | $\longrightarrow$ | $\boxed{18}$ |
| • 2 | 3 | 2 | 2 | $\longrightarrow$ | $\boxed{57}$ |
| • 3 | 2 | 2 | 2 | $\longrightarrow$ | $\boxed{67}$ |
| • Ich komme nicht zurecht | | | | $\longrightarrow$ | $\boxed{31}$ |

---

$\boxed{48}$        Ihre Gleichung ist noch nicht richtig.

Hier noch einmal die unvollständige Gleichung:

$$H_2S + O_2 \longrightarrow S + 2 H_2O$$

Die Anzahl der Sauerstoffatome ist auf beiden Seiten gleich, ebenso die Anzahl der Schwefelatome.

Dagegen finden Sie rechts 2 x 2 = 4 Wasserstoffatome, links dagegen nur 2. Wir müssen also 2 $H_2S$ nehmen:

$$2\,H_2S + O_2 \longrightarrow S + 2\,H_2O$$

Ist die Gleichung jetzt richtig?

- ja     $\longrightarrow$   70
- nein   $\longrightarrow$   61

---

**49**     Die Salze des Schwefelwasserstoffs heißen *Sulfide*.

Ein wichtiges Sulfid ist das Natriumsulfid.

Stellen Sie für Natriumsulfid die Summenformel auf, und berechnen Sie die Molekülmasse (Atommassen: Na = 23, S = 32).

Welche Zahl haben Sie gefunden?

- 55                 $\longrightarrow$   8
- 78                 $\longrightarrow$   24
- 87                 $\longrightarrow$   36
- Ich habe eine andere Zahl   $\longrightarrow$   40

---

**50**     Die Herstellung von Natriumsulfid durch Umsetzung von Schwefelwasserstoff mit Natronlauge ist eine Neutralisations-Reaktion.

Bitte vergleichen Sie die von Ihnen formulierte Gleichung:

$$2\,NaOH + H_2S \longrightarrow Na_2S + 2\,H_2O$$

Notieren Sie nun die Namen und Formeln der beiden Sulfide, die wir bisher kennengelernt haben, und lesen Sie dann weiter unter 30 .

---

**51**     Wenn man die Aktivkohle wegläßt, dann findet die Oxidation des Schwefelwasserstoffs zu Schwefel und Wasser *nicht* statt. Durch Entzünden könnten wir zwar den Schwefelwasserstoff mit Sauerstoff zur Reaktion bringen, doch würden dann Schwefeldioxid und Wasser entstehen.

Nur mit Aktivkohle als *Katalysator* gelingt es, die Oxidation des Schwefelwasserstoffs ohne Feuererscheinung durchzuführen, so daß als Reaktionsprodukte Schwefel und Wasser entstehen:

$$2\,H_2S + O_2 \longrightarrow 2\,S + 2\,H_2O$$

Liegt die Aktivkohle am Ende der Reaktion in der gleichen Form vor wie am Anfang?

- Ja          $\longrightarrow$   59
- Nein       $\longrightarrow$   72
- Ich weiß es nicht   $\longrightarrow$   79

---

**52**     Bitte vergleichen Sie:

Die Salze des Schwefelwasserstoffs heißen *Sulfide*. Man weist sie in Lösung nach durch Zugabe einer Lösung von *Blei*- oder *Silber*salzen. Es entstehen Niederschläge von *brauner* oder *schwarzer* Farbe.

Und nun zu den Oxiden des Schwefels.

Notieren Sie die Namen und die Summenformeln der beiden bereits genannten Schwefeloxide, und lesen Sie weiter unter 62 .

**12**

---

**53**     Ihre Antwort ist nicht richtig.     Eine Erklärung finden Sie unter 41 .

---

**54**     Ihre Antwort ist falsch.     Wiederholen Sie ab 69 .

---

**55**     Bitte vergleichen Sie:

Natriumsulfit     $Na_2SO_3$

Natriumsulfat     $Na_2SO_4$

Kaliumsulfit     $K_2SO_3$

Kaliumsulfat     $K_2SO_4$

Kaliumsulfid     $K_2S$

Bitte notieren Sie mit Ergänzungen:

Die Salze des Schwefelwasserstoffs heißen . . . . . . Säurerest: $S^{2\ominus}$

Die Salze der schwefligen Säure heißen . . . . . . . Säurerest: . . . . . . . .

Die Salze der Schwefelsäure heißen . . . . . . . . . . Säurerest: . . . . . . . .

Lesen Sie bitte weiter unter 74 .

---

**56**      Der Schwefel kann doch in den Anhydriden der schwefligen Säure und der Schwefelsäure nicht die gleiche Wertigkeit haben.

Der Schwefel ist in diesen Anhydriden einmal mit *zwei*, das andere Mal mit *drei* Sauerstoffatomen verbunden!

Stellen Sie bitte die Bauformel der beiden Anhydride auf, und vergleichen Sie unter 77 .

---

**57**      Richtig! Formulieren Sie nun noch einmal die vollständige Gleichung für die Verbrennung des Schwefelwasserstoffs zu Schwefeldioxid und Wasser, und lesen Sie dann weiter unter 66 .

---

**58**      Ihre Antwort ist richtig.

**12**

Formulieren Sie nun die beiden Gleichungen für die Oxidation des $H_2S$

       a) zum $SO_2$,
       b) zum S (mit Aktivkohle als Katalysator).

Lesen Sie bitte weiter unter 86 .

---

**59**      Die Aktivkohle spielt bei der Oxidation des Schwefelwasserstoffs zum Schwefel die Rolle eines *Katalysators*. Ohne diesen Katalysator wird Schwefelwasserstoff durch den Sauerstoff der Luft erst bei höherer Temperatur angegriffen. Die Oxidation, welche dann unter Flammenerscheinung abläuft, führt zum Schwefeldioxid.

Hier noch einmal die beiden Gleichungen:

*Mit Aktivkohle bei tiefer Temperatur:*

$$2\,H_2S + O_2 \longrightarrow 2\,S + 2\,H_2O$$

*Ohne Aktivkohle bei hoher Temperatur:*

$$2\,H_2S + 3\,O_2 \longrightarrow 2\,SO_2 + 2\,H_2O$$

Wir haben gelernt: Schwefelwasserstoff riecht nach faulen Eiern. Wie können wir ihn aber chemisch nachweisen?

Schwefelwasserstoff und seine Salze lassen sich in wäßriger Lösung durch Zugabe einer Lösung eines Silber- oder Bleisalzes nachweisen. Es entstehen braune bis schwarze Niederschläge von Silbersulfid oder Bleisulfid. Selbst die Metalle Silber und Blei bräunen bzw. schwärzen sich bei Einwirkung von Schwefelwasserstoff.

Wir haben hier die Erklärung dafür, daß Silbergegenstände nach längerem Liegen braun anlaufen: Die Ursache ist Schwefelwasserstoff, der stets in Spuren in der Luft vorhanden ist.

Silbersulfid hat die Formel $Ag_2S$, Bleisulfid die Formel $PbS$.

Sie können aus diesen Formeln auf die Wertigkeiten von Silber und Blei schließen:

- Silber ist einwertig, Blei ist zweiwertig    $\longrightarrow$   $\boxed{44}$

- Beide Metalle sind einwertig    $\longrightarrow$   $\boxed{71}$

- Beide Metalle sind zweiwertig    $\longrightarrow$   $\boxed{89}$

- Ich will nicht raten, ich weiß es nicht    $\longrightarrow$   $\boxed{78}$

---

$\boxed{60}$    Ihre Antwort ist falsch.      Wiederholen Sie ab $\boxed{69}$ .

---

**12**

$\boxed{61}$    Sie haben recht!

Die Zahlen der Schwefelatome auf der linken und der rechten Seite der Gleichung waren verschieden.

Hier noch einmal die unvollständige Reaktionsgleichung:

$$2\,H_2S + O_2 \longrightarrow S + 2\,H_2O$$

Notieren Sie bitte die vollständige Reaktionsgleichung, und vergleichen Sie bei $\boxed{75}$ .

---

$\boxed{62}$    Schwefeldioxid, $SO_2$, ist ein farbloses, stechend riechendes Gas. Es wirkt desinfizierend. Schwefeltrioxid, $SO_3$, ist bei Raumtemperatur fest und siedet bei 45 °C.

Schwefeldioxid und Schwefeltrioxid reagieren mit Wasser unter Bildung von Säuren. Beim Lösen von Schwefeldioxid in Wasser erhält man die schweflige Säure:

$$SO_2 + H_2O \longrightarrow H_2SO_3$$

Beim Lösen von Schwefeltrioxid in Wasser erhält man die Schwefelsäure:

$$SO_3 + H_2O \longrightarrow H_2SO_4$$

Beide Säuren dissoziieren in Wasser:

$$H_2SO_3 \longrightarrow 2\,H^\oplus + SO_3{}^{2\ominus}$$

$$H_2SO_4 \longrightarrow 2\,H^\oplus + SO_4{}^{2\ominus}$$

Oxide, die durch Vereinigung mit Wasser Säuren bilden, bezeichnen wir als *Säure-anhydride,* oder kürzer als *Anhydride.*

Bitte notieren Sie mit Ergänzungen:

Schwefeldioxid = Anhydrid der . . . . . . . . . . . . .

Schwefeltrioxid = . . . . . . . der . . . . . . . . . . . . .

Lesen Sie bitte weiter unter ⬚84 .

---

⬚63     Ihre Antwort ist falsch.

Die Summenformel von Natriumsulfid ist $Na_2S$.

Die Molekülmasse von Natriumsulfid erhalten wir durch Zusammenzählen der einzelnen Atommassen:

$$Na = 23$$
$$Na = 23$$
$$S = 32$$
$$\overline{\phantom{xxxx}}$$
$$Na_2S = \ . \ . \ . \ . \ .$$

Wie groß ist die Molekülmasse des Natriumsulfids? Lesen Sie weiter unter ⬚24 .

---

⬚64     a) Verbrennung von $H_2S$ bei hoher Temperatur:

Es entstehen $SO_2$ und Wasser.

b) Oxidation von $H_2S$ bei niedriger Temperatur mit Aktivkohle als Katalysator:

Es entstehen S und Wasser.

Formulieren Sie die beiden Gleichungen, und lesen Sie dann weiter unter ⬚86 .

---

⬚65     Sie haben etwas verwechselt. Beim Nachweis von Schwefelwasserstoff oder Sulfiden, also von Sulfid-Ionen, erhält man mit Blei- bzw. Silbersalzen einen schwarzen Niederschlag von Blei- bzw. Silbersulfid.

Schwefeldioxid dagegen erkennt man am Geruch. Wie riecht Schwefeldioxid?

● Wie faule Eier  ⟶  ⬚76

● Stechend  ⟶  ⬚90

**12**

---

**66** Bitte vergleichen:

$$2\,H_2S + 3\,O_2 \longrightarrow 2\,SO_2 + 2\,H_2O$$

Nach Entzündung des Schwefelwasserstoffs führt die Verbrennung (Oxidation) also zu Schwefeldioxid und Wasser.

Entzündet man die Mischung aus Schwefelwasserstoff und Luft nicht, und leitet man das Gasgemisch über Aktivkohle, so wirkt die Aktivkohle als Katalysator. Ohne Flammen- oder Feuererscheinung findet an der Aktivkohle eine *unvollständige* Oxidation statt. Es entsteht nicht Schwefeldioxid, sondern *Schwefel*!

$$H_2S + O_2 \longrightarrow S + H_2O$$

In dieser Gleichung fehlen wieder die Faktoren.
Sie sollen die richtigen Faktoren finden.

| vor $H_2S$ | vor $O_2$ | vor S | vor $H_2O$ | |
|---|---|---|---|---|
| 2 | 1 | 2 | 2 | → 75 |
| 2 | 2 | 2 | 2 | → 92 |
| 2 | 3 | 3 | 2 | → 53 |
| 3 | 2 | 2 | 3 | → 82 |
| Ich komme nicht zurecht | | | | → 41 |

---

**67** Ihre Antwort ist nicht richtig.    Eine Erklärung finden Sie unter 31.

---

**68** Nein, sie wird nicht verbrannt.

Wir haben gesagt, daß die Aktivkohle bei dem Prozeß der unvollständigen Verbrennung des Schwefelwasserstoffs als *Katalysator* wirkt.

*Ein Katalysator ist ein Stoff, der einen chemischen Vorgang beschleunigt, am Ende der Reaktion aber in der gleichen Form vorliegt wie am Anfang.*

Bitte notieren Sie sich diesen kursiv gedruckten Satz, und lesen Sie dann weiter unter 59.

---

**69** Ihre Antwort ist richtig, der Schwefel ist im Anhydrid der schwefligen Säure *vier*wertig, im Anhydrid der Schwefelsäure *sechs*wertig.

Vergleichen Sie noch einmal die Bauformeln:

$O=S=O$     $SO_2$, Anhydrid der schwefligen Säure

$O=\overset{\overset{O}{\|}}{S}{}_O$     $SO_3$, Anhydrid der Schwefelsäure

Die Salze der schwefligen Säure heißen *Sulfite*, Die Salze der Schwefelsäure *Sulfate*.

Wie heißen die Säurereste der schwefligen Säure und der Schwefelsäure, und welche Ladung haben sie?   Bitte notieren Sie Ihre Antwort.   $\longrightarrow$   |88|

---

**12**

|70|     Die Gleichung ist noch nicht in Ordnung!

Achten Sie auf die Zahl der Schwefelatome auf der rechten und linken Seite!

Lesen Sie noch einmal |48| .

---

|71|     Ihre Antwort ist falsch.          Eine Erklärung finden Sie unter |78| .

---

|72|     Sie haben nicht recht.

Wir haben gesagt, daß Aktivkohle für den genannten Prozeß ein *Katalysator* ist.

*Ein Katalysator ist ein Stoff, der einen chemischen Vorgang beschleunigt, am Ende aber in der gleichen Form vorliegt wie am Anfang.*

Notieren Sie diesen kursiv gedruckten Satz, und lesen Sie dann weiter unter |59| .

---

|73|     Bitte vergleichen Sie:

$H_2SO_3 \longrightarrow SO_2 + H_2O$

$H_2SO_3 \longrightarrow 2\,H^{\oplus} + SO_3{}^{2\ominus}$

Bei der Einwirkung der meisten Säuren auf die Sulfite wird die schweflige Säure aus ihren Salzen verdrängt. Beispielsweise entstehen bei der Einwirkung von Salzsäure auf Natriumsulfit Natriumchlorid und schweflige Säure. Stellen Sie die Reaktionsgleichung auf, und vergleichen Sie bei |93| .

---

|74|     Die Salze des Schwefelwasserstoffs heißen *Sulfide*. Säurerest: $S^{2\ominus}$

Die Salze der schwefligen Säure heißen *Sulfite*.          Säurerest: $SO_3{}^{2\ominus}$

Die Salze der Schwefelsäure heißen *Sulfate*.          Säurerest: $SO_4{}^{2\ominus}$

Was bedeuten die Formeln $Na_2SO_3$, $K_2SO_4$ und $Na_2S$?

- Natriumsulfit,    Kaliumsulfit,    Natriumsulfid    $\longrightarrow$ | 60 |
- Natriumsulfat,    Kaliumsulfat,    Natriumsulfit    $\longrightarrow$ | 54 |
- Natriumsulfit,    Kaliumsulfat,    Natriumsulfit    $\longrightarrow$ | 80 |
- Natriumsulfit,    Kaliumsulfat,    Natriumsulfid    $\longrightarrow$ | 85 |

---

| 75 |    Hier die vollständige Gleichung:

$$2\,H_2S + 1\,O_2 \longrightarrow 2\,S + 2\,H_2O$$

Der Faktor 1 wird aber nicht mitgeschrieben:

$$2\,H_2S + O_2 \longrightarrow 2\,S + 2\,H_2O$$

Diese Gleichung gilt, wenn Schwefelwasserstoff zusammen mit Luft über Aktivkohle geleitet wird. Welche Rolle spielt die Aktivkohle bei diesem Prozeß?

- Die Aktivkohle wird dabei verbrannt      $\longrightarrow$ | 68 |
- Die Aktivkohle wirkt als Katalysator      $\longrightarrow$ | 59 |
- Die Aktivkohle könnte auch weggelassen werden    $\longrightarrow$ | 51 |

**12**

---

| 76 |    Sie haben den Geruch des Schwefelwasserstoffs und den Geruch des Schwefeldioxids verwechselt. Bitte notieren Sie sich:

Schwefelwasserstoff riecht nach faulen Eiern, Schwefeldioxid riecht . . . . . . . . . . .

Lesen Sie weiter unter | 90 | .

---

| 77 |    O=S=O    $SO_2$, Anhydrid der schwefligen Säure

O=S=O (mit O oben)    $SO_3$, Anhydrid der Schwefelsäure

Vergleichen Sie die beiden Bauformeln, und achten Sie besonders auf die Anzahl der Sauerstoffatome.

Durch Abzählen der Bindungen am Schwefel können Sie jetzt die Wertigkeiten des Schwefels in den Anhydriden der schwefligen Säure und der Schwefelsäure feststellen.

Notieren Sie den Satz mit Ergänzungen:

Der Schwefel ist im Anhydrid der schwefligen Säure . . . . . . wertig, im Anhydrid der Schwefelsäure . . . . . . wertig. $\longrightarrow$ | 69 |

---

**12**

---

**78**

Silbersulfid und Bleisulfid sind Salze der Säure Schwefelwasserstoff. Schwefelwasserstoff hat die Formel $H_2S$. Schwefelwasserstoff dissoziiert in Wasser nach folgender Gleichung.

$$H_2S \longrightarrow 2\,H^{\oplus} + S^{2\ominus}$$

Im Silbersulfid, $Ag_2S$, sind an das Silfid-Ion nun zwei Metall-Ionen gebunden. Im Bleisulfid, $PbS$, ist an das Sulfid-Ion aber nur ein Metall-Ion gebunden. Die beiden Metalle müssen also verschiedene Wertigkeiten haben, und zwar muß das Silber .... wertig und das Blei .... wertig sein.

Notieren Sie bitte die Wertigkeiten von Silber und Blei.     $\longrightarrow$     44

---

**79**

Wir haben gesagt, daß die Aktivkohle für den genannten Prozeß ein *Katalysator* ist.

*Ein Katalysator ist ein Stoff, der einen chemischen Vorgang beschleunigt, am Ende der Reaktion aber wieder in der gleichen Form vorliegt wie am Anfang.*

Notieren Sie diesen kursiv gedruckten Satz, und lesen Sie dann weiter unter 59 .

---

**80**

Ihre Antwort ist falsch.     Wiederholen Sie ab 69 .

---

**81**

Ja, Schwefelwasserstoff riecht nach faulen Eiern; **Schwefelwasserstoff ist ein sehr giftiges Gas.**

Wir wollen jetzt wiederholen.

Wichtige Schwefelverbindungen sind:

> Schwefeldioxid
> Schwefeltrioxid
> schweflige Säure
> Schwefelsäure
> Natriumsulfid
> Natriumsulfit
> Natriumsulfat

Schreiben Sie die Namen ab, und ergänzen Sie jeweils die Summenformel.

Vergleichen Sie dann bei 95 .

---

**82**

Ihre Antwort ist nicht richtig.     Eine Erklärung finden Sie unter 41 .

**83** Bitte vergleichen Sie:

$$Na_2SO_3 + H_2SO_4 \longrightarrow Na_2SO_4 + H_2SO_3$$

$$H_2SO_3 \longrightarrow H_2O + SO_2$$

$$Na_2SO_3 + H_2SO_4 \longrightarrow Na_2SO_4 + H_2O + SO_2$$

Man benutzt diese Reaktion der Sulfite zu ihrem Nachweis: Beim Ansäuern der Sulfite mit HCl oder $H_2SO_4$ tritt gasförmiges Schwefeldioxid auf.

Woran erkennt man das Schwefeldioxid?

- Mit Bleisalzen erhält man einen schwarzen Niederschlag $\longrightarrow$ 65
- Es riecht stark nach faulen Eiern $\longrightarrow$ 76
- Schwefeldioxid riecht stechend $\longrightarrow$ 90

**12**

**84** Bitte vergleichen Sie:

Schwefeldioxid = Anhydrid der *schwefligen Säure*
Schwefeltrioxid = *Anhydrid* der *Schwefelsäure*

Man kann die Summenformel eines Säureanhydrids auch finden, indem man von der Summenformel der Säure Wasser abzieht.

$$H_2SO_3 = \text{schweflige Säure}$$

$$-H_2O = \text{Wasser}$$

$$SO_2 = \text{Anhydrid der schwefligen Säure, Schwefeldioxid}$$

Führen Sie die gleiche Rechnung für die Schwefelsäure durch, und vergleichen Sie bei 91 .

**85** Ihre Antwort ist richtig.

Die schweflige Säure, $H_2SO_3$, ist eine sehr schwache Säure. Sie ist nicht beständig und zerfällt weitgehend in ihr Anhydrid und Wasser. In wäßriger Lösung dissoziiert die schweflige Säure in Ionen.

Stellen Sie für den Zerfall und die Dissoziation der schwefligen Säure bitte die Gleichungen auf, und lesen Sie weiter unter 73 .

| 86 | Bitte vergleichen Sie: |

a)    $2\,H_2S + 3\,O_2 \longrightarrow 2\,SO_2 + 2\,H_2O$

b)    $2\,H_2S + O_2 \longrightarrow 2\,S \quad + 2\,H_2O$

Auch bei der Verbrennung des Schwefels entsteht Schwefeldioxid. Eine weitere Oxidation des Schwefeldioxids zum Schwefeltrioxid gelingt nur mit Hilfe besonderer Katalysatoren. Dieses Verfahren ist sehr wichtig zur Herstellung von Schwefelsäure.

Näheres darüber finden Sie im nächsten Programm über den Schwefel (13. Programm).

Ende des 12. Programms.

**12**

| 87 | Hier sind die vollständigen Sätze. |

Schwefeldioxid und Schwefeltrioxid sind Anhydride der *schwefligen Säure* bzw. der *Schwefelsäure*. Schweflige Säure ist eine sehr *unbeständige* Säure, sie zerfällt sofort in *Schwefeldioxid* und Wasser. Im Schwefeldioxid ist der Schwefel *vier*wertig, im Schwefeltrioxid *sechs*wertig.

Es gibt zwei Möglichkeiten zur Oxidation des Schwefelwasserstoffs:

a) Ohne Katalysator bei hohen Temperaturen.
b) Mit Aktivkohle als Katalysator bei niedrigen Temperaturen.

Was entsteht bei den Reaktionen a) und b) neben Wasser?

Bei a)      Bei b)

- $SO_2$      S      $\longrightarrow$  58
- S      $SO_2$      $\longrightarrow$  94
- Ich weiß es nicht mehr.  $\longrightarrow$  64

| 88 | Der Säurerest der schwefligen Säure ist das *Sulfit*-Ion, das *zwei* negative |

Ladungen hat:

$SO_3{}^{2\ominus}$

Der Säurerest der Schwefelsäure ist das *Sulfat*-Ion, das ebenfalls *zwei* negative Ladungen hat:

$SO_4{}^{2\ominus}$

Die Salze der schwefligen Säure heißen Sulfite, die der Schwefelsäure Sulfate.

Die Salze des Schwefelwasserstoffs heißen Sulfide.

Hier ist besonders auf die Schreibweise zu achten, damit keine Verwechslungen vorkommen.

Sulf**id**          Sulf**it**          Sulf**at**

Notieren Sie die Namen der folgenden Verbindungen, und stellen Sie die Summenformeln auf:

Natriumsulfit, Natriumsulfat, Kaliumsulfit, Kaliumsulfat, Kaliumsulfid.

Lesen Sie bitte weiter unter 55 .

---

89   Ihre Antwort ist falsch.     Eine Erklärung finden Sie unter 78 .

**12**

---

90     Man erkennt die Salze der schwefligen Säure, die Sulfite, daran, daß beim Ansäuern mit HCl oder $H_2SO_4$ der *stechende Geruch* des Schwefeldioxids auftritt.

Ähnlich kann man die Sulfide, die Salze des Schwefelwasserstoffs, erkennen. Gibt man zu einem Sulfid HCl oder $H_2SO_4$, so entweicht Schwefelwasserstoff.

Wie riecht Schwefelwasserstoff?

- Stechend          $\longrightarrow$   76
- Wie faule Eier          $\longrightarrow$   81

---

91     $H_2SO_4$ = Schwefelsäure

$-H_2O$ = Wasser

---

$SO_3$ = Anhydrid der Schwefelsäure, Schwefeltrioxid.

Im Laboratorium kann man diesen Vorgang erzwingen, wenn man konzentrierte Schwefelsäure erhitzt.

Stellen Sie bitte die Bauformeln für die Anhydride der schwefligen Säure und der Schwefelsäure auf. Sie können dann die Wertigkeit des Schwefels in den Anhydriden der schwefligen Säure und der Schwefelsäure feststellen.

Wie ist die Wertigkeit des Schwefels in den Anhydriden der schwefligen Säure und der Schwefelsäure?

- In beiden Fällen vierwertig → 56
- In beiden Fällen sechswertig → 46
- Im Anhydrid der schwefligen Säure vierwertig, im Anhydrid der Schwefelsäure sechswertig → 69
- Ich kann die Bauformel nicht aufstellen → 77

**92**  Ihre Antwort ist nicht richtig.   Eine Erklärung finden Sie unter 41 .

**93**   $Na_2SO_3 + 2\,HCl \longrightarrow 2\,NaCl + H_2SO_3$

**12**

Die schweflige Säure zerfällt sofort weiter in Wasser und Schwefeldioxid:

$$H_2SO_3 \longrightarrow H_2O + SO_2$$

Faßt man die beiden Gleichungen zusammen, dann erhält man:

$$Na_2SO_3 + 2\,HCl \longrightarrow 2\,NaCl + H_2O + SO_2$$

Bei der Einwirkung von Salzsäure auf Natriumsulfit entsteht also Natriumchlorid, und es entweicht Schwefeldioxid als Gas. Man kann es an seinem stechenden Geruch erkennen. Auch mit anderen Säuren kann man aus den Salzen der schwefligen Säure $SO_2$ austreiben.

Stellen Sie bitte die Gleichung für die Reaktion von Natriumsulfit mit Schwefelsäure auf (in zwei Gleichungen, die Sie dann zu einer dritten zusammenfassen).

Lesen Sie bitte weiter unter 83 .

**94**   Ihre Antwort ist falsch.

a) Verbrennung von $H_2S$ bei hoher Temperatur:

   Es entstehen $SO_2$ und Wasser.

b) Oxidation von $H_2S$ bei niedriger Temperatur mit Aktivkohle als Katalysator:

   Es entstehen S und Wasser.

Formulieren Sie die beiden Gleichungen, und lesen Sie dann weiter unter 86 .

95

Bitte vergleichen Sie:

| | | | |
|---|---|---|---|
| Schwefeldioxid | $SO_2$ | Natriumsulfid | $Na_2S$ |
| Schwefeltrioxid | $SO_3$ | Natriumsulfit | $Na_2SO_3$ |
| schweflige Säure | $H_2SO_3$ | Natriumsulfat | $Na_2SO_4$ |
| Schwefelsäure | $H_2SO_4$ | | |

Notieren Sie bitte die fehlenden Wörter der folgenden Sätze:

Schwefeldioxid und Schwefeltrioxid sind Anhydride der . . . . . . . . . . . . . . . bzw. der . . . . . . . . . . . . . Schweflige Säure ist eine sehr . . . . . . . . Säure, sie zerfällt weitgehend in . . . . . . . und Wasser. Im Schwefeldioxid ist der Schwefel . . . . wertig, im Schwefeltrioxid . . . . . wertig.

Lesen Sie bitte weiter unter 87 .

12

## 13. Programm

### Der Schwefel und seine Verbindungen (II)

**1**       Aus dem vorigen Programm wissen Sie über den Schwefel und seine Verbindungen schon eine ganze Menge. Es wird Ihnen deshalb nicht schwerfallen, in dem folgenden Text die fehlenden Stellen zu ergänzen. Notieren Sie bitte die richtigen Wörter.

Schwefel ist ein . . . . .metall. Seine Farbe ist . . . . . Schwefel ist spröde. Durch Eingießen einer Schwefelschmelze in Wasser kann man auch . . . . . . . . . . Schwefel herstellen, der aber nicht beständig ist, sondern langsam in spröden Schwefel übergeht. Schwefel kann durch . . . . . . . . . . . gereinigt werden.

In seinen Verbindungen ist Schwefel . . . . . , . . . . . . und . . . . . . .-wertig. Die wichtigste Verbindung des Schwefels mit Wasserstoff ist der . . . . . . . . . . . . . . . mit der Formel . . . . Schwefel bildet zwei Oxide, nämlich das . . . . . . . . . . . . und das . . . . . . . . . . . . . mit den Formeln . . . bzw. . . . . .

Lesen Sie bitte weiter unter 9 .

**13**

**2**       Beim Abrösten von Pyrit entsteht *nicht* Schwefeltrioxid, sondern Schwefeldioxid. In dem Abschnitt, den Sie vorher gelesen haben, wurde das besprochen. Sie müssen aufmerksamer arbeiten.

Lesen Sie noch einmal 48 .

**3**       Ihre Antwort ist falsch. Beim Nachweis von Schwefelsäure und Sulfaten mit Hilfe von Bariumchlorid beobachtet man das Auftreten eines Niederschlags!

Lesen Sie noch einmal 59 .

**4**       $SO_3 + H_2O \longrightarrow H_2SO_4$

Die Reaktion wird in *Blei*kammern ausgeführt, weil Blei gegen 80%ige Schwefelsäure beständig ist. Eisen beispielsweise würde in kurzer Zeit zerfressen und aufgelöst.

Anders beim *Kontaktverfahren*: Man leitet das Schwefeltrioxid in 98%ige Schwefelsäure ein und sorgt gleichzeitig durch Zugabe von Wasser dafür, daß die Schwefelsäure 98%ig bleibt.

98%ige Schwefelsäure greift Eisen nicht an. Man kann also eiserne Apparate verwenden und braucht nicht in teuren Bleikammern zu arbeiten.

Mit welcher Konzentration fällt die Schwefelsäure an?

a) Im Bleikammerverfahren . . . . . . . . . . . .

b) Im Kontaktverfahren . . . . . . . . . . . . .     $\longrightarrow$     $\boxed{17}$

---

$\boxed{5}$     Ihre Antwort ist nicht ganz richtig.

Lesen Sie bitte weiter unter $\boxed{29}$ .

---

$\boxed{6}$     Bitte vergleichen Sie:

$$S + O_2 \longrightarrow SO_2$$

$SO_3$ wird aus $SO_2$ mit Hilfe von Katalysatoren hergestellt. Das wird später noch ausführlicher besprochen.

Jetzt wollen wir uns zunächst weiter mit der Herstellung von $SO_2$ beschäftigen.

Statt Schwefel verwendet man als Ausgangsmaterial für die Herstellung von Schwefeldioxid auch schwefelhaltige Erze. Ein häufig eingesetztes Erz ist der in großen Mengen vorkommende Schwefelkies oder Pyrit.

Welches ist die richtige Formel für Schwefelkies (= Pyrit)?

- FeS                $\longrightarrow$     $\boxed{14}$
- $FeS_2$            $\longrightarrow$     $\boxed{41}$
- $FeSO_3$           $\longrightarrow$     $\boxed{24}$
- $FeSO_4$           $\longrightarrow$     $\boxed{34}$
- Ich weiß es nicht. $\longrightarrow$     $\boxed{22}$

---

$\boxed{7}$     Nach dem Bleikammerverfahren wird nur 80%ige Schwefelsäure hergestellt.

Bitte wiederholen Sie ab $\boxed{13}$ .

---

$\boxed{8}$     Beim Abrösten von Pyrit entsteht *nicht* Schwefeltrioxid, sondern Schwefeldioxid. In dem Abschnitt, den Sie vorher gelesen haben, wurde das besprochen. Sie müssen aufmerksamer arbeiten.

Lesen Sie noch einmal $\boxed{48}$ .

---

|9|     Bitte vergleichen:

Nichtmetall
gelb
plastischen
Destillation
2-, 4- und 6-wertig
Schwefelwasserstoff, $H_2S$
Schwefeldioxid, $SO_2$
Schwefeltrioxid, $SO_3$

Notieren Sie bitte wieder die fehlenden Wörter:

$SO_2$ und $SO_3$ sind die . . . . . . . . der schwefligen Säure bzw. der Schwefelsäure.
Die Salze der schwefligen Säure heißen . . . . . . . . Um diese nachzuweisen, versetzt man ihre wäßrige Lösung mit Schwefelsäure oder Salzsäure. Dabei entsteht
. . . . . . . . . . . . . ., das man an seinem . . . . . . . . . Geruch erkennt.    →   |18|

---

|10|    Sulfide
Silbersalze
braun bis schwarz

Beim **Nach**weis des Sulfids entstehen mit dem Blei- bzw. Silbersalz

     Bleisulfid     PbS
     Silbersulfid    $Ag_2S$

Wir wollen nun die Besprechung des Schwefels und seiner Verbindungen fortsetzen. Die wichtigste Schwefelverbindung ist die Schwefelsäure. Sie wird in sehr großen Mengen in der Technik hergestellt.

Welche Summenformel hat das Anhydrid der Schwefelsäure?   →   |26|

---

|11|    Ihre Antwort ist nicht ganz richtig.

Lesen Sie bitte weiter unter |29| .

---

|12|    Ihre Antwort ist falsch.

Der auftretende Niederschlag von Bariumsulfat ist *feinkörnig und schwer*, so daß er sich schnell absetzt.

Lesen Sie bitte weiter unter |43| .

---

**13**    Bitte vergleichen Sie:

$$SO_2 + NO_2 \longrightarrow SO_3 + NO$$

$$2\,NO + O_2 \longrightarrow 2\,NO_2$$

Das so erhaltene Schwefeltrioxid muß nun in Schwefelsäure umgewandelt werden.

Das geschieht beim *Bleikammerverfahren* durch Einblasen von Wasserdampf. Es fällt eine ca. 80%ige Schwefelsäure an. Die Stickstoffoxide entweichen als Gase und können wieder, mit $SO_2$ und Luft vermischt, in die Bleikammern eingeleitet werden.

Schreiben Sie bitte die Reaktionsgleichung für die Bildung der Schwefelsäure aus Schwefeltrioxid und Wasser auf.    $\longrightarrow$  $\boxed{4}$

---

**14**    Ihre Antwort ist falsch.

Eine Erklärung finden Sie unter  $\boxed{22}$ .

---

**15**    Ihre Antwort ist teilweise richtig.

Sie sollten jedoch durch die *Formel* angeben, *wieviel* Kristallwasser das Kupfersulfat enthält.

Wie lautet die richtige Summenformel?

- $CuSO_4$ mit $5\,H_2O$    $\longrightarrow$  $\boxed{60}$
- $CuSO_4 \cdot 5\,H_2O$    $\longrightarrow$  $\boxed{54}$

---

**16**    Bitte vergleichen Sie:

Die beim Kontaktverfahren anfallende Lösung von Schwefeltrioxid in Schwefelsäure nennt man *rauchende Schwefelsäure* oder *Oleum.*

Konzentrierte Schwefelsäure ist eine farblose, etwas viskose (= zähflüssige), stark wasseranziehende Flüssigkeit. **Sie wirkt stark ätzend. Beim Arbeiten mit Schwefelsäure muß immer eine Schutzbrille getragen werden.**

Ihre Eigenschaft, Wasser anzuziehen und zu binden, wird zum Trocknen benutzt. So kann man bestimmte Gase trocknen, indem man sie durch konzentrierte Schwefelsäure leitet.

Ein Beispiel:
Das in Luft enthaltene Wasser (Luftfeuchtigkeit) läßt sich auf diese Weise entfernen.

Konzentrierte Schwefelsäure und Wasser mischen sich unter großer Wärmeentwicklung. Deshalb ist besondere Vorsicht notwendig.

**Nie darf das Wasser in die konzentrierte Schwefelsäure gegeben werden. Die Hitzeentwicklung wäre so groß, daß ein Teil des Wassers rasch verdampfen und dadurch die Säure umherspritzen würde.**

Notieren Sie in Stichworten die wichtigsten Eigenschaften der konzentrierten Schwefelsäure. → $\boxed{23}$

---

$\boxed{17}$     a) Im Bleikammerverfahren ca. 80%ig.

         b) Im Kontaktverfahren ca. 98%ig.

Leitet man beim Kontaktverfahren $SO_3$ in 98%ige Schwefelsäure ein, *ohne* gleichzeitig *Wasser zuzugeben*, so entsteht 100%ige Schwefelsäure. Beim weiteren Einleiten von $SO_3$ löst sich dieses in der 100%igen Schwefelsäure. Schwefelsäure, die gelöstes $SO_3$ enthält, bildet an der Luft weiße Nebel. Sie wird deshalb auch *rauchende Schwefelsäure* genannt. Rauchende Schwefelsäure ist für viele Synthesen der organischen Chemie notwendig.

Nach welchem Verfahren kann man rauchende Schwefelsäure herstellen?

- Nach dem Kontaktverfahren     → $\boxed{33}$
- Nach dem Bleikammerverfahren    → $\boxed{7}$

**13**

---

$\boxed{18}$     $SO_2$ und $SO_3$ sind *Anhydride* der schwefligen Säure bzw. der Schwefelsäure. Die Salze der schwefligen Säure heißen *Sulfite*. Um diese nachzuweisen, versetzt man ihre wäßrige Lösung mit Schwefelsäure oder Salzsäure. Dabei entsteht *Schwefeldioxid*, das man an seinem *stechenden* Geruch erkennt.

Notieren Sie bitte noch die Reaktionsgleichung für die Umsetzung von Natriumsulfit mit Schwefelsäure. → $\boxed{35}$

---

$\boxed{19}$     Auf der linken Seite der Gleichung

$$4\, FeS_2 + 11\, O_2 \longrightarrow 2\, Fe_2O_3 +$$

stehen 4 x 2 = 8 Schwefelatome. In einer Gleichung muß links und rechts stets die gleiche Anzahl von Atomen vorhanden sein.

Überlegen Sie noch einmal. → $\boxed{48}$

---

---

**20**    !hre Antwort ist richtig.

Merken Sie sich den Satz:

Erst das Wasser, dann die Säure,
sonst geschieht das Ungeheure.

Ende des 13. Programms.

---

**21**    Sulfide sind die Salze des Schwefelwasserstoffs!

Bitte notieren Sie:

Schwefelwasserstoff, $H_2S$;    die Salze heißen Sulfide.
Schweflige Säure, $H_2SO_3$;    die Salze heißen Sulfite.
Schwefelsäure, $H_2SO_4$;    die Salze heißen . . . . . . . .

Notieren Sie das fehlende Wort, und lesen Sie bitte weiter unter 40 .

---

**13**

**22**    Pyrit (= Schwefelkies) ist ein Eisensulfid, das zwei Atome Schwefel enthält:

$FeS_2$

$FeSO_3$ ist ein Salz der schwefligen Säure ($H_2SO_3$).
$FeSO_4$ ist ein Salz der Schwefelsäure ($H_2SO_4$).
FeS ist Eisensulfid.

Wie heißen die richtigen Bezeichnungen für die vier Verbindungen FeS, $FeS_2$, $FeSO_3$ und $FeSO_4$ in der angegebenen Reihenfolge?

- Eisensulfid, Pyrit, Eisensulfat, Eisensulfit    ⟶  11
- Eisensulfit, Pyrit, Eisensulfat, Eisensulfit    ⟶  50
- Eisensulfid, Pyrit, Eisensulfit, Eisensulfat    ⟶  41
- Eisensulfit, Pyrit, Eisensulfat, Eisensulfid    ⟶  5

---

**23**    Sinngemäß müssen Sie notiert haben:

Konzentrierte Schwefelsäure ist eine farblose, viskose, stark wasseranziehende Flüssigkeit. **Sie wirkt stark ätzend. Die beim Mischen mit Wasser auftretende große Wärmeentwicklung erfordert besondere Vorsicht.**

Zur Herstellung von verdünnter Schwefelsäure aus konzentrierter Schwefelsäure im Labor läßt man die erforderliche Menge konzentrierter Schwefelsäure unter Rühren in dünnem Strahl in Wasser einfließen.
**Niemals umgekehrt! Dabei muß eine Schutzbrille getragen werden!**

Für die Reihenfolge bei der Herstellung verdünnter Schwefelsäure gibt es einen Merksatz. (Er beruht darauf, daß die Säure spezifisch schwerer ist, dadurch im Wasser untersinkt und sich besser mischt):

> Erst das Wasser, dann die Säure,
> sonst geschieht das Ungeheure!

Notieren Sie bitte das Folgende mit Ergänzungen:

Schwefelsäure zieht . . . . . . an. Man benutzt sie daher zum . . . . . . . . . Beim Verdünnen von konzentrierter Schwefelsäure nimmt man immer zuerst . . . . . . , in das man die . . . . . langsam einfließen läßt.

Lesen Sie bitte weiter unter ☐32 .

---

**24** Ihre Antwort ist falsch.

Eine Erklärung finden Sie unter ☐22 .

---

**13**

---

**25** Ihre Antwort ist nicht richtig.

Der Zerfall von $SO_3$ wird nicht vom Kontakt, sondern durch die niedrige Reaktionstemperatur verhindert.

Wiederholen Sie bitte ab ☐44 .

---

**26** Das Anhydrid der Schwefelsäure hat die Summenformel $SO_3$. Man kann es nicht ohne weiteres durch Verbrennen von Schwefel gewinnen. Die Oxidation des Schwefels bei seiner Verbrennung führt nur zum Schwefeldioxid.

Stellen Sie die Gleichung für die Verbrennung des Schwefels zum Schwefeldioxid auf. → ☐6

---

**27** Vergleichen Sie:

*Bleikammerverfahren:*

Ausgangsstoff ist *Schwefeldioxid*.
Sauerstoffüberträger ist *Stickstoffdioxid*.
Woher kommt der Name des Verfahrens? Die Reaktion wird in *Bleikammern* durchgeführt.
Endprodukt ist *Schwefeltrioxid*.

Notieren Sie bitte die beiden Gleichungen, die die chemischen Vorgänge in den Bleikammern vereinfachend wiedergeben.

$$SO_2 + NO_2 \longrightarrow \ \ldots\ldots\ + \ \ldots\ldots$$

$$NO \ + \ldots\ldots \longrightarrow \ \ldots\ldots$$

Vergleichen Sie unter $\boxed{13}$ .

---

**28**    Bitte vergleichen Sie:

$$CuSO_4 + 5\,H_2O \longrightarrow CuSO_4 \cdot 5\,H_2O$$

farblos                                      blau

Als wichtiges Sulfat findet sich in der Natur der *Gips*. Gips ist chemisch Calciumsulfat, das pro mol Calciumsulfat 2 mol Kristallwasser enthält.

Stellen Sie die Summenformel von Gips auf, und lesen Sie dann weiter unter $\boxed{38}$ .

---

**29**    Notieren Sie sich bitte:

Schwefelwasserstoff, $H_2S$;       die Salze heißen Sulfide.
Schweflige Säure, $H_2SO_3$;       die Salze heißen Sulfite.
Schwefelsäure, $H_2SO_4$;       die Salze heißen Sulfate.

Lesen Sie nun noch einmal $\boxed{22}$ .

---

**30**    Ja, die vollständige Gleichung für das Abrösten des Pyrits heißt:

$$4\,FeS_2 + 11\,O_2 \longrightarrow 2\,Fe_2O_3 + 8\,SO_2$$

Neben Schwefeldioxid entsteht ein Eisenoxid.

Zur Herstellung von Schwefelsäure ist es erforderlich, $SO_2$ zum $SO_3$ zu oxidieren.

Dazu gibt es zwei technische Verfahren:

1. *Das Kontaktverfahren*
2. *Das Bleikammerverfahren*

Notieren Sie die Namen der beiden Verfahren, und schreiben Sie die Reaktionsgleichung der Oxidation von $SO_2$ mit Sauerstoff zum $SO_3$ auf.    $\longrightarrow$ $\boxed{44}$

---

**31**    Die Formel für kristallwasser*freies* Kupfersulfat in $CuSO_4$. Sie sollten aber die Summenformel von Kupfersulfat, das pro mol $CuSO_4$ 5 mol Kristallwasser enthält, aufstellen.

Wie lautet die Summenformel für dieses Kupfersulfat?

- $CuSO_4$ mit 5 $H_2O$     $\longrightarrow$   $\boxed{60}$
- $CuSO_4 \cdot 5\ H_2O$     $\longrightarrow$   $\boxed{54}$
- $CuSO_4$ mit Kristallwasser   $\longrightarrow$   $\boxed{15}$

---

**32**    Bitte vergleichen Sie:

Schwefelsäure zieht *Wasser* an. Man benutzt sie daher zum *Trocknen*. Beim Verdünnen von konzentrierter Schwefelsäure nimmt man immer zuerst *Wasser*, in das man die *Säure* langsam einlaufen läßt.

Die technische und wirtschaftliche Bedeutung der Schwefelsäure ist sehr groß. Im Jahre 1968 wurden in der ganzen Welt etwa 90 Millionen Tonnen Schwefelsäure hergestellt, in der Bundesrepublik Deutschland allein 4,2 Millionen Tonnen.

Wie heißen die Salze der Schwefelsäure?

- Sulfide     $\longrightarrow$   $\boxed{21}$
- Sulfite     $\longrightarrow$   $\boxed{56}$
- Sulfate     $\longrightarrow$   $\boxed{40}$
- Ich weiß es nicht   $\longrightarrow$   $\boxed{49}$

**13**

---

**33**    Ja, rauchende Schwefelsäure wird mit Hilfe des Kontaktverfahrens hergestellt. Sie hat noch einen anderen Namen: *Oleum*.

Enthält die 100%ige Schwefelsäure z. B. 15 Gewichtsprozent $SO_3$ gelöst, so spricht man von 15%igem Oleum.

Nach dem *Bleikammerverfahren* erhält man nur 80%ige Schwefelsäure, die man nachträglich durch Verdampfen von Wasser konzentrieren kann.

Wirtschaftlich betrachtet ist das Bleikammerverfahren heute nur für kleinere Betriebe rentabel. Alle Großbetriebe arbeiten nach dem Kontaktverfahren.

Notieren Sie bitte folgenden Satz:

Die beim Kontaktverfahren anfallende Lösung von Schwefeltrioxid in Schwefelsäure nennt man . . . . . . . . . Schwefelsäure oder . . . . . . . . .

Bitte lesen Sie weiter unter $\boxed{16}$.

---

**34**    Ihre Antwort ist falsch.

Eine Erklärung finden Sie unter $\boxed{22}$.

---

**35** $Na_2SO_3 + H_2SO_4 \longrightarrow Na_2SO_4 + H_2O + SO_2$

Notieren Sie bitte die fehlenden Wörter:

Die Salze des Schwefelwasserstoffs heißen . . . . . . . . Zu ihrem Nachweis werden Blei- oder . . . . . . salze verwendet. Die Farbe des Niederschlags ist . . . . . . . . bis
. . . . . . . . .

Lesen Sie bitte weiter unter $\boxed{10}$ .

---

**36**    Es fehlte:

80%ig
98%ig
*rauchende Schwefelsäure = Oleum*

Bitte notieren Sie wieder die fehlenden Wörter:

Schwefeldioxid wird durch Verbrennen von . . . . . . . oder durch Abrösten von
. . . . . . . erhalten. $\longrightarrow$ $\boxed{59}$

---

**37**    Beim Abrösten von Pyrit entsteht *nicht* Schwefeltrioxid, sondern Schwefel-dioxid. In dem Abschnitt, den Sie vorher gelesen haben, wurde das besprochen. Sie müssen aufmerksamer arbeiten.

Lesen Sie noch einmal $\boxed{48}$ .

---

**38**    Bitte vergleichen Sie:

Gips    $CaSO_4 \cdot 2\,H_2O$

Durch Erhitzen dieses Gipses wird ein Teil des Kristallwassers abgespalten. Man spricht vom Brennen des Gipses. Gebrannter Gips kann wieder mit Wasser vermischt werden. Er nimmt dann recht schnell das Wasser als Kristallwasser auf und wird hart.

Notieren Sie bitte mit Ergänzungen:

Gips hat die Formel . . . . . . . . Beim Brennen verliert der Gips einen Teil seines
. . . . . . . . . . . . . .

Lesen Sie bitte weiter unter $\boxed{63}$ .

---

**39**    Ihre Antwort ist nicht richtig.

Eine Oxidation von $SO_2$ zu $SO_3$ ist durchaus ohne Kontakte möglich, allerdings muß man dazu so hohe Temperaturen anwenden, daß das gebildete $SO_3$ teilweise wieder zerfällt. Die Oxidation von $SO_2$ zu $SO_3$ ohne Kontakte ist daher unwirtschaftlich.

Wiederholen Sie bitte ab  44 .

---

**40**     Die Salze der Schwefelsäure heißen Sulfate.

Ein wichtiges Sulfat ist das Natriumsulfat, $Na_2SO_4$. Wenn Natriumsulfat aus wäßriger Lösung kristallisiert, dann kristallisiert 1 mol $Na_2SO_4$ mit 10 mol Wasser. In Kristallen enthaltenes Wasser wird *Kristallwasser* genannt. Das wasserhaltige Natriumsulfat wird durch die Formel

$$Na_2SO_4 \cdot 10\,H_2O$$

beschrieben.

Man liest diese Formel: Natriumsulfat *mit* 10 Kristallwasser.

Ein anderes wichtiges Sulfat ist Kupfersulfat. Es kristallisiert in Form von schönen, blauen Kristallen. Diese sind kristallwasserhaltiges Kupfersulfat. Auf 1 mol $CuSO_4$ kommen 5 mol Kristallwasser.

Welches ist die richtige Summenformel dieses kristallwasserhaltigen Kupfersulfats?

- $CuSO_4$                          $\longrightarrow$  31
- $CuSO_4$ mit $5\,H_2O$            $\longrightarrow$  60
- $CuSO_4 \cdot 5\,H_2O$            $\longrightarrow$  54
- $CuSO_4$ mit Kristallwasser      $\longrightarrow$  15

---

**41**     Ihre Antwort ist richtig.

Pyrit ist ein Eisensulfid, das zwei Atome Schwefel enthält:

$$FeS_2$$

Pyrit entzündet sich beim Erhitzen in Gegenwart von Luft und wird dabei in exothermer Reaktion oxidiert. Es entstehen Eisenoxid und . . . . . . . . . .

Überlegen Sie, was entstehen muß.   $\longrightarrow$  48

---

**42**     $H_2SO_4 + BaCl_2 \longrightarrow BaSO_4 + 2\,HCl$

Bariumsulfat, $BaSO_4$, fällt als feinkörniger, weißer Niederschlag aus.

Auch bei der Umsetzung von Kaliumsulfat mit Bariumchlorid entsteht Bariumsulfat:

$$K_2SO_4 + BaCl_2 \longrightarrow BaSO_4 + 2\,KCl$$

Sie sehen, daß die Zusammensetzung des Niederschlags in beiden Fällen die gleiche ist, da sowohl in einer wäßrigen Lösung von Schwefelsäure wie von Kaliumsulfat Sulfat-Ionen vorhanden sind, mit denen das Barium-Ion, $Ba^{2\oplus}$, schwer lösliches Bariumsulfat bildet:

$$Ba^{2\oplus} + SO_4^{2\ominus} \longrightarrow BaSO_4$$

Am Auftreten des feinkörnigen, schweren, weißen Niederschlags von Bariumsulfat bei der Zugabe von Bariumchloridlösung erkennt man die Anwesenheit von Sulfat-Ionen.

Wir wollen jetzt wiederholen.

Bitte notieren Sie die fehlenden Wörter:

Die Oxidation (Verbrennung) des Schwefels führt zum . . . . . . . . . . . . . . Die beiden technischen Verfahren zur Herstellung von Schwefelsäure sind das
. . . . . . . . . . . . . . . . und das . . . . . . . . . . . . . . . . $\longrightarrow$ ☐52

---

☐43    Ihre Antwort ist richtig.

Beim Nachweis von Schwefelsäure und Sulfaten mit Hilfe von Bariumchlorid beobachtet man das Auftreten eines feinkörnigen Niederschlags von Bariumsulfat, der sich schnell absetzt, weil er schwer ist.

$$H_2SO_4 + \ldots \longrightarrow 2\,HCl + BaSO_4$$

$$Na_2SO_4 + BaCl_2 \longrightarrow 2\,NaCl + \ldots$$

Schreiben Sie diese Gleichungen mit Ergänzungen ab.    $\longrightarrow$ ☐51

---

☐44    $2\,SO_2 + O_2 \longrightarrow 2\,SO_3$

Diese Reaktion benötigt sehr hohe Temperaturen (über 600 °C), damit sie mit der für technische Verfahren notwendigen Geschwindigkeit abläuft.

Allerdings zerfällt das gerade gebildete Schwefeltrioxid bei diesen hohen Temperaturen wieder teilweise in Schwefeldioxid und Sauerstoff.

Stellen Sie bitte die Gleichung für den Zerfall des Schwefeltrioxids auf.    $\longrightarrow$ ☐55

---

☐45    Das Sulfat-Ion hat zwei negative Ladungen: $SO_4^{2\ominus}$

Stellen Sie nun bitte die Summenformeln für Natrium- und Calciumsulfat auf, und lesen Sie dann weiter unter ☐53 .

---

**46**     Ihre Antwort ist richtig.

Jetzt zum *Bleikammerverfahren*:

$SO_2$ wird zusammen mit Luft und Stickstoffoxiden in großen Bleikammern zur Reaktion gebracht. Es bildet sich Schwefeltrioxid.

$$SO_2 + NO_2 \longrightarrow SO_3 + NO$$

$SO_2$ wird also zum $SO_3$ *oxidiert*. $NO_2$ gibt dabei ein Sauerstoffatom ab und wird zum NO *reduziert*.

NO nimmt aus der Luft wieder Sauerstoff auf,

$$2\,NO + O_2 \longrightarrow 2\,NO_2$$

und $NO_2$ steht erneut zur Oxidation von $SO_2$ zur Verfügung. Stickstoffdioxid, $NO_2$, wirkt also als *Sauerstoffüberträger*.

(Im einzelnen sind die chemischen Vorgänge in den Bleikammern recht kompliziert. Die beiden Gleichungen geben diese Vorgänge vereinfacht wieder.)

Schreiben Sie das folgende Schema unter Ergänzung der Lücken ab:

*Bleikammerverfahren:*

Ausgangsstoff ist . . . . . . . . .
Sauerstoffüberträger ist . . . . . . . . . . . .
Woher kommt der Name des Verfahrens? . . . . . . . . . . . . .
Endprodukt ist . . . . . . . . . . .        $\longrightarrow$   $\boxed{27}$

---

**47**     *Zerfall von Schwefeltrioxid in Schwefeldioxid und Sauerstoff.*

Da also Schwefeltrioxid bei den hohen Temperaturen, die zu seiner Herstellung notwendig sind, bereits wieder teilweise zerfällt, ist eine wirtschaftliche Herstellung ohne Katalysatoren *nicht* möglich.

Mit Katalysatoren läßt sich $SO_3$ schon bei niedrigeren Temperaturen (400–500 °C) mit ausreichender Geschwindigkeit herstellen. Bei diesen Temperaturen zerfällt nur wenig $SO_3$.

Wir wollen uns das *Kontaktverfahren* genauer ansehen:

Schwefeldioxid wird zusammen mit Luft bei 400–500 °C über *feste* Katalysatoren, welche auch *Kontakte* genannt werden, geleitet. Dabei erfolgt die Oxidation zum $SO_3$. Geeignete Kontakte sind fein verteiltes Platin oder Vanadium-Oxide.

Schreiben Sie das folgende Schema unter Ergänzung der Lücken ab:

*Kontaktverfahren*

Ausgangsstoff ist . . . . . . . . . . . . . .

Katalysatoren sind . . . . . . . . . . . . oder . . . . . . . . . . . . .

Woher kommt der Name des Verfahrens? . . . . . . . . . . . . . . . . . . .

Endprodukt ist . . . . . . . . . . . . . .          $\longrightarrow$ 58

---

**48**     Es entstehen Eisenoxid und *Schwefeldioxid*. Das Schwefeldioxid entweicht als Gas und kann zur Synthese von Schwefeltrioxid eingesetzt werden. Zurück bleibt Eisenoxid.

Da diese Oxidation des Pyrits in großen *Röst*öfen durchgeführt wird, spricht man auch vom *Rösten* oder *Abrösten* des Pyrits.

Die unvollständige Reaktionsgleichung für das Abrösten des Pyrits ist:

$$4\,FeS_2 + 11\,O_2 \longrightarrow 2\,Fe_2O_3 + \ldots\ldots\ldots$$

Was ist zu ergänzen? Bitte gut überlegen!

- $4\,SO_2$  $\longrightarrow$ 57
- $8\,SO_2$  $\longrightarrow$ 30
- $16\,SO_2$ $\longrightarrow$ 19
- $4\,SO_3$  $\longrightarrow$ 2
- $8\,SO_3$  $\longrightarrow$ 8
- $16\,SO_3$ $\longrightarrow$ 37

**13**

---

**49**     Bitte notieren Sie:

Schwefelwasserstoff, $H_2S$;     die Salze heißen Sulfide.
Schweflige Säure, $H_2SO_3$;     die Salze heißen Sulfite.
Schwefelsäure, $H_2SO_4$;     die Salze heißen . . . . . . . . .

Notieren Sie das fehlende Wort, und lesen Sie bitte weiter unter 40 .

---

**50**     Ihre Antwort ist nicht ganz richtig.

Lesen Sie bitte weiter unter 29 .

---

**51**     $H_2SO_4 + BaCl_2 \longrightarrow 2\,HCl + BaSO_4$

$Na_2SO_4 + BaCl_2 \longrightarrow 2\,NaCl + BaSO_4$

Und nun notieren Sie sich bitte die drei besonderen **Gefahren** beim Umgang mit Schwefelverbindungen:

1. **Schwefelwasserstoff ist giftig!**

2. **Schwefelsäure ätzt!**

3. **Beim Verdünnen von konzentrierter Schwefelsäure verspritzt leicht Säure, wenn man es falsch macht.**

Was legt man vor, wenn man konzentrierte Schwefelsäure mit Wasser verdünnen will?

- Das Wasser     $\longrightarrow$   20

- Die Schwefelsäure   $\longrightarrow$   61

---

**13**

52      Es fehlten die Wörter:

*Schwefeldioxid*
*Bleikammerverfahren*
*Kontaktverfahren*

Bitte notieren Sie wieder die fehlenden Wörter:

Beim Bleikammerverfahren wird . . . . .%ige Schwefelsäure erhalten, beim Kontakt-verfahren . . . . . .%ige Schwefelsäure. Beim Kontaktverfahren kann man auch eine Lösung von $SO_3$ in Schwefelsäure herstellen. Diese Lösung wird als . . . . . . . . . Schwefelsäure oder . . . . . . bezeichnet.    $\longrightarrow$   36

---

53      Bitte vergleichen Sie:

$Na_2SO_4$             $CaSO_4$

Natriumsulfat       Calciumsulfat

Zum Nachweis der Schwefelsäure oder der Sulfate löst man die zu untersuchende Probe in Wasser, säuert mit Salzsäure an und gibt Bariumchlorid-Lösung hinzu. Es bildet sich bei Anwesenheit von Schwefelsäure oder Sulfat ein unlöslicher, fein-körniger, weißer Niederschlag von Bariumsulfat.

Stellen Sie die Reaktionsgleichung für die Umsetzung von Schwefelsäure mit Bariumchlorid ($BaCl_2$) auf!

Vergleichen Sie dann bei 42 .

---

---

**54**

Ja, die Formel für kristallwasserhaltiges Kupfersulfat ist

$$CuSO_4 \cdot 5\,H_2O$$

Beim Erhitzen verliert das wasserhaltige Kupfersulfat sein Kristallwasser und geht in wasserfreies Kupfersulfat über. Dieses ist farblos.

Das wasserfreie, farblose Kupfersulfat kann man zum Nachweis von Wasser benutzen. Sobald es mit Wasser in Berührung kommt, färbt es sich wieder blau. Bitte notieren Sie dafür die Gleichung, und schreiben Sie unter die beiden Kupfersulfate deren Farbe:

$$CuSO_4 + 5\,H_2O \longrightarrow \ldots\ldots\ldots\ldots$$

Lesen Sie bitte weiter unter 28 .

---

**55**    $2\,SO_3 \longrightarrow 2\,SO_2 + O_2$

Diese Gleichung ist also die *Umkehrung* der Gleichung

$$2\,SO_2 + O_2 \longrightarrow 2\,SO_3$$

Solche Reaktionen, die sowohl in der einen, wie in der anderen Richtung verlaufen können, schreiben wir mit einem Doppelpfeil ($\rightleftharpoons$).

$$2\,SO_2 + O_2 \rightleftharpoons 2\,SO_3$$

Was beschreibt die Gleichung, wenn sie von links nach rechts verläuft? Bitte notieren Sie mit Ergänzungen:

Die Herstellung von $\ldots\ldots\ldots$ aus $\ldots\ldots\ldots$ und $\ldots\ldots\ldots$ . $\longrightarrow$ 62

---

**56**    Sulfite sind die Salze der schwefligen Säure!

Bitte notieren Sie:

Schwefelwasserstoff, $H_2S$;    die Salze heißen Sulfide.
Schweflige Säure, $H_2SO_3$;    die Salze heißen Sulfite.
Schwefelsäure, $H_2SO_4$;    die Salze heißen $\ldots\ldots\ldots$ .

Notieren Sie das fehlende Wort, und lesen Sie bitte weiter unter 40 .

---

**57**    Auf der linken Seite der Gleichung

$$4\,FeS_2 + 11\,O_2 \longrightarrow 2\,Fe_2O_3 +$$

stehen 4 x 2 = 8 Schwefelatome.

13

In einer Gleichung muß links und rechts stets die gleiche Anzahl von Atomen vorhanden sein.

Überlegen Sie noch einmal.   →   48

---

58          Vergleichen Sie:

*Kontaktverfahren:*

Ausgangsstoff ist *Schwefeldioxid*.
Katalysatoren sind *Platin* oder *Vanadium-Oxide*.
Woher kommt der Name des Verfahrens? Von den festen Katalysatoren,
die auch *Kontakte* genannt werden.
Endprodukt ist *Schwefeltrioxid*.

Was bewirken die Katalysatoren (Kontakte) beim Kontaktverfahren?

- Sie verhindern den Zerfall von $SO_3$.                    →   25

- Ohne sie ist eine Oxidation von $SO_2$ zu $SO_3$ unmöglich.   →   39

- Sie ermöglichen eine Oxidation von $SO_2$ zu $SO_3$ bei so
  niedriger Temperatur, daß einerseits $SO_3$ schnell genug
  gebildet wird, andererseits $SO_3$ aber noch nicht wieder
  zerfällt.                                                   →   46

---

59          Es fehlten die Wörter:

*Schwefel, Pyrit*

Der Nachweis von Schwefelsäure und Sulfaten erfolgt mit Hilfe von Bariumchlorid.
Was beobachtet man?

- Das Auftreten eines flockigen, weißen Niederschlags     →   12

- Das Auftreten eines feinkörnigen, weißen Niederschlags,
  der sich schnell absetzt                                 →   43

- Eine Farbänderung                                        →   3

---

60          Ihre Antwort ist teilweise richtig.
Man schreibt aber statt „*mit*" einen Punkt.

Stellen Sie bitte die richtige Summenformel des kristallwasserhaltigen Kupfersulfats auf.   →   54

13

**61**  Ihre Antwort ist falsch.

Wenn man konzentrierte Schwefelsäure mit Wasser verdünnen will, muß man stets Wasser vorlegen und die Schwefelsäure in dünnem Strahl einlaufen lassen. Nur so wird die entstehende große Wärmemenge gefahrlos abgeführt.

Schreiben Sie mit Ergänzungen ab:

Erst das . . . . . . , dann . . . . . . . . ,
sonst geschieht das Ungeheure.

Lesen Sie bitte weiter unter $\boxed{20}$ .

**62**  Die Herstellung von *Schwefeltrioxid* aus *Schwefeldioxid* und *Sauerstoff*.

Was beschreibt die Gleichung

$$2\,SO_2 + O_2 \rightleftharpoons SO_3$$

wenn sie von rechts nach links verläuft?

Bitte antworten Sie schriftlich.  $\longrightarrow$  $\boxed{47}$

**63**  Gips hat die Formel $CaSO_4 \cdot 2\,H_2O$. Beim Brennen verliert der Gips einen Teil seines *Kristallwassers*.

Wissen Sie noch, wieviel Ladungen das Sulfat-Ion hat? Schreiben Sie bitte die Formel des Sulfat-Ions auf.  $\longrightarrow$  $\boxed{45}$

## 14. Programm

### Theoretische Grundlagen (VI)

**1**  In diesem Programm lernen Sie die Titration — eine Analysenmethode zur genauen Gehaltsbestimmung von Säuren oder Laugen — und alle damit im Zusammenhang stehenden Begriffe kennen. Für eine erfolgreiche Durcharbeitung wird die sichere Beherrschung des Stoffes der übrigen Theorieprogramme, vor allem aber des 11. Lehrprogrammes, vorausgesetzt.

Notieren Sie je ein Beispiel für eine ein-, zwei- und dreibasige Säure mit Namen und Summenformel.  →  26

---

**2**  Ihre Antwort ist falsch.

Der Ansatz zur richtigen Berechnung wird bei 14 beschrieben.

---

**3**  Ihre Antwort ist falsch.

4 g Phosphorsäure und 196 g Wasser ergeben beim Mischen 200 g verdünnte Phosphorsäure.

200 g verdünnte Phosphorsäure enthalten 4 g Phosphorsäure
100 g verdünnte Phosphorsäure enthalten ? g Phosphorsäure

$$100 \text{ g Phosphorsäure enthalten } \frac{4 \cdot 100 \text{ g}}{200} \text{ Phosphorsäure}$$

$$\frac{4 \cdot 100 \text{ g}}{200} = 2 \text{ g Phosphorsäure}$$

Wenn 100 g verdünnte Phosphorsäure 2 g Phosphorsäure enthalten, dann ist die Lösung ....%ig.  →  56

---

**4**  Sie haben die Berechnung der Äquivalentmasse noch nicht verstanden. Lesen Sie noch einmal sorgfältig 37 .

Beachten Sie, daß Phosphorsäure eine *drei*basige Säure ist!

---

**5**  *äquivalent*

Für eine Natronlauge, welche 2 val NaOH im Liter enthält,
schreibt man: . . . . . . . . . .  →  20

---

14

---

**6**

Sie haben die wirksamen Wertigkeiten der beiden Säuren verwechselt.

*Salpetersäure*, $HNO_3$, einbasig, wirksame Wertigkeit **1**.

*Kohlensäure*, $H_2CO_3$, zweibasig, wirksame Wertigkeit **2**.

Kehren Sie zurück nach 24 .

---

**7**

Wieviel Gramm NaOH sind in 100 ml 1 N Natronlauge enthalten?

1 Liter 1 N Natronlauge enthält 1 val = 40 g NaOH.

100 ml sind der zehnte Teil von 1 Liter. Also enthalten 100 ml 1 N Natronlauge ..... g NaOH.   $\longrightarrow$   68

---

**8**

Ihre Antwort ist falsch.

Schwefelsäure und Phosphorsäure haben zwar zufällig die gleiche Molekülmasse, nicht aber die gleiche Äquivalentmasse. Schwefelsäure ist eine *zwei*basige und Phosphorsäure eine *drei*basige Säure.

Um die richtige Antwort zu finden, lesen Sie bitte noch einmal 21 .

---

**9**

Ihre Antwort ist falsch.

Bei der Salpetersäure ist die Äquivalentmasse so groß wie die Molekülmasse.

*Salpetersäure*, $HNO_3$, ist eine *einbasige Säure*. Sie dissoziiert in Wasser in den Säurerest ($NO_3^{\ominus}$) und *ein* Wasserstoff-Ion ($H^{\oplus}$). Die wirksame Wertigkeit ist *eins*.

$$\text{Äquivalentmasse von } HNO_3 = \frac{\text{Molekülmasse von } HNO_3}{\text{wirksame Wertigkeit}} = \frac{63}{....} = ....$$

Die Äquivalentmasse der Salpetersäure ist . . . . . . . .

Lesen Sie bitte weiter bei 37 .

---

**10**

Bitte aufpassen!

2 val NaOH in 1 Liter Lösung heißt:

1 Liter dieser Natronlauge enthält 2 X 40 g = 80 g NaOH.

Damit haben wir schon die Konzentration in Gramm pro Liter.

2 val NaOH/Liter = 80 g NaOH/Liter

Diese Lösung hätten Sie selbst finden müssen.

Sie sollten das Programm recht bald noch einmal durcharbeiten.  $\longrightarrow$  $\boxed{71}$

---

$\boxed{11}$     Es fehlten die Wörter:

*Bürette*
*Indikator*

Ende des 14. Programms.

---

$\boxed{12}$     So ist das Schema richtig ausgefüllt:

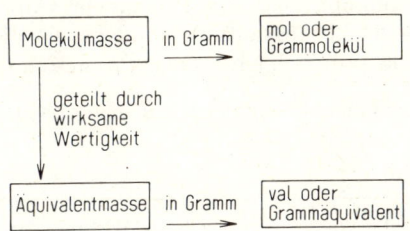

Abb. 25.

Um zu verstehen, welche Vorteile die Einführung des Begriffs „Äquivalentmasse"
bringt, sehen wir uns die Neutralisation von Salzsäure bzw. Schwefelsäure an.

Für die Neutralisation von 1 mol Salzsäure benötigt man 1 mol Natriumhydroxid.
Das zeigt die Reaktionsgleichung.

$$HCl + NaOH \longrightarrow NaCl + H_2O$$

Man kann sagen: 1 mol HCl ist 1 mol NaOH gleichwertig oder *äquivalent*.

Anders ist es bei der Neutralisation von Schwefelsäure mit Natronlauge. Hier braucht
man zur vollständigen Neutralisation von 1 mol Schwefelsäure 2 mol Natriumhydroxid

$$H_2SO_4 + 2 NaOH = Na_2SO_4 + 2 H_2O$$

Hier gilt: 1 mol Schwefelsäure ist 2 mol Natriumhydroxid gleichwertig oder *äquivalent*
oder 1/2 mol Schwefelsäure ist 1 mol Natriumhydroxid gleichwertig oder *äquivalent*.

Von 1 mol (= 1 val) Natriumhydroxid werden also neutralisiert:

1 mol HCl  = 1 val HCl
1/2 mol $H_2SO_4$  = 1 val $H_2SO_4$

**1** *val einer Säure ist also* **1** *val einer Base äquivalent.*

14

Auf Grund dieser Angaben können Sie die folgende Aufgabe ohne die Rekations-gleichung und ohne die Berechnung der Molekülmasse von NaOH lösen.

Wieviel Gramm Salpetersäure ($HNO_3$) werden von 2 mol Natriumhydroxid neutra-lisiert?
(Atommassen: H = 1; N = 14; 0 = 16)

- 31, 5 g Salpetersäure  $\longrightarrow$  19

- 63 g Salpetersäure  $\longrightarrow$  28

- 126 g Salpetersäure  $\longrightarrow$  36

- Ich brauche eine Hilfe.  $\longrightarrow$  46

---

**13**     Um eine Lösung mit einer bestimmten Konzentration, ausgedrückt in Gramm pro Liter, herzustellen, wird eine bestimmte, abgewogene Menge eines Stoffes in einem Lösungsmittel aufgelöst und dabei soviel Lösungsmittel genommen, daß die fertige Lö-sung genau 1 Liter einnimmt. Es muß also doch ein *Volumen* gemessen werden.

Sehen Sie sich die Konzentrationsangaben noch einmal genau an, und wählen Sie eine andere Antwort bei 36 .

**14**

---

**14**     20 g Schwefelsäure und 980 g Wasser ergeben beim Mischen 1000 g Schwefelsäurelösung.

1000 g Schwefelsäurelösung enthalten 20 g Schwefelsäure
100 g Schwefelsäurelösung enthalten  ? g Schwefelsäure

100 g Schwefelsäurelösung enthalten $\dfrac{20 \cdot 100 \text{ g}}{1000}$ Schwefelsäure

$\dfrac{20 \cdot 100 \text{ g}}{1000} = 2$ g Schwefelsäure

Wenn also 100 g Schwefelsäurelösung 2 g Schwefelsäure enthalten, dann ist die Lö-sung 2%ig.

Berechnen Sie in der gleichen Weise folgende Aufgabe:

Wieviel prozentig ist eine verdünnte Phosphorsäure-Lösung, wenn 4 g Phosphorsäure und 196 g Wasser zusammengegeben werden?

- Die Phosphorsäure ist 19,6%ig.  $\longrightarrow$  3

- Die Phosphorsäure ist 4%ig.  $\longrightarrow$  30

- Die Phosphorsäure ist 2%ig.  $\longrightarrow$  56

- Ich habe eine andere Zahl.  $\longrightarrow$  80

**15** Zur Ermittlung der Äquivalentmasse der Phosphorsäure müssen Sie die Molekülmasse der Phosphorsäure durch die Zahl der wirksamen Wertigkeiten *teilen*. Die Zahl der wirksamen Wertigkeiten ist drei.

Lesen Sie noch einmal 37 .

---

**16** Vergleichen Sie:

a) 1 Liter     $1 N H_2SO_4$     ist äquivalent 2 Liter     0,5 N NaOH
b) 0,5 Liter   $1 N HCl$         ist äquivalent 0,5 Liter   1 N NaOH
c) 1 Liter     $0,1 N H_2SO_4$   ist äquivalent 0,1 Liter   1 N NaOH

Man benutzt Normallösungen in der analytischen Chemie zum Titrieren. Die Titration ist ein analytisches Verfahren, mit dem man den Gehalt beispielsweise von Säuren und Basen feststellt. Will man zum Beispiel eine Natronlauge untersuchen, deren Gehalt an NaOH man nicht kennt, dann geht man folgendermaßen vor:

Man mißt 100 ml der unbekannten verdünnten Natronlauge genau ab, gibt etwas Methylorange als Indikator hinzu und läßt aus einer Bürette solange 1 N Salzsäure unter ständigem Umschütteln zutropfen, bis die Farbe des Indikators von gelb nach orange-rot umschlägt. Wir haben dann die Lösung mit 1 N Salzsäure *neutralisiert*. An der Bürette kann man genau ablesen, wieviel ml 1 N Salzsäure dazu notwendig gewesen sind. (ml ist die Abkürzung für Milliliter. 1000 ml = 1 Liter)

**14**

Diese verbrauchten ml 1 N Salzsäure sind äquivalent der unbekannten Menge Natronlauge.

Hat man biespielsweise 100 ml 1 N Salzsäure verbraucht, dann sind die 100 ml der unbekannten Natronlauge auch 1 N.
Daraus läßt sich leicht berechnen, wieviel Gramm NaOH in diesen 100 ml enthalten sind.

Berechnen Sie: Wieviel Gramm NaOH sind in 100 ml 1 N Natronlauge enthalten?

(Atommassen: Na = 23; O = 16; H = 1)

- 40 g NaOH        $\longrightarrow$   54

- 4 g NaOH         $\longrightarrow$   68

- 0,4 g NaOH       $\longrightarrow$   39

- Ich kann das nicht berechnen.   $\longrightarrow$   7

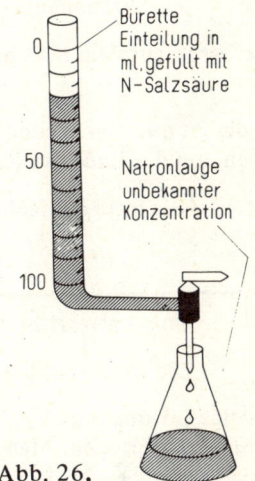

Abb. 26.

---

$\boxed{17}$    Ihre Antwort ist falsch.

Bei der Salpetersäure ist die Äquivalentmasse so groß wie die Molekülmasse.

Salpetersäure, $HNO_3$, ist eine *einbasige* Säure. Sie dissoziiert im Wasser in den Säure-rest ($NO_3^{\ominus}$) und *ein* Wasserstoff-Ion ($H^{\oplus}$). Die wirksame Wertigkeit ist *eins*.

$$\text{Äquivalentmasse von } HNO_3 = \frac{\text{Molekülmasse von } HNO_3}{\text{wirksame Wertigkeit}} = \frac{63}{..} = \cdots$$

Welche Äquivalentmasse hat also Salpetersäure?    $\longrightarrow$   $\boxed{37}$

---

$\boxed{18}$    Richtig ist:

*Grammäquivalent* oder *val*

Eine 1 N Normallösung enthält 1 Grammäquivalent eines Stoffes im Liter gelöst.

Gleiche Volumina von 1 N Normallösungen sind untereinander stets gleichwertig oder . . . . .   . . . . .

Notieren Sie bitte das fehlende Wort.    $\longrightarrow$   $\boxed{5}$

---

$\boxed{19}$    Ihre Antwort ist falsch.      **Lesen Sie bitte bei** $\boxed{46}$ **weiter.**

---

$\boxed{20}$    *2 N Natronlauge*

Das Gerät, aus dem man beim Titrieren die Normallösung zutropfen läßt, heißt
. . . . . . .

Zu der zu untersuchenden Probe muß man vor der Titration einen . . . . . . . . . .
geben, um das Ende der Reaktion zu erkennen.

Notieren Sie bitte die fehlenden Wörter, und vergleichen Sie bei $\boxed{11}$ .

---

$\boxed{21}$    Ihre Antwort ist richtig.

Die Konzentration der Lösung ist 200 g/Liter.

Um eine Lösung mit einer bestimmten *Normalität* herzustellen, wird auch eine be-stimmte, abgewogene Menge eines Stoffes in soviel Lösungsmittel aufgelöst, daß die fertige Lösung genau 1 Liter einnimmt. Die abgewogene Menge wird in Grammäqui-valent (val) angegeben.

Theoretische Grundlagen (VI)     **14. Programm**

Wird 1 val des Stoffes zu einem Liter Lösung aufgelöst, so sagt man:

> *Die Lösung ist 1 - normal.*

2   val/Liter: Die Lösung ist 2 - normal
3   val/Liter: Die Lösung ist 3 - normal
0,5 val/Liter: Die Lösung ist 0,5 - normal

Welche Mengen der drei Säuren benötigt man, um je 1 Liter 1-normale Salzsäure, 1-normale Schwefelsäure und 1-normale Phosphorsäure herzustellen?

(Molekülmassen: $HCl = 36,5$; $H_2SO_4 = 98$; $H_3PO_4 = 98$)

| HCl | $H_2SO_4$ | $H_3PO_4$ | | |
|---|---|---|---|---|
| 36,5 g | 98 g | 98 g | $\rightarrow$ | 72 |
| 36,5 g | 49 g | 32,7 g | $\rightarrow$ | 53 |
| 36,5 g | 49 g | 49 g | $\rightarrow$ | 8 |

---

**22**    Ihre Antwort ist falsch.

Eine Erklärung finden Sie unter 59 .

**14**

---

**23**    Sie müssen sorgfältiger mitarbeiten. Arbeiten Sie deshalb gründlich die Erklärungen bei 73 durch.

---

**24**    Ihre Antwort ist richtig.

Die Äquivalentmasse der Phosphorsäure erhält man, wenn man die Molekülmasse der Phosphorsäure durch 3 teilt;

$$\frac{98}{3} = 32,7$$

Berechnen Sie: Wie groß sind die Äquivalentmassen von Salpetersäure ($HNO_3$) und Kohlensäure ($H_2CO_3$)?

Atommassen  H = 1
             N = 14
             C = 12
             O = 16

*Äquivalentmassen*

| HNO$_3$ | H$_2$CO$_3$ | |
|---------|-------------|---|
| • 63 | 62 | $\longrightarrow$ $\boxed{40}$ |
| • 31,5 | 62 | $\longrightarrow$ $\boxed{6}$ |
| • 63 | 31 | $\longrightarrow$ $\boxed{52}$ |
| • 31,5 | 31 | $\longrightarrow$ $\boxed{64}$ |

---

$\boxed{25}$     Ihre Antwort ist richtig.

Bei der Herstellung einer Lösung mit einer bestimmten Konzentration, ausgedrückt in *Gewichtsprozenten,* wird kein Volumen gemessen. Eine bestimmte, abgewogene Menge eines Stoffes wird in einem Lösungsmittel aufgelöst, und dabei wird im einfachsten Fall soviel Lösungsmittel abgewogen, daß die fertige Lösung genau 100 g wiegt.

Es werden zum Beispiel 20 g Schwefelsäure und 80 g Wasser zusammengegeben. Man erhält dann 100 g 20%ige Schwefelsäure.

**14**

Wieviel prozentig ist die Lösung, wenn 20 g Schwefelsäure und 980 g Wasser zusammengegeben werden? (Bitte berechnen!)

- Die Schwefelsäurelösung ist 0,1%ig. $\longrightarrow$ $\boxed{38}$
- Die Schwefelsäurelösung ist 0,2%ig. $\longrightarrow$ $\boxed{47}$
- Die Schwefelsäurelösung ist 1,0%ig. $\longrightarrow$ $\boxed{65}$
- Die Schwefelsäurelösung ist 2,0%ig. $\longrightarrow$ $\boxed{56}$
- Die Schwefelsäurelösung ist 10%ig. $\longrightarrow$ $\boxed{74}$
- Die Schwefelsäurelösung ist 20%ig. $\longrightarrow$ $\boxed{83}$
- Die Schwefelsäurelösung ist 98%ig. $\longrightarrow$ $\boxed{2}$
- Ich habe eine andere Zahl. $\longrightarrow$ $\boxed{14}$

---

$\boxed{26}$     Vergleichen Sie Ihre Beispiele:

*Einbasige Säuren:*       Molekülmassen

| Salpetersäure | HNO$_3$ | 63 |
|---------------|---------|-----|
| Chlorwasserstoff | HCl | 36,5 |

*Zweibasige Säuren:*

| Schwefelsäure | H$_2$SO$_4$ | 98 |
|---------------|-------------|-----|
| Kohlensäure | H$_2$CO$_3$ | 62 |

*Dreibasige Säure:*          *Molekülmasse*

Phosphorsäure          $H_3PO_4$          98

Sie kennen also Säuren, deren Säurereste *verschieden* viele negative Ladungen haben. Sie kennen die Molekülmasse und das mol (Molekülmasse in Gramm).

Jetzt wollen wir einen weiteren Begriff, die *Äquivalentmasse*, kennenlernen.

> *Die Äquivalentmasse einer Atomgruppe oder eines Atoms*
> *erhält man, wenn man ihre Molekül- oder Atommasse durch*
> *die Zahl der wirksamen Wertigkeiten teilt.*

Wir wollen uns den Begriff der Äquivalentmasse in diesem Programm am Beispiel der Äquivalentmassen von Säuren und Basen bei Neutralisationsreaktionen klarmachen.

HCl ist eine einbasige Säure, sie dissoziiert in Wasser in den Säurerest ($Cl^{\ominus}$) und *ein* Wasserstoff-Ion ($H^{\oplus}$), die *wirksame Wertigkeit* ist *eins*.

Nach obigem Merksatz ist die

Äquivalentmasse von HCl = $\dfrac{\text{Molekülmasse von HCl}}{\text{wirksame Wertigkeit}} = \dfrac{36,5}{1} = 36,5$

**14**

Lösen Sie nach diesem Schema folgende Aufgabe:

Wie groß ist die Äquivalentmasse der Salpetersäure ($HNO_3$, Molekülmasse = 63)

- Die Äquivalentmasse ist 31,5     $\longrightarrow$     $\boxed{9}$
- Die Äquivalentmasse ist 126     $\longrightarrow$     $\boxed{17}$
- Die Äquivalentmasse ist 63     $\longrightarrow$     $\boxed{37}$

---

$\boxed{27}$     Zur Neutralisation von einem Liter einer 1 N Salzsäure oder von einem Liter einer 1 N Schwefelsäure oder von einem Liter einer 1 N Phosphorsäure braucht man in *jedem Falle* einen Liter einer 1 N Natronlauge.

Das wird klarer, wenn wir die Gleichungen für diese drei Neutralisationen einmal in einer außergewöhnlichen Form schreiben:

I.     $HCl + NaOH \longrightarrow NaCl + H_2O$

II.     $1/2\ H_2SO_4 + NaOH \longrightarrow 1/2\ Na_2SO_4 + H_2O$

III.     $1/3\ H_3PO_4 + NaOH \longrightarrow 1/3\ Na_3PO_4 + H_2O$

In dieser Form stellen die Gleichungen genau das dar, wonach gefragt worden ist.

Aus den Gleichungen kann man folgendes ablesen:

In Gleichung I wird 1 val Salzsäure durch 1 val Natriumhydroxid neutralisiert.

In Gleichung II wird 1 val Schwefelsäure (1/2 mol) durch 1 val Natriumhydroxid neutralisiert.

In Gleichung III wird 1 val Phosphorsäure (1/3 mol) durch 1 val Natriumhydroxid neutralisiert.

Die in den Gleichungen aufgeschriebenen Mengen von 1 mol Salzsäure, 1/2 mol Schwefelsäure und 1/3 mol Phosphorsäure werden durch **1 mol** Natriumhydroxid neutralisiert. Das muß auch so sein, denn diese Mengen entsprechen ja genau den Grammäquivalenten.

Gleiche Volumina von Normallösungen sind also stets einander gleichwertig oder äquivalent.

Dabei ist zu beachten, daß die Lösungen auch die gleiche Normalität haben.

    1 Liter 1 N HCl ist äquivalent 1 Liter 1 N NaOH.

Haben die Lösungen unterschiedliche Normalität, so ändern sich auch die einander äquivalenten Volumina entsprechend.

    1 Liter 2 N HCl ist äquivalent 2 Liter 1 N NaOH

    1 Liter 2 N HCl ist äquivalent 4 Liter 0,5 N NaOH

    1 Liter 2 N HCl ist äquivalent 0,5 Liter 4 N NaOH.

Notieren Sie die fehlenden Volumina der folgenden Aufgaben a) bis c).

a) 1 Liter 1 N $H_2SO_4$ ist äquivalent .... Liter 0,5 N NaOH

b) 0,5 Liter 1 N HCl ist äquivalent ..... Liter 1 N NaOH

c) 1 Liter 0,1 N $H_2SO_4$ ist äquivalent ..... Liter 1 N NaOH   → ⟦16⟧

---

⟦28⟧   Ihre Antwort ist falsch.
Lesen Sie bitte bei ⟦46⟧ weiter.

---

⟦29⟧   Die Antworten sind richtig, wenn Sie notiert haben:

Äquivalentmasse HCl  = 36,5

1 mol $H_3PO_4$    = 98 g

1 val $H_2CO_3$    = 31 g

Äquivalentmasse $HNO_3$ = 63

Falls Sie hierbei einen Fehler hatten, sollten Sie, bevor Sie weiterlesen, das Programm ab 26 gründlich wiederholen.

Falls Sie alles richtig hatten, zeichnen Sie bitte das folgende Schema ab, und ergänzen Sie die fehlenden Begriffe.

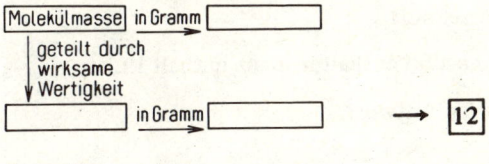

Abb. 27.

---

**30**      Ihre Antwort ist falsch.

4 g Phosphorsäure und 196 g Wasser ergeben beim Mischen 200 g verdünnte Phosphorsäure.

200 g verdünnte Phosphorsäure enthalten 4 g Phosphorsäure
100 g verdünnte Phosphorsäure enthalten ? g Phosphorsäure
100 g verdünnte Phosphorsäure enthalten $\dfrac{4 \cdot 100}{200}$ g Phosphorsäure

$\dfrac{4 \cdot 100}{200}$ g = 2 g Phosphorsäure

Wenn 100 g verdünnte Phosphorsäure 2 g Phosphorsäure enthalten, dann ist die Lösung . . . .%ig.   $\longrightarrow$   56

---

**31**      Bitte aufpassen!

2 val NaOH in 1 Liter Lösung heißt:

1 Liter dieser Natronlauge enthält 2 x 40 g = 80 g NaOH.

Damit haben wir schon die Konzentration in Gramm pro Liter:

*2 val NaOH/Liter = 80 g NaOH/Liter*

Diese Lösung hätten Sie selbst finden müssen. Sie sollten das Programm recht bald noch einmal durcharbeiten.   $\longrightarrow$   71

**32**  Sie haben zwar die Molekülmassen der drei Verbindungen richtig ausgerechnet, aber nicht berücksichtigt, daß Ca(OH)$_2$ die wirksame Wertigkeit *zwei* hat.

Berichtigen Sie diesen Fehler, und vergleichen Sie die Äquivalentmassen bei 41 .

**33**  Bitte passen Sie besser auf!

Wenn 3,5 Liter 700 g Natriumsulfat enthalten, dann enthält 1 Liter $\frac{700}{3,5}$ g Natriumsulfat.

Wählen Sie bei 48 die richtige Antwort.

**34**  Ihre Antwort ist falsch.

Wir haben doch festgestellt, daß gleiche Volumina von Normallösungen einander gleichwertig sind.

Der Begriff der Normallösung ist so wichtig, daß Sie genauer und sorgfältiger arbeiten sollten.

Lesen Sie bitte noch einmal 27 .

**35**  Ihre Berechnung ist nicht richtig.

Eine genaue Erklärung finden Sie bei 48 .

**36**  Ihre Antwort ist richtig

2 mol Natriumhydroxid neutralisieren 126 g Salpetersäure.

Berechnungen, wie die eben von Ihnen durchgeführte, haben beispielsweise große Bedeutung in der analytischen Chemie, wenn der Gehalt bzw. die Konzentration einer Lösung bestimmt werden soll.

Bevor wir uns jedoch mit der Gehaltsbestimmung von Lösungen eingehender befassen können, müssen wir den Begriff „Konzentration" besprechen.

Die *Konzentration* gibt den Gehalt eines gelösten Stoffes in einer Lösung an:

    Niedrige Konzentration = verdünnte Lösung,
    hohe Konzentration = konzentrierte Lösung.

Das sind aber nur sehr ungenaue Angaben über die Konzentration. Im Folgenden sind drei Möglichkeiten zur *genauen* Konzentrationsangabe beschrieben:

1. *Konzentration* ausgedrückt in *Gramm pro Liter (g/Liter):*

    Menge (in Gramm) des in 1 Liter Lösung gelösten Stoffes.

2. *Konzentration* ausgedrückt in *Gewichtsprozenten (Gew.-%):*

    Menge ( in Gramm) des in 100 g Lösung gelösten Stoffes.

3. *Konzentration* ausgedrückt *als Normalität:*

    Menge (in val) des in 1 Liter Lösung gelösten Stoffes.

Schreiben Sie diese drei Konzentrationsangaben ab, wir werden sie noch einzeln besprechen.

In welcher der drei Konzentrationsangaben kommt das Volumen *nicht* vor?

- Konzentration ausgedrückt in Gramm pro Liter   →   13
- Konzentration ausgedrückt in Gewichtsprozent   →   25
- Konzentration ausgedrückt als Normalität   →   60

**14**

---

**37**     Ihre Antwort ist richtig.

Die Äquivalentmasse der Salpetersäure ist 63.

Von Schwefelsäure errechnet sich die Äquivalentmasse entsprechend: $H_2SO_4$ ist eine zweibasige Säure, sie dissoziiert in Wasser in den Säurerest ($SO_4^{2\ominus}$) und *zwei* Wasserstoff-Ionen ($2 H^{\oplus}$), die wirksame Wertigkeit ist *zwei*.

$$\text{Äquivalentmasse von } H_2SO_4 = \frac{\text{Molekülmasse von } H_2SO_4}{\text{wirksame Wertigkeit}} = \frac{98}{2} = 49$$

Die Molekülmasse der Phosphorsäure ist 98. Wie groß ist ihre Äquivalentmasse?

- Die Äquivalentmasse ist 32,7  →   24
- Die Äquivalentmasse ist 49  →   4
- Die Äquivalentmasse ist 98  →   49
- Die Äquivalentmasse ist 294  →   15

---

**38**     Ihre Antwort ist falsch

Der Ansatz zur richtigen Berechnung wird bei 14 beschrieben.

---

**39**    Sie haben sich um eine Dezimalstelle verrechnet. Eine ausführliche Berechnung finden Sie bei ⎡7⎤.

---

**40**    Sie haben die wirksame Wertigkeit der Kohlensäure nicht beachtet. Die Kohlensäure, $H_2CO_3$, ist eine zweibasige Säure, die wirksame Wertigkeit ist zwei.

Kehren Sie zurück nach ⎡24⎤.

---

**41**    Ihre Antwort ist richtig.

Äquivalentmasse NaOH = 40
KOH = 56
$Ca(OH)_2$ = 37

Wir wollen jetzt einige Begriffe wiederholen.

*Beispiele*

| | | |
|---|---|---|
| *Atommasse* | unbenannte dimensionslose Zahl | Schwefel  32 |
| *Molekülmasse* | Summe von Atommassen *unbenannte* dimensionslose Zahl | $H_2SO_4$  98 |
| *Äquivalentmasse* | Atom- oder Molekülmasse geteilt durch wirksame Wertigkeit, *unbenannte* dimensionslose Zahl | $H_2SO_4$  $\frac{98}{2} = 49$ |
| *Grammatom* | Atommasse in *Gramm* | Schwefel  32 g |
| *Grammolekül* (abgekürzt: mol) | Molekülmasse *in Gramm* | $H_2SO_4$  98 g |
| *Grammäquivalent* (abgekürzt: val) | Äquivalentmasse *in Gramm* | $H_2SO_4$  49 g |

Den letzten Begriff, das Grammäquivalent (oder *val*) kennen Sie noch nicht. Prägen Sie sich seine Bedeutung gut ein.

Notieren Sie das Folgende mit der von Ihnen berechneten Antwort:

(Atommassen: H = 1; C = 12; Cl = 35,5; P = 31; N = 14; O = 16)

Äquivalentmasse HCl    =

1 mol $H_3PO_4$    =

1 val $H_2CO_3$    =

Äquivalentmasse $HNO_3$    =    ⟶ ⎡29⎤

**42** 1. Konzentration ausgedrückt in *Gramm pro Liter* (g/Liter).

2. Konzentration ausgedrückt in *Gewichtsprozent* (Gew-%).

3. Konzentration ausgedrückt als *Normalität* (val/Liter).

Zur Wiederholung noch eine Aufgabe:

Eine verdünnte Natronlauge enthält 2 val NaOH in 1 Liter Lösung. Rechnen Sie diese Konzentrationsangabe in die *Konzentration*, ausgedrückt in *Gramm pro Liter*, um. (Äquivalentmasse NaOH = 40). Welches Ergebnis erhalten Sie?

- 20 g/Liter  →  31
- 40 g/Liter  →  10
- 80 g/Liter  →  71

**43**    Ihre Antwort ist falsch.

Eine Erklärung finden Sie unter 59 .

**14**

**44**    Ihre Antwort ist richtig.

Selbstverständlich kann man 1 N Salzsäure bei der Titration durch 1 N Schwefelsäure oder 1 N Phosphorsäure austauschen. Man erhält dann den gleichen Säureverbrauch, denn diese Normallösungen sind ja einander äquivalent.

Man nennt das eben erläuterte Verfahren der Bestimmung einer Lauge: *Alkalimetrie*.

Umgekehrt können wir auch eine Säure, z. B. Salzsäure unbekannter Konzentration, mit einer Lauge titrieren. Jetzt wird die 1 N Natronlauge in die Bürette gefüllt und 100 ml der unbekannten Salzsäure in den Erlenmeyer-Kolben gegeben. Indikator Methylorange nicht vergessen! Es wird solange Natronlauge aus der Bürette zugetropft, bis die Farbe des Indikators von rot-orange nach gelb umschlägt.

Bis zur Neutralisation der Probe haben wir zum Beispiel 20 ml 1 N Natronlauge verbraucht.

Wir berechnen:

1000 ml 1 N Natronlauge entsprechen 1000 ml 1 N Salzsäure, die 36,5 g HCl enthalten.

1 ml 1 N Natronlauge entsprechen $\frac{36,5}{1000}$ g HCl.

20 ml 1 N Natronlauge entsprechen $\frac{36,5 \cdot 20}{1000}$ g HCl.

Wenn wir das ausrechnen, können wir wieder die Konzentration in g/Liter angeben.

Wir können die Konzentration auch in *Gewichtsprozent* angeben. Nur müssen wir dann nicht 100 ml der unbekannten Säure abmessen, sondern 100 g abwiegen und diese titrieren. Wir nehmen vereinfachend an, daß wir hierbei auch 20 ml 1 N Natronlauge verbrauchen. Der Ansatz zur Berechnung bleibt dann der gleiche.

Rechnen Sie auf einem Blatt Papier den Ansatz zu Ende. Wieviel prozentig ist die von uns titrierte Salzsäure?

- 0,73%ig          $\longrightarrow$  $\boxed{63}$

- 7,3%ig           $\longrightarrow$  $\boxed{84}$

- 0,073%ig         $\longrightarrow$  $\boxed{76}$

---

$\boxed{45}$   Ihre Antwort ist falsch.

Eine Erklärung finden Sie unter $\boxed{27}$ .

---

$\boxed{46}$   Sie sollten folgende Aufgabe lösen:

Wieviel Gramm Salpetersäure ($HNO_3$) werden von 2 mol Natriumhydroxid neutralisiert?
1 val Säure ist 1 val Base äquivalent.

2 mol Natriumhydroxid = 2 val Natriumhydroxid.
Es können also 2 val Salpetersäure neutralisiert werden.

Bitte kehren Sie nach $\boxed{12}$ zurück.

---

$\boxed{47}$   Ihre Antwort ist falsch.

Der Ansatz zur richtigen Berechnung wird bei $\boxed{14}$ beschrieben.

---

$\boxed{48}$   Nachdem die 1000 g Natriumchlorid in Wasser aufgelöst sind, wird mit weiterem Wasser bis zur Strichmarke aufgefüllt. Es liegen dann 5 Liter Natriumchloridlösung vor.

5 Liter Natriumchlorid-Lösung enthalten 1000  g Natriumchlorid
1 Liter Natriumchlorid-Lösung enthält       ? g Natriumchlorid

---

1 Liter Natriumchlorid-Lösung enthält $\dfrac{1000 \cdot 1}{5}$ g Natriumchlorid

$$\frac{1000 \cdot 1}{5} g = 200 \text{ g Natriumchlorid im Liter}$$

Die Konzentration dieser Natriumchlorid-Lösung ist also 200 g/Liter.

Berechnen Sie eine weitere Aufgabe:

Wie groß ist die Konzentration in g/Liter, wenn 3,5 Liter einer Natriumsulfat-Lösung 700 g Natriumsulfat enthalten?

- Die Konzentration ist 700 g/Liter.    $\longrightarrow$   62
- Die Konzentration ist 350 g/Liter.    $\longrightarrow$   33
- Die Konzentration ist 200 g/Liter.    $\longrightarrow$   21
- Die Konzentration ist 245 g/Liter.    $\longrightarrow$   55

---

**49**    98 ist die *Molekülmasse* der Phosphorsäure. Um die *Äquivalentmasse* zu erhalten, müssen Sie die Molekülmasse durch die Zahl der wirksamen Wertigkeiten teilen.

Lesen Sie deshalb noch einmal sorgfältig 37 , und beachten Sie bei der Beantwortung der Frage, daß Phosphorsäure eine *drei*basige Säure ist.

**14**

---

**50**    Das Auftreten der violetten Farbe beim Erhitzen einer Probe in der Flamme gibt uns eine Aussage über das *Vorhandensein* von Kalium in dieser Probe, also über die *Qualität* der Probe. Wir erhalten dabei keine Aussage über *die Menge*, die Quantität des vorhandenen Kaliums. Für eine quantitative Analyse des Kaliums sind besondere Verfahren notwendig.

Der Kaliumnachweis durch die Flammenfärbung ist also eine ......... Analyse.    $\longrightarrow$   70

---

**51**    Ihre Antwort ist falsch.

Eine Erklärung finden Sie unter 59 .

---

**52**    Die Äquivalentmasse von $HNO_3$ ist 63.
Die Äquivalentmasse von $H_2CO_3$ ist 31.

Wenn Sie diese Antwort auf Anhieb richtig hatten, dann arbeiten Sie gut mit.

Wir wollen jetzt die Äquivalentmassen von Basen berechnen.

NaOH gibt in Wasser *ein* Hydroxid-Ion ($OH^\ominus$) ab, hat also die wirksame Wertigkeit **1**.
KOH gibt in Wasser *ein* Hydroxid-Ion ($OH^\ominus$) ab, hat also die wirksame Wertigkeit **1**.
$Ca(OH)_2$ gibt in Wasser *zwei* Hydroxid-Ionen (2 $OH^\ominus$) ab, hat also die wirksame Wertigkeit **2**.

Berechnen Sie: Wie groß sind die Äquivalentmassen von NaOH, KOH und Ca(OH)$_2$?

Atommassen:  Na  = 23    O  = 16
             K   = 39    H  = 1
             Ca  = 40

Bitte die Zahlen notieren!


### *Äquivalentmassen*

| NaOH | KOH | Ca(OH)$_2$ | |
|------|-----|-----------|---|
| • 80 | 112 | 74 | → 23 |
| • 40 | 56 | 74 | → 32 |
| • 40 | 56 | 37 | → 41 |
| • 20 | 28 | 37 | → 66 |
| • Ich habe andere Zahlen. | | | → 73 |

---

**53**   Ihre Antwort ist richtig.

| 1-normale Salzsäure | enthält im Liter | 36,5 : 1 | = 36,5 g HCl |
| 1-normale Schwefelsäure | enthält im Liter | 98  : 2 | = 49  g H$_2$SO$_4$ |
| 1-normale Phosphorsäure | enthält im Liter | 98  : 3 | = 32,7 g H$_3$PO$_4$ |

Diese drei Lösungen sind einander gleichwertig (äquivalent).

Sie enthalten gleichwertige Säuremengen.

*Unter einer Normallösung versteht man eine Lösung, welche 1 Grammäquivalent eines Stoffes (= val) im Liter gelöst enthält.*

Abgekürzt bezeichnet man Normallösungen auch als 1 N Lösungen. Man schreibt also für 1-normale Schwefelsäure, 1 N Schwefelsäure-Lösung oder noch kürzer 1 N Schwefelsäure.

Beim Lösen von 73 g (2 mol oder 2 val) Chlorwasserstoff in Wasser zu 1 Liter Lösung entsteht eine 2-normale Salzsäure oder 2 N Salzsäure.

Für die verschiedenen Verwendungszwecke werden Lösungen mit verschiedener Normalität hergestellt. Häufig verwendet werden 5N, 2N, 1N, 0,5N, 0,1N und 0,01N.

Die folgende Übersicht zeigt einige Beispiele, wie man solche Lösungen nennt und in welcher Weise man sie schreibt:

| Schreibweise | Die Lösung enthält im Liter: | | Man nennt eine solche Lösung: |
|---|---|---|---|
| 3 N Lösung | 3 | val | 3-normale Lösung |
| 2 N Lösung | 2 | val | 2-normale Lösung |
| 1/2 N Lösung | 1/2 | val | halb-normale Lösung |
| 0,5 N Lösung | 0,5 | val | 0,5-normale Lösung |
| 1/10 N Lösung | 1/10 | val | 1/10-normale Lösung |
| 0,1 N Lösung | 0,1 | val | 0,1-normale Lösung |

Bitte beachten Sie, daß die 3. und 4. Zeile ebenso wie die 5. und 6. Zeile zwei verschiedene Schreibweisen und Benennungen für ein- und dieselbe Lösung darstellen!

Wieviel mol und wieviel val der Säure enthalten je 1 Liter der folgenden Normallösungen? Notieren Sie Ihr Ergebnis!

- 1 Liter 2 N $H_2SO_4$ enthält ..... mol $H_2SO_4$ = .... val $H_2SO_4$

- 1 Liter 0,5 N $HNO_3$ enthält ..... mol $HNO_3$ = .... val $HNO_3$

- 1 Liter 5 N HCl enthält ..... mol HCl = .... val HCl

Vergleichen Sie bitte bei 67 .

**14**

---

**54**   Sie haben sich um eine Dezimalstelle verrechnet.

Eine ausführliche Berechnung finden Sie bei 7 .

---

**55**   Bitte passen Sie besser auf! Wenn 3,5 Liter 700 g Natriumsulfat enthalten,

dann enhält 1 Liter $\frac{700}{3,5}$ g Natriumsulfat.

Wählen Sie bei 48 die richtige Antwort.

---

**56**   Richtig, die Lösung ist 2%ig.

Um eine Lösung mit einer bestimmten Konzentration, ausgedrückt in *Gramm pro Liter*, herzustellen, wird eine bestimmte, abgewogene Menge eines Stoffes in soviel Lösungsmittel (z. B. $H_2O$) aufgelöst, daß die fertige Lösung genau 1 Liter einnimmt.

Praktisch führt man das folgendermaßen durch:

Der aufzulösende Stoff wird in einen 1-Liter-Meßkolben gegeben, dann wird unter häufigem Umschütteln bis zur Strichmarke mit Wasser aufgefüllt.

Berechnen Sie jetzt folgende Aufgabe:

1000 g Natriumchlorid werden in einen 5-Liter-Meßkolben gegeben. Dann wird Wasser zum Lösen zugegeben, und schließlich wird mit Wasser bis zur Strichmarke aufgefüllt.

Wie groß ist die Konzentration dieser 5 Liter Natriumchlorid-Lösung in Gramm pro Liter?

- Die Konzentration ist 100 g/Liter.          $\longrightarrow$  69
- Die Konzentration ist 200 g/Liter.          $\longrightarrow$  21
- Die Konzentration ist 500 g/Liter.          $\longrightarrow$  78
- Die Konzentration ist 1000 g/Liter.          $\longrightarrow$  35
- Ich habe eine andere Zahl.          $\longrightarrow$  48

---

57   Ihre Antwort ist falsch.

Wir haben doch festgestellt, daß gleiche Volumina von Normallösungen einander gleichwertig sind.

Der Begriff der Normallösung ist so wichtig, daß Sie genauer und sorgfältiger arbeiten sollten.

Lesen Sie bitte noch einmal 27 .

---

58   Ihre Antwort ist falsch.

Eine Erklärung finden Sie unter 27 .

---

59   Wir wollen die gestellte Aufgabe wiederholen:

Die Lösung eines Stoffes hat die Konzentration 200 g/Liter.

Die Dichte dieser Lösung ist 2 g/cm$^3$.
Rechnen Sie diese Konzentrationsangabe in Gewichtsprozent um!

Gewichtsprozent bedeutet: Menge (in Gramm) des in 100 g Lösung gelösten Stoffes.

Wir machen also folgenden Ansatz:

1 Liter Lösung enthält                    200 g gelösten Stoff.
Ein Liter dieser Lösung wiegt 2000 g. (Die Dichte ist 2 g/cm$^3$.)

2000 g Lösung enthalten also          200  g gelösten Stoff.

1 g Lösung enthält demnach          $\dfrac{200}{2000}$ g gelösten Stoff.

100 g Lösung enthalten dann $\dfrac{200 \cdot 100}{2000}$ g gelösten Stoff.

Die Lösung ist also . . . .%ig.     →     $\boxed{82}$

---

$\boxed{60}$     Um eine Normallösung herzustellen, wird 1 Grammäquivalent (1 val) eines Stoffes in einem Lösungsmittel (meist Wasser) aufgelöst und dabei soviel Lösungsmittel genommen, daß die fertige Lösung genau 1 Liter einnimmt. Es muß also *doch ein Volumen* gemessen werden.

Sehen Sie sich die Konzentrationsangaben noch einmal genau an, und wählen Sie eine andere Antwort bei $\boxed{36}$ .

---

$\boxed{61}$     Es fehlen die Wörter:

*Alkalimetrie*
*Acidimetrie*

Wir hatten drei Konzentrationsangaben kennengelernt.

1. Konzentration ausgedrückt in . . . . . . . . . . . . . (g/Liter)

2. Konzentration ausgedrückt in . . . . . . . . . . . . . (Gew.-%)

3. Konzentration ausgedrückt als  . . . . . . . . . . . . (val/Liter)

Notieren Sie bitte die fehlenden Wörter.     →     $\boxed{42}$

**14**

---

$\boxed{62}$     Bitte passen Sie besser auf!

Wenn 3,5 Liter 700 g Natriumsulfat enthalten, dann enthält 1 Liter $\dfrac{700}{3,5}$ g Natriumsulfat.

Wählen Sie bei $\boxed{48}$ die richtige Antwort.

---

$\boxed{63}$     Ihre Antwort ist richtig.

Man nennt das Verfahren zur Bestimmung einer Säure *Acidimetrie*.

Das Verfahren zur Bestimmung einer Lauge nennt man . . . . . . . . . . . . . . . . . .

Bitte notieren Sie das fehlende Wort.     →     $\boxed{79}$

**64**          Bei der Kohlensäure ist die wirksame Wertigkeit 2, bei der Salpetersäure, $HNO_3$, ist die wirksame Wertigkeit 1.

Kehren Sie zurück nach 24 .

---

**65**          Ihre Antwort ist falsch.

Der Ansatz zur richtigen Berechnung wird bei 14 beschrieben.

---

**66**          Sie haben alle Molekülmassen durch 2 geteilt, aber nur für $Ca(OH)_2$ ist die wirksame Wertigkeit 2.

Lesen Sie bitte weiter bei 73 .

---

**67**          Ihre Antworten sind richtig, wenn Sie notiert haben:

| 1 Liter | 2 N $H_2SO_4$ | enthält | 1 mol | $H_2SO_4$ | = | 2 val $H_2SO_4$ |
|---|---|---|---|---|---|---|
| 1 Liter | 0,5 N $HNO_3$ | enthält | 0,5 mol | $HNO_3$ | = | 0,5 val $HNO_3$ |
| 1 Liter | 5 N HCl | enthält | 5 mol | HCl | = | 5 val HCl |

Eine 1 N Natronlauge enthält im Liter 1 Grammäquivalent Natriumhydroxid, das sind 40 g. Auch diese Lösung ist anderen Normallösungen äquivalent. Die in 1 Liter einer 1 N Natronlauge enthaltene Basenmenge neutralisiert genau die in 1 Liter 1 N Säure enthaltene Säuremenge.

Wieviel einer 1 N Natronlauge würden Sie brauchen, um je 1 Liter einer 1 N Salzsäure, einer 1 N Schwefelsäure und einer 1 N Phosphorsäure zu neutralisieren?

- Für 1 N Salzsäure 1 Liter,
  für  1 N Schwefelsäure 2 Liter,
  für  1 N Phosphorsäure 3 Liter.          $\longrightarrow$  58

- In allen Fällen 1 Liter          $\longrightarrow$  77

- Für 1 N Salzsäure 1 Liter,
  für  1 N Schwefelsäure 0,5 Liter,
  für  1 N Phosphorsäure 0,33 Liter.  $\longrightarrow$  45

---

**68**     Richtig, 100 ml 1 N Natronlauge enthalten 4 g NaOH.

So einfach sind die meisten Titrationen aber nicht auszuwerten. Werden für die 100 ml der unbekannten Natronlauge beispielsweise 60 ml der 1 N Salzsäure verbraucht, so rechnet man folgendermaßen:

1000 ml 1 N Salzsäure entsprechen 1000 ml 1 N Natronlauge, die 40 g NaOH enthalten.

1 ml 1 N Salzsäure entspricht folglich $\dfrac{40}{1000}$ g NaOH.

60 ml 1 N Salzsäure (unser Verbrauch) entsprechen

$$\dfrac{40}{1000}g \cdot 60 = \dfrac{2400}{1000}g = 2,4 \text{ g NaOH.}$$

In der 100-ml-Probe der unbekannten Natronlauge sind also bei einem Verbrauch von 60 ml 1 N Salzsäure 2,4 g NaOH enthalten. Nach unserer ersten Konzentrationsangabe enthält die Natronlauge 24 g NaOH/Liter.

Wir hätten zur Titration statt 1 N HCl natürlich auch 1 N $H_2SO_4$ verwenden können. Wieviel ml 1 N Schwefelsäure hätten wir dann zur Neutralisation gebraucht?

- 60 ml    ⟶   44
- 120 ml   ⟶   57
- 30 ml    ⟶   34

---

69 Ihre Berechnung ist nicht richtig.

Eine genaue Erklärung finden Sie bei 48 .

**14**

---

70 Richtig. Der Kaliumnachweis durch die Flammenfärbung ist eine *qualitative* Analyse.

Notieren Sie die Antworten zu folgenden Fragen:

1. Wie nennen wir eine Lösung, welche 1 Grammäquivalent (val) im Liter enthält?

2. Wie nennen wir alle Analysenmethoden, welche auf dem Abmessen von Normallösungen beruhen?

3. Wie nennen wir die Analysen, bei denen wir die mengenmäßigen Anteile der Elemente in einer Verbindung oder der Verbindungen in einem Gemisch feststellen?

Vergleichen Sie bitte bei 81 .

---

71 Ihre Antwort ist richtig.

2 val NaOH in 1 Liter Lösung sind gleich 80 g NaOH/Liter.

Noch eine letzte Aufgabe:

Die Lösung eines Stoffes hat die Konzentration 200 g/Liter. Die Dichte dieser Lösung ist 2 g/cm$^3$.

Rechnen Sie diese Konzentrationsangabe in Gewichtsprozente um. Welches Ergebnis erhalten Sie?

- 5 %                          ⟶   43

- 10 %                        ⟶   82

- 20 %                        ⟶   51

- 40 %                        ⟶   22

- Ich brauche eine Hilfe   ⟶   59

---

**72**        Um eine Normallösung herzustellen, muß man ein Grammäquivalent (1 val) der betreffenden Substanz zu einem Liter Lösung auflösen. Sie müssen also die Äquivalente der drei Säuren berechnen.

Um die richtige Antwort zu finden, lesen Sie bitte noch einmal 21 .

---

**14**

**73**        Zunächst berechnen wir die Molekülmassen:

NaOH:        Atommasse Na   =   23
             Atommasse O    =   16
             Atommasse H    =   $\underline{\phantom{0}1}$
                                 40

KOH:         Atommasse K    =   39
             Atommasse O    =   16
             Atommasse H    =   $\underline{\phantom{0}1}$
                                 56

Ca(OH)$_2$:  Atommasse Ca   =   40
             2 x Atommasse O =   32
             2 x Atommasse H =   $\underline{\phantom{0}2}$
                                 74

Die Äquivalentmasse einer Verbindung erhält man, wenn man ihre Molekülmasse durch die Anzahl ihrer wirksamen Wertigkeit teilt.

|           | Molekülmasse | wirksame Wertigkeit |
|-----------|--------------|---------------------|
| NaOH      | 40           | 1                   |
| KOH       | 56           | 1                   |
| Ca(OH)$_2$ | 74          | 2                   |

Berechnen und notieren Sie bitte die Äquivalentmassen.   ⟶   41

---

**74**     Ihre Antwort ist falsch.

Der Ansatz zur richtigen Berechnung wird bei |14| beschrieben.

---

**75**     *Äquivalentmasse.*

Wie nennt man die Äquivalentmasse in Gramm?

Notieren Sie bitte Ihre Antwort.    $\longrightarrow$    |18|

---

**76**     Sie haben sich in der Kommastelle geirrt.

$$\frac{36,5}{1000} \cdot 20 = 0,73 \text{ g HCl}$$

100 g der unbekannten Salzsäure enthalten 0,73 g HCl. Die Lösung ist . . . .%ig.

                                              $\longrightarrow$ |63|

---

**77**     Ihre Antwort ist richtig.

**14**

Diese Sache ist besonders wichtig, wir wollen sie deshalb noch einmal mit anderen Worten erklären.

Lesen Sie bitte weiter unter |27| .

---

**78**     Ihre Berechnung ist nicht richtig.

Eine genaue Erklärung finden Sie bei |48| .

---

**79**     Bestimmung einer Lauge: *Alkalimetrie.*
            Bestimmung einer Säure: *Acidimetrie.*

Die Alkalimetrie und die Acidimetrie bilden einen Teil der *Maßanalyse.* Mit diesem Begriff bezeichnet man Analysenverfahren, die auf dem Abmessen von Normallösungen beruhen.

Es gibt zwei Arten von analytischen Verfahren:

Die qualitative und die quantitative Analyse.

Bei der *qualitativen Analyse* ermittelt man die *Elemente,* aus denen eine chemische Verbindung besteht oder die Elemente und Verbindungen, aus denen ein Gemisch zusammengesetzt ist.

Erst bei der *quantitativen Analyse* ermittelt man den *mengenmäßigen* Anteil, den einzelne Elemente in einer Verbindung oder einzelne Verbindungen in einem Gemisch haben.

Die *Alkalimetrie* und die *Acidimetrie* gehören wie alle Maßanalysen (Titrationen) zur *quantitativen Analyse*.

Hier ein Beispiel: Die Untersuchung von Meerwasser. Die Untersuchung, bei der wir feststellen, daß das Meerwasser Natriumchlorid enthält, ist eine *qualitative* Analyse. Die Untersuchung, bei der wir feststellen, daß das Meerwasser 3 % Natriumchlorid enthält, ist eine *quantitative* Analyse.

Prägen Sie sich diese Unterschiede gut ein, und beantworten Sie dann die Frage:

Kalium wird durch das Auftreten einer violetten Flammenfärbung nachgewiesen. Worum handelt es sich bei diesem Nachweis?

- Um eine qualitative Analyse  $\longrightarrow$  $\boxed{70}$
- Um eine quantitative Analyse  $\longrightarrow$  $\boxed{50}$

---

**14**

$\boxed{80}$  Ihre Antwort ist falsch.

4 g Phosphorsäure und 196 g Wasser ergeben beim Mischen 200 g verdünnte Phosphorsäure.

200 g verd. Phosphorsäure enthalten 4 g Phosphorsäure

100 g verd. Phosphorsäure enthalten ? g Phosphorsäure

---

100 g verd. Phosphorsäure enthalten $\dfrac{4 \cdot 100}{200}$ g Phosphorsäure

$\dfrac{4 \cdot 100}{200}$ g = 2 g Phosphorsäure

Wenn 100 g verdünnte Phosphorsäure 2 g Phosphorsäure enthalten, dann ist die Lösung . . . .%ig.  $\longrightarrow$  $\boxed{56}$

---

$\boxed{81}$  Die Antworten sind:

1. *Normallösung*

2. *Maßanalyse*

3. *Quantitative Analysen*

Notieren Sie die fehlenden Wörter:

Wir haben bis jetzt zwei Verfahren der Maßanalyse kennengelernt:

Die Bestimmung von Laugen oder . . . . . . . . . . . . . . .
und die Bestimmung von Säuren oder . . . . . . . . . . . . .    →    61

---

82        Richtig, die Lösung ist 10%ig.

Wir wollen jetzt wiederholen. Die in der Maßanalyse benutzten Lösungen werden Normallösungen genannt.

Die Molekülmasse einer Verbindung, geteilt durch die wirksame Wertigkeit, heißt . . . . . . . . . . . . .

Notieren Sie bitte das fehlende Wort.    →    75

---

83        Ihre Antwort ist falsch.

Der Ansatz zur richtigen Berechnung wird bei 14 beschrieben.

---

84        Sie haben sich in der Kommastelle geirrt.

$$\frac{36{,}5\ \text{g}}{1000} \cdot 20 = 0{,}73\ \text{g HCl}$$

100 g der unbekannten Salzsäure enthalten 0,73 g HCl. Die Lösung ist . . . .%ig.

→    63

## 15. Programm

### Kohlenstoff (I)

---

**1**    In den nächsten fünf Programmen wird ein besonders wichtiges Element, der *Kohlenstoff,* besprochen. Als reines Element kommt er in drei Erscheinungsformen (Modifikationen) vor:

Ruß,   Graphit,   Diamant.

Wie würden Sie die drei Erscheinungsformen des Kohlenstoffs bezeichnen?

- Als drei verschiedene Kohlenstoffverbindungen    ⟶   14
- Als drei verschiedene Aggregatzustände des Kohlenstoffs    ⟶   18
- Als drei verschiedene Modifikationen des Kohlenstoffs    ⟶   8

---

**2**    Ruß, Graphit und Diamant sind die drei Modifikationen des *Kohlenstoffs;* sie haben (chemisch gesehen) die gleiche Zusammensetzung, denn sie bestehen aus reinem *Kohlenstoff.*

Deshalb liefern sie bei der Verbrennung auch die gleichen Verbrennungsgase.

Schreiben Sie folgenden Satz mit Ergänzung ab.

Bei der Verbrennung der drei Modifikationen des Kohlenstoffs entstehen die . . . . . . . . . . Verbrennungsgase.

Vergleichen Sie unter 31 .

**15**

---

**3**    Nein, Diamant leitet den elektrischen Strom *nicht.*

Lesen Sie bitte nochmals 36 .

---

**4**    Ihre Antwort ist richtig.

Die Verbrennung des Kohlenstoffs verläuft in 2 Stufen:

Kohlenstoff + Sauerstoff   ⟶  Kohlenmonoxid
Kohlenmonoxid + Sauerstoff ⟶ Kohlendioxid

Stellen Sie bitte für beide Stufen die chemischen Gleichungen auf, und vergleichen Sie unter 27 .

---

**5**      Selbstverständlich ist *Kohlenmonoxid brennbar.* Sie haben doch gerade die Gleichung für die Verbrennung des Kohlenmonoxids aufgestellt. Kohlenmonoxid entsteht bei der *unvollständigen* Verbrennung des Kohlenstoffs. Mit weiterem Sauerstoff verbrennt es zu Kohlendioxid.

Stellen Sie bitte nochmals beide Gleichungen auf, und vergleichen Sie bei 27 .

**6**      Nein, Ruß leitet den elektrischen Strom *nicht.*

Lesen Sie bitte nochmals 36 .

**7**      Durch Überleiten von Luft über glühenden Koks wird Kohlendioxid *in der Technik* hergestellt. Das Verfahren ist für die Herstellung von Kohlendioxid im Laboratorium völlig ungeeignet.

Lesen Sie noch einmal 34 .

**8**      Ihre Antwort ist richtig.

Die drei Erscheinungsformen des Kohlenstoffs — Ruß, Graphit und Diamant — bezeichnet man auch als *Modifikationen des Kohlenstoffs.* In allen drei Modifikationen liegt Kohlenstoff als reines Element vor. Wir erinnern uns, daß auch der Schwefel in verschiedenen Erscheinungsformen (Modifikationen) auftreten kann (spröder und plastischer Schwefel).

Eine der drei Modifikationen ist Ihnen sicher schon begegnet. Es ist fein verteilter Kohlenstoff, wie er bei der unvollständigen Verbrennung auftritt. Denken Sie an eine schlecht brennende Kerze.

Welche Modifikation tritt bei der unvollständigen Verbrennung auf?

- Ruß   → 15
- Graphit → 28
- Diamant → 25

**9**      Ihre Antwort ist richtig. Kohlendioxid ist das *Anhydrid der Kohlensäure.*

Das Kohlendioxid reagiert jedoch nur zu einem geringen Teil mit dem Wasser. Die Konzentration der Kohlensäure im Wasser ist sehr gering. Hauptsächlich liegt das $CO_2$ im Wasser gelöst vor.

Die Reaktionsgleichung wird deshalb mit einem Doppelpfeil geschrieben:

$$H_2O + CO_2 \rightleftharpoons H_2CO_3$$

Wird diese wäßrige Kohlensäurelösung erhitzt, so entweicht $CO_2$.

Die Kohlensäure verhält sich also in dieser Hinsicht ähnlich wie die schweflige Säure.

In welcher Richtung verläuft die Reaktion beim Erhitzen:

● von links nach rechts   ⟶   29
● von rechts nach links   ⟶   17

---

10     Ihre Antwort ist falsch.

Schreiben Sie folgenden Satz mit Ergänzungen ab.

Ruß, Graphit und Diamant sind die drei Modifikationen des . . . . . . . . . .; sie haben chemisch die gleiche Zusammensetzung, denn sie bestehen aus reinem

. . . . . . . . . . . . . . .

Vergleichen Sie bitte unter 2 .

---

11     $CaCO_3 + H_2SO_4 \longrightarrow CaSO_4 + CO_2 + H_2O$

In der Technik werden zur Herstellung von $CO_2$ andere Verfahren angewendet.

1. Überleiten von Luft über glühenden Koks.

$$C + O_2 \longrightarrow CO_2$$

2. Brennen von Kalk.

Beim Brennen von Kalk wird Kalk in großen Öfen stark erhitzt.

$$CaCO_3 \xrightarrow{\text{Hitze}} CaO + CO_2$$

Calciumcarbonat zerfällt beim Brennen in . . . . . . . . und . . . . . . . . . . . . . .

Schreiben Sie den letzten Satz mit Ergänzungen ab, und vergleichen Sie unter 30 .

**15**

---

12     Ihre Antwort ist falsch.

Eine Erklärung finden Sie unter 20 .

---

13     Ihre Antwort ist richtig.

Im Laboratorium wird $CO_2$ durch Einwirkung von Salzsäure auf Calciumcarbonat (Kalk oder Marmor) hergestellt.

In der Technik wird $CO_2$ nach zwei anderen Verfahren gewonnen.

Notieren Sie mit Ergänzungen:

1. Durch Überleiten von ... über glühenden .....

2. Durch Brennen von ... .                 $\longrightarrow$   35

---

**14**      Chemisch sind Ruß, Graphit und Diamant *reiner, elementarer Kohlenstoff.* Ihre Antwort ist falsch.

Lesen Sie noch einmal 1 .

---

**15**      Richtig, *Ruß* entsteht bei der unvollständigen Verbrennung. Er ist fein verteilter Kohlenstoff, der wegen seiner tiefschwarzen Eigenfarbe als Farbpigment Verwendung findet.

*Graphit* kommt als Mineral in der Natur vor und kann auch künstlich hergestellt werden. Er ist grau-schwarz, weich und glänzt fettig. Graphit leitet den elektrischen Strom gut. Er hat ausgezeichnete Schmierwirkung und wird deshalb als Schmiermittel verwendet. Zur Herstellung von Bleistiftminen wird Graphit mit Ton vermischt und gebrannt. Weil er den elektrischen Strom leitet, werden aus Graphit Elektroden hergestellt.

Notieren Sie für Ruß und Graphit in Stichworten die wichtigsten Einzelheiten, und vergleichen Sie bei 36 .

---

**16**      Kohlendioxid ist das Dioxid des Kohlenstoffs. Das sagt aber noch nichts aus über sein chemisches Verhalten gegen Wasser.

Sehen Sie sich bitte noch einmal genau die Gleichung an unter 32 .

---

**17**      Ja, beim Erhitzen verläuft die Reaktion von rechts nach links. $CO_2$ entweicht aus dem Wasser und $H_2CO_3$ zerfällt wieder in $H_2O$ und $CO_2$. Schließlich enthält das Wasser keine Kohlensäure mehr.

Schreiben Sie bitte die Reaktionsgleichungen zur Bildung von Kohlensäure aus Wasser und Kohlendioxid auf, und vergleichen Sie bei 64 .

---

**18**      Unter dem *Aggregatzustand* eines Stoffes versteht man etwas anderes. Es gibt die drei Aggregatzustände: *Fest, flüssig und gasförmig.*

Wasser z. B. tritt normalerweise im flüssigen Aggregatzustand auf. Als Eis befindet es sich im festen Aggregatzustand, als Wasserdampf im gasförmigen Aggregatzustand.

Kohlenstoff ist sowohl als Ruß, als Graphit und auch als Diamant fest.

Lesen Sie noch einmal ⬚1 .

---

**19**      Es fehlte das Wort:

*Adsorption*

Chemisch ist der Kohlenstoff ein recht träges Element. Er verbindet sich nur schwer und nur bei höherer Temperatur mit anderen Elementen.

Eine wichtige chemische Reaktion des Kohlenstoffs ist seine Verbrennung. Hierbei verhalten sich die drei Zustandsformen des Kohlenstoffs unterschiedlich.

*Ruß* verbrennt bei längerem Glühen.

*Graphit* muß man mit einem Gebläse erhitzen, um ihn zu verbrennen.

*Diamant* verbrennt nur bei *sehr* hohen Temperaturen.

Überlegen Sie sich jetzt, was beim Verbrennen der drei Kohlenstoffmodifikationen entsteht.

Welche Antwort ist richtig?

● Beim Verbrennen entstehen in allen drei Fällen die gleichen
  Verbrennungsgase.                                          ⟶ ⬚31

● Beim Verbrennen von Ruß entsteht etwas anderes als beim Verbrennen von
  Graphit oder Diamant.                                      ⟶ ⬚10

**15**

---

**20**      In dem Namen Kohlenmonoxid steckt der Bestandteil *mono,* in dem Namen Kohlendioxid steckt der Bestandteil *di.Mono* bedeutet *einmal,* und *di* bedeutet *zweimal.*

Gemeint ist, daß im Kohlenmonoxid der Sauerstoff einmal und im Kohlendioxid der Sauerstoff zweimal auftritt. Die Zahlwörter *mono* und *di* stehen also stets *vor* dem Wort, auf das sie sich beziehen.
Die gleiche Bezeichnungsweise finden Sie bei den Oxiden des Schwefels: Schwefeldioxid ist $SO_2$, Schwefeltrioxid ist $SO_3$. Das *di* (= zwei) steht vor dem Wort -oxid, bezieht sich also auf das O. Das gleiche gilt für die Silbe *tri* (= drei).

Entsprechend ist Kohlenmonoxid CO, Kohlendioxid $CO_2$.

Gehen Sie zurück nach ⬚31 .

---

**21**      Ja, *Kohlenmonoxid verbrennt* mit dem Sauerstoff der Luft zu *Kohlendioxid:*

$$2\,CO + O_2 \longrightarrow 2\,CO_2$$

*Kohlendioxid* ist ein farbloses Gas. Es unterhält die Verbrennung und die Atmung nicht und wirkt deshalb erstickend. Da Kohlendioxid wesentlich schwerer ist als Luft, sammelt es sich immer auf dem Boden an.

Kohlendioxid ist in manchen Feuerlöschgeräten enthalten. Beim Löschen breitet es sich über dem Brandherd aus und schließt diesen vom Luftsauerstoff ab.

Kohlendioxid läßt sich leicht verflüssigen; in dieser flüssigen Form kommt es auch in Stahlflaschen in den Handel.

Beim Abkühlen (−78 °C) wird das Kohlendioxid fest. In dieser Form dient es als Kühlmittel. Man nennt festes Kohlendioxid auch *„Trockeneis"*, denn beim Erwärmen wird es im Gegensatz zum Eis nicht flüssig, sondern geht aus dem festen direkt in den gasförmigen Zustand über. $CO_2$ sublimiert.

Den Übergang vom festen Zustand unmittelbar in den gasförmigen nennt man *Sublimation.* Der flüssige Zustand wird bei der *Sublimation* übersprungen.

Notieren Sie in Stichworten die Eigenschaften von CO und $CO_2$, und vergleichen Sie unter $\boxed{32}$ .

---

$\boxed{22}$     *Ruß, Graphit* und *Diamant*

**15**

Auch Diamant ist ein Mineral. Er ist durchsichtig und stark lichtbrechend und wird deshalb zur Herstellung von Schmuck verwendet. Der Diamant ist extrem hart, er ist einer der härtesten Stoffe und wird zum Schneiden von Glas, als Schleifmittel und als Spitze von Spezialbohrern verwendet. Der Hauptfundort für Diamanten ist Südafrika.

Zwei der drei Modifikationen des Kohlenstoffs leiten den elektrischen Strom schlecht, nur eine leitet gut. Welche wird den elektrischen Strom leiten?

- Diamant    $\longrightarrow$    $\boxed{3}$

- Ruß       $\longrightarrow$    $\boxed{6}$

- Graphit    $\longrightarrow$    $\boxed{48}$

---

$\boxed{23}$        Kohlenmonoxid und Kohlendioxid sind zwei verschiedene Verbindungen. Sie müssen also auch verschiedene Molekülmassen haben!

Lesen Sie noch einmal $\boxed{31}$ .

---

$\boxed{24}$     $Na_2CO_3 + 2\,HCl \longrightarrow 2\,NaCl + CO_2 + H_2O$

Haben Sie evtl. auf die rechte Seite $2\,NaCl + H_2CO_3$ geschrieben? Das wäre kein großer Fehler, aber wir müssen daran denken, daß freie Kohlensäure unbeständig ist und in $CO_2$ und $H_2O$ zerfällt.

Ein weiteres wichtiges Salz der Kohlensäure ist das Calciumcarbonat $CaCO_3$.

Notieren Sie die Gleichung für die Umsetzung von Calciumcarbonat mit Salzsäure.

Vergleichen Sie unter $\boxed{34}$ .

---

$\boxed{25}$      Nein, Diamant entsteht nicht durch unvollständige Verbrennung. Diamant ist ein Mineral, über das Sie noch weitere Einzelheiten erfahren.

Kehren Sie zurück nach $\boxed{8}$ .

---

$\boxed{26}$      Ja, die Eigenschaft der Aktivkohle, große Mengen von Gasen, Flüssigkeiten oder gelösten Stoffen festzuhalten, beruht auf einem *physikalischen* Vorgang. Die Kohle wird dabei *nicht* verändert. Man kann die von der Aktivkohle festgehaltenen Stoffe wieder freisetzen, z. B. durch Erhitzen oder Auswaschen.

Aktivkohle kann also fremde Moleküle festhalten. Diesen Vorgang bezeichnet man als . . . . . . . . . . . .    $\longrightarrow$    $\boxed{19}$

---

$\boxed{27}$      Die Verbrennung des Kohlenstoffs verläuft in zwei Stufen:

1.      $2\,C\ +\ O_2 \longrightarrow 2\,CO$

2.      $2\,CO + O_2 \longrightarrow 2\,CO_2$

Man kann die vollständige Verbrennung des Kohlenstoffs auch in *einer* Gleichung darstellen:

Kohlenstoff + Sauerstoff $\longrightarrow$ Kohlendioxid.

Stellen Sie bitte die chemische Gleichung auf, und vergleichen Sie unter $\boxed{39}$ .

**15**

---

$\boxed{28}$      Nein, Graphit entsteht nicht durch unvollständige Verbrennung. Graphit ist ein Mineral, über das Sie noch weitere Einzelheiten erfahren.

Kehren Sie zurück nach $\boxed{8}$ .

---

$\boxed{29}$      Ihre Antwort ist falsch.

Lesen Sie noch einmal sorgfältig $\boxed{9}$ .

30| Calciumcarbonat zerfällt beim Brennen in *Calciumoxid* und *Kohlendioxid.*

Wie wird im Laboratorium Kohlendioxid hergestellt?

- Durch Brennen von Kalk                                     → 37|

- Durch Einwirkung von Salzsäure auf Calciumcarbonat    → 13|

- Durch Überleiten von Luft über glühenden Koks          → 7|

---

31| Bei der Verbrennung der drei Modifikationen des Kohlenstoffs entstehen die *gleichen Verbrennungsgase.* Es ist dies auch der Beweis dafür, daß alle drei Modifikationen aus reinem Kohlenstoff bestehen.

Beim Verbrennen von Kohlenstoff entsteht zunächst Kohlenmonoxid, das in Gegenwart von genügend Sauerstoff weiter zum Kohlendioxid verbrennt.

Schreiben Sie sich die Formeln für Kohlenmonoxid und für Kohlendioxid auf ein Blatt Papier.
Kohlenstoff hat die Atommasse 12, Sauerstoff hat die Atommasse 16. Welche der angegebenen Molekülmassen für Kohlenmonoxid und Kohlendioxid sind richtig?

|  | Kohlenmonoxid | Kohlendioxid |  |  |
|---|---|---|---|---|
| • | 28 | 28 | → | 23| |
| • | 28 | 44 | → | 4| |
| • | 44 | 28 | → | 12| |
| • | 28 | 40 | → | 41| |

---

32| Vergleichen Sie:

CO ist ein *sehr giftiges,* farbloses, brennbares Gas.

$CO_2$ ist ein erstickendes, farbloses, schweres Gas, das verflüssigt werden kann und in fester Form als Trockeneis zum Kühlen Verwendung findet. $CO_2$ sublimiert.

Kohlendioxid entsteht bei der *vollständigen* Verbrennung aller kohlenstoffhaltigen Verbindungen. An einigen Stellen der Erde finden wir Kohlendioxid im Quellwasser (Mineralwasser).

Ein mit Kohlendioxid gesättigtes Wasser ist sauer, weil sich ein Teil des Kohlendioxids mit Wasser zur Kohlensäure verbindet. Kohlensäure hat die Summenformel $H_2CO_3$ und bildet sich nach folgender Gleichung:

$$H_2O + CO_2 \longrightarrow H_2CO_3$$

**15**

Als was reagiert Kohlendioxid in dieser Gleichung?

- Als Oxidationsmittel    $\longrightarrow$    45
- Als Dioxid des Kohlenstoffs    $\longrightarrow$    16
- Als Säureanhydrid    $\longrightarrow$    9

---

**33**    Nein, bei einem chemischen Vorgang tritt eine tiefgreifende Veränderung der beteiligten Stoffe ein.

Die Aktivkohle hält aber Gase, Flüssigkeiten oder gelöste Stoffe in ähnlicher Weise fest, wie ein Schwamm das Wasser festhält. Man kann die von der Aktivkohle festgehaltenen adsorbierten Stoffe z. B. durch Erhitzen oder Auswaschen wieder von der Aktivkohle abtrennen. Der als *Adsorption* bezeichnete Vorgang ist ein . . . . . (physikalischer/chemischer) *Vorgang.*

Lesen Sie weiter unter 26 .

---

**34**    $CaCO_3 + 2\,HCl \longrightarrow CaCl_2 + CO_2 + H_2O$

Calciumcarbonat kommt in der Natur in riesigen Mengen als Kalk oder Marmor vor. Aus Kalk bestehen ganze Gebirge.

Aus Calciumcarbonat können wir leicht $CO_2$ gewinnen. Im Laboratorium übergießt man dazu Kalk- oder Marmorstücke mit Säuren. Unter Aufbrausen entwickelt sich $CO_2$. Die Gleichung oben beschreibt diese Reaktion mit Salzsäure. Stellen Sie jetzt die Gleichung der Reaktion von Calciumcarbonat mit Schwefelsäure auf.

Vergleichen Sie unter 11 .

**15**

---

**35**    Vergleichen Sie:

1. Durch Überleiten von *Luft* über glühenden *Koks.*

2. Durch Brennen von *Kalk.*

Notieren Sie die Gleichungen für die technische Herstellung von $CO_2$, und vergleichen Sie unter 43 .

---

**36**    Vergleichen Sie:

*Ruß:*    unvollständige Verbrennung, tiefschwarz, Farbpigment.

*Graphit:*    Mineral, grau-schwarz, weich, glänzt, stromleitend, Schmiermittel, Bleistiftminen, Elektroden.

Wie heißen die drei Modifikationen des Kohlenstoffs?

Bitte notieren.    $\longrightarrow$   22

---

37      Durch Brennen von Kalk wird Kohlendioxid *in der Technik* hergestellt. Die Reaktionsgleichung lautet:

$$CaCO_3 \longrightarrow CaO + CO_2$$

Das Verfahren wird in großen Öfen ausgeübt, weil zur Durchführung der Reaktion ziemlich hohe Temperaturen erforderlich sind. Das Verfahren ist demnach für eine Herstellung des Kohlendioxids im Laboratorium völlig ungeeignet.

Lesen Sie noch einmal 34 .

---

38     $H_2CO_3 \rightleftharpoons CO_2 + H_2O$

Ende des 15. Programms.

---

39     $C + O_2 \longrightarrow CO_2$

$CO_2$ ist Kohlendioxid
$CO$   ist Kohlenmonoxid

**Kohlenmonoxid ist ein äußerst heimtückisches Gift, weil es farblos und geruchlos ist. Es ist der giftige Bestandteil des Leuchtgases.**

Da es sich bei der unvollständigen Verbrennung von Kohlenstoff bildet, sind Öfen, die wegen irgendwelcher Mängel schlecht ziehen (also zu wenig Sauerstoff bekommen), eine Gefahrenquelle.

Welche der beiden Aussagen ist richtig?

- Kohlenmonoxid ist nicht brennbar      $\longrightarrow$   5

- Kohlenmonoxid verbrennt zu Kohlendioxid    $\longrightarrow$   21

---

40      Ja, die Konzentration der $H^{\oplus}$-Ionen ist nur klein.

Die Salze der Kohlensäure heißen Carbonate. $Na_2CO_3$ ist Natriumcarbonat.

Notieren Sie bitte die Summenformel für Kaliumcarbonat.    $\longrightarrow$   50

---

41      Ihre Antwort ist falsch.

Eine Erklärung finden Sie unter 20 .

15

**42**      Verwendung:

*Ruß:* Schwarzer Farbstoff.

*Graphit:* Schmiermittel, Herstellung von Elektroden, Bleistiftminen.

*Diamant:* Schmuckstein, zum Schneiden und Schleifen harter Stoffe (Glas).

Wenn man Holz unter Ausschluß von Luft erhitzt, dann verkohlt es. Bei diesem Vorgang werden Gase frei, die aus dem verkohlenden Holz in feinen Kanälen entweichen. Es bleibt Holzkohle zurück, die wegen der vielen feinen Kanäle eine sehr große Oberfläche besitzt. Sie wird *Aktivkohle* genannt.

Man kann sich die Aktivkohle vorstellen wie einen Schwamm, nur sieht man die feinen Poren und Kanäle bei der Aktivkohle nicht. Aktivkohle hat die Fähigkeit, große Mengen von Gasen und Flüssigkeiten festzuhalten oder gelöste Stoffe einer Lösung zu entziehen. Man sagt, die Aktivkohle *adsorbiert* fremde Moleküle und bezeichnet diesen Vorgang als *Adsorption*.

Von diesen Eigenschaften der Aktivkohle macht man im Laboratorium und in der chemischen Technik Gebrauch, um z. B. Chemikalien von Verunreinigungen zu befreien. Auch in Gasschutzmasken werden Filter, die Aktivkohle enthalten, verwendet. In der Kohleschicht werden die giftigen Bestandteile zurückgehalten.

Worauf beruht das beschriebene Verhalten der Aktivkohle?

- Auf einer chemischen Reaktion    $\longrightarrow$  33
- Auf einem physikalischen Vorgang    $\longrightarrow$  26

**15**

---

**43**      Vergleichen Sie:

1.      $C + O_2 \longrightarrow CO_2$

2.      $CaCO_3 \xrightarrow{\text{Hitze}} CaO + CO_2$

Wir wollen jetzt wiederholen:

In wie vielen Erscheinungsformen (Modifikationen) kommt reiner Kohlenstoff vor?

- In einer Modifikation    $\longrightarrow$  68
- In zwei Modifikationen    $\longrightarrow$  58
- In drei Modifikationen    $\longrightarrow$  53
- In vier Modifikationen    $\longrightarrow$  61

| 44 | Ihre Antwort ist richtig. |

Es handelt sich um Graphit.

Die 3 Kohlenstoff-Modifikationen sind brennbar, wenn auch zum Teil sehr schwer.

Welche Reihenfolge der 3 Modifikationen ist richtig?

| brennbar | schwer brennbar | sehr schwer brennbar | |
|---|---|---|---|
| • Ruß | Diamant | Graphit | → 66 |
| • Diamant | Ruß | Graphit | → 54 |
| • Graphit | Ruß | Diamant | → 59 |
| • Ruß | Graphit | Diamant | → 62 |

| 45 | Eine Oxidation ist ein chemischer Vorgang, bei dem sich ein Stoff *mit Sauerstoff verbindet.* Freier Sauerstoff tritt aber bei der Umsetzung von Kohlendioxid mit Wasser überhaupt nicht auf. Sehen Sie sich deshalb noch einmal die entsprechende Reaktionsgleichung an. Sie finden sie unter 32 .

**15**

| 46 | Kohlenmonoxid, CO
Kohlendioxid, $CO_2$

Welches der Oxide ist sehr giftig?

• Kohlenmonoxid → 56

• Kohlendioxid → 57

| 47 | $CO_2$ ist das *Anhydrid* der Kohlensäure.

Kohlensäure ($H_2CO_3$) ist eine sehr schwache Säure, die nur in starker Verdünnung und in der Kälte beständig ist.

Beim Erwärmen zerfällt Kohlensäure.

Nach welcher Gleichung? → 38

| 48 | Ihre Antwort ist richtig.

Von den drei Modifikationen des Kohlenstoffs leitet nur *Graphit* den elektrischen Strom gut.

Notieren Sie in Stichworten, welche Eigenschaften die drei Modifikationen des Kohlenstoffs haben, und vergleichen Sie unter ☐63.

---

**49**      Ruß hat ganz andere Eigenschaften.

*Ruß ist tiefschwarz und findet Verwendung zum Färben. Er entsteht bei der unvollständigen Verbrennung.*

Gehen Sie zurück nach ☐60.

---

**50**      Bitte vergleichen Sie:

$K_2CO_3$ = Kaliumcarbonat

Und nun zum Nachweis der Kohlensäure in ihren Salzen: Als leicht flüchtige Säure läßt sie sich durch schwerer flüchtige Säuren aus ihren Salzen verdrängen.

Ergänzen Sie folgende Gleichung:

$$Na_2CO_3 + 2\,HCl \longrightarrow$$

Vergleichen Sie unter ☐24.

---

**51**      $H_2CO_3 \rightleftharpoons 2\,H^{\oplus} + CO_3{}^{2\ominus}$

Auch diese Reaktion muß mit einem Doppelpfeil geschrieben werden, denn Kohlensäure ist eine schwache Säure. Als schwache Säure dissoziiert sie nur sehr wenig. In wäßriger Lösung liegen also neben $H^{\oplus}$- und $CO_3{}^{2\ominus}$-Ionen auch $HCO_3{}^{\ominus}$-Ionen und undissoziierte $H_2CO_3$-Moleküle vor.

Als zweibasige Säure dissoziiert sie in zwei Stufen:

1. Stufe:    $H_2CO_3 \rightleftharpoons H^{\oplus} + HCO_3{}^{\ominus}$

2. Stufe:    $HCO_3{}^{\ominus} \rightleftharpoons H^{\oplus} + CO_3{}^{2\ominus}$

---

       $H_2CO_3 \rightleftharpoons 2\,H^{\oplus} + CO_3{}^{2\ominus}$

Wie groß wird die Konzentration der $H^{\oplus}$-Ionen in einer wäßrigen Kohlensäure sein?

- Die Konzentration der $H^{\oplus}$-Ionen ist groß    $\longrightarrow$   ☐67
- Die Konzentration der $H^{\oplus}$-Ionen ist klein    $\longrightarrow$   ☐40

---

**52**      Diamant hat ganz andere Eigenschaften.

*Diamant ist glasklar. Er ist einer der härtesten Stoffe.*

Kehren Sie zurück nach ☐60.

---

**53**      Ihre Antwort ist richtig.

Kohlenstoff kommt in *drei* Modifikationen vor. Schreiben Sie die Namen dieser Modifikationen auf.  $\longrightarrow$  60

---

**54**      Ihre Antwort ist falsch.

Kehren Sie zurück nach 44 .

---

**55**      Im Laboratorium: Einwirkung von Säuren auf Carbonate,

z. B.      $Na_2CO_3 + 2\,HCl \longrightarrow 2\,NaCl + CO_2 + H_2O$

oder      $CaCO_3 + H_2SO_4 \longrightarrow CaSO_4 + CO_2 + H_2O$

In der Technik: Brennen von Kalk

$$CaCO_3 \xrightarrow{\text{Hitze}} CaO + CO_2$$

Ergänzen Sie folgenden Satz:

$CO_2$ ist das . . . . . . . der Kohlensäure.  $\longrightarrow$  47

**15**

---

**56**      Kohlenmonoxid ist sehr giftig.

Notieren Sie die Gleichungen, nach denen CO und $CO_2$ durch Verbrennung von Kohlenstoff entstehen.  $\longrightarrow$  65

---

**57**      $CO_2$ wirkt erstickend, wenn es in großen Mengen vorhanden ist. Es ist aber nicht giftig, sonst könnte man es nicht als Trockeneis oder zur Mineralwasser-Herstellung verwenden.

Lesen Sie weiter unter 56 .

---

**58**      Nein, Kohlenstoff kommt in mehreren Modifikationen vor. Denken Sie nur an die Anwendungen der verschiedenen Modifikationen als Farbpigment, Material für Bleistiftminen, Schmiermittel und für die Herstellung von Schmuck.

Beantworten Sie die Frage unter 43 noch einmal.

---

**59**      Ihre Antwort ist falsch.

Kehren Sie zurück nach 44 .

---

---

**60**    *Ruß, Graphit und Diamant.*

Eine Erscheinungsform des Kohlenstoffs ist weich, glänzt fettig und ist grau-schwarz. Sie leitet den elektrischen Strom gut und dient zur Herstellung von Bleistiftminen.

Um welche Modifikation handelt es sich?

- Ruß    →   49
- Graphit    →   44
- Diamant    →   52

---

**61**    Nein, Kohlenstoff kommt in mehreren Modifikationen vor. Denken Sie nur an die Anwendungen der verschiedenen Modifikationen als Farbpigment, Material für Bleistiftminen, Schmiermittel und für die Herstellung von Schmuck.

Beantworten Sie die Frage unter 43 noch einmal.

---

**62**    Ihre Antwort ist richtig.

Ruß ist leichter zu verbrennen als Graphit. Diamant verbrennt am schwersten.

Kohlenstoff bildet zwei Oxide.

Notieren Sie bitte Namen und Formeln, und vergleichen Sie unter 46 .

**15**

---

**63**    *Ruß* ist tiefschwarz.

*Graphit* ist grau-schwarz, weich und glänzt fettig.

Er leitet den elektrischen Strom gut.

*Diamant* ist einer der härtesten Stoffe, wasserhell und durchsichtig.

Notieren Sie jetzt in Stichworten, welche Verwendung die drei Modifikationen des Kohlenstoffs finden.

(Eine Hilfe dabei sind die oben aufgezählten Eigenschaften!)

Vergleichen Sie unter 42 .

---

**64**    $H_2O + CO_2 \rightleftharpoons H_2CO_3$

Haben Sie auch den Doppelpfeil nicht vergessen? Der Doppelpfeil besagt, daß die Reaktion in beiden Richtungen ablaufen kann.

Kohlensäure ist eine schwache und unbeständige Säure. Wie alle Säuren dissoziiert sie. Sie zerfällt in positiv geladene Wasserstoff-Ionen und den zweifach negativ geladenen Säurerest, das Carbonat-Ion.

Formulieren Sie bitte hierzu die Reaktionsgleichung. $\longrightarrow$ $\boxed{51}$

---

$\boxed{65}$ Vergleichen Sie:

1. $\quad 2\,C + O_2 \longrightarrow 2\,CO$
2. $\quad C + O_2 \longrightarrow CO_2$

Die 2. Gleichung beschreibt die Gewinnung von $CO_2$ durch Überleiten von Luft über glühenden Koks.

Welche anderen Verfahren zur Herstellung von $CO_2$ kennen Sie?

Notieren Sie Stichworte und Formeln. $\longrightarrow$ $\boxed{55}$

---

$\boxed{66}$ Ihre Antwort ist falsch.

Kehren Sie zurück nach $\boxed{44}$ .

---

**15**

$\boxed{67}$ Kohlensäure ist eine schwache Säure. Sie dissoziiert nur sehr wenig in positiv geladene Wasserstoff-Ionen und negativ geladenen Säurerest.
Ihre Antwort ist also falsch. Die Konzentration der $H^{\oplus}$-Ionen kann nur *klein* sein.

Sehen Sie sich bitte die Erläuterungen bei $\boxed{51}$ noch einmal an.

---

$\boxed{68}$ Nein, Kohlenstoff kommt in mehreren Modifikationen vor. Denken Sie nur an die Anwendungen der verschiedenen Modifikationen als Farbpigment, Material für Bleistiftminen, Schmiermittel und für die Herstellung von Schmuck.

Beantworten Sie die Frage unter $\boxed{43}$ noch einmal.

## 16. Programm

### Kohlenstoff (II)

---

**1**     In diesem Programm wollen wir die wichtigsten Salze der Kohlensäure und ihre Herstellung kennenlernen.

Voraussetzung dazu ist, daß Ihnen die Eigenschaften der Kohlensäure, die im Programm 15 eingehend besprochen wurden, noch gut bekannt sind.

Fangen wir deshalb mit einigen Wiederholungsfragen über die Kohlensäure an.

Notieren Sie die Summenformel der Kohlensäure, und vergleichen Sie unter ⟦9⟧ .

---

**2**     $Na_2CO_3$: Natriumcarbonat, Soda.

*Natriumcarbonat* kann nach drei Verfahren hergestellt werden. Wie heißen die beiden nach ihren Erfindern benannten Verfahren?

Notieren Sie? . . . . . . . . . .-Verfahren und
. . . . . . . . . .-Verfahren.    → ⟦62⟧

---

**3**     $NaHSO_4$ ist zwar ein Hydrogensalz, aber das berechtigt nicht zu dem Schluß, daß die wäßrige Lösung von $NaHSO_4$ sauer reagiert.
Auch $NaHCO_3$ ist ein Hydrogensalz, seine wäßrige Lösung reagiert jedoch alkalisch. Entscheidend für die Reaktion eines Hydrogensalzes in Wasser ist in erster Linie die Stärke der Säure.

Ist Schwefelsäure eine starke Säure?

- Ja    → ⟦43⟧
- Nein    → ⟦70⟧

**16**

---

**4**     Ihre Antwort ist richtig.

Die Gleichung für die zweite Stufe des Leblanc-Verfahrens heißt vollständig:

$$Na_2SO_4 + 2\,C \longrightarrow Na_2S + 2\,CO_2$$

Die *dritte* und letzte *Stufe* des Leblanc-Verfahrens wird schließlich durch folgende Gleichung charakterisiert:

$$Na_2S + CaCO_3 \longrightarrow Na_2CO_3 + CaS$$

Wie sind die *chemischen* Namen für die in dieser Gleichung auftretenden Verbindungen in der Reihenfolge von links nach rechts?

- Natriumsulfid, Calciumcarbonat, Soda, Calciumsulfid          $\longrightarrow$ $\boxed{19}$

- Natriumsulfit, Calciumcarbonat, Natriumcarbonat, Calciumsulfit          $\longrightarrow$ $\boxed{12}$

- Natriumsulfid, Calciumcarbonat, Natriumcarbonat, Calciumsulfid          $\longrightarrow$ $\boxed{26}$

---

$\boxed{5}$    Ihre Antwort ist fast richtig.

Sie haben aber nicht daran gedacht, daß Kohlensäure unbeständig ist und zerfällt.

Kehren Sie zurück nach $\boxed{33}$ .

---

$\boxed{6}$    Ihre Antwort ist falsch.

Eine Erklärung finden Sie unter $\boxed{10}$ .

---

$\boxed{7}$
$$2\,NaCl \; + \; H_2SO_4 \longrightarrow Na_2SO_4 \; + \; 2\,HCl$$
$$Na_2SO_4 \; + \; 2\,C \longrightarrow Na_2S \; + \; 2\,CO_2$$
$$Na_2S \; + \; CaCO_3 \longrightarrow Na_2CO_3 \; + \; CaS$$

Das dritte Verfahren zur Soda-Herstellung geht von Natronlauge und Kohlendioxid aus. Notieren Sie dafür die Gleichung.  $\longrightarrow$ $\boxed{66}$

**16**

---

$\boxed{8}$    Die Reaktion von Natriumhydrogencarbonat und wäßriger Salzsäure haben wir soeben ausführlich besprochen. Dabei entsteht ein Salz und Wasser.

Lesen Sie weiter unter $\boxed{20}$ .

---

$\boxed{9}$    $H_2CO_3$

Welche Aussage trifft für die Kohlensäure zu?

- Eine schwache, unbeständige Säure    $\longrightarrow$ $\boxed{30}$

- Eine starke, beständige Säure    $\longrightarrow$ $\boxed{23}$

- Eine schwache, aber beständige Säure    $\longrightarrow$ $\boxed{16}$

---

$\boxed{10}$    Unter einer Neutralisation versteht man den Umsatz einer Base mit einer Säure oder einem Säureanhydrid. Dabei entsteht ein Salz und Wasser.

$$HCl + NaOH \longrightarrow NaCl + H_2O$$

$$2\,NaOH + CO_2 \longrightarrow Na_2CO_3 + H_2O$$

An der Reaktion

$$NaHCO_3 + HCl \longrightarrow NaCl + H_2O + CO_2$$

ist jedoch gar keine Base beteiligt. Es ist vielmehr so, daß die Salzsäure die schwächere und flüchtigere Kohlensäure aus ihrem Salz verdrängt hat. Man kann diese Gleichung auch in zwei Stufen schreiben:

$$NaHCO_3 + HCl \longrightarrow NaCl + H_2CO_3$$

$H_2CO_3$ ist sehr unbeständig und zerfällt sofort weiter:

$$H_2CO_3 \longrightarrow CO_2 + H_2O$$

Zusammengefaßt ergeben beide Gleichungen:

$$NaHCO_3 + HCl \longrightarrow NaCl + H_2O + CO_2$$

Andere Beispiele für die Verdrängung einer schwachen flüchtigen Säure aus ihren Salzen durch eine stärkere Säure kennen wir bereits.

So reagiert Eisensulfid mit Salzsäure unter Bildung von Schwefelwasserstoff

$$FeS + 2\,HCl \longrightarrow FeCl_2 + H_2S$$

oder Natriumsulfit mit Salzsäure unter Bildung der schwefligen Säure, die leicht weiter zerfällt:

$$Na_2SO_3 + 2\,HCl \longrightarrow 2\,NaCl + H_2SO_3$$

$$H_2SO_3 \longrightarrow SO_2 + H_2O$$

**16**

Ergänzen Sie folgenden Satz:

Beim Zusammengeben von Natriumhydrogencarbonat und wäßriger Salzsäure wird die schwächere und flüchtigere .......... aus ihrem Salz verdrängt.

Lesen Sie bitte weiter unter 59 .

---

**11**    Natriumsulfat sollte mit Kohlenstoff zu Natriumsulfid reduziert werden. Dabei entsteht ein Nebenprodukt.

Wenn wir das als Gleichung hinschreiben, dann erhalten wir:

$$Na_2SO_4 + C \longrightarrow Na_2S + ?$$

Wir sehen, daß auf der linken Seite 4 O-Atome stehen. Wir haben auf der linken Seite aber auch den Kohlenstoff, der auf der rechten Seite bisher noch gar nicht auftaucht. Der Kohlenstoff ist aber gerade der Stoff, der das Natriumsulfat reduziert (ihm also den *Sauerstoff entzieht*), indem er sich selbst mit dem Sauerstoff verbindet. Es entsteht als Nebenprodukt $CO_2$. Schreiben wir das zunächst einmal hin. Die Gleichung lautet dann:

$$Na_2SO_4 + C \longrightarrow Na_2S + CO_2$$

Diese Gleichung stimmt jedoch noch nicht. Wir haben links zwei Sauerstoffatome zuviel. Wir müssen also doppelt soviel Kohlenstoff nehmen.

Notieren Sie jetzt die richtige Gleichung. Achten Sie darauf, daß links und rechts von jedem Element die *gleiche Anzahl* von Atomen steht.    $\longrightarrow$   4

---

12      Sie haben die Salze der schwefligen Säure mit den Salzen des Schwefelwasserstoffs verwechselt.

Die Salze der schwefligen Säure heißen Sulfite.

Die Salze des Schwefelwasserstoffs heißen Sulfide.

Sehen Sie sich deshalb noch einmal 4 an.

---

13      Sehen Sie sich die letzte Gleichung unter 33 noch einmal an. Diese Gleichung brauchen Sie nur umgekehrt zu schreiben. Beachten Sie aber, daß Kohlensäure nicht beständig ist.

**16**

---

14      $NaOH + CO_2 \longrightarrow NaHCO_3$

oder     $NaOH + H_2CO_3 \longrightarrow NaHCO_3 + H_2O$

$NaHCO_3$ heißt Natriumhydrogencarbonat.

Wenn wir $NaHCO_3$ erhitzen, zerfällt es. Notieren Sie dafür die Gleichung.   $\longrightarrow$   63

---

15      In der ersten Stufe gehen wir von Natriumchlorid und Schwefelsäure aus.

Das entstehende Natriumsulfat wird in der 2. Stufe mit Kohlenstoff umgesetzt. Dabei bildet sich ein Nebenprodukt und Natriumsulfid.

In der 3. Stufe läßt man Natriumsulfid und Calciumcarbonat zusammen reagieren. In dieser Stufe gewinnen wir Natriumcarbonat und ein weiteres Nebenprodukt.

Stellen Sie jetzt die 3 Gleichungen auf, und vergleichen Sie unter 34 .

**16**          Ihre Antwort ist nur teilweise richtig.

Kohlensäure ist eine schwache Säure. Sie zerfällt wieder leicht nach folgender Gleichung:

$$H_2CO_3 \longrightarrow CO_2 + H_2O$$

Bitte schreiben Sie folgenden Satz mit der richtigen Ergänzung ab:

Kohlensäure ist eine schwache, . . . . . . (beständige/unbeständige) Säure. $\longrightarrow$ 30

---

**17**          Bitte vergleichen Sie: $NaHCO_3$.

Natriumhydrogencarbonat ist ein Hydrogensalz. In wäßriger Lösung dissoziiert es zunächst in ein positiv geladenes Natrium-Ion und in ein negativ geladenes Hydrogencarbonat-Ion.

Notieren Sie bitte die Reaktionsgleichung für diese Dissoziation.   $\longrightarrow$ 27

---

**18**          Ihre Antwort ist falsch.

Eine Erklärung finden Sie unter 11 .

---

**19**          Ihre Antwort ist bedingt richtig.

Es war aber nach den *chemischen* Namen für die in der Gleichung auftretenden Produkte gefragt. Der chemische Name für $Na_2CO_3$ ist *Natriumcarbonat* und nicht Soda. Gewöhnen Sie sich daran, *chemische Namen* und *Trivialnamen* gut auseinanderzuhalten.

Lesen Sie bitte weiter unter 26 .

**16**

---

**20**          Ihre Antwort ist richtig.

Natriumhydrogencarbonat zerfällt beim Erhitzen in Natriumcarbonat, Wasser und Kohlendioxid:

$$2\,NaHCO_3 \longrightarrow Na_2CO_3 + H_2O + CO_2$$

Natriumhydrogencarbonat wird unter der Bezeichnung „Natron" als Mittel gegen Sodbrennen angewendet.

Im Magen jedes gesunden Menschen befindet sich eine kleine Menge verdünnter Salzsäure. Diese „Magensäure" ist notwendig für eine geregelte Verdauung. Wenn zuviel Magensäure vorhanden ist, äußert sich das in dem sehr unangenehmen Sodbrennen.

Die Wirkung des Natriumhydrogencarbonats gegen das Sodbrennen beruht auf der Reaktion mit der überschüssigen Salzsäure des Magens, der Magensäure. Die Reaktionsgleichung heißt:

$$NaHCO_3 + HCl \longrightarrow NaCl + H_2O + CO_2$$

Was ist das für eine Reaktion?

- Eine Neutralisation                                      $\longrightarrow$ 6

- Die Verdrängung einer schwächeren und flüchtigeren Säure
  aus ihrem Salz durch eine stärkere und schwerer flüchtige Säure   $\longrightarrow$ 59

- Ich bin nicht sicher und wünsche eine zusätzliche
  Erklärung                                                $\longrightarrow$ 10

---

**21**    Es war ausdrücklich gesagt:
Kohlensäure ist eine *mehr*basige Säure.

Ihre Summenformel ist $H_2CO_3$. Überlegen Sie nochmals, welche Bezeichnung richtig ist.

- Eine zweibasige Säure   $\longrightarrow$ 44
- Eine dreibasige Säure   $\longrightarrow$ 37

**16**

---

**22**    Überlegen Sie sich, welche der vier Stoffe man durch chemische Prozesse erzeugen muß, also nicht in der Natur findet.

Wollen Sie jetzt noch einmal versuchen, die Frage unter 39 richtig zu beantworten?

Wenn ja, kehren Sie nach 39 zurück.

Wenn nein, finden Sie eine ausführliche Erklärung unter 67 .

---

**23**    Wir hatten gelernt:

1. Kohlensäure wird durch stärkere und schwerer flüchtige Säuren leicht aus ihren Salzen verdrängt:

   z. B.  $Na_2CO_3 + 2\,HCl \longrightarrow 2\,NaCl + CO_2 + H_2O$

2. Kohlensäure zerfällt in der Wärme:

   $$H_2CO_3 \longrightarrow CO_2 + H_2O$$

Notieren Sie diese Gleichungen, und schreiben Sie folgenden Satz mit den richtigen Ergänzungen ab:

Kohlensäure ist eine . . . . . . . (starke/schwache), . . . . . . . (beständige/unbestän-
dige) Säure.  →  30

---

**24**      $2\,KOH + CO_2 \longrightarrow K_2CO_3 + H_2O$

$K_2CO_3$ heißt Kaliumcarbonat oder Pottasche.

Das Calciumsalz der Kohlensäure kommt in großen Mengen in der Natur vor. Drei
Mineralien bestehen aus Calciumcarbonat.

Wie heißen sie?  →  56

---

**25**     Ihre Antwort ist teilweise richtig.

Bei der Reduktion von Natriumsulfat mit Kohlenstoff entsteht Kohlendioxid.

In einer Gleichung müssen aber beide Seiten die *gleiche Anzahl* jeder Atomart auf-
weisen. Um die vier Sauerstoffatome des Natriumsulfats zu binden, müssen zwei
Atome Kohlenstoff eingesetzt werden.

Notieren Sie die richtige Gleichung, und vergleichen Sie unter 4 .

---

**26**     Ihre Antwort ist richtig.

In der dritten Stufe des Leblanc-Verfahrens wird Natriumsulfid mit Calciumcarbonat
zu Natriumcarbonat und Calciumsulfid umgesetzt. Wir sind damit in drei Schritten
zu dem gewünschten Endprodukt Natriumcarbonat gekommen.

Notieren Sie zur Wiederholung die drei Gleichungen des Leblanc-Verfahrens, und
vergleichen Sie unter 34 .

Wenn Sie nicht mehr genau wissen, was in den ersten beiden Stufen passiert ist,
schlagen Sie 15 auf.

---

**27**     $NaHCO_3 \longrightarrow Na^{\oplus} + HCO_3^{\ominus}$

Die Ionen stehen in Wechselwirkung mit dem sie umgebenden Wasser, das selbst
auch etwas dissoziiert ist. Mit den Wasserstoff-Ionen des Wassers bildet $HCO_3^{\ominus}$ teilweise undissoziierte Kohlensäure.
Wasser und Kohlensäure sind nur sehr wenig dissoziiert, Natriumhydroxid dagegen
vollständig.

$$H_2O \rightleftharpoons H^{\oplus} + OH^{\ominus}$$

$$Na^{\oplus} + HCO_3^{\ominus} + H_2O \rightleftharpoons Na^{\oplus} + OH^{\ominus} + H_2CO_3$$

In der wäßrigen Lösung von Natriumhydrogencarbonat befinden sich deshalb mehr $OH^{\ominus}$-Ionen als $H^{\oplus}$-Ionen; die Lösung reagiert schwach alkalisch.

Diese Tatsache können wir allgemein bei Salzen aus starken Basen mit schwachen Säuren beobachten. Sie wird im „Lehrprogramm Chemie II" ausführlich besprochen.

Andere Hydrogensalze reagieren in Wasser gelöst sauer, z. B.: $NaHSO_4$, Natriumhydrogensulfat.

Warum reagiert die wäßrige Lösung von $NaHSO_4$ sauer?

- Weil $NaHSO_4$ das Hydrogensalz einer starken Säure ist.  $\longrightarrow$  $\boxed{43}$

- Weil $NaHSO_4$ ein Hydrogensalz ist.  $\longrightarrow$  $\boxed{3}$

- Ich brauche eine Hilfe.  $\longrightarrow$  $\boxed{70}$

---

$\boxed{28}$    $Na_2SO_4$ und $Na_2S$ sind *keine Nebenprodukte*.

Es sind *Zwischenprodukte*, die im Verlauf des Verfahrens weiterverarbeitet werden.

Kehren Sie zurück nach $\boxed{41}$ .

---

$\boxed{29}$    $2\,NaOH + CO_2 \longrightarrow Na_2CO_3 + H_2O$

**16**

Auf **2** mol Natriumhydroxid brauchen wir also **1** mol $CO_2$.

Nehmen wir *mehr* $CO_2$, nämlich auf **2** mol Natriumhydroxid **2** mol $CO_2$ bzw. auf **1** mol Natriumhydroxid **1** mol $CO_2$, so erhalten wir *nicht* Natriumcarbonat. Wir bekommen dann ein anderes Salz der Kohlensäure, das Natriumhydrogencarbonat.

Schreiben Sie bitte für Natriumhydrogencarbonat die Summenformel auf. $\longrightarrow$  $\boxed{17}$

---

$\boxed{30}$    Ihre Antwort ist richtig.

Kohlensäure ist eine *schwache, unbeständige* Säure. Sie ist eine mehrbasige Säure.

Welche der folgenden Bezeichnungen trifft für die Kohlensäure zu?

- Einbasige Säure  $\longrightarrow$  $\boxed{21}$

- Zweibasige Säure  $\longrightarrow$  $\boxed{44}$

- Dreibasige Säure  $\longrightarrow$  $\boxed{37}$

---

$\boxed{31}$    Überlegen Sie sich, welche der 4 Stoffe man durch chemische Prozesse erzeugen muß, also nicht in der Natur findet.

Wollen Sie jetzt noch einmal versuchen, die Frage unter $\boxed{39}$ richtig zu beantworten?

Wenn ja, kehren Sie nach $\boxed{39}$ zurück.

Wenn nein, finden Sie eine ausführliche Erklärung unter $\boxed{67}$ .

---

$\boxed{32}$         Ihre Antwort ist richtig.

In der ersten Stufe des Leblanc-Verfahrens wird Natriumchlorid mit Schwefelsäure zu *Natriumsulfat* und Salzsäure umgesetzt. Die starke, schwerflüchtige Schwefelsäure verdrängt die weniger starke, leichtflüchtige Salzsäure aus ihrem Salz.

In der *zweiten Stufe* des Leblanc-Verfahrens wird das so gewonnene Natriumsulfat mit Kohlenstoff reduziert.

Durch diese Reduktion (Sauerstoffentzug) entsteht Natriumsulfid.

Formulieren Sie auf einem Blatt Papier die entsprechende Gleichung. Sie werden dann sehen, daß außer dem Natriumsulfid noch ein Nebenprodukt entsteht.

Was entsteht als Nebenprodukt?

- $CO_2$                    $\longrightarrow$   $\boxed{25}$

- $2\,CO$                    $\longrightarrow$   $\boxed{18}$

- $2\,CO_2$                  $\longrightarrow$   $\boxed{4}$

- Ich weiß es nicht    $\longrightarrow$   $\boxed{11}$

**16**

---

$\boxed{33}$         Ihre Antwort ist richtig.

Da beim Einleiten bis zur Sättigung reichlich $CO_2$ zur Verfügung steht, bildet sich das Salz, das zu seiner Herstellung die größere Menge $CO_2$ braucht, nämlich $NaHCO_3$.

Wir wollen uns jetzt überlegen, was wir erhalten, wenn wir in eine Natriumcarbonat-Lösung $CO_2$ einleiten. $CO_2$ in eine wäßrige Lösung einleiten, heißt nichts anderes, als Kohlensäure zugeben, denn aus $CO_2$ und Wasser entsteht ja Kohlensäure.

$$CO_2 \ + \ H_2O \ \rightleftharpoons \ H_2CO_3$$

$$Na_2CO_3 \ + \ H_2CO_3 \longrightarrow \ 2\,NaHCO_3$$

Wir erhalten also Natriumhydrogencarbonat. An dieser Gleichung sehen wir ganz deutlich, daß zur Herstellung von *Natriumhydrogencarbonat mehr Kohlensäure* benötigt wird als zur Herstellung von Natriumcarbonat. Natriumhydrogencarbonat entsteht aus Natriumcarbonat und Kohlensäure.

Beim Erhitzen von Natriumhydrogencarbonat verläuft dieser Vorgang, der durch die zweite der beiden oben stehenden Gleichungen beschrieben wird, von rechts nach links.

Stellen Sie die Reaktionsgleichung für das Erhitzen von Natriumhydrogencarbonat auf. Welche Reaktionsprodukte erhalten Sie?

- Natriumcarbonat, Wasser und Kohlensäure   ⟶ $\boxed{13}$
- Natriumcarbonat, Wasser und Kohlendioxid   ⟶ $\boxed{20}$
- Natriumcarbonat und Kohlensäure   ⟶ $\boxed{5}$

---

$\boxed{34}$    Vergleichen Sie:

1. Stufe:    $2\,NaCl + H_2SO_4 \longrightarrow Na_2SO_4 + 2\,HCl$

2. Stufe:    $Na_2SO_4 + 2\,C \longrightarrow Na_2S + 2\,CO_2$

3. Stufe:    $Na_2S + CaCO_3 \longrightarrow Na_2CO_3 + CaS$

Notieren Sie den Namen dieses 3-Stufen-Verfahrens zur Herstellung von Natriumcarbonat.

Es ist das . . . . . . . . -Verfahren    ⟶   $\boxed{41}$

---

$\boxed{35}$    Unter einer Neutralisation versteht man die Reaktion zwischen einer Base und einer Säure unter Bildung von Salz und Wasser. Ein Beispiel für eine Neutralisation ist der Umsatz von Salzsäure mit Natronlauge:

$$HCl + NaOH \longrightarrow NaCl + H_2O$$

Sehen Sie sich jetzt die Gleichung unter $\boxed{44}$ noch einmal an.

**16**

---

$\boxed{36}$    $CaCO_3$

Drei verschiedene Mineralien bestehen aus Calciumcarbonat.

Notieren Sie die drei Namen, und vergleichen Sie unter $\boxed{61}$ .

---

$\boxed{37}$    Bei der Phosphorsäure, $H_3PO_4$, sprechen wir von einer *drei*basigen Säure, da bei ihrer Dissoziation drei (positiv geladene) Wasserstoff-Ionen abgespalten werden können.
Sehen Sie sich die Formel der Kohlensäure genau an, und kehren Sie zurück nach $\boxed{30}$ .

---

$\boxed{38}$    Dolomit.

Ende des 16. Programms.

---

**39**    Ihre Antwort ist richtig.

Die Ausgangsstoffe sind:

NaCl, $H_2SO_4$, $CaCO_3$ und C.

Wieviele der Ausgangsstoffe finden wir in der Natur?

- Alle     $\longrightarrow$  [22]
- Drei     $\longrightarrow$  [53]
- Zwei     $\longrightarrow$  [31]
- Einen    $\longrightarrow$  [47]
- Keinen   $\longrightarrow$  [54]

---

**40**     Sie haben sich etwas zu starr an die Definition der Neutralisation gehalten.

Als Neutralisation bezeichnen wir zwar üblicherweise die Reaktion zwischen einer *Base* und einer *Säure*. Wenn wir aber anstelle der Säure das *Säureanhydrid* in die Reaktion einsetzen, kann man ebenfalls von einer Neutralisation sprechen.

Notieren Sie die Gleichung, nach der Natriumcarbonat durch vollständige Neutralisation von Natriumhydroxid mit dem Anhydrid der Kohlensäure entsteht, und vergleichen Sie unter [29] .

**16**

---

**41**    *Leblanc*-Verfahren

Das Leblanc-Verfahren ist teuer, da unbrauchbare *Nebenprodukte* entstehen. Nebenprodukte eines chemischen Verfahrens sind Stoffe, die im Verlauf des Verfahrens entstehen und nicht mehr zur Herstellung des Hauptproduktes verwendet werden können.

Welche Nebenprodukte entstehen beim Leblanc-Verfahren?

Sehen Sie sich die 3 Gleichungen des Leblanc-Verfahrens an!

- CaS                                          $\longrightarrow$  [48]
- HCl, $CO_2$ und CaS                          $\longrightarrow$  [50]
- $Na_2SO_4$, $Na_2S$                          $\longrightarrow$  [28]
- $Na_2SO_4$, $Na_2S$, HCl, $CO_2$ und CaS     $\longrightarrow$  [55]

---

**42**

   „Bis zur Sättigung" heißt: So viel wie möglich $CO_2$ einleiten.

Es muß also das Salz entstehen, das zu seiner Herstellung die größere Menge $CO_2$ braucht.

Welches Salz braucht zu seiner Herstellung die größere Menge $CO_2$?

- $Na_2CO_3$  $\longrightarrow$  68
- $NaHCO_3$  $\longrightarrow$  33

---

**43**

   Ja, weil $NaHSO_4$ das Hydrogensalz einer starken Säure ist, reagiert seine wäßrige Lösung sauer.

Das $HSO_4^{\ominus}$-Ion dissoziiert in Wasser vollständig:

$$HSO_4^{\ominus} \longrightarrow H^{\oplus} + SO_4^{2\ominus}$$

Die $H^{\oplus}$-Ionen bewirken die saure Reaktion.

Bitte merken Sie sich:
Nicht alle Hydrogensalze zeigen in Wasser gelöst eine saure Reaktion. Jeweils die Stärke der Säure entscheidet, ob das Hydrogensalz sauer, neutral oder schwach alkalisch reagiert.

**16**

Wir kehren jetzt zur Herstellung von Natriumcarbonat und Natriumhydrogen-carbonat zurück. Beide können durch Einleiten von Kohlendioxid in Natrium-hydroxid-Lösung gewonnen werden.

Notieren Sie die beiden Gleichungen, und vergleichen Sie unter 51 .

---

**44**

   Richtig, die Kohlensäure ist eine *zwei*basige Säure.

Das wichtigste Salz der Kohlensäure ist das *Natriumcarbonat*, $Na_2CO_3$, bekannt unter dem Namen *Soda*. Da Soda in der Natur kaum vorkommt, müssen die großen Mengen, die in der chemischen Industrie gebraucht werden, synthetisch hergestellt werden. Es gibt drei Verfahren zur Sodaherstellung:

   1. Das Leblanc-Verfahren

   2. Das Solvay-Verfahren und

   3. Die Umsetzung von Natronlauge mit Kohlendioxid.

Verfahren 1 und 2 sind nach ihren Erfindern benannt.

Wir beginnen mit dem *Leblanc-Verfahren*, das 3 Stufen umfaßt. *Erste Stufe* dieses Verfahrens ist die Umsetzung von Natriumchlorid mit Schwefelsäure:

$$2\ NaCl + H_2SO_4 \longrightarrow Na_2SO_4 + 2\ HCl$$

Was stellt diese Gleichung dar?

- Eine Neutralisation              $\longrightarrow$ | 35 |

- Die Verdrängung einer Säure aus ihrem Salz durch eine stärkere und schwerer flüchtige Säure      $\longrightarrow$ | 32 |

---

| 45 |     Ihre Antwort ist richtig.

Wir bezeichnen als Neutralisation zwar üblicherweise die Reaktion zwischen einer *Base* und einer *Säure*. Wenn wir anstelle der Säure das *Säureanhydrid* in die Reaktion einsetzen, kann man jedoch ebenfalls von einer Neutralisation sprechen.

Notieren Sie die Gleichung, nach der Natriumcarbonat durch vollständige Neutralisation von Natriumhydroxid mit dem Anhydrid der Kohlensäure entsteht, und vergleichen Sie unter | 29 | .

---

| 46 |     Beim Einleiten von $CO_2$ in eine Natriumhydrogencarbonatlösung passiert gar nichts. Sie haben etwas verwechselt, was wir schon früher besprochen haben.

$\longrightarrow$ | 33 |

---

| 47 |     Überlegen Sie sich, welche der vier Stoffe man durch chemische Prozesse erzeugen muß, also nicht in der Natur findet.

Wollen Sie jetzt noch einmal versuchen, die Frage unter | 39 | richtig zu beantworten?

Wenn ja, kehren Sie nach | 39 | zurück.

Wenn nein, finden Sie eine ausführliche Erklärung unter | 67 | .

---

| 48 |     Ihre Antwort ist unvollständig.

Nicht nur bei der 3. Stufe entsteht ein Nebenprodukt, sondern auch bei der 1. und 2. Stufe des Verfahrens.

Gehen Sie zurück nach | 41 | .

---

| 49 |     Ja, durch Umsetzung mit Natronlauge erhalten wir aus Natriumhydrogencarbonat Natriumcarbonat:

$$NaHCO_3 + NaOH \longrightarrow Na_2CO_3 + H_2O$$

Ein weiteres wichtiges Carbonat ist *Kalium*carbonat, $K_2CO_3$, auch *Pottasche* genannt. Man gewinnt Kaliumcarbonat durch Einleiten von Kohlendioxid in Kalilauge.

Stellen Sie die Gleichung auf, und vergleichen Sie unter $\boxed{58}$ .

---

$\boxed{50}$     Ihre Antwort ist richtig.

HCl, $CO_2$ und CaS sind die Nebenprodukte des Leblanc-Soda-Verfahrens.

$Na_2SO_4$ und $Na_2S$ sind *Zwischenprodukte,* die im Verlauf des Verfahrens weiterverarbeitet werden.

Welche *Ausgangsstoffe* werden für das Leblanc-Soda-Verfahren benötigt?

- NaCl und $H_2SO_4$                          $\longrightarrow$  $\boxed{57}$
- NaCl, $H_2SO_4$, $Na_2SO_4$, $Na_2S$, $CaCO_3$ und C   $\longrightarrow$  $\boxed{64}$
- NaCl, $H_2SO_4$, $CaCO_3$ und C              $\longrightarrow$  $\boxed{39}$

---

$\boxed{51}$     1.  $2\,NaOH + CO_2 \longrightarrow Na_2CO_3 + H_2O$

**16**          2.  $NaOH + CO_2 \longrightarrow NaHCO_3$

Nach welcher Gleichung brauchen wir pro mol NaOH mehr $CO_2$?

- Nach Gleichung 1   $\longrightarrow$  $\boxed{68}$
- Nach Gleichung 2   $\longrightarrow$  $\boxed{60}$

---

$\boxed{52}$     $MgCO_3$.

Auch Magnesiumcarbonat kommt in der Natur in großen Mengen vor. Zusammen mit Calciumcarbonat bildet es das Mineral „Dolomit".

Wir wollen jetzt wiederholen:

Ergänzen Sie folgenden Satz:

Die Kohlensäure ist eine . . . . . . . (starke/schwache), . . . . . . . . . . . (beständige/unbeständige) Säure.   $\longrightarrow$  $\boxed{65}$

**53** Richtig:
In der Natur findet man

> NaCl, Natriumchlorid, Kochsalz
> $CaCO_3$, Calciumcarbornat, Kalk
> C, Kohlenstoff, Kohle.

Durch einen chemischen Prozeß muß $H_2SO_4$, Schwefelsäure, erzeugt werden.

Obwohl drei Ausgangsstoffe des Leblanc-Soda-Prozesses in der Natur vorkommen und billig gewonnen werden können, ist das Verfahren wegen der unbrauchbaren Nebenprodukte unwirtschaftlich.

Heute wird Soda fast nur noch nach dem wirtschaftlicheren *Solvay-Verfahren* hergestellt. Dieses wird im Programm 21 besprochen.

Nach einem *dritten* Verfahren wird Natriumcarbonat technisch durch Einleiten von Kohlendioxid in Natronlauge gewonnen:

$$2\,NaOH + CO_2 \longrightarrow Na_2CO_3 + H_2O$$

Stellt diese Gleichung chemisch gesehen eine Neutralisation dar?

- Ja $\longrightarrow$ 45
- Nein $\longrightarrow$ 40
- Ich möchte nicht raten und bitte um eine zusätzliche Erklärung $\longrightarrow$ 69

**16**

**54** Überlegen Sie sich, welche der 4 Stoffe man durch chemische Prozesse erzeugen muß, also nicht in der Natur findet.

Wollen Sie jetzt noch einmal versuchen, die Frage unter 39 richtig zu beantworten?

Wenn ja, kehren Sie nach 39 zurück.

Wenn nein, finden Sie eine ausführliche Erklärung unter 67 .

**55** Ein Teil der von Ihnen als Nebenprodukte bezeichneten Verbindungen wird doch im Verlauf des Verfahrens weiterverarbeitet! Produkte, die im Verfahren selbst weiterverarbeitet werden, sind *keine* Nebenprodukte.

Kehren Sie zurück nach 41 .

**56** Kalkstein (oder Kalk), Marmor und Kreide.

Auch das Magnesiumcarbonat kommt in großen Mengen in der Natur vor, meist zusammen mit Calciumcarbonat.

Wie heißt dieses Gestein?  →  **38**

---

**57** Ihre Antwort ist unvollständig.

Nicht nur die Ausgangsstoffe der 1. Stufe sind die gesamten Ausgangsstoffe des Verfahrens. Auch in der 2. und 3. Stufe müssen dem Verfahren noch Stoffe zugeführt werden.

Kehren Sie zurück nach **50** .

---

**58** $2 \text{ KOH} + CO_2 \longrightarrow K_2CO_3 + H_2O$

Ein weiteres wichtiges Carbonat ist *Calcium*carbonat, $CaCO_3$. Calciumcarbonat kommt als Mineral vor allem im *Kalk*stein vor. Dieser bildet ganze Gebirge und wird meist im Tagebau gewonnen. Eine besonders reine Form des Kalksteins ist der kristalline, harte *Marmor*. In anderer Form kommt Calciumcarbonat als *Kreide* vor.

Notieren Sie die chemische Formel des Marmors, und vergleichen Sie unter **36** .

**16**

---

**59** Ihre Antwort ist richtig.

Beim Zusammengeben von Natriumhydrogencarbonat und wäßriger Salzsäure wird die schwächere und flüchtigere *Kohlensäure* aus ihrem Salz verdrängt. Da Kohlensäure sehr unbeständig ist, zerfällt sie sofort in Wasser und Kohlendioxid.

Wir können Natriumcarbonat durch Erhitzen von Natriumhydrogencarbonat gewinnen.
Es gibt noch eine weitere Möglichkeit, um aus Natriumhydrogencarbonat Natriumcarbonat herzustellen.

Worin besteht diese?
Wenn Sie die Reaktionsgleichungen für a), b) und c) aufstellen, finden Sie die richtige Antwort leichter.

a) In der Einwirkung von wäßriger Salzsäure auf Natriumhydrogencarbonat  →  **8**

b) In der Einwirkung von Natronlauge auf Natriumhydrogencarbonat  →  **49**

c) Durch Einleiten von $CO_2$ in eine Natriumhydrogencarbonat-Lösung  →  **46**

**60**          Ihre Antwort ist richtig.

Zur Herstellung von $NaHCO_3$ brauchen wir pro mol NaOH *mehr* $CO_2$ als bei der Herstellung von $Na_2CO_3$.

Welches Salz erhalten wir, wenn wir in eine Natriumhydroxid-Lösung $CO_2$ bis zur Sättigung einleiten?

- $Na_2CO_3$    $\longrightarrow$    42

- $NaHCO_3$    $\longrightarrow$    33

---

**61**          Calciumcarbonat kommt vor als *Kalkstein, Marmor* und *Kreide*.

Ein weiteres wichtiges Carbonat ist Magnesiumcarbonat.

Notieren Sie die Formel (Magnesium, Mg, ist zweiwertig).    $\longrightarrow$    52

---

**62**          *Leblanc*-Verfahren und *Solvay*-Verfahren.

Das Leblanc-Verfahren hat drei Stufen.

Notieren Sie die drei Gleichungen, die das Leblanc-Verfahren beschreiben.  $\longrightarrow$  7

**16**

---

**63**          $2\,NaHCO_3 \xrightarrow{\text{Hitze}} Na_2CO_3 + CO_2 + H_2O$

Durch Einleiten von $CO_2$ in Kalilauge entsteht ein Salz der Kohlensäure.

Notieren Sie dafür die Gleichung sowie den chemischen Namen und den Trivialnamen des entstehenden Salzes.    $\longrightarrow$    24

---

**64**          $Na_2SO_4$ und $Na_2S$ werden im Verfahren selbst *erzeugt* und dann weiterverarbeitet. Sie sind daher *keine* Ausgangsstoffe.

Kehren Sie zurück nach 50 .

---

**65**          Die Kohlensäure ist eine *schwache, unbeständige* Säure. Das wichtigste Salz der Kohlensäure ist $Na_2CO_3$.

Notieren Sie den chemischen und den Trivialnamen dieses Salzes.    $\longrightarrow$    2

**66** $2\,NaOH + CO_2 \longrightarrow Na_2CO_3 + H_2O$

Wenn wir in Natronlauge $CO_2$ bis zur Sättigung einleiten, entsteht nicht Soda, sondern ein anderes Salz. Notieren Sie dafür die Gleichung und den Namen des Salzes, und vergleichen Sie unter [14].

**67**    Es war gefragt worden, welche Ausgangsstoffe des Leblanc-Verfahrens (NaCl, $H_2SO_4$, $CaCO_3$ und C) in der Natur vorkommen.

Drei dieser Stoffe kommen in großen Lagern auf oder unter der Erdoberfläche vor.

Nur einen der vier Stoffe müssen wir durch einen chemischen Prozeß erzeugen. Denken Sie an das Bleikammerverfahren oder an das Kontaktverfahren.

Notieren Sie mit Ergänzungen:

In der Natur findet man    1. . . . . . . . . . . .
                           2. . . . . . . . . . . .
                           3. . . . . . . . . . .

Durch einen chemischen Prozeß muß . . . . . . . . . . . . . . erzeugt werden.

Vergleichen Sie unter [53].

**16**

**68**    Sehen Sie sich die letzten beiden Gleichungen an, die Sie notiert haben.

Bei der Herstellung von $Na_2CO_3$ brauchen wir auf

    2 mol NaOH                            1 mol $CO_2$

oder auf 1 mol NaOH                     1/2 mol $CO_2$.

Bei der Herstellung von $NaHCO_3$ brauchen wir auf

    1 mol NaOH                            1 mol $CO_2$,

also die *doppelte* Menge wie oben!

Ergänzen Sie:

Zur Herstellung von $NaHCO_3$ brauchen wir pro mol NaOH . . . . (mehr/weniger) $CO_2$ als bei der Herstellung von $Na_2CO_3$    $\longrightarrow$    **60**

**69**    Als Neutralisation bezeichnen wir üblicherweise die Reaktion zwischen einer Base und einer Säure. Wenn wir aber anstelle der Säure das Säureanhydrid in die Reaktion einsetzen, kann ebenfalls von einer Neutralisation gesprochen werden.

Notieren Sie die Gleichung, nach der Natriumcarbonat durch vollständige Neutralisation von Natriumhydroxid mit dem Anhydrid der Kohlensäure entsteht, und vergleichen Sie unter $\boxed{29}$ .

---

$\boxed{70}$      Weil die Ionen eines Salzes mit den Ionen des Wassers in Wechselwirkung treten, besteht bei den Hydrogen-Ionen schwacher Säuren die Möglichkeit zur Bildung von undissoziierter Säure. In der Lösung überwiegen dann die OH-Ionen, die Reaktion ist alkalisch.
Schwefelsäure ist aber eine starke Säure, die in Wasser immer vollständig dissoziiert ist. Die wäßrige Lösung von $NaHSO_4$ enthält also mehr $H^{\oplus}$-Ionen.

Beantworten Sie die Frage erneut bei $\boxed{27}$ .

---

**16**

# 17. Programm

## Kohlenstoff (III)

---

**1**      Im letzten Programm lernten wir die wichtigsten Salze der Kohlensäure kennen, u. a. das Calciumcarbonat, das in großen Mengen in der Natur als Kalkstein vorkommt.

Der Kalkstein (oder kürzer: Kalk) ist ein wichtiger Rohstoff für die chemische Industrie.

In diesem Programm wollen wir uns hauptsächlich mit der Verwendung des Kalks und seiner Folgeprodukte in der Bauindustrie beschäftigen. Wir werden z. B. verstehen lernen, warum der Mörtel beim „Abbinden" fest wird.

Der Kalk (oder Kalkstein) ist das Ausgangsmaterial für die Herstellung von *gebranntem Kalk*. Wie der Name schon sagt, wird der *gebrannte Kalk* durch *Brennen* (starkes Erhitzen) von Kalk hergestellt.

Die Reaktionsgleichung für diesen Vorgang kennen wir schon. Wir haben sie bei der Darstellung von $CO_2$ behandelt.

Notieren Sie jetzt die Reaktionsgleichung für das Brennen von Kalk:

$$CaCO_3 \xrightarrow{\text{Hitze}}$$

Vergleichen Sie unter 44 .

**17**

---

**2**      Sie haben entweder falsche Formeln aufgestellt, oder Sie haben sich verrechnet.

Eine Erklärung finden Sie unter 49 .

---

**3**      1. Gebrannter Kalk ist Calciumoxid. Er entsteht durch starkes Erhitzen von Calciumcarbonat (Kalkstein): $CaCO_3 \longrightarrow CaO + CO_2$

2. Gelöschter Kalk ist Calciumhydroxid $Ca(OH)_2$

3. Gelöschter Kalk ist eine starke Base und wirkt ätzend.

4. a) $Ca(OH)_2 + 2\,HCl \longrightarrow CaCl_2 + 2\,H_2O$

    b) $Ca(OH)_2 + H_2SO_4 \longrightarrow CaSO_4 + 2\,H_2O$

5. $H_2CO_3 \quad\quad CaCO_3$

   $Ca(HCO_3)_2 \quad NaHCO_3$

6. Es entsteht zunächst ein Niederschlag von Calciumcarbonat. Dieser löst sich beim weiteren Einleiten von $CO_2$ unter Bildung von Calciumhydrogencarbonat, $Ca(HCO_3)_2$, wieder auf.

7. Beim Erhitzen der Lösung geht das lösliche Calciumhydrogencarbonat in unlösliches Calciumcarbonat (Kesselstein) über:

$$Ca(HCO_3)_2 \longrightarrow CaCO_3 + CO_2 + H_2O.$$

8. Hartes Wasser enthält gelöste Salze, vor allem Calciumhydrogencarbonat. Seifenlösung schäumt in hartem Wasser schlecht. Weiches Wasser (Regenwasser, destilliertes Wasser) enthält kaum Salze. Es schmeckt schal.

9. Mörtel ist eine Mischung aus Sand und gelöschtem Kalk $Ca(OH)_2$.

10. Das in der Luft vorhandene $CO_2$ reagiert mit dem Calciumhydroxid unter Bildung von Calciumcarbonat und Wasser.

$$Ca(OH)_2 + CO_2 \longrightarrow CaCO_3 + H_2O.$$

11. Bei der Verbrennung von Koks entsteht $CO_2$.

12. Man übergießt eine Probe mit verdünnter Salzsäure. Es entsteht unter Aufschäumen ein Gas. Dieses wird durch Einleiten in Bariumhydroxidlösung als Kohlendioxid identifiziert (es entsteht ein weißer Niederschlag von Bariumcarbonat).

Ende des 17. Programms.

**17**

4  Die Reaktion zwischen Calciumhydroxid und Kohlendioxid ist eine Neutralisation.

Wir hatten eine solche Reaktion bereits bei der Umsetzung von Natronlauge mit $CO_2$ kennengelernt. Je nach den Mengen des in die Natronlauge eingeleiteten $CO_2$ entstand $Na_2CO_3$ oder $NaHCO_3$.

Mit dieser Hilfe werden Sie die Frage bei 37 lösen können.

5  Sie haben offenbar den Unterschied zwischen Carbonaten und Hydrogencarbonaten noch nicht erfaßt.

Eine Erklärung finden Sie unter 49 .

6  Der Nachweis von Carbonaten beruht auf der Reaktion mit Säuren. Kohlensäure ist eine sehr schwache und unbeständige Säure. Von schwerer flüchtigen oder beständigeren Säuren wird sie aus ihren Salzen verdrängt:

$$Na_2CO_3 + 2\,HCl \longrightarrow 2\,NaCl + H_2CO_3$$

Kohlensäure zerfällt sofort weiter:

$$H_2CO_3 \longrightarrow CO_2 + H_2O$$

Bei der Reaktion von Carbonaten mit Säuren beobachten wir also eine Gasentwicklung. Es tritt . . . . . . . . . . . . . . . auf.

Notieren Sie bitte das fehlende Wort, und vergleichen Sie bei $\boxed{41}$ .

---

$\boxed{7}$      Nein, Säuren sind Verbindungen, bei deren Dissoziation in Wasser positiv geladene Wasserstoff-Ionen entstehen.

$Ca(OH)_2$ ist ein Metallhydroxid. Bei der Dissoziation von Metallhydroxiden entstehen aber keine Wasserstoff-Ionen.

Denken Sie an Natriumhydroxid oder Kaliumhydroxid.

Beantworten Sie bitte die Frage nochmals bei $\boxed{20}$ .

---

$\boxed{8}$      Sie haben nur einen Teil der Frage beantwortet.

Man erhält Calciumhydrogencarbonat, wenn man in eine wäßrige Aufschlämmung von Calciumcarbonat Kohlendioxid einleitet. Die Reaktionsgleichung dafür ist:

$$CaCO_3 + H_2O + CO_2 \longrightarrow Ca(HCO_3)_2$$

Es war jedoch danach gefragt, wie man aus Calciumcarbonat Calciumhydrogencarbonat *und daraus wieder Calciumcarbonat* herstellen kann.

Lesen Sie bitte noch einmal genau $\boxed{31}$ .

**17**

---

$\boxed{9}$      Ihre Antwort ist richtig.

Kesselstein ist Calciumcarbonat, das durch Erhitzen aus Calciumhydrogencarbonat entstanden ist:

$$Ca(HCO_3)_2 \longrightarrow CaCO_3 + H_2O + CO_2$$

Bei der Verwendung von hartem Wasser in der Industrie, beispielsweise in Turbinen oder Dampfmaschinen, würde die Ausscheidung von Kesselstein zu Betriebsstörungen führen. Man muß deshalb das Wasser vorher *enthärten*.

Wir wollen nun die Verwendung von gelöschtem Kalk (Calciumhydroxid) in der Bauindustrie besprechen. Beim Bauen werden die Fugen zwischen den Ziegelsteinen mit *Mörtel* ausgefüllt. Nach einiger Zeit wird der Mörtel fest. Man sagt: *Der Mörtel bindet ab.*

Was ist Mörtel, und warum wird er nach einiger Zeit fest? Sie haben inzwischen schon so viele chemische Kenntnisse erworben, daß wir diese interessante Frage besprechen können.

Mörtel ist eine *Mischung von gelöschtem Kalk* (Calciumhydroxid) *und Sand.* der Sand dient hierbei als Füllmittel und nimmt nicht an den chemischen Reaktionen teil.

Stellen Sie bitte die Gleichungen für die chemischen Vorgänge auf, die sich abspielen:

a) Bei der Herstellung von gebranntem Kalk

b) Bei der Herstellung von gelöschtem Kalk

Kontrollieren Sie Ihre Arbeit, indem Sie unter $\boxed{36}$ weiterlesen.

---

$\boxed{10}$      In der unvollständigen Gleichung standen links und rechts zwei Wasserstoffatome. Damit steht kein Wasserstoff mehr für die Bildung von Bariumhydrogencarbonat zur Verfügung. Ihre Antwort war also falsch.

Sehen Sie sich die Gleichung unter $\boxed{40}$ noch einmal an.

---

$\boxed{11}$      Sie haben den Unterschied zwischen Carbonaten und Hydrogencarbonaten noch nicht erfaßt.

Lesen Sie bitte deshalb mit besonderer Aufmerksamkeit die Erklärung unter $\boxed{26}$ .

---

$\boxed{12}$      Sie haben offenbar den Unterschied zwischen Carbonaten und Hydrogencarbonaten noch nicht erfaßt.

Eine Erklärung finden Sie unter $\boxed{49}$ .

---

$\boxed{13}$      Ihre Antwort ist falsch.

Eine Erklärung finden Sie unter $\boxed{6}$ .

---

$\boxed{14}$      Ihre Antwort ist falsch.

Wir haben gelernt:

*Hartes Wasser* enthält Salze als Verunreinigungen. Hartes Wasser ist z. B. Quellwasser oder Leitungswasser. Hartes Wasser bildet mit Seifenlösung unlösliche Niederschläge. Man kann deshalb mit hartem Wasser nicht gut waschen.

*Weiches Wasser* ist weitgehend frei von gelösten Verunreinigungen. Weiches Wasser ist z. B. Regenwasser und insbesondere destilliertes Wasser. In weichem Wasser ist Seife klar löslich, man kann mit weichem Wasser gut waschen.

Lesen Sie bitte weiter unter $\boxed{33}$ .

---

$\boxed{15}$      Auf der linken Seite der Gleichung steht ein Bariumatom zur Verfügung. Sie können also auf der rechten Seite nicht zwei Bariumatome einsetzen.

Sehen Sie sich die Gleichung unter $\boxed{40}$ noch einmal an.

---

$\boxed{16}$      Man erhält Calciumhydrogencarbonat, wenn man in eine wäßrige Aufschlämmung von Calciumcarbonat Kohlendioxid einleitet. Die Reaktionsgleichung dafür ist:

$$CaCO_3 + H_2O + CO_2 \longrightarrow Ca(HCO_3)_2$$

Es ist jedoch *falsch*, dabei zu erhitzen. Dabei bildet sich $Ca(HCO_3)_2$ *nicht*, da es in der Hitze nicht stabil ist.

Lesen Sie noch einmal genau ab $\boxed{19}$ .

---

$\boxed{17}$      Durch starkes Erhitzen von Calciumcarbonat entsteht *Calciumoxid*, das durch Reaktion mit Wasser *Calciumhydroxid* bildet.

Calciumoxid           = CaO
Calciumhydroxid     = $Ca(OH)_2$

Das Calcium-Ion ist *zwei*fach positiv geladen. Es bindet daher *zwei* Hydroxid-Ionen.

Berechnen Sie die Äquivalentmasse des Calciumhydroxids: (Atommasse: Ca = 40, O = 16, H = 1).

-    74     $\longrightarrow$    $\boxed{29}$
-    37     $\longrightarrow$    $\boxed{46}$
-   148    $\longrightarrow$    $\boxed{35}$

---

$\boxed{18}$      Die Beziehungen zwischen Calciumcarbonat und Calciumhydrogencarbonat sind Ihnen noch nicht klar.

Erläuterungen darüber finden Sie unter $\boxed{4}$ .

---

| 19 | Ihre Antwort ist richtig. |

Leitet man Kohlendioxid in eine wäßrige Aufschlämmung von Calciumcarbonat, dann bildet sich mit Wasser zunächst Kohlensäure. Durch die Einwirkung der Kohlensäure wird Calciumcarbonat in Calciumhydrogencarbonat übergeführt.

Da $CaCO_3$ in Wasser schwer löslich, $Ca(HCO_3)_2$ in Wasser leichter löslich ist, geht bei diesem Vorgang das $CaCO_3$ allmählich als $Ca(HCO_3)_2$ in Lösung.

Stellen Sie bitte die Reaktionsgleichung auf, und vergleichen Sie unter 43 .

---

| 20 |

$$CaO + H_2O \longrightarrow Ca(OH)_2$$
gelöschter Kalk, oder wissenschaftlich:
Calciumhydroxid.

Was ist Calciumhydroxid?

- Ein Salz    $\longrightarrow$   28
- Eine Säure   $\longrightarrow$   7
- Eine Base   $\longrightarrow$   30

---

| 21 | Selbstverständlich reagiert Calciumhydroxid mit Kohlendioxid! Calciumhydroxid ist nämlich eine Base und Kohlendioxid ein Säureanhydrid.

In welcher Weise diese beiden Stoffe miteinander reagieren, erfahren Sie unter 4 .

---

| 22 | Sie haben offenbar den Unterschied zwischen Carbonaten und Hydrogencarbonaten noch nicht erfaßt.

Eine Erklärung finden Sie unter 49

---

| 23 | Ihre Antwort ist bedingt richtig.

Sie haben für zwei der vier Verbindungen *nicht* den *chemischen* Namen, sondern den *Trivialnamen* angegeben.

Lesen Sie noch einmal 38 .

---

| 24 | Richtig, dieser Vorgang heißt *Abbinden*.

Das beim Abbinden des Mörtels nach und nach auftretende Reaktionswasser verursacht das länger andauernde Feuchtbleiben von Neubauwohnungen.

Eine Beschleunigung des Abbindevorgangs kann durch Aufstellen von offenen Koksöfen erfolgen.

Wodurch wird dabei der Abbindevorgang beschleunigt?

- Der langsam verbrennende Koks gibt Kohlendioxid ab.      →  $\boxed{39}$

- Die Räume werden durch den verbrennenden Koks erwärmt und trocknen schneller.      →  $\boxed{51}$

---

$\boxed{25}$    Mörtel ist eine Mischung von *Sand* und *gelöschtem Kalk* (Calciumhydroxid).

Beim Härten des Mörtels, beim Abbinden, reagiert das Calciumhydroxid mit Kohlendioxid, das in der Luft stets in geringen Mengen enthalten ist.

Stellen Sie die Reaktionsgleichung dafür auf.

Was ist entstanden?

- Calciumcarbonat      →  $\boxed{45}$

- Calciumcarbonat und Wasser   →  $\boxed{34}$

---

$\boxed{26}$    Es gibt zwei Reihen von Carbonaten: Carbonate und Hydrogencarbonate. Die Summenformeln für die beiden Calciumcarbonate sehen so aus:

$$CaCO_3 \qquad Ca(HCO_3)_2$$
$$\text{I} \qquad\qquad \text{II}$$

In Formel I sind beide Wasserstoffatome der Kohlensäure durch Calcium ersetzt. Es ist die Formel für Calciumcarbonat.

Formel II stellt Calciumhydrogencarbonat dar. Hydrogensalze der Kohlensäure sind dadurch gekennzeichnet, daß nur eines der beiden Wasserstoffatome der Kohlensäure durch Metallatome ersetzt ist.

Sie wissen, daß Kohlensäure in zwei Stufen dissoziiert. In der ersten Stufe entsteht das einfach negativ geladene Hydrogencarbonat-Ion.

$$H_2CO_3 \rightleftharpoons H^{\oplus} + HCO_3^{\ominus}$$

Da Calcium-Ionen zwei positive Ladungen haben, verbinden sich im Calciumhydrogencarbonat zwei Hydrogencarbonat-Ionen mit einem Calcium-Ion:

$$Ca^{2\oplus} \begin{matrix} HCO_3^{\ominus} \\ \\ HCO_3^{\ominus} \end{matrix} \quad \rightarrow \quad \boxed{38}$$

**17**

---

**27**     Ihre Antwort ist richtig.

Calciumhydroxid und Kohlendioxid reagieren je nach den Mengenverhältnissen zu verschiedenen Reaktionsprodukten:

1. Beim Molverhältnis 1 : 1.

$$Ca(OH)_2 + CO_2 \longrightarrow CaCO_3 + H_2O$$

2. Beim Molverhältnis 1 : 2.

$$Ca(OH)_2 + 2\,CO_2 \longrightarrow Ca(HCO_3)_2$$

Welche Calciumverbindungen sind nach den beiden Gleichungen entstanden?

Notieren Sie bitte die beiden Namen.    $\longrightarrow$   **38**

---

**28**     Nein, Salze entstehen durch Vereinigung von positiv geladenen Metall-Ionen mit negativ geladenen Säureresten.

Beispiele für Salze sind:

| | |
|---|---|
| Natriumchlorid, | NaCl |
| Natriumnitrat, | $NaNO_3$ |
| Kaliumsulfat, | $K_2SO_4$ |
| Calciumcarbonat, | $CaCO_3$ |

**17**

$Ca(OH)_2$ dissoziiert in Wasser in $Ca^{2\oplus}$ und $2\,OH^{\ominus}$.

Eine ähnliche Dissoziation lernten wir schon bei den Metallhydroxiden NaOH und KOH kennen.

Auch $Ca(OH)_2$ ist ein Metallhydroxid.

Beantworten Sie nochmals die Frage bei **20** .

---

**29**     Ihre Antwort ist falsch.

Bitte schreiben Sie ab:

Die Äquivalentmasse ist die Molekülmasse *geteilt durch die Anzahl der wirksamen Wertigkeiten.*

Kehren Sie zurück nach **17** .

---

**30**     Calciumhydroxid ist eine Base.

Wie alle Basen wirkt Calciumhydroxid alkalisch und ätzend.
**Vorsicht beim Umgang mit Calciumhydroxid!**

Calciumhydroxid kann man durch zwei aufeinander folgende Verfahrensschritte aus Calciumcarbonat gewinnen.

Schreiben Sie bitte mit Ergänzungen ab:

Durch starkes Erhitzen von Calciumcarbonat entsteht . . . . . . . . . ., das durch Reaktion mit Wasser . . . . . . . . . . . . bildet.

Vergleichen Sie bitte unter $\boxed{17}$ .

---

**31** $\quad Ca(HCO_3)_2 \longrightarrow CaCO_3 + H_2O + CO_2$

Die Antwort war leicht, denn Sie brauchten die Gleichung für die Bildung von $Ca(HCO_3)_2$ aus $CaCO_3$ und $CO_2$ nur umzudrehen.

Eine ähnliche Zersetzung eines Hydrogencarbonats in der Hitze kennen wir bereits vom Natriumhydrogencarbonat.

$\quad 2\,NaHCO_3 \longrightarrow Na_2CO_3 + H_2O + CO_2$

Wie kann man aus Calciumcarbonat Calciumhydrogencarbonat und daraus wieder Calciumcarbonat herstellen?

- Man leitet in eine Calciumcarbonat-Aufschlämmung Kohlendioxid ein.  $\longrightarrow \boxed{8}$

- Man erhitzt eine Calciumcarbonat-Aufschlämmung und leitet Kohlendioxid ein.  $\longrightarrow \boxed{16}$

- Man leitet in eine Calciumcarbonat-Aufschlämmung Kohlendioxid ein und erhitzt danach.  $\longrightarrow \boxed{42}$

**17**

---

**32** $\quad$ Ihre Antwort ist falsch.

Eine Erklärung finden Sie unter $\boxed{6}$ .

---

**33** $\quad$ Ihre Antwort ist richtig.

Wasser, das Salze als Verunreinigungen enthält, nennen wir *hartes Wasser*. Reines Wasser, z. B. Regenwasser oder destilliertes Wasser, nennen wir *weiches Wasser*.

Wir können nun genauer angeben, was die Härte des Wassers verursacht:

*Es sind geringe Mengen von Calciumhydrogencarbonat, die im harten Wasser gelöst sind.*

Erhitzt man dieses Wasser, dann tritt die oben besprochene Zersetzung des Calciumhydrogencarbonats ein. Es bildet sich ein unlöslicher Niederschlag, den wir im Haushalt als Kesselstein kennen.

Was ist Kesselstein chemisch?

- Calciumhydrogencarbonat   $\longrightarrow$   $\boxed{18}$
- Calciumcarbonat   $\longrightarrow$   $\boxed{9}$

---

$\boxed{34}$     Ihre Antwort ist richtig.

Calciumhydroxid reagiert mit dem Kohlendioxid der Luft zu Calciumcarbonat und Wasser.

Der Mörtel ist damit verfestigt und reagiert nicht mehr weiter. Neben dem Calciumcarbonat entsteht beim Abbinden des Mörtels *Wasser:*

$$Ca(OH)_2 \ + \ CO_2 \longrightarrow CaCO_3 \ + \ H_2O$$

In Neubauwohnungen bleiben die Wände daher längere Zeit . . . . . . . . $\longrightarrow$   $\boxed{47}$

---

$\boxed{35}$     Ihre Antwort ist falsch.

Bitte schreiben Sie ab:

Die Äquivalentmasse ist die Molekülmasse *geteilt durch die Anzahl der wirksamen Wertigkeiten.*

Kehren Sie zurück nach $\boxed{17}$ .

**17**

---

$\boxed{36}$     Durch Brennen von Kalkstein (Calciumcarbonat) entsteht der gebrannte Kalk (Calciumoxid):

a) $CaCO_3 \longrightarrow CO_2 \ + \ CaO$.

Durch Zugabe von Wasser entsteht aus dem gebrannten Kalk der gelöschte Kalk (Calciumhydroxid):

b) $CaO \ + \ H_2O \longrightarrow Ca(OH)_2$.

Das Ablöschen des Kalkes ist mit starker Wärmeentwicklung verbunden.

Notieren Sie den folgenden Satz mit Ergänzungen:

Mörtel ist eine Mischung aus . . . . und . . . . . . . . . . .

Bitte weiter bei $\boxed{25}$ .

| 37 | $Ca(OH)_2 + 2\,HCl \longrightarrow CaCl_2 + 2\,H_2O$ |

Die Einwirkung von Kohlendioxid auf Calciumhydroxid ist von besonderer Bedeutung. Nach unserem bisherigen Wissen über Calciumhydroxid und Kohlendioxid können wir uns überlegen, welche der drei folgenden Angaben richtig ist. Die Beantwortung dieser Frage wird Ihnen leichter fallen, wenn Sie für die Reaktion von Calciumhydroxid mit Kohlendioxid die entsprechenden Gleichungen aufstellen.

● Calciumhydroxid reagiert mit Kohlendioxid in eindeutiger Weise.          ⟶ 18

● Calciumhydroxid kann mit Kohlendioxid je nach dessen Menge
  zu zwei verschiedenen Endprodukten reagieren.          ⟶ 27

● Calciumhydroxid reagiert mit Kohlendioxid nicht.          ⟶ 21

● Ich weiß es nicht.          ⟶ 4

---

| 38 | *Calciumcarbonat, Calciumhydrogencarbonat.* |

Wir wollen uns einige Summenformeln ansehen und die dazugehörigen chemischen Namen angeben.

$$H_2CO_3 \qquad CaCO_3 \qquad Na_2CO_3 \qquad Ca(HCO_3)_2$$

Was bedeuten die Formeln in der angegebenen Reihenfolge?

● Kohlensäure, Kalkstein, Soda, Calciumhydrogencarbonat          ⟶ 23

● Kohlensäure, Calciumcarbonat, Natriumcarbonat, Calciumcarbonat          ⟶ 48

● Kohlensäure, Calciumcarbonat, Natriumhydrogencarbonat,
  Calciumhydrogencarbonat          ⟶ 11

● Kohlensäure, Calciumcarbonat, Natriumcarbonat,
  Calciumhydrogencarbonat          ⟶ 19

**17**

---

| 39 | Ihre Antwort ist richtig. |

Die Besprechung der chemischen Vorgänge beim Gebrauch des Kalkmörtels ist damit beendet.

Wir lernten schon *Magnesiumcarbonat* kennen.

Stellen Sie die Formeln für Magnesiumhydrogencarbonat und für Magnesiumcarbonat auf, und berechnen Sie die beiden Molekülmassen (abgerundete Atommassen: Mg = 24, O = 16, C = 12, H = 1).

Wie groß sind die Molekülmassen?

- Magnesiumhydrogencarbonat = 85
  Magnesiumcarbonat = 84        $\longrightarrow$   22

- Magnesiumhydrogencarbonat = 146
  Magnesiumcarbonat = 84        $\longrightarrow$   53

- Magnesiumhydrogencarbonat = 85
  Magnesiumcarbonat = 108        $\longrightarrow$   5

- Magnesiumhydrogencarbonat = 146
  Magnesiumcarbonat = 108        $\longrightarrow$   12

- Ich habe andere Zahlen        $\longrightarrow$   2

---

**40**

$$Zn + 2\,HCl \longrightarrow ZnCl_2 + H_2$$

Es entwickelt sich Wasserstoff.

Sie sehen also, daß das Aufschäumen bei Zugabe von Säuren *kein* endgültiger Beweis für das Vorliegen eines Carbonats ist. Wir müssen beweisen, daß es sich wirklich um $CO_2$ handelt.

Man leitet zu diesem Zweck das entstehende Gas in eine wäßrige Lösung von Bariumhydroxid ein. Dabei spielt sich bei Anwesenheit von $CO_2$ folgender Vorgang ab:

$$Ba(OH)_2 + CO_2 \longrightarrow \ldots\ldots + H_2O$$

Was ist in dieser Gleichung auf der rechten Seite zu ergänzen?

- $Ba(HCO_3)_2$    $\longrightarrow$   10
- $BaCO_3$       $\longrightarrow$   50
- $2\,BaCO_3$     $\longrightarrow$   15

---

**41**      Richtig, es wird *Kohlendioxid* entwickelt.

Alle Carbonate zersetzen sich bei der Einwirkung von Säuren unter Abspaltung von *Kohlendioxid,* denn die Kohlensäure ist eine schwache und unbeständige Säure, die leicht von schwerer flüchtigen und stärkeren Säuren aus ihren Salzen verdrängt wird.

Notieren Sie die Gleichungen für die Einwirkung von

1. Salzsäure auf Calciumcarbonat
2. Schwefelsäure auf Natriumcarbonat.

Vergleichen Sie unter   52 .

**42**    Ihre Antwort ist richtig.

Beim Einleiten von Kohlendioxid in eine wäßrige Aufschlämmung von Calciumcarbonat wird dieses in Calciumhydrogencarbonat umgewandelt:

$$CaCO_3 + H_2O + CO_2 \longrightarrow Ca(HCO_3)_2$$

Beim Erhitzen verläuft die Reaktion in der umgekehrten Richtung:

$$Ca(HCO_3)_2 \xrightarrow{Erhitzen} CaCO_3 + H_2O + CO_2$$

Die Umwandlung von Calciumhydrogencarbonat in Calciumcarbonat spielt eine große Rolle bei der Anwendung des Wassers in Haushalt und Industrie. Bei der Besprechung des Wassers hatten wir zwischen hartem und weichem Wasser unterschieden.

Wie hatten wir Wasser, das Salze enthält (z. B. Quellwasser oder Leitungswasser), bezeichnet?

● Als hartes Wasser    →    **33**

● Als weiches Wasser    →    **14**

**43**    Bitte vergleichen Sie.

$$CaCO_3 + H_2O + CO_2 \longrightarrow Ca(HCO_3)_2$$

Wenn wir die Lösung von Calciumhydrogencarbonat erhitzen, dann bildet sich unter Entwicklung von Kohlendioxid das in Wasser unlösliche Calciumcarbonat zurück.

Stellen Sie bitte auch für diesen Vorgang die Reaktionsgleichung auf, und vergleichen Sie unter **31** .

**17**

**44**    $$CaCO_3 \xrightarrow{Hitze} CaO + CO_2$$

*Gebrannter Kalk* (CaO) ist also Calciumoxid. Gebrannter Kalk ist eine weiße, bröckelige Masse, die unter starker Wärmeentwicklung mit Wasser reagiert. Dabei entsteht *gelöschter Kalk*. Können Sie die Reaktionsgleichung aufstellen?

$$CaO + H_2O \longrightarrow$$

(Denken Sie dabei an die Reaktion von Natriumoxid, $Na_2O$, mit Wasser).

Notieren Sie die vollständige Gleichung für das „Löschen" des gebrannten Kalks, und vergleichen Sie unter **20** .

**45**     Ihre Antwort ist nur zum Teil richtig.

Die Reaktion von Calciumhydroxid mit Kohlendioxid stellt chemisch gesehen eine Neutralisation dar. Neben dem Calciumcarbonat entsteht noch *Wasser*.

Verbessern Sie Ihre Reaktionsgleichung, und gehen Sie weiter nach 34 .

---

**46**     Die Äquivalentmasse beträgt $\dfrac{74}{2} = 37$ .

Calciumhydroxid reagiert mit Salzsäure bei der vollständigen Neutralisation unter Bildung von Calciumchlorid und Wasser.

$$Ca(OH)_2 \; + \; HCl \longrightarrow CaCl_2 \; + \; H_2O$$

Die Gleichung ist noch nicht richtig. Es fehlen zwei Faktoren. Notieren Sie bitte die richtige Gleichung, und vergleichen Sie bei 37 .

---

**47**     In Neubauwohnungen bleiben die Wände daher längere Zeit *feucht* (oder naß).

Daran ist also *nicht* das überschüssige, zum Anrühren des Mörtels verwendete Wasser schuld, denn dieses trocknet verhältnismäßig schnell aus den Wänden heraus, meist schon während des Bauens.

**17**

Wie nennt man den Vorgang der Verfestigung des Mörtels?     $\longrightarrow$     24

---

**48**     Sie haben den Unterschied zwischen Carbonaten und Hydrogencarbonaten noch nicht erfaßt.

Lesen Sie deshalb mit besonderer Aufmerksamkeit die Erklärung unter 26 .

---

**49**     Es gibt Carbonate und Hydrogencarbonate.

Die Kohlensäure dissoziiert als zweibasige Säure in zwei Stufen:

1. $H_2CO_3 \; \rightleftharpoons \; H^\oplus \; + \; HCO_3^\ominus$

2. $HCO_3^\ominus \; \rightleftharpoons \; H^\oplus \; + \; CO_3^{2\ominus}$

---

$H_2CO_3 \; \rightleftharpoons \; 2\,H^\oplus \; + \; CO_3^{2\ominus}$

In der ersten Stufe entstehen die einfach negativ geladenen Hydrogencarbonat-Ionen, in der zweiten Stufe die zweifach negativ geladenen Carbonat-Ionen.

Magnesium bildet wie Calcium zweifach positiv geladene Ionen. Diese Magnesium-Ionen bilden mit carbonat-Ionen das Magnesiumcarbonat (Formel I) und mit Hydrogencarbonat-Ionen das Magnesiumhydrogencarbonat (Formel II).

$$MgCO_3 \qquad\qquad Mg(HCO_3)_2$$

$$I \qquad\qquad\qquad II$$

Berechnen Sie bitte die Molekülmassen der durch die Formeln I und II dargestellten Verbindungen noch einmal (Atommassen: Mg = 24, O = 16, C = 12, H = 1), und vergleichen Sie bei $\boxed{39}$.

---

$\boxed{50}$ Ihre Antwort ist richtig. Beantworten Sie jetzt zur Wiederholung die folgenden Fragen. Ihre Arbeit können Sie dann bei $\boxed{3}$ kontrollieren.

1. Was ist und wie entsteht gebrannter Kalk (mit Gleichung )?
2. Was ist gelöschter Kalk?
3. Warum müssen wir bei der Verwendung von gelöschtem Kalk besonders vorsichtig sein?
4. Vervollständigen Sie folgende Reaktionsgleichungen:

   a) $Ca(OH)_2 + HCl \longrightarrow$

   b) $Ca(OH)_2 + H_2SO_4 \longrightarrow$

5. Notieren Sie die Summenformeln von Kohlensäure, Calciumcarbonat, Calciumhydrogencarbonat und Natriumhydrogencarbonat.
6. Was ist zu beobachten, wenn man in eine Aufschlämmung von Kalk und Wasser $CO_2$ einleitet?
7. Warum setzt sich zu Hause im Wasserkessel Kesselstein ab (mit Gleichung)?
8. Was ist hartes und weiches Wasser?
9. Was ist Mörtel?
10. Welcher Vorgang spielt sich beim Abbinden des Mörtels ab (mit Gleichung)?
11. Warum trocknen die Wände in Neubauten schneller, wenn offene Koksöfen aufgestellt werden?
12. Wie werden Carbonate nachgewiesen? (Kurze, stichwortartige Beschreibung).

Kontrolle bei $\boxed{3}$.

---

$\boxed{51}$ Zum Abbinden des Mörtels ist Kohlendioxid notwendig, wie sich aus der Reaktionsgleichung ergibt:

$$Ca(OH)_2 + CO_2 \longrightarrow CaCO_3 + H_2O$$

Wenn wenig Kohlendioxid da ist, kann die Reaktion nicht schnell ablaufen, auch nicht, wenn man erwärmt. Der in einem Koksofen langsam abbrennende Koks gibt aber Kohlendioxid ab und beschleunigt dadurch den Abbindevorgang.

Lesen Sie bitte weiter unter $\boxed{39}$.

**52**

1. $CaCO_3 + 2\,HCl \longrightarrow CaCl_2 + H_2O + CO_2$

2. $Na_2CO_3 + H_2SO_4 \longrightarrow Na_2SO_4 + H_2O + CO_2$

Die Tatsache des Aufschäumens genügt jedoch nicht für einen einwandreien Nachweis von Carbonaten. Das entstehende Gas muß als Kohlendioxid identifiziert werden, damit kein Irrtum entsteht.

Es gibt nämlich eine ganze Reihe von Stoffen, die *keine Carbonate* sind, die aber trotzdem bei der Einwirkung von Säuren aufschäumen. Das Aufschäumen wird, wenn es sich *nicht um Carbonate* handelt, auch nicht durch $CO_2$, sondern durch *andere Gase* verursacht.

Ein Beispiel:    Wir gießen auf Zink (Zink = Zn; 2-wertig) etwas Salzsäure und beobachten ein Aufschäumen. Welches Gas entwickelt sich? Stellen Sie die Reaktionsgleichung auf, und vergleichen Sie unter 40 .

**53**

Sie haben die richtigen Formeln aufgestellt und richtig gerechnet!

$MgCO_3$            $Mg(HCO_3)_2$

Wir müssen noch über den Nachweis der Carbonate sprechen.

Der Nachweis der Carbonate beruht auf der Reaktion mit Säuren. Was beobachten wir bei dieser Reaktion?

**17**

- Das Auftreten einer Farbänderung      $\longrightarrow$   32

- Die Entwicklung von Kohlendioxid      $\longrightarrow$   41

- Die Ausfällung eines weißen Niederschlages      $\longrightarrow$   13

- Ich weiß es nicht mehr      $\longrightarrow$   6

## 18. Programm

### Organische Chemie I

---

**1**      Im Anschluß an die Behandlung des Kohlenstoffs, seiner Oxide und der Kohlensäure lernen Sie in diesem Programm Verbindungen des Kohlenstoffs kennen, in denen mehrere Kohlenstoffatome untereinander und diese wiederum hauptsächlich mit Wasserstoff oder Sauerstoff verbunden sind. Die Zahl dieser Verbindungen ist sehr groß, so daß man sie in der organischen Chemie zusammenfassend behandelt.

Dieses Programm und das folgende werden Ihnen eine knappe Einführung in das interessante Gebiet der organischen Chemie geben. Ausführlich werden die organischen Verbindungen im „Lehrprogramm Chemie 2" beschrieben.
Allgemein kann man sagen:

*Die organische Chemie ist die Chemie der Kohlenstoffverbindungen. Ausgenommen sind lediglich einige einfache Kohlenstoffverbindungen, nämlich die Oxide des Kohlenstoffs, die Kohlensäure und ihre Salze.*

*Zur anorganischen Chemie rechnet man die Verbindungen aller übrigen Elemente.*

Soeben wurden einige einfache Kohlenstoffverbindungen genannt, die *nicht* zur organischen Chemie gehören. Stellen Sie bitte die Summenformeln dieser Verbindungen auf. Als Salze der Kohlensäure nehmen Sie das Natrium- und das Calciumsalz. Schreiben Sie die Namen der Verbindungen neben die von Ihnen aufgestellten Formeln, und lesen Sie dann weiter unter 9

---

**2**      Sie haben sich vielleicht durch die abgekürzte Schreibweise des Phenylrestes verwirren lassen. Wir stellen deshalb die abgekürzte Schreibweise und die ausführliche Schreibweise für den Phenylrest und für Benzol noch einmal gegenüber:

18

Benzol         oder   

Jede Ecke ist gleich

Phenylrest:         oder   

Fünf Ecken sind gleich ; an einer Ecke fehlt ein Wasserstoffatom.

Wie groß ist die Molekülmasse des Phenylrestes?

- So groß wie die Molekülmasse des Benzols    $\longrightarrow$   17
- Gleich der Molekülmasse des Benzols minus 1    $\longrightarrow$   26
- Gleich der Molekülmasse des Benzols plus 1    $\longrightarrow$   23

---

**3**     Von den in dieser Antwort aufgezählten Verbindungen gehören Kohlenmonoxid und Pyrit zu den anorganischen.

Lesen Sie nochmals 9 , und beantworten Sie dann die Frage erneut.

---

**4**     1. Die organische Chemie ist die Chemie der Kohlenstoffverbindungen. Ausgenommen sind lediglich einige einfache Kohlenstoffverbindungen, nämlich die Oxide des Kohlenstoffs, die Kohlensäure und ihre Salze.

2. In aliphatische Verbindungen (kettenförmige Verbindungen) und aromatische Verbindungen (Benzol und ähnliche Verbindungen).

3. Kohlenwasserstoffe. Sie bestehen aus Kohlenstoff und Wasserstoff.

4. Methyl-, Äthyl-, Phenyl-Rest.

5.

$$H-\overset{\displaystyle H}{\underset{\displaystyle H}{C}}-H \qquad \bigcirc \qquad H-\overset{\displaystyle H}{\underset{\displaystyle H}{C}}-\overset{\displaystyle H}{\underset{\displaystyle H}{C}}-OH \qquad \bigcirc-OH \qquad \overset{\displaystyle H}{\underset{\displaystyle H}{C}}=\overset{\displaystyle H}{\underset{\displaystyle H}{C}}$$

6. Äthan, Acetylen, Methanol, Diäthyläther.

7. Aus Zucker durch die alkoholische Gärung.

8. Äther und Benzol sind sehr leicht brennbar. Beim Arbeiten mit diesen und anderen organischen Lösungsmitteln dürfen keine offenen Flammen in der Nähe sein. Methanol ist sehr giftig.

Ende des 18. Programms.

---

**5**     Wir wollen die Aufstellung der verlangten Bauformel in kleinen Schritten vollziehen.

Zunächst schreiben wir vier Kohlenstoffatome nebeneinander an:

     C C C C

Jetzt verbinden wir die vier Kohlenstoffatome zu einer Kette:

     C-C-C-C

Nun zeichnen wir die übrigen Bindungsstriche dieser vier Kohlenstoffatome ein:

$$-\overset{|}{\underset{|}{C}}-\overset{|}{\underset{|}{C}}-\overset{|}{\underset{|}{C}}-\overset{|}{\underset{|}{C}}-$$

Wir sehen, daß die beiden endständigen C-Atome noch je drei Wasserstoffatome binden können, die beiden Kohlenstoffatome in der Mitte je zwei. Zusammen können also noch zehn Wasserstoffatome gebunden werden.

Schreiben Sie die vollständige Bauformel (mit Wasserstoffatomen) auf, schreiben Sie auch noch die Summenformel dazu, und vergleichen Sie unter $\boxed{43}$.

---

$\boxed{6}$    Ihre Antwort ist, vermutlich wegen eines Rechenfehlers, falsch.

Sehen Sie sich die Frage unter $\boxed{37}$ noch einmal an.

---

$\boxed{7}$    Methan hat die Bauformel

$$H-\overset{H}{\underset{H}{C}}-H$$

Wenn die vier Wasserstoffatome des Methans durch Chloratome ersetzt werden, erhält man die Bauformel des Tetrachlorkohlenstoffs:

$$Cl-\overset{Cl}{\underset{Cl}{C}}-Cl$$

Die Summenformel des Tetrachlorkohlenstoffs ist also $CCl_4$, und die Molekülmasse des Tetrachlorkohlenstoffs ergibt sich zu 1 x 12 + 4 x 35,5 = . . . . . . . .

Rechnen Sie die Molekülmasse des $CCl_4$ aus, und vergleichen Sie bei $\boxed{15}$.

**18**

---

$\boxed{8}$    Ihre Antwort ist richtig.

Und jetzt zu den Eigenschaften dieser organischen Verbindungen.

Methanol oder Methylalkohol ist ein außerordentlich starkes Gift. Er ist brennbar.

Äthanol oder Äthylalkohol dient zwar als Genußmittel und ist in kleinen Mengen unschädlich, in größeren Mengen wirkt die Verbindung jedoch ebenfalls giftig. Auch er ist brennbar.

Äthylalkohol ist eine der am längsten bekannten organischen Verbindungen. Er wird durch die sogenannte „alkoholische Gärung" aus Zucker oder Stärke hergestellt.

Eine weitere Klasse organischer Verbindungen sind die *Äther*. Diese kann man sich dadurch entstanden denken, daß beide Wasserstoffatome des Wassers durch organische Reste ersetzt werden. Häufig gebraucht wird der Diäthyläther. In dieser Verbindung sind die beiden Wasserstoffatome des Wassers durch Äthylreste ersetzt:

$$
\begin{array}{ccccc}
\text{H} & \text{H} & & \text{H} & \text{H} \\
| & | & & | & | \\
\text{H}-\text{C}-\text{C}-\text{O}-\text{C}-\text{C}-\text{H} \\
| & | & & | & | \\
\text{H} & \text{H} & & \text{H} & \text{H}
\end{array}
\quad \text{oder einfacher} \quad C_2H_5\text{-}O\text{-}C_2H_5
$$

Diäthyläther wird oft einfach „Äther" genannt. **Er siedet sehr tief (ca. 35 °C) und ist außerordentlich leicht brennbar. Beim Arbeiten mit Äther dürfen deshalb keine Flammen in der Nähe sein!**

Notieren Sie bitte die wichtigsten Dinge, die Sie über Methanol, Äthanol und Äther gelernt haben, in Stichworten.

Lesen Sie dann bitte weiter unter $\boxed{38}$ .

---

$\boxed{9}$     Prüfen Sie bitte die Richtigkeit der von Ihnen aufgestellten Formeln:

| | |
|---|---|
| Kohlenmonoxid | $CO$ |
| Kohlendioxid | $CO_2$ |
| Kohlensäure | $H_2CO_3$ |
| Natriumcarbonat | $Na_2CO_3$ |
| Calciumcarbonat | $CaCO_3$ |

Woher kommen die Namen organische und anorganische Chemie?

Früher glaubte man, daß die in der lebenden Natur vorkommenden chemischen Verbindungen (z. B. Blattgrün, Zucker, Vitamine, Olivenöl, Stärke, Harnstoff, Blütenfarbstoffe, Eiweiß) nur in den *Organen* von Pflanzen und Tieren aufgebaut werden könnten. Man rechnete diese und andere Stoffe deshalb zur *organischen Chemie*.

Im Gegensatz dazu zählte man die in der toten Natur vorkommenden Elemente und Verbindungen (z. B. Gesteine, Mineralien, Erze, Wasser, Luft, Metalle) zur *nichtorganischen,* zur *anorganischen* Chemie.

Heute wissen wir, daß zahlreiche organische Verbindungen nicht nur in Pflanzen und Tieren aufgebaut, sondern auch durch Synthese im Laboratorium oder in der Technik gewonnen werden können. Die Chemiker haben sogar viele organische Produkte synthetisch hergestellt, die in der Natur gar nicht vorkommen. Wir dürfen allerdings nicht vergessen, daß die organisch-chemische Industrie als Rohstoffe häufig Produkte benutzt, die aus Pflanzen und Tieren entstanden sind (Erdöl und Kohle).

Andererseits kommen *anorganische* Stoffe auch im *lebenden Organismus* vor. Für Menschen, Tiere und Pflanzen sind einige anorganische Verbindungen sogar lebenswichtig, z. B. Wasser, Natriumchlorid, Kaliumsalze und Salzsäure als Magensäure.

Welche der folgenden Stoffe

       Olivenöl, Kohlenmonoxid, Stärke, Magensäure, Pyrit,

gehören zur organischen Chemie?

- Olivenöl, Kohlenmonoxid, Stärke und Pyrit → 3
- Olivenöl, Stärke, Magensäure → 22
- Olivenöl, Stärke, Magensäure und Kohlenmonoxid → 29
- Olivenöl und Stärke → 40
- Stärke, Magensäure und Kohlenmonoxid → 18

**10** Ihre Antwort ist falsch.

Eine Erklärung finden Sie unter 5 .

**11** Ihre Antwort ist falsch, weil Sie nicht sorgfältig arbeiten.

Lesen Sie noch einmal 1 .

**12** Sehen Sie sich die letzte Bauformel unter 35 noch einmal genau an. Zählen Sie bei dieser Bauformel die Striche ab, die zu jedem der sechs Kohlenstoffatome gehören. Sie werden finden, daß es nicht vier Striche sind. Da der Kohlenstoff immer vierwertig ist, können durch die 6 Kohlenstoffatome des Ringes noch Wasserstoffatome gebunden werden.

Sie finden die Bauformel des Benzols unter 35 .

**13** Ihre Antwort ist falsch.

Eine Erklärung finden Sie unter 2 .

**18**

**14** Ihre Antwort ist falsch.

Eine Erklärung finden Sie unter 45 .

**15** Richtig, die Molekülmasse von $CCl_4$ ist 154. Damit ist dieses Programm beendet. Zur Wiederholung beantworten Sie bitte schriftlich die folgenden acht Fragen.

1. Was versteht man unter der organischen Chemie?

2. Wie werden die organischen Verbindungen eingeteilt?

3. Wie werden die einfachsten organischen Verbindungen genannt, und aus welchen Elementen bestehen sie?

4. Wie heißen die einwertigen Reste, die sich vom Methan, vom Äthan und vom Benzol ableiten?

5. Wie sehen die Bauformeln folgender Verbindungen aus?
Methan, Benzol, Äthanol, Phenol, Äthylen.

6. Wie nennt man die folgenden organischen Verbindungen:

$$H-\overset{\overset{H}{|}}{\underset{\underset{H}{|}}{C}}-\overset{\overset{H}{|}}{\underset{\underset{H}{|}}{C}}-H \qquad H-C\equiv C-H \qquad CH_3OH \qquad C_2H_5-O-C_2H_5$$

7. Woraus wird Äthanol gewonnen, und wie nennt man das Verfahren?

8. Was ist beim Umgang mit Äther, Benzol und Methanol zu beachten?

Kontrollieren Sie Ihre Antworten bei $\boxed{4}$ .

---

**16** Ihre Antwort ist falsch.

Eine Erklärung finden Sie unter $\boxed{5}$ .

---

**17** Benzol ist doch etwas anderes als der Phenylrest!
Sehen Sie sich die Formeln unter $\boxed{2}$ noch einmal genau an.

---

**18** Von den in dieser Antwort aufgezählten Verbindungen gehört Kohlenmonoxid (CO) zu den anorganischen.

**18**

Lesen Sie nochmals $\boxed{9}$ , und beantworten Sie dann die Frage erneut.

---

**19** Ihre Antwort ist richtig.

Schreiben Sie nun bitte die vollständige Bauformel des Benzols auf, und vergleichen Sie unter $\boxed{30}$ .

Sollten Sie unsicher sein, dann kehren Sie lieber noch einmal zurück nach $\boxed{35}$ .

---

**20** Ihre Antwort ist falsch.

Eine Erklärung finden Sie unter $\boxed{2}$ .

---

**21** Sie müssen sich verrechnet haben. Die Summenformel für Benzol ist $C_6H_6$.

Lösen Sie die Aufgabe noch einmal bei $\boxed{30}$ .

**22**     Von den in dieser Antwort aufgezählten Verbindungen tritt die Magensäure zwar im Organismus auf, sie gehört jedoch zu den anorganischen Verbindungen.

Lesen Sie nochmals  9  , und beantworten Sie dann die Frage erneut.

---

**23**     Ihre Antwort ist falsch. Aus der Formel für Benzol wird durch *Weglassen* eines H-Atoms der Phenylrest!

Lesen Sie noch einmal  42  .

---

**24**     Überlegen Sie doch einmal, wie viele Bindungsstriche des Kohlenstoffs (vierwertig!) noch übrigbleiben, wenn zwei Kohlenstoffatome durch eine Doppelbindung miteinander verbunden sind.

     C=C

Es sind offensichtlich an jedem Kohlensoffatom zwei Bindungsstriche frei:

     \C=C/

Notieren Sie jetzt bitte die vollständige Bauformel dieses Kohlenwasserstoffs (mit vier Wasserstoffatomen), und lesen Sie weiter unter  35  .

---

**25**     Vergleichen Sie bitte die von Ihnen aufgestellten Formeln:

    Methan       Äthan       Propan

Gemeinsame Bezeichnung dieser drei Verbindungen: *Kohlenwasserstoffe.*

Wenn wir die Bauformeln in der organischen Chemie immer möglichst symmetrisch schreiben, dann tun wir das, um die Formeln übersichtlich zu gestalten. Man könnte die Bauformel des Methans auch anders schreiben, z. B.:

Für die Bauformel des Propans gilt das gleiche: Die Schreibweise

**18**

ist zwar richtig (alle C-Atome sind vierwertig), aber unübersichtlich. Wir bleiben deshalb dabei, alle Bauformeln möglichst symmetrisch und damit sauber und übersichtlich zu schreiben! Wir müssen uns ohnehin darüber klar sein, daß alle unsere Formeln nur *Bilder* sind, denn in Wirklichkeit haben die Atome und Moleküle ja eine räumliche Ausdehnung.

Schreiben Sie sich nun bitte eine Kette von vier miteinander verbundenen Kohlenstoffatomen auf.

Wieviel Wasserstoffatome müssen Sie ergänzen, damit die Bauformel richtig wird?

- 8 Wasserstoffatome    ⟶  $\boxed{10}$
- 10 Wasserstoffatome   ⟶  $\boxed{43}$
- 9 Wasserstoffatome    ⟶  $\boxed{16}$
- 12 Wasserstoffatome   ⟶  $\boxed{33}$

---

$\boxed{26}$     Ihre Antwort ist richtig.

Wir haben schon davon gesprochen, daß organische Verbindungen stets Kohlenstoff und Wasserstoff enthalten. Sie können aber auch noch andere Elemente, zum Beispiel Sauerstoff, Chlor, Schwefel oder Stickstoff, enthalten.

Beispiele für organische Verbindungen, die Sauerstoff enthalten, sind die *Alkohole* und die *Phenole*.

Alkohole kann man sich im Formelbild so entstanden *denken* (die Herstellung erfolgt anders!), daß ein H-Atom des Wassers durch einen aliphatischen Rest, zum Beispiel den Methylrest, ersetzt wird:

H-O-H                CH₃-O-H

Wasser              Methanol oder
                    Methylalkohol

Phenole kann man sich dadurch entstanden denken, daß ein Wasserstoffatom des Wassers durch einen *aromatischen* Rest, zum Beispiel den Phenylrest, ersetzt wird:

H-O-H               Phenol (OH)

Wasser              Phenol

Schreiben Sie sich die Formeln und Namen der beiden neuen Verbindungen ab. Stellen Sie danach die Bauformel des Äthanols (Äthylalkohols) auf. Sie können dann leicht die Molekülmasse ausrechnen (C = 12, O = 16, H = 1).

Wie groß ist die Molekülmasse des Äthanols?

- 32 $\longrightarrow$ $\boxed{14}$

- 46 $\longrightarrow$ $\boxed{8}$

- 47 $\longrightarrow$ $\boxed{34}$

---

$\boxed{27}$   Sehen Sie sich die letzte Bauformel unter $\boxed{35}$ noch einmal genau an. Zählen Sie bei dieser Bauformel die Striche ab, die zu jedem der sechs Kohlenstoffatome gehören. Sie werden finden, daß es nicht vier Striche sind. Da der Kohlenstoff immer vierwertig ist, können durch die 6 Kohlenstoffatome des Ringes noch Wasserstoffatome gebunden werden.

Sie finden die Bauformel des Benzols unter $\boxed{35}$ .

---

$\boxed{28}$   Sie haben sich entweder verrechnet oder nicht bedacht, daß der *vier*wertige Kohlenstoff *vier* einwertige Wasserstoffatome binden kann.

Beantworten Sie noch einmal die Frage unter $\boxed{40}$ .

---

$\boxed{29}$   Wir wollen die genannten Verbindungen auf ihre Zugehörigkeit zur organischen bzw. anorganischen Chemie prüfen:
Olivenöl haben wir ausdrücklich als organische Verbindung genannt. Es besteht aus kompliziert aufgebauten Kohlenstoffverbindungen. Das gleiche gilt für die Stärke.

Die anderen Verbindungen (Kohlenmonoxid, Magensäure) gehören zur anorganischen Chemie.

Magensäure haben wir bereits früher kennengelernt. Magensäure ist chemisch Salzsäure, HCl. Diese gehört selbstverständlich zur anorganischen Chemie. Sie sehen, daß anorganische Verbindungen durchaus im lebenden Organismus vorkommen können. Für Menschen, Tiere und Pflanzen sind einige anorganische Stoffe sogar lebensnotwendig, zum Beispiel Wasser, Natriumchlorid oder Kaliumsalze.

**18**

In welchen Teil der Chemie gehören Kohlensäure und Kaliumcarbonat?

- In die anorganische Chemie $\longrightarrow$ $\boxed{40}$

- In die organische Chemie $\longrightarrow$ $\boxed{11}$

---

$\boxed{30}$   Die vollständige Bauformel des Benzols:

Häufig kürzt man die Bauformel des Benzols in der Weise ab, daß man einfach einen sechsgliedrigen Ring mit drei Doppelbindungen schreibt:

Wir müssen uns darüber klar sein, daß jede Ecke dieses Ringes ein C-Atom mit einem H-Atom bedeutet.

Notieren Sie auch die zweite Formel des Benzols!

Welche Molekülmasse hat Benzol (C = 12, H = 1)?

- 72  $\longrightarrow$  49
- 78  $\longrightarrow$  42
- 82  $\longrightarrow$  21
- 74  $\longrightarrow$  54

---

**31**    Es ist doch nicht schwer, aus den angegebenen Bauformeln die richtigen Summenformeln aufzustellen. Sie brauchen die Atome nur zusammenzuzählen!

Lesen Sie noch einmal 50 .

---

**32**    Sie haben sich entweder verrechnet oder nicht beachtet, daß der *vier*wertige Kohlenstoff *vier* einwertige Wasserstoffatome binden kann.

Beantworten Sie noch einmal die Frage unter 40 .

---

**33**    Ihre Antwort ist falsch.

Eine Erklärung finden Sie unter 5 .

---

**34**    Ihre Antwort ist falsch.

Eine Erklärung finden Sie unter 45 .

---

**35**    Ihre Antwort ist richtig.

Die vollständige Bauformel des einfachsten Kohlenwasserstoffs mit einer Doppelbindung zwischen zwei C-Atomen sieht so aus:

$$H \quad \quad H$$
$$\backslash \quad \quad /$$
$$C = C$$
$$/ \quad \quad \backslash$$
$$H \quad \quad H$$

Man nennt diese Verbindung *Äthylen* oder *Äthen*.

Es ist schließlich auch möglich, daß Kohlenstoffatome *untereinander mit drei* Bindungen verbunden sind. Als einfachsten Fall nennen wir das *Acetylen* mit der Bauformel

$$H-C\equiv C-H$$

Wieder ist der Kohlenstoff vierwertig.

Schreiben Sie bitte Bauformeln, Summenformeln und Namen der beiden oben genannten Kohlenwasserstoffe auf.

Man nennt Kohlenwasserstoffe mit Doppel- oder Dreifachbindungen auch *ungesättigte Kohlenwasserstoffe*.

Innerhalb der organischen Chemie gibt es zwei große Gruppen von Verbindungen:

1. *Aliphatische Verbindungen: Kettenförmige Kohlenwasserstoffverbindungen.*

2. *Aromatische Verbindungen: Benzol und ähnliche Verbindungen.*

Notieren Sie bitte das kursiv Gedruckte.

*Benzol* ist ein Kohlenwasserstoff, dessen Kohlenstoffatome ringförmig angeordnet sind. Sechs Kohlenstoffatome sind abwechselnd durch drei einfache und durch drei Doppelbindungen miteinander verbunden:

Diese Darstellung der Bindungsverhältnisse im Benzolring ist nicht ganz exakt. Im „Lehrprogramm Chemie 2" wird begründet, warum man trotzdem mit ihr ganz gut arbeiten kann.

Wie immer ist auch im Benzol der Kohlenstoff vierwertig. Wieviel Wasserstoffatome sind also in der Bauformel des Benzols zu ergänzen?

● 12  →  12

● 6   →  19

● 3   →  27

**18**

---

36     Sie haben Äthan und Propan verwechselt.

Lesen Sie noch einmal 50 .

---

**37** Alle organischen Verbindungen, die wir bisher kennengelernt haben, waren stets mehr oder weniger leicht brennbar. Es gibt nur wenige organische Verbindungen, die nicht brennbar sind. Dazu gehören vor allem solche, die viel Chlor enthalten, z. B. Methylenchlorid, Chloroform und Tetrachlorkohlenstoff. Man benutzt diese chlorhaltigen organischen Verbindungen oft als Lösungsmittel im Laboratorium und in der Technik.

Im Tetrachlorkohlenstoff sind alle Wasserstoffatome des Methans durch Chloratome ersetzt. Stellen Sie die Bauformel des Tetrachlorkohlenstoffs auf.

Wie groß ist die Molekülmasse des Tetrachlorkohlenstoffs (C = 12, Cl = 35,5)?

- 117,5      → 44
- 154      → 15
- 155      → 48
- Ich habe eine andere Zahl → 6

**38** Methanol:    Sehr giftig, brennbar.
Äthanol:    In kleinen Mengen unschädlich, brennbar, Herstellung durch alkoholische Gärung.
Äther:    Tiefer Siedepunkt, *sehr leicht brennbar*, beim Arbeiten mit Äther dürfen keine Flammen in der Nähe sein!

Hatten Sie sinngemäß diese Stichworte aufgeschrieben? Wenn nein, dann ergänzen Sie Ihre Antwort schriftlich, und prägen Sie sich die Eigenschaften der genannten Verbindungen noch einmal ein!

Wenn Sie die Bauformel des Diäthyläthers richtig behalten haben, dann können Sie leicht die Bauformel des Dimethyläthers aufstellen. Tun Sie das bitte, und kontrollieren Sie Ihr Ergebnis unter 46 .

**39** *Aliphatische* und *aromatische* Verbindungen.

Wir gehen weiter:

Wenn wir in der Formel des Methans eines der vier Wasserstoffatome weglassen, dann erhalten wir eine *einwertige Atomgruppe*, einen *einwertigen Rest*, den sogenannten *Methylrest*:

$$-\overset{\displaystyle H}{\underset{\displaystyle H}{C}}-H \qquad\qquad \text{Summenformel: } -CH_3$$

In entsprechender Weise leiten sich vom Äthan durch Weglassen eines Wasserstoffatoms der *Äthylrest* und vom Benzol der *Phenylrest* ab:

H H
| |
-C-C-H                    Summenformel:  $-C_2H_5$
| |
H H

Summenformel:  $-C_6H_5$

Schreiben Sie bitte die 3 Formeln mit den zugehörigen Namen ab.

Welche Molekülmasse haben die drei Reste (C = 12, H = 1)?

|   | Methyl | Äthyl | Phenyl |   |   |
|---|--------|-------|--------|---|---|
| ● | 16 | 30 | 78 | → | 53 |
| ● | 15 | 77 | 29 | → | 47 |
| ● | 15 | 29 | 77 | → | 26 |
| ● | 15 | 29 | 78 | → | 20 |
| ● | 15 | 29 | 65 | → | 13 |

---

**40**     Ihre Antwort ist richtig.

Das Gebiet der organischen Chemie ist außerordentlich groß. Die Zahl der organischen Verbindungen beträgt gegenwärtig fast eine Million. Dagegen kennt man in der anorganischen Chemie „nur" etwa 50 000 Verbindungen.

*Kohlenstoff ist in organischen Verbindungen stets vierwertig.*

**18**

In den einfachsten organischen Verbindungen sind nur Kohlenstoff und Wasserstoff enthalten. Man nennt solche Verbindungen deshalb *Kohlenwasserstoffe*.

Der einfachste Kohlenwasserstoff ist das gasförmige, leicht brennbare *Methan*. In diesem ist *ein* Kohlenstoffatom mit *vier* Wasserstoffatomen verbunden.

Stellen Sie die Summenformel des Methans auf, und berechnen Sie dann die Molekülmasse dieser Verbindung (Kohlenstoff = 12, Wasserstoff = 1).

Wie hoch ist die Molekülmasse des Methans?

- ● 14  →  55
- ● 15  →  28
- ● 16  →  50
- ● 17  →  32

---

**41**        Ihre Antwort ist richtig.

Wir kennen bereits jetzt drei einfache organische Verbindungen, nämlich das Methan, das Äthan und das Propan.

Schreiben Sie die Bauformeln dieser drei Verbindungen auf ein Blatt Papier, darunter die Namen. Welche gemeinsame Bezeichnung haben die drei Verbindungen?

Kontrollieren Sie Ihre Arbeit bitte unter 25 .

---

**42**        Benzol hat die Molekülmasse 78.

Wir wollen kurz wiederholen.
Notieren Sie bitte die fehlenden Wörter oder Formeln:

1. Die einfachsten organischen Verbindungen bestehen aus den Elementen . . . . . . .
   und . . . . . . . . . . . .

2. Die einfachsten organischen Verbindungen heißen . . . . . . . . . . . . . . . . . .

3. $CH_4$ heißt . . . . .

   $C_2H_6$ heißt . . . . .

   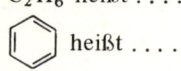 heißt . . . . .

4. Äthylen oder Äthen hat die Bauformel . . . . . . . . . . . . . . .

   Acetylen hat die Bauformel . . . . . . . . . . . . . .

Prüfen Sie jetzt Ihre Antworten auf Richtigkeit, indem Sie unter 52 weiterlesen.

---

**43**        Ihre Antwort ist richtig. Die vollständige Bauformel des Kohlenwasserstoffs mit vier Kohlenstoffatomen sieht so aus:

```
    H  H  H  H
    |  |  |  |
H - C- C- C- C- H    Summenformel C₄H₁₀
    |  |  |  |
    H  H  H  H
```

Kohlenstoffatome können sich aber nicht nur mit *einfachen* Bindungen zu mehr oder weniger langen Ketten verbinden. Vielmehr können zwei Kohlenstoffatome auch durch eine *Doppelbindung* miteinander verbunden sein. Zwei durch eine Doppelbindung verbundene Kohlenstoffatome schreibt man so:

C = C

Wieviel Wasserstoffatome sind hier noch zu ergänzen? (Bitte achten Sie darauf, daß von jedem C-Atom vier Bindungsstriche ausgehen.)

**18**

- 2 Wasserstoffatome    $\longrightarrow$   $\boxed{24}$
- 4 Wasserstoffatome    $\longrightarrow$   $\boxed{35}$
- 6 Wasserstoffatome    $\longrightarrow$   $\boxed{51}$

---

$\boxed{44}$      Ihre Antwort ist falsch.

Eine Erklärung finden Sie unter $\boxed{7}$ .

---

$\boxed{45}$      So wie im *Methanol* oder *Methylalkohol* ein H-Atom des Wassers durch den *Methylrest* ersetzt ist,

$$\begin{array}{c} H \\ | \\ H-C-O-H \quad \text{oder} \quad CH_3-O-H \\ | \\ H \end{array}$$

so ist im *Äthanol* oder *Äthylalkohol* ein H-Atom des Wassers durch den *Äthylrest* ersetzt.

Der Äthylrest leitet sich vom Äthan ab. Äthan hat die Bauformel

$$\begin{array}{c} H \quad H \\ | \quad | \\ H-C-C-H \\ | \quad | \\ H \quad H \end{array}$$

Den Äthylrest erhalten wir aus der Formel für Äthan durch Weglassen eines Wasserstoffatoms:

$$\begin{array}{c} H \quad H \\ | \quad | \\ H-C-C- \\ | \quad | \\ H \quad H \end{array}$$

Der Äthylalkohol hat also die Bauformel:

$$\begin{array}{c} H \quad H \\ | \quad | \\ H-C-C-OH \\ | \quad | \\ H \quad H \end{array}$$

Damit Sie das Gelernte wirklich behalten, lesen Sie bitte noch einmal sorgfältig $\boxed{26}$ .

---

**18**

**46**

```
      H   H
      |   |
  H-C-O-C-H   oder einfach  CH₃-O-CH₃
      |   |
      H   H
```

Ist Ihre Formel richtig? Dann lesen Sie bitte weiter unter 37 .

Ist Ihre Formel falsch? Dann verbessern Sie sie, und lesen Sie unter 8 weiter.

**47**      Der Äthylrest kann doch nicht eine höhere Molekülmasse haben als der Phenylrest!

Beantworten Sie noch einmal die Frage unter 39 .

**48**      Ihre Antwort ist falsch.

Eine Erklärung finden Sie unter 7 .

**49**      Sie haben offenbar nur die Atommasse der sechs C-Atome berücksichtigt. Benzol hat aber die Summenformel $C_6H_6$.

Lösen Sie die Aufgabe noch einmal bei 30 .

**50**      Ihre Antwort ist richtig.

**18**

Methan hat die Summenformel $CH_4$. Die Bauformel des Methans sieht so aus:

```
      H
      |
  H-C-H
      |
      H
```

Kohlenstoff hat eine besondere Fähigkeit:
*Mehrere Kohlenstoffatome können sich zu kettenförmigen Verbindungen vereinigen.*

Die Verbindung, in der zwei Kohlenstoffatome miteinander verbunden sind und die außer Kohlenstoff nur noch Wasserstoff enthält, hat diese Bauformel:

```
      H  H
      |  |
  H-C-C-H
      |  |
      H  H
```

Diese Verbindungen nennt man *Äthan*. Auch hier ist *jedes C-Atom vierwertig*.

Wenn sich drei Kohlenstoffatome zu einer Kette vereinigen, dann erhält man das *Propan*. Dieses hat folgende Bauformel:

$$
\begin{array}{c}
\quad\ \ \text{H} \ \ \text{H} \ \ \text{H} \\
\quad\ \ | \ \ \ | \ \ \ | \\
\text{H}-\text{C}-\text{C}-\text{C}-\text{H} \\
\quad\ \ | \ \ \ | \ \ \ | \\
\quad\ \ \text{H} \ \ \text{H} \ \ \text{H}
\end{array}
$$

Welche Summenformeln haben Äthan und Propan?

|   | Äthan | Propan | |   |
|---|---|---|---|---|
| ● | $C_3H_8$ | $C_2H_6$ | → | 36 |
| ● | $C_2H_6$ | $C_3H_8$ | → | 41 |
| ● | $C_2H_4$ | $C_3H_6$ | → | 31 |

---

**51**     Überlegen Sie doch einmal, wie viele Bindungsstriche des Kohlenstoffs (vierwertig!) noch übrigbleiben, wenn zwei Kohlenstoffatome durch eine Doppelbindung miteinander verbunden sind.

$$C = C$$

Es sind offensichtlich an jedem Kohlenstoffatom zwei Bindungsstriche frei:

$$\diagup\!\!\!{C} = C\!\!\!\diagup$$

Notieren Sie jetzt bitte die vollständige Bauformel dieses Kohlenwasserstoffs (mit vier Wasserstoffatomen), und lesen Sie weiter unter 35 .

**18**

---

**52**     1. Die einfachsten organischen Verbindungen bestehen aus den Elementen *Kohlenstoff* und *Wasserstoff*.

2. Die einfachsten organischen Verbindungen heißen *Kohlenwasserstoffe*.

3. $CH_4$ heißt *Methan*

   $C_2H_6$ heißt *Äthan*

   ⬡ heißt *Benzol*

4. Äthylen hat die Bauformel
$$
\begin{array}{c}
\text{H} \qquad\ \text{H} \\
\ \ \diagdown\ \ \diagup \\
\ \ \ \text{C}=\text{C} \\
\ \ \diagup\ \ \diagdown \\
\text{H} \qquad\ \text{H}
\end{array}
$$

   Acetylen hat die Bauformel    $H-C\equiv C-H$

Wir teilen die organischen Verbindungen ein in

.......... Verbindungen (kettenförmige Verbindungen)

und ........ Verbindungen (Benzol und ähnliche Verbindungen).

Notieren Sie die beiden fehlenden Wörter.   →   39

---

**53**      Sie haben die Molekülmassen von Methan, Äthan und Benzol ausgerechnet. Verlangt waren aber die des Methyl-, Äthyl- und Phenyl*restes*. Von den Formeln für Methan, Äthan und Benzol leiten sich der Methylrest, der Äthylrest und der Phenylrest durch *Weglassen eines Wasserstoffatoms* ab!

Beantworten Sie noch einmal die Frage unter 39 .

---

**54**      Sie müssen sich verrechnet haben. Die Summenformel für Benzol ist $C_6H_6$.

Lösen Sie die Aufgabe noch einmal bei 30 .

---

**55**      Sie haben sich entweder verrechnet oder nicht bedacht, daß der *vier*wertige Kohlenstoff *vier* einwertige Wasserstoffatome binden kann.

Beantworten Sie noch einmal die Frage unter 40 .

---

**18**

# 19. Programm

**Organische Chemie (II)**

---

**1**    Wir wollen zunächst kurz wiederholen:

Die organische Chemie ist die Chemie der Kohlenstoffverbindungen. Ausgenommen sind lediglich einige einfache Kohlenstoffverbindungen, nämlich die Oxide des Kohlenstoffs, die Kohlensäure und ihre Salze. Zur anorganischen Chemie rechnet man alle übrigen Elemente und Verbindungen.

Die organische Chemie wird eingeteilt in die Chemie der aliphatischen Verbindungen (kettenförmige Verbindungen) und die Chemie der aromatischen Verbindungen (Benzol und ähnliche Verbindungen). Die einfachsten organischen Verbindungen, die Kohlenwasserstoffe, bestehen aus den Elementen Kohlenstoff und Wasserstoff. Wir lernten *Methan, Äthan, Propan* ($CH_4$, $C_2H_6$, $C_3H_8$), *Äthylen* ($C_2H_4$), *Acetylen* ($C_2H_2$) und *Benzol* ($C_6H_6$) kennen.

Von den Kohlenwasserstoffen leiten sich durch Weglassen eines H-Atoms einwertige Reste ab, z. B. der Methylrest vom Methan, der Äthylrest vom Äthan und der Phenylrest vom Benzol.

Wird ein Wasserstoffatom in der Formel des Wassers durch einen aliphatischen Rest ersetzt, so wird die Formel für einen Alkohol erhalten. Phenole leiten sich auch von der Formel des Wassers ab, doch ist hier ein Wasserstoffatom durch einen aromatischen Rest ersetzt. Beispiele sind *Methanol* ($CH_3OH$), *Äthanol* ($C_2H_5OH$) und *Phenol* ($C_6H_5OH$).

Ersetzt man beide Wasserstoffatome des Wassers durch organische Reste, so erhält man Äther. Wichtig ist der *Diäthyläther* ($C_2H_5-O-C_2H_5$).
Die meisten organischen Verbindungen sind sehr leicht brennbar.

Besonders gefährlich ist der Diäthyläther. **Vorsicht!**

Phenol und ähnliche Verbindungen wirken *ätzend*.

In organischen Verbindungen tritt der Kohlenstoff stets vierwertig auf.

Stellen Sie bitte für alle in diesem Abschnitt kursiv gedruckten Verbindungen die Bauformeln auf.

Das wird Ihnen nicht schwerfallen, weil die Summenformeln stets angegeben sind.

Lesen Sie dann bitte weiter unter **20** .

---

**2**    Ja, die Lösungsmittel Benzol, Methanol, Äthanol und Äther sind brennbar. Besonders gefährlich sind Benzol und Äther.

**19**

Auch hier zum Abschluß des Programms einige Fragen, die Sie am besten schriftlich beantworten:

1. Geben Sie für ein aliphatisches und für ein aromatisches Amin Namen, Summenformel und Bauformel an.

2. Wie reagieren Amine?

3. Welche Bauformel hat Essigsäure, und wie heißen ihre Salze?

4. Wie entsteht ein Ester?

5. Nennen Sie ein Verfahren zur technischen Herstellung von Äthanol (mit Gleichung).

6. Welche beiden Rohstoffe sind für die organische Chemie besonders wichtig?

7. Welche vier Produkte entstehen beim Verkoken von Kohle?

8. Welche drei Hauptarten von Nahrungsmitteln brauchen wir für unsere Ernährung?

Sie können Ihre Antworten bei ⬚36 kontrollieren.

---

**3** Ihre Antwort ist richtig.

Da alle Lebewesen bei ihrer Atmung Sauerstoff verbrauchen und Kohlendioxid erzeugen, müßte die Atmosphäre allmählich an Sauerstoff ärmer und an Kohlendioxid reicher werden. Dem wirkt aber die „Photosynthese" der Pflanzen entgegen.

Pflanzen verbrauchen nämlich im Licht Kohlendioxid, entnehmen diesem den Kohlenstoff zum Aufbau von Kohlenhydraten und geben den Sauerstoff ab. Man bezeichnet diesen Vorgang als *Assimilation* oder *Photosynthese*.

Notieren Sie mit Ergänzungen:

Bei der Atmung wird . . . . . . . . . verbraucht und . . . . . . . . . erzeugt, bei der Assimilation wird . . . . . . . . . verbraucht und . . . . . . . . . erzeugt.

Lesen Sie bitte weiter unter ⬚10 .

---

**4** Ihre Antwort ist richtig.
Die Bauformel der Essigsäure ist

```
    H    O
    |   //
H - C - C
    |    \
    H     O-H
```

Essigsäure hat vier Wasserstoffatome. Von diesen vier Wasserstoffatomen dissoziiert aber in wässriger Lösung nur eines als positiv geladenes Wasserstoff-Ion ab, und zwar dasjenige, das am Sauerstoff steht.

Essigsäure ist eine einbasige organische Säure.

Die drei am Kohlenstoff stehenden Wasserstoffatome dissoziieren nicht. Sonst wären ja Methan, Äthan, Benzol und andere Kohlenwasserstoffe auch Säuren.

Wir haben soeben die Amine kennengelernt. Sie reagieren basisch.

Stellen Sie nun bitte für zwei Amine und für Essigsäure die Bauformeln und die Summenformeln auf, und schreiben Sie die Namen der Verbindungen dazu.

Vergleichen Sie Ihre Lösung bitte unter 34 .

---

**5** Zu den aliphatischen Verbindungen rechnet man die organischen Verbindungen, die kettenförmig aufgebaut sind, also zum Beispiel Methan, Äthan, Propan, Methanol usw. Zu den aromatischen Verbindungen rechnet man solche organischen Verbindungen, die einen Benzolring enthalten.

In welche Stoffgruppe gehören demnach Äthanol und Phenol?

- Beide sind aromatische Verbindungen $\longrightarrow$ 17
- Beide sind aliphatische Verbindungen $\longrightarrow$ 12
- Äthanol ist eine aliphatische, Phenol ist eine aromatische Verbindung $\longrightarrow$ 44

**6** $CH_3COOCH_3$, Essigsäuremethylester

Wir wenden uns nun einem neuen Kapitel der organischen Chemie zu, nämlich den *Rohstoffen,* die für die Gewinnung organischer Verbindungen wichtig sind.

**19**

Die wichtigsten Rohstoffe für die Gewinnung organischer Verbindungen sind *Erdöl und Kohle.*

Erdöl besteht in der Hauptsache aus Kohlenwasserstoffen mit mehr als vier Kohlenstoffatomen.

Erdöl kann durch Destillation in verschiedene Anteile zerlegt werden. Auf diese Weise werden z. B. Benzin (Siedepunkt etwa 100 °C) und Dieselöl (Siedepunkt etwa 200 °C) gewonnen.

Erdöl kann aber auch in einem sogenannten Crackprozeß gespalten werden. Dazu wird es über Katalysatoren geleitet, die auf höhere Temperaturen erhitzt sind. Als leicht siedende Crackprodukte erhält man z. B. Methan, Äthan und Äthylen.

Notieren Sie nun die neuen Informationen dieses Abschnittes in Stichworten, und lesen Sie dann weiter unter 19 .

| 7 | Ihre Antwort ist richtig. |

Methylamin ist eine aliphatische, Anilin eine aromatische Verbindung.

Amine reagieren zum Teil stark basisch.

**Aus diesem Grunde muß man beim Arbeiten mit Aminen genauso vorsichtig sein wie beim Arbeiten mit Natriumhydroxid oder Kaliumhydroxid. Stets Schutzbrille aufsetzen! Das Nichtbeachten dieser Unfallverhütungsvorschrift kann furchtbare Folgen haben.**

Es gibt in der organischen Chemie auch Säuren, die sogenannten *Carbonsäuren*. Eine sehr einfache und viel gebrauchte organische Säure ist die *Essigsäure*. Sie hat die folgende Bauformel:

$$H-\overset{\overset{\displaystyle H}{|}}{\underset{\underset{\displaystyle H}{|}}{C}}-C\overset{\diagup O}{\diagdown O-H}$$

Essigsäure wird viel im Haushalt gebraucht, allerdings nur in verdünnter Form. Reine Essigsäure ist ätzend.

Was für eine Art von Säure ist die Essigsäure?

- Eine einbasige Säure      $\longrightarrow$   | 4 |
- Eine dreibasige Säure      $\longrightarrow$   | 14 |
- Eine vierbasige Säure      $\longrightarrow$   | 18 |
- Ich weiß es nicht          $\longrightarrow$   | 22 |

**19**

| 8 |  $CH_3COOH + HOC_2H_5 \longrightarrow CH_3COOC_2H_5 + H_2O$

Aus Essigsäure und Äthanol entstehen *Essigsäureäthylester* und Wasser.

Welchen Namen hat der aus Essigsäure und Methanol hergestellte Ester?
Bitte notieren.   $\longrightarrow$   | 24 |

| 9 |  Sehen Sie sich die folgenden Formeln noch einmal genau an und schreiben Sie sie ab.

$$H-\overset{\overset{\displaystyle H}{|}}{\underset{\underset{\displaystyle H}{|}}{C}}-H \text{ oder } CH_4 \qquad\qquad H-\overset{\overset{\displaystyle H}{|}}{\underset{\underset{\displaystyle H}{|}}{C}}-\overset{\overset{\displaystyle H}{|}}{\underset{\underset{\displaystyle H}{|}}{C}}-H \text{ oder } C_2H_6$$

          Methan                                Äthan

$$
\begin{array}{c}
\text{H} \\
| \\
\text{H} - \overset{|}{\underset{|}{\text{C}}} - \quad \text{oder} \;\; -\text{CH}_3 \\
\text{H}
\end{array}
\qquad\qquad
\begin{array}{c}
\text{H}\;\;\text{H} \\
|\;\;\; | \\
\text{H} - \overset{|}{\underset{|}{\text{C}}} - \overset{|}{\underset{|}{\text{C}}} - \quad \text{oder} \;\; -\text{C}_2\text{H}_5 \\
\text{H}\;\;\text{H}
\end{array}
$$

Methylrest                                    Äthylrest

$$
\begin{array}{c}
\text{H} \\
| \\
\text{H} - \overset{|}{\underset{|}{\text{C}}} - \text{OH} \quad \text{oder} \;\; \text{CH}_3\text{-OH} \\
\text{H}
\end{array}
\qquad
\begin{array}{c}
\text{H}\;\;\text{H} \\
|\;\;\; | \\
\text{H} - \overset{|}{\underset{|}{\text{C}}} - \overset{|}{\underset{|}{\text{C}}} - \text{OH} \quad \text{oder} \;\; \text{C}_2\text{H}_5\text{-OH} \\
\text{H}\;\;\text{H}
\end{array}
$$

Methanol oder                            Äthanol oder
Methylalkohol                            Äthylalkohol

Durch Anlagerung von Wasser an Äthylen entsteht Äthanol.

Bitte lesen Sie weiter unter $\boxed{15}$ .

---

**10**    Bei der Atmung wird *Sauerstoff* verbraucht und *Kohlendioxid* erzeugt, bei der Assimilation wird *Kohlendioxid* verbraucht und *Sauerstoff* erzeugt.

Wir wiederholen (bitte notieren Sie die fehlenden Wörter):

Die organische Chemie ist die Chemie der . . . . . . . . . verbindungen mit Ausnahme der Oxide des Kohlenstoffs, der Kohlensäure und ihrer Salze.

Die anorganische Chemie ist die Chemie aller übrigen Elemente und Verbindungen.

Kohlenstoff ist stets . . . . wertig. Kohlenstoffatome können sich zu Ketten und Ringen zusammenschließen. Dabei können die Kohlenstoffatome durch Einfach-, Doppel- oder Dreifachbindungen verknüpft sein.

Die einfachsten organischen Verbindungen sind die . . . . . . . . . . . . . . . . . Von diesen leiten sich Alkohole, Phenole, Äther, Amine und Carbonsäuren ab.

Lesen Sie bitte weiter unter $\boxed{31}$ .

**19**

---

**11**    Ihre Antwort ist falsch.

Eine Erklärung finden Sie unter $\boxed{5}$ .

---

**12**    Ihre Antwort ist wieder falsch.
Aliphatische Verbindungen sind:
Äthan $CH_3-CH_3$ und Propan $CH_3-CH_2-CH_3$ .

Aromatische Verbindungen enthalten den Benzolring:

Benzol

Die Formel für Äthanol ist $CH_3-CH_2-OH$.

Die Formel für Phenol ist –OH.

Lesen Sie bitte noch einmal $\boxed{5}$.

---

$\boxed{13}$     Die Salze der Essigsäure heißen Acetate. Natriumacetat ist das Natriumsalz der Essigsäure. Es hat die Summenformel $CH_3COONa$. In Wasser dissoziiert es in das negativ geladene Acetat-Ion und das positiv geladene Natrium-Ion:

$$CH_3COO^\ominus + Na^\oplus$$

Sie sehen, daß der Acetatrest ein einfach negativ geladener Säurerest ist. Schreiben Sie jetzt bitte die Summenformeln für Kaliumacetat und für Calciumacetat auf.

$$\longrightarrow \boxed{21}$$

---

$\boxed{14}$     Ihre Antwort ist falsch. Vielleicht war die Frage auch etwas zu schwer. Eine Erklärung finden Sie unter $\boxed{27}$.

---

$\boxed{15}$     Ihre Antwort ist richtig.

Die Anlagerung von Wasser an Äthylen ist eine großtechnische Synthese zur Gewinnung von Äthanol.

Ein weiteres wichtiges Herstellungsverfahren für Äthanol ist die alkoholische Gärung.

Sie erinnern sich sicherlich noch, welches Ausgangsmaterial zur Gewinnung von Äthanol durch alkoholische Gärung eingesetzt wurde. Welche Substanz war das?

**19**

- Eiweiß     $\longrightarrow$  $\boxed{32}$
- Zucker     $\longrightarrow$  $\boxed{26}$
- Fette      $\longrightarrow$  $\boxed{28}$

---

$\boxed{16}$     Sie haben nicht genau gearbeitet.

Lesen Sie bitte noch einmal $\boxed{26}$.

---

$\boxed{17}$     Ihre Antwort ist wieder falsch.
Aliphatische Verbindungen sind:
Äthan $CH_3-CH_3$ und Propan $CH_3-CH_2-CH_3$.

Aromatische Verbindungen enthalten alle den Benzolring:

Benzol

Die Formel für Äthanol ist $CH_3-CH_2-OH$.

Die Formel für Phenol ist ⟨⟩—OH·

Lesen Sie bitte noch einmal | 5 | .

---

**18**    Ihre Antwort ist falsch. Vielleicht war die Frage auch etwas zu schwer.

Eine Erklärung finden Sie unter | 27 | .

---

**19**    Bitte vergleichen Sie;

*Rohstoffe für organische Verbindungen: Erdöl und Kohle. Erdöl besteht aus Kohlenwasserstoffen. Durch Destillation kann man Benzin und Dieselöl gewinnen. Erdöl kann man spalten (Crackprozess: Katalysatoren, höhere Temperatur). Crackprodukte sind z. B. Methan, Äthan und Äthylen.*

Wenn Ihre Notizen unvollständig waren, dann schreiben Sie bitte das kursiv Gedruckte ab.

Die Crackprodukte kann man durch weitere chemische Reaktionen in andere wertvolle chemische Produkte umwandeln.
Wir wollen dafür ein Beispiel nennen.

Setzt man Äthylen mit Wasser um (man braucht dazu Katalysatoren und höhere Temperaturen), dann tritt folgende Reaktion ein:

**19**

$$\begin{array}{l} H\ H \\ |\ \ | \\ C=C \\ |\ \ | \\ H\ H \end{array} + H-O-H \rightarrow \begin{array}{l} H\ H \\ |\ \ | \\ H-C-C-OH \\ |\ \ | \\ H\ H \end{array}$$

Schreiben Sie bitte diese Gleichung ab.

Was ist als Reaktionsprodukt in dieser Gleichung entstanden?

- Methanol    → | 9 |
- Äthanol    → | 15 |
- Phenol    → | 25 |
- Essigsäure    → | 30 |

---

20     Bitte vergleichen Sie, und verbessern Sie etwa vorhandene Fehler:

Methan

$$\begin{array}{c} H \\ | \\ H-C-H \\ | \\ H \end{array}$$

Äthan

$$\begin{array}{c} H\ H \\ |\ \ | \\ H-C-C-H \\ |\ \ | \\ H\ H \end{array}$$

Propan:

$$\begin{array}{c} H\ H\ H \\ |\ \ |\ \ | \\ H-C-C-C-H \\ |\ \ |\ \ | \\ H\ H\ H \end{array}$$

oder $CH_3-CH_2-CH_3$

Äthylen:

$$\begin{array}{c} H \\ \ \ \ C=C \\ H \ \ \ \ \ \ \ H \end{array}$$

Acetylen: $H-C\equiv C-H$

Benzol:

$$\begin{array}{c} H \\ C \\ HC\ \ CH \\ HC\ \ CH \\ C \\ H \end{array}$$

oder

Methanol:

$$\begin{array}{c} H \\ | \\ H-C-O-H \\ | \\ H \end{array}$$

**19**

Äthanol:

$$\begin{array}{c} H\ H \\ |\ \ | \\ H-C-C-O-H \\ |\ \ | \\ H\ H \end{array}$$

oder $CH_3-CH_2OH$

Phenol:

Diäthyläther:

$$\begin{array}{c} H\ H\ \ \ \ \ H\ H \\ |\ \ |\ \ \ \ \ \ |\ \ | \\ H-C-C-O-C-C-H \\ |\ \ |\ \ \ \ \ \ |\ \ | \\ H\ H\ \ \ \ \ H\ H \end{array}$$

oder $CH_3-CH_2-O-CH_2-CH_3$

Eine weitere wichtige Stoffklasse der organischen Chemie bilden die *Amine*. Wir können sie uns dadurch entstanden denken, daß in der einfachsten Stickstoff-Wasserstoffverbindung, dem Ammoniak, mit der Summenformel $NH_3$, *ein oder mehrere Wasserstoffatome durch organische Reste ersetzt worden sind.*

Einfache Amine sind:

1. *Methylamin:*

$$H\text{-}\overset{\displaystyle H}{\underset{\displaystyle H}{C}}\text{-}NH_2 \qquad oder \qquad CH_3\text{-}NH_2$$

2. *Phenylamin,* das man *Anilin* nennt.

oder          $C_6H_5\text{-}NH_2$

In welche Stoffgruppe gehören die beiden genannten Amine?

● Das erste ist eine aliphatische, das zweite ist eine aromatische Verbindung                         $\longrightarrow$ $\boxed{7}$

● Beide sind aromatische Verbindungen            $\longrightarrow$ $\boxed{11}$

● Beide sind aliphatische Verbindungen            $\longrightarrow$ $\boxed{29}$

---

$\boxed{21}$      Bitte vergleichen Sie:

Kaliumacetat          $CH_3COOK$
Calciumacetat         $(CH_3COO)_2Ca$

Die Carbonsäuren reagieren mit Alkoholen unter Bildung von Estern. Dabei wird von einem Säuremolekül und einem Alkoholmolekül ein Molekül Wasser abgespalten. Die Reaktion ist hier am Beispiel Essigsäure und Äthanol aufgezeigt:

Notieren Sie diese Reaktionsgleichung in der abgekürzten Schreibweise:

$CH_3COOH + \ldots\ldots\ldots \longrightarrow \boxed{8}$

**19**

---

**22**      Es ist erfreulich, daß Sie nicht raten, sondern lieber zugeben, daß Sie die richtige Antwort nicht wissen. Die Frage war etwas schwer.

Eine Erklärung finden Sie unter 27 .

---

**23**      Wenn Sie sich die Zeichnung unter Punkt 33 noch einmal genau ansehen, müssen Sie die richtige Antwort finden.

Lesen Sie noch einmal 33 .

---

**24**      Der aus Essigsäure und Methanol hergestellte Ester ist der

*Essigsäuremethylester.*

Bitte notieren Sie die Formel für Essigsäuremethylester.     $\longrightarrow$     6

---

**25**      Ihre Antwort ist falsch.

Phenol leitet sich vom Benzol dadurch ab, daß man ein Wasserstoffatom durch die OH-Gruppe ersetzt:

Benzol                    Phenol

Sehen Sie sich jetzt die Umsetzungsgleichung von Äthylen mit Wasser noch einmal an:

$$
\begin{array}{c}
H \quad H \\
| \quad | \\
C = C \\
| \quad | \\
H \quad H
\end{array}
+ \; H_2O \; \rightarrow \;
\begin{array}{c}
H \quad H \\
| \quad | \\
H - C - C - OH \\
| \quad | \\
H \quad H
\end{array}
$$

Was ist als Reaktionsprodukt in dieser Gleichung entstanden?

- Methanol     $\longrightarrow$   9
- Äthanol      $\longrightarrow$   15
- Essigsäure   $\longrightarrow$   30

---

**26**      Ja, aus Zucker wird durch alkoholische Gärung Äthanol hergestellt.

Neben dem Erdöl spielt die Kohle als Rohstoffquelle für organische Verbindungen eine große Rolle. Man unterscheidet in der Hauptsache vier Kohlearten:

*Torf, Braunkohle, Steinkohle und Anthrazit.*

**19**

Diese Kohlearten sind in einem zehntausende von Jahren dauernden Umwandlungs-prozeß aus Pflanzen entstanden. So finden wir die riesigen Wälder, die vor langer Zeit die Erdoberfläche bedeckten und die durch gewaltige Erdbewegungen verschüttet wurden, heute in Form von Kohlelagern wieder.

Bei der Vermoderung von Pflanzenteilen entsteht zunächst der *Torf.* Torf enthält noch sehr viel Wasser und eignet sich als Brennstoff nur, wenn er getrocknet ist.

Wesentlich kohlenstoffreicher ist die *Braunkohle.* Als Brennstoff ist sie bereits nach teilweiser Entwässerung geeignet. Briketts werden z. B. aus getrockneter Braunkohle hergestellt.

*Steinkohle* enthält fast 90 % Kohlenstoff und nur wenig Wasser. Sie ist ein besonders wertvoller Brennstoff.

Notieren Sie sich bitte die drei genannten Kohlearten und schreiben Sie dahinter in Stichworten deren Eigenschaften (Kohlenstoffgehalt, Wassergehalt, Eignung als Brennstoff).

Wie ändert sich bei den drei Kohlearten *Steinkohle, Braunkohle und Torf* in der angegebenen Reihenfolge der Kohlenstoffgehalt?

● Der Kohlenstoffgehalt nimmt zu    ⟶   43

● Der Kohlenstoffgehalt bleibt gleich    ⟶   16

● Der Kohlenstoffgehalt nimmt ab    ⟶   33

---

27    Die Bauformel der Essigsäure ist:

$$H-\overset{\overset{\textstyle H}{|}}{\underset{\underset{\textstyle H}{|}}{C}}-\overset{\overset{\textstyle O}{\diagup\diagup}}{C}-O-H$$

**19**

Essigsäure hat vier Wasserstoffatome. Von diesen vier Wasserstoffatomen dissoziiert aber in wäßriger Lösung nur eines als positiv geladenes Wasserstoff-Ion ab, und zwar dasjenige, das am Sauerstoff steht.

Essigsäure ist eine *ein*basige organische Säure.

Die drei am Kohlenstoff stehenden Wasserstoffatome dissoziieren nicht. Sonst wären ja Methan, Äthan, Benzol und andere Kohlenwasserstoffe auch Säuren.

Wir haben soeben die Amine kennengelernt. Sie reagieren basisch.

Stellen Sie nun bitte für zwei Amine und für Essigsäure die Bauformeln und die Summenformeln auf, und schreiben Sie die Namen der Verbindungen dazu.

Vergleichen Sie Ihre Lösung bitte unter   34  .

---

**28**      Nein, *Äthanol erhält man durch alkoholische Gärung aus Zucker.*

Notieren Sie bitte das kursiv Gedruckte, und lesen Sie dann weiter bei 26 .

---

**29**      Ihre Antwort ist falsch.

Eine Erklärung finden Sie unter 5 .

---

**30**      Ihre Antwort ist falsch.

Lesen Sie bitte weiter unter 27 .

---

**31**      *Kohlenstoff*

*vierwertig*

*Kohlenwasserstoffe*

Wichtige Lösungsmittel sind Benzol, Methanol, Äthanol und Äther.

Werden die genannten Lösungsmittel brennbar sein?

• Nein      ⟶    38

• Ja        ⟶    2

---

**32**      Nein, *Äthanol oder Äthylalkohol erhält man durch alkoholische Gärung von Zucker.*

Schreiben Sie bitte das kursiv Gedruckte auf, und lesen Sie dann weiter unter 26 .

---

**19**

**33**      Ihre Antwort ist richtig.

Kohle ist als Brennstoff von großer Bedeutung. Beim Verbrennen gehen jedoch viele wertvolle Stoffe, die in der Kohle enthalten sind, verloren. Sie könnten besser genutzt werden.

Bei der *Entgasung der Kohle* kann man diese Stoffe gewinnen. Das Verfahren wird in Gasfabriken und Kokereien durchgeführt.

Wieviele verschiedene Produkte entstehen bei der Entgasung der Kohle?

Sie können die Frage beantworten, wenn Sie sich Abb. 28. auf der folgenden Seite ansehen.

• Zwei    ⟶    23

• Drei    ⟶    37

• Vier    ⟶    41

Eine Gasfabrik im Kleinen zeigt die folgende Abbildung:

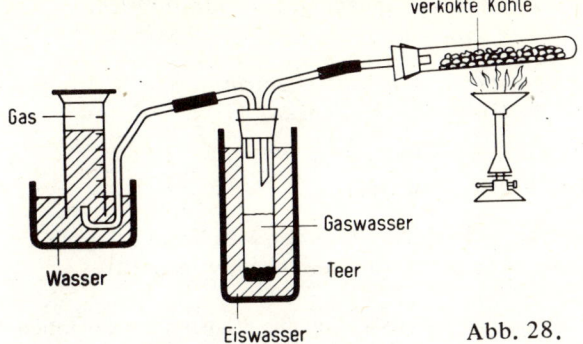

Abb. 28.

**Zeichnen Sie bitte diese Skizze ab** (es braucht kein Kunstwerk zu werden, es muß nur richtig sein!)

---

34

$$H-\underset{\underset{H}{|}}{\overset{\overset{H}{|}}{C}}-NH_2 \qquad \text{oder} \qquad CH_3-NH_2$$

Methylamin

NH$_2$ oder C$_6$H$_5$-NH$_2$

Anilin

$$H-\underset{\underset{H}{|}}{\overset{\overset{H}{|}}{C}}-C\underset{OH}{\overset{O}{<}} \qquad \text{oder} \qquad CH_3-COOH$$

Essigsäure

Wenn Ihre Lösung falsch war, dann gehen Sie in Ihrem eigenen Interesse noch einmal zurück nach 20 , wenn Ihre Lösung richtig ist, dann können Sie weiterlesen bei 13 .

**19**

---

35

CH$_4$          H$_2$          CO          NH$_3$

Methan     Wasserstoff     Kohlenmonoxid     Ammoniak     Benzol

Herstellung von Wassergas: $C + H_2O \longrightarrow CO + H_2$

Aus den aus Erdöl und Kohle gewonnenen Rohstoffen baut die chemische Industrie durch viele Reaktionen eine große Zahl von Produkten auf, die unser Leben im Laufe der letzten 100 Jahre tiefgreifend verändert haben.

Kunststoffe und synthetische Fasern, Farbstoffe und Arzneimittel, Waschmittel und Lacke sind Produkte der organisch-chemischen Industrie. Sie sind aus unserem Leben nicht mehr wegzudenken.

Organische Stoffe spielen aber auch bei allen Lebensvorgängen eine wichtige Rolle.

Für unsere Ernährung brauchen wir unbedingt folgende *drei Hauptarten von Nahrungsmitteln:*

> *Fette (Ester aus „Fettsäuren" und Glycerin)*
> *Eiweiß (stickstoffhaltige Verbindungen)*
> *Kohlenhydrate (Zucker und Stärke)*

Bitte notieren Sie das kursiv Gedruckte!

Fette und Eiweiß liefern uns Tiere und Pflanzen. Man kennt Pflanzenfette und tierische Fette, pflanzliche Eiweißarten und tierische Eiweißarten.

Kohlenhydrate entnehmen wir hauptsächlich aus Pflanzen. So gewinnen wir Zucker aus Zuckerrohr und Zuckerrüben, Stärke aus Kartoffeln und Getreide.

Die Nahrungsmittel, die wir zu uns nehmen, werden in unserem Körper zum Teil „verbrannt". Dadurch gewinnen wir die nötige Energie. Zur Verbrennung der Nahrungsmittel müssen wir Sauerstoff einatmen. Der Sauerstoff oxidiert die Nahrungsmittel. Bei dieser Oxidation entsteht Kohlendioxid. Alle Lebewesen atmen Sauerstoff ein und Kohlendioxid aus.

Welche drei Hauptarten von Nahrungsmitteln sind für die menschliche Ernährung unentbehrlich?

- Zucker, Stärke und Fette $\longrightarrow$ 42

- pflanzliche Fette, tierische Fette und Kohlenhydrate $\longrightarrow$ 39

- Eiweiß, Kohlenhydrate und Fette $\longrightarrow$ 3

- pflanzliche Eiweiße, tierische Eiweiße und Kohlenhydrate $\longrightarrow$ 40

9

---

36

1. Methylamin    $CH_3-NH_2$

$$H-\overset{\displaystyle H}{\underset{\displaystyle H}{C}}-NH_2$$

Anilin    $C_6H_5-NH_2$

2. Amine reagieren basisch. Sie bilden mit Säuren Salze. Vorsicht beim Arbeiten mit Aminen!

3. $H-\overset{\displaystyle H}{\underset{\displaystyle H}{C}}-\overset{\displaystyle O}{C}\diagdown OH$

Die Salze der Essigsäure heißen Acetate.

4. Durch Reaktion eines Alkohols mit einer Säure unter Wasserabspaltung

5. Reaktion von Äthylen mit Wasser bei Gegenwart von Katalysatoren:

$$\begin{matrix} H\ H \\ |\ \ | \\ C=C \\ |\ \ | \\ H\ H \end{matrix} + H\text{-}O\text{-}H \longrightarrow \begin{matrix} H\ H \\ |\ \ | \\ H\text{-}C\text{-}C\text{-}OH \\ |\ \ | \\ H\ H \end{matrix}$$

6. Erdöl und Kohle.

7. Gaswasser, Teer, Leuchtgas und Koks.

8. Eiweiß, Fette und Kohlenhydrate.

Ende des 19. Programms.

---

**37**    Wenn Sie sich die Zeichnung unter Punkt |33| noch einmal genau ansehen, müssen Sie die richtige Antwort finden.

Lesen Sie noch einmal |33| .

---

**38**    Ihre Antwort ist nicht richtig.

Die *Lösungsmittel Benzol, Methanol, Äthanol und Äther sind brennbar. Besonders gefährlich sind Benzol und Äther.*

Notieren Sie das kursiv Gedruckte, und lesen Sie weiter unter |2| .

---

**39**    Ihre Antwort ist falsch, denn es fehlt ein für die menschliche Ernährung notwendiges Nahrungsmittel.

Lesen Sie bitte noch einmal |35| .

---

**40**    Ihre Antwort ist falsch, denn es fehlt ein für die menschliche Ernährung notwendiges Nahrungsmittel.

Lesen Sie bitte noch einmal |35| .

---

**41**    Ihre Antwort ist richtig. Wir wollen uns die vier Produkte nun im einzelnen ansehen.

1. *Das Gas, Leuchtgas,* enthält Kohlenwasserstoffe (zum Beispiel Methan), Wasserstoff und Kohlenmonoxid (deshalb ist Leuchtgas giftig!).

2. *Das Gaswasser* ist im wesentlichen eine Lösung von Ammoniak ($NH_3$) in Wasser. Über Ammoniak erfahren Sie mehr im 20. Programm.

**19**

3. *Der Teer* enthält viele wertvolle organische Verbindungen (z. B. Benzol).

4. *Der Rückstand* schließlich besteht aus Koks. Chemisch gesehen ist Koks im wesentlichen Kohlenstoff. Koks spielt eine sehr große Rolle in unserer Wirtschaft. Er wird als Brennstoff gebraucht, aber auch für zahlreiche chemische Umsetzungen. Eine dieser Umsetzungen kennen wir bereits. Es ist die Herstellung von Wassergas. Hierbei wird Wasserdampf über glühenden Koks geleitet, es entstehen Wasserstoff und Kohlenmonoxid.

In diesem Abschnitt sind einige Verbindungen genannt, die im Leuchtgas und im Teer vorkommen. Schreiben Sie bitte Formeln und Namen dieser Verbindungen auf. Weiterhin schreiben Sie bitte die Gleichung zur Herstellung von Wassergas auf.

Kontrollieren Sie Ihr Ergebnis unter $\boxed{35}$ .

---

$\boxed{42}$     Ihre Antwort ist falsch, denn es fehlt ein für die menschliche Ernährung notwendiges Nahrungsmittel.

Lesen Sie bitte noch einmal $\boxed{35}$ .

---

$\boxed{43}$     Sie haben nicht genau gearbeitet.

Lesen Sie bitte noch einmal $\boxed{26}$ .

---

$\boxed{44}$     Ihre Antwort ist richtig.

Äthanol ist eine aliphatische, Phenol ist eine aromatische Verbindung. Sehen Sie sich jetzt bitte noch einmal die Formeln am Ende des Abschnittes $\boxed{20}$ an, und lösen Sie die Aufgabe bei $\boxed{20}$ .

**19**

## 20. Programm

**Stickstoff (I)**

---

**1**      Stickstoff gehört zu den Elementen, die wir bereits kennengelernt haben.

Chemisches Zeichen = N, Atommasse = 14.
Hauptsächlich drei- und fünfwertig.

Schreiben Sie je eine Verbindung mit Namen und Summenformel auf, in der
Stickstoff drei- bzw. fünfwertig ist. $\longrightarrow$ 54

---

**2**     $NH_4Cl$     Ammoniumchlorid

       $(NH_4)_2S$    Ammoniumsulfid

Ammoniumchlorid ist ein wichtiges Salz des Ammoniaks. Es entsteht nicht nur bei
der Neutralisation von Ammoniumhydroxid mit Salzsäure, sondern auch bei der
Einwirkung von gasförmigem Chlorwasserstoff auf gasförmiges Ammoniak. Sie
kennen die Reaktion schon. Es bilden sich dabei weiße Nebel von Ammoniumchlorid.

Stellen Sie bitte die Gleichung für diese Reaktion auf, und vergleichen Sie bei 15 .

---

**3**      Sie haben die Formel für Ammoniumsulfat nicht richtig aufgestellt. Eine
Erklärung finden Sie unter 56 .

---

**4**     *Bitte vergleichen Sie:*

1. dreiwertig, fünfwertig.

2. zuerst der *Stickstoff* und dann erst der *Sauerstoff*.

3. 1000 Raumteile $NH_3$ lösen sich in einem Raumteil Wasser.

4. Natriumhydroxid      NaOH
   Kaliumhydroxid       KOH
   Calciumhydroxid      $Ca(OH)_2$
   Ammoniak           $NH_3$

5. $2\,NH_4OH + H_2SO_4 \longrightarrow (NH_4)_2SO_4 + 2\,H_2O$

6. $(NH_4)_2CO_3 \longrightarrow 2\,NH_3 + H_2O + CO_2$

7. $(NH_4)_2CO_3 + 2\,NaOH \longrightarrow Na_2CO_3 + 2\,NH_3 + 2\,H_2O$

**20**

Wenn Sie mehr als einen Fehler gemacht haben, dann sollten Sie das Programm recht bald noch einmal durcharbeiten.

Ende des 20. Programms.

---

$\boxed{5}$    Sie arbeiten sehr flüchtig, es war nach einer Stickstoff*verbindung* gefragt worden.

Lesen Sie noch einmal $\boxed{25}$ .

---

$\boxed{6}$    $(NH_4)_2SO_4 + 2\,NaOH \longrightarrow Na_2SO_4 + 2\,NH_3 + 2\,H_2O$

Es entstehen Natriumsulfat, Wasser und Ammoniak.

Die starke und schwerflüchtige Base NaOH verdrängt die . . . . . . . . . . Base $NH_3$ aus ihren . . . . . . . . . . .    $\longrightarrow$    $\boxed{27}$

---

$\boxed{7}$    Außer CaO können alle genannten Verbindungen thermisch zerlegt werden. Vervollständigen Sie die Reaktionsgleichungen für die thermische Dissoziation von

$CuSO_4 \cdot 5\,H_2O \longrightarrow$
$NaHCO_3 \longrightarrow$
$CaCO_3 \longrightarrow$

und vergleichen Sie bei $\boxed{37}$ .

---

$\boxed{8}$    Es entsteht Ammoniumhydroxid.

Die starke und schwerflüchtige Natronlauge verdrängt die schwache, leichtflüchtige Base aus ihrem Salz.

Wir wissen bereits, daß $NH_4OH$ als solches nicht existiert, sondern nur in geringer Konzentration als $NH_4^{\oplus}$- und $OH^{\ominus}$-Ionen neben $NH_3$- und $H_2O$-Molekülen vorliegt. Beim Erwärmen entweicht das Ammoniak.

Stellen Sie die Reaktionsgleichung auf!    $\longrightarrow$    $\boxed{29}$

---

$\boxed{9}$    Sie haben nicht berücksichtigt, daß auch im Ammoniumcarbonat das Ammonium-Ion zweimal vorhanden ist.    $\longrightarrow$    $\boxed{20}$

---

**10**      Ihre Antwort ist bedingt richtig.

Beim Erwärmen der Ammoniumsalze mit Natronlauge entweicht Ammoniak. Dieses kann man riechen. Man verläßt sich aber nicht ausschließlich auf den Geruchssinn, sondern weist das Ammoniak noch mit Lackmuspapier nach.

Welche Verfärbung bewirkt Ammoniak bei Lackmuspapier?

- Feuchtes, rotes Lackmuspapier wird blau.    $\longrightarrow$   51
- Feuchtes, blaues Lackmuspapier wird rot.    $\longrightarrow$   35

---

**11**      Erinnern Sie sich an unsere Versuche über die Zusammensetzung der Luft?

Wenn man den Sauerstoff durch eine chemische Reaktion aus der Luft herausnimmt, dann bleiben ca. 4/5 der Luft als Rest zurück, der die Verbrennung nicht unterhält. Dieser Rest ist der Stickstoff.

Bitte notieren Sie den folgenden Satz unter Ergänzung der fehlenden Zahl.

Luft besteht also zu 4/5 aus Stickstoff, das sind . . . . %.   $\longrightarrow$   24

---

**12**      Nein, Ammoniumhydroxid ist nur in Lösung und dann auch nur in dissoziierter Form beständig. Sobald die wäßrige Lösung von Ammoniak erhitzt wird, entweicht wieder Ammoniak.

Ammoniak entweicht beim Erhitzen aus seiner wäßrigen Lösung als . . . . . . . . . .
Notieren Sie bitte die Summenformel.    $\longrightarrow$   22

---

**13**      Ammoniumcarbonat, $(NH_4)_2 CO_3$, Molekülmasse 96.

        Ammoniumsulfat, $(NH_4)_2 SO_4$, Molekülmasse 132.

Notieren Sie die Formeln für Ammoniumchlorid und Ammoniumsulfid.   $\longrightarrow$   2

**20**

---

**14**      Ihre Antwort ist bedingt richtig.

Man nennt jedoch in der exakten Bezeichnungsweise $CO_2$ Kohlendioxid und nicht Kohlensäure. Bei der thermischen Zersetzung des Ammoniumcarbonats entstehen also . . . . . . . . . . . . . . und . . . . . . . .

Lesen Sie bitte weiter unter 48 .

---

**15**     $NH_3 + HCl \longrightarrow NH_4 Cl$

Alle Ammoniumsalze haben die Eigenschaft, in der Hitze mehr oder weniger leicht in ihre Bestandteile zu zerfallen, z. B.

$$NH_4Cl \xrightarrow{\text{Hitze}} NH_3 + HCl$$

Ammoniumchlorid zerfällt in Ammoniak und Chlorwasserstoff.

Man bezeichnet eine solche Zerlegung einer chemischen Verbindung durch Erhitzen als *thermische Dissoziation.*

Beschreiben Sie mit einer Reaktionsgleichung die thermische Dissoziation von Ammoniumsulfat. ⟶ 38

---

**16** Bei der Umsetzung von Ammoniumchlorid mit Natronlauge tritt *keine Verfärbung* ein. Es entweicht vielmehr beim Erwärmen Ammoniak.

Ergänzen Sie die unvollständige Gleichung

$$NH_4Cl + NaOH \longrightarrow$$

und vergleichen Sie bei 8 .

---

**17** Salpetersäure ist zwar eine Stickstoffverbindung, sie kommt aber bei der trockenen Destillation der Kohle nicht vor. Sehen Sie sich die trockene Destillation der Kohle im 19. Programm bald noch einmal an.

Jetzt kehren Sie bitte zurück nach 25 .

---

**18** $$2 NH_4Cl + CuO + 2 HCl \longrightarrow 2 NH_3 + CuCl_2 + 2 HCl + H_2O$$

Diejenigen Bestandteile, die nach dem Addieren auf beiden Seiten der Gleichung vorhanden sind (in unserem Fall 2 HCl), können wir kürzen. Wir erhalten dann:

$$2 NH_4Cl + CuO \longrightarrow 2 NH_3 + CuCl_2 + H_2O$$

Aus dieser Reaktionsgleichung erkennen wir:

Der durch die Hitze entstandene Überzug von Kupferoxid (CuO) auf dem Lötkolben wird durch Berührung mit Ammoniumchlorid ($NH_4Cl$) entfernt. Es entsteht bei der Berührung Ammoniak, Wasser und Kupferchlorid. Ammoniak und Wasser verdampfen sofort, und Kupferchlorid ($CuCl_2$) sublimiert rasch weg. Der Lötkolben wird so von seinem Überzug befreit; er ist wieder blank.

Wir kommen zum letzten Punkt dieses Programms:

Wie weisen wir Ammoniak oder das Ammonium-Ion nach?

Ammoniak ist eine leichtflüchtige, schwache Base. Wie leichtflüchtige, schwache Säuren durch schwerflüchtige, starke Säuren aus ihren Salzen verdrängt werden, so wird auch Ammoniak durch schwerflüchtige, starke Basen aus seinen Salzen verdrängt. Bei der Einwirkung von Natronlauge auf Ammoniumchlorid entsteht u. a. Natriumchlorid:

$$NH_4Cl + NaOH \longrightarrow NaCl + \ldots\ldots\ldots$$

Vervollständigen Sie die Reaktionsgleichung. Sie können dann die Frage beantworten: Was entsteht außer NaCl?

Notieren Sie den Namen der außer Natriumchlorid entstehenden Verbindung.

$\longrightarrow$ |8|

---

|19|     Wir hatten festgestellt, daß der Chlorwasserstoff mit dem Kupferoxid reagiert, dabei entsteht Kupferchlorid, das wegsublimiert. Ihre Antwort war also falsch.

Beantworten Sie die Frage bei |59| erneut.

---

|20|     $(NH_4)_2CO_3$        Ammoniumcarbonat

        $(NH_4)_2SO_4$        Ammoniumsulfat

Berechnen Sie nun die Molekülmassen für diese Verbindungen.
(Atommassen: $H = 1$, $N = 14$, $O = 16$, $C = 12$ und $S = 32$.)

Welche Werte errechnen Sie?

- 78 bzw. 114       $\longrightarrow$ |34|
- 96 bzw. 114       $\longrightarrow$ |26|
- 96 bzw. 132       $\longrightarrow$ |13|
- 78 bzw. 132       $\longrightarrow$ |9|
- Ich brauche eine Hilfe       $\longrightarrow$ |55|

**20**

---

|21|     Sie haben die Formeln für Ammoniumcarbonat und Ammoniumsulfat nicht richtig aufgestellt. Eine Erklärung finden Sie unter |56| .

---

|22|     Ja, Ammoniak entweicht aus seiner wäßrigen Lösung beim Erhitzen als $NH_3$.

Doch noch einmal zurück zur wäßrigen Lösung des Ammoniaks. Sie enthält hauptsächlich $NH_3$- und $H_2O$-Moleküle, daneben $NH_4^{\oplus}$- und $OH^{\ominus}$-Ionen und Wasserstoff-Ionen. Die Konzentration an $H^{\oplus}$-Ionen ist allerdings sehr niedrig, da diese von der Base $NH_3$ größtenteils zum $NH_4^{\oplus}$ gebunden werden.

Wie wird die wäßrige Ammoniaklösung gegenüber Lackmuspapier reagieren?

- Rotes Lackmuspapier wird blau gefärbt.  $\longrightarrow$  41
- Blaues Lackmuspapier wird rot gefärbt.  $\longrightarrow$  61

---

**23**    Ammoniumcarbonat wird nach folgender Reaktionsgleichung erhalten:

$$2\,NH_3 + CO_2 + H_2O \longrightarrow (NH_4)_2CO_3$$

Diese Gleichung von links nach rechts gelesen, gibt die Herstellung von Ammoniumcarbonat wieder.

Diese Gleichung von rechts nach links gelesen, gibt die thermische Dissoziation von Ammoniumcarbonat wieder.

Man benutzt Ammoniumcarbonat als **Backpulver**. Die bei höherer Temperatur entstehenden Zersetzungsprodukte des Ammoniumcarbonats sind gasförmig. Der Kuchenteig wird gewissermaßen „aufgeblasen" und dadurch locker. Die entstehenden Produkte sind unschädlich.

Was entsteht bei der Zersetzung des Ammoniumcarbonats?

- Ammoniak und Kohlensäure          $\longrightarrow$  32
- Ammoniak, Kohlensäure und Wasser      $\longrightarrow$  14
- Ammoniak, Kohlendioxid und Wasser     $\longrightarrow$  48

---

**24**    Luft enthält **80%** Stickstoff. Stickstoff ist unbrennbar, er unterhält die Verbrennung und Atmung nicht. Stickstoff ist chemisch ein sehr träges Element. Nur unter besonderen Bedingungen (z. B. bei hohen Temperaturen oder Drücken) verbindet er sich mit anderen Elementen.

**20**

Man kann Stickstoff aus der Luft gewinnen, indem man verflüssigte Luft wieder erwärmt. Was geschieht dann?

- Der Stickstoff destilliert als erster ab und kann so vom Sauerstoff getrennt werden.          $\longrightarrow$  36
- Zunächst destilliert der Sauerstoff ab und flüssiger Stickstoff bleib zurück.          $\longrightarrow$  45

---

**25**    Flüssiger Sauerstoff siedet bei $-183\,°C$.

Stickstoff kommt in zahlreichen Verbindungen in der Natur vor:

1. *Im Salpeter*
Salpeter ist ein Salz, das vor allem in Chile vorkommt und dort bergmännisch abgebaut wird. Salpeter ist Natriumnitrat.

2. *Im Eiweiß* der Tiere und Pflanzen.

3. In den *Produkten der trockenen Destillation* der Kohle.
Da die Kohle aus Pflanzen entstanden ist, finden wir unter den Produkten der trockenen Destillation auch Stickstoffverbindungen.

Welche Stickstoffverbindung tritt bei der trockenen Destillation der Kohle auf?

- Salpetersäure   ⟶   17

- Stickstoff   ⟶   5

- Ammoniak   ⟶   49

- Salpeter   ⟶   40

---

**26**      Sie haben nicht berücksichtigt, daß auch im Ammoniumsulfat das Ammonium-Ion zweimal vorhanden ist.   ⟶   20

---

**27**      Die schwerflüchtige, starke Base NaOH verdrängt die *schwache* und *leichtflüchtige* Base $NH_3$ aus ihren *Verbindungen (Salzen)*.

An Stelle der Natronlauge läßt sich auch gelöschter Kalk verwenden.

Vervollständigen Sie die Gleichung:

$$(NH_4)_2 SO_4 \ + \ Ca(OH)_2 \longrightarrow \qquad\qquad \longrightarrow \ \boxed{60}$$

**20**

---

**28**      1 Raumteil Wasser löst 1000 Raumteile Ammoniak. Bedenken Sie, daß 1 Liter = 1000 $cm^3$ ist.

Sehen Sie sich noch einmal 44 an.

---

**29**      $NH_4^{\oplus} + OH^{\ominus} \rightleftharpoons NH_3 \ + \ H_2O$

Da die Löslichkeit von $NH_3$ in Wasser mit steigender Temperatur stark abnimmt, entweicht $NH_3$ beim Erwärmen.

Das entweichende Ammoniak erkennen wir am Geruch, besser aber an der von ihm verursachten Blaufärbung von feuchtem, rotem Lackmuspapier.

Wenn eine unbekannte Substanz auf Ammoniumverbindungen untersucht werden soll, wird die zu untersuchende Substanz mit Natronlauge versetzt und erwärmt. Entweicht $NH_3$, so enthält die unbekannte Substanz Ammoniumverbindungen.

Wie erkennen wir, ob $NH_3$ entweicht?

- An der Verfärbung des Reaktionsgemisches.      $\longrightarrow$   $\boxed{16}$

- An der Blaufärbung von feuchtem, rotem Lackmuspapier durch die entweichenden Dämpfe.      $\longrightarrow$   $\boxed{51}$

- Am Geruch nach Ammoniak.      $\longrightarrow$   $\boxed{10}$

---

$\boxed{30}$      Außer CaO können alle genannten Verbindungen thermisch zerlegt werden. Vervollständigen Sie die Reaktionsgleichungen für die thermische Dissoziation von

$$CuSO_4 \cdot 5\,H_2O \longrightarrow$$
$$NaHCO_3 \longrightarrow$$
$$CaCO_3 \longrightarrow$$

und vergleichen Sie bei $\boxed{37}$ .

---

$\boxed{31}$      1 $cm^3$ Wasser löst 1 Liter Ammoniak.
Es entsteht die wäßrige Lösung von Ammoniak.

Trivialnamen der wäßrigen Lösung sind *Ammoniakwasser* und *Salmiakgeist*.

Auch gegenüber Wasser reagiert Ammoniak als Base. Ein Teil der im Wasser gelösten Ammoniakmoleküle reagiert mit Wasser und bildet das vollständig dissoziierte Ammoniumhydroxid.

Formulieren Sie bitte selbst die Reaktionsgleichung der Bildung von Ammoniumhydroxid aus Ammoniak und Wasser.   $\longrightarrow$   $\boxed{52}$

**20**

---

$\boxed{32}$      Wenn Sie die Gleichung unter $\boxed{23}$ von rechts nach links lesen, dann müssen Sie die richtige Antwort finden.

Lesen Sie noch einmal $\boxed{23}$ .

---

$\boxed{33}$      Eine Base ist ein Stoff, der Wasserstoff-Ionen zu binden vermag.

Ammoniak bindet also Wasserstoff-Ionen. Dabei entsteht aus dem ungeladenen Ammoniak-Molekül das positiv geladene Ammonium-Ion $NH_4^{\oplus}$:

$$NH_3 + H^{\oplus} \longrightarrow NH_4^{\oplus}$$

Leitet man z. B. Ammoniak in Salzsäure ein, so bindet Ammoniak Wasserstoff-Ionen unter Bildung von Ammonium-Ionen. Daneben sind in der Lösung Chlorid-Ionen vorhanden.
Bitte notieren Sie für diese Reaktion die Gleichung. Gehen Sie dabei von Ammoniak, Wasserstoff-Ionen und Chlorid-Ionen aus.  $\longrightarrow$  43

---

**34**
    Sie haben nicht berücksichtigt, daß das Ammonium-Ion zweimal vorhanden ist.  $\longrightarrow$  20

---

**35**
    Nein, Ammoniak färbt rotes Lackmuspapier . . . . .  $\longrightarrow$  51

---

**36**
    Wenn man verflüssigte Luft erwärmt, dann destilliert zuerst der bei $-196\,^{\circ}C$ siedende *Stickstoff* ab. Sauerstoff bleibt zurück.

Wann siedet flüssiger Sauerstoff?

Notieren Sie den Siedepunkt!  $\longrightarrow$  25

---

**37**    Richtig.

CaO (Calciumoxid) ist thermisch stabil.
$CuSO_4 \cdot 5\,H_2O$ (Kupfersulfat) verliert beim Erhitzen sein Kristallwasser.

$$CuSO_4 \cdot 5\,H_2O \longrightarrow CuSO_4 + 5\,H_2O$$

$NaHCO_3$ (Natriumhydrogencarbonat) zerfällt bei etwa $100\,^{\circ}C$ in Natriumcarbonat, Wasser und $CO_2$ (Soda-Herstellung nach Solvay).

$$2\,NaHCO_3 \longrightarrow Na_2CO_3 + H_2O + CO_2$$

$CaCO_3$ (Calciumcarbonat) dissoziiert thermisch in $CO_2$ und CaO (Verfahren zur Herstellung von gebranntem Kalk).

$$CaCO_3 \longrightarrow CaO + CO_2$$

Auch Ammoniumcarbonat zerfällt beim Erhitzen.

Es wird hergestellt durch Einleiten von Ammoniak und Kohlendioxid in Wasser.

Stellen Sie die Reaktionsgleichung richtig:

$$NH_3 + CO_2 + \qquad\qquad \longrightarrow (NH_4)_2CO_3 \qquad \longrightarrow \boxed{23}$$

**20**

---

**38**
    $(NH_4)_2SO_4 \xrightarrow{\text{Hitze}} 2\,NH_3 + H_2SO_4$
Ammoniumsulfat zerfällt in Ammoniak und Schwefelsäure.

Frage: Wie heißt der chemische Vorgang, bei dem eine Verbindung durch Erwärmen zerfällt?

Notieren Sie den Namen, und vergleichen Sie bei $\boxed{62}$ .

---

$\boxed{39}$     1. Die Lötkolbenspitze aus Kupfer überzieht sich in der Hitze mit einer *Kupferoxid*schicht.

2. Man berührt mit dem heißen Lötkolben ein Stück *Ammoniumchlorid*.

3. Nach kurzer Zeit verschwindet das Kupferoxid. Die Lötkolbenspitze ist blank, die Oberfläche besteht dann wieder aus *Kupfer*.

Wir wollen uns diese Vorgänge einmal von der chemischen Seite her ansehen.

1. Bildung der Kupferoxidschicht:

$$2\,Cu + O_2 \longrightarrow 2\,CuO$$

2. Berührung des Ammoniumchlorids mit dem heißen Lötkolben. Hierbei tritt thermische Dissoziation des Ammoniumchlorids ein.

Notieren Sie die Reaktionsgleichung für 2., und vergleichen Sie bei $\boxed{64}$ .

---

$\boxed{40}$     Salpeter ist zwar eine Stickstoffverbindung, er kommt aber bei der trockenen Destillation der Kohle nicht vor. Sehen Sie sich die trockene Destillation der Kohle im 19. Programm bald noch einmal an.

Jetzt kehren Sie bitte zurück nach $\boxed{25}$ .

---

$\boxed{41}$     Ja, rotes Lackmuspapier wird blau gefärbt.

**20**

Die wäßrige Lösung von Ammoniak reagiert basisch, weil mehr $OH^{\ominus}$-Ionen als $H^{\oplus}$-Ionen vorhanden sind.

Die Neutralisation mit Schwefelsäure läßt sich durch folgende Reaktion beschreiben:

$$2\,NH_4OH + H_2SO_4 \longrightarrow (NH_4)_2SO_4 + 2\,H_2O$$

Notieren Sie bitte den Namen des hierbei entstehenden Salzes.     $\longrightarrow$   $\boxed{65}$

---

$\boxed{42}$     Wir hatten festgestellt, daß der Chlorwasserstoff mit dem Kupferoxid reagiert, dabei entsteht Kupferchlorid, das wegsublimiert. Ihre Antwort war also falsch.

Beantworten Sie die Frage bei $\boxed{59}$ erneut.

**43**

      Bitte vergleichen Sie, und verbessern Sie eventuelle Fehler:

$$NH_3 + H^\oplus + Cl^\ominus \longrightarrow NH_4^\oplus + Cl^\ominus$$

Kennen Sie noch den Namen des $NH_4^\oplus$-Ions?

Bitte notieren.   $\longrightarrow$   53

---

**44**

      Bitte vergleichen Sie:

a) Ammoniumchlorid       $NH_4Cl$
b) Ammoniumcarbonat      $(NH_4)_2CO_3$
c) Ammoniumsulfid        $(NH_4)_2S$
d) Ammoniumnitrat        $NH_4NO_3$

Haben Sie bei b) und c) auch nicht die Klammern vergessen?

Ammoniak ist in Wasser außerordentlich gut löslich. Bei Raumtemperatur löst ein Raumteil Wasser etwa 1000 Raumteile Ammoniak.

Beantworten Sie die folgende Frage:

**Wieviel Ammoniak wird von einem $cm^3$ Wasser gelöst?**

•  $100\ cm^3$   $\longrightarrow$   58

•  1 Liter   $\longrightarrow$   31

•  10 Liter   $\longrightarrow$   28

---

**45**

      Sauerstoff siedet bei $-183\ °C$. Der Siedepunkt des Stickstoffs liegt bei $-196\ °C$. Wenn man verflüssigte Luft von $-200\ °C$ langsam erwärmt, beginnt sie bei $-196\ °C$ zu sieden. Stickstoff destilliert ab. Dabei steigt die Temperatur der verflüssigten Luft langsam an, bis schließlich bei $-183\ °C$ Sauerstoff abdestilliert.

**20**

Bitte notieren Sie folgenden Satz mit Ergänzung:

Wenn man flüssige Luft erwärmt, dann destilliert erst der . . . . . . . . ab.  $\longrightarrow$  36

---

**46**

      Außer CaO können alle genannten Verbindungen thermisch zerlegt werden. Vervollständigen Sie die Reaktionsgleichungen für die thermische Dissoziation von

$$CuSO_4 \cdot 5\ H_2O \longrightarrow$$
$$NaHCO_3 \longrightarrow$$
$$CaCO_3 \longrightarrow$$

und vergleichen Sie bei 37

---

**47**    Sie haben die Formel für Ammoniumcarbonat nicht richtig aufgestellt. Eine Erklärung finden Sie unter **56** .

---

**48**    Bei der thermischen Dissoziation des Ammoniumcarbonats entstehen Ammoniak, Kohlendioxid und Wasser.

Eine sehr interessante Anwendung findet die thermische Zersetzung des *Ammoniumchlorids* beim Löten mit dem Lötkolben.

Die Spitze des Lötkolbens besteht aus Kupfer und überzieht sich beim Erhitzen mit einer dünnen Schicht von Kupferoxid. Dieses Kupferoxid stört, denn der Lötkolben muß beim Löten blank sein. Man bringt ihn deshalb hin und wieder mit einem Stück Ammoniumchlorid in Berührung, wodurch der Kupferoxidüberzug in kurzer Zeit verschwindet.

Wir wollen kurz zusammenstellen, was beim Umgang mit dem Lötkolben geschieht. Ergänzen Sie die Lücken:

1. Die Lötkolbenspitze aus Kupfer überzieht sich in der Hitze mit einer . . . . . . . . schicht.

2. Man berührt mit dem heißen Lötkolben ein Stück . . . . . . . . . . . . . . .

3. Nach kurzer Zeit verschwindet das Kupferoxid. Die Lötkolbenspitze ist blank, die Oberfläche besteht dann wieder aus . . . . . . . . . . . . .

Vergleichen Sie bei **39** .

---

**49**    Ja, Ammoniak entsteht bei der trockenen Destillation der Kohle.

Ammoniak ist ein farbloses Gas von stechendem, erstickendem Geruch. Ammoniak läßt sich leicht verflüssigen. Es siedet bei −33 °C.

Ammoniak ist eine Base.

Bitte notieren Sie die Definition für eine Base. ⟶ **33**

---

**50**    Ja, der Lötkolben wird leichter.

Wir wollen jetzt die Teilprozesse zu einer Reaktionsgleichung zusammenfassen.

$$NH_4Cl \longrightarrow NH_3 + HCl$$

$$CuO + 2\,HCl \longrightarrow CuCl_2 + H_2O$$

Da wir für die zweite Gleichung zwei Moleküle HCl benötigen, die erste Gleichung aber nur ein Molekül HCl enthält, müssen wir die erste Gleichung verdoppeln.

$$2\,NH_4Cl \longrightarrow 2\,NH_3 + 2\,HCl$$
$$CuO + 2\,HCl \longrightarrow CuCl_2 + H_2O$$

---

$$2\,NH_4Cl + CuO + 2\,HCl \longrightarrow$$

Vervollständigen Sie die Addition der beiden Gleichungen (es werden jeweils die beiden linken bzw. die beiden rechten Teile der Gleichungen zusammengezählt), und vergleichen Sie bei 18.

---

**51** Ja, an der Blaufärbung von feuchtem, rotem Lackmuspapier wird das entweichende Ammoniak erkannt.

Ergänzen Sie die folgende Reaktionsgleichung:

$$(NH_4)_2SO_4 + NaOH \longrightarrow Na_2SO_4 + \qquad \longrightarrow \boxed{6}$$

---

**52** $NH_3 + H_2O \longrightarrow NH_4^{\oplus} + OH^{\ominus}$

Wie gesagt, diese Reaktion tritt nur teilweise ein. In der Hitze ist sie sogar wieder rückläufig, so daß man durch Kochen das Ammoniak aus einer Ammoniaklösung wieder vollständig austreiben kann.

Man schreibt die Reaktionsgleichung einer Reaktion, die auch rückläufig ist, mit einem Doppelpfeil:

$$NH_3 + H_2O \rightleftharpoons NH_4^{\oplus} + OH^{\ominus}$$

Fügen Sie den Doppelpfeil in die Reaktionsgleichung auf Ihrem Blatt ein, und beantworten Sie dann die Frage:

Als was entweicht Ammoniak beim Erhitzen aus seiner wäßrigen Lösung?

- Als $NH_3$ $\longrightarrow$ $\boxed{22}$
- Als $NH_4OH$ $\longrightarrow$ $\boxed{12}$

**20**

---

**53** $NH_4^{\oplus}$ ist das Ammonium-Ion.

Durch Eindampfen der Ammoniumchloridlösung läßt sich das Ammoniumchlorid als kristallines Salz gewinnen.

Läßt man gasförmigen Chlorwasserstoff und gasförmiges Ammoniak miteinander reagieren, so entstehen momentan weiße Nebel von Ammoniumchlorid.

Stellen Sie bitte auch hierfür die Reaktionsgleichung auf. $\longrightarrow$ $\boxed{63}$

| 54 |

Stickstoff ist dreiwertig im Ammoniak:  $NH_3$

Stickstoff ist fünfwertig in der Salpetersäure:  $HNO_3$

Stickstoff ist ein farbloses, geruchloses Gas. Man kann den Stickstoff verflüssigen. Flüssiger Stickstoff siedet bei $-196\,°C$.

Wir wissen, daß Stickstoff in großen Mengen in der Luft vorkommt. Wieviel Stickstoff enthält die Luft?

- etwa 20 %  $\longrightarrow$  | 11 |
- etwa 80 %  $\longrightarrow$  | 24 |.

| 55 |

Sie müssen falsch gerechnet haben.

Hier die Berechnung der Molekülmasse von Ammoniumcarbonat, $(NH_4)_2CO_3$.

$$NH_4 = 18$$
$$NH_4 = 18$$
$$CO_3 = \underline{60}$$

Zählen Sie diese Zahlen zusammen, so erhalten Sie die Molekülmasse von Ammoniumcarbonat. Führen Sie in gleicher Weise die Berechnung der Molekülmasse von Ammoniumsulfat, $(NH_4)_2SO_4$, durch (Atommasse S = 32).  $\longrightarrow$  | 13 |

| 56 |

Die Formel der Kohlensäure ist $H_2CO_3$, die Formel der Schwefelsäure $H_2SO_4$.

Beide Säuren bilden zweifach negativ geladene Säurereste, die Kohlensäure das Carbonat-Ion, $CO_3^{2\ominus}$, und die Schwefelsäure das Sulfat-Ion, $SO_4^{2\ominus}$. Das Ammonium-Ion ist einfach positiv geladen, $NH_4^{\oplus}$.

Ammoniumsulfat besteht deshalb aus zwei Ammonium-Ionen und einem Sulfat-Ion.

Ammoniumcarbonat besteht aus zwei Ammonium-Ionen und einem Carbonat-Ion.

Schreiben Sie jetzt die Formeln für Ammoniumcarbonat und Ammoniumsulfat auf, und vergleichen Sie bei | 20 | .

| 57 |

Außer CaO können alle genannten Verbindungen thermisch zerlegt werden. Vervollständigen Sie die Reaktionsgleichungen für die thermische Dissoziation von

$$CuSO_4 \cdot 5\,H_2O \longrightarrow$$
$$NaHCO_3 \qquad \longrightarrow$$
$$CaCO_3 \qquad \longrightarrow$$

und vergleichen Sie bei $\boxed{37}$ .

---

$\boxed{58}$     1 Raumteil Wasser löst **1000** Raumteile Ammoniak.

Sehen Sie sich noch einmal $\boxed{44}$ an.

---

$\boxed{59}$     $CuO + 2\,HCl \longrightarrow CuCl_2 + H_2O$

Es entstehen Kupferchlorid und Wasser.

Das Wasser verdampft, und das Kupferchlorid sublimiert weg. Der Lötkolben ist wieder blank.

Wie wird sich durch diese Behandlung im Laufe der Zeit das Gewicht des Lötkolbens ändern?

- Der Lötkolben wird schwerer    $\longrightarrow$   $\boxed{19}$
- Das Gewicht bleibt gleich    $\longrightarrow$   $\boxed{42}$
- Der Lötkolben wird leichter    $\longrightarrow$   $\boxed{50}$

---

$\boxed{60}$     $(NH_4)_2SO_4 + Ca(OH)_2 \longrightarrow CaSO_4 + 2\,NH_3 + 2\,H_2O$

Die Ammoniaksynthese wird im nächsten Programm behandelt.

Kontrollieren Sie nun Ihre Kenntnisse durch schriftliche Beantwortung folgender Fragen:

**20**

1. Mit welchen Wertigkeiten kann Stickstoff in Verbindungen vorkommen?

2. Beim Destillieren der flüssigen Luft siedet zuerst der . . . . . . . . und dann der . . . . . . . . . . .

3. Wieviel Raumteile Ammoniak lösen sich unter Normalbedingungen in einem Raumteil Wasser?

4. Welche anorganischen Basen kennen Sie bis jetzt?

5. Stellen Sie die Reaktionsgleichung für die Neutralisation der wäßrigen Ammoniak-Lösung mit Schwefelsäure auf.

6. Stellen Sie für die thermische Dissoziation von $(NH_4)_2CO_3$ die Reaktionsgleichung auf.

7. Stellen Sie für den Nachweis des Ammoniaks im $(NH_4)_2CO_3$ die Reaktionsgleichung auf.

Vergleichen Sie Ihre Antworten unter $\boxed{4}$ .

$\boxed{61}$     Blaues Lackmuspapier wird von Säuren rot gefärbt. Die wäßrige Ammoniaklösung reagiert aber basisch, da mehr $OH^{\ominus}$-Ionen als $H^{\oplus}$-Ionen vorhanden sind. Gegenüber Lackmuspapier tritt der gleiche Farbumschlag ein wie mit den wäßrigen Lösungen von NaOH, KOH oder $Ca(OH)_2$.

Welche Farbänderung am Lackmuspapier tritt mit wäßriger Ammoniaklösung ein?
Bitte notieren Sie den Farbumschlag.     $\longrightarrow$     $\boxed{41}$

$\boxed{62}$     Als *thermische Dissoziation* bezeichnet man das Zerfallen einer chemischen Verbindung beim Erwärmen.

Wir wollen uns den Begriff der thermischen Dissoziation noch verdeutlichen:
Schreiben Sie sich auf einem Blatt Papier die Formeln der folgenden vier Verbindungen:

Calciumoxid
Kupfersulfat mit 5 Kristallwasser
Natriumhydrogencarbonat
Calciumcarbonat

Wieviele der genannten Verbindungen können durch thermische Dissoziation zerlegt werden?

- alle vier     $\longrightarrow$     $\boxed{46}$
- nur drei     $\longrightarrow$     $\boxed{37}$
- nur zwei     $\longrightarrow$     $\boxed{57}$
- nur eine     $\longrightarrow$     $\boxed{7}$
- keine     $\longrightarrow$     $\boxed{30}$

**20**

$\boxed{63}$     Bitte vergleichen Sie:

$$NH_3 + HCl \longrightarrow NH_4Cl$$

Auch die mehrbasigen Säuren bilden mit der Base Ammoniak Ammoniumsalze. Da das Ammonium-Ion $NH_4^{\oplus}$ einfach positiv geladen ist, tritt es in den Summenformeln der Salze mehrbasiger Säuren mehrmals auf. Damit die Schreibweise übersichtlich bleibt, wird hierbei $NH_4$ in Klammern gesetzt: $(NH_4)$. Die Summenformel für Ammoniumsulfat ist $(NH_4)_2SO_4$.

Notieren Sie bitte die Namen und die Summenformeln der Salze, die durch Reaktion von Ammoniak mit den folgenden Säuren entstehen:

a)  Salzsäure
b)  Kohlensäure
c)  Schwefelwasserstoff
d)  Salpetersäure    $\longrightarrow$    44

---

**64**    $NH_4Cl \longrightarrow NH_3 + HCl$

Der Chlorwasserstoff reagiert sofort mit dem Kupferoxid (CuO), es entstehen Kupferchlorid und Wasser.

Stellen Sie die Reaktionsgleichung auf, und vergleichen Sie bei 59 .

---

**65**    *Ammoniumsulfat.*

Die wäßrige Ammoniaklösung läßt sich also mit Säuren neutralisieren. Es entstehen Salze, die aus Ammonium-Ionen und den Ionen der Säurereste bestehen.

Schreiben Sie sich die Formeln für Ammoniumcarbonat und für Ammoniumsulfat auf. Sie können dann die Molekülmassen der beiden Verbindungen berechnen. (Atommassen: H = 1, N = 14, O = 16, C = 12 und S = 32)

Wie groß sind die Molekülmassen von Ammoniumcarbonat bzw. Ammoniumsulfat?

- 78 bzw. 114    $\longrightarrow$    21

- 96 bzw. 114    $\longrightarrow$    3

- 96 bzw. 132    $\longrightarrow$    13

- 78 bzw. 132    $\longrightarrow$    47

- Ich habe andere Zahlen    $\longrightarrow$    56

**20**

## 21. Programm

**Stickstoff (II)**

---

**1**      In diesem Programm lernen Sie die technische Synthese und die Bedeutung des Ammoniaks kennen.

Welchen Aggregatzustand hat $NH_3$ bei Normalbedingungen?

- fest      →   16
- flüssig      →   24
- gasförmig      →   35

---

**2**      Ammoniak ist eine Verbindung mit der Summenformel $NH_3$. Der Wasserstoff des Mischgases ist für die Synthese des Ammoniaks unbedingt erforderlich.

Stellen Sie die Reaktionsgleichung für die Synthese des Ammoniaks nach dem Haber-Bosch-Verfahren auf.

$$\ldots\ldots\ldots + \ldots\ldots\ldots \longrightarrow NH_3$$

Vergleichen Sie bei 44 .

---

**3**      Kohlendioxid tritt bei der Herstellung von Generatorgas und Wassergas überhaupt nicht auf. Es kann also auch nicht im Mischgas enthalten sein.

Lesen Sie noch einmal 42 .

---

**4**      Zu jeder technischen Synthese, also auch zur Ammoniaksynthese, braucht man *Rohstoffe*. Es sind dies die Stoffe, die die Natur zur Verfügung stellt. Bei der Ammoniaksynthese geht man von Luft, Wasser und Kohle aus. Diese Rohstoffe werden über eine Reihe von *Zwischenstufen* umgewandelt. Solche Zwischenstufen der Ammoniaksynthese sind Wassergas und Generatorgas. Diese *Zwischenprodukte* müssen nun so umgewandelt werden, daß dabei Stickstoff und Wasserstoff, die ....... stoffe der Ammoniaksynthese, erhalten werden.    →   18

**21**

---

**5**      Ihre Antwort ist nicht ganz richtig.

Natriumhydrogencarbonat reagiert zwar mit Natronlauge unter Bildung von Natriumcarbonat, ein solches Verfahren ist aber nicht sehr wirtschaftlich, weil dazu noch Natriumhydroxid nötig ist.

Die Gleichung dazu heißt:

$$NaHCO_3 + NaOH \longrightarrow Na_2CO_3 + H_2O$$

Es gibt vielmehr eine andere, recht billige Möglichkeit zur Umwandlung von Natriumhydrogencarbonat in Natriumcarbonat.

Beantworten Sie bitte die Frage bei $\boxed{30}$ noch einmal.

---

**6**    Im Generatorgasverfahren wird Kohlenstoff (Koks) mit Luft zu einem Gemisch aus CO und $N_2$ umgesetzt.

Kehren Sie zurück nach $\boxed{50}$.

---

**7**    Ihre Antwort ist richtig.

Nach dem Solvay- und nach dem Leblanc-Verfahren kann Soda hergestellt werden. Das Leblanc-Verfahren ist aber veraltet und wird heute kaum noch ausgeführt.

Das heute hauptsächlich verwendete *Solvay*-Verfahren ist ein über mehrere Zwischenstufen ablaufender Prozeß.

Zunächst wird in wäßrige Ammoniaklösung bis zur Sättigung Kohlendioxid eingeleitet. Es entsteht Ammoniumhydrogencarbonat.

Notieren Sie dazu die Reaktionsgleichung.  $\longrightarrow$  $\boxed{20}$

---

**8**    $(NH_4)_2SO_4$  Ammoniumsulfat

$(NH_4)_2CO_3$  Ammoniumcarbonat

Stickstoffverbindungen braucht die Pflanze zum Aufbau von Eiweiß.

Bei der Besprechung des Kohlenstoffs haben wir gehört, daß zur Ernährung von Menschen und Tieren Eiweiß nötig ist. Eiweiß besteht aus komplizierten organischen Verbindungen, die Stickstoff enthalten.

Menschen, Tiere und die meisten Pflanzen sind nicht in der Lage, den zum Aufbau von Eiweiß nötigen Stickstoff aus der Luft zu entnehmen.

Menschen und Tiere erhalten durch Ernährung mit pflanzlichem und tierischem Eiweiß den für sie erforderlichen Stickstoff in ausreichenden Mengen. Die Pflanzen dagegen können (von Ausnahmen abgesehen) den Stickstoff nur aus dem Boden entnehmen. Der Vorrat des Bodens an Stickstoffverbindungen ist aber nicht unbegrenzt.

Man muß dem Boden daher immer wieder Stickstoff zuführen, was früher ausschließlich durch die Düngung mit Stallmist und Jauche geschah. Stallmist und Jauche sind

**21**

stickstoffhaltig. Den Forschungen des Chemikers Justus von Liebig (1803–1873) verdanken wir den Hinweis auf die künstliche Düngung. Aber erst nach der Entwicklung von Verfahren zur Umwandlung des Luftstickstoffs in Ammoniak gelang die Herstellung von großen Mengen an Stickstoff-Düngemitteln.

Ohne die Chemie müßte heute ein noch weit größerer Teil der Menschheit in Unterernährung und Hunger leben, als das ohnehin schon der Fall ist.

Und nun beantworten Sie bitte schriftlich folgende Fragen. Die Antworten sind in diesem Abschnitt enthalten.

1. Woraus besteht Eiweiß

2. Woher nehmen Menschen und Tiere den für ihre Ernährung unentbehrlichen Stickstoff?

3. Woher nehmen Pflanzen den zum Aufbau von Eiweißstoffen nötigen Stickstoff?

4. Wie hieß der Chemiker, der den Gedanken der künstlichen Düngung hatte?

→   57

---

**9**     Ihre Antwort zeigt, daß Sie sehr oberflächlich arbeiten. Stickstoff ist z. B. im $NH_3$ dreiwertig, aber außer dieser Wertigkeit gibt es noch drei weitere. Arbeiten Sie weiter bei 64 .

---

**10**     Ihre Antwort ist richtig.

1000 Volumenteile Ammoniakgas lösen sich in einem Volumenteil Wasser. Die so erhaltene Lösung von Ammoniak wird als Ausgangsmaterial für die Herstellung von Soda verwendet. Wir werden das Verfahren gleich kennenlernen.

Soda kann nach zwei Verfahren hergestellt werden. Wie heißen diese Verfahren?

- Das Solvay- und das Leblanc-Verfahren     →   7

- Das Bleikammer- und das Kontaktverfahren     →   31

---

**11**     Das Gesetz von Avogadro heißt:

*Gleiche Raumteile von Gasen enthalten bei gleichem Druck und gleicher Temperatur die gleiche Anzahl von Molekülen.*

Die Gleichung

$$3 H_2 + N_2 \longrightarrow 2 NH_3$$

besagt nun nicht nur, daß sich Wasserstoff und Stickstoff zu Ammoniak vereinigen. Die Gleichung sagt auch etwas über die Anzahl der beteiligten Grammoleküle (mol) aus.

Es reagieren 3 mol Wasserstoff mit 1 mol Stickstoff zu 2 mol Ammoniak.

Wir wissen: Das Molvolumen aller Gase ist bei Normalbedingungen 22,4 Liter.

Wir können deshalb sagen: Es reagieren 3 x 22,4 Liter Wasserstoff mit 22,4 Liter Stickstoff zu 2 x 22,4 Liter $NH_3$.

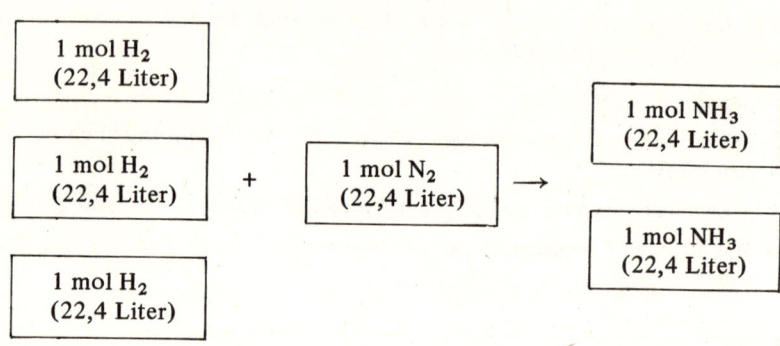

Sicherlich werden Sie jetzt die Frage richtig beantworten. Welche der drei folgenden Angaben ist richtig?

- 6 Raumteile Wasserstoff und 2 Raumteile Stickstoff geben
  6 Raumteile Ammoniak.    → 47

- 1 Raumteil Wasserstoff und 1 Raumteil Stickstoff geben
  1 Raumteil Ammoniak.    → 59

- 3 Raumteile Wasserstoff und 1 Raumteil Stickstoff geben
  2 Raumteile Ammoniak.    → 56

**21**

12    Bauformel für $NO_2$

O=N=O

Der Stickstoff im $NO_2$ ist vierwertig.

In der dritten Stufe wird $NO_2$ mit Sauerstoff und Wasser umgesetzt.

$$4\,NO_2 + 2\,H_2O + O_2 \longrightarrow 4\,HNO_3$$

Notieren Sie diese Gleichung, und schreiben Sie jeweils die Namen der beteiligten Stoffe unter die Formeln.    → 54

**13**        Ihre Antwort ist richtig.

Das *Mischgas* aus *Generatorgas* und *Wassergas* enthält Kohlenmonoxid, Wasserstoff und Stickstoff,

$$CO, H_2 \text{ und } N_2.$$

Welches dieser drei Gase ist als Ausgangsstoff für die Ammoniaksynthese unwichtig?

• Wasserstoff           → ⬜ 2

• Kohlenmonoxid      → ⬜ 27

• Stickstoff              → ⬜ 39

---

**14**        Wir müssen einige Begriffe klären; lesen Sie bitte ⬜ 4 .

---

**15**        Ihre Antwort ist richtig.

Beim Erhitzen zerfällt Natriumhydrogencarbonat in Natriumcarbonat und Kohlendioxid (thermische Dissoziation):

$$2\,NaHCO_3 \longrightarrow Na_2CO_3 + H_2O + CO_2$$

Das Kohlendioxid entweicht und kann wieder in die erste Stufe des Solvay-Verfahrens eingesetzt werden.

Was entsteht in dieser ersten Stufe des Solvay-Verfahrens?

• Ammoniumcarbonat              → ⬜ 32

• Natriumhydrogencarbonat      → ⬜ 48

• Ammoniumhydrogencarbonat   → ⬜ 58

**21**

---

**16**        Bei Temperaturen unter −33 °C ist Ammoniak eine Flüssigkeit, bei Normalbedingungen ist es ein stechend riechendes . . . . → ⬜ 35

---

**17**        Das *Kontaktverfahren* dient zur Herstellung von *Schwefelsäure*. In Gegenwart von Katalysatoren (Kontakten) wird das Schwefeldioxid mit Sauerstoff zum Schwefeltrioxid oxidiert.

Kehren Sie zurück nach ⬜ 50 .

---

**18**     Die *Ausgangs*stoffe sind Stickstoff und Wasserstoff.

Was sind die Rohstoffe für die Ammoniaksynthese?

Notieren Sie die Namen der Rohstoffe, und vergleichen Sie bei [25] .

---

**19**     Ihre Antwort zeigt, daß Sie sehr oberflächlich arbeiten.

Stickstoff ist in der Salpetersäure 5-wertig, aber außer dieser Wertigkeit gibt es noch drei weitere.

Arbeiten Sie weiter bei [64] .

---

**20**    $NH_3 + H_2O + CO_2 \longrightarrow NH_4HCO_3$

Der erhaltenen Lösung von Ammoniumhydrogencarbonat wird dann Natriumchlorid zugesetzt, so daß die Lösung $NH_4^{\oplus}$-, $HCO_3^{\ominus}$-, $Na^{\oplus}$- und $Cl^{\ominus}$-Ionen enthält. $Na^{\oplus}$- und $HCO_3^{\ominus}$-Ionen fallen als schwerlösliches $NaHCO_3$ aus.

Vervollständigen Sie bitte die Reaktionsgleichung:

$NH_4HCO_3 + NaCl \longrightarrow$       $\longrightarrow$ [30]

---

**21**     Ihre Antwort ist richtig, wenn Sie geschrieben haben:

$4\,NH_3 + 5\,O_2 \longrightarrow 4\,NO + 6\,H_2O$

Schreiben Sie die Bauformel für NO auf.
Wievielwertig ist der Stickstoff im NO?    $\longrightarrow$ [49]

---

**22**     *Das Gemisch von Kohlenmonoxid und Wasserstoff heißt Wassergas.* Misch-gas ist etwas anderes.

Lesen Sie noch einmal [42] .

---

**23**     Stickstoff kommt zwar 3- und 5-wertig vor, es fehlen aber noch zwei weitere Wertigkeiten.    $\longrightarrow$ [49]

---

**24**     $NH_3$ ist unter Normalbedingungen nicht flüssig, Sie haben wahrscheinlich an die wäßrige Lösung von $NH_3$ gedacht.

Ammoniak ist bei Zimmertemperatur ein stechend riechendes . . . .    $\longrightarrow$ [35]

---

**21**

**25**        Richtig, die Rohstoffe der Ammoniaksynthese sind *Luft, Wasser und Kohle*. Aus diesen Rohstoffen gewinnt man die zur Ammoniaksynthese erforderlichen Gase Wasserstoff und Stickstoff.

Hier noch einmal eine Übersicht (bitte *genau* ansehen!):

Kohle und Luft liefern *Generatorgas*,   $CO + N_2$.

Kohle und Wasser liefern *Wassergas*,   $CO + H_2$.

Beide Gase werden zusammengegeben. Man erhält das *Mischgas*, $N_2 + CO + H_2$.

Zur Oxidation des CO wird das Mischgas mit Wasserdampf über Katalysatoren geleitet. Es entsteht das *Kontaktgas*, $N_2 + CO_2 + H_2$.

Aus dem Kontaktgas wird das $CO_2$ mit Wasser herausgewaschen. Wir erhalten das für das *Haber-Bosch-Verfahren* notwendige Gasgemisch $N_2 + H_2$.

Das beim Haber-Bosch-Verfahren gewonnene gasförmige Ammoniak kann durch Abkühlen unter $-33\,°C$ verflüssigt und in Druckbehältern (Stahlflaschen) aufbewahrt oder in Wasser eingeleitet werden, wobei die wäßrige Lösung von Ammoniak entsteht.

Wieviel Kubikmeter $NH_3$-Gas lösen sich in einem Kubikmeter Wasser?

- $100\ m^3$     $\longrightarrow$   $\boxed{38}$
- $1000\ m^3$     $\longrightarrow$   $\boxed{10}$
- $10000\ m^3$   $\longrightarrow$   $\boxed{46}$

---

**26**        Ihre Antwort ist richtig.

Wissen Sie aber auch, worum es sich bei den anderen vier soeben genannten Verfahren handelt?

Schreiben Sie bitte in Stichworten auf, welche Produkte nach diesen vier Verfahren hergestellt werden:

> Kontaktverfahren
> Bleikammerverfahren
> Wassergasverfahren
> Generatorgasverfahren

Kontrollieren Sie dann Ihr Ergebnis unter $\boxed{62}$.

**21**

---

**27**        Ja, für die Ammoniaksynthese ist das Kohlenmonoxid des Mischgases unwichtig. Es muß deshalb vorher entfernt werden.

Am einfachsten wäre das Auswaschen mit Wasser. CO ist aber in Wasser nicht löslich, $CO_2$ dagegen recht gut; deshalb oxidiert man zuerst das CO zu $CO_2$.

Das kann man nun nicht einfach mit Luft machen, denn dann würde der Wasserstoff, der im Mischgas vorhanden ist, auch verbrennen.

Mit Hilfe von Katalysatoren wird das Kohlenmonoxid vielmehr *mit Wasserdampf* bei hohen Temperaturen umgesetzt.

Vervollständigen Sie die Reaktionsgleichung:

$$CO + H_2O \longrightarrow \quad + H_2 \qquad \longrightarrow \boxed{40}$$

---

**28**      Es gibt keinen 6-wertigen Stickstoff.

Beantworten Sie die Frage erneut bei $\boxed{54}$ .

---

**29**      Ihre Antwort ist richtig, aber unvollständig.

Sehen wir uns die genannte Gleichung noch einmal an.
Sie lautet:

$$CO + H_2O \longrightarrow CO_2 + H_2$$

Tatsächlich hat eine Reduktion des Wassers zum Wasserstoff stattgefunden, es hat aber auch eine Oxidation des Kohlenoxids zum Kohlendioxid stattgefunden. Kohlenoxid nimmt den . . . . . . . . . auf, der dem Wasser entzogen wird.   $\longrightarrow \boxed{63}$

---

**30**      $(NH_4)HCO_3 + NaCl \longrightarrow NH_4Cl + NaHCO_3$

Das $NaHCO_3$ ist in Wasser schwer löslich, es kristallisiert aus und kann deshalb leicht isoliert werden.

Wie kann man das Natriumhydrogencarbonat in technisch besonders vorteilhafter Weise in Soda überführen?

- durch Erhitzen                $\longrightarrow \boxed{15}$
- durch Umsetzung mit Kohlendioxid     $\longrightarrow \boxed{41}$
- durch Umsetzung mit Natriumhydroxid     $\longrightarrow \boxed{5}$

---

**31**      Sie haben offenbar die Verfahren zur Herstellung von Soda und zur Herstellung von Schwefelsäure verwechselt. Zur Herstellung von Schwefelsäure benutzt man das Bleikammerverfahren und das Kontakt-Verfahren.

Zur Herstellung von Soda benutzt man das Leblanc-Verfahren (veraltet) und das
. . . . . . -Verfahren. ⟶ 7

---

**32**　　　Nein, in der ersten Stufe des Solvay-Verfahrens zur Herstellung von Natriumcarbonat wird Kohlendioxid bis zur Sättigung in die wäßrige Lösung von Ammoniak eingeleitet. Dabei entsteht Ammoniumhydrogencarbonat.

Stellen Sie die Reaktionsgleichung dazu auf. ⟶ 20

---

**33**　　　Das Generatorgas besteht aus Kohlenmonoxid und *Stickstoff*.

2. Prozeß zur Herstellung von *Wassergas:*

Wasserdampf wird über glühenden Koks geleitet. Dabei reagiert das Wasser mit dem Kohlenstoff.

$$H_2O + C \longrightarrow CO + H_2$$

*Generatorgas* und *Wassergas* werden zusammengegeben.
Dieses Gas wird *Mischgas* genannt.

Welche Bestandteile enthält dieses Mischgas?

- Kohlenmonoxid und Wasserstoff　　　　　　⟶ 22

- Kohlenmonoxid, Kohlendioxid, Wasserstoff
  und Stickstoff　　　　　　　　　　　　　⟶ 43

- Kohlenmonoxid, Wasserstoff und Stickstoff　⟶ 13

- Kohlendioxid, Wasserstoff und Stickstoff　　⟶ 3

---

**34**　　　Wenn vor allen Substanzen der Faktor 4 stehen würde, könnte man die Gleichung durch 4 teilen.

Eine ausführliche Besprechung finden Sie bei 45 .

**21**

---

**35**　　　Ammoniak ist bei Zimmertemperatur ein stechend riechendes *Gas*. Bei Temperaturen unter −33 °C ist es flüssig.

Die technische Synthese erfolgt nach dem *Haber-Bosch*-Verfahren. (Merken Sie sich bitte den Namen.)

Nach diesem Verfahren werden Stickstoff und Wasserstoff miteinander zu Ammoniak umgesetzt.

$$3\,H_2 + N_2 \longrightarrow 2\,NH_3$$

Nach der Regel von Avogadro können wir aus der obigen Gleichung auf die Raumteile (Volumenteile) der beteiligten Gase schließen.

Welche der drei Angaben ist richtig?

- 6 Raumteile Wasserstoff und 2 Raumteile Stickstoff geben
  6 Raumteile Ammoniak.        $\longrightarrow$   47

- 1 Raumteil Wasserstoff und 1 Raumteil Stickstoff geben
  1 Raumteil Ammoniak.        $\longrightarrow$   59

- 3 Raumteile Wasserstoff und 1 Raumteil Stickstoff geben
  2 Raumteile Ammoniak.        $\longrightarrow$   56

---

**36**      Sie haben eine Wertigkeit vergessen. Bedenken Sie: Wievielwertig ist der Stickstoff im $NO_2$?

Wählen Sie jetzt die richtige Antwort bei 54 .

---

**37**      Wir müssen einige Begriffe klären; lesen Sie bitte weiter unter 4 .

---

**38**      Wir hatten bereits im 20. Programm gelernt, daß sich 1000 Liter Ammoniak in 1 Liter Wasser lösen.

In einem Kubikmeter Wasser lösen sich also 1000 m³ Ammoniakgas.      $\longrightarrow$   10

---

**39**      Ammoniak ist eine Verbindung mit der Summenformel $NH_3$. Der Stickstoff als Bestandteil des Mischgases ist für die Ammoniak-Synthese unbedingt erforderlich.

Stellen Sie die Reaktionsgleichung für die Synthese des Ammoniaks nach dem Haber-Bosch-Verfahren auf.

$$\ldots\ldots + \ldots\ldots \longrightarrow NH_3$$

Vergleichen Sie bei 44 .

---

**40**      Die richtige Reaktionsgleichung:

$$CO + H_2O \longrightarrow CO_2 + H_2$$

Was stellt diese Gleichung chemisch gesehen dar?

- Eine Oxidation des Kohlenmonoxids                                            $\longrightarrow$ 52

- Eine Reduktion des Wassers                                                       $\longrightarrow$ 29

- Eine Oxidation des Kohlenoxids und gleichzeitig eine Reduktion
  des Wassers                                                                              $\longrightarrow$ 63

---

**41**    Natriumhydrogencarbonat setzt sich mit Kohlendioxid überhaupt nicht um.

Wenn man in eine wäßrige Lösung von Natriumcarbonat $CO_2$ einleitet, bekommt man Natriumhydrogencarbonat.

$$Na_2CO_3 + H_2O + CO_2 \longrightarrow 2\,NaHCO_3$$

Beim weiteren Einleiten von $CO_2$ ändert sich nichts mehr.

Wie kann man Natriumhydrogencarbonat in technisch besonders vorteilhafter Weise in Natriumcarbonat überführen?

- durch Erhitzen            $\longrightarrow$ 15

- durch Umsetzung mit Natronlauge    $\longrightarrow$ 5

---

**42**    *Haber-Bosch*
*Wasserstoff*
*Stickstoff*
*500 °C*
*Druck*

Die Umsetzung ist selbst unter diesen Bedingungen noch *unvollständig*. Nicht umgesetzte Ausgangsstoffe werden *zurückgewonnen* und erneut in das Verfahren eingesetzt.

Zur Herstellung der Ausgangsstoffe für das Haber-Bosch-Verfahren benutzt man zwei wichtige technische Prozesse:

1. Prozeß zur Herstellung von *Generatorgas:*

Luft wird über glühenden Koks geleitet. Dabei reagiert der Luftsauerstoff mit dem Kohlenstoff zu Kohlenmonoxid.

$$2\,C + O_2 \longrightarrow 2\,CO$$

Wenn Sie bedenken, daß hier Luft eingesetzt wird, dann muß das Generatorgas neben Kohlenmonoxid noch . . . . . . . . enthalten.    $\longrightarrow$ 33

**21**

**43**     Kohlendioxid tritt bei der Herstellung von Generatorgas und bei der Herstellung von Wassergas überhaupt nicht auf. Es kann also auch nicht im Mischgas enthalten sein.

Lesen Sie noch einmal 42 .

---

**44**     $N_2 + 3\,H_2 \longrightarrow 2\,NH_3$

Beantworten Sie jetzt bitte die Frage bei 13 .

---

**45**     Es ist folgende Gleichung richtigzustellen:

$$NH_3 + O_2 \longrightarrow NO + H_2O$$

Links im $NH_3$ haben wir 3 H-Atome, rechts im $H_2O$ nur 2. Wir sollten also von $2\,NH_3$ ausgehen

$$2\,NH_3 + O_2 \longrightarrow 2\,NO + 3\,H_2O$$

Jetzt stimmt die Anzahl der N- und H-Atome auf beiden Seiten der Gleichung, aber mit dem Sauerstoff stimmt es noch nicht. Auf der rechten Seite haben wir 5 Sauerstoffatome. Da wir links $O_2$ stehen haben, erhalten wir mit dem Faktor 2 (also $2\,O_2$) ein Sauerstoffatom zu wenig und mit dem Faktor 3 (also $3\,O_2$) ein Sauerstoffatom zuviel.

Wir müssen also die Faktoren unserer jetzigen Gleichung verdoppeln.

$$4\,NH_3 + O_2 \longrightarrow 4\,NO + 6\,H_2O$$

Welcher Faktor ist vor $O_2$ zu ergänzen?

Notieren Sie bitte die richtige Gleichung.    $\longrightarrow$   21

**21**

---

**46**     Wir hatten bereits im 20. Programm gelernt, daß sich 1000 Liter Ammoniak in einem Liter Wasser lösen.

In einem Kubikmeter Wasser lösen sich also 1000 $m^3$ Ammoniakgas.    $\longrightarrow$   10

---

**47**     Ihre Antwort zeigt, daß Sie das Gesetz von Avogadro nicht ganz verstanden haben.

Eine ausführliche Erklärung finden Sie unter 11 .

**48**          Nein, in der ersten Stufe des Solvay-Verfahrens zur Herstellung von Natriumcarbonat wird Kohlendioxid bis zur Sättigung in die wäßrige Lösung von Ammoniak eingeleitet. Dabei entsteht Ammoniumhydrogencarbonat.

Stellen Sie die Reaktionsgleichung dazu auf.     $\longrightarrow$     20

---

**49**          Bauformel für NO:

N=O

Der Stickstoff im NO ist *zweiwertig*.

Das durch katalytische Verbrennung von $NH_3$ erhaltene NO wird in der zweiten Stufe mit weiterem Sauerstoff umgesetzt. Das erfolgt bei normaler Temperatur, es entsteht Stickstoffdioxid, $NO_2$.

$$NO + O_2 \longrightarrow NO_2$$

Stellen Sie schriftlich diese Gleichung richtig.     $\longrightarrow$     61

---

**50**          2-wertig:     NO
                3-wertig:     $NH_3$
                4-wertig:     $NO_2$
                5-wertig:     $HNO_3$

Zur Wiederholung eine Frage:

Welches der folgenden Verfahren dient zur Gewinnung von Ammoniak?

● Kontaktverfahren          $\longrightarrow$     17

● Bleikammerverfahren          $\longrightarrow$     67

● Wassergasverfahren          $\longrightarrow$     60

● Haber-Bosch-Verfahren          $\longrightarrow$     26

● Generatorgasverfahren          $\longrightarrow$     6

**21**

---

**51**          Das Kontaktgas besteht aus:

$N_2$     (Stickstoff)

$H_2$     (Wasserstoff)

und          $CO_2$     (Kohlendioxid)

Wir wollen uns genauer ansehen, woher diese Bestandteile stammen:

> Stickstoff aus dem *Generatorgas*

> Wasserstoff aus dem *Wassergas,* außerdem aus der Umsetzung des Kohlenoxids mit Wasserdampf im Kontaktgasprozeß

> Kohlendioxid aus dem Kontaktgasprozeß

Wegen seiner guten Löslichkeit in Wasser kann man das Kohlendioxid leicht unter Druck aus dem Kontaktgas herauswaschen.

Stickstoff und Wasserstoff sind dann die Ausgangsstoffe zur Ammoniaksynthese.

Welches sind die Rohstoffe der Ammoniaksynthese?

- Luft, Wasser und Kohle     $\longrightarrow$ 25
- Wassergas und Generatorgas  $\longrightarrow$ 37
- Wasserstoff und Stickstoff   $\longrightarrow$ 14

---

**52**    Ihre Antwort ist richtig, aber unvollständig.

Sehen wir uns die genannte Gleichung noch einmal an.
Sie lautet:

$$CO + H_2O \longrightarrow CO_2 + H_2$$

Tatsächlich hat eine Oxidation des Kohlenoxids zum Kohlendioxid stattgefunden. $CO_2$ enthält doppelt soviel Sauerstoff wie CO. Aber auch eine Reduktion des Wassers hat stattgefunden, denn dem Wasser ist der . . . . . . . . . . entzogen worden.

$\longrightarrow$ 63

---

**53**    Ihre Antwort ist falsch.

Eine ausführliche Besprechung finden Sie bei 45 .

---

**54**     $4\,NO_2 \quad + \quad 2\,H_2O \quad + \quad O_2 \quad\longrightarrow\quad 4\,HNO_3$

Stickstoffdioxid    Wasser    Sauerstoff    Salpetersäure

Hier noch einmal alle drei Stufen der Salpetersäureherstellung.

> I.   $4\,NH_3 + 5\,O_2 \qquad\quad \longrightarrow 4\,NO + 6\,H_2O$

> II.  $2\,NO \ + O_2 \qquad\qquad \longrightarrow 2\,NO_2$

> III. $4\,NO_2 + 2\,H_2O + O_2 \longrightarrow 4\,HNO_3$

Wir haben bei der Herstellung von Salpetersäure aus $NH_3$ die wichtigsten Wertigkeiten, die Stickstoff in Verbindungen besitzen kann, kennengelernt.

Wievielwertig tritt Stickstoff in seinen Verbindungen auf?

- 2-, 3- und 5-wertig     $\longrightarrow$   36
- nur 3-wertig     $\longrightarrow$   9
- nur 5-wertig     $\longrightarrow$   19
- 2-, 3-, 4-, 5- und 6-wertig     $\longrightarrow$   28
- 3- und 5-wertig     $\longrightarrow$   23
- 2-, 3-, 4- und 5-wertig     $\longrightarrow$   66

---

**55**    *Haber-Bosch-Verfahren.*

Auf der rechten Seite der Gesamtgleichung für das Solvay-Verfahren finden wir die *Endprodukte.*

$Na_2CO_3$      Natriumcarbonat

$NH_4Cl$      Ammoniumchlorid

Während Natriumcarbonat in vielen chemischen Prozessen weiter umgesetzt wird, dient $NH_4Cl$ als Düngemittel.

Wir haben schon andere Ammoniumsalze kennengelernt, die ebenfalls als Düngemittel verwendet werden. Es sind dies die Salze des Ammoniaks mit Schwefelsäure und mit Kohlensäure.

Schreiben Sie die Namen und Summenformeln für beide Verbindungen auf.

     $\longrightarrow$   8    **21**

---

**56**    Ihre Antwort ist richtig.

Drei Raumteile Wasserstoff reagieren mit einem Raumteil Stickstoff zu zwei Raumteilen Ammoniak.

$$3\,H_2 + N_2 \longrightarrow 2\,NH_3$$

So einfach, wie die Gleichung aussieht, ist die Reaktion allerdings nicht zu verwirklichen. Man braucht hohe Temperaturen von etwa 500 °C und hohe Drücke von mehreren 100 Atmosphären. Außerdem muß man besondere Katalysatoren anwenden. Aber auch dann werden der Stickstoff und der Wasserstoff nur unvollständig umgesetzt. Die nicht umgesetzten Anteile muß man zurückgewinnen und erneut in das Verfahren einsetzen, nachdem das Ammoniak mit Wasser aus dem Reaktionsgemisch herausgeholt worden ist.

Notieren Sie die fehlenden Wörter:

Ammoniak wird nach dem . . . . . . . . . Verfahren aus den Elementen
. . . . . . . . . . . . und . . . . . . . . . . gewonnen. Die beiden Gase werden bei hoher Temperatur (. . .°C) und hohem . . . . . an einem besonderen Katalysator umgesetzt.   →   42

---

**57**        1. *Eiweiß besteht aus komplizierten, stickstoffhaltigen organischen Verbindungen.*

2. *Menschen und Tiere erhalten durch Ernährung mit pflanzlichem und tierischem Eiweiß den für sie erforderlichen Stickstoff in ausreichenden Mengen.*

3. *Die Pflanzen nehmen den Stickstoff, der zum Aufbau ihrer Eiweißstoffe notwendig ist, aus im Boden enthaltenen Stickstoffverbindungen auf.*

4. *Justus von Liebig entdeckte die Möglichkeit zur künstlichen Düngung.*

Mit dem Einsatz des Ammoniaks im Solvay-Verfahren und zur Herstellung von Düngemitteln sind aber die Verwendungsmöglichkeiten des Ammoniaks noch nicht erschöpft.

Ammoniak dient auch als Ausgangsmaterial zur Herstellung von Salpetersäure.

Schreiben Sie die Summenformel der Salpetersäure auf.   →   64

---

**58**        Ihre Antwort ist richtig.

Hier noch einmal die drei Stufen des Solvay-Verfahrens:

I.   $NH_3 + H_2O + CO_2 \longrightarrow NH_4HCO_3$

II.   $NH_4HCO_3 + NaCl \longrightarrow NaHCO_3 + NH_4Cl$

III.   $2\,NaHCO_3 \longrightarrow Na_2CO_3 + H_2O + CO_2$

Das in der dritten Stufe erhaltene Kohlendioxid kann in die erste Stufe wieder eingesetzt werden.

Notieren Sie auch die Gleichung III, damit Sie den vollständigen Solvay-Prozeß aufgeschrieben haben.
Verdoppeln Sie Gleichung I und II, indem Sie vor jede Verbindung eine 2 schreiben, und zählen Sie nun jeweils die linken und rechten Seiten aller drei Gleichungen zusammen, streichen Sie die auf beiden Seiten vorkommenden Verbindungen, und vergleichen Sie dann die den gesamten Solvay-Prozeß beschreibende Gleichung bei 65 .

---

**59**     Ihre Antwort zeigt, daß Sie die Regel von Avogadro noch nicht verstanden haben.

Eine ausführliche Erklärung finden Sie unter $\boxed{11}$ .

---

**60**     Im Wassergasverfahren wird Wasserdampf über glühenden Koks geleitet. Es entstehen $H_2$ und CO.

Kehren Sie zurück nach $\boxed{50}$ .

---

**61**     $2\,NO\ +\ O_2\ \longrightarrow\ 2\,NO_2$

Schreiben Sie für $NO_2$ die Bauformel auf.
Wievielwertig ist der Stickstoff im $NO_2$?     $\longrightarrow$   $\boxed{12}$

---

**62**     1. *Kontaktverfahren:*

Herstellung von *Schwefelsäure* durch Oxidation von Schwefeldioxid mit Sauerstoff in Gegenwart von Katalysatoren.

2. *Bleikammerverfahren:*

Herstellung von *Schwefelsäure* durch Oxidation von Schwefeldioxid mit Stickoxiden als Katalysatoren.

3. *Wassergasverfahren:*

Umsetzung von Koks mit Wasserdampf zu *Wasserstoff* und *Kohlenmonoxid*.

4. *Generatorgasverfahren:*

Umsetzung von Koks mit Luft zu einem Gemisch von *Kohlenmonoxid* und *Stickstoff*.

Ende des 21. Programms.

**21**

---

**63**     Ihre Antwort ist richtig. Neben der Oxidation des Kohlenoxids hat auch eine Reduktion des Wassers stattgefunden. Dem Wasser ist der *Sauerstoff* entzogen worden.

Technisch führt man den Prozeß in der Weise durch, daß man das Mischgas zusammen mit dem Wasserdampf bei höherer Temperatur über die Katalysatoren (Kontakte) leitet. Das jetzt entstehende Gas wird *Kontaktgas* genannt.

Notieren Sie die Bestandteile, aus denen das Kontaktgas besteht.   $\longrightarrow$   $\boxed{51}$

---

---

| 64 |
|---|

Salpetersäure, $HNO_3$.

Der Stickstoff in der Salpetersäure ist 5-wertig.

Das Verfahren zur Herstellung von Salpetersäure aus Ammoniak verläuft wieder über mehrere Stufen.

In der ersten Stufe wird Ammoniak mit Luft bei höheren Temperaturen über einen Katalysator geleitet. Dabei wird das Ammoniak „verbrannt".

$$NH_3 + O_2 \longrightarrow NO + H_2O$$

Stellen Sie schriftlich die Gleichung richtig. Welche Faktoren sind zu ergänzen?

Es sind zu ergänzen

| vor | $NH_3$ | $O_2$ | NO | $H_2O$ | | |
|---|---|---|---|---|---|---|
| ● | 2 | 4 | 2 | 3 | $\longrightarrow$ | 53 |
| ● | 4 | 4 | 4 | 4 | $\longrightarrow$ | 34 |
| ● | 4 | 5 | 4 | 6 | $\longrightarrow$ | 21 |
| ● Ich habe andere Zahlen | | | | | $\longrightarrow$ | 45 |

---

| 65 |
|---|

$$2\,NH_3 + 2\,H_2O + 2\,CO_2 + 2\,NH_4HCO_3 + 2\,NaCl + 2\,NaHCO_3 \longrightarrow$$

$$2\,NH_4HCO_3 + 2\,NaHCO_3 + 2\,NH_4Cl + Na_2CO_3 + H_2O + CO_2$$

Nach Weglassen der rechts und links vorkommenden Verbindungen und Faktoren ergibt sich die Gesamtgleichung:

$$2\,NH_3 + H_2O + CO_2 + 2\,NaCl \longrightarrow Na_2CO_3 + 2\,NH_4Cl$$

Diese Gesamtgleichung des Solvayprozesses gibt uns auf der linken Seite die *Ausgangsstoffe* an:

NaCl (Steinsalz) wird bergmännisch gewonnen.

$CO_2$ wird durch vollständige Verbrennung von Kohlenstoff gewonnen.

$NH_3$ + $H_2O$ sind die wäßrige Lösung von Ammoniak.

Notieren Sie den Namen des Verfahrens zur Herstellung von $NH_3$.  $\longrightarrow$  55

**21**

---

| 66 |
|---|

Ihre Antwort ist richtig.

Stickstoff kann in seinen Verbindungen 2-, 3-, 4- und 5-wertig auftreten. Die Wertigkeiten 3 und 5 sind die wichtigsten.

Notieren Sie jetzt für jede Wertigkeitsstufe des Stickstoffs die Summenformel einer Stickstoff-Verbindung.   ⟶   50

---

**67**     Das *Bleikammerverfahren* dient zur Herstellung von *Schwefelsäure*. Das Schwefeldioxid wird mit Stickoxiden als Katalysatoren zu Schwefeltrioxid oxidiert.

Kehren Sie zurück nach 50 .

---

21

## 22. Programm

### Stickstoff (III)

---

**1**     Mit diesem Programm wollen wir die Besprechung des Stickstoffs abschließen.

Stickstoff verbindet sich mit Sauerstoff zu Stickstoffoxiden. Diese werden meist einfach *Stickoxide* genannt. Die beiden wichtigsten Oxide des Stickstoffs sind das Stickstoffmonoxid und das Stickstoffdioxid.

Schreiben Sie die Bauformeln für die beiden Stickstoffoxide auf.   $\longrightarrow$   13

---

**2**     Herstellung von Salpetersäure:

1.      $4\,NO_2 \; + \; 2\,H_2O \; + \; O_2 \longrightarrow 4\,HNO_3$

2.      $NaNO_3 \; + \; H_2SO_4 \longrightarrow HNO_3 \; + \; NaHSO_4$

Bei der Umsetzung von Natriumnitrat mit Schwefelsäure entsteht Natriumhydrogensulfat.

Man kann die Umsetzung von Natriumnitrat mit Schwefelsäure auch so gestalten, daß Natriumsulfat, $Na_2SO_4$, gebildet wird.

Notieren Sie bitte dazu die Reaktionsgleichung.   $\longrightarrow$   42

---

**3**     In einer Gleichung muß auf der rechten und linken Seite von jeder Atomart die gleiche Anzahl vorhanden sein. Wenn Sie das sorgfältig prüfen, muß es Ihnen gelingen, die richtige Gleichung aufzustellen.   $\longrightarrow$   14

---

**4**     Ihre Antwort ist falsch.

Eine Erklärung finden Sie unter 23 .

---

**5**     Richtig. Bei der Verbrennung des Schießpulvers wird der Schwefel zum Schwefeldioxid und der Kohlenstoff zum Kohlendioxid oxidiert.

Weitere wichtige Nitrate sind das *Ammoniumnitrat* und das *Silbernitrat*.

*Ammoniumnitrat,* $NH_4NO_3$, wird großtechnisch durch Neutralisation von Ammoniak mit Salpetersäure gewonnen. Es ist ein besonders hochwertiges Düngemittel, da es einen sehr hohen Stickstoffgehalt hat.

*Silbernitrat*, $AgNO_3$ (Symbol für Silber = Ag), ist ein Nachweisreagenz für Chlorid-Ionen. In Lösungen, die Chlorid-Ionen enthalten, entsteht bei Zugabe von Silbernitratlösung ein weißer, flockiger Niederschlag von Silberchlorid.

Als Beispiel ist hier die Reaktionsgleichung für Natriumchlorid angegeben.

$$NaCl + AgNO_3 \longrightarrow AgCl + NaNO_3$$

Formulieren Sie bitte die Gleichung für die Reaktion von $AgNO_3$ mit HCl.  $\longrightarrow$  21

---

6     *$KNO_2$ ist Kaliumnitrit.*

Der aus dem Kaliumnitrat beim Erhitzen nach der Gleichung

$$2\,KNO_3 \longrightarrow 2\,KNO_2 + O_2$$

freiwerdende Sauerstoff kann mit anderen Stoffen reagieren.

Was sind demnach Nitrate?

● Reduktionsmittel  $\longrightarrow$  39

● Oxidationsmittel  $\longrightarrow$  17

● Katalysatoren  $\longrightarrow$  28

---

7     Es entsteht zwar Kohlendioxid, aber *kein* Schwefeltrioxid.

Eine Erklärung finden Sie bei 20 .

---

8     $NO_2$ ist ein braunes Gas, das sehr giftig ist.
An seiner braunen Farbe kann man es leicht erkennen.

Das Stickstoffmonoxid (NO) dagegen ist farblos. Trotzdem erkennen wir es sofort, wenn es aus einer Apparatur ausströmt.

Woran erkennen Sie das Ausströmen von NO?

Notieren Sie bitte Ihre Antwort.  $\longrightarrow$  45

---

9     Die vollständigen Gleichungen sind:

I.     $4\,NH_3 + 5\,O_2 \longrightarrow 4\,NO + 6\,H_2O$

II.    $4\,NO + 2\,O_2 \longrightarrow 4\,NO_2$

III.   $4\,NO_2 + O_2 + 2\,H_2O \longrightarrow 4\,HNO_3$

**22**

Durch Zusammenzählen jeweils der linken und rechten Seiten dieser Gleichungen erhalten wir eine neue Gleichung. Wenn wir dann die Substanzen weglassen, die auf beiden Seiten vorkommen, haben wir die Gesamtgleichung dieser wichtigen Synthese.

Stellen Sie diese Gesamtgleichung in der eben beschriebenen Weise auf.  $\longrightarrow$  |18|

---

|10|      *Natriumhydrogensulfat* ist richtig.

Beschreiben Sie nun in Stichworten die beiden besprochenen Verfahren zur Herstellung von Salpetersäure, indem Sie die Namen der beteiligten Stoffe angeben.

Vergleichen Sie dann Ihr Ergebnis unter |16| .

---

|11|      Nitrite entstehen beim Erhitzen von Nitraten.

Von der salpetrigen Säure lassen sich nur verdünnte wäßrige Lösungen herstellen. Sie ist sehr unbeständig und zerfällt leicht in Stickstoffoxide und Wasser. Ihre Formel ist $HNO_2$.

Beim Arbeiten mit Nitriten muß man sehr vorsichtig sein.
**Kommen Nitrite mit Säuren zusammen, so entsteht das außerordentlich giftige Stickstoffdioxid. Vorsicht!**
Das Auftreten der $NO_2$-Gase beim Zusammengeben von Nitrit und einer Säure ist die Nachweisreaktion für Nitrite.

Welche Farbe hat das Stickstoffdioxid?

● Braun      $\longrightarrow$  |44|

● Gelb       $\longrightarrow$  |24|

● Farblos    $\longrightarrow$  |35|

**22**

---

|12|      $HNO_3 \longrightarrow H^{\oplus} + NO_3^{\ominus}$

Mit zunehmender Verdünnung verliert die Salpetersäure ihre oxidierende Wirkung. Als verdünnte Säure verhält sie sich schließlich wie jede andere starke Säure.

Welches Salz entsteht, wenn verdünnte Salpetersäure mit Zink reagiert? (Zink, Zn, bildet zweifach positiv geladene Ionen).

Stellen Sie bitte die Gleichung auf, und geben Sie den Namen des Salzes an.  $\longrightarrow$  |43|

**13**     N=O    O=N=O

Die Herstellung von Stickstoffmonoxid durch katalytische Verbrennung von Ammoniak kennen Sie bereits.

Schreiben Sie dazu bitte die Reaktionsgleichung auf.   ⟶   **32**

**14**     $2\,NO + O_2 \longrightarrow 2\,NO_2$

Bei der Umsetzung von Stickstoffdioxid mit Wasser in Gegenwart von Sauerstoff bildet sich Salpetersäure. Die noch nicht vollständige Gleichung dafür ist:

$$NO_2 + H_2O + O_2 \longrightarrow 4\,HNO_3$$

Wir haben auf der *linken* Seite dieser Gleichung die Faktoren weggelassen. Die Gleichung ist also *noch nicht richtig*.

Welche Zahlen müssen Sie vor $NO_2$, vor $H_2O$ und vor $O_2$ setzen?

| vor $NO_2$ | vor $H_2O$ | vor $O_2$ | |
|---|---|---|---|
| 2 | 2 | keine | ⟶ **25** |
| 4 | 2 | keine | ⟶ **46** |
| 4 | 4 | 2 | ⟶ **36** |
| 2 | 4 | 2 | ⟶ **3** |

**15**     Ihre Antwort ist falsch.

Eine Erklärung finden Sie unter **23** .

**16**     Verfahren zur Herstellung von Salpetersäure:

1. Aus Stickstoffdioxid mit Wasser und Sauerstoff.

2. Aus Natronsalpeter (Chilesalpeter) mit Schwefelsäure.
   Nebenprodukt: Natriumhydrogensulfat.

Das zweite Verfahren zur Herstellung von Salpetersäure hat in Deutschland keine Bedeutung mehr.

Schreiben Sie nun bitte zu beiden Verfahren noch einmal die Gleichungen auf, und lesen Sie dann weiter unter **2** .

**22**

17          Nitrate sind Oxidationsmittel. Man nutzt die Oxidationswirkung der Nitrate zur Herstellung von Schießpulver und Sprengkörpern aus.
Schießpulver ist eine Mischung von *Kaliumnitrat, Schwefel* und *Kohlepulver*. Bei der Verbrennung reagiert der vom Kaliumnitrat abgegebene Sauerstoff mit dem Schwefel und der Kohle. Als Reaktionsprodukte entstehen Verbrennungsgase, die sich durch die gleichzeitig entwickelte Hitze stark ausdehnen. Deshalb explodiert Schießpulver, wenn es beispielsweise in Sprengpatronen eingeschlossen ist und gezündet wird. Zündet man dagegen eine kleine Menge Schießpulver in einer Schale an, so erfolgt nur eine Verpuffung, weil die Verbrennungsgase frei entweichen können.

Woraus bestehen die Verbrennungsgase des Schießpulvers?

- aus Kohlendioxid und Schwefeltrioxid          $\longrightarrow$   7

- aus Kohlendioxid und Schwefeldioxid          $\longrightarrow$   5

- aus Kohlenmonoxid und Schwefeltrioxid          $\longrightarrow$   41

- aus Kohlenmonoxid und Schwefeldioxid          $\longrightarrow$   29

---

18          $4\,NH_3 + 8\,O_2 + 4\,NO + 4\,NO_2 + 2\,H_2O \longrightarrow$
$\phantom{xxxxxxxxxx} 4\,NO + 6\,H_2O + 4\,NO_2 + 4\,HNO_3$

Die Gesamtgleichung ist:

$$4\,NH_3 + 8\,O_2 \longrightarrow 4\,HNO_3 + 4\,H_2O$$

oder, nachdem durch 4 geteilt wurde:

$$NH_3 + 2\,O_2 \longrightarrow HNO_3 + H_2O$$

Konzentrierte Salpetersäure ist eine etwa 60%ige Lösung von $HNO_3$ in Wasser. Sie ist ein starkes Oxidationsmittel. Noch stärker oxidierend als konzentrierte Salpetersäure wirkt ihre Mischung mit konzentrierter Salzsäure. Man nennt diese Mischung *Königwasser*, weil sie im Stande ist, den „König der Metalle", das Gold, aufzulösen.

**Beim Umgang mit konzentrierter Salpetersäure oder mit Königswasser ist größte Vorsicht geboten, beide wirken stark ätzend.**

**22**

Notieren Sie bitte die oben genannten wichtigsten Eigenschaften der konzentrierten Salpetersäure und des Königswassers in Stichworten, und lesen Sie dann weiter unter   30 .

---

19          Stickstoffmonoxid (NO): farblos, gasförmig, reagiert mit Sauerstoff sehr leicht.

$$2\,NO + O_2 \longrightarrow 2\,NO_2$$

Stickstoffdioxid ist ein braunes, äußerst giftiges Gas. Es ist besonders gefährlich, weil man größere Mengen einatmen kann, ohne sofort irgendwelche Folgen zu spüren. Die Vergiftungserscheinungen zeigen sich u. U. erst nach Stunden. Oft kommt deshalb jede Hilfe zu spät.

**Also größte Vorsicht beim Arbeiten mit Stickstoffdioxid!**

Notieren Sie bitte kurz die Eigenschaften des $NO_2$.    $\longrightarrow$   | 8 |

---

| 20 |      Wir wollen genau überlegen: Schießpulver ist eine Mischung von Kaliumnitrat mit Schwefel und Kohlepulver.

Bei der Entzündung des Schießpulvers gibt das Kaliumnitrat einen Teil seines Sauerstoffs ab. Schwefel und Kohle reagieren mit dem Sauerstoff. Beide Stoffe werden oxidiert.

Schwefel kann grundsätzlich zu Schwefeldioxid oder Schwefeltrioxid oxidiert werden. Die Oxidation zum Schwefeltrioxid ist aber schwierig und gelingt nur in Gegenwart von Katalysatoren. Bei der Verbrennung von Schießpulver ist kein geeigneter Katalysator anwesend, also wird der Schwefel nur bis zum Schwefeldioxid oxidiert.

Kohlenstoff kann zu Kohlenmonoxid und Kohlendioxid oxidiert werden. Kohlenmonoxid entsteht aber nur bei der unvollständigen Verbrennung des Kohlenstoffs. Da durch Kaliumnitrat im Schwarzpulver genügend Sauerstoff zur Verfügung steht, wird der Kohlenstoff zum Kohlendioxid oxidiert.

Bei der Verbrennung des Schießpulvers wird der Schwefel zum . . . . . . . . . . . . . . und der Kohlenstoff zum . . . . . . . . . . . oxidiert.    $\longrightarrow$   | 5 |

---

| 21 |      Bitte vergleichen Sie:

$$HCl + AgNO_3 \longrightarrow AgCl + HNO_3$$

Wichtig ist, daß man die auf Chlorid-Ionen zu untersuchende Lösung vor der Zugabe des Silbernitrats mit verdünnter Salpetersäure ansäuert. Das ist erforderlich, weil es verschiedene Ionen gibt, die in neutraler oder schwach alkalischer Lösung mit Silber-Ionen auch einen weißen Niederschlag bilden und somit die Anwesenheit von Chlorid-Ionen vortäuschen können.

Schreiben Sie bitte noch die Reaktionsgleichung für die Umsetzung von $CaCl_2$ mit $AgNO_3$ auf.    $\longrightarrow$   | 33 |

---

| 22 |      Probe mit Eisen(II)-sulfat-Lösung vermischen, mit konzentrierter Schwefelsäure unterschichten. Ein brauner Ring zwischen den Schichten zeigt Nitrat oder Salpetersäure an.

Jetzt noch einmal zur salpetrigen Säure. Die Salze der salpetrigen Säure heißen Nitrite. Sie entstehen beim . . . . . . . . . von Nitraten unter gleichzeitigem Auftreten von Sauerstoff.    $\longrightarrow$   $\boxed{11}$

---

$\boxed{23}$      Wenn Sie sich die Formeln für Natriumnitrat und Salpetersäure nebeneinander ansehen

$$NaNO_3 \qquad HNO_3$$

dann erkennen Sie, daß beide Verbindungen das Nitrit-Ion und damit die gleiche Anzahl von Sauerstoffatomen enthalten.

Bei einer *Oxidation* verbindet sich aber ein Element oder eine Verbindung mit Sauerstoff, während bei einer *Reduktion* einer Verbindung Sauerstoff entzogen wird. Aus Natriumnitrat kann man also weder durch Oxidation noch durch Reduktion Salpetersäure herstellen.

Bedenken Sie, daß Natriumnitrat ein Salz der Salpetersäure ist. Aus dem Salz wollen wir die Säure gewinnen.

Überlegen Sie noch einmal die Frage unter $\boxed{46}$ .

---

$\boxed{24}$      Die Farbe des Stickstoffdioxids ist dunkler. Stickstoffdioxid ist *braun*, während Stickstoffmonoxid . . . . . . . . ist.   $\longrightarrow$   $\boxed{44}$

---

$\boxed{25}$      In der Gleichung muß auf der rechten und linken Seite von jeder Atomart die gleiche Anzahl vorhanden sein.

Das trifft in der von Ihnen aufgestellten Reaktionsgleichung aber nur für Wasserstoff zu. Prüfen Sie deshalb noch einmal sorgfältig die Faktoren vor $NO_2$ und $O_2$.
   $\longrightarrow$   $\boxed{14}$

---

$\boxed{26}$      Ihre Antwort ist richtig.

Die schwerer flüchtige Schwefelsäure verdrängt die Salpetersäure aus ihrem Salz.

Die Gleichung heißt:

$$NaNO_3 + H_2SO_4 \longrightarrow HNO_3 + NaHSO_4$$

Wie heißt das neben der Salpetersäure entstandene Salz?

- Natriumhydrogensulfat   $\longrightarrow$   $\boxed{10}$
- Natriumsulfat   $\longrightarrow$   $\boxed{37}$

**22**

| 27 |

Bitte vergleichen Sie:

1. $NO$, $NO_2$

2. a) aus Chilesalpeter + $H_2SO_4$:

$$NaNO_3 + H_2SO_4 \longrightarrow HNO_3 + NaHSO_4$$

b) aus $NO_2 + O_2 + H_2O$:

$$4\,NO_2 + O_2 + 2\,H_2O \longrightarrow 4\,HNO_3$$

3. $4\,NH_3 + 5\,O_2 \longrightarrow 4\,NO + 6\,H_2O$

4. $N_2 + O_2 \longrightarrow 2\,NO$

5. Stickoxide sind außerordentlich giftig.

6. Konzentrierte Salpetersäure wirkt stark ätzend.

7. Beim Zusammenbringen von Nitriten mit Säuren entstehen die sehr giftigen Stickoxide.

8. Salpetrige Säure: Nitrite

   Salpetersäure: Nitrate


Weitere Fragen:

9. Wie werden Nitrate nachgewiesen?

10. Welche wichtigen Stickstoffdüngemittel gibt es?

11. Wie werden Nitrite nachgewiesen?

12. Durch welche Reaktionsgleichung wird beschrieben:

    a) der Generatorgasprozeß,
    b) der Wassergasprozeß?

13. Aus welchen Gasen besteht:

    a) Generatorgas,
    b) Wassergas,
    c) Mischgas?

14. Nach welchem Verfahren wird großtechnisch Ammoniak hergestellt (Name des Verfahrens, Reaktionsgleichung und Reaktionsbedingungen)?

**22**

15. Wie wird das Ammoniak in den Ammoniumverbindungen nachgewiesen (Reaktionsgleichung, Beispiel Ammoniumsulfat)?

16. Wievielwertig ist der Stickstoff in:

a) Salpetersäure
b) Ammoniak
c) Natriumnitrit
d) Stickstoffmonoxid?

17. Ergänzen Sie folgende Reaktionsgleichungen:

a)      $HNO_3 + NH_4OH \longrightarrow$

b)      $KNO_3 \xrightarrow{\text{Hitze}}$

c)      $NH_4Cl + \quad\quad \longrightarrow NH_3 + H_2O + NaCl$

Vergleichen Sie Ihre Ergebnisse bei |40| .

---

|28|     *Katalysatoren sind Stoffe, die einen chemischen Vorgang beschleunigen, am Ende der Reaktion aber wieder in der gleichen Form vorliegen wie am Anfang.*

Notieren Sie sich bitte diese Begriffsbestimmung.

Der erste Katalysator, den wir kennenlernten, war Braunstein. Er beschleunigt die Abspaltung von Sauerstoff beim Erhitzen von Kaliumchlorat, ohne sich selbst dabei zu verändern.

$KNO_3$ verändert sich aber beim Erhitzen!

Lesen Sie bitte noch einmal | 6 | .

---

|29|     Es entsteht zwar Schwefeldioxid, aber *kein* Kohlenmonoxid.

Eine Erklärung finden Sie bei |20| .

---

|30|     Konzentrierte Salpetersäure: Starkes Oxidationsmittel
                    **Vorsicht: Ätzend!**

Königswasser: Mischung aus konz. Salpetersäure und konz. Salzsäure.
                    Löst Gold auf.
                    **Vorsicht: Ätzend!**

In Wasser dissoziiert die Salpetersäure in einfach positiv geladene Wasserstoff-Ionen und einfach negativ geladene Nitrat-Ionen.

Stellen Sie bitte dazu die Gleichung auf.    $\longrightarrow$    |12|

**22**

**31**

1. Stickstoff + Sauerstoff    $\xrightarrow{\text{elektrische Entladung}}$

2. Ammoniak + Sauerstoff    $\xrightarrow{\text{Katalysator}}$    NO
                                                   $\downarrow$ + Sauerstoff
                                                   $NO_2$
                                                   $\downarrow$ + Wasser + Sauerstoff

3. Natriumnitrat + Schwefelsäure  $\longrightarrow$   $HNO_3$

Das wichtigste Verfahren zur Herstellung von Salpetersäure ist das 2. Verfahren, ausgehend vom Ammoniak. Die unvollständigen Reaktionsgleichungen dazu sind:

I.   $NH_3 + 5\,O_2 \longrightarrow 4\,NO +$

II.  $4\,NO + O_2 \longrightarrow NO_2$

III. $NO_2 + 2\,H_2O + \qquad\longrightarrow 4\,HNO_3$

Notieren und vervollständigen Sie diese Gleichungen.  $\longrightarrow$  $\boxed{9}$

---

**32**    $4\,NH_3 + 5\,O_2 \longrightarrow 4\,NO + 6\,H_2O$

Wenn Ihr Ergebnis falsch war, dann sehen Sie sich die richtige Gleichung noch einmal genau an, und schreiben Sie sie ab. Diese Reaktion erfolgt bei höherer Temperatur an einem Katalysator.

Die Herstellung von NO aus den Elementen Stickstoff und Sauerstoff ist wegen der Reaktionsträgheit des Stickstoffs nur unter besonderen Bedingungen möglich. Solche Bedingungen sind durch die heißen Funken bei der elektrischen Entladung gegeben.

Stickstoff und Sauerstoff vereinigen sich zum Stickstoffmonoxid nach der Gleichung:

$N_2 + O_2 \longrightarrow 2\,NO$

**22**

Stickstoffmonoxid ist ein *farbloses* Gas. Es reagiert mit Sauerstoff besonders leicht.

Notieren Sie bitte zunächst in Stichworten die Eigenschaften von Stickstoffmonoxid, und stellen Sie dann die Reaktionsgleichung für die Reaktion von Stickstoffmonoxid mit Sauerstoff auf.  $\longrightarrow$  $\boxed{19}$

---

**33**    $CaCl_2 + 2\,AgNO_3 \longrightarrow 2\,AgCl + Ca(NO_3)_2$

Nach dem Nachweis der Chloride mit Silbernitrat beschreiben wir nun den Nachweis der Salpetersäure und ihrer Salze, der Nitrate.

Die auf Nitrat zu untersuchende Lösung wird mit einer Lösung von Eisen(II)-sulfat, $FeSO_4$, vermischt und dann mit einigen $cm^3$ reiner, konzentrierter Schwefelsäure unterschichtet. Man läßt dazu die konzentrierte Schwefelsäure langsam in das schräg gehaltene Reagenzglas laufen. Die konz. Schwefelsäure hat eine größere Dichte als die zu untersuchende Lösung und vermischt sich bei vorsichtigem Eingießen nicht. Es bilden sich zwei Schichten: unten die konz. $H_2SO_4$, darüber die zu untersuchende Lösung. Wenn Salpetersäure oder ein Nitrat vorhanden ist, dann bildet sich zwischen den beiden Schichten ein brauner Ring.

Schreiben Sie bitte in Stichworten auf, wie man Salpetersäure oder Nitrate nachweist.    $\longrightarrow$    | 22 |

---

| 34 |    Von der salpetrigen Säure lassen sich nur *verdünnte* Lösungen herstellen.

Sie ist sehr *unbeständig* und zerfällt *leicht*.

Ihre Formel ist *$HNO_2$*.

Ihre Salze heißen *Nitrite*.

Zur Prüfung Ihrer Kenntnisse aus allen drei Stickstoffprogrammen beantworten Sie bitte schriftlich die folgenden Fragen. Ob Ihre Antworten richtig sind, können Sie dann bei | 27 | kontrollieren. Sehen Sie aber erst dann die Lösung nach, wenn Sie versucht haben, alle Fragen zu beantworten.

1. Welche Oxide des Stickstoffs haben Sie kennengelernt?

2. Welche Möglichkeiten zur Herstellung von Salpetersäure gibt es?
   Bitte auch die Reaktionsgleichungen aufstellen!

3. Reaktionsgleichung für die Verbrennung des Ammoniaks am Katalysator.

4. Reaktionsgleichung für die Umsetzung von $N_2$ mit $O_2$ in einer elektrischen Entladung.

5. Warum muß man vorsichtig sein beim Arbeiten mit Stickoxiden?

6. Warum muß man vorsichtig sein beim Arbeiten mit konz. Salpetersäure?

7. Warum muß man vorsichtig sein, wenn Nitrite mit Säuren in Berührung kommen?

8. Wie heißen die Salze der salpetrigen Säure und der Salpetersäure?

Vergleichen Sie Ihr Ergebnis bei | 27 |.

**22**

---

| 35 |    Stickstoffdioxid ist *braun*. Stickstoffmonoxid dagegen ist . . . . . $\longrightarrow$ | 44 |

---

**36**

    In einer Gleichung muß auf der rechten und linken Seite von jeder Atomart die gleiche Anzahl vorhanden sein.

Das trifft in der von Ihnen aufgestellten Reaktionsgleichung aber nur für Stickstoff zu. Prüfen Sie deshalb noch einmal sorgfältig die Faktoren vor $H_2O$ und $O_2$. $\longrightarrow$   14

---

**37**

    Ihre Antwort ist falsch.

Die Verbindung

    $NaHSO_4$

enthält ja noch Wasserstoff.
Es handelt sich also um . . . . . . . . . .   $\longrightarrow$   10

---

**38**

    Sie haben bisher einige elektrolytische Verfahren kennengelernt. Bei diesen Verfahren wurden die elektrolysierten Stoffe aber stets in ihre Bestandteile zerlegt. So entstehen bei der Elektrolyse von Salzsäure Wasserstoff und Chlor, bei der Elektrolyse von Wasser Wasserstoff und Sauerstoff.

Bedenken Sie, daß Natriumnitrat ein Salz der Salpetersäure ist. Aus diesem Salz wollen wir die Säure in Freiheit setzen. Wie könnten wir das tun?

- Durch Umsetzung mit Schwefelsäure $\longrightarrow$   26

- Durch Oxidation                  $\longrightarrow$   4

- Durch Reduktion                 $\longrightarrow$   15

---

**39**

    Eine Oxidation ist ein chemischer Vorgang, bei dem sich ein Stoff *mit Sauerstoff verbindet*. Stoffe, die für diesen chemischen Vorgang den nötigen Sauerstoff zur Verfügung stellen, nennt man Oxidationsmittel.

Lesen Sie bitte noch einmal   6   .

---

**22**

**40**

    Bitte vergleichen Sie:

9.   Probe + Eisen(II)-sulfatlösung mit konz. Schwefelsäure unterschichten. Brauner Ring an der Berührungsschicht.

10.   $NaNO_3$, $KNO_3$, $NH_4NO_3$, $(NH_4)_2SO_4$.

11.   Beim Ansäuern der Probe entweichen Stickstoffoxide.

12.   a) $2\,C + O_2 \longrightarrow 2\,CO$

     b)  $C + H_2O \rightarrow CO + H_2$

13.   a) $CO$, $N_2$

      b) $CO$, $H_2$

      c) $CO$, $N_2$, $H_2$

14.   Haber-Bosch-Verfahren:

$$N_2 + 3\,H_2 \longrightarrow 2\,NH_3$$

500 °C und über 200 at

15.   $(NH_4)_2 SO_4 + 2\,NaOH \longrightarrow Na_2 SO_4 + 2\,NH_3 + 2\,H_2O$

      $NH_3$ entweicht, Geruch, Lackmuspapier blau.

16.   a) $HNO_3$     5-wertig

      b) $NH_3$      3-wertig

      c) $NaNO_2$    3-wertig

      d) $NO$       2-wertig

17.   a) $HNO_3 + NH_3 + H_2O \longrightarrow NH_4 NO_3 + H_2O$

      b) $2\,KNO_3 \xrightarrow{\text{Hitze}} 2\,KNO_2 + O_2$

      c) $NH_4 Cl + NaOH \longrightarrow NH_3 + H_2O + NaCl$

Wenn Sie von diesen Fragen mehr als zwei Fragen nicht beantworten konnten oder in mehr als drei Fragen einen Fehler gemacht haben, dann sollten Sie bald alle Stickstoffprogramme nochmals durcharbeiten.

Ende des 22. Programms.

---

**41**      Es entsteht weder Kohlenmonoxid noch Schwefeltrioxid.

Eine Erklärung finden Sie bei 20 .

**22**

---

**42**      $2\,NaNO_3 + H_2 SO_4 \longrightarrow 2\,HNO_3 + Na_2 SO_4$

Die größeren Mengen von Salpetersäure werden jedoch nicht aus Natriumnitrat, sondern aus Stickstoffdioxid hergestellt. Das für die Herstellung des $NO_2$ notwendige $NO$ wird in Ländern mit billiger elektrischer Energie durch Vereinigung von Stickstoff mit Sauerstoff mit Hilfe der elektrischen Entladung gewonnen.

**In Deutschland ist jedoch das Verfahren der Verbrennung von Ammoniak an einem Katalysator wirtschaftlicher.**

$$4\,NH_3 + 5\,O_2 \longrightarrow 4\,NO + 6\,H_2O$$

Zeichnen Sie das folgende Schema mit den verschiedenen Methoden zur Salpeter-säureherstellung ab, und ergänzen Sie darin die fehlenden Substanzen.

1. ..... + Sauerstoff $\xrightarrow{\text{elektrische Entladung}}$

2. ..... + Sauerstoff $\xrightarrow{\text{Katalysator}}$ NO

$\downarrow + O_2$

$NO_2$

$\downarrow \begin{array}{l}+ O_2 \\ + H_2O\end{array}$

3. ..... + Schwefelsäure $\longrightarrow$ $HNO_3$  Abb. 29

Kontrollieren Sie das vollständige Schema unter $\boxed{31}$ .

---

**43**  $Zn + 2\,HNO_3 \longrightarrow Zn(NO_3)_2 + H_2$

Zinknitrat

Beim Schwefel haben wir kennengelernt:

| Schwefelsäure | $H_2SO_4$ | (beständige Säure) |
| schweflige Säure | $H_2SO_3$ | (unbeständige Säure) |
| Schwefelwasserstoff | $H_2S$ | (schwache, beständige Säure) |

Bei dem Stickstoff ist das ähnlich:

| Salpetersäure | $HNO_3$ | (beständige Säure) |
| salpetrige Säure | $HNO_2$ | (unbeständige Säure) |
| Ammoniak | $H_3N$ oder besser $NH_3$ | (Base) |

Beim Schwefel haben wir gelernt:

Die Salze der Schwefelsäure heißen:  Sulfate.
Die Salze der schwefligen Säure heißen:  Sulfite.

Beim Stickstoff lernen wir:

Die Salze der Salpetersäure heißen:  Nitrate.
Die Salze der salpetrigen Säure heißen:  Nitrite.

In der Natur kommt das schon erwähnte Natriumnitrat (Natronsalpeter oder Chile-salpeter) vor. Es findet, ebenso wie das Kaliumnitrat (Kalisalpeter), als Düngemittel Verwendung.

Beim Erhitzen geben Kalium- und Natriumnitrat einen Teil ihres Sauerstoffs ab.
Die Gleichung für diesen Vorgang lautet beim Kaliumnitrat:

$$2\,KNO_3 \longrightarrow 2\,KNO_2 + O_2$$

Notieren Sie den Namen für $KNO_2$.      $\longrightarrow$  $\boxed{6}$

---

$\boxed{44}$      Richtig, Stickstoffdioxid ($NO_2$) ist ein *braunes* Gas, während Stickstoffmonoxid *farblos* ist.

Notieren Sie die folgenden Sätze mit den richtigen Ergänzungen:

Von der salpetrigen Säure lassen sich nur . . . . . . . . . . (konzentrierte/verdünnte)
Lösungen herstellen.

Sie ist sehr . . . . . . . . . . . . . . . . (beständig/unbeständig) und zerfällt . . . . . . . .
(leicht/nicht).

Ihre Formel ist . . . . . . . . . . . . . ($HNO_2$ / $HNO_3$).

Ihre Salze heißen . . . . . . . . . . (Nitrate/Nitrite).      $\longrightarrow$  $\boxed{34}$

---

$\boxed{45}$      Ihre Antwort ist richtig, wenn Sie sich überlegt haben, daß das ausströmende NO mit dem Sauerstoff der Luft sofort $NO_2$ bildet. Es entsteht also ein
braunes Gas.

Notieren Sie bitte die Reaktionsgleichung, und vergleichen Sie bei $\boxed{14}$ .

---

$\boxed{46}$      Ihre Antwort ist richtig.

Die vollständige Gleichung lautet:

$$4\,NO_2 + 2\,H_2O + O_2 \longrightarrow 4\,HNO_3$$

Es gibt noch ein zweites Verfahren:

Man geht von dem in Chile vorkommenden Natronsalpeter aus. Natronsalpeter
(= Chilesalpeter) ist Natriumnitrat.

Überlegen Sie bitte, wie man aus Natriumnitrat Salpetersäure gewinnen kann:

- Durch Elektrolyse              $\longrightarrow$  $\boxed{38}$
- Durch Umsetzung mit Schwefelsäure    $\longrightarrow$  $\boxed{26}$
- Durch Oxidation              $\longrightarrow$  $\boxed{4}$
- Durch Reduktion              $\longrightarrow$  $\boxed{15}$

**22**

## 23. Programm

### Chlor und seine Verbindungen

---

**1**     Chlor ist ein Element, mit dem wir uns schon befaßt haben. Wir wollen deshalb kurz wiederholen, was wir schon wissen. Überlegen Sie, welche physikalischen Eigenschaften das Chlor hat. Sie können dann leicht die folgende Frage beantworten:

Was ist Chlor?

- Ein Metall        ⟶    5
- Ein Nichtmetall    ⟶    8
- Keines von beiden   ⟶    11

---

**2**     Ihre Antwort ist fast richtig.

Die Verbindung, die aus Chlor und Wasserstoff entsteht, HCl, nennt man aber Chlorwasserstoff. Die wäßrige Lösung von Chlorwasserstoff nennt man Salzsäure.

Lesen Sie bitte weiter unter 23 .

---

**3**     Richtig, Chlor gewinnt man durch Elektrolyse von Natriumchlorid-Lösung. Steht Chlorwasserstoff technisch in großen Mengen zur Verfügung, so elektrolysiert man auch Salzsäure.

Die Elektrolyse einer Natriumchlorid-Lösung ist Ihnen bereits bekannt. Welche Produkte entstehen dabei außer Chlor?

- Natronlauge                   ⟶    7
- Natronlauge und Wasserstoff   ⟶    10
- Natrium und Wasserstoff       ⟶    18

---

**23**

**4**     Ihre Antwort ist falsch.

Lesen Sie bitte weiter unter 19 .

---

**5**     Ihre Antwort ist falsch.

Lesen Sie bitte weiter unter 14 .

---

---

|6| Ihre Antwort ist falsch.

Schreiben Sie bitte auf:

Zum Nachweis von Salzsäure und Chloriden säuert man mit Salpetersäure an und gibt Silbernitratlösung hinzu. Es entsteht ein weißer, flockiger Niederschlag von von Silberchlorid.

Ende des 23. Programms.

---

|7| Ihre Antwort ist unvollständig.

Bei der Elektrolyse einer wäßrigen Natriumchlorid-Lösung entsteht außer dem Chlor und der Natronlauge noch Wasserstoff. Notieren Sie bitte das Folgende:

Die Elektrolyse einer wäßrigen Natriumchlorid-Lösung ergibt . . . . . . . . . . . . . ,
. . . . . . . . . . . . . und . . . . . . . . . . .

Notieren Sie die fehlenden Wörter, und vergleichen Sie bei |10| .

---

|8| Richtig:

Chlor ist ein *Nichtmetall*. Es ist ein grünliches, stechend riechendes Gas.

**Chlor ist sehr giftig.**

Chlor ist schwerer als Luft.

Chlor ist ein sehr reaktionsfreudiges Element, das sich leicht mit anderen Elementen verbindet, z. B.

　　　　mit Wasserstoff,
　　　　mit Natrium,
　　　　mit Kalium.

**23**

Stellen Sie bitte die Gleichungen für die Reaktionen von Chlor mit Wasserstoff, Natrium bzw. Kalium auf.

Welche Stoffe entstehen?

- Salzsäure, Natriumchlorid, Kaliumchlorid　　　$\longrightarrow$　|2|

- Chlorwasserstoff, Natriumoxid, Kaliumoxid　　　$\longrightarrow$　|13|

- Chlorwasserstoff, Natriumchlorid, Kaliumchlorid　　$\longrightarrow$　|23|

⏣9⏣     Ihre Antwort ist nicht ganz richtig.

Man kann zwar durch Elektrolyse von Salzsäure Chlor gewinnen, das Verfahren hat aber nur dort Bedeutung, wo technisch große Mengen von Chlorwasserstoff anfallen. Im allgemeinen wird jedoch die wäßrige Lösung von Natriumchlorid elektrolysiert. Natriumchlorid findet sich ja in der Natur in großen Mengen.

Lesen Sie bitte weiter unter ⏣3⏣ .

⏣10⏣     Die Elektrolyse einer wäßrigen Kochsalzlösung ergibt *Chlor, Natronlauge* und *Wasserstoff.*

Wir haben bisher eine Säure des Chlors kennengelernt.
Schreiben Sie Namen und Formel dieser Säure auf. Um was für eine Säure handelt es sich?

- Um eine einbasige Säure     ⟶ ⏣17⏣
- Um eine zweibasige Säure     ⟶ ⏣20⏣
- Um eine dreibasige Säure     ⟶ ⏣24⏣

⏣11⏣     Jedes chemische Element ist entweder ein *Metall* oder ein *Nichtmetall.*

Lesen Sie bitte weiter unter ⏣14⏣ .

⏣12⏣     Nur die Wertigkeit des Chlors in der unterchlorigen Säure ist nicht richtig. Stellen Sie die Bauformel der unterchlorigen Säure ($HOCl$) auf.

Sie brauchen jetzt nur noch die Wertigkeiten des Chlors an den Bindungsstrichen abzuzählen.

Lesen Sie dann bitte noch einmal ⏣53⏣ .

⏣13⏣     Es wurde nach der Umsetzung von Chlor mit Wasserstoff, Natrium und Kalium gefragt. Da Sauerstoff an diesen Reaktionen gar nicht beteiligt ist, können also auch keine Oxide entstehen.

Lesen Sie noch einmal ⏣8⏣ .

**23**

⏣14⏣     *Metalle* sind Elemente, die den elektrischen Strom und die Wärme gut leiten. Metalle glänzen und sind unter Normalbedingungen fest (Ausnahme: Quecksilber, flüssig).

*Nichtmetalle* leiten die Wärme und den elektrischen Strom schlecht. Nichtmetalle können unter Normalbedingungen gasförmig, flüssig (nur Brom) oder fest sein. Sie sind oft farbig.

Chlor ist ein grünliches, stechend riechendes und *giftiges* Gas.

Notieren Sie:
Chlor ist ein . . . . . . . . . . . . .(Metall/Nichtmetall).   ⟶  8

---

**15**    Beim Erhitzen von Natriumchlorid-Lösung erhält man aus kalter Natriumchlorid-Lösung heiße Natriumchlorid-Lösung, und schließlich beginnt das Wasser zu verdampfen. Zurück bleibt festes Natriumchlorid. Ein *chemischer* Vorgang findet überhaupt nicht statt, der Vorgang ist vielmehr *rein physikalisch.*

Überlegen Sie bitte die Frage unter 23 noch einmal.

---

**16**    Nur die Wertigkeit von Chlor in HCl ist richtig. Die Bauformeln von Chlorsäure und Perchlorsäure haben Sie soeben notiert. Stellen Sie auch noch die Bauformel von unterchloriger Säure (HOCl) auf.

Sie brauchen jetzt nur noch die Wertigkeiten des Chlors an den Bindungsstrichen abzuzählen.

Lesen Sie dann noch einmal 53 .

---

**17**    Chlorwasserstoff, HCl, ist eine *einbasige Säure.*

Chlorwasserstoff kann aus den Elementen Chlor und Wasserstoff gewonnen werden. Man muß dabei allerdings sehr vorsichtig verfahren, da Wasserstoff und Chlor sehr heftig miteinander reagieren.

**23**

Ein weiters Verfahren zur Herstellung von Chlorwasserstoff besteht in der Einwirkung von Schwefelsäure auf Natriumchlorid. Je nach dem Mengenverhältnis von Natriumchlorid und Schwefelsäure vollzieht sich die Reaktion nach zwei verschiedenen Gleichungen:

1.   $NaCl + H_2SO_4 \longrightarrow NaHSO_4 + HCl$

2.   $2\,NaCl + H_2SO_4 \longrightarrow Na_2SO_4 + 2\,HCl$

Wieviel mol Schwefelsäure kommen in den beiden Gleichungen auf ein mol Natriumchlorid?

|  | In Gleichung 1 | In Gleichung 2 |  |
|---|---|---|---|
| ● | 1 mol | 2 mol | → 25 |
| ● | 1 mol | 1 mol | → 28 |
| ● | 1 mol | 1/2 mol | → 30 |

---

**18**     Ihre Antwort ist nur teilweise richtig. Die Wasserstoff-Ionen werden an der Kathode entladen. Es entsteht Wasserstoff. Die Natrium-Ionen jedoch werden nicht entladen.

Die Elektrolyse einer wäßrigen Natriumchlorid-Lösung ergibt . . . . . . . , . . . . . . . . . und . . . . . . . . . . .

Notieren Sie die fehlenden Wörter, und vergleichen Sie bei ⌐10⌐ .

---

**19**     In Wasser spalten sich (dissoziieren) Säuren unter Bildung von Wasserstoff-Ionen und Säurerest-Ionen.

Chlorwasserstoff dissoziiert in Wasser nach folgender Gleichung:

$$HCl \longrightarrow H^{\oplus} + Cl^{\ominus}$$

Bei der Neutralisation reagiert 1 mol Chlorwasserstoff mit 1 mol Natronlauge.

$$HCl + NaOH \longrightarrow NaCl + H_2O$$

*Chlorwasserstoff* ist eine *einbasige* Säure.

Schwefelsäure dissoziiert in Wasser nach folgender Gleichung:

$$H_2SO_4 \longrightarrow 2\,H^{\oplus} + SO_4^{2\ominus}$$

*Schwefelsäure* ist eine *zweibasige* Säure.

Chlorwasserstoff, HCl, ist eine . . . . . . . -basige Säure.

Notieren Sie bitte das fehlende Wort.    → 17

**23**

---

**20**     Ihre Antwort ist falsch.

Die Säure des Chlors, die wir bereits kennen, ist der Chlorwasserstoff, dessen wäßrige Lösung man als Salzsäure bezeichnet.

Chlorwasserstoff hat die Formel HCl. Wievielbasig ist diese Säure?

- Einbasig $\longrightarrow$ | 17 |
- Zweibasig $\longrightarrow$ | 32 |
- Dreibasig $\longrightarrow$ | 4 |

---

| 21 |      $Zn + 2\,HCl \longrightarrow ZnCl_2 + H_2$

Bei der Einwirkung von Salzsäure auf Zink entstehen Zinkchlorid und Wasserstoff.

Die Salze der Salzsäure heißen Chloride.

Besonders wichtige Chloride sind Natriumchlorid, Kaliumchlorid, Ammoniumchlorid und Calciumchlorid.

Schreiben Sie bitte die Namen und Summenformeln dieser Salze auf.   $\longrightarrow$ | 50 |

---

| 22 |      Sehen Sie sich unter | 33 | noch einmal genau die Bauformeln an, und zählen Sie die Bindungsstriche an den Chloratomen. Sie werden dann die richtige Antwort finden.

---

| 23 |      Ihre Antwort ist richtig.

Vergleichen Sie nun bitte noch einmal die von Ihnen aufgestellten Reaktionsgleichungen. Die richtigen Gleichungen sind:

$$Cl_2 + H_2 \longrightarrow 2\,HCl$$
$$Cl_2 + 2\,Na \longrightarrow 2\,NaCl$$
$$Cl_2 + 2\,K \longrightarrow 2\,KCl$$

**23**

Sie kennen auch bereits eine Methode zur Gewinnung des Chlors.

Wie gewinnt man Chlor in der Technik?

- Durch Elektrolyse von Natriumchlorid-Lösung   $\longrightarrow$ | 3 |
- Durch Elektrolyse von Salzsäure   $\longrightarrow$ | 9 |
- Durch Erhitzen von Natriumchlorid-Lösung   $\longrightarrow$ | 15 |

| 24 | Ihre Antwort ist falsch. |

Die Säure des Chlors, die wir bereits kennen, ist der Chlorwasserstoff, dessen wäßrige Lösung man als Salzsäure bezeichnet.

Chlorwasserstoff hat die Formel HCl. Wievielbasig ist diese Säure?

* Einbasig  →  17
* Zweibasig  →  32
* Dreibasig  →  4

| 25 | Ihre Antwort ist falsch. Hier noch eine Hilfe: |

NaCl bedeutet in Gleichungen: 1 mol Natriumchlorid.
$H_2SO_4$ bedeutet in Gleichungen: 1 mol Schwefelsäure.

Sehen Sie sich die Gleichungen bei 17 noch einmal genau an, und beantworten Sie die Frage erneut.

| 26 |

$$HOCl \longrightarrow H^\oplus + OCl^\ominus$$

$$HClO_3 \longrightarrow H^\oplus + ClO_3^\ominus$$

Die Salze der unterchlorigen Säure heißen *Hypochlorite*.

Die Salze der Chlorsäure heißen *Chlorate*.

Wichtige Salze dieser Säuren sind:

Natriumhypochlorit, Kaliumhypochlorit,
Natriumchlorat und Kaliumchlorat.

Welche Wertigkeiten hat Chlor in diesen Salzen?

| Natriumhypo-chlorit | Kaliumhypo-chlorit | Natrium-chlorat | Kalium-chlorat | |
|---|---|---|---|---|
| 2 | 2 | 5 | 5 | → 47 |
| 1 | 2 | 5 | 6 | → 42 |
| 1 | 1 | 5 | 5 | → 38 |
| 5 | 5 | 1 | 1 | → 51 |

**23**

---

**27**      Ihre Antwort ist falsch.

Eine Erklärung finden Sie unter 46 .

---

**28**      Ihre Antwort ist falsch. Hier noch eine Hilfe:

NaCl bedeutet in Gleichungen: 1 mol Natriumchlorid.
$H_2SO_4$ bedeutet in Gleichungen: 1 mol Schwefelsäure.

Sehen Sie sich die Gleichungen bei 17 noch einmal genau an, und beantworten
Sie die Frage erneut.

---

**29**      Vergleichen Sie Ihr Ergebnis:

$$2\,KClO_3 \longrightarrow 2\,KCl + 3\,O_2$$

War Ihre Gleichung richtig? Wenn ja, dann arbeiten Sie gut mit.

Die Tatsache, daß Kaliumchlorat beim Erhitzen leicht seinen Sauerstoff abgibt, zeigt,
daß es ein starkes Oxidationsmittel ist.

**Man muß deshalb beim Umgang mit Kaliumchlorat sehr vorsichtig sein. Brennbare
Stoffe reagieren mit Kaliumchlorat unter Umständen explosionsartig!**

Sie erinnern sich sicherlich noch, daß wir für einen glatteren Ablauf der Reaktion
beim Erhitzen von Kaliumchlorat einen Katalysator zugegeben haben. Dieser Katalysator war Braunstein.

Beantworten Sie bitte schriftlich folgende Frage:

Was ist ein Katalysator?    $\longrightarrow$    53

---

**30**      Ihre Antwort ist richtig.

In Gleichung 1 kommt auf 1 mol NaCl 1 mol $H_2SO_4$, in Gleichung 2 kommt auf
1 mol NaCl 1/2 mol $H_2SO_4$:

1.    $NaCl + H_2SO_4 \longrightarrow NaHSO_4 + HCl$

2.    $2\,NaCl + H_2SO_4 \longrightarrow Na_2SO_4 + 2\,HCl$

Chlorwasserstoff ist ein farbloses Gas, das an feuchter Luft sofort Nebel von Salzsäure bildet, Chlorwasserstoff „raucht" an der Luft. Chlorwasserstoff ist außerordentlich leicht in Wasser löslich. Die wäßrige Lösung nennt man Salzsäure. Salzsäure ist eine sehr starke Säure.

**Salzsäure wirkt ätzend und ist besonders gefährlich für die Augen; beim Arbeiten
mit Salzsäure ist daher unbedingt eine Schutzbrille zu tragen!**

Viele Metalle werden von Salzsäure leicht aufgelöst. Ein Beispiel, das Sie bereits kennen, ist das Auflösen von Zink durch Salzsäure. Schreiben Sie dafür die Reaktionsgleichung auf. (Zink, Zn, ist zweiwertig.)    $\longrightarrow$    21

---

**31**     Ihre Antwort ist falsch.

Eine Erklärung finden Sie unter 46 .

---

**32**     Ihre Antwort ist falsch

Lesen Sie bitte weiter unter 19 .

---

**33**
$$HCl \quad + \quad AgNO_3 \longrightarrow HNO_3 \quad + \quad AgCl$$
$$KCl \quad + \quad AgNO_3 \longrightarrow KNO_3 \quad + \quad AgCl$$
$$CaCl_2 \quad + \quad 2\,AgNO_3 \longrightarrow Ca(NO_3)_2 \quad + \quad 2\,AgCl$$

Es gibt auch sauerstoffhaltige Säuren des Chlors. Die beiden wichtigsten müssen Sie sich merken:

Die *unterchlorige Säure*, HOCl,
und die *Chlorsäure*, $HClO_3$.

Um die verschiedenen Wertigkeiten des Chlors zu veranschaulichen, sind hier die Bauformeln der beiden Säuren angegeben. Bedenken Sie jedoch, daß die Bauformeln nicht die tatsächlichen Bindungsverhältnisse in einem Molekül wiedergeben. Die Bauformeln sind ein Hilfsmittel, das uns auf einfache Weise gestattet, die Wertigkeiten der Atome in einem Molekül zu erkennen.

unterchlorige Säure                    Chlorsäure

H-O-Cl                         H-O-Cl$\lessgtr^O_O$

**23**

Notieren Sie die beiden Namen und die Formeln.

Welche Wertigkeiten hat Chlor in der unterchlorigen Säure bzw. in der Chlorsäure?

- 1 bzw. 3    $\longrightarrow$    22
- 1 bzw. 5    $\longrightarrow$    44
- 1 bzw. 7    $\longrightarrow$    48

34    Ihre Antwort ist richtig.

Sie haben damit Ihr Wissen über das Chlor und seine Verbindungen wiederholt und ergänzt.

Ende des 23. Programms.

---

35    Nur die Wertigkeit des Chlors in der Perchlorsäure ist nicht richtig.

Die Bauformeln von Chlorsäure und Perchlorsäure haben Sie soeben notiert.

Sie brauchen jetzt nur noch die Wertigkeiten des Chlors an den Bindungsstrichen abzuzählen.

Lesen Sie dann bitte noch einmal 53 .

---

36    Hier sind die Gleichungen:

$$H_2 \quad + \quad Cl_2 \quad \longrightarrow \quad 2\,HCl$$

$$NaCl \quad + \quad H_2SO_4 \longrightarrow \quad NaHSO_4 \quad + \quad HCl \qquad oder$$

$$2\,NaCl \quad + \quad H_2SO_4 \longrightarrow \quad Na_2SO_4 \quad + \quad 2\,HCl$$

Die wichtigsten sauerstoffhaltigen Säuren des Chlors sind die unterchlorige Säure, $HOCl$, die Chlorsäure, $HClO_3$ und die Überchlorsäure, $HClO_4$.

Wie heißen die Salze dieser Säuren?   $\longrightarrow$   49

---

37    Ihre Antwort ist richtig.

Sie können jetzt sogar die Raktionsgleichung für die Zersetzung des Kaliumchlorats beim Erhitzen formulieren. Kaliumchlorat zerfällt dabei in Kaliumchlorid und Sauerstoff.

Schreiben Sie die Gleichung auf, und lesen Sie dann weiter unter 29 .

**23**

---

38    Richtig.

Leitet man Chlor in Wasser, so löst sich das Chlor zum Teil. Man erhält *Chlorwasser*. Ein Teil des Chlors geht jedoch mit dem Wasser eine chemische Reaktion ein:

$$Cl_2 \quad + \quad H_2O \quad \longrightarrow \quad HCl \quad + \quad HOCl$$

Notieren Sie bitte diese Gleichung.

Wie heißen die Natriumsalze der beiden Säuren, die auf der rechten Seite dieser Gleichung stehen?

- Natriumchlorid und Natriumchlorat         $\longrightarrow$ 31
- Natriumhypochlorit und Natriumchlorat      $\longrightarrow$ 27
- Natriumchlorid und Natriumhypochlorit      $\longrightarrow$ 52
- Ich weiß es nicht                          $\longrightarrow$ 46

---

**39**     Ihre Antwort ist falsch. Kaliumchlorat wird in keinem Nachweis benötigt.

Überlegen Sie bitte noch einmal die richtige Antwort unter 52 .

---

**40**     Ihre Antwort ist richtig.

Zur Wiederholung schreiben Sie bitte das Folgende mit Ergänzungen ab:

Chlor wird in der Technik durch . . . . . . . von wäßriger Natriumchlorid-Lösung gewonnen. Nebenprodukte sind . . . . . . und . . . . . .

Lesen Sie bitte weiter unter 54 .

---

**41**     Ihre Antwort ist falsch.

Schreiben Sie bitte auf:

Zum Nachweis von Salzsäure und Chloriden säuert man mit Salpetersäure an und gibt Silbernitratlösung hinzu. Es entsteht ein *weißer,* flockiger Niederschlag von Silberchlorid.

Ende des 23. Programms.

---

**42**     Wenn Sie sich die unter 33 stehenden und von Ihnen notierten Bauformeln der unterchlorigen Säure und der Chlorsäure noch einmal genau ansehen, dann können Sie die richtigen Wertigkeiten angeben. Die Wertigkeit des Chlors ist im Salz genau die gleiche wie in der entsprechenden Säure.

Lesen Sie bitte weiter unter 33 .

**23**

---

**43**     Die Bauformeln von Chlorsäure und Perchlorsäure haben Sie soeben notiert und die Wertigkeit des Chlors in diesen beiden Säuren auch richtig angegeben. Die anderen Wertigkeiten sind falsch. Stellen Sie die Bauformeln von Chlorwasserstoff (HCl) und unterchloriger Säure (HOCl) auf.

Sie brauchen jetzt nur noch die Wertigkeiten des Chlors an den Bindungsstrichen abzuzählen.

Lesen Sie dann bitte noch einmal $\boxed{53}$ .

---

$\boxed{44}$     Ja, die Wertigkeit von Chlor in der unterchlorigen Säure ist 1, die in der Chlorsäure 5.

Beide Säuren dissoziieren in Wasser unter Bildung von einfach positiv geladenen Wasserstoff-Ionen und einfach negativ geladenen Säurerest-Ionen.

Stellen Sie die Gleichungen für die Dissoziation der Säuren auf.

HOCl $\longrightarrow$

$HClO_3 \longrightarrow$                    $\longrightarrow$ $\boxed{26}$

---

$\boxed{45}$     Ihre Antwort ist falsch.

Ein Katalysator ist ein Stoff, der eine chemische Reaktion beschleunigt, am Ende der Reaktion aber wieder in der gleichen Form vorliegt wie am Anfang.

Überlegen Sie noch einmal die Antwort unter $\boxed{52}$ .

---

$\boxed{46}$     Schreiben Sie bitte das Folgende ab, und prägen Sie es sich gut ein:

| Chlorwasserstoff | HCl | H-Cl | Salze: | Chloride |
| unterchlorige Säure | HOCl | H-O-Cl | Salze: | Hypochlorite |
| Chlorsäure | $HClO_3$ | H-O-Cl (=O, =O) | Salze: | Chlorate |

Lesen Sie dann weiter unter $\boxed{52}$ .

---

$\boxed{47}$     Wenn Sie sich die unter $\boxed{33}$ stehenden und von Ihnen notierten Bauformeln der unterchlorigen Säure und der Chlorsäure noch einmal genau ansehen, dann können Sie die richtigen Wertigkeiten angeben. Die Wertigkeit des Chlors ist im Salz genau die gleiche wie in der entsprechenden Säure.

Lesen Sie bitte weiter unter $\boxed{33}$ .

---

$\boxed{48}$     Sehen Sie sich unter $\boxed{33}$ noch einmal genau die Bauformeln an, und zählen Sie die Bindungsstriche an den Chloratomen. Sie werden dann die richtige Antwort finden.

23

**49**     Die Salze der unterchlorigen Säure heißen Hypochlorite, die Salze der Chlorsäure Chlorate, die Salze der Perchlorsäure Perchlorate.

Die Sauerstoffsäuren des Chlors und ihre Salze sind starke Oxidationsmittel, weil sie Sauerstoff abgeben können.

Zum Nachweis von Chloriden säuert man mit Salpetersäure an und gibt Silbernitrat-lösung hinzu. Was entsteht?

- Ein weißer, pulvriger Niederschlag  $\longrightarrow$  $\boxed{6}$

- Ein weißer, flockiger Niederschlag  $\longrightarrow$  $\boxed{34}$

- Ein schwarzer Niederschlag  $\longrightarrow$  $\boxed{41}$

---

**50**     Vergleichen Sie:

| | |
|---|---|
| Natriumchlorid | $NaCl$ |
| Kaliumchlorid | $KCl$ |
| Ammoniumchlorid | $NH_4Cl$ |
| Calciumchlorid | $CaCl_2$ |

Die Chloride und auch HCl dissoziieren in Wasser vollständig in Ionen. Da Chlorid-Ionen mit Silber-Ionen einen unlöslichen Niederschlag von Silberchlorid bilden, werden Chloride und auch Salzsäure mit Silbernitratlösung nachgewiesen. Zunächst säuert man die Lösung mit Salpetersäure an. Nach Zugabe von Silbernitratlösung entsteht sofort ein weißer, flockiger Niederschlag von Silberchlorid, AgCl.

Umsetzung von Silbernitrat mit Natriumchlorid als Ionengleichung geschrieben:

$$Na^\oplus + Cl^\ominus + Ag^\oplus + NO_3{}^\ominus \longrightarrow AgCl + Na^\oplus + NO_3{}^\ominus$$

oder einfach:

$$NaCl + AgNO_3 \longrightarrow AgCl + NaNO_3$$

Schreiben Sie die Gleichungen für die Umsetzungen von Silbernitrat mit HCl, KCl und $CaCl_2$ auf (nicht in Ionenschreibweise).  $\longrightarrow$  $\boxed{33}$

---

**51**     Wenn Sie sich die unter $\boxed{33}$ stehenden und von Ihnen notierten Bauformeln der unterchlorigen Säure und der Chlorsäure noch einmal genau ansehen, dann können Sie die richtigen Wertigkeiten angeben. Die Wertigkeit des Chlors ist im Salz genau die gleiche wie in der entsprechenden Säure.

Lesen Sie bitte weiter unter $\boxed{33}$ .

**23**

**52**     Richtig, wenn man Chlor in Wasser einleitet, entstehen Salzsäure und unterchlorige Säure:

$$Cl_2 + H_2O \longrightarrow HCl + HOCl$$

Die Natrium-Salze dieser beiden Säuren heißen Natriumchlorid und Natriumhypochlorit.

Chlorwasser ist ein starkes Oxidationsmittel. Seine Wirkung beruht auf der unterchlorigen Säure, die leicht unter Bildung von Salzsäure und Sauerstoff zerfällt.

$$2\,HOCl \longrightarrow 2\,HCl + O_2$$

Und nun zur Chlorsäure. Ein Salz dieser Säure, das Kaliumchlorat, kennen wir bereits.

Wofür haben wir Kaliumchlorat früher benutzt?

- Als Nachweismittel                    $\longrightarrow$  39

- Als Katalysator                       $\longrightarrow$  45

- Zur Herstellung von Sauerstoff im Laboratorium   $\longrightarrow$  37

---

**53**     Ein Katalysator ist ein Stoff, der eine chemische Reaktion beschleunigt, am Ende der Reaktion aber wieder in der gleichen Form vorliegt wie am Anfang.

Es gibt eine sauerstoffhaltige Säure des Chlors, die noch mehr Sauerstoff als die Chlorsäure enthält. Man nennt sie deshalb auch *Überchlorsäure* oder *Perchlorsäure*. Ihre Salze heißen *Perchlorate*.

Wir stellen hier als Hilfsmittel zur Erkennung der Wertigkeiten die beiden Bauformeln für Chlorsäure und Perchlorsäure einander gegenüber:

**23**

Chlorsäure          Perchlorsäure

Notieren Sie bitte die beiden Bauformeln, und beantworten Sie dann bitte folgende Frage:

Welche Wertigkeiten hat das Chlor in HCl, HOCl, $HClO_3$ und $HClO_4$?

| HCl | HOCl | $HClO_3$ | $HClO_4$ | |
|-----|------|----------|----------|---|
| • 1 | 3 | 5 | 7 | $\longrightarrow$ 12 |
| • 1 | 1 | 5 | 7 | $\longrightarrow$ 40 |
| • 2 | 2 | 5 | 7 | $\longrightarrow$ 43 |
| • 1 | 2 | 3 | 5 | $\longrightarrow$ 16 |
| • 1 | 1 | 5 | 5 | $\longrightarrow$ 35 |

---

**54**     Bitte vergleichen Sie:

Chlor wird in der Technik durch *Elektrolyse* von wäßriger Natriumchlorid-Lösung gewonnen. Nebenprodukte sind *Natronlauge* und *Wasserstoff*.

Chlorwasserstoff erhält man entweder aus den Elementen Chlor und Wasserstoff oder durch Umsetzung von Natriumchlorid mit Schwefelsäure.

Stellen Sie bitte die entsprechenden Gleichungen auf, und lesen Sie dann weiter unter 36 .

**23**

## 24. Programm

### Phosphor und Silicium

**1**      Phosphor hat das Zeichen P. Phosphor kann in mehreren Erscheinungs-formen (Modifikationen) auftreten. Die beiden wichtigsten sind der *gelbe* Phosphor und der *rote* Phosphor.

**Gelber Phosphor ist sehr giftig und so leicht brennbar, daß er sich schon beim Liegenlassen an der Luft von selbst entzündet. Er muß deshalb stets unter Wasser aufbewahrt und mit der größten Vorsicht gehandhabt werden!**

Gelber Phosphor leuchtet im Dunkeln.

*Roter Phosphor* ist ungiftig und entzündet sich erst bei wesentlich höherer Temperatur. Roter Phosphor wird zur Herstellung von Streichhölzern verwendet.

Notieren Sie die Eigenschaften der beiden Modifikationen in Stichworten!

Wir haben schon mehrere Elemente kennengelernt, die in zwei oder drei verschiedenen Modifikationen vorkommen. Überlegen Sie, in welcher Zeile sich ausschließlich Elemente befinden, die in mehreren Modifikationen vorkommen!

- Chlor, Stickstoff, Schwefel      ⟶   9
- Schwefel, Kohlenstoff, Wasserstoff    ⟶   20
- Stickstoff, Kohlenstoff, Phosphor    ⟶   14
- Schwefel, Kohlenstoff, Phosphor    ⟶   17
- Chlor, Schwefel, Kohlenstoff      ⟶   22

**2**      Erinnern Sie sich an unsere Definition:

Eine Verbindung, die durch Reaktion mit Wasser eine Säure bildet, nennen wir ein Säureanhydrid.

Solche Säureanhydride kennen wir bereits. Kohlendioxid ist das Anhydrid der Kohlensäure, Schwefeldioxid das Anhydrid der schwefligen Säure, Schwefeltrioxid das Anhydrid der Schwefelsäure. Die Reaktionsgleichungen für die Umsetzungen dieser Anhydride mit Wasser zu den entsprechenden Säuren sind:

$$CO_2 \;+\; H_2O \longrightarrow H_2CO_3$$

$$SO_2 \;+\; H_2O \longrightarrow H_2SO_3$$

$$SO_3 \;+\; H_2O \longrightarrow H_2SO_4$$

**24**

Diese Gleichungen entsprechen durchaus der Umsetzung von Phosphor(V)-oxid (Phosphorpentoxid) mit Wasser.

$$P_2O_5 + 3\,H_2O \longrightarrow 2\,H_3PO_4$$

Phosphor(V)-oxid ist das . . . . . . . . der Phosphorsäure.

Notieren Sie den letzten Satz und ergänzen Sie die Lücke. Vergleichen Sie dann bei $\boxed{21}$.

---

$\boxed{3}$    Die Summenformel des Phosphor(V)-oxids (Phosphorpentoxids, exakter. eigentlich: Diphosphorpentoxid) ist $P_2O_5$.

Versuchen Sie nun, auch noch die Bauformel dieser Verbindung aufzustellen.

Vergleichen Sie dann Ihr Ergebnis unter $\boxed{13}$.

---

$\boxed{4}$    Notieren Sie sich:

Quarz besteht aus Siliciumdioxid, $SiO_2$.

Lesen Sie bitte weiter unter $\boxed{66}$.

---

$\boxed{5}$    Die Bauformel der Phosphorsäure ist

$$\begin{array}{l} H\text{-}O \\ H\text{-}O\text{-}P\text{=}O \\ H\text{-}O \end{array}$$

die Summenformel $H_3PO_4$.

In Wasser kann die Phosphorsäure in drei positiv geladene Wasserstoff-Ionen und den dreifach negativ geladenen Phosphatrest dissoziieren.

$$H_3PO_4 \longrightarrow 3\,H^\oplus + PO_4{}^{3\ominus}$$

Phosphorsäure ist eine . . . . . .basige Säure.
Notieren Sie den letzten Satz, und vergleichen Sie bei $\boxed{26}$.

**24**

---

$\boxed{6}$    3. Stufe:    $HPO_4{}^{2\ominus} \rightleftharpoons H^\oplus + PO_4{}^{3\ominus}$

Als Gesamtgleichung:

$$H_3PO_4 \rightleftharpoons 3\,H^\oplus + PO_4{}^{3\ominus}$$

Als *drei*basige Säure bildet Phosphorsäure *drei* Reihen von Salzen. Wir wählen als einfachstes Beispiel die Natriumsalze. Die Summenformeln der drei Natriumsalze der Phosphorsäure sind:

$$NaH_2PO_4 \qquad Na_2HPO_4 \qquad Na_3PO_4$$

Ordnen Sie die drei Namen: Trinatriumphosphat, Natriumdihydrogenphosphat und Dinatriumhydrogenphosphat den drei Salzen zu.
Bitte Schreiben Sie auf:
$NaH_2PO_4$ heißt .....................
$Na_3PO_4$ heißt .....................
$Na_2HPO_4$ heißt .....................   ⟶ 15

Wenn Sie mit dieser Aufgabe nicht zurecht kommen, finden Sie eine Hilfe unter 23 .

---

**7**     Das im Labor verwendete Spezialglas heißt *Jenaer Glas.*

Die Verwendung dieses Spezialglases ist nötig, weil aus einfachen Glassorten schon durch heißes Wasser Bestandteile herausgelöst werden, die die Laborarbeit sehr stören können. Wie reagieren diese Bestandteile?

- Ich weiß es nicht    ⟶ 52
- Neutral    ⟶ 68
- Sauer    ⟶ 62
- Alkalisch    ⟶ 57

---

**8**     $P_2O_5 + 3\,H_2O \longrightarrow 2\,H_3PO_4$

Verbessern Sie die von Ihnen aufgestellte Gleichung, wenn das nötig ist. Sie können jetzt die Frage entscheiden, was für eine Säure die Phosphorsäure ist?

- Eine einbasige Säure    ⟶ 16
- Eine zweibasige Säure    ⟶ 24
- Eine dreibasige Säure    ⟶ 26
- Eine vierbasige Säure    ⟶ 35

**24**

---

**9**     In der von Ihnen gewählten Zeile ist nur ein Element genannt, das mehrere Modifikationen bildet, nämlich Schwefel. Schwefel bildet die spröde und die plastische Modifikation. Die beiden anderen Elemente, Chlor und Stickstoff, sind bei Normalbedingungen Gase. Sie können also nicht in verschiedenen Modifikationen vorkommen.

Beantworten Sie die Frage bei $\boxed{1}$ erneut.

---

$\boxed{10}$     Es entsteht zwar bei der Reaktion von Tricalciumphosphat mit Schwefelsäure als Nebenprodukt Calciumsulfat. Wenn aber auf der linken Seite der Gleichung drei Calcium- und zwei $SO_4$-Ionen stehen, dann muß das auch auf der rechten Seite der Gleichung der Fall sein.

Sehen Sie sich die Gleichung unter $\boxed{28}$ noch einmal genau an.

---

$\boxed{11}$     Hier noch einmal die Gleichung zur Herstellung von Superphosphat:

$$Ca_3(PO_4)_2 \quad + \quad 2\,H_2SO_4 \longrightarrow \quad\quad Ca(H_2PO_4)_2 \quad + \quad 2\,CaSO_4$$

Tricalciumphosphat + Schwefelsäure $\longrightarrow$ Calciumdihydrogenphosphat + Calciumsulfat

Wir besprechen jetzt das *Silicium*.

Silicium hat das chemische Zeichen Si.

Es ist in seinen Eigenschaften dem Kohlenstoff ähnlich.

Notieren Sie mit Ergänzungen.

Si ist ein . . . . . metall, es ist . . . . wertig.

Lesen Sie bitte weiter unter $\boxed{64}$ .

---

$\boxed{12}$     Das wichtigste natürlich vorkommende Phosphat ist *Calciumphosphat* mit der Formel $Ca_3(PO_4)_2$ (Tricalciumphosphat).

Calciumphosphate bilden einen wesentlichen Bestandteil der Knochen.

Phosphorverbindungen kommen auch als Verunreinigungen in manchen Eisenerzen vor. Bei der Aufarbeitung des aus diesen Erzen hergestellten Roheisens fällt als Nebenprodukt phosphorhaltige Thomasschlacke an. In fein gemahlener Form wird sie unter der Bezeichnung „Thomasmehl" als Phosphordüngemittel verwendet.

Weitere wichtige Phosphorverbindungen sind das *Phosphor(III)-chlorid (Phosphortrichlorid)* und das *Phosphor(V)-chlorid (Phosphorpentachlorid)*.

Notieren Sie sich die Namen dieser beiden Verbindungen, und stellen Sie die Summenformeln auf.

Lesen Sie dann bitte weiter unter $\boxed{38}$ .

**13** | Hier ist die Bauformel des Phosphor(V)-oxids:

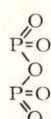

Phosphor(V)-oxid reagiert mit Wasser unter Bildung von Phosphorsäure. Die Reaktionsgleichung dazu heißt:

$$P_2O_5 + 3\,H_2O \longrightarrow 2\,H_3PO_4$$

Wie kann man das Phosphor(V)-oxid deshalb bezeichnen?

- Als Säureanhydrid          $\longrightarrow$ | 21 |
- Als Phosphor-Sauerstoff-Verbindung          $\longrightarrow$ | 25 |
- Ich weiß es nicht          $\longrightarrow$ | 2 |

---

**14** | Die von Ihnen gewählte Zeile enthält ein bei Normalbedingungen gasförmiges Element, den Stickstoff. Gase können aber keine verschiedenen Modifikationen bilden. Kohlenstoff und Phosphor treten in mehreren Erscheinungsformen auf.
Kohlenstoff: Ruß, Graphit, Diamant
Phosphor: gelber und roter Phosphor

Beantworten Sie die Frage bei | 1 | erneut.

---

**15** | Bitte vergleichen Sie:

$NaH_2PO_4$    heißt Natriumdihydrogenphosphat.
$Na_3PO_4$    heißt Trinatriumphosphat.
$Na_2HPO_4$    heißt Dinatriumhydrogenphosphat.

Trinatriumphosphat wird häufig auch kurz als Natriumphosphat bezeichnet. Bedeutender als die Natriumphosphate sind die Calciumphosphate.
Stellen Sie die Summenformel für Calciumphosphat auf.

Calciumion = $Ca^{2\oplus}$

Phosphatrest = $PO_4{}^{3\ominus}$          $\longrightarrow$ | 28 |

**24**

---

**16** | Ihre Antwort ist falsch.

Eine Erklärung finden Sie unter | 5 | .

**17**      Ihre Antwort ist richtig.

Die gasförmigen Elemente Chlor, Stickstoff und Wasserstoff können nicht in verschiedenen Modifikationen vorkommen. Dagegen kennen wir vom Schwefel zwei Modifikationen (spröder und plastischer Schwefel), vom Kohlenstoff drei Modifikationen (Diamant, Ruß, Graphit) und vom Phosphor zwei Modifikationen (gelber und roter Phosphor).

Der Beweis dafür, daß roter und gelber Phosphor tatsächlich nur verschiedene Erscheinungsformen des gleichen Elementes sind, kann folgendermaßen erbracht werden:

Beide Modifikationen geben das gleiche Verbrennungsprodukt.

Das Verbrennungsprodukt des Phosphors ist das Phosphor(V)-oxid oder Phosphorpentoxid. Phosphor ist darin fünfwertig. Es wird Ihnen sicher gelingen, die Summenformel der Verbindung aufzustellen.

Tun Sie das bitte, und lesen Sie dann weiter unter ⬚3 .

---

**18**      Es entsteht zwar bei der Reaktion von Tricalciumphosphat mit Schwefelsäure als Nebenprodukt Calciumsulfat. Wenn aber auf der linken Seite der Gleichung drei Calcium- und zwei $SO_4$-Ionen stehen, dann muß das auch auf der rechten Seite der Gleichung der Fall sein.

Sehen Sie sich die Gleichung unter ⬚28 noch einmal genau an.

---

**19**      Nach Ihrer Antwort hätten wir auf der linken Seite der Gleichung drei Calciumatome, auf der rechten Seite dagegen vier. Das kann aber nicht stimmen.

Sehen Sie sich die Gleichung unter ⬚27 noch einmal genau an.

---

**20**      Die von Ihnen gewählte Zeile enthält ein bei Normalbedingungen gasförmiges Element, den Wasserstoff. Gase können aber keine verschiedenen Modifikationen bilden.
Schwefel und Kohlenstoff treten in mehreren Erscheinungsformen auf.
Schwefel: spröder und plastischer Schwefel
Kohlenstoff: Ruß, Graphit, Diamant

Beantworten Sie die Frage bei ⬚1 erneut.

---

**21**      Phosphor(V)-oxid (Phosphorpentoxid) ist das *Anhydrid* der Phosphorsäure.

Versuchen Sie nun, die Reaktionsgleichung für die Bildung der Phosphorsäure ($H_3PO_4$) aus Phosphor(V)-oxid ($P_2O_5$) und Wasser aufzustellen.

Vergleichen Sie Ihr Ergebnis unter ⌷8⌷.

---

**22** Die von Ihnen gewählte Zeile enthält ein bei Normalbedingungen gasförmiges Element, das Chlor. Gase können aber keine verschiedenen Modifikationen bilden.
Kohlenstoff und Schwefel treten in mehreren Erscheinungsformen auf.
Kohlenstoff: Ruß, Graphit, Diamant
Schwefel: spröder und plastischer Schwefel

Beantworten Sie die Frage bei ⌷1⌷ erneut.

---

**23** Lesen Sie besonders sorgfältig die folgende zusätzliche Hilfe:

In Namen von chemischen Verbindungen kommen Zahlworte (di = zwei, tri = drei, tetra = vier, penta = fünf) vor. Diese stehen immer *vor* dem Atom, auf das sie sich beziehen. In einer Summenformel stehen dagegen die Zahlen *hinter* dem Atom, auf das sie sich beziehen, z. B.:

Schwefel**tri**oxid, $SO_3$, weil drei (=tri) *Sauerstoff*atome vorhanden sind.

Schwefel**di**oxid, $SO_2$, weil zwei (=di) *Sauerstoff*atome vorhanden sind.

Phosphor**penta**oxid, $P_2O_5$, weil fünf (=penta) *Sauerstoff*atome vorhanden sind.

Lesen Sie noch einmal ⌷6⌷.

---

**24** Ihre Antwort ist falsch.

Eine Erklärung finden Sie unter ⌷5⌷.

---

**25** Phosphor(V)-oxid ist zwar eine Verbindung aus Phosphor und Sauerstoff, wird aber richtiger als Säureanhydrid bezeichnet.

Der Begriff des Säureanhydrids wird noch einmal eingehend unter ⌷2⌷ erläutert. Lesen Sie bitte dort weiter.

**24**

---

**26** Phosphorsäure ist eine *drei*basige Säure. Wie bei den anderen mehrbasigen Säuren erfolgt die Dissoziation stufenweise.

Die erste Stufe der Dissoziation ist:

$$H_3PO_4 \rightleftharpoons H^{\oplus} + H_2PO_4^{\ominus}$$

Es entsteht ein positiv geladenes Wasserstoff-Ion und der einfach negativ geladene Säurerest. $H_2PO_4^{\ominus}$ ist das Dihydrogenphosphat-Ion.

In der zweiten Stufe dissoziiert das Dihydrogenphosphat-Ion:

$$H_2PO_4^{\ominus} \rightleftharpoons H^{\oplus} + HPO_4^{2\ominus}$$

Schreiben Sie bitte die dritte Dissoziationsstufe der Phosphorsäure auf, und vergleichen Sie bei $\boxed{6}$.

---

$\boxed{27}$  Bitte vergleichen Sie:

Linke Seite der Gleichung: Tricalciumphosphat (die Bezeichnung „Calciumphosphat" wäre auch richtig).

Rechte Seite der Gleichung: Calciumdihydrogenphosphat.

Die Mischung von Calciumdihydrogenphosphat und Calciumsulfat, $Ca(H_2PO_4)_2$ und $2\,CaSO_4$, bezeichnet man als „Superphosphat". Superphosphat ist ein wichtiges Düngemittel.

Setzt man Tricalciumphosphat und Schwefelsäure *in der Hitze* um, dann verläuft der Vorgang etwas anders. Die Reaktionsgleichung heißt dann:

$$Ca_3(PO_4)_2 + 3\,H_2SO_4 \longrightarrow \cdots\cdots + 3\,CaSO_4$$

Was ist hier zu ergänzen?

- $CaHPO_4 \longrightarrow \boxed{19}$
- $2\,H_3PO_4 \longrightarrow \boxed{42}$
- $H_3PO_4 \longrightarrow \boxed{49}$

---

$\boxed{28}$  $Ca_3(PO_4)_2$ ist richtig.

Der Phosphat-Rest ist dreifach negativ geladen, das Calcium-Ion ist zweifach positiv geladen. Im Calciumphosphat müssen die gleiche Anzahl positiver und negativer Ladungen vorhanden sein. Das erreichen wir dadurch, daß wir den Phosphat-Rest zweimal und das Calcium-Ion dreimal nehmen:

$$3 \times Ca^{2\oplus} = 6^{\oplus}$$

$$2 \times [PO_4]^{3\ominus} = 6^{\ominus}$$

**24**

$Ca_3(PO_4)_2$ kommt in großen Mengen als Mineral in der Natur vor und wird Tricalciumphosphat genannt.

Calciumphosphate sind wichtige Düngemittel. Das Tricalciumphosphat ist in Wasser unlöslich. Zur Umwandlung in *lösliche* und *damit als Düngemittel brauchbare* Salze wird es mit Schwefelsäure in der Kälte umgesetzt.

$$Ca_3(PO_4)_2 + 2\,H_2SO_4 \longrightarrow Ca(H_2PO_4)_2 + \ldots\ldots\ldots$$

Was ist auf der rechten Seite der Gleichung zu ergänzen?

- $2\,CaSO_4$    $\longrightarrow$   |40|
- $CaSO_4$    $\longrightarrow$   |18|
- $3\,CaSO_4$    $\longrightarrow$   |10|

---

|29|    Glas besteht chemisch aus *Natrium-, Kalium-* und *Calcium-Silicat.*

Die verschiedenen Glassorten enthalten mehrere Silicate nebeneinander. Von der Zusammensetzung des Glases hängen seine Eigenschaften ab: Bei billigen Glassorten, z. B. Fensterglas, löst bereits warmes Wasser geringe Mengen von alkalisch reagierenden Stoffen heraus. Es ist klar, daß ein solches Glas für die Herstellung von Laborgeräten ungeeignet ist. *Jenaer Glas* ist ein zur Herstellung von Laborgeräten entwickeltes beständiges Spezialglas, das auch thermisch stärker beansprucht werden kann als Normalglas (springt nicht so leicht bei raschem Temperaturwechsel). Beim Arbeiten mit besonders aggresiven Chemikalien und bei höheren Temperaturen benutzt man Quarzgeräte.

Sicher haben Sie schon einmal einen Gegenstand aus schwerem *Kristallglas* (eine Vase oder einen Aschenbecher) gesehen. Dieses besonders hochwertige Glas enthält u. a. *Bleisilicate.*

Woraus besteht Quarz?

- Aus verschiedenen Silicaten    $\longrightarrow$   |60|
- Aus Siliciumdioxid    $\longrightarrow$   |66|
- Ich weiß es nicht    $\longrightarrow$   |4|

---

|30|    Bitte, vergleichen Sie:

*Tricalciumphosphat*

$Ca_3(PO_4)_2$

*Reduktion*

*Düngemittel*

**24**

Als besonders wichtige Düngemittel lernten wir Superphosphat und Thomasmehl kennen.

Wie wird Superphosphat gewonnen?

- Durch Umsatz von Tricalciumphosphat mit Schwefelsäure $\longrightarrow$ $\boxed{11}$
- Man findet Superphosphat in der Natur $\longrightarrow$ $\boxed{39}$
- Bei der Reinigung von phosphorhaltigem Roheisen $\longrightarrow$ $\boxed{43}$
- Ich weiß es nicht $\longrightarrow$ $\boxed{54}$

---

$\boxed{31}$

Technische Gewinnung von Phosphor:

$$2\,H_3PO_4 \longrightarrow P_2O_5 + 3\,H_2O$$

$$P_2O_5 + 5\,C \longrightarrow 2\,P + 5\,CO$$

Phosphorsäure wird auch zur Herstellung von Düngemitteln, z. B. von Ammoniumphosphaten, verwendet.

Wichtig sind insbesondere

      1. Triammoniumphosphat und
      2. Diammoniumhydrogenphosphat.

**Stellen Sie die Formeln dieser beiden Salze auf. Welche Lösung haben Sie gefunden?**

- 1.   $(NH_4)H_2PO_4$
  2.   $(NH_4)_2HPO_4$   $\longrightarrow$ $\boxed{37}$
- 1.   $(NH_4)_3PO_4$
  2.   $(NH_4)H_2PO_4$   $\longrightarrow$ $\boxed{45}$
- 1.   $(NH_4)_3PO_4$
  2.   $(NH_4)_2HPO_4$   $\longrightarrow$ $\boxed{50}$
- Ich brauche eine Hilfe   $\longrightarrow$ $\boxed{56}$

---

$\boxed{32}$

Bitte vergleichen Sie:

$SiO_2$

**24**

Siliciumdioxid kommt in der Natur in sehr großen Mengen vor. Sand, Kies und Sandstein bestehen hauptsächlich aus Siliciumdioxid. Jetzt verstehen Sie auch, daß nach dem Sauerstoff das Silicium das auf der Erde am zweithäufigsten vorkommende Element ist, allerdings nur in Form seiner Verbindungen.

Sand, Kies und Sandstein sind sehr wichtige Rohstoffe für die Bauindustrie:

> *Mörtel* ist eine Mischung von gelöschtem Kalk, Wasser und *Sand.*

> *Beton* ist eine Mischung von Zement, Wasser und *Kies.*

> *Sandstein* kann direkt als Baumaterial eingesetzt werden.

Beantworten Sie schriftlich folgende Frage:

In welcher Form finden wir Siliciumdioxid in der Natur, und wozu wird es verwendet?

Lesen Sie dann weiter unter $\boxed{53}$ .

---

$\boxed{33}$      Ihre Antwort ist richtig.

Das Säureanhydrid ($SiO_2$) setzt sich mit Natriumhydroxid zum Salz Natriumsilicat ($Na_2SiO_3$) und Wasser um:

$$SiO_2 \ + \ 2\,NaOH \longrightarrow Na_2SiO_3 \ + \ H_2O$$

Diese Gleichung ist chemisch gesehen eine *Neutralisation.* Zum Vergleich die ganz ähnliche Gleichung für die Neutralisation von Kohlendioxid:

$$CO_2 \ + \ 2\,NaOH \longrightarrow Na_2CO_3 \ + \ H_2O$$

So wie Kohlendioxid das Anhydrid der Kohlensäure ist, ist Siliciumdioxid das Anhydrid der *Kieselsäure.*

Stellen Sie die Summenformel für Kieselsäure auf, und lesen Sie dann weiter unter $\boxed{61}$ .

---

$\boxed{34}$      Notieren Sie bitte in Stichworten die drei wichtigen Vorteile, die Quarzgeräte vor Glasgeräten haben. Wenn Sie das ohne Schwierigkeiten können, dann haben Sie gut gearbeitet.

Lesen Sie dann bitte weiter unter $\boxed{63}$ .

Wenn Sie Schwierigkeiten haben, gehen Sie in Ihrem eigenen Interesse noch einmal zurück nach $\boxed{53}$ .

**24**

---

$\boxed{35}$      Ihre Antwort ist falsch.

Eine Erklärung finden Sie unter $\boxed{5}$ .

**36**     Bitte vergleichen und evtl. verbessern:

$Na_3PO_4$                    $Na_2HPO_4$                    $NaH_2PO_4$

Trinatriumphosphat   Dinatriumhydrogenphosphat   Natriumdihydrogenphosphat

Über das Vorkommen von Phosphaten haben wir schon gesprochen. Das wichtigste natürlich vorkommende Phosphat ist . . . . . . . . . mit der Formel . . . . . . . . . . .

Notieren Sie bitte Namen und Formel, und lesen Sie dann weiter unter $\boxed{12}$ .

**37**     Ihre Antwort ist falsch.

Eine Erklärung finden Sie unter $\boxed{56}$ .

**38**     Bitte vergleichen Sie:

Phosphor(III)-chlorid:        $PCl_3$
Phosphor(V)-chlorid:         $PCl_5$

Beide Verbindungen werden besonders in der organischen Chemie für Synthesen benutzt.

**$PCl_3$ und $PCl_5$ sind außerordentlich empfindlich gegen Wasser. Sie geben mit Wasser heftige Reaktionen. Mit beiden Verbindungen darf nur im Abzug gearbeitet werden!**

Zur Wiederholung ergänzen Sie bitte die im folgenden Abschnitt fehlenden Wörter:

Phosphor ist fest. Wir kennen zwei Modifikationen: . . . . . . . und . . . . . . . . . Phosphor. Beide Erscheinungsformen des Phosphors liefern bei der Verbrennung . . . . . . . . . . . . . . , mit der Formel . . . . . Dieses bildet mit Wasser . . . . . . . . . . mit der Formel . . . . . . . Die Salze dieser Säure heißen . . . . . . . . . . . .

Lesen Sie bitte weiter unter $\boxed{46}$ .

**39**     Nein, Superphosphat muß durch einen chemischen Prozeß gewonnen werden.

Lesen Sie noch einmal $\boxed{30}$ .

**40**     Richtig! Hier noch einmal die vollständige Gleichung:

$$Ca_3(PO_4)_2 + 2\,H_2SO_4 \longrightarrow Ca(H_2PO_4)_2 + 2\,CaSO_4$$

Notieren Sie die Namen der beiden in dieser Gleichung auftretenden Phosphate.

Lesen Sie bitte weiter unter ⏢27⏢ .

---

**41**       Bitte, vergleichen Sie:

Mörtel:  Mischung aus *Sand* und gelöschtem *Kalk.*

Beton:    Mischung aus *Kies* und Zement.

Silicium verhält sich chemisch ähnlich wie der Kohlenstoff.

Wir wollen einigen Kohlenstoffverbindungen die entsprechenden Siliciumverbindungen gegenüberstellen. Schreiben Sie bitte die folgende Tabelle mit Ergänzungen ab:

| Kohlenstoff-Verbindungen | Silicium-Verbindungen |
|---|---|
| Kohlendioxid ....... | Silicium ..... ........ |
| .......... $H_2CO_3$ | ........ säure ....... |
| Natriumcarbonat ....... | Natrium ..... ........ |

Lesen Sie bitte weiter unter ⏢65⏢ .

---

**42**       Ihre Antwort ist richtig. Die vollständige Gleichung ist:

$$Ca_3(PO_4)_2 + 3\,H_2SO_4 \longrightarrow 2\,H_3PO_4 + 3\,CaSO_4$$

Nach dieser Gleichung wird *Phosphorsäure* technisch hergestellt. Aus Phosphorsäure kann man Phosphorsäureanhydrid (= Phosphorpentoxid) und aus diesem durch Reduktion mit Koks Phosphor gewinnen:

$$2\,H_3PO_4 \longrightarrow ..... + 3\,H_2O$$

$$P_2O_5 + 5\,C \longrightarrow ..... + 5\,CO$$

Notieren und vervollständigen Sie bitte die Gleichungen, und lesen Sie weiter unter ⏢31⏢ .

**24**

---

**43**       Nein, bei der Reinigung von phosphorhaltigem Roheisen fällt die *Thomas-Schlacke* an. Sie ist phosphorhaltig und wird in feingemahlener Form als Düngemittel verwendet (Thomasmehl).

Lesen Sie bitte noch einmal ⏢30⏢ .

**44** Ein Katalysator ist ein Stoff, der einen chemischen Vorgang beschleunigt, am Ende der Reaktion aber wieder in der gleichen Form vorliegt wie am Anfang. Alle in der Gleichung auftretenden Stoffe verändern sich aber.

Lesen Sie bitte deshalb noch einmal 63 .

---

**45** Ihre Antwort ist falsch.

Eine Erklärung finden Sie unter 56 .

---

**46** Bitte vergleichen Sie:

*gelben Phosphor*
*roten Phosphor*
*Phosphor(V)-oxid (Phosphorpentoxid), $P_2O_5$*
*Phosphorsäure, $H_3PO_4$*
*Phosphate*

Bitte notieren Sie die fehlenden Wörter:

**Gelber Phosphor ist äußerst giftig und selbstentzündlich. Er muß stets unter . . . . . aufbewahrt werden. Beim Arbeiten mit gelbem Phosphor besondere Vorsicht!**

Zwei wichtige Verbindungen aus Phosphor und Chlor sind . . . . . . . . . . . . . . . . mit der Formel . . . . und . . . . . . . . . . . . . . . . . . . . mit der Formel . . . . . . . .
**Auch diese Stoffe sind sehr giftig und reagieren sehr heftig mit Wasser.**

Lesen Sie bitte weiter unter 55 .

---

**47** Wenn Sie sich den genannten chemischen Vorgang genau ansehen, werden Sie feststellen, daß es sich um die Umsetzung eines Säureanhydrids ($SiO_2$) mit einer Base (NaOH) handelt. Sehen Sie sich nach dieser Hilfe noch einmal die Frage unter 63 an.

---

**24**

**48** Natriumsilicat: $Na_2SiO_3$

Natriumsilicat löst sich in *heißem* Wasser.

Wir haben das unlösliche Siliciumdioxid durch Schmelzen mit Natriumhydroxid in ein lösliches Salz übergeführt. Chemische Verfahren, bei denen eine unlösliche Verbindung durch Schmelzen mit geeigneten Substanzen in eine lösliche Verbindung übergeführt wird, nennt man einen *Aufschluß*.

Formulieren Sie den Aufschluß des Siliciumdioxids noch einmal in einer Gleichung.

Lesen Sie dann bitte weiter unter 69 .

---

**49**       Nach Ihrer Antwort hätten wir auf der linken Seite der Gleichung zwei Phosphat-Reste, auf der rechten dagegen nur einen. Das kann aber nicht stimmen.

Sehen Sie sich deshalb die Gleichung unter 27 noch einmal genau an.

---

**50**       Ihre Antwort ist richtig.

Stellen Sie nun bitte die Summenformeln für Trinatriumphosphat, Dinatriumhydrogenphosphat und Natriumdihydrogenphosphat auf, und lesen Sie dann weiter unter 36 .

---

**51**       Gewiß handelt es sich bei diesem Vorgang um einen Schmelzprozeß. Diese Aussage sagt aber nichts über den chemischen Vorgang, der sich abspielt.

Lesen Sie bitte noch einmal 63 .

---

**52**       Es ist gut, daß Sie nicht raten.       Lesen Sie noch einmal 29 .

---

**53**       Sand, Kies und Sandstein bestehen aus Siliciumdioxid und finden als Rohstoffe in der Bauindustrie Verwendung.

In besonders reiner Form kommt Siliciumdioxid in der Natur als *Quarz* vor. Wenn dieser schön kristallisiert ist, bezeichnet man ihn auch als *Bergkristall.*

Quarz dient zur Herstellung von Laboratoriumsgeräten wie Schalen, Tiegeln, Reagenzgläsern, Rundkolben usw. Diese sehen wie Glasgeräte aus, haben jedoch folgende Vorteile:

1. Man kann mit ihnen bei wesentlich höheren Temperaturen arbeiten (Quarz hat einen sehr hohen Schmelzpunkt).

2. Sie sind beständiger gegen Chemikalien.

3. Quarz dehnt sich in der Hitze nur wenig aus. Quarzgeräte sind deshalb gegen Temperaturschwankungen viel widerstandsfähiger als Glasgeräte. Man kann ein glühendes Quarzgefäß in kaltes Wasser tauchen, ohne daß es zerspringt.

**24**

Prägen Sie sich die drei Vorteile der Quarzgeräte ein, und lesen Sie dann weiter bei 34 .

---

**54**     Es ist gut, daß Sie nicht raten.

Bei der Reinigung von phosphorhaltigem Roheisen fällt die *Thomas-Schlacke* an. Sie ist phosphorhaltig und wird in feingemahlener Form, dem *Thomasmehl,* als Düngemittel verwendet.

Zur Herstellung von *Superphosphat* geht man vom Tricalciumphosphat aus, das man in der Natur findet. Dieses wird mit Schwefelsäure in der Kälte behandelt:

$$Ca_3(PO_4)_2 \;+\; H_2SO_4 \longrightarrow Ca(H_2PO_4)_2 \;+\; 2\,CaSO_4$$

Notieren Sie bitte diese Gleichung und schreiben Sie die Namen der beteiligten Stoffe darunter.

Lesen Sie bitte weiter unter 11 .

---

**55**     Bitte, vergleichen Sie:

*unter Wasser*

*Phosphor(III)-chlorid (Phosphortrichlorid), PCl₃*

*Phosphor(V)-chlorid (Phosphorpentachlorid), PCl₅*

Bitte notieren Sie die fehlenden Worte:

Phosphor kommt in der Natur nicht frei vor. Gebunden finden wir ihn in Phosphaten. Z. B. in den Knochen als . . . . . . . . . . . . . . mit der Formel . . . . . . . . und in manchen Eisenerzen. Die Gewinnung des Phosphors erfolgt durch . . . . . . . von Phosphor(V)-oxid (Phosphorpentoxid) mit Koks. Phosphorverbindungen werden insbesondere als . . . . . . . . . . in der Landwirtschaft verwendet.  $\longrightarrow$  30

---

**56**     Phosphorsäure, $H_3PO_4$, ist eine dreibasige Säure. Sie kann also bei ihrer Dissoziation drei verschiedene Säurereste bilden.

$H_2PO_4^{\ominus}$     Dihydrogenphosphat-Ion

$HPO_4^{2\ominus}$     Hydrogenphosphat-Ion

$PO_4^{3\ominus}$     Phosphat-Ion

**24**

Das Ammonium-Ion, $NH_4^{\oplus}$, ist wie das Natrium- und Kalium-Ion einfach positiv geladen.  $\longrightarrow$  31

---

**57**      Richtig. Heißes Wasser löst aus billigen Glassorten alkalisch reagierende Stoffe heraus.

Zur Wiederholung beantworten Sie bitte schriftlich folgende Fragen:

1. Welches ist die am häufigsten vorkommende Siliciumverbindung?

2. In welcher Form kommt sie vor?

3. Wozu wird sie verwendet?

Lesen Sie bitte weiter unter 67 .

---

**58**      Gewiß muß man bei der Umsetzung von Siliciumdioxid mit Natriumhydroxid erhitzen, damit ist aber nichts über den chemischen Vorgang ausgesagt.

Lesen Sie bitte noch einmal 63 .

---

**59**      Bitte vergleichen Sie:

Chemische Vorgänge bei der Glasherstellung:

$$Na_2CO_3 + SiO_2 \longrightarrow Na_2SiO_3 + CO_2$$

$$K_2CO_2 + SiO_2 \longrightarrow K_2SiO_3 + CO_2$$

$$CaCO_3 + SiO_2 \longrightarrow CaSiO_3 + CO_2$$

Man schmilzt also Siliciumdioxid (in Form von Sand) mit Natrium-, Kalium- und Calciumcarbonat zusammen. Das entstehende $CO_2$ entweicht, und die Schmelze wird zu Glasgeräten, zu Glasscheiben, Glasrohren u. ä. verarbeitet.

Wenn Sie sich die Gleichungen ansehen, können Sie leicht den folgenden Satz mit Ergänzungen notieren:

Glas besteht chemisch aus . . . . . . . . . . -, . . . . . . . . . . - und . . . . . . . . . . . . . . .

Lesen Sie bitte weiter unter 29 .

---

**60**      Sie arbeiten nicht gründlich. Notieren Sie deshalb bitte das kursiv Gedruckte:

**24**

*Quarz besteht aus Siliciumdioxid.*

*Glas besteht aus verschiedenen Silicaten.*

Schreiben Sie die Namen von drei Silicaten auf, aus denen Glas besteht. Lesen Sie dann weiter unter 29 .

---

**61**      Kieselsäure:      $H_2SiO_3$

Die Salze der Kieselsäure heißen *Silicate*.

Schreiben Sie nun die Summenformel für Natriumsilicat auf, und lesen Sie dann weiter unter |48| .

---

**62**      Sie finden eine Hilfe, wenn Sie bei |29| weiterlesen.

---

**63**      Vorteile von Quarzgeräten:

1. Beständigkeit gegen höhere Temperaturen

2. Bessere Chemikalienbeständigkeit

3. Sehr hohe Beständigkeit gegen Temperaturschwankungen

Es gibt nur wenige Stoffe, von denen $SiO_2$ angegriffen wird, z. B. von Natriumhydroxid.

Erhitzt man Siliciumdioxid mit Natriumhydroxid, spielt sich folgender Vorgang ab:

$$SiO_2 + 2\ NaOH \longrightarrow Na_2SiO_3 + H_2O$$

Worum handelt es sich bei diesem chemischen Vorgang?

- Um eine Katalyse          $\longrightarrow$  |44|

- Um einen Schmelzprozeß          $\longrightarrow$  |51|

- Um einen Erhitzungsprozeß          $\longrightarrow$  |58|

- Um eine Neutralisation          $\longrightarrow$  |33|

- Ich weiß es nicht          $\longrightarrow$  |47|

---

**24**

**64**      Si ist ein *Nicht*metall, es ist *vier*wertig.

Als Element kommt Silicium in der Natur nicht frei vor. Die wichtigste Siliciumverbindung ist das Siliciumdioxid.

Stellen Sie die Summenformel für Siliciumdioxid auf, und lesen Sie weiter unter |32| .

---

**65**      Bitte, vergleichen Sie:

| Kohlenstoffverbindungen | | Siliciumverbindungen | |
|---|---|---|---|
| Kohlendioxid | $CO_2$ | Siliciumdioxid | $SiO_2$ |
| Kohlensäure | $H_2CO_3$ | Kieselsäure | $H_2SiO_3$ |
| Natriumcarbonat | $Na_2CO_3$ | Natriumsilicat | $Na_2SiO_3$ |

Ende des 24. Programms.

---

**66**      Richtig, Quarz besteht aus Siliciumdioxid.

Wissen Sie noch, wie das im Labor besonders häufig verwendete Spezialglas heißt?

Notieren Sie den Namen, und lesen Sie weiter unter ⑦ .

---

**67**      Bitte vergleichen Sie:

1. Siliciumdioxid, $SiO_2$

2. Als Sand, Kies, Sandstein, Quarz, Bergkristall.

3. Zur Herstellung von Mörtel und Beton, als Baumaterial und zur Herstellung von Glas.

Bitte notieren Sie mit Ergänzungen:

Mörtel:  Mischung aus . . . . und gelöschtem . . . .

Beton:  Mischung aus . . . . und Zement.

Lesen Sie bitte weiter unter 41 .

---

**68**      Sie finden eine Hilfe, wenn Sie bei 29 weiterlesen.

---

**69**      Aufschluß von Siliciumdioxid durch Schmelzen mit Natriumhydroxid:

$$SiO_2 + 2\,NaOH \longrightarrow Na_2SiO_3 + H_2O$$

Die wäßrige Lösung von Natriumsilicat nennt man „*Wasserglas*" (beim Verdunsten des Wassers bleibt eine glasartige Masse von $Na_2SiO_3$ zurück). Wasserglas dient z. B. zum Kitten.

Große Bedeutung hat Siliciumdioxid nicht nur in der Bauwirtschaft (Stichworte: Sand, Kies, Sandstein, Mörtel, Zement), sondern auch in der *Glasindustrie*.

**24**

Die Glasherstellung ist eine recht komplizierte Sache. Uns interessieren in erster Linie die chemischen Vorgänge, die sich dabei abspielen. Diese können vereinfacht mit folgenden Gleichungen ausgedrückt werden:

$$Na_2CO_3 + SiO_2 \longrightarrow Na_2SiO_3 + CO_2$$

$$K_2CO_3 + SiO_2 \longrightarrow$$

$$CaCO_3 + SiO_2 \longrightarrow$$

Notieren Sie bitte die drei vollständigen Gleichungen, und lesen Sie dann weiter unter $\boxed{59}$ .

**24**

## 25. Programm

**Eisen (I)**

---

**1**      Eisen und Stahl gehören zu unseren wichtigsten Werkstoffen. Ohne Eisen und Stahl gäbe es keine Autos, keine Eisenbahn, keinen Flugverkehr, keinen Eisenbetonbau. Aber auch die chemische Industrie, der Bergbau, die Maschinenbauindustrie und die Landwirtschaft sind auf Eisen und Stahl als Werkstoffe angewiesen. Ohne Eisen und Stahl wäre unsere ganze Zivilisation nicht möglich. Sie werden in diesem Programm vieles über die technische Gewinnung des Eisens und über die verschiedenen Verfahren zur Stahlerzeugung lernen.

Eisen hat das chemische Zeichen Fe, es tritt zwei- und dreiwertig auf.

Schreiben Sie bitte die Formeln der beiden möglichen Eisenchloride auf, und lesen Sie dann weiter unter $\boxed{23}$.

---

**2**      Beim Rösten von Pyrit entsteht Schwefeldioxid. Dieses wird zur Gewinnung von Schwefelsäure benutzt. Dazu muß man das Schwefeldioxid zum Schwefeltrioxid oxidieren. Man kann das nach dem Bleikammerverfahren oder nach dem Kontaktverfahren tun. Machen Sie sich eine Notiz:

Möglichst bald die Verfahren zur Herstellung von Schwefelsäure wiederholen!

Lesen Sie bitte weiter $\boxed{22}$.

---

**3**      Vergleichen Sie Ihr Ergebnis:

Roteisenstein:      $Fe_2O_3$

Brauneisenstein:      $Fe_2O_3 \cdot 2\,H_2O$

Ein weiteres wichtiges Eisenerz ist der Magneteisenstein. Magneteisenstein hat die Summenformel $Fe_3O_4$. Magneteisenstein ist ein gemischtes Eisenoxid. Wir können anstelle von $Fe_3O_4$ auch $FeO \cdot Fe_2O_3$ schreiben.

Magneteisenstein ist ein besonders hochwertiges Eisenerz. Er enthält etwa 70 % Eisen.

Wieviel wertig sind die Eisenatome im Magneteisenstein?

- 3-wertig      $\longrightarrow$   $\boxed{35}$
- 2-wertig      $\longrightarrow$   $\boxed{29}$
- 2- und 3-wertig    $\longrightarrow$   $\boxed{12}$

**4**      Die Eisenerze sollen im Hochofen reduziert werden. Sie sind also keine Reduktionsmittel. Reduktionsmittel ist der Stoff, der die Reduktion bewirkt.

Lesen Sie noch einmal 43 .

**5**      Als *Koks.*

Wir wiederholen kurz die chemischen Vorgänge im Hochofen. (Notieren Sie die folgenden Gleichungen und ergänzen Sie die rechte Seite):

1. Koks und Sauerstoff der Luft verbinden sich zu Kohlenmonoxid.

$$2\,C + O_2 \longrightarrow$$

2. Kohlenmonoxid reduziert die oxidischen Eisenerze.

$$Fe_2O_3 + CO \longrightarrow$$

$$Fe_3O_4 + CO \longrightarrow$$

3. Das entstandene Eisen(II)-oxid wird durch Kohlenstoff zum metallischen Eisen reduziert.

$$FeO + C \longrightarrow$$

Lesen Sie bitte weiter unter 27 .

**6**      Vergleichen Sie Ihr Ergebnis:

$$Fe_3O_4 + CO \longrightarrow 3\,FeO + CO_2$$

$$Fe_2O_3 + CO \longrightarrow 2\,FeO + CO_2$$

Die obere Zone des Hochofens dient zum Vorwärmen der eingebrachten kalten Erze. Wasserhaltige Erze werden dabei entwässert, z. B. nach der Gleichung:

$$Fe_2O_3 \cdot 2\,H_2O \longrightarrow Fe_2O_3 + 2\,H_2O$$

In den drei Gleichungen dieses Abschnittes treten auf der linken Seite drei verschiedene Eisenerze auf. Um welche Erze handelt es sich (in der Reihenfolge von oben nach unten)?

- Magneteisenstein, Roteisenstein und Brauneisenstein    $\longrightarrow$   28
- Magneteisenstein, Brauneisenstein und Roteisenstein    $\longrightarrow$   36
- Roteisenstein, Brauneisenstein und Magneteisenstein    $\longrightarrow$   39
- Pyrit, Roteisenstein und Brauneisenstein    $\longrightarrow$   41

| 7 |

Für die Reduktion von Magneteisenstein mit Kohlenmonoxid zu Eisenoxid gilt folgende Gleichung:

$$Fe_3O_4 + CO \longrightarrow 3\,FeO + CO_2$$

Machen Sie die Probe, d. h. stellen Sie die Anzahl der Atome auf der linken und auf der rechten Seite dieser Gleichung fest. Sie sehen, daß die Gleichung stimmt. Wenn wir an Stelle von $Fe_3O_4$ das Eisen(III)-oxid, $Fe_2O_3$, einsetzen, dann sieht die Gleichung ganz ähnlich aus. Stellen Sie bitte diese Gleichung auf, und beantworten Sie folgende Frage:

Welche Produkte stehen auf der rechten Seite der Gleichung?

- $Fe$ und $CO_2$ $\longrightarrow$ | 30 |
- $3\,FeO$ und $CO_2$ $\longrightarrow$ | 21 |
- $2\,FeO$ und $CO_2$ $\longrightarrow$ | 19 |

| 8 |

Kontrollieren Sie Ihr Ergebnis, und verbessern Sie es, wenn nötig:

$$4\,FeS_2 + 11\,O_2 \longrightarrow 2\,Fe_2O_3 + 8\,SO_2$$

Sulfidische Eisenerze müssen also vor der Verarbeitung auf Eisen in oxidische Eisenerze übergeführt werden. Oxidische Eisenerze können direkt eingesetzt werden.

Was muß man mit den oxidischen Eisenerzen machen, um aus ihnen Eisen zu gewinnen?

- Man muß sie reduzieren $\longrightarrow$ | 43 |
- Man muß sie oxidieren $\longrightarrow$ | 16 |
- Ich weiß es nicht $\longrightarrow$ | 31 |

| 9 |   *Schlacke*

Für eine *saure* Gangart nimmt man einen *basischen* Zuschlag, z. B.:

$$SiO_2 + CaO \longrightarrow CaSiO_3$$

saure Gangart + basischer Zuschlag $\longrightarrow$ Schlacke

**25**

An Stelle von Calciumoxid kann man auch Magnesiumoxid als basischen Zuschlag nehmen.

Stellen Sie die Gleichung auf, die dann gilt, und lesen Sie weiter unter | 32 | .

10     Ihre Antwort ist richtig. Und nun wollen wir uns den Aufbau des Hochofens im einzelnen ansehen.

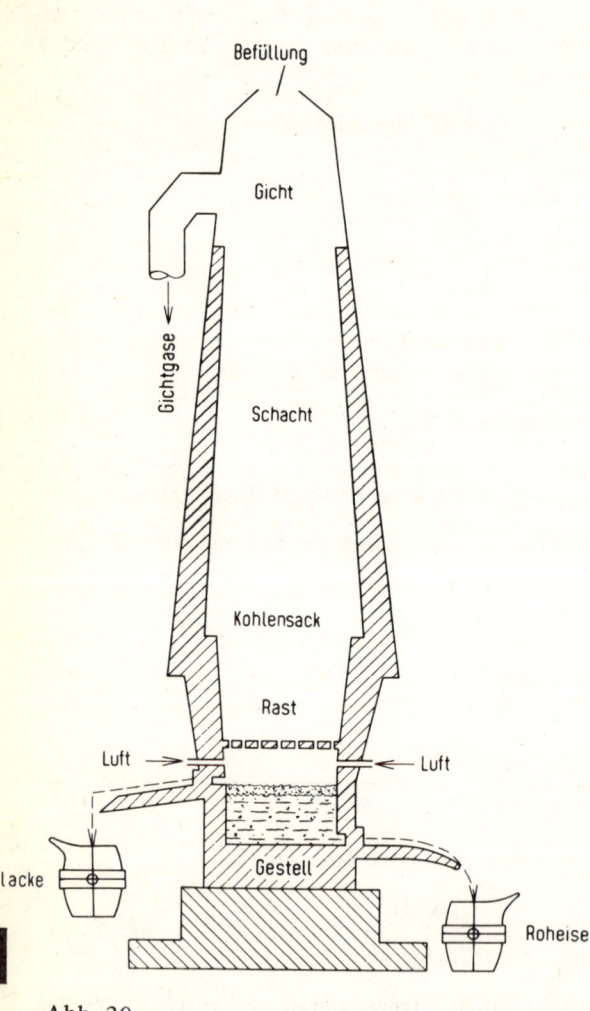

Abb. 30

Der untere Teil des Hoch-
ofens ist das Gestell. Darüber befinden sich die
Rast und der Schacht.
Der oberste Teil des Hochofens ist die Gicht. Der
breiteste Teil des Hoch-
ofens (die Berührungsstelle
von Rast und Schacht) ist
der Kohlensack. Am Ge-
stell befinden sich Düsen,
durch welche heiße Luft
in den Ofen eingeblasen
werden kann.

Sie werden sich den Bau
eines Hochofens am besten
einprägen, wenn Sie die Skizze abzeichnen. Schreiben
Sie auch die Bezeichnun-
gen dazu.

Folgende chemische Vor-
gänge spielen sich im Hochofen ab (vereinfachte Be-
schreibung):

Durch die unten eingebla-
sene Luft wird der Koks
(Koks ist praktisch reiner
Kohlenstoff) in Kohlen-
monoxid übergeführt.

Schreiben Sie bitte die
entsprechende Gleichung
auf, und lesen Sie weiter
unter 34 .

**11**     Sie haben hier alle an der Gleichung beteiligten Produkte:

$$FeS_2 + O_2 \longrightarrow Fe_2O_3 + SO_2$$

Versuchen Sie nun noch einmal, die richtigen Faktoren zu finden.

Wenn Sie die vollständige Gleichung aufgestellt haben, lesen Sie bitte
weiter unter 8 .

---

**12**      Ihre Antwort ist richtig.

Im Magneteisenstein, $Fe_3O_4$, kommt das Eisen *zwei-* und *dreiwertig* vor, d. h. Magneteisenstein ist ein Eisen(II,III)-oxid.

Alle bisher genannten Eisenerze enthielten *Sauerstoff:*
Es sind *oxidische Erze.* Sie lassen sich *direkt* zur Eisengewinnung einsetzen.

Neben den oxidischen Eisenerzen gibt es noch schwefelhaltige Eisenerze. Diese nennt man *sulfidische Eisenerze.*

*Sulfidische* Eisenerze lassen sich *nicht direkt* zur Eisengewinnung verwenden. Sie müssen vorher „*abgeröstet*", d. h. *mit Luft oxidiert* werden.

Ein wichtiges sulfidisches Eisenerz ist der Schwefelkies oder Pyrit. Er hat die Formel $FeS_2$. Wir kennen dieses Produkt bereits von der Schwefelsäuregewinnung her.

Was entsteht beim Rösten von Pyrit?

- Ich weiß es nicht      $\longrightarrow$   2

- Schwefeldioxid      $\longrightarrow$   22

- Schwefeltrioxid      $\longrightarrow$   37

---

**13**     Wichtige Eisenerze:

*Oxidische Eisenerze:*

| Roteisenstein | $Fe_2O_3$ |
|---|---|
| Brauneisenstein | $Fe_2O_3 \cdot 2\,H_2O$ |
| Magneteisenstein | $Fe_3O_4$ |

*Sulfidische Eisenerze:*

| Pyrit | $FeS_2$ |
|---|---|

**25**

Wir wollen uns jetzt noch einmal die schematische Zeichnung eines Hochofens ansehen.

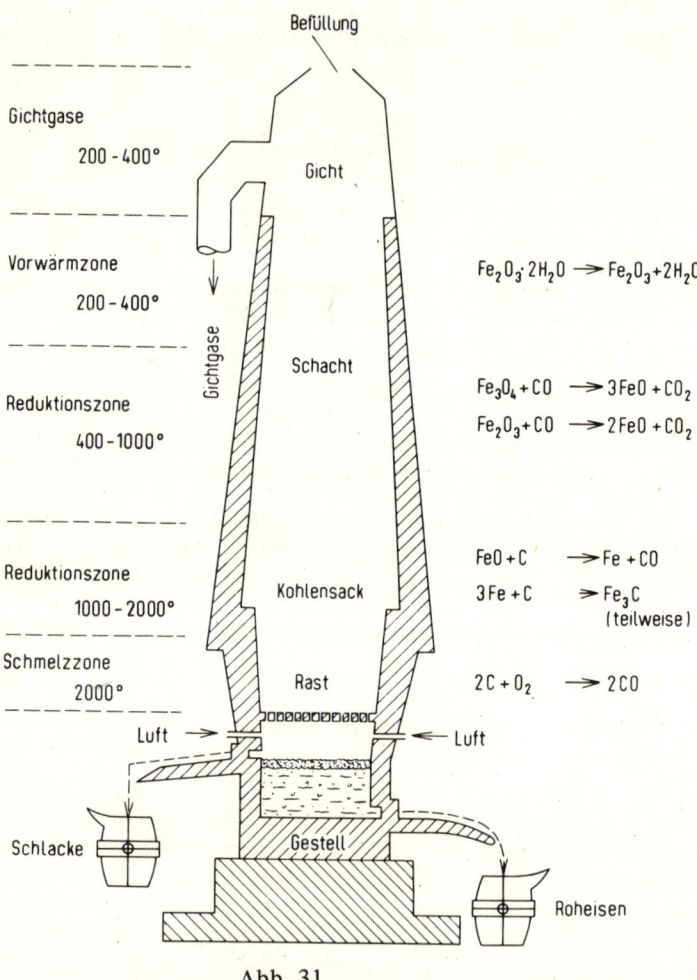

Gichtgase

200 - 400°

Vorwärmzone

200 - 400°

Reduktionszone

400 - 1000°

Reduktionszone

1000 - 2000°

Schmelzzone

2000°

Befüllung

Gicht

Gichtgase

Schacht

Kohlensack

Rast

Luft

Luft

Schlacke

Gestell

Roheisen

$Fe_2O_3 \cdot 2H_2O \longrightarrow Fe_2O_3 + 2H_2O$

$Fe_3O_4 + CO \longrightarrow 3FeO + CO_2$

$Fe_2O_3 + CO \longrightarrow 2FeO + CO_2$

$FeO + C \longrightarrow Fe + CO$

$3Fe + C \longrightarrow Fe_3C$

(teilweise)

$2C + O_2 \longrightarrow 2CO$

Abb. 31

Übertragen Sie bitte jetzt die Temperaturangaben und die chemischen Gleichungen in die Skizze, die Sie zu Beginn des Programms angefertigt haben.

Ende des 25. Programms.

14  Ihre Antwort ist falsch.

Eine Erklärung finden Sie unter 7 .

---

15  Vergleichen Sie Ihr Ergebnis:

1. $FeO + C \longrightarrow Fe + CO$

2. $3\,Fe + C \longrightarrow Fe_3C$

Etwa in halber Höhe des Hochofens herrschen 400 bis 1 000 °C. Hier werden die verschiedenen Eisenoxide zum Eisen(II)-oxid reduziert.

Stellen Sie bitte die Gleichungen für die Reduktion von $Fe_3O_4$ und von $Fe_2O_3$ auf, und lesen Sie dann weiter unter 6 .

---

16  Ihre Antwort ist falsch.

Lesen Sie bitte weiter unter 31 .

---

17  $SiO_2 \quad + CaCO_3 \longrightarrow CaSiO_3 \quad + CO_2$

$MgCO_3 \quad + SiO_2 \longrightarrow MgSiO_3 \quad + CO_2$

Wir wollen jetzt noch eine weitere wichtige Reaktion, die sich im Hochofen abspielt, besprechen.

Bei den im Hochofen herrschenden hohen Temperaturen verbindet sich ein Teil des entstandenen Eisens mit Kohlenstoff. Es bildet sich *Eisencarbid*.

$3\,Fe + C \longrightarrow Fe_3C$

Durch die Gegenwart von $Fe_3C$ wird der Schmelzpunkt des Eisens herabgesetzt, das Eisen wird flüssig. Gemeinsam mit der Schlacke fließt das Eisen nach unten ab und sammelt sich im Gestell des Hochofens. Die leichtere Schlacke schwimmt in flüssiger Form auf dem Eisen und schützt es vor einer Oxidation durch die eingeblasene Luft.

Für welche Reaktion wird im Hochofen Luft gebraucht?
Notieren Sie die Gleichung.    $\longrightarrow$  40

---

18  *Schlacke*

**25**

Es gibt zwei verschiedene Sorten von Gangart:

1. „Saure" Gangart, z. B. Quarz. Quarz ist Siliciumdioxid, $SiO_2$.

2. „Basische" Gangart, z. B. Magnesiumcarbonat, $MgCO_3$.

Wenn wir sagen, daß eine Gangart ,,sauer" oder ,,basisch" ist, dann meinen wir das nicht so, wie wir es für Säuren und Basen gelernt haben. Es handelt sich hier nicht um exakte chemische Bezeichnungen, sondern um Fachausdrücke der Eisenhüttenleute.

Man nennt ,,saure" Gangart deshalb so, weil sie mit ,,basischen" Zuschlägen unter Bildung von Salzen reagieren. Das gleiche gilt für die ,,basischen" Gangarten: Sie reagieren mit ,,sauren" Zuschlägen.

Die entstandenen Salze bilden die leicht schmelzende . . . . . . . . .  $\longrightarrow$  $\boxed{9}$

---

$\boxed{19}$    Ihre Antwort ist richtig.

Hier noch einmal die Gleichungen für die Reduktion des Magneteisensteins und des Eisen(III)-oxids mit Kohlenmonoxid im Hochofen:

$$Fe_3O_4 + CO \longrightarrow 3\,FeO + CO_2$$

$$Fe_2O_3 + CO \longrightarrow 2\,FeO + CO_2$$

Die weitere Reduktion des Eisen(II)-oxids zum metallischen Eisen findet im *Kohlensack* statt. (Welchen Teil des Hochofens bezeichnet man so? Bitte sehen Sie in Ihrer Skizze nach!) Hier reagiert das Eisen(II)-oxid mit Kohlenstoff zu metallischem Eisen und Kohlenmonoxid:

$$FeO + C \longrightarrow Fe + CO$$

In welcher Form gelangt der Kohlenstoff in den Hochofen?

Bitte notieren Sie Ihre Antwort.    $\longrightarrow$    $\boxed{5}$

---

$\boxed{20}$    Gichtgas wird das Gas genannt, das aus dem Hochofen oben entweicht. Da es mit den Eisenerzen nicht mehr in Berührung kommt, kann das Gichtgas nicht das gesuchte Reduktionsmittel sein.

Lesen Sie noch einmal $\boxed{43}$ .

---

$\boxed{21}$    Sie arbeiten unkonzentriert.

Lesen Sie bitte noch einmal $\boxed{34}$ .

**22**     Beim Rösten von Pyrit werden die Bestandteile des Pyrits oxidiert. Es entstehen Schwefeldioxid und Eisen(III)-oxid. Eisen(III)-oxid dient zur Gewinnung von Eisen, Schwefeldioxid zur Gewinnung von Schwefelsäure.

Schreiben Sie nun die Gleichung für das Rösten des Pyrits auf.

Wenn Sie die Gleichung haben (aber nur dann!), lesen Sie weiter unter 8 , wenn Sie nicht zurechtkommen, lesen Sie weiter unter 11 .

---

**23**     Vergleichen Sie bitte:

Eisen(II)-chlorid     $FeCl_2$

Eisen(III)-chlorid     $FeCl_3$

Als freies Metall kommt Eisen kaum vor. Wir finden das Eisen meist in Form von Eisenerzen. Wichtige Eisenerze sind:

Roteisenstein, ein Eisen(III)-oxid
Brauneisenstein, ein Eisen(III)-oxid mit 2 Molekülen Kristallwasser

Notieren Sie bitte die Namen dieser Eisenerze, und schreiben Sie die Formeln dazu.

Lesen Sie dann weiter unter 3 .

---

**24**     Ein Reduktionsmittel bewirkt eine Reduktion, also den Entzug von Sauerstoff. Mit Luft kann man jedoch nicht reduzieren. Luft wirkt aufgrund des Sauerstoffgehaltes oxidierend.

Lesen Sie noch einmal 43 .

---

**25**     Vergleichen Sie bitte:

$$CaCO_3 \quad + \quad SiO_2 \quad \longrightarrow \quad CaSiO_3 + CO_2$$

basische Gangart + saurer Zuschlag $\longrightarrow$ Schlacke

Beantworten Sie bitte folgende Frage:

**25**

In welcher der folgenden Zeilen stehen Verbindungen, die in Erzen eine basische Gangart sind?

- Calciumcarbonat, Siliciumdioxid          $\longrightarrow$  33

- Siliciumdioxid, Magnesiumcarbonat         $\longrightarrow$  42

- Calciumcarbonat, Magnesiumcarbonat        $\longrightarrow$  38

---

**26**      Ihre Antwort ist falsch.

Eine Erklärung finden Sie unter 7 .

---

**27**
1.  $2\,C + O_2 \longrightarrow 2\,CO$

2.  $Fe_2O_3 + CO \longrightarrow 2\,FeO + CO_2$

    $Fe_3O_4 + CO \longrightarrow 3\,FeO + CO_2$

3.  $FeO + C \longrightarrow Fe + CO$

Über den Prozeß zur Gewinnung von Eisen muß man jedoch noch ein wenig mehr wissen.

Eisenerze kommen in der Natur nie ganz rein vor. Sie enthalten stets mehr oder weniger große Mengen von Verunreinigungen, die man als *Gangart* bezeichnet. Diese Verunreinigungen müssen entfernt werden. Man macht das durch Umwandlung der Gangart in leichtschmelzende *Schlacke*. Dazu erhalten die Eisenerze noch einen Zusatz, den *Zuschlag*.

*Gangart*         Verunreinigung von Erzen

*Zuschlag*        Zusatz beim Hochofenprozeß, der die Gangart in leicht schmelzende Schlacke überführt

Gangart und Zuschlag gibt . . . . . . . . .

Notieren Sie das fehlende Wort, und lesen Sie dann bitte weiter unter 18 .

---

**28**      Ihre Antwort ist richtig.

Notieren Sie nun noch einmal die Namen der wichtigsten Eisenerze, und schreiben Sie die chemische Zusammensetzung dahinter:

**25**

Roteisenstein
Brauneisenstein
Magneteisenstein
Pyrit                         Vergleichen Sie Ihr Ergebnis unter 13 .

**29**      Sehen Sie sich die Formel für Magneteisenstein, $Fe_3O_4$ oder $FeO \cdot Fe_2O_3$, noch einmal genau an. Sie erkennen an der zweiten Formel, daß Eisen mit unterschiedlich viel Sauerstoff verbunden ist. Die Eisenatome müssen also zwei verschiedene Wertigkeiten besitzen. Bitte notieren Sie die Wertigkeiten, in denen Eisen im Magneteisenstein vorkommt.   →   12

**30**      Die Reduktion der oxidischen Eisenerze im Hochofen mit Kohlenmonoxid geht zunächst nur bis zum FeO, dem Eisen(II)-oxid. Die Reduktion führt nicht bis zum elementaren Eisen. Das müßten Sie aber eigentlich bereits gelernt haben. Arbeiten Sie deshalb genauer, lesen Sie noch einmal 34 .

**31**      Oxidische Eisenerze sind Verbindungen aus Eisen und Sauerstoff. Wenn man aus ihnen Eisen gewinnen will, muß man den Sauerstoff entfernen. Die Entfernung von Sauerstoff aus einer chemischen Verbindung ist eine Reduktion. Man muß die oxidischen Eisenerze also........, um aus ihnen Eisen zu gewinnen.

Notieren Sie das fehlende Wort.   →   43

**32**      Vergleichen Sie:

$$SiO_2 \quad + \quad MgO \quad \longrightarrow \quad MgSiO_3$$

saure Gangart   +   basischer Zuschlag ⟶ Schlacke

Wenn die Gangart *basisch* ist, muß man *saure* Zuschläge nehmen, z. B.:

$$MgCO_3 \quad + \quad SiO_2 \quad \longrightarrow \quad MgSiO_3 + CO_2$$

basische Gangart +   saurer Zuschlag ⟶     Schlacke

Wenn die Gangart aus Calciumcarbonat besteht, kann man ebenfalls Quarz als sauren Zuschlag verwenden. Die Gleichung sieht dann ganz ähnlich aus. Stellen Sie bitte diese Gleichung auf, und lesen Sie dann weiter unter 25 .

**33**      Calciumcarbonat ist in Erzen eine basische Gangart, Siliciumdioxid aber nicht.

Wenn Sie die Kapitel über die Gangart noch einmal sorgfältig durcharbeiten, werden Sie auf dem Gebiet sicherer werden.

Lesen Sie noch einmal 18 .

**25**

**34**   Vergleichen Sie:

$$2\,C + O_2 \longrightarrow 2\,CO$$

Kohlenmonoxid wirkt als Reduktionsmittel auf die oxidischen Eisenerze. Diese werden zunächst nur bis zum Eisen(II)-oxid reduziert:

$$Fe_2O_3 + CO \longrightarrow 2\,FeO + CO_2$$

Wenn als oxidisches Eisenerz Magneteisenstein, $Fe_3O_4$, eingesetzt wird, dann sieht die Gleichung für die Reduktion dieses Eisenerzes mit Kohlenmonoxid ganz ähnlich aus. Stellen Sie diese Reaktionsgleichung auf. Sie können dann leicht folgende Frage beantworten:

Welche Produkte stehen auf der rechten Seite der Gleichung?

- $2\,FeO$ und $CO_2$   $\longrightarrow$   $\boxed{14}$
- $3\,FeO$ und $CO_2$   $\longrightarrow$   $\boxed{19}$
- $3\,Fe$  und $4\,CO_2$   $\longrightarrow$   $\boxed{26}$

---

**35**   Sehen Sie sich die Formel für Magneteisenstein, $Fe_3O_4$ oder $FeO \cdot Fe_2O_3$, noch einmal genau an. Sie erkennen an der zweiten Formel, daß Eisen mit unterschiedlich viel Sauerstoff verbunden ist. Die Eisenatome müssen also zwei verschiedene Wertigkeiten besitzen.
Bitte notieren Sie die Wertigkeiten, in denen Eisen im Magneteisenstein vorkommt.   $\longrightarrow$   $\boxed{12}$

---

**36**   Ihre Antwort ist nur teilweise richtig.

$Fe_3O_4$ ist Magneteisenstein, ein gemischtes Eisenoxid oder Fe(II,III)-oxid.
$Fe_2O_3$ ist Roteisenstein; Fe ist darin dreiwertig.
$Fe_2O_3 \cdot 2\,H_2O$ ist Brauneisenstein. Fe ist auch hier dreiwertig. Brauneisenstein enthält lediglich zusätzlich noch Kristallwasser.

Lesen Sie bitte weiter unter $\boxed{13}$ .

**25**

---

**37**   Das Rösten von Pyrit ist chemisch eine Oxidation. Der im Pyrit enthaltene Schwefel wird *nur bis zum Schwefeldioxid* oxidiert. Die weitere Oxidation des Schwefeldioxids zum Schwefeltrioxid ist gar nicht so einfach. Man muß dazu besondere Katalysatoren anwenden. Denken Sie an die Herstellung von Schwefeltrioxid und Schwefelsäure nach dem Bleikammer- oder dem Kontaktverfahren. Machen Sie sich eine Notiz:

Möglichst bald die Verfahren zur Herstellung von Schwefelsäure wiederholen!

Lesen Sie bitte weiter unter 22 .

---

**38**    Ihre Antwort ist richtig.

Notieren Sie bitte das kursiv Gedruckte, und stellen Sie für die angegebenen beiden Beispiele die Gleichungen auf:

*Saure Gangart*     +   *basischer Zuschlag* ⟶   *Schlacke*   +   *Kohlendioxid*

Quarz               +   Calciumcarbonat   ⟶

*Basische Gangart*  +   *saurer Zuschlag*  ⟶   *Schlacke*   +   *Kohlendioxid*

Magnesiumcarbonat + Quarz              ⟶

Hochofenschlacke ist ein wichtiges Nebenprodukt der Eisenerzeugung. Sie findet Verwendung z. B. zur Herstellung von Pflastersteinen.

Lesen Sie bitte weiter unter 17 .

---

**39**    Ihre Antwort ist nur teilweise richtig.

$Fe_3O_4$ ist Magneteisenstein, ein gemischtes Eisenoxid oder Fe(II,III)-oxid.
$Fe_2O_3$ ist Roteisenstein; Fe ist darin dreiwertig.
$Fe_2O_3 \cdot 2\,H_2O$ ist Brauneisenstein. Fe ist auch hier dreiwertig. Brauneisenstein enthält lediglich zusätzlich noch Kristallwasser.

Lesen Sie bitte weiter unter 13 .

---

**40**    $2\,C + O_2 \rightarrow 2\,CO$

Betrachten wir nun noch die Temperaturen, die in den verschiedenen Teilen des Hochofens herrschen, und zwar von unten nach oben.

In der Rast finden wir mit etwa 2000 °C die höchste Temperatur. Hier schmelzen Eisen und Schlacke und fließen nach unten ab.

Darüber beträgt die Temperatur 1000 bis 2000 °C. Neben der Schlackenbildung finden hier noch zwei chemische Vorgänge statt:

**25**

1. Reduktion des Eisenoxids zum metallischen Eisen,

2. Bildung von Eisencarbid.

Stellen Sie bitte die zugehörigen Gleichungen auf, und lesen Sie dann weiter unter $\boxed{15}$ .

---

$\boxed{41}$  Ihre Antwort ist nur teilweise richtig.

$Fe_3O_4$ ist Magneteisenstein, ein gemischtes Eisenoxid oder Fe(II,III)-oxid.
$Fe_2O_3$ ist Roteisenstein; Fe ist darin dreiwertig.
$Fe_2O_3 \cdot 2\,H_2O$ ist Brauneisenstein. Fe ist auch hier dreiwertig, Brauneisenstein enthält lediglich zusätzlich noch Kristallwasser.

Lesen Sie bitte weiter unter $\boxed{13}$ .

---

$\boxed{42}$  Magnesiumcarbonat ist in Erzen eine basische Gangart, Siliciumdioxid aber nicht.

Wenn Sie die Kapitel über die Gangart noch einmal sorgfältig durcharbeiten, werden Sie auf dem Gebiet sicherer werden.

Lesen Sie noch einmal $\boxed{18}$ .

---

$\boxed{43}$  Ja, die oxidischen Eisenerze werden im Hochofen *reduziert.*

Ein Hochofen ist ein etwa 25 m hoher Schachtofen, der von oben mit Eisenerz und Koks beschickt wird. Von unten wird Luft eingeblasen.

Im Hochofen spielen sich eine ganze Reihe chemischer Reaktionen bei hohen Temperaturen ab. Die oxidischen Eisenerze werden dabei zu metallischem Eisen reduziert. Das metallische Eisen fließt unten aus dem Hochofen ab. Neben dem Eisen bildet sich noch Schlacke. Aus dem oberen Teil des Hochofens entweicht das Gichtgas.

Was wird als Reduktionsmittel im Hochofen verwendet?

- Gichtgas  $\longrightarrow$ $\boxed{20}$
- Eisenerze  $\longrightarrow$ $\boxed{4}$
- Koks  $\longrightarrow$ $\boxed{10}$
- Luft  $\longrightarrow$ $\boxed{24}$

**25**

## 26. Programm

**Eisen (II)**

---

**1**  Durch den Hochofenprozeß wird *Roheisen* hergestellt. Roheisen schmilzt etwa bei 1100 °C. Reines Eisen schmilzt dagegen über 1500 °C. Der niedrige Schmelzpunkt des Roheisens ist bedingt durch verschiedene Verunreinigungen.

Eine dieser Verunreinigungen, eine Verbindung aus Eisen und Kohlenstoff, kennen Sie bereits.

Schreiben Sie Namen und Formel dieser Verbindung auf, und lesen Sie weiter unter 13 .

---

**2**  Prägen Sie sich die *richtige* Antwort ein:

Graues Roheisen enthält neben Graphit (vom Graphit kommt die graue Farbe!) als Verunreinigung Silicium.
Weißes Roheisen enthält als Verunreinigungen ......... und ...........

Lesen Sie bitte weiter unter 9 .

---

**3**  *Saures* Futter.

Eine Besonderheit bei der Stahlgewinnung ergibt sich dann, wenn phosphorhaltige Eisensorten zur Gewinnung des Roheisens verwendet worden sind. Man erhält aus diesen phosphorhaltigen Eisenerzen phosphorhaltiges Roheisen. Dieses konnte man lange Zeit nicht in der Bessemer-Birne zu Stahl verarbeiten. Durch Oxidation entsteht aus dem Phosphor ein Produkt, dessen chemische Zusammensetzung und Formel Sie bereits kennen.

Schreiben Sie Namen und Formel des Produkts auf, und lesen Sie dann weiter unter 25 .

---

**4**  Ihre Antwort ist richtig.

Eisen kann *zwei*- und *drei*wertig auftreten. Beispiele für wichtige Eisenverbindungen sind

$$FeCl_2, FeCl_3, Fe_2O_3, FeO.$$

In welchen der genannten Verbindungen ist das Eisen

    a) zweiwertig

    b) dreiwertig?

Bitte notieren Sie die entsprechenden Verbindungen, und vergleichen Sie bei $\boxed{48}$ .

---

$\boxed{5}$

    Bitte vergleichen Sie Ihr Ergebnis:

    a) Gewichtsanalyse: Waage, Filtriergeräte, Gewichte, Trichter, Filterpapier.

    b) Maßanalyse: Bürette, Pipette, Meßkölbchen, Indikator.

Und nun wollen wir wiederholen.

Eisen kommt selten als freies Metall vor. Die wichtigsten Eisenerze sind (nach ihrem Eisengehalt geordnet):

| | |
|---|---|
| Magneteisenstein | Eisen(II,III)-oxid |
| Roteisenstein | Eisen(III)-oxid |
| Brauneisenstein | Eisen(III)-oxid mit 2 Molekülen Wasser |
| Pyrit | $FeS_2$ |

Wieviele dieser Eisenerze können direkt zur Roheisengewinnung eingesetzt werden?

- alle        $\longrightarrow$   $\boxed{74}$
- drei        $\longrightarrow$   $\boxed{49}$
- zwei       $\longrightarrow$   $\boxed{12}$
- eins        $\longrightarrow$   $\boxed{43}$
- Ich weiß es nicht   $\longrightarrow$   $\boxed{57}$

---

$\boxed{6}$     Ihre Antwort ist falsch.

Eine Erklärung finden Sie unter $\boxed{65}$ .

---

**26**     $\boxed{7}$     Ihre Antwort ist richtig.

Lesen Sie zur Vertiefung weiter unter $\boxed{15}$ .

---

---

**8**      Eisen kann *zwei-* und *dreiwertig* auftreten. Denken Sie z. B. an folgende Verbindungen:

$FeCl_2$, $FeCl_3$, $Fe_2O_3$, $FeO$.

In welchen der genannten Verbindungen ist das Eisen

     a) zweiwertig

     b) dreiwertig?

Bitte notieren Sie die entsprechenden Verbindungen, und vergleichen Sie bei **48** .

---

**9**      Ihre Antwort ist richtig.

Graues Roheisen enthält als Verunreinigungen im wesentlichen Silicium und Kohlenstoff in Form von Graphit.

Weißes Roheisen enthält als Verunreinigungen *Mangan* und *Eisencarbid*.

Bei welcher Temperatur schmilzt Roheisen?

- bei ca. 500 °C      →   **30**
- bei ca. 1100 °C    →   **21**
- über 1500 °C      →   **16**

---

**10**      Ihre Antwort ist falsch.

Lesen Sie bitte weiter unter **13** .

---

**11**      Ihre Antwort ist falsch, weil Sie unkonzentriert arbeiten. Wenn Sie Abschnitt **41** sorgfältig lesen, dann müssen Sie die richtige Antwort finden.

Lesen Sie bitte weiter unter **41** .

---

**12**      Ihre Antwort ist falsch.

Eine Erklärung finden Sie unter **57** .

---

**26**

**13**      Eisencarbid = $Fe_3C$

Man unterscheidet *zwei Sorten von Roheisen:*

1. *Weißes Roheisen* enthält als Verunreinigungen im wesentlichen *Mangan* und *Eisencarbid (Fe$_3$C)*.

2. *Graues Roheisen* enthält als Verunreinigungen im wesentlichen *Silicium* und Kohlenstoff in Form von *Graphit* (daher die graue Farbe).

Was schmilzt tiefer: Die beiden Roheisensorten oder reines Eisen?

- Reines Eisen     ⟶  $\boxed{23}$

- Weißes und graues Roheisen     ⟶  $\boxed{27}$

- Ich weiß es nicht     ⟶  $\boxed{1}$

---

$\boxed{14}$     Eisen kann *zwei-* und *dreiwertig* auftreten. Denken Sie z. B. an folgende Verbindungen:

$$FeCl_2, FeCl_3, Fe_2O_3, FeO.$$

In welchen der genannten Verbindungen ist das Eisen

   a) zweiwertig

   b) dreiwertig?

Bitte notieren Sie die entsprechenden Verbindungen, und vergleichen Sie bei $\boxed{48}$ .

---

$\boxed{15}$     Erinnern Sie sich an die Besprechung des Hochofen-Prozesses:

Zur Entfernung von Verunreinigungen der Eisenerze, der sogenannten Gangart, werden verschiedene Zuschläge zugegeben.

*Saure* Gangart (z. B. Quarz, $SiO_2$) verbindet sich mit *basischen* Zuschlägen (z. B. Calciumoxid, CaO) zu Schlacke.

*Basische* Gangart (z. B. Magnesiumcarbonat, $MgCO_3$) verbindet sich mit *sauren* Zuschlägen (z. B. Quarz, $SiO_2$) ebenfalls zu Schlacke.

Ganz ähnlich ist es beim Bessemer-Verfahren:

Durch Oxidation des im Roheisen enthaltenen Mangans entsteht *basisches* Mangandioxid. Dieses wird durch ein . . . . . . . . . . Futter der Bessemer-Birne gebunden.

Lesen Sie bitte weiter unter $\boxed{3}$ .

**26**

---

$\boxed{16}$     Der Schmelzpunkt von *reinem* Eisen liegt über 1500 °C. Roheisen enthält aber verschiedene Verunreinigungen und schmilzt deshalb tiefer.

Bitte merken Sie sich:

*Roheisen schmilzt bei ca. 1100 °C.*

Lesen Sie bitte weiter unter $\boxed{21}$ .

---

$\boxed{17}$      Ihre Antwort ist richtig.

Löst man eine Probe von weißem Roheisen in verdünnter Salzsäure auf, so hinter-
bleibt *kein* Rückstand, da sich die Verunreinigungen des weißen Roheisens, nämlich Eisencarbid und Mangan, in Salzsäure lösen.

Löst man dagegen eine Probe von grauem Roheisen in Salzsäure, so bleibt ein schwarzer Rückstand von unlöslichem Graphit zurück. Was enthält graues Roheisen als
weitere Verunreinigung noch?

- Mangan          $\longrightarrow$   $\boxed{34}$

- Silicium          $\longrightarrow$   $\boxed{9}$

- Eisencarbid     $\longrightarrow$   $\boxed{2}$

---

$\boxed{18}$      Bitte vergleichen Sie:

$$2\,Fe(OH)_3 \xrightarrow{\text{Glühen}} Fe_2O_3 + 3\,H_2O$$

Das Eisen(III)-oxid wird nach dem Erkalten gewogen. Aus seiner Menge läßt sich
dann leicht der Eisengehalt der ursprünglichen Lösung berechnen.

Die Bestimmung des Eisens nach dem eben beschriebenen Verfahren erfolgt mit
der Analysenwaage. Man nennt deshalb ein solches quantitatives Analysenverfahren
auch eine *Gewichts*analyse oder ein Verfahren der *Gravimetrie*.

Beantworten Sie schriftlich folgende Frage:

Welche der im folgenden angegebenen Geräte gehören

        a) zur Gewichtsanalyse,

        b) zur Maßanalyse?

Waage, Bürette, Pipette, Filtriergeräte, Gewichte, Trichter, Meßkölbchen, Filtrier-
papier, Indikator.

Lesen Sie dann bitte weiter unter $\boxed{5}$ .

---

$\boxed{19}$      Ihre Antwort ist falsch.

Lesen Sie bitte weiter unter $\boxed{13}$ .

**26**

---

**20**     Ihre Antwort ist falsch.

Eine Erklärung finden Sie unter [15] .

---

**21**     Ihre Antwort ist richtig.

Graues Roheisen wird als *Gußeisen* verwendet oder *zu Stahl verarbeitet.* Weißes Roheisen ist zu hart und zu spröde. Man kann es deshalb nicht als Gußeisen verwenden. Es wird *zu Stahl verarbeitet.*

> *Stahl ist schmiedbares Eisen.*

Um aus Roheisen Stahl zu machen, muß man die Verunreinigungen des Roheisens entfernen.

Die Verunreinigungen des Roheisens werden durch Oxidation entfernt. Hierbei entstehen folgende Oxidationsprodukte:

|  |  |
|---|---|
| aus Kohlenstoff und aus Eisencarbid | Kohlendioxid, |
| aus Mangan | Mangandioxid, |
| aus Silicium | Siliciumdioxid. |

Schreiben Sie bitte für diese Oxidationsprodukte Namen und Formeln auf — Mangan, Mn, ist vierwertig, daher auch die Bezeichnung Mangan(IV)-oxid — und lesen Sie dann weiter unter [37] .

---

**22**     Ihre Antwort ist falsch.

Lesen Sie bitte noch einmal [66] .

---

**23**     Ihre Antwort ist falsch.

Lesen Sie bitte noch einmal [1] .

---

**24**     Eine Legierung erhält man, wenn man zwei oder mehrere Metalle zusammenschmilzt.

Und nun zu den physikalischen und chemischen Eigenschaften des Eisens.

Eisen ist ein Schwermetall mit der Dichte 7,8 g/cm$^3$. Eisen wird von Magneten angezogen. Dabei wird es selbst magnetisch, es verliert diesen Magnetismus aber wieder, wenn es aus dem Bereich des Magneten entfernt wird.

Die chemischen Eigenschaften des Eisens kennen wir zum Teil bereits. So wissen Sie z. B. schon über die Wertigkeiten des Eisens Bescheid.

**26**

In welchen Wertigkeiten kann Eisen auftreten?

- zweiwertig         →   8
- dreiwertig         →   14
- zwei- und dreiwertig     →   4
- zwei-, drei und fünfwertig    →   35
- Ich habe es vergessen     →   39

---

**25**       Bei der Oxidation phosphorhaltiger Roheisensorten entsteht aus dem Phosphor das Phosphor(V)-oxid (Phosphorpentoxid), $P_2O_5$, das Säureanhydrid der Phosphorsäure.

Sie können sich jetzt denken, wie man es fertig brachte, phosphorhaltige Roheisensorten doch zu Stahl zu verarbeiten.

Mit welchem Futter muß man die Bessemer-Birne auskleiden, wenn man phosphorhaltiges Roheisen verarbeiten will?

- Mit einem basischen Futter   →   46
- Mit einem sauren Futter     →   36
- Ich weiß es nicht        →   41

---

**26**       Ihre Antwort ist falsch.

Lesen Sie noch einmal 66 .

---

**27**       Weißes und graues Roheisen enthalten Verunreinigungen, die den Schmelzpunkt des reinen Eisens herabsetzen. Beide Roheisensorten schmelzen also tiefer als reines Eisen.

Welche hauptsächlichen Verunreinigungen enthält

      a) weißes Roheisen,

      b) graues Roheisen?

- a) Mangan und Eisencarbid
  b) Silicium              →   19
- a) Mangan
  b) Silicium und Kohlenstoff (Graphit)   →   33

- a) Mangan und Kohlenstoff (Graphit)
  b) Silicium und Eisencarbid     $\longrightarrow$   $\boxed{10}$

- a) Mangan und Eisencarbid
  b) Silicium und Kohlenstoff (Graphit)   $\longrightarrow$   $\boxed{17}$

---

$\boxed{28}$      Rotes Blutlaugensalz benutzt man zum Nachweis von Eisen(II)-salzen. Rotes Blutlaugensalz gibt also nur mit Eisen(II)-salzen einen blauen Niederschlag.

Zum Nachweis von Eisen(III)-salzen benutzt man gelbes Blutlaugensalz.

Lesen Sie bitte noch einmal $\boxed{66}$ .

---

$\boxed{29}$      In der Bessemer-Birne wird durch das flüssige, glühende Roheisen Luft geblasen. Natürlich wird dabei auch ein Teil des Eisens oxidiert. Man sieht das an den braunen Wolken von fein verteilten Eisenoxiden, die oft über den Werken der Stahlindustrie stehen. Im wesentlichen werden aber die *Verunreinigungen* des Roheisens oxidiert. Die Oxidationsprodukte entweichen zum Teil gasförmig (z. B. Kohlendioxid), oder sie werden durch das Futter der Bessemer-Birne aufgenommen. Zum Beispiel entsteht durch Oxidation von Mangan das basische Mangan(IV)-oxid (Mangandioxid).

Was für eine Art von Futter muß die Bessemer-Birne haben, damit diese basischen Verunreinigungen vom Futter aufgenommen werden können?

- Ich weiß es nicht    $\longrightarrow$   $\boxed{15}$

- Ein basisches Futter   $\longrightarrow$   $\boxed{20}$

- Ein saures Futter    $\longrightarrow$   $\boxed{7}$

---

$\boxed{30}$      Bitte merken Sie sich:

*Roheisen schmilzt bei etwa 1100 °C.*

Lesen Sie weiter unter $\boxed{21}$ .

---

$\boxed{31}$      Eisen und Eisenverbindungen gehören nicht zu den Düngemitteln.

Lesen Sie bitte noch einmal $\boxed{46}$ .

---

**26**

$\boxed{32}$     *Nickel, Chrom, Mangan.*

Beantworten Sie schriftlich folgende Frage:
Was ist eine Legierung?

Wenn Sie Schwierigkeiten dabei haben, lesen Sie noch einmal 44 .

Wenn Sie die Frage beantworten konnten, lesen Sie weiter unter 24 .

---

**33**    Ihre Antwort ist falsch.

Lesen Sie bitte weiter unter 13 .

---

**34**    Prägen Sie sich die *richtige* Antwort ein:

Graues Roheisen enthält neben Graphit (vom Graphit kommt die graue Farbe!) als Verunreinigung Silicium.
Weißes Roheisen enthält als Verunreinigungen . . . . . . . . und . . . . . . . . .

Lesen Sie bitte weiter unter 9 .

---

**35**    Eisen kann *zwei-* und *dreiwertig* auftreten. Denken Sie z. B. an folgende Verbindungen:

$FeCl_2$, $FeCl_3$, $Fe_2O_3$, $FeO$.

In welchen der genannten Verbindungen ist das Eisen

a) zweiwertig

b) dreiwertig?

Bitte notieren Sie die entsprechenden Verbindungen, und vergleichen Sie bei 48 .

---

**36**    Ihre Antwort ist falsch. Die Frage war aber auch nicht ganz leicht.

Lesen Sie bitte weiter unter 41 .

---

**37**    Kohlendioxid, $CO_2$; Mangandioxid, $MnO_2$; Siliciumdioxid, $SiO_2$.
Die Oxidation der Verunreinigungen erfolgt mit Hilfe von Luft. Man führt das Verfahren in der *Bessemer-Birne* durch. Die Bessemer-Birne ist ein stählerner, birnenförmiger Behälter, der mit einer Schicht eines feuerfesten Materials ausgekleidet ist. Man bezeichnet diese Schicht als das *Futter* der Birne.

**26**

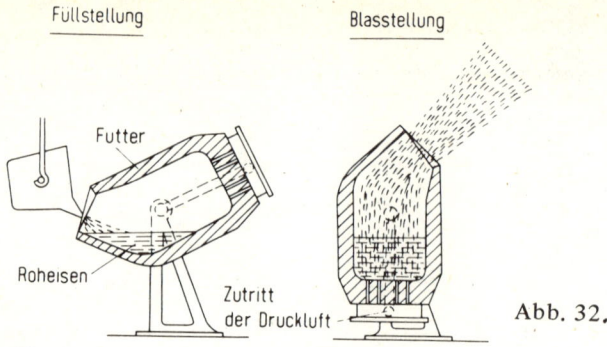

Abb. 32.

Zeichnen Sie die Skizze der Bessemer-Birne (rechtes Bild!) ab, und lesen Sie dann weiter unter 29 .

---

**38**    Ihre Antwort ist richtig.

Hier sind noch einmal die beiden Gleichungen:

$$Fe + 2\,HCl \longrightarrow FeCl_2 + H_2$$

$$Fe + H_2SO_4 \longrightarrow FeSO_4 + H_2$$

Das Eisen(II)-sulfat kristallisiert mit 7 Molekülen Kristallwasser. Es hat daher die Summenformel

$$FeSO_4 \cdot 7\,H_2O$$

Was geschieht, wenn man auf Eisen konzentrierte Schwefelsäure einwirken läßt?

- Es entsteht Eisen(II)-sulfat     $\longrightarrow$  64

- Es entsteht Eisen(III)-sulfat    $\longrightarrow$  52

- Es erfolgt keine Reaktion        $\longrightarrow$  71

---

**39**    Eisen kann *zwei-* und *dreiwertig* auftreten. Denken Sie z. B. an folgende Verbindungen:

$$FeCl_2, FeCl_3, Fe_2O_3, FeO.$$

In welchen der genannten Verbindungen ist das Eisen

   a) zweiwertig

   b) dreiwertig?

Bitte notieren Sie die entsprechenden Verbindungen, und vergleichen Sie bei 48 .

---

**40**     Sie haben offenbar etwas verwechselt.

Lesen Sie bitte noch einmal $\boxed{48}$ .

---

**41**     *Basische* Produkte können durch ein *saures* Futter gebunden werden.

*Saure* Produkte können durch ein *basisches* Futter gebunden werden.

Bei der Oxidation phosphorhaltiger Roheisen-Sorten entsteht ein *saures* Produkt, nämlich Phosphor(V)-oxid (Phosphorpentoxid).

Was für ein Futter muß man also nehmen, wenn man phosphorhaltiges Roheisen zu Stahl verarbeiten will?

● Ein basisches Futter     $\longrightarrow$  $\boxed{46}$

● Ein saures Futter     $\longrightarrow$  $\boxed{11}$

---

**42**     Ihre Antwort ist richtig.

Wissen Sie noch, was man zum Nachweis von Eisen(II)-salzen verwendet?

● Kaliumrhodanid     $\longrightarrow$  $\boxed{73}$

● rotes Blutlaugensalz     $\longrightarrow$  $\boxed{59}$

● gelbes Blutlaugensalz     $\longrightarrow$  $\boxed{26}$

---

**43**     Ihre Antwort ist falsch.

Eine Erklärung finden Sie unter $\boxed{57}$ .

---

**44**     Die Eisen- und Stahlgewinnung Deutschlands konzentriert sich auf das Ruhrgebiet und das Saargebiet.

Der nach den besprochenen Verfahren gewonnene Stahl läßt sich auf verschiedene Weise noch durch Zusätze anderer Metalle veredeln. Als solche Zusätze werden vor allem Nickel, Chrom und Mangan verwendet. Man schmilzt Stahl zusammen mit einem oder mehreren der genannten Metalle und nennt ein solches, durch Verschmelzen von zwei oder mehreren Metallen hergestelltes Produkt eine *Legierung*.

Legierungen haben besondere Eigenschaften und deshalb auch besondere Verwendungszwecke. Ein Beispiel ist Stahl, der mit dem Element *Chrom* legiert ist und als nichtrostender Stahl verwendet wird.

Notieren Sie bitte drei wichtige Metalle, mit denen Stahl legiert wird, und lesen Sie dann weiter unter $\boxed{32}$ .

---

**45**      Nein, ein wichtiges Düngemittel fällt beim Thomasverfahren an.

Im *Thomas*-Verfahren werden phosphorhaltige Eisensorten eingesetzt. Das hierbei anfallende Thomasmehl dient wegen seines Phosphorgehaltes als Düngemittel.

Lesen Sie bitte weiter unter 63 .

---

**46**      Ihre Antwort ist richtig.

Das Verfahren zur Verarbeitung phosphorhaltiger Eisensorten zu Stahl nennt man Thomas-Verfahren.

Wir haben bisher zwei Verfahren zur Stahlgewinnung kennengelernt:

1. *Das Bessemer-Verfahren:* Oxidation der Verunreinigungen durch Luft; Hauptverunreinigung: Mangan, das zu basischem Mangan(IV)-oxid (Mangandioxid) oxidiert und durch ein saures Futter gebunden wird.

2. *Thomas-Verfahren:* Oxidation der Verunreinigungen durch Luft: hauptsächliche Verunreinigung Phosphor, der zu saurem Phosphor(V)-oxid (Phosphorpentoxid) oxidiert und durch ein basisches Futter gebunden wird.

Das Futter der Bessemer- und Thomas-Birnen besteht aus feuerfesten Steinen, da die Temperatur bei beiden Verfahren bei etwa 1400 °C liegt. Nach einer gewissen Zeit muß das Futter erneuert werden. Das Futter der Thomas-Birnen wird fein gemahlen und als Düngemittel verkauft. Es heißt Thomasmehl.

Welches ist der als Düngemittel wirksame Bestandteil des Thomasmehls?

- Eisen      ⟶   31
- Kali      ⟶   62
- Stickstoff      ⟶   54
- Phosphor      ⟶   58

---

**47**      Ihre Antwort ist richtig.

Neben der *Maßanalyse* gibt es noch ein zweites wichtiges quantitatives Analysenverfahren, die *Gewichtsanalyse*. Hierbei muß man den zu bestimmenden Stoff in eine wägbare Form überführen. Dazu ein Beispiel:

Wird eine Eisen(III)-chlorid-Lösung mit der wäßrigen Lösung von Ammoniak versetzt, so entsteht ein brauner Niederschlag von Eisenhydroxid. Die Gleichung dafür heißt:

$$FeCl_3 + 3\,NH_3 + 3\,H_2O \longrightarrow Fe(OH)_3 + 3\,NH_4Cl$$

Zur quantitativen Bestimmung des Eisens sammelt man den Niederschlag von Eisen (III)-hydroxid auf einem Filter, wäscht nach und trocknet ihn zusammen mit dem Filter. Eisen(III)-hydroxid ist jedoch noch keine brauchbare Eisenverbindung für eine Gewichtsanalyse, weil es Wasser festhält. Man bringt deshalb den Niederschlag zusammen mit dem Filter in einen Tiegel und glüht. Hierbei verbrennt das Filter, und das Eisen(III)-hydroxid geht unter Wasserabspaltung in Eisen(III)-oxid über.

Stellen Sie bitte die Gleichung für die Wasserabspaltung aus Eisen(III)-hydroxid auf, und lesen Sie dann weiter unter $\boxed{18}$ .

---

$\boxed{48}$      Zweiwertig ist das Eisen in $FeCl_2$ und $FeO$.
Dreiwertig ist das Eisen in $FeCl_3$ und $Fe_2O_3$.

Eisen wird von verdünnten Säuren, besonders von verdünnter Salzsäure und Schwefelsäure, angegriffen. Konzentrierte Schwefelsäure greift dagegen Eisen nicht an. Man kann deshalb konzentrierte Schwefelsäure in eisernen Behältern aufbewahren und verarbeiten. An der Luft wird das Eisen vom Sauerstoff angegriffen, es rostet. Rost besteht aus verschiedenen Eisenoxiden und Eisenhydroxiden.

Stellen Sie nun die Gleichungen für die Umsetzung des Eisens mit

a) verdünnter Salzsäure und

b) verdünnter Schwefelsäure

auf. Berechnen Sie die Molekülmassen der entstehenden Eisen(II)-salze  (Fe = 56; Cl = 35,5; $SO_4$ = 96).

Welche Molekülmassen haben Sie erhalten?

- a) 127      b) 152    $\longrightarrow$   $\boxed{38}$
- a) 162,5    b) 152    $\longrightarrow$   $\boxed{60}$
- a) 152      b) 127    $\longrightarrow$   $\boxed{40}$
- Ich habe andere Zahlen    $\longrightarrow$   $\boxed{68}$

---

$\boxed{49}$      Ihre Antwort ist richtig.

Nur der Pyrit muß vor der Verarbeitung auf Roheisen abgeröstet werden. Die anderen drei genannten Eisenerze sind oxidische Erze und können direkt eingesetzt werden.

Die Eisengewinnung erfolgt im Hochofen. Der Hochofen wird mit Eisenerzen, Koks und Zuschlägen beschickt. Von unten eingeblasene heiße Luft verbindet sich mit dem Kohlenstoff zu . . . . . . . . . . . . . Durch dieses werden die Eisenerze zum Eisen(II)-oxid reduziert. Die Reduktion des Eisen(II)-oxids zum metallischen Eisen

**26**

erfolgt durch . . . . . . . . . . . . . . . . . Ein Teil des Eisens reagiert mit dem Kohlenstoff zu . . . . . . . . . .

Notieren Sie bitte, was zu ergänzen ist, und lesen Sie dann weiter unter 61 .

---

50    Ihre Antwort ist richtig.

Ende des 26. Programms.

---

51    Nein, ein wichtiges Düngemittel fällt beim Thomasverfahren an.

Im *Thomas*-Verfahren werden phosphorhaltige Roheisen-Sorten eingesetzt. Das
hierbei anfallende Thomasmehl dient wegen seines Phosphorgehaltes als Düngemittel.

Lesen Sie bitte weiter unter 63 .

---

52    Sie haben an einer wichtigen Stelle nicht aufgepaßt. Die richtige Antwort
finden Sie beim sorgfältigen Lesen von 48 .

---

53    Bitte vergleichen Sie:

Rotes Blutlaugensalz,    *Eisen(II)-salze.*
Gelbes Blutlaugensalz,   *Eisen(III)-salze.*

Eine weitere, sehr empfindliche Reaktion zeigen Eisen(III)-salze mit Kaliumrhodanid.
Wird zur Lösung eines Eisen(III)-salzes Kaliumrhodanid-Lösung gegeben, so entsteht
eine blutrote Färbung.

Was beobachtet man, wenn man Eisen(III)-salze mit

       a) rotem Blutlaugensalz

       b) Kaliumrhodanid

versetzt?

- a) einen blauen Niederschlag
- b) eine blutrote Färbung          $\longrightarrow$  28

- in beiden Teilen einen blauen Niederschlag     $\longrightarrow$  22

- a) keinen Niederschlag
- b) eine blutrote Färbung          $\longrightarrow$  42

26

| 54 |
|----|

Es gibt zwar Düngemittel, die aus Stickstoffverbindungen bestehen. Diese sind aber nicht im Thomasmehl enthalten.

Lesen Sie bitte noch einmal | 46 | .

---

| 55 |
|----|

Das Siemens-*Martin*-Verfahren wird in großen Herdöfen durchgeführt. Zur Oxidation der Verunreinigungen des Roheisens benutzt man den im *Eisenoxid* gebundenen Sauerstoff. Die Eisenoxide werden in Form von *Schrott* eingebracht.

Die technische Bedeutung des Eisens ist sehr groß. Man kann die wirtschaftliche Kraft eines Landes an der Größe seiner Eisen- und Stahlerzeugung messen. Die Weltstahlproduktion lag im Jahre 1967 bei ca. 500 Millionen Tonnen. In der Bundesrepublik Deutschland wurden 1967 ca. 40 Millionen Tonnen Stahl erzeugt.

Die in der Bundesrepublik erzeugte Menge von Eisen und Stahl wiegt 20-mal soviel wie die Menge aller übrigen hergestellten Metalle zusammen.

In welchen Gebieten Deutschlands wird besonders viel Eisen und Stahl gewonnen? (Beantwortung bitte schriftlich.)

Lesen Sie bitte weiter unter | 44 | .

---

| 56 |
|----|

Ihre Antwort ist bedingt richtig.

Nach Ihrem Vorschlag müßte die vollständige Gleichung so aussehen:

$$1 \, Fe_2O_3 \; + \; 6 \, HCl \; \longrightarrow \; 2 \, FeCl_3 \; + \; 3 \, H_2O$$

Wenn jedoch vor einer chemischen Substanz in einer Gleichung eine 1 stehen müßte, dann läßt man diese als selbstverständlich weg. Die richtige Gleichung heißt also:

$$Fe_2O_3 \; + \; 6 \, HCl \; \longrightarrow \; 2 \, FeCl_3 \; + \; 3 \, H_2O.$$

Lesen Sie weiter unter | 66 | .

---

| 57 |
|----|

Man unterscheidet zwei Sorten von Eisenerzen:

1. Oxidische Eisenerze. (z. B. Roteisenstein, Brauneisenstein und Magneteisenstein)

2. Sulfidische Eisenerze (z. B. Pyrit)

Die oxidischen Eisenerze können direkt zur Eisengewinnung im Hochofen eingesetzt werden. Die sulfidischen Eisenerze müssen zuvor abgeröstet, d. h. unter Luftzutritt geglüht werden. Dabei entstehen Eisenoxide und Schwefeldioxid, z. B.

**26**

$$4\,FeS_2 \;+\; 11\,O_2 \longrightarrow 2\,Fe_2O_3 \;+\; 8\,SO_2$$

Lesen Sie bitte weiter unter $\boxed{49}$ .

---

**58** Ihre Antwort ist richtig.

Der wirksame Bestandteil bei der Verwendung des Thomasmehls als Düngemittel ist Phosphor.

Notieren Sie bitte die fehlenden Wörter:

Die zwei Verfahren zur Stahlerzeugung sind das . . . . . . . . . . . . - und das
. . . . . . . . . . . . . -Verfahren. Beide Verfahren werden in stählernen Birnen durchgeführt. Durch flüssiges Roheisen wird . . . . . . . . geblasen, dabei werden die Verunreinigungen des Roheisens . . . . . . . . . . . . .

Lesen Sie bitte weiter unter $\boxed{69}$ .

---

**59** Ihre Antwort ist richtig.

Wir wollen uns nun noch mit der Frage beschäftigen, wie man Verbindungen des dreiwertigen Eisens nicht nur qualitativ nachweisen, sondern auch quantitativ (mengenmäßig) bestimmen kann.

Sie haben bereits ein Verfahren der quantitativen Analyse kennengelernt. Wie hieß dieses?

- Maßanalyse $\longrightarrow$ $\boxed{47}$
- Elektrolyse $\longrightarrow$ $\boxed{72}$
- Katalyse $\longrightarrow$ $\boxed{67}$

---

**60** Bei der Einwirkung von Salzsäure auf Eisen entsteht Eisen(II)-chlorid und *nicht* Eisen(III)-chlorid.

Lesen Sie noch einmal $\boxed{48}$ .

---

**61** Bitte vergleichen Sie:

*Kohlenmonoxid, Kohlenstoff, Eisencarbid.*

**26**

Zur Stahlgewinnung müssen die Verunreinigungen des Roheisens entfernt werden. Es gibt drei Verfahren:

1. Oxidation der Verunreinigungen durch Luft: Hauptverunreinigung: Mangan, das zu basischem Mangan(IV)-oxid (Mangandioxid) oxidiert und durch ein saures Futter gebunden wird. Durchführung in einer Birne.

2. Oxidation der Verunreinigungen durch Luft. Hauptsächliche Verunreinigung ist Phosphor, der zu saurem Phosphor(V)-oxid (Phosphorpentoxid) oxidiert und durch ein basisches Futter gebunden wird. Durchführung in einer Birne.

3. Oxidation der Verunreinigungen durch Sauerstoff, der in Form von Eisenoxiden zugeführt wird. Durchführung in einem flachen Herdofen.

Schreiben Sie die Namen der drei Verfahren in der angegebenen Reihenfolge auf, und lesen Sie dann weiter unter 75 .

---

**62**      Es gibt Kali-Düngemittel, die als wirksamen Bestandteil Salze des Kaliums enthalten. Diese kommen aber nicht im Thomasmehl vor.

Lesen Sie noch einmal 46 .

---

**63**      Ihre Antwort ist richtig.

Eisen ist ein Schwermetall. Bei Berührung mit Magneten oder im Magnetfeld wird es selbst magnetisch. Eisen wird von feuchter Luft angegriffen, es rostet. Mit verdünnten Säuren entstehen Verbindungen des zweiwertigen Eisens. Gegen konzentrierte Schwefelsäure ist Eisen beständig.

Zum Nachweis von Eisenverbindungen benutzt man:

a) Für Verbindungen des zweiwertigen Eisens rotes Blutlaugensalz,

b) für Verbindungen des dreiwertigen Eisens gelbes Blutlaugensalz,

c) für Verbindungen des dreiwertigen Eisens Kaliumrhodanid.

Was beobachtet man bei diesen drei Nachweisreaktionen?

- a) einen blauen Niederschlag
  b) einen blauen Niederschlag
  c) einen roten Niederschlag          ⟶   70

- a) eine Blaufärbung
  b) eine Blaufärbung
  c) eine Rotfärbung                    ⟶   6

**26**

● a) einen blauen Niederschlag

b) einen blauen Niederschlag

c) eine Rotfärbung　　　　　⟶　|50|

---

|64|　　　Sie haben an einer wichtigen Stelle nicht aufgepaßt. Die richtige Antwort finden Sie beim sorgfältigen Lesen von |48|.

---

|65|　　　Ihre Farbangaben für die drei Eisennachweise waren zwar richtig, Sie haben jedoch nicht gewußt, bei welchen Reaktionen ein Niederschlag entsteht und bei welchen nicht. Die richtigen Antworten heißen:

a) Verbindung des zweiwertigen Eisens + rotes Blutlaugensalz ⟶ blauer Niederschlag.

b) Verbindungen des dreiwertigen Eisens + gelbes Blutlaugensalz ⟶ blauer Niederschlag.

c) Verbindungen des dreiwertigen Eisens + Kaliumrhodanid ⟶ rote Färbung.

Ende des 26. Programms.

---

|66|　　　Ihre Antwort ist richtig.

Beim Nachweis von Eisenverbindungen müssen wir zwischen den Verbindungen des zweiwertigen und den Verbindungen des dreiwertigen Eisens unterscheiden.

Die Nachweisreagenzien für Eisensalze sind ziemlich kompliziert aufgebaute anorganische Verbindungen. Sie brauchen sich deshalb nur die Namen dieser Verbindungen zu merken.

Man benutzt zum Nachweis von Eisen(II)-salzen *rotes Blutlaugensalz*

und zum Nachweis von Eisen(III)-salzen *gelbes Blutlaugensalz.*

Die etwas merkwürdigen Namen dieser Reagenzien stammen aus der Zeit, in der diese Verbindungen aus Blut gewonnen wurden.

Zum Nachweis von Eisen(II)-salzen wird die Salzlösung mit einer Lösung von rotem Blutlaugensalz versetzt. Es entsteht ein tiefblauer Niederschlag.
Zum Nachweis von Eisen(III)-salzen wird die Salzlösung mit einer Lösung von gelbem Blutlaugensalz versetzt. Es entsteht ebenfalls ein tiefblauer Niederschlag.
Es entstehen keine Niederschläge, wenn die Reagenzien umgekehrt angewandt werden.

**26**

Notieren Sie bitte die Namen der Nachweisreagenzien, und schreiben Sie dazu, welche Eisenverbindungen mit ihnen nachgewiesen werden können.

Lesen Sie dann bitte weiter unter |53|.

67    Nein, eine Katalyse ist etwas anderes.

Ein Katalysator ist ein Stoff, der eine chemische Reaktion beschleunigt, am Ende
der Reaktion aber unverändert in der gleichen Form vorliegt wie am Anfang.

Beispiel für eine Katalyse: Beim Erhitzen von Kaliumchlorat entwickelt sich Sauerstoff gleichmäßiger und leichter, wenn Braunstein zugegen ist. Braunstein (Mangan
(IV)-oxid oder Mangandioxid, $MnO_2$) ist für diesen Vorgang ein Katalysator.

Lesen Sie noch einmal 59 .

68    Wenn Sie andere Zahlen haben, haben Sie irgendetwas falsch gemacht.

Bei der Einwirkung von Salzsäure auf Eisen entsteht Eisen(II)-chlorid, bei der Einwirkung von verdünnter Schwefelsäure auf Eisen entsteht Eisen(II)-sulfat.

Außerdem entweicht Wasserstoff.

Stimmen diese Angaben mit Ihren Gleichungen überein?  Verbessern Sie gegebe-
nenfalls Ihre Gleichungen, und überprüfen Sie Ihre Berechnungen.  → 48

69    Vergleichen Sie jetzt bitte Ihr Ergebnis:

Die zwei Verfahren zur Stahlerzeugung sind das *Bessemer-* und das *Thomas*-Ver-
fahren. Beide Verfahren werden in stählernen Birnen durchgeführt. Durch flüssiges
Roheisen wird *Luft* geblasen, dabei werden die Verunreinigungen des Roheisens
*oxidiert*.

Wenn Ihre Antworten unsicher oder falsch waren, dann lesen Sie im eigenen Interesse noch einmal 37 .

Es gibt noch ein drittes Verfahren zur Gewinnung von Stahl aus Roheisen. Es ist
das *Siemens-Martin-Verfahren*.

Auch bei diesem Verfahren werden die Verunreinigungen des Roheisens oxidiert.
Man verwendet dazu den in Eisenoxiden gebundenen Sauerstoff.

Das Siemens-Martin-Verfahren wird in großen flachen Pfannen (Herdöfen) durchgeführt. Auch hier werden die oxidierten Verunreinigungen des Roheisens durch
ein geeignetes Futter gebunden.

Die für das Siemens-Martin-Verfahren benötigten Eisenoxide werden in das geschmolzene Roheisen meist in Form von Schrott eingebracht. Schrott enthält
Eisenoxide in Form von Rost.

**26**

Notieren Sie bitte die fehlenden Wörter:

Das Siemens- . . . . . . . -Verfahren wird in großen Herdöfen durchgeführt. Zur Oxidation der Verunreinigungen des Roheisens benutzt man den im . . . . . . . gebundenen Sauerstoff. Die Eisenoxide werden in Form von . . . . . eingebracht.

Lesen Sie bitte weiter unter 55 .

---

**70**     Ihre Antwort ist falsch.

Eine Erklärung finden Sie unter 65 .

---

**71**     Richtig! Eisen wird von konzentrierter Schwefelsäure *nicht* angegriffen. Dagegen setzt sich Eisen mit verdünnter Schwefelsäure zu Eisen(II)-sulfat um. Mit Salzsäure entsteht aus Eisen das Eisen(II)-chlorid.

Eisen(III)-chlorid entsteht z. B. beim Auflösen von Eisen(III)-oxid in Salzsäure. Die noch nicht vollständige Gleichung dafür heißt:

$$Fe_2O_3 + HCl \longrightarrow FeCl_3 + H_2O$$

In dieser Gleichung fehlen die Faktoren. Welches sind die richtigen Faktoren?

| vor $Fe_2O_3$ | HCl | $FeCl_3$ | $H_2O$ | |
|---|---|---|---|---|
| – | 6 | – | 3 | → 76 |
| – | 6 | 2 | 3 | → 66 |
| 1 | 6 | 2 | 3 | → 56 |

---

**72**     Unter Elektrolyse versteht man die Zerlegung einer chemischen Verbindung mit Hilfe des elektrischen Gleichstroms, z. B. die Zerlegung von Wasser in Wasserstoff und Sauerstoff.

Lesen Sie noch einmal 59 .

---

**73**     Ihre Antwort ist falsch.

Lesen Sie noch einmal 66 .

---

**74**     Ihre Antwort ist falsch.

Eine Erklärung finden Sie unter 57 .

| 75 |
|----|

Die drei Verfahren sind:

1. Bessemer-Verfahren,

2. Thomas-Verfahren,

3. Siemens-Martin-Verfahren.

Bei welchem der drei Verfahren fällt als Nebenprodukt ein wichtiges Düngemittel an?

- Beim Bessemer-Verfahren      ⟶   45
- Beim Thomas-Verfahren      ⟶   63
- Beim Siemens-Martin-Verfahren    ⟶   51

| 76 |
|----|

Sie haben noch einen Faktor vor $FeCl_3$ vergessen.

Wenn Sie sich die Gleichung unter 71 noch einmal genau ansehen, finden Sie die richtige Antwort.

Lesen Sie weiter unter 71 .

26

# 27. Programm

## Kupfer, Blei, Zink, Zinn

---

| 1 |     Sie werden in diesem Programm einige Metalle kennenlernen, die in der

Sie werden in diesem Programm einige Metalle kennenlernen, die in der Technik viel verwendet werden. Wir beginnen mit dem *Kupfer,* einem rötlich glänzenden Schwermetall. Es leitet die Wärme und den elektrischen Strom sehr gut.

In trockener Luft und bei nicht zu hohen Temperaturen ist Kupfer beständig. Es bleibt rötlich glänzend. In feuchter Luft überzieht es sich im Laufe von Wochen und Monaten mit einer grünlichen Schicht, die überwiegend aus Kupferhydroxid und Kupfercarbonat besteht. Man nennt diese Schicht, die man an alten Kupferdächern beobachten kann, Patina.

Beantworten Sie schriftlich (in Stichworten) folgende Fragen:

Welche Eigenschaften hat Kupfer?
Wie entsteht Patina?
Was ist Patina?

Lesen Sie dann weiter unter [24] .

---

| 2 |     Ihre Antwort ist nur für $CuFeS_2$ richtig.

Ihre Antwort ist nur für $CuFeS_2$ richtig. Bei Sauerstoff haben Sie nicht berücksichtigt, daß Sauerstoff als $O_2$ in der Gleichung steht.

Beantworten Sie die Frage bei [12] noch einmal.

---

| 3 |     Sie haben wahrscheinlich falsche Formeln aufgestellt.

Hier sind die Bauformeln für

Kupfer(I)-oxid      und      Kupfer(II)-oxid

$$\begin{matrix} Cu \\ \;\;\;\;\; \diagdown \\ \;\;\;\;\;\;\; O \\ \;\;\;\;\; \diagup \\ Cu \end{matrix} \qquad\qquad Cu=O$$

Sehen Sie sich diese Formeln genau an, zählen Sie die Bindungen, bestimmen Sie damit die Wertigkeiten von Kupfer und Sauerstoff, und schreiben Sie die Summenformeln der beiden Kupferoxide auf.

Lesen Sie dann bitte weiter unter [11] .

---

**27**

| 4 |

Ihre Antwort ist richtig. Die vollständige Gleichung lautet:

$$2\,CuS + 3\,O_2 \longrightarrow 2\,CuO + 2\,SO_2$$

Es wird Ihnen auch gelingen, die richtigen Faktoren für die folgende Gleichung zu finden. Diese Gleichung beschreibt das Rösten von Kupferkies. Kupferkies besteht aus den Sulfiden von Kupfer und Eisen (Summenformel $CuFeS_2$). Beim Rösten entstehen Kupferoxid, Eisenoxid und Schwefeldioxid:

$$CuFeS_2 + O_2 \longrightarrow CuO + Fe_2O_3 + SO_2$$

Welche Faktoren sind richtig?

| vor $CuFeS_2$ | vor $O_2$ | vor $CuO$ | vor $Fe_2O_3$ | vor $SO_2$ | |
|---|---|---|---|---|---|
| 2 | 13 | 2 | 2 | 4 | → $\boxed{21}$ |
| 4 | 13 | 4 | 2 | 8 | → $\boxed{25}$ |
| Ich weiß es nicht | | | | | → $\boxed{12}$ |
| 2 | 10 | 6 | 4 | 4 | → $\boxed{28}$ |
| 4 | 6 | 2 | 2 | 4 | → $\boxed{32}$ |

| 5 |

Notieren Sie bitte das Folgende:

Beim Nachweis von Kupferverbindungen mit einem Überschuß von wäßriger Ammoniak-Lösung beobachtet man eine tiefblaue Färbung.

Lesen Sie bitte weiter unter $\boxed{84}$ .

| 6 |

Sie haben die geforderte Gleichung nicht richtig aufgestellt.

Lesen Sie bitte weiter unter $\boxed{27}$ , Sie bekommen dort eine Hilfe.

| 7 |

Bitte vergleichen Sie:

1. $CuO + H_2 \longrightarrow Cu + H_2O$

2. $CuO + C \longrightarrow Cu + CO$

Zur Reduktion des Kupferoxids benutzt man in der Technik Koks. Der Kohlenstoff des Koks ist als Reduktionsmittel billiger als Wasserstoff.

Wenn das Kupfer als sulfidisches Erz vorliegt, kann man dieses nicht direkt zu metallischem Kupfer reduzieren. Man verfährt genau so wie beim Einsatz von sulfidischen Erzen anderer Metalle.

**27**

Notieren Sie bitte die fehlenden Wörter des folgenden Abschnitts.

Sulfidische Erze müssen vor der Verarbeitung zu den Metallen . . . . . . . . . werden. Unter Abrösten versteht man das Erhitzen der sulfidischen Erze in Gegenwart von . . . . . . . . . . . Aus den Metallsulfiden entstehen dabei die entsprechenden . . . . . . und . . . . . . . .   →   ☐22

---

**8**   Sie haben die beiden Molekülmassen verwechselt.

Lesen Sie noch einmal ☐24 .

---

**9**   Ihre Antwort ist richtig.

Sie müssen sich weiterhin merken, daß die blauen, ammoniakhaltigen Kupfersalz-Lösungen wichtige Lösungsmittel für Cellulose sind. Man kann mit ihrer Hilfe Kunstseide (sogenannte Kupferseide) gewinnen.

Ende des 27. Programms.

---

**10**   Notieren Sie bitte das Folgende:

Zum Nachweis von Bleiverbindungen verwendet man Schwefelwasserstoff. Es entsteht ein schwarzer Niederschlag von Bleisulfid, z. B.

$$PbCl_2 + H_2S \longrightarrow PbS + 2\,HCl$$

$$Pb(NO_3)_2 + H_2S \longrightarrow PbS + 2\,HNO_3$$

Lesen Sie bitte weiter unter ☐84 .

---

**11**   Ihre Antwort ist richtig.

Die Summenformeln der beiden Kupferoxide sind:

Kupfer(I)-oxid          Kupfer(II)-oxid

$Cu_2O$                      $CuO$

Beide Kupferoxide entstehen durch Erhitzen von Kupfer an der Luft.

Notieren Sie bitte dafür die Reaktionsgleichungen, und lesen Sie dann weiter unter ☐39 .

---

**12**   Die richtigen Faktoren der Gleichung sind tatsächlich nicht ganz einfach zu finden. Die Sache wird leichter, wenn Sie das Verhältnis von Kupfer zu Eisen

**27**

zu Schwefel im $CuFeS_2$ betrachten. Es ist 1 : 1 : 2. Also müssen wir auf die rechte Seite zunächst schreiben:

$$\longrightarrow 2\,CuO + Fe_2O_3 + 4\,SO_2$$

Wir setzen dann links erst einmal 2 $CuFeS_2$ ein:

$$2\,CuFeS_2 + O_2 \longrightarrow 2\,CuO + Fe_2O_3 + 4\,SO_2$$

Jetzt betrachten wir die Anzahl der Sauerstoffatome auf der rechten Seite. Es sind 13, eine *ungerade* Zahl. Da links aber immer nur eine gerade Anzahl Sauerstoffatome stehen kann, muß die rechte Seite der Gleichung noch mit 2 multipliziert werden.

$$2\,CuFeS_2 + O_2 \longrightarrow 4\,CuO + 2\,Fe_2O_3 + 8\,SO_2$$

Die Gleichung ist noch nicht richtig. Welche Zahlen müssen auf der linken Seite vor $CuFeS_2$ und $O_2$ stehen?

| vor $CuFeS_2$ | vor $O_2$ | | |
|---|---|---|---|
| 2 | 13 | $\longrightarrow$ | 37 |
| 4 | 26 | $\longrightarrow$ | 2 |
| 4 | 13 | $\longrightarrow$ | 25 |
| 2 | 26 | $\longrightarrow$ | 34 |
| Ich brauche noch eine Hilfe | | $\longrightarrow$ | 23 |

---

**13** Beim Abrösten von Kupfersulfid entstehen *Kupferoxid* und *Schwefeldioxid*. Die noch nicht vollständige Gleichung heißt:

$$CuS + O_2 \longrightarrow CuO + SO_2$$

Es ist nicht ganz einfach, für diese Gleichung die richtigen Faktoren zu finden.

Welches sind die richtigen Faktoren?

| vor CuS | vor $O_2$ | vor CuO | vor $SO_2$ | | |
|---|---|---|---|---|---|
| 2 | 2 | 2 | 2 | $\longrightarrow$ | 6 |
| 3 | 2 | 2 | 2 | $\longrightarrow$ | 29 |
| 2 | 3 | 2 | 2 | $\longrightarrow$ | 4 |
| 3 | 3 | 2 | 3 | $\longrightarrow$ | 20 |
| Ich brauche eine Hilfe | | | | $\longrightarrow$ | 27 |

**27**

---

**14**          Lesen Sie bitte weiter unter $\boxed{3}$ .

---

**15**          Wir waren von folgender, noch nicht vollständiger Gleichung ausgegangen:

$$CuS + O_2 \longrightarrow 2\,CuO + 2\,SO_2$$

Auf der rechten Seite der Gleichung sind von Kupfer und Schwefel je zwei Atome
vorhanden. Das muß also auch auf der linken Seite der Fall sein. Schreiben wir
das zunächst einmal hin:

$$2\,CuS + O_2 \longrightarrow 2\,CuO + 2\,SO_2$$

Jetzt haben wir aber auf der linken Seite zu wenig Sauerstoff. Rechts stehen 6 Sauerstoffatome. Also müssen auch auf der linken Seite 6 Sauerstoffatome oder 3 $O_2$ vorhanden sein. Die richtige Gleichung heißt also:

$$2\,CuS + 3\,O_2 \longrightarrow 2\,CuO + 2\,SO_2$$

Schreiben Sie diese Gleichung ab, und lesen Sie dann weiter unter $\boxed{4}$ .

---

**16**          Sie machen es sich zu bequem.          Lesen Sie noch einmal $\boxed{26}$ .

---

**17**          Vergleichen Sie bitte Ihre Formeln:

| Kupfer(I)-chlorid | $CuCl$ |
|---|---|
| Kupfer(II)-oxid | $CuO$ |
| Kupfer(II)-sulfid | $CuS$ |
| Kupfer(II)-carbonat | $CuCO_3$ |

Schreiben Sie nun bitte für folgende Kupferverbindungen die Namen auf:

$Cu_2O$

$CuCl_2$

$CuCl$

$Cu(NO_3)_2$

Lesen Sie bitte weiter unter $\boxed{43}$ .

---

**18**          Nein, denken Sie daran, daß die Ionen am entgegengesetzt geladenen Pol
entladen werden.

Die Anode ist der Pluspol.
Die Kathode ist der Minuspol.

Beantworten Sie die Frage noch einmal bei $\boxed{55}$ .

**27**

**19** Sulfidische Erze sind Metall*sulfide.* Beim Abrösten werden diese Metall-sulfide in Gegenwart von Luft erhitzt. Wie soll da Kohlendioxid entstehen?

Lesen Sie noch einmal **72** .

---

**20** Sie haben die geforderte Gleichung nicht richtig aufgestellt.

Lesen Sie bitte weiter unter **27** , Sie bekommen dort eine Hilfe.

---

**21** Ihre Antwort ist falsch.

Eine Hilfe bekommen Sie bei **12** .

---

**22** Bitte vergleichen Sie:

Sulfidische Erze müssen vor der Verarbeitung zu den Metallen *abgeröstet* werden. Unter Abrösten versteht man das Erhitzen der sulfidischen Erze in Gegenwart von *Sauerstoff (Luft).* Aus den Metallsulfiden entstehen die entsprechenden *Metalloxide* und *Schwefeldioxid.*

Schreiben Sie bitte auf, welche Produkte beim Abrösten von *Kupfersulfid* entstehen, und lesen Sie dann weiter unter **13** .

---

**23** Wir gingen von folgender, noch unvollständiger Gleichung aus:

$$2\,CuFeS_2 \ + \ O_2 \longrightarrow 4\,CuO \ + \ 2\,Fe_2O_3 \ + \ 8\,SO_2$$

Um den richtigen Faktor auf der linken Seite vor $CuFeS_2$ einsetzen zu können, müssen Sie feststellen, wieviel Cu-Atome auf der rechten Seite der Gleichung vor-handen sind. Zur Kontrolle können Sie es mit der Anzahl der Fe-Atome nochmals überprüfen.

Um den richtigen Faktor auf der linken Seite vor $O_2$ einsetzen zu können, müssen Sie feststellen, wieviel Sauerstoffatome auf der rechten Seite der Gleichung vor-handen sind. Dann muß zur Ermittlung des Faktors die Anzahl der Sauerstoff-atome durch 2 geteilt werden, da Sauerstoff auf der linken Seite als $O_2$ steht.

Beantworten Sie die Frage bei **12** noch einmal.

---

**24** Rötlich glänzendes Schwermetall; leitet Wärme und Strom sehr gut; in trockener Luft beständig, in feuchter Luft Bildung von Patina. Patina besteht überwiegend aus Kupferhydroxid und Kupfercarbonat.

**27**

Gegen verdünnte Säuren ist Kupfer beständig, von konzentrierter Schwefelsäure und von konzentrierter Salpetersäure wird es angegriffen.

In seinen Verbindungen ist Kupfer ein- und zweiwertig. Es gibt also zwei Kupferoxide, das Kupfer(I)-oxid und das Kupfer(II)-oxid. Stellen Sie die Formeln dieser beiden Kupferoxide auf, und berechnen Sie die Molekülmassen (Cu = 64, O = 16).

Welche Molekülmassen haben

    a) Kupfer(I)-oxid,

    b) Kupfer(II)-oxid?

- a) =  96      b) =  80      $\longrightarrow$   3

- a) =  80      b) = 144      $\longrightarrow$   8

- a) = 144      b) =  80      $\longrightarrow$   11

- Ich habe andere Zahlen      $\longrightarrow$   14

---

**25**      Ihre Antwort ist richtig.

Hier noch einmal die vollständige Gleichung:

$$4\,CuFeS_2 + 13\,O_2 \longrightarrow 4\,CuO + 2\,Fe_2O_3 + 8\,SO_2$$

Für die Gewinnung des Kupfers halten wir fest:

Kupfer kommt als Metall und in Form von oxidischen und sulfidischen Erzen vor. Oxidische Erze können sofort reduziert werden (in der Technik mit Koks), sulfidische müssen vorher durch Abrösten in oxidische Erze umgewandelt werden.

Kupfer kann auch durch Elektrolyse von Kupfersalzlösungen gewonnen werden. Dabei wird als Salz im allgemeinen Kupfersulfat eingesetzt.

Notieren Sie bitte, in welche Ionen $CuSO_4$ in Wasser dissoziiert.      $\longrightarrow$   55

---

**26**      Die Formel für Kupfersulfat mit 5 Molekülen Kristallwasser ist $CuSO_4 \cdot 5\,H_2O$. Wir lernten dieses Salz bereits früher kennen. Was beobachtet man beim Erhitzen?

- Wasserabspaltung      $\longrightarrow$   30

- Wasserabspaltung und Schwarzfärbung      $\longrightarrow$   36

- Wasserabspaltung, Übergang der blauen Kristalle in weißes Pulver      $\longrightarrow$   51

- Nichts      $\longrightarrow$   16

- Übergang der blauen Kristalle in ein weißes Pulver      $\longrightarrow$   44

**27**

**27**    In der Gleichung

$$CuS + O_2 \longrightarrow CuO + SO_2$$

finden Sie rechts 3, links aber 2 Sauerstoffatome.

Rechts steht eine *ungerade* Anzahl Sauerstoffatome, während links immer (auch durch Multiplikation mit Faktoren) eine *gerade* Anzahl von Sauerstoffatomen steht (z. B.: $2 O_2$ = 4 Sauerstoffatome, $3 O_2$ = 6 Sauerstoffatome). Wir müssen also die Faktoren so wählen, daß auch auf der rechten Seite der Gleichung eine *gerade* Anzahl von Sauerstoffatomen steht. Multiplizieren Sie die rechte Seite der Gleichung mit 2. Das ergibt:

$$CuS + O_2 \longrightarrow 2\,CuO + 2\,SO_2$$

Es ist jetzt leichter, die Frage zu beantworten:

Welche Faktoren müssen vor $CuS$, $O_2$, $CuO$ und $SO_2$ stehen, damit die Gleichung stimmt?

| CuS | $O_2$ | CuO | $SO_2$ | |  |
|-----|-------|-----|--------|--|--|
| 2 | 3 | 2 | 2 | $\longrightarrow$ | 4 |
| 2 | 2 | 2 | 2 | $\longrightarrow$ | 35 |
| Ich weiß es nicht | | | | $\longrightarrow$ | 15 |

---

**28**    Ihre Antwort ist falsch.

Eine Hilfe bekommen Sie bei 12 .

---

**29**    Sie haben die geforderte Gleichung nicht richtig aufgestellt.

Lesen Sie bitte weiter unter 27 , Sie bekommen dort eine Hilfe.

---

**30**    Ihre Antwort ist unvollständig.

Neben der Wasserabspaltung beobachtet man auch noch eine Farbänderung.

Lesen Sie noch einmal 26 .

---

**31**    Bronze ist eine Legierung aus den Metallen Kupfer und Zinn.

In seinen Verbindungen tritt Kupfer ein- und zweiwertig auf.

**27**

Schreiben Sie bitte für folgende Verbindungen die Namen und Summenformeln auf:

Kupfer(I)-chlorid, Kupfer(II)-oxid, Kupfer(II)-sulfid, Kupfer(II)-carbonat.   $\longrightarrow$  $\boxed{17}$

---

$\boxed{32}$   Ihre Antwort ist falsch.

Eine Hilfe bekommen Sie bei $\boxed{12}$ .

---

$\boxed{33}$   Richtig, die Kupfer-Ionen werden an der Kathode entladen und Kupfer scheidet sich ab.
Die Elektrolyse von Kupfersalz-Lösungen ist ein wichtiges Verfahren zur Reinigung von Kupfer. Dazu schaltet man rohes, unreines Kupfer als Anode (Pluspol) und ein reines Kupferblech als Kathode (Minuspol). Diese beiden Pole taucht man in eine Kupfersulfatlösung.

Beim Durchgang von elektrischem Gleichstrom schlägt sich das Kupfer an der Kathode nieder. Die Kathode wird immer dicker. Dagegen geht das als Anode geschaltete unreine Kupfer allmählich in Lösung. Die $Cu^{2\oplus}$-Ionen wandern von der Anode zur Kathode. Der Vorgang kann durch folgende Skizze wiedergegeben werden:

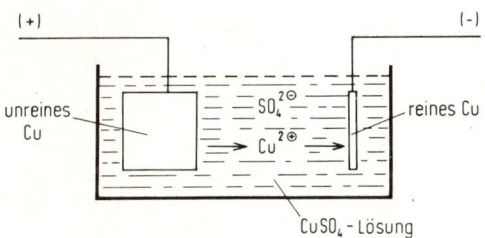

Abb. 33.

Bitte zeichnen Sie die Skizze.

Nicht nur durch Elektrolyse kann man aus Kupfersalz-Lösungen Kupfer gewinnen. Es gibt noch eine weitere Methode.

Wenn man Eisenspäne in eine Lösung von Kupfersulfat bringt, so löst sich das Eisen auf, und es scheidet sich metallisches Kupfer ab:

$$Fe + CuSO_4 \longrightarrow \ldots\ldots\ldots\ldots + Cu$$

Ergänzen Sie bitte diese Gleichung.   $\longrightarrow$  $\boxed{53}$

---

$\boxed{34}$   Keiner der Faktoren ist richtig.
Lesen Sie die zusätzliche Erklärung bei $\boxed{23}$ .

**27**

**35**   Ihre Antwort ist falsch.

Lesen Sie bitte weiter unter $\boxed{15}$ .

---

**36**   Ihre Antwort ist nur teilweise richtig.

Man beobachtet zwar beim Erhitzen von kristallwasserhaltigem Kupfersulfat eine Wasserabspaltung, die blauen Kristalle gehen aber dabei in ein *weißes* Pulver über.

Lesen Sie bitte weiter unter $\boxed{51}$ .

---

**37**   Ihre Antwort ist nur für $O_2$ richtig. Sie haben nicht berücksichtigt, daß auch der Faktor vor $CuFeS_2$ geändert werden muß.

Beantworten Sie die Frage bei $\boxed{12}$ noch einmal.

---

**38**   Nein, nach dem Bleikammerverfahren wird *Schwefelsäure* gewonnen.

Lesen Sie bitte weiter unter $\boxed{42}$ .

---

**39**   Vergleichen Sie nun Ihr Ergebnis, und verbessern Sie es, wenn es falsch war:

$$4\,Cu + O_2 \longrightarrow 2\,Cu_2O$$

$$2\,Cu + O_2 \longrightarrow 2\,CuO$$

Kupfer kommt als Metall, als Kupferoxid, als Kupferkies und als Kupfersulfid vor. Kupferoxid kann leicht durch Reduktion in metallisches Kupfer übergeführt werden.

Formulieren Sie die Gleichungen für die Reduktion des Kupfer(II)-oxids (CuO):

1. mit Wasserstoff,
2. mit Kohlenstoff.

Vergleichen Sie bei $\boxed{7}$ .

---

**40**   Notieren Sie bitte das Folgende:

Zum Nachweis von Bleiverbindungen verwendet man Schwefelwasserstoff. Es entsteht ein schwarzer Niederschlag von Bleisulfid.

Beispiele:   $PbCl_2 + H_2S \longrightarrow PbS + 2\,HCl$

$Pb(NO_3)_2 + H_2S \longrightarrow PbS + 2\,HNO_3$

**27**

Lesen Sie bitte weiter unter $\boxed{84}$ .

---

**41**     Notieren Sie bitte das Folgende:

Beim Nachweis von Kupferverbindungen mit einem Überschuß von wäßriger Ammoniak-Lösung beobachtet man eine tiefblaue Färbung.

Lesen Sie bitte weiter unter 84 .

---

**42**     Ja, das Bleikammerverfahren dient zur Herstellung von Schwefelsäure. Blei ist in seinen Verbindungen zwei- und vierwertig.

Stellen Sie bitte die Summenformeln der beiden Bleioxide auf, und berechnen Sie deren Molekülmassen (Atommasse Pb = 207, O = 16).

| Blei(II)-oxid | Blei(IV)-oxid | | |
|---|---|---|---|
| 430 | 844 | → | 77 |
| 223 | 430 | → | 50 |
| 223 | 239 | → | 58 |
| 239 | 223 | → | 62 |
| Ich brauche eine Hilfe | | → | 66 |

---

**43**     $Cu_2O$        Kupfer(I)-oxid

$CuCl_2$        Kupfer(II)-chlorid

$CuCl$        Kupfer(I)-chlorid

$Cu(NO_3)_2$        Kupfer(II)-nitrat

Die Verbindungen des einwertigen Kupfers werden durch Luft leicht zu Verbindungen des zweiwertigen Kupfers oxidiert. Verbindungen des zweiwertigen Kupfers sind wichtiger und kommen häufiger vor als die des einwertigen Kupfers. Die Salze des zweiwertigen Kupfers sind blau oder grün. **Alle Kupfersalze sind mehr oder weniger giftig.**

Das wichtigste Kupfersalz ist das Kupfersulfat. Es kristallisiert mit 5 Molekülen Kristallwasser. Schreiben Sie bitte die Formel auf, und lesen Sie dann bitte weiter unter 26 .

---

**44**     Ihre Antwort ist unvollständig. Beim Erhitzen von kristallwasserhaltigem Kupfersulfat gehen die blauen Kristalle in ein weißes Pulver über, da eine *Wasserabspaltung* stattfindet.

Lesen Sie bitte weiter unter 51 .

**27**

**45** Ihre Antwort ist falsch.

Zink wird zur Gewinnung von Wasserstoff verwendet.

Wo wendet man dieses Verfahren der Wasserstoffgewinnung an?

● Im Laboratorium   ⟶ 63

● In der Technik     ⟶ 68

**46** Ihre Antwort ist richtig.

Bitte schreiben Sie das Folgende mit den nötigen Ergänzungen ab:

Zink wird verwendet zum Verzinken von ......................
Messing ist eine Legierung aus ........... und ...............
Zink dient zur Erzeugung von .......... im Laboratorium
Zinkweiß ist chemisch ..............
Lithopone ist chemisch ein Gemisch aus ......... und ..........

Wenn Sie alles ausfüllen konnten, lesen Sie bitte weiter unter 67 , im anderen Falle gehen Sie im eigenen Interesse noch einmal zurück nach 54 .

**47** Beim Verbrennen von Schwefel entsteht Schwefeldioxid. Die weitere Oxidation des Schwefeldioxids zum Schwefeltrioxid gelingt nicht ohne weiteres, sondern nur in Gegenwart von Katalysatoren (denken Sie an die Herstellung von Schwefelsäure oder Schwefeltrioxid nach dem Bleikammer- und Kontaktverfahren!) Auch beim Abrösten sulfidischer Erze geht die Oxidation nur bis zum ..........

Lesen Sie bitte weiter unter 79 .

**48** Nein, nach dem Bleikammerverfahren wird Schwefelsäure gewonnen.

Lesen Sie bitte weiter unter 42 .

**49** Zur Herstellung von Kunstseide (Kupferseide).

Soweit die Besprechung des Kupfers. Nun zum *Blei.*

Blei ist ein Schwermetall, das an der frischen Schnittfläche silbrig glänzt und dann allmählich graublau anläuft. Es ist so weich und wird so leicht abgerieben, daß man damit auf Papier schreiben kann. Die heutigen Bleistifte enthalten allerdings kein Blei mehr, sondern Graphit.

**Blei und seine Verbindungen sind giftig!**

**27**

An der Luft verliert das Blei seinen Glanz, weil es sich mit einer Oxidschicht über-zieht. Von Schwefelsäure und kalter Salzsäure wird Blei nicht angegriffen, Sal-petersäure löst Blei auf.

Notieren Sie bitte die Farbe des Kupfers und des Bleis, und lesen Sie dann weiter unter 70 .

---

**50**      Ihre Antwort ist nur halb richtig. Die Summenformel für Blei(II)-oxid ist PbO. Für Blei(IV)-oxid ist Ihre Summenformel falsch.

Denken Sie daran, daß die römische Zahl hinter dem Metall die Wertigkeit des Metalls in der Verbindung bedeutet.

Beantworten Sie die Frage bei 42 noch einmal.

---

**51**      Ihre Antwort ist richtig.

Das kristallwasserhaltige, blaue Kupfersulfat geht beim Erhitzen unter Wasserab-spaltung in das farblose, wasserfreie Kupfersulfat über.

$$CuSO_4 \cdot 5\,H_2O \xrightarrow{\text{Erhitzen}} CuSO_4 + 5\,H_2O$$

Versetzt man die Lösung von Kupfer(II)-salzen im Überschuß mit wäßriger Am-moniak-Lösung, dann tritt eine sehr kräftige, tiefblaue Farbe auf. Man benutzt diese Reaktion zum Nachweis von Kupfersalzen.

Die blauen, Ammoniak enthaltenden Kupfersalz-Lösungen haben in der Technik große Bedeutung. Man kann in ihnen nämlich Cellulose (Baumwolle, Watte) auf-lösen. Preßt man diese Lösung durch Spinndüsen in angesäuertes Wasser, dann wird die Cellulose in Form von Fäden ausgefällt. Man macht davon bei der Her-stellung von Kunstseide, der Kupferseide, Gebrauch.

Wie weist man Kupfersalze nach?    →    80

---

**52**      Bleisulfat ist das Bleisalz der Schwefelsäure.
Diese Verwechslung hätte Ihnen eigentlich nicht mehr passieren dürfen.

Lesen Sie bitte die Hilfe bei 56 .

---

**53**      $Fe + CuSO_4 \longrightarrow FeSO_4 + Cu$

Die positiven Ladungen, die zunächst das Kupfer-Ion besaß, hat nun das Eisen. Es fand eine Übertragung zweier Elektronen vom Eisen zum Kupfer statt, wodurch das Kupfer-Ion entladen wurde und sich metallisch abschied, während das Eisen als Ion in Lösung ging. Genauer wird diese Reaktionsfolge bei der elektrochemi-schen Spannungsreihe im Lehrprogramm Chemie II beschrieben.

**27**

Kupfer wird heute in der Elektroindustrie zur Herstellung von Kabeln, im Apparatebau zur Herstellung von Kühlern und Heizschlangen und allgemein als Überzug für unedlere Metalle, die so geschützt werden, gebraucht.

Für alle diese Verwendungen spielen die Eigenschaften des Kupfers eine wichtige Rolle: Hohe Leitfähigkeit für den elektrischen Strom und für Wärme, Beständigkeit gegen trockene Luft, Wasser und verdünnte Säuren.

Notieren Sie in Stichworten die wichtigsten Eigenschaften des Kupfers und einige Anwendungsmöglichkeiten, die sich auf Grund dieser Eigenschaften ergeben.

Lesen Sie dann bitte weiter unter $\boxed{86}$.

---

$\boxed{54}$     Richtig!

**B**itte vergleichen Sie:

Erhitzen von Zinkcarbonat:    $ZnCO_3 \longrightarrow ZnO + CO_2$

Brennen von Kalkstein:    $CaCO_3 \longrightarrow CaO + CO_2$

Aus seinem Oxid erhält man das Zink durch Reduktion mit Koks.

$$ZnO + C \longrightarrow Zn + CO.$$

Zink ist an der Luft beständig. Es wird zum Verzinken von Eisenblech und zur Herstellung von Legierungen eingesetzt. *Messing* ist z. B. eine Legierung aus Kupfer und Zink. Notieren Sie bitte diese Verwendungsmöglichkeiten in Stichworten.

Eine weitere Verwendung für Zink kennen Sie bereits.

Wozu kann Zink noch verwendet werden?

- Zur Gewinnung von Sauerstoff               $\longrightarrow$   $\boxed{45}$

- Zur Gewinnung von Wasserstoff im Laboratorium   $\longrightarrow$   $\boxed{63}$

- Zur Gewinnung von Wasserstoff in der Technik    $\longrightarrow$   $\boxed{68}$

---

$\boxed{55}$     $CuSO_4 \longrightarrow Cu^{2\oplus} + SO_4^{2\ominus}$

Schickt man durch die Lösung von Kupfersulfat elektrischen Gleichstrom, dann scheidet sich metallisches Kupfer ab.

An welchem Pol scheidet sich Kupfer ab?

- An der Anode    $\longrightarrow$   $\boxed{18}$

- An der Kathode    $\longrightarrow$   $\boxed{33}$

**27**

**56**    Wir stellen noch einmal gegenüber:

Schwefelwasserstoff:   $H_2S$         Salze: Sulfide

Schweflige Säure:      $H_2SO_3$      Salze: Sulfite

Schwefelsäure:         $H_2SO_4$      Salze: Sulfate

Kehren Sie zurück nach $\boxed{75}$ , und beantworten Sie die Frage noch einmal.

---

**57**    Bitte vergleichen Sie:

Zur Gewinnung des Bleis wird das Bleisulfid *abgeröstet*. Bei diesem Vorgang entstehen *Bleioxid* und *Schwefeldioxid*. Das Bleioxid wird mit Koks zum *Blei* reduziert.

Blei wird verwendet zur Herstellung von Wasserrohren und von Bleiplatten (für Akkumulatoren). Wegen seiner Widerstandsfähigkeit gegen Säuren wird es auch häufig zum Auskleiden von Reaktionsgefäßen in der chemischen Technik verwendet. Denken Sie nur an das Bleikammerverfahren. Hier weist schon der Name auf die Verwendung von Blei für Reaktionsgefäße hin. Außerdem ist Blei Bestandteil verschiedener Legierungen.

Welches Produkt wird nach dem Bleikammerverfahren hergestellt?

● Salpetersäure     →  $\boxed{38}$

● Schwefelsäure     →  $\boxed{42}$

● Salzsäure         →  $\boxed{48}$

---

**58**    Ihre Antwort ist richtig. Die Summenformeln für die beiden Bleioxide sind:

$$PbO \qquad\qquad PbO_2$$

Blei(II)-oxid      Blei(IV)-oxid

PbO ist gelb (es gibt aber auch eine rote Modifikation), $PbO_2$ schwarz-braun

Durch Erhitzen von PbO in Gegenwart von Luft entsteht ein leuchtend orangerotes Bleioxid mit der Summenformel $Pb_3O_4$.

$Pb_3O_4$ hat den Namen *Mennige*. Es wird als Malerfarbe verwendet. Da es Eisen vor dem Rosten zu schützen vermag, wird es als Grundanstrich auf Eisen aufgebracht.

Vervollständigen Sie bitte die Gleichung für die Herstellung von Mennige. (Es fehlen auch die Faktoren).

$$\ldots\ldots\ldots + O_2 \longrightarrow \ldots Pb_3O_4 \qquad \longrightarrow \boxed{75}$$

**27**

---

**59**    *Zink* ist ein Schwermetall. (Metalle, deren Dichte größer als 5 g/cm$^3$ ist, sind Schwermetalle.) Es hat das chemische Zeichen Zn. In seinen Verbindungen ist Zink stets zweiwertig. Zink kommt in der Natur nicht frei vor. Wichtige Zinkmineralien sind *Zinksulfid* und *Zinkcarbonat*.

Schreiben Sie die Namen und die Summenformeln dieser beiden Zinkmineralien auf, und lesen Sie dann weiter unter 69 .

---

**60**    Nein, beim Abrösten sulfidischer Erze werden diese in Gegenwart von Luftsauerstoff erhitzt. Es entstehen die entsprechenden Metalloxide und Schwefeldioxid, z. B.

$$2\,CuS + 3\,O_2 \longrightarrow 2\,CuO + 2\,SO_2$$

Es ist also die *erste* Gleichung bei 73 , die an das Abrösten sulfidischer Erze erinnert, nicht aber die *zweite*.

Sehen Sie sich die Gleichungen daraufhin noch einmal unter 73 an.

---

**61**    Vergleichen Sie Ihr Ergebnis:

| | |
|---|---|
| Zinn(II)-chlorid | $SnCl_2$ |
| Zinn(IV)-chlorid | $SnCl_4$ |
| Zinn(II)-oxid | $SnO$ |
| Zinn(II)-sulfat | $SnSO_4$ |

Und nun schreiben Sie bitte die folgenden beiden Formeln ab, und schreiben Sie die Namen dazu.

$$SnO_2$$
$$Sn(NO_3)_2$$

Lesen Sie dann bitte weiter unter 72 .

---

**62**    Sie haben die Molekülmassen der beiden Bleioxide wohl richtig ausgerechnet, aber die Zuordnung zu den Namen verwechselt.

Lesen Sie weiter bei 58 .

---

**63**    Ihre Antwort ist richtig.

Stellen Sie die Gleichung für die Erzeugung von Wasserstoff im Laboratorium unter Verwendung von Zink auf.

**27**    Lesen Sie dann weiter unter 71 .

---

---

**64**     Bleisulfit ist das Bleisalz der schwefligen Säure. Diese Verwechslung hätte Ihnen eigentlich nicht mehr passieren dürfen.

Lesen Sie bitte die Hilfe bei **56** .

---

**65**     Ihre Antwort ist richtig.

Kupfer tritt in seinen Verbindungen ein- und zweiwertig, Blei tritt in seinen Verbindungen zwei- und vierwertig, Zink tritt in seinen Verbindungen nur zweiwertig, Zinn tritt in seinen Verbindungen zwei- und vierwertig auf.

**Die Verbindungen der vier genannten Schwermetalle, insbesondere die Kupfer- und Bleisalze, sind giftig.** Einige Blei- und Zinkverbindungen finden Verwendung als Malerfarben (Mennige, Zinkweiß, Lithopone).

Welches Reagenz verwendet man zum Nachweis von Bleiverbindungen und was beobachtet man dabei?

- Mit Schwefelwasserstoff einen weißen Niederschlag    →   **76**
- Mit Ammoniak eine Blaufärbung    →   **40**
- Mit Schwefelwasserstoff einen schwarzen Niederschlag    →   **84**
- Ich bin nicht sicher    →   **10**

---

**66**     Blei tritt in seinen Verbindungen zwei- und vierwertig auf.

Die römische Zahl hinter dem Metall im Namen des Oxids bedeutet jeweils die Wertigkeit des Metalls in dieser Verbindung.

Im Blei(II)-oxid ist das Blei zweiwertig.

Stellen Sie jetzt die Summenformeln auf für Blei(II)-oxid und Blei(IV)-oxid auf, und berechnen Sie erneut die Molekülmassen bei **42** .

---

**67**     Kontrollieren Sie Ihr Ergebnis. Wenn Sie Fehler hatten, verbessern Sie diese:

Zink wird verwendet zum Verzinken von Eisen. Messing ist eine Legierung aus Kupfer und Zink. Zink dient zur Erzeugung von Wasserstoff im Laboratorium. Zinkweiß ist chemisch Zinkoxid (ZnO). Lithopone ist chemisch ein Gemisch aus Zinksulfid und Bariumsulfat.

**27**

Und nun noch einiges über das Zinn.

Zinn hat das chemische Zeichen Sn. Zinn ist auch ein Schwermetall. Es läßt sich leicht dehnen. Aus diesem Grunde wird es zu dünnen Folien, dem Stanniol, ausgewalzt. Sie kennen solche Zinnfolien (Stanniol) als Christbaumschmuck (Lametta).

Zinn ist gegen Luft beständig, wird aber durch Säuren angegriffen. Zinn wird aus oxidischen Erzen durch Reduktion gewonnen. Man benutzt es vor allem zum Verzinnen von Eisenblech. Die Oberfläche des Eisens wird dadurch vor dem Verrosten geschützt. Verzinntes Eisen wird z. B. zur Herstellung von Konservendosen verwendet. Man nennt es Weißblech. Eine wichtige Zinnlegierung ist Bronze. Bronze besteht aus Zinn und Kupfer.

Zinn kommt in den gleichen Wertigkeiten wie Blei vor. Bitte notieren Sie, in welchen Wertigkeiten also Zinn in seinen Verbindungen auftritt. $\longrightarrow$ $\boxed{81}$

---

$\boxed{68}$     Zur Gewinnung von Wasserstoff in der Technik ist die Umsetzung von Zink mit verdünnten Säuren zu teuer.

In der Technik wird Wasserstoff bei der Elektrolyse von Natriumchlorid-Lösungen als Nebenprodukt gewonnen. Eine andere Möglichkeit besteht im Überleiten von Wasserdampf über glühenden Koks und Trennung des entstandenen Gemisches von Kohlenmonoxid und Wasserstoff.

Lesen Sie bitte weiter unter $\boxed{63}$ .

---

$\boxed{69}$     *Zinksulfid ZnS*          *Zinkcarbonat ZnCO$_3$*

Zur Herstellung von metallischem Zink müssen die beiden Zinkmineralien zunächst in Zinkoxid übergeführt werden.

1. Aus Zinksulfid (ZnS) entsteht Zinkoxid durch Abrösten.

2. Aus dem Zinkcarbonat (ZnCO$_3$) wird Zinkoxid durch Erhitzen gewonnen. Es spaltet sich dabei Kohlendioxid ab.

Stellen Sie die Gleichungen für die beiden beschriebenen Vorgänge auf, und lesen Sie dann bitte weiter unter $\boxed{73}$ .

---

$\boxed{70}$     Kupfer ist rötlich; Blei silbrig bis blaugrau, je nach Alter der Schnittfläche.

Im Gegensatz zum Kupfer kommt Blei in der Natur nicht als Metall vor.

Das wichtigste Bleierz ist das *Bleisulfid.*

**27**

Die Gewinnung des Bleis aus Bleisulfid ist mit der Gewinnung anderer Metalle aus ihren sulfidischen Erzen vergleichbar.

Bitte notieren Sie den folgenden Abschnitt mit Ergänzungen:

Zur Gewinnung des Bleis wird das Bleisulfid ............
Bei diesem Vorgang entstehen ........... und ...............
Das Bleioxid wird mit Koks zum ........... reduziert.

Lesen Sie bitte weiter unter 57 .

---

**71** Bitte vergleichen Sie:

$$Zn + 2\,HCl \longrightarrow ZnCl_2 + H_2$$

Einige Zinkverbindungen finden Verwendung als Malerfarben, z. B. das Zinkweiß (= Zinkoxid, ZnO) und Lithopone.

Lithopone entsteht durch Umsatz von Zinksulfat mit Bariumsulfid:

$$ZnSO_4 + BaS \longrightarrow ZnS + BaSO_4$$

Beide Produkte auf der rechten Seite der Gleichung sind wasserunlösliche weiße Pulver.

Woraus besteht Lithopone?

- Aus einem Gemisch von Zinksulfid und Bariumsulfat → 46
- Aus einem Gemisch von Zinksulfat und Bariumsulfid → 78
- Aus Zinkoxid → 82

---

**72** $SnO_2$, *Zinn(IV)-oxid;* $Sn(NO_3)_2$, *Zinn(II)-nitrat.*

Wir wollen wiederholen:

Kupfer, Blei, Zink und Zinn sind Schwermetalle.

Sie alle werden aus ihren oxidischen Erzen durch Reduktion mit Kohle gewonnen. Wenn die Metalle als sulfidische Erze auftreten, dann müssen diese vor der Reduktion durch Abrösten in oxidische Erze übergeführt werden.

Was entsteht als Nebenprodukt beim Abrösten sulfidischer Erze?

- Kohlendioxid → 19
- Schwefeldioxid → 79
- Schwefeltrioxid → 47

---

---

**73** Vergleichen Sie bitte:

1. Abrösten von Zinksulfid:

$$2\,ZnS + 3\,O_2 \longrightarrow 2\,ZnO + 2\,SO_2$$

2. Erhitzen von Zinkcarbonat:

$$ZnCO_3 \longrightarrow ZnO + CO_2$$

Sollten Ihre Gleichungen falsch sein, dann bitte verbessern!

An welche bereits besprochene Reaktion erinnert Sie die zweite Gleichung?

- An das Brennen von Kalkstein ⟶ **54**
- An das Abrösten sulfidischer Erze ⟶ **60**

---

**74** Ihre Antwort ist unvollständig.

Kupfer, Blei und Zink haben zwar auch die von Ihnen angegebenen Wertigkeiten. Diese Metalle können aber in mehreren Wertigkeiten auftreten.

Lesen Sie bitte weiter unter **65** .

---

**75** Bitte vergleichen Sie:

$$6\,PbO + O_2 \longrightarrow 2\,Pb_3O_4$$

Der Nachweis von Bleisalzen in einer wäßrigen Lösung erfolgt durch Einleiten von Schwefelwasserstoff oder durch Zugabe einer wäßrigen Schwefelwasserstoff-Lösung. Es entsteht ein schwarzer Niederschlag.

Beispiel:

$$Pb(NO_3)_2 + H_2S \longrightarrow PbS + 2\,HNO_3$$

Wie heißt die als Niederschlag entstandene Bleiverbindung?

- Bleisulfid ⟶ **85**
- Bleisulfit ⟶ **64**
- Bleisulfat ⟶ **52**
- Ich weiß es nicht ⟶ **56**

**27**

---

**76**      Notieren Sie bitte das Folgende:

Zum Nachweis von Bleiverbindungen verwendet man Schwefelwasserstoff. Es entsteht ein *schwarzer* Niederschlag von Bleisulfid.

Beispiele:    $PbCl_2$      $+ H_2S \longrightarrow PbS + 2\,HCl$

            $Pb(NO_3)_2 + H_2S \longrightarrow PbS + 2\,HNO_3$

Lesen Sie bitte weiter unter 84 .

---

**77**      Ihre Antwort ist falsch.

Sie haben etwas verwechselt. Die römischen Zahlen im Namen der Oxide sind die Wertigkeiten der Metalle.

Beantworten Sie die Frage bei 42 noch einmal.

---

**78**      Sie arbeiten ungenau.

Lesen Sie bitte noch einmal 71 .

---

**79**      Ihre Antwort ist richtig. Es entsteht Schwefeldioxid.

Kupfer, Blei, Zink und Zinn sind gegen Luft beständig. Besonders beständig gegen Säuren ist das Blei (Verwendung für chemische Apparaturen). Kupfer hat eine besonders hohe Leitfähigkeit für den elektrischen Strom und für Wärme (Verwendung in der Elektroindustrie). Zink und Zinn werden zum Verzinken bzw. zum Verzinnen von Eisen verwendet.

Welche Wertigkeiten haben die vier genannten Metalle?

| | Cu | Pb | Zn | Sn | |
|---|---|---|---|---|---|
| ● | I | II | II | II | $\longrightarrow$ 74 |
| ● | II | II | II | II | $\longrightarrow$ 83 |
| ● | II | IV | II | IV | $\longrightarrow$ 87 |
| ● | I,II | II,IV | II | II,IV | $\longrightarrow$ 65 |

---

**80**      Bei Zugabe eines Überschusses wäßriger Ammoniak-Lösung färben sich Kupfersalz-Lösungen tiefblau.

Wozu benutzt man Kupfersalz-Lösungen, die Ammoniak enthalten, in der Technik?

**27**

Wenn Ihnen die Beantwortung dieser Frage schwerfällt, gehen Sie noch einmal zurück nach 51 , im anderen Falle lesen Sie nach der Beantwortung weiter unter 49 .

---

**81** In seinen Verbindungen tritt Zinn zwei- und vierwertig auf. Stellen Sie bitte
die Summenformeln für folgende Zinnverbindungen auf:

Zinn(II)-chlorid, Zinn(IV)-chlorid, Zinn(II)-oxid, Zinn(II)-sulfat.

Lesen Sie dann weiter unter 61 .

---

**82** Sie arbeiten ungenau.

Lesen Sie bitte noch einmal 71 .

---

**83** Ihre Antwort ist unvollständig.

Kupfer, Blei und Zinn haben zwar auch die von Ihnen angegebenen Wertigkeiten.
Diese Metalle können aber in mehreren Wertigkeiten auftreten.

Lesen Sie bitte weiter unter 65 .

---

**84** Beim Nachweis von Bleiverbindungen mit Schwefelwasserstoff tritt der
schwarze Niederschlag von Bleisulfid auf, z. B.

$$Pb(NO_3)_2 + H_2S \longrightarrow PbS + 2 HNO_3$$

Auch über den Nachweis von Kupferverbindungen haben wir gesprochen. Man verwendet als Reagenz einen Überschuß von wäßriger Ammoniak-Lösung. Was beobachtet man dabei?

- Es entsteht ein blauer Niederschlag $\longrightarrow$ 41
- Ich bin nicht sicher $\longrightarrow$ 5
- Es entsteht eine tiefblaue Färbung $\longrightarrow$ 9

---

**85** Ihre Antwort ist richtig. PbS ist Bleisulfid.

**27** Wie man mit Schwefelwasserstoff Bleisalze nachweisen kann, so kann man umgekehrt
mit Hilfe von Bleisalzen Schwefelwasserstoff oder Sulfide nachweisen. Wir haben
über diesen Nachweis bereits gesprochen.

Die Besprechung des Bleis ist damit beendet, und wir kommen zu den beiden letzten Metallen, die in diesem Programm behandelt werden sollen: *Zink* und *Zinn*.

Zink hat die Dichte 7,1 g/cm$^3$. Ist es ein Schwer- oder Leichtmetall?   ⟶  59

---

**86**     Bitte vergleichen Sie:

Kupfer besitzt

a) gute elektrische Leitfähigkeit, deshalb Verwendung zur Herstellung von Kabeln in der Elektroindustrie,

b) gute Wärmeleitfähigkeit, deshalb Verwendung zur Herstellung von Kühlern oder Heizschlangen,

c) gute Beständigkeit gegen verdünnte Säuren, deshalb Verwendung als Schutz-überzug für unedlere Metalle.

Kupfer ist schon seit dem Altertum bekannt. Es diente damals zusammen mit Zinn zur Herstellung von Bronze. Derartige Mischungen zweier Metalle werden *Legierungen* genannt. Auch heute werden noch Kupferlegierungen hergestellt, z. B.: Bronze und Messing.

Aus welchen Metallen wird die Legierung Bronze hergestellt?   ⟶  31

---

**87**     Ihre Antwort ist unvollständig.

Kupfer, Blei und Zinn haben zwar auch die von Ihnen angegebenen Wertigkeiten. Diese Metalle können aber in mehreren Wertigkeiten auftreten.

Lesen Sie bitte weiter unter 65.

---

**27**

## 28. Programm

### Aluminium

**1**      In diesem Programm werden wir ein Leichtmetall, das Aluminium, besprechen.

Aluminium (chem. Zeichen Al) ist ein matt-silbern glänzendes *Leichtmetall*.

Welche der folgenden Metalle sind Leichtmetalle und welche sind Schwermetalle?

Eisen, Kupfer, Zink, Blei, Natrium, Aluminium, Silber, Kalium, Gold, Quecksilber.

Bitte notieren Sie.

Leichtmetalle: .....................................

Schwermetalle: ..................................    $\longrightarrow$   7

---

**2**      Sie haben in Ihrer Summenformel ein Aluminiumatom und ein Sauerstoffatom stehen.

Al ist aber dreiwertig, O nur zweiwertig. Da kann etwas nicht stimmen.

Versuchen Sie noch einmal unter 15 , die Summenformel des Aluminiumoxids aufzustellen und die Molekülmasse zu berechnen. Oder gehen Sie nach 31 , wo Sie zusätzliche Erklärungen finden.

---

**3**      Entweder haben Sie sich verrechnet, oder Ihre Formel stimmt noch nicht.

Wollen Sie es noch einmal versuchen?

- Ja      $\longrightarrow$   67
- Nein, ich möchte eine Erklärung    $\longrightarrow$   56

---

**4**      Die richtige Gleichung heißt:

$$2\,Al + 6\,HCl \longrightarrow 2\,AlCl_3 + 3\,H_2$$

War Ihre Gleichung richtig? Wenn nein, bitte verbessern!

Stellen Sie die Umsetzungsgleichungen für die Reaktion von Aluminium mit Salpetersäure und mit Schwefelsäure auf.    $\longrightarrow$   13

---

**28**

---

**5**

Wir wollen die Gleichung für die Verbrennung des Aluminiums Schritt für Schritt entwickeln.

Zunächst die beteiligten Stoffe:

Aluminium reagiert mit Sauerstoff zu Aluminiumoxid:

$$Al + O_2 \longrightarrow Al_2O_3$$

Rechts finden wir eine ungerade Zahl von Sauerstoffatomen.

Da auf der linken Seite jedoch $O_2$ stehen muß, wird auf dieser Seite *immer eine gerade* Zahl von Sauerstoffatomen vorhanden sein.

Um auf der rechten Seite ebenfalls eine *gerade* Anzahl von Sauerstoffatomen zu haben, nehmen wir 2 $Al_2O_3$.

$$Al + O_2 \longrightarrow 2\,Al_2O_3$$

Sicher wird es Ihnen jetzt gelingen, die richtigen Faktoren für die linke Seite der Gleichung zu finden. Schreiben Sie die vollständige Gleichung auf, und vergleichen Sie unter [14].

---

**6**

Sie haben in Ihrer Summenformel ein Aluminiumatom und zwei Sauerstoffatome stehen.

Al ist aber dreiwertig, O dagegen zweiwertig. Da kann doch etwas nicht stimmen.

Versuchen Sie noch einmal unter [15], die richtige Formel des Aluminiumoxids aufzustellen, oder gehen Sie nach [31], wo Sie zusätzliche Erklärungen finden.

---

**7**  Vergleichen Sie:

*Leichtmetalle* sind Natrium, Aluminium, Kalium.
*Schwermetalle* sind Eisen, Kupfer, Zink, Blei, Silber, Gold, Quecksilber.

Natrium und Kalium reagieren leicht mit Luftsauerstoff und bilden Oxide. Mit Wasser setzen sie sich sehr heftig um und bilden Hydroxide. Die Metalle Na und K müssen deshalb unter Petroleum aufbewahrt werden.

Auch Aluminium reagiert leicht mit Luftsauerstoff oder Wasser. Trotzdem lassen sich beispielsweise Kochtöpfe aus Aluminium herstellen. Dies ist nur scheinbar ein Widerspruch: An der Luft bildet sich auf Aluminium schnell eine Schicht von Aluminiumoxid. Diese schützt das Metall vor einem weiteren Angreifen durch Luftsauerstoff oder Wasser.

Das Aluminiumoxid bildet eine festhaftende *Schutzschicht*.

**28**

Notieren Sie:

Aluminium überzieht sich an der Luft schnell mit einer . . . . . . . . . . . . . . . aus
. . . . . . . . . . . . . .  $\longrightarrow$  $\boxed{15}$

---

$\boxed{8}$  Richtig, ein *aluminothermisches Verfahren*.

Die *Aluminothermie* wird auch dazu benutzt, um aus Metalloxiden, die auf andere Weise schwierig zu reduzieren sind, die Metalle zu gewinnen.

So kann man zum Beispiel *Mangan aluminothermisch aus Mangan(IV)-oxid (Mangandioxid, $MnO_2$)* gewinnen.

Stellen Sie die Gleichung für die Umsetzung von $MnO_2$ mit Aluminium auf. Es entstehen Mangan und Aluminiumoxid.

Welche Faktoren haben Sie beim Aufstellen Ihrer Gleichung gefunden?

| | vor $MnO_2$ | vor Al | vor Mn | vor $Al_2O_3$ | |
|---|---|---|---|---|---|
| ● | 2 | 3 | 2 | 4 | $\longrightarrow$ $\boxed{17}$ |
| ● | 3 | 2 | 2 | 2 | $\longrightarrow$ $\boxed{29}$ |
| ● | 3 | 4 | 3 | 2 | $\longrightarrow$ $\boxed{25}$ |

● Ich möchte eine Anleitung haben, wie die richtigen Faktoren $\longrightarrow$ $\boxed{39}$
zu finden sind

---

$\boxed{9}$  Die Faktoren in der von Ihnen aufgestellten Gleichung stimmen noch nicht.

Gehen Sie am besten so vor:

Schreiben Sie links die Ausgangsstoffe, $Al(OH)_3$, $H_2SO_4$, und rechts die Endprodukte, $Al_2(SO_4)_3$, $H_2O$, hin.

Jetzt überlegen Sie: Wieviel Al stehen rechts? Links?
Wieviel $SO_4$ stehen rechts? Links? usw.

Versuchen Sie es noch einmal unter $\boxed{44}$ .

---

$\boxed{10}$  Solche Fehler dürften eigentlich nicht mehr passieren!

In der Gleichung

$$3\,MnO_2 + Al \longrightarrow Mn + 2\,Al_2O_3$$

stehen links 3 Mn, also müssen auch rechts 3 Mn stehen.

**28**

Rechts stehen 4 Al, also müssen auch links 4 Al stehen.

Schreiben Sie die vollständige Gleichung auf, und vergleichen Sie unter $\boxed{25}$ .

---

$\boxed{11}$ Sicher schaffen Sie die Aufgabe, wenn Sie die Summenformel der Essigsäure wissen. Diese ist:

$CH_3COOH$.

Versuchen Sie bitte jetzt, die Bauformel aufzustellen. (C ist vierwertig, O zweiwertig, H einwertig.)

Lesen Sie dann bitte weiter unter $\boxed{77}$ .

---

$\boxed{12}$ $Na_2HPO_4$ und $Al_2(SO_4)_3$ sind *keine* Doppelsalze.

Phosphorsäure und Schwefelsäure sind zwar mehrbasige Säuren, aber die Begriffsbestimmung eines Doppelsalzes heißt doch:

*Doppelsalze sind Verbindungen, in denen die negativen Ladungen der Säurereste mehrbasiger Säuren durch die positiven Ladungen verschiedener Metall-Ionen ausgeglichen werden.*

Sind die beiden folgenden Salze Doppelsalze?

$(NH_4)MgPO_4$    $Ca(HCO_3)_2$

- Ja, beide sind Doppelsalze $\longrightarrow$ $\boxed{73}$
- Nein, beide sind keine Doppelsalze $\longrightarrow$ $\boxed{37}$
- Nur $(NH_4)MgPO_4$ ist ein Doppelsalz $\longrightarrow$ $\boxed{58}$
- Nur $Ca(HCO_3)_2$ ist ein Doppelsalz $\longrightarrow$ $\boxed{61}$

---

$\boxed{13}$ $$2\,Al + 6\,HNO_3 \longrightarrow 2\,Al(NO_3)_3 + 3\,H_2$$
$$2\,Al + 3\,H_2SO_4 \longrightarrow Al_2(SO_4)_3 + 3\,H_2$$

Aluminium wird auch von Laugen angegriffen, weil die Schutzschicht aus Aluminiumoxid von Laugen aufgelöst wird. Den chemischen Vorgang lernen wir später kennen.

Notieren Sie:

Aluminium wird von ...... und starken ........ angegriffen. $\longrightarrow$ $\boxed{24}$

**28**

**14**    Hier ist die richtige Gleichung:

$$4\,Al + 3\,O_2 \longrightarrow 2\,Al_2O_3$$

Die Neigung des Aluminiums, sich mit Sauerstoff zu verbinden, ist so groß, daß das Aluminium auch sauerstoffhaltigen Verbindungen den Sauerstoff entreißen kann. Diese Reaktion verläuft unter starker Wärmeentwicklung.

Ein Beispiel ist die Umsetzung von Eisen(III)-oxid mit Aluminium:

$$Fe_2O_3 + 2\,Al \longrightarrow 2\,Fe + Al_2O_3$$

Wegen der starken Wärmeentwicklung nennt man solche Verfahren *aluminothermische Verfahren* oder *Aluminothermie.*

Prägen Sie sich bitte das kursiv Gedruckte gut ein.

Als was wirkt das Aluminium in der Aluminothermie?

- Als Oxidationsmittel   →   23
- Als Reduktionsmittel   →   32
- Es liefert die nötige Hitze   →   42
- Als Katalysator   →   50

**15**    Aluminium überzieht sich an der Luft schnell mit einer *festhaftenden Schutzschicht* aus *Aluminiumoxid.*

Schreiben Sie die Summenformel für Aluminiumoxid auf, und berechnen Sie die Molekülmasse (Al ist dreiwertig, die Atommassen sind: Al = 27; O = 16).

Welchen Wert haben Sie erhalten?

- 43   →   2
- 59   →   6
- 75   →   22
- 102   →   26
- Ich brauche eine zusätzliche Erklärung   →   31

**16**    Die richtige Gleichung lautet:

$$2\,Al(OH)_3 + 3\,H_2SO_4 \longrightarrow Al_2(SO_4)_3 + 6\,H_2O$$

**28**

Dabei ist vor $Al_2(SO_4)_3$ *keine Null,* sondern *eine Eins* zu denken, insofern war Ihre Antwort nicht korrekt. Die Ziffer 1 vor einer Formel wird in chemischen Gleichungen stets weggelassen. Das Molekül $Al_2(SO_4)_3$ kommt in der Gleichung *einmal* vor.   $\longrightarrow$ 59

---

17    Entweder sind Sie sich über die Wertigkeiten von Al (dreiwertig) und Mn (hier vierwertig) noch nicht im klaren, oder Sie haben sich verrechnet.

- Wollen Sie es noch einmal versuchen?                    $\longrightarrow$ 8

- Oder möchten Sie eine Anleitung zum Aufstellen der gewünschten Gleichung haben?                    $\longrightarrow$ 39

---

18    Nicht nur $NaFe(SO_4)_2$ ist ein Doppelsalz.

Beantworten Sie die Frage unter 69 noch einmal, nachdem Sie sich mit der Begriffsbestimmung ganz vertraut gemacht haben!

---

19    Entweder haben Sie sich verrechnet, oder Ihre Formel stimmt noch nicht.

Wollen Sie es noch einmal versuchen?

- Ja                    $\longrightarrow$ 67
- Nein, ich möchte eine Erklärung   $\longrightarrow$ 56

---

20    Ihnen sind die Vorgänge der Bauxit-Reinigung noch nicht ganz klar.

Wiederholen Sie ab 27 .

Achten Sie besonders auf die Reihenfolge der einzelnen Schritte.

---

21    $Fe_2O_3 + 2\ Al \longrightarrow 2\ Fe + Al_2O_3$

Bei dieser Reaktion tritt *sehr viel Wärme* auf, so daß das entstehende Eisen schmilzt.

Man nennt die Mischung von Aluminium und Eisenoxid *Thermit.*

Thermit findet Anwendung beim Zusammenschweißen von Eisenteilen. Will man zum Beispiel zwei Eisenbahnschienen zusammenschweißen, so kann man um die Schweißstelle eine Thermitpackung legen und diese anzünden. Nach dem Abbrennen des Thermits sind die beiden Schienen durch das entstandene Eisen verschweißt.

Dieses Verfahren, zwei Eisenteile durch Abbrennen von *Thermit* zu verschweißen, ist ein . . . . . . . . . . . Verfahren.   $\longrightarrow$ 8

**28**

**22**    Sie haben in Ihrer Summenformel 1 Al-Atom und 3 O-Atome stehen. Al ist aber dreiwertig und Sauerstoff nur zweiwertig. Da kann etwas nicht stimmen.

Versuchen Sie noch einmal unter 15, die richtige Formel des Aluminiumoxids aufzustellen, oder gehen Sie nach 31, wo Sie zusätzliche Erklärungen finden.

**23**    *Oxidationsmittel* sind Stoffe, die *Sauerstoff abgeben* können.

*Reduktionsmittel* sind Stoffe, die anderen Verbindungen *Sauerstoff entziehen* können.

Schreiben Sie diese Begriffsbestimmungen ab, und überlegen Sie sich nochmals, als was das Aluminium in der Aluminothermie wirkt.    →    14

**24**    Aluminium wird von *Laugen* und starken *Säuren* angegriffen.

Die Schutzschicht aus Aluminiumoxid schützt gegen Luftsauerstoff nur bei normalen Temperaturen.

Beim Erhitzen verbindet sich fein verteiltes Aluminium in einer sehr heftigen Reaktion mit Sauerstoff. Dabei verbrennt das Aluminium mit grellem Licht. Es bildet sich Aluminiumoxid. Stellen Sie die entsprechende Reaktionsgleichung auf.

Welche Faktoren stehen in der Gleichung vor Al, $O_2$ und $Al_2O_3$?

|   | vor Al | vor $O_2$ | vor $Al_2O_3$ |   |   |
|---|---|---|---|---|---|
| ● | 4 | 3 | 1 | → | 5 |
| ● | 4 | 3 | 2 | → | 14 |
| ● | 2 | 3 | 2 | → | 33 |
| ● | Ich habe andere Zahlen |  |  | → | 40 |

**25**    Hier ist die richtige Gleichung:

$$3\,MnO_2 + 4\,Al \longrightarrow 3\,Mn + 2\,Al_2O_3$$

Haben Sie die richtigen Faktoren auf Anhieb gefunden?
Wenn ja, haben Sie ein Lob verdient!

Notieren Sie bitte die zu ergänzenden Wörter:

Sauerstoffhaltigen Verbindungen kann Aluminium den . . . . . . . . entreißen. Dabei tritt viel . . . . . . . auf. Die Mischung aus Eisen(III)-oxid und Aluminium nennt man . . . . . .    →    45

**28**

**26**

Die von Ihnen aufgestellte Summenformel des Aluminiumoxids ist richtig:
$Al_2O_3$

Die Schutzschicht aus Aluminiumoxid kann Aluminium natürlich nur gegen solche Stoffe schützen, von denen sie selbst nicht angegriffen wird.

*Die Oxidschicht schützt gegen:*      Luftsauerstoff, Wasser, *schwache* Säuren.

*Die Oxidschicht schützt nicht gegen:*      Laugen und starke Säuren (auch wenn diese *verdünnt* sind).

Aluminium wird also von verdünnten starken Säuren (z. B. verdünnte $H_2SO_4$, verdünnte HCl) angegriffen.

Bei der Einwirkung von Salzsäure auf Aluminium reagiert zuerst die dünne Oxidschicht, danach das Aluminium. Aus Aluminium und Salzsäure entstehen Aluminiumchlorid und Wasserstoff.

Formulieren Sie bitte die Gleichung der Reaktion von Aluminium mit Salzsäure, schreiben Sie die Namen der beteiligten Stoffe darunter, und lesen Sie dann weiter unter **4** .

---

**27**

An der Anode spielen sich bei der Aluminiumgewinnung folgende Vorgänge ab:

$$2\,C \;+\; O_2 \longrightarrow 2\,CO$$

$$2\,CO \;+\; O_2 \longrightarrow 2\,CO_2$$

Zur Elektrolyse kann nur *sehr reines* Aluminiumoxid eingesetzt werden. Die Herstellung von sehr reinem Aluminiumoxid ist nicht einfach.

Passen Sie deshalb bei den nächsten Lernschritten besonders gut auf!

Aluminium kommt in der Natur nicht frei vor. Dagegen ist es in Form von Verbindungen sehr weit verbreitet. Das wichtigste Aluminiummineral ist der *Bauxit*.

Bauxit

Bauxit ist das wichtigste Ausgangsmaterial zur Herstellung von Aluminium. Man kann jedoch dafür den Bauxit nicht direkt einsetzen, da er einige Verunreinigungen enthält. Diese müssen entfernt werden.

Zu diesem Zweck wird der Bauxit zunächst geglüht: Dabei spaltet sich aus zwei Molekülen Bauxit ein Molekül Wasser ab.

**28**

Notieren Sie bitte diese Gleichung, indem Sie anstelle der Bauformeln die Summenformeln einsetzen.

Lesen Sie bitte weiter unter $\boxed{47}$ .

---

$\boxed{28}$     Metalle scheiden sich bei der Elektrolyse immer *an der Kathode* ab. Denken Sie doch an die Herstellung von Natrium aus geschmolzenem NaOH!

Schreiben Sie folgenden Satz ab:

Bei der Elektrolyse scheidet sich Aluminium (wie alle Metalle) an der Kathode (dem ........-Pol) ab.     $\longrightarrow$     $\boxed{38}$

---

$\boxed{29}$     Entweder sind Sie sich über die Wertigkeiten von Al (dreiwertig) und Mn (hier vierwertig) noch nicht im klaren, oder Sie haben sich verrechnet.

● Wollen Sie es noch einmal versuchen?     $\longrightarrow$  $\boxed{8}$

● Oder möchten Sie eine Anleitung zum Aufstellen der gewünschten Gleichung haben?     $\longrightarrow$  $\boxed{39}$

---

$\boxed{30}$     Die Faktoren in der von Ihnen aufgestellten Gleichung stimmen noch nicht.

Gehen Sie am besten so vor:

Schreiben Sie links die Ausgangsstoffe, $Al(OH)_3$ und $H_2SO_4$, und rechts die Endprodukte, $Al_2(SO_4)_3$ und $H_2O$, hin. Jetzt überlegen Sie:

Wieviel Al stehen rechts? Links?

Wieviel $SO_4$ stehen rechts? Links? usw.

Versuchen Sie es noch einmal unter $\boxed{44}$ .

---

$\boxed{31}$     Aluminium ist dreiwertig, und Sauerstoff ist zweiwertig. Um festzustellen, in welchem Verhältnis sich diese beiden Stoffe zum Aluminiumoxid verbinden, überlegen wir:

**28**

Ein Atom Aluminium kann sich *nicht* mit nur einem Sauerstoffatom verbinden, denn dann bleibt eine Bindung des Aluminiums übrig.

*Zwei* Aluminium-Atome können insgesamt 2 x 3 = 6 Bindungen betätigen. Diese 6 Bindungen können wir mit 3 Sauerstoff-Atomen verknüpfen, denn 3 Sauerstoff-Atome haben ebenfalls 3 x 2 = 6 Bindungen. Die Summenformel des Aluminium-oxids ist also . . . . . . .

Lesen Sie weiter bei 26 . ·

---

**32**     Ihre Antwort ist richtig.

In der Aluminothermie wirkt Aluminium *als Reduktionsmittel.* Hier noch einmal das Beispiel für eine aluminothermische Reaktion: Die Umsetzung von Eisenoxid mit Aluminium.

$$Fe_2O_3 \;+\; Al \longrightarrow \; Fe + Al_2O_3$$

Es fehlen in der Gleichung die Faktoren. Notieren Sie die vollständige Gleichung, und gehen Sie nach 21 .

---

**33**     Wir wollen die Gleichung für die Verbrennung des Aluminiums Schritt für Schritt entwickeln.

Zunächst die beteiligten Stoffe:

Aluminium reagiert mit Sauerstoff zu Aluminiumoxid:

$$Al \;+\; O_2 \longrightarrow \; Al_2O_3$$

Rechts finden wir eine ungerade Zahl von Sauerstoffatomen.

Da auf der linken Seite jedoch $O_2$ stehen muß, wird auf dieser Seite *immer eine gerade* Zahl von Sauerstoff-Atomen vorhanden sein.

Um auf der rechten Seite ebenfalls eine *gerade* Anzahl von Sauerstoffatomen zu haben, nehmen wir 2 $Al_2O_3$.

$$Al \;+\; O_2 \longrightarrow \; 2\,Al_2O_3$$

Sicher wird es Ihnen jetzt gelingen, die richtigen Faktoren für die linke Seite der Gleichung zu finden. Schreiben Sie die vollständige Gleichung auf, und vergleichen Sie unter 14 .

**28**

---

**34**        Ihre Antwort ist richtig.

Schreiben Sie die Vorgänge der Bauxit-Reinigung in Stichworten und mit Gleichungen schrittweise auf.

Vergleichen Sie unter 71 .

---

**35**        Ihre Gleichung stimmt noch nicht.

Lesen Sie weiter unter 79 .

---

**36**        Entweder haben Sie sich verrechnet, oder Ihre Formel stimmt noch nicht.

Wollen Sie es noch einmal versuchen?

- Ja                                        $\longrightarrow$   67
- Nein, ich möchte eine Erklärung   $\longrightarrow$   56

---

**37**        Wie kommen Sie zu dem Ergebnis, $(NH_4)MgPO_4$ sei kein Doppelsalz? Es ist ein Doppelsalz.

Die negativen Ladungen des Phosphat-Ions sind durch die positiven Ladungen zweier verschiedener Metall-Ionen ($NH_4^{\oplus}$ und $Mg^{2\oplus}$) ausgeglichen.

Oder wollten Sie „Ammonium" nicht als ein Metall ansehen? Wir wissen aber, daß sich das $NH_4^{\oplus}$-Ion in Salzen wie ein Metall-Kation verhält.

Kehren Sie nach 69 zurück, und überlegen Sie sich genau die Bedeutung der dort angegebenen Begriffsbestimmung.

---

**38**        Ja, wie alle Metalle scheidet sich das Aluminium an der *Kathode* (dem *Minuspol*) ab. Das flüssige Aluminium wird aus einer Stichöffnung abgelassen. (Sehen Sie sich Ihre Zeichnung an!)

An der *Anode* (dem *Pluspol*) entsteht Sauerstoff. Die Anode besteht aus Elektrodenkohle (chemisch: Kohlenstoff). Der entstehende Sauerstoff greift die Kohle an und verbindet sich mit dem Kohlenstoff zu Kohlenmonoxid. Bei den hohen Temperaturen gerät dieses sofort in Brand, es entsteht Kohlendioxid. Während der Elektrolyse des Aluminiumoxids sieht man die Flammen des verbrennenden Kohlenmonoxids. *Die Anoden* werden während der Elektrolyse also allmählich *verbraucht.*

**28**

In diesem Lernabschnitt sind zwei chemische Vorgänge an der Anode erwähnt. Stellen Sie für diese beiden Vorgänge die chemischen Gleichungen auf, und lesen Sie dann weiter unter $\boxed{27}$ .

---

$\boxed{39}$　　Wir wollen die Gleichung Schritt für Schritt entwickeln:

Zuerst schreiben wir nur Ausgangsstoffe und Endprodukte auf. Mangan(IV)-oxid (Mangandioxid) reagiert mit Aluminium zu Mangan und Aluminiumoxid:

$$MnO_2 \ + \ Al \longrightarrow \ Mn \ + \ Al_2O_3$$

Links sind zwei O vorhanden, rechts drei O. Um auf beiden Seiten auf die gleiche Zahl an Sauerstoffatomen (6) zu kommen, nehmen wir links 3 $MnO_2$ und rechts 2 $Al_2O_3$ :

$$3 \, MnO_2 \ + \ Al \longrightarrow \ Mn \ + \ 2 \, Al_2O_3$$

Jetzt müssen Sie noch die Anzahl der Al-Atome und der Mn-Atome finden. Welche Faktoren müssen vor Al bzw. Mn stehen?

| vor Al | vor Mn | |
|--------|--------|----|
| 2 | 3 | $\longrightarrow \boxed{10}$ |
| 4 | 6 | $\longrightarrow \boxed{49}$ |
| 4 | 3 | $\longrightarrow \boxed{25}$ |

---

$\boxed{40}$　　Wir wollen die Gleichung für die Verbrennung des Aluminiums Schritt für Schritt entwickeln.

Zunächst die beteiligten Stoffe:
Aluminium reagiert mit Sauerstoff zu Aluminiumoxid:

$$Al \ + \ O_2 \longrightarrow \ Al_2O_3$$

Rechts finden wir eine ungerade Zahl von Sauerstoffatomen.

Da auf der linken Seite jedoch $O_2$ stehen muß, wird auf dieser Seite *immer eine gerade* Zahl von Sauerstoff-Atomen vorhanden sein.

Um auf der rechten Seite ebenfalls eine *gerade* Anzahl von Sauerstoffatomen zu haben, nehmen wir 2 $Al_2O_3$.

$$Al \ + \ O_2 \longrightarrow \ 2 \, Al_2O_3$$

Sicher wird es Ihnen jetzt gelingen, die richtigen Faktoren für die linke Seite der Gleichung zu finden.

Schreiben Sie die vollständige Gleichung auf, und vergleichen Sie unter $\boxed{14}$ .

**28**

---

**41**

$Na_2HPO_4$ ist *kein* Doppelsalz, sondern ein Hydrogensalz.

Phosphorsäure ist zwar eine mehrbasige Säure, aber die Begriffsbestimmung für ein Doppelsalz heißt doch:

*Doppelsalze sind Verbindungen, in denen die negativen Ladungen der Säurereste mehrbasiger Säuren durch die positiven Ladungen verschiedener Metall-Ionen ausgeglichen werden.*

Sind die beiden folgenden Salze Doppelsalze?

$(HN_4)MgPO_4$, $Ca(HCO_3)_2$

- Ja, beide sind Doppelsalze $\longrightarrow$ 73
- Nein, beide sind keine Doppelsalze $\longrightarrow$ 37
- Nur $(NH_4)MgPO_4$ ist ein Doppelsalz $\longrightarrow$ 58
- Nur $Ca(HCO_3)_2$ ist ein Doppelsalz $\longrightarrow$ 61

---

**42**

Bei der Aluminothermie tritt zwar eine ziemlich große Hitze auf, es war aber nach der *chemischen Wirkungsweise* des Aluminiums in der Aluminothermie gefragt.

Lesen Sie bitte noch einmal 14 .

---

**43**

$$Al(OH)_3 \;+\; 3\,CH_3COOH \longrightarrow Al(CH_3COO)_3 \;+\; 3\,H_2O$$

Aluminium-   Essigsäure          Aluminium-        Wasser
hydroxid                          acetat

Die Frage, ob sie den Lehrstoff des Aluminium-Programms verstanden, gut durchgearbeitet und behalten haben, können Sie bejahen, wenn Sie folgende Fragen richtig und sicher beantworten können:
(Schreiben Sie die Antworten am besten auf!)

1. Ist Al ein Leicht- oder Schwermetall?
2. Ist Al gegen Wasser und Luft beständig?
   Wenn ja, warum?
   Wenn nein, warum nicht?
3. Ist Al gegen Säuren und Laugen beständig?
   Wenn ja, warum?
   Wenn nein, warum nicht?
4. Wenn Sie Frage 2. oder 3. mit „nein" beantwortet haben, können Sie die Gleichungen zur Begründung aufschreiben?
5. Was ist Aluminothermie und wozu wird sie angewandt? (2 Beispiele)

**28**

6.  Wie wird Aluminium hergestellt (mit Zeichnung und Erklärung der Vorgänge an den Elektroden).
7.  Wie wird der Rohstoff für die Aluminiumherstellung gereinigt? (4 Schritte!)
8.  Was ist ein Doppelsalz?
9.  Schreiben Sie die Summenformeln folgender Verbindungen auf: Aluminium-oxid, Bauxit, Aluminiumsulfat, Kaliumalaun, Aluminiumacetat.
10. Wie wird Aluminiumsulfat hergestellt?

Vergleichen Sie Ihre Antworten unter $\boxed{80}$ .

---

**$\boxed{44}$**     Ihre Antwort ist richtig. Die Summenformel des Aluminiumsulfats ist

$$Al_2(SO_4)_3 .$$

Aluminiumsulfat wird durch Reaktion von Aluminiumhydroxid mit Schwefelsäure gewonnen. Stellen Sie bitte für diesen Vorgang die Gleichung auf, und beantworten Sie dann folgende Frage:

Welche Faktoren stehen in der Gleichung?

| vor $Al(OH)_3$ | vor $H_2SO_4$ | vor $Al_2(SO_4)_3$ | vor $H_2O$ | |
|---|---|---|---|---|
| 2 | 4 | 1 | 3 | → $\boxed{9}$ |
| 2 | 3 | 1 | 6 | → $\boxed{59}$ |
| 2 | 3 | 0 | 6 | → $\boxed{16}$ |
| 1 | 3 | 1 | 3 | → $\boxed{30}$ |

● Ich brauche eine Erklärung     → $\boxed{70}$

---

**$\boxed{45}$**     *Sauerstoff, Wärme, Thermit.*

Man kann Metalloxide (wie $Fe_2O_3$, $MnO_2$) mit Aluminium reduzieren. Neben $Al_2O_3$ entstehen dabei die freien . . . . . . .
Man nennt diese Verfahren . . . . . . . . Verfahren oder . . . . . . . . .

Bitte notieren Sie die fehlenden Wörter.     → $\boxed{54}$

---

**$\boxed{46}$**     Die Schutzschicht des Aluminiums besteht aus $Al_2O_3$!

Beim Auflösen dieser Schicht durch Natronlauge entsteht $Na[Al(OH)_4]$!

Wie heißen die beiden Substanzen?

Notieren Sie die Namen, und lesen Sie dann bitte weiter unter $\boxed{55}$ .

**28**

---

**47**    Bitte vergleichen Sie:

$$2\ AlO_2H \longrightarrow Al_2O_3\ +\ H_2O$$

Beim Glühen von *Bauxit* entstehen *Aluminiumoxid* und *Wasser*.

Zur Reinigung wird das Aluminiumoxid mit heißer Natronlauge behandelt. Dabei geht das Aluminiumoxid in *Lösung;* es bildet sich eine für Sie neue Aluminium-Verbindung, das *Natriumaluminat*.

Natriumaluminat hat die Formel $Na[Al(OH)_4]$.

Trauen Sie sich zu, die Reaktionsgleichung für das Lösen von Aluminiumoxid in Natronlauge selbst aufzustellen?

Wenn ja, versuchen Sie es! Vergleichen Sie Ihr Ergebnis unter 72 .

Oder wollen Sie lieber eine Erklärung haben, wie die Gleichung aufgestellt wird? Dann lesen Sie weiter unter 62 .

---

**48**    Ihnen sind die Vorgänge der Bauxit-Reinigung noch nicht ganz klar.

Wiederholen Sie ab 27 .

Achten Sie besonders auf die Reihenfolge der einzelnen Schritte.

---

**49**    Solche Fehler dürften eigentlich nicht mehr passieren!

In der Gleichung

$$3\ MnO_2\ +\quad Al \longrightarrow\quad Mn\ +\ 2\ Al_2O_3$$

stehen links 3 Mn, also müssen auch rechts 3 Mn stehen.
Rechts stehen 4 Al, also müssen auch links 4 Al stehen.

Schreiben Sie die vollständige Gleichung auf, und vergleichen Sie unter 25 .

---

**50**    *Ein Katalysator ist ein Stoff, der eine chemische Reaktion beschleunigt, am Ende der Reaktion aber in der gleichen Form vorliegt wie am Anfang.*

Beispiel: Bei der Gewinnung von Sauerstoff durch Erhitzen von Kaliumchlorat wirkt „Braunstein" (Mangan(IV)-oxid, Mangandioxid) als Katalysator.

*In der Aluminothermie* wird aus Aluminium aber Aluminiumoxid. Das Aluminium verändert sich, kann also kein Katalysator sein!

Schreiben Sie bitte die kursiv gesetzte Begriffsbestimmung ab, und lesen Sie dann noch einmal 14 .

**28**

51  Geglühter *Bauxit* muß in Lösung gebracht werden, damit die Verunreinigungen, die unlöslich sind, abfiltriert werden können.

Wie wird Bauxit in Lösung gebracht?

    1. Schritt:  Glühen

    2. Schritt:  Lösen

Können Sie noch die Gleichungen für die beiden Schritte aufstellen? Probieren Sie es!

Gelingt es ohne Schwierigkeiten, vergleichen Sie unter 74 . Wenn Sie nicht zurecht kommen, wiederholen Sie ab 27 .

---

52  $Al_2(SO_4)_3$ ist *kein* Doppelsalz.

Schwefelsäure ist zwar eine mehrbasige Säure, aber die Begriffsbestimmung für ein Doppelsalz heißt doch:

*Doppelsalze sind Verbindungen, in denen die negativen Ladungen der Säurereste mehrbasiger Säuren durch die positiven Ladungen verschiedener Metall-Ionen ausgeglichen werden.*

Sind die beiden folgenden Salze Doppelsalze?

    $(NH_4)MgPO_4$,  $Ca(HCO_3)_2$

- Ja, beide sind Doppelsalze          ⟶  73
- Nein, beide sind keine Doppelsalze    ⟶  37
- Nur $(NH_4)MgPO_4$ ist ein Doppelsalz  ⟶  58
- Nur $Ca(HCO_3)_2$ ist ein Doppelsalz    ⟶  61

---

53  Schreiben Sie folgende Sätze ab:

*Tonerde* ist chemisch *Aluminiumoxid.*

*Bauxit* ist ein Aluminiumhydroxid, dem ein Molekül Wasser fehlt.

Kehren Sie nach 75 zurück.

---

54  *Metalle, aluminothermische* Verfahren, *Aluminothermie.*

Aluminium wird *durch Elektrolyse* von geschmolzenem $Al_2O_3$ gewonnen.

**28**

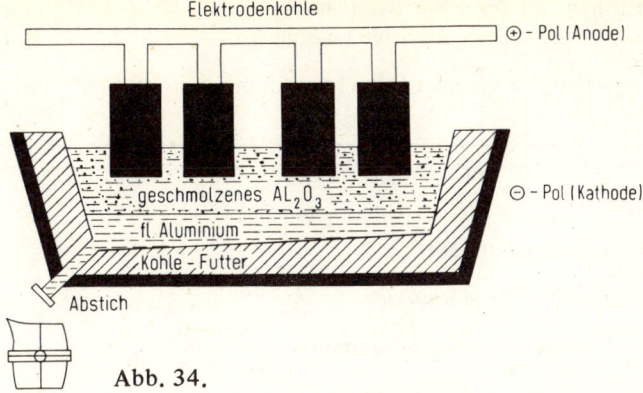

Abb. 34.

Das Kohlefutter der Schmelzwanne bildet die Kathode (auch als Minuspol oder ⊖-Pol bezeichnet). Als Anode (Pluspol, ⊕-Pol) werden Graphitelektroden in die Schmelze eingetaucht.

Zeichnen Sie bitte diese Skizze *mit allen Bezeichnungen* ab, und beantworten Sie dann folgende Frage:

An welchem Pol scheidet sich Aluminium ab?

- An der Kathode   (dem Minuspol)   ⟶   $\boxed{38}$

- An der Anode     (dem Pluspol)    ⟶   $\boxed{28}$

- Ich weiß es nicht                 ⟶   $\boxed{64}$

---

$\boxed{55}$      Ihre Antwort ist richtig. Die Schutzschicht besteht aus *Aluminiumoxid*. Beim Auflösen der Schutzschicht mit Natronlauge entsteht *Natriumaluminat*.

Natriumaluminat entsteht auch aus 1 mol Aluminiumhydroxid und 1 mol Natriumhydroxid.

Schreiben Sie die Gleichung auf, und vergleichen Sie $\boxed{67}$ .

---

$\boxed{56}$      Bei der Dissoziation von Aluminiumsalzen in Wasser bilden sich dreifach positiv geladene Aluminium-Ionen, $Al^{3\oplus}$.
Das Sulfat-Ion ist zweifach negativ geladen, $SO_4^{2\ominus}$.

Die Formel des Aluminiumsulfats enthält soviele Aluminium-Ionen und Sulfat-Ionen, daß die Zahl der positiven und negativen Ladungen gleich ist:

**28**

2 Aluminium-Ionen  2 x 3 = 6 positive Ladungen
3 Sulfat-Ionen  3 x 2 = 6 negative Ladungen

Stellen Sie nun selbst die Summenformel für Aluminiumsulfat auf.  $\longrightarrow$  44

---

57  Ihre Antwort ist nur teilweise richtig.
Bauxit ist AlO(OH).

Schreiben Sie folgenden Satz ab:

*Tonerde* ist chemisch *Aluminiumoxid.*

Welche Summenformel hat Aluminiumoxid?  $\longrightarrow$  76

---

58  Ihre Antwort ist richtig, $Na_2(NH_4)PO_4$ und $NaFe(SO_4)_2$ sind Doppelsalze.
Notieren Sie bitte die Begriffsbestimmung für Doppelsalze.

Doppelsalze sind Verbindungen, in denen die . . . . . . . . Ladungen der Säurereste
mehrbasiger Säuren durch die positiven Ladungen . . . . . . . Metall-Ionen ausgeglichen werden.  $\longrightarrow$  81

---

59  Ihre Antwort ist richtig (die Ziffer 1 vor $Al_2(SO_4)_3$ wird nicht geschrieben):

$$2 Al(OH)_3 + 3 H_2SO_4 \longrightarrow Al_2(SO_4)_3 + 6 H_2O$$

Die von Ihnen aufgestellte Gleichung ist eine Neutralisations-Gleichung.

Aluminiumsulfat ist sehr leicht in Wasser löslich. Es kristallisiert mit 18 Molekülen
Kristallwasser.

Schreiben Sie die Formel für kristallisiertes, kristallwasserhaltiges Aluminiumsulfat
auf.  $\longrightarrow$  69

---

60  4. Schritt: $2 Al(OH)_3 \xrightarrow{\text{Glühen}} Al_2O_3 + 3 H_2O$

Was war der 3. Schritt der Bauxit-Reinigung?

- Lösen von $Al_2O_3$  $\longrightarrow$  48
- Auskristallisieren von $Al(OH)_3$  $\longrightarrow$  34
- Glühen von Bauxit  $\longrightarrow$  20

**28**

**61**      Wie kommen Sie zu dem Ergebnis, $(NH_4)MgPO_4$ sei kein Doppelsalz? Es ist ein Doppelsalz!

Die negativen Ladungen des Phosphatrestes sind durch die positiven Ladungen zweier verschiedener Metall-Ionen ausgeglichen. Oder wollten Sie „Ammonium" nicht als ein Metall ansehen? Wir wissen aber, daß sich das $NH_4^{\oplus}$-Ion in Salzen wie ein Metall-Kation verhält.

$Ca(HCO_3)_2$ dagegen ist kein Doppelsalz, sondern ein Hydrogensalz.

Kehren Sie nach **69** zurück, und überlegen Sie sich genau die Bedeutung der dort angegebenen Begriffsbestimmung.

**62**      Aluminiumoxid löst sich in Natronlauge zu Natriumaluminat.

Die Gleichung wollen wir Schritt für Schritt entwickeln und schreiben zuerst die Ausgangsstoffe und Endprodukte an (Bitte schreiben Sie mit!):

$$Al_2O_3 + NaOH \longrightarrow Na[Al(OH)_4]$$

Links stehen zwei Al, deshalb müssen auch rechts zwei Al vorkommen. also:

$$Al_2O_3 + NaOH \longrightarrow 2\,Na[Al(OH)_4]$$

Jetzt stehen rechts zwei Na, also müssen wir links 2 NaOH schreiben:

$$Al_2O_3 + 2\,NaOH \longrightarrow 2\,Na[Al(OH)_4]$$

Wenn Sie jetzt die O-Atome und H-Atome nachzählen, werden Sie feststellen, daß links weniger O- und H-Atome stehen als rechts. (Links 2 H, rechts 8H!)

Es fehlen links doppelt so viele H-Atome wie O-Atome, es fehlen also einige Wassermoleküle! Überlegen Sie sich, wieviel Wasser fehlt, und vervollständigen Sie folgende Gleichung:

$$Al_2O_3 + 2\,NaOH + H_2O \longrightarrow 2\,Na[Al(OH)_4]$$

Zählen Sie alle Atome rechts und links noch einmal nach, und vergleichen Sie unter **72** .

**63**      Die Schutzschicht des Aluminiums besteht aus $Al_2O_3$ !

Beim Auflösen dieser Schicht durch Natronlauge entsteht $Na[Al(OH)_4]$.

**28**

Wie heißen die beiden Substanzen? Notieren Sie die Namen, und vergleichen Sie unter 55 .

---

**64**    Metalle scheiden sich bei der Elektrolyse immer *an der Kathode* ab. Denken Sie doch an die Herstellung von Natrium aus geschmolzenem NaOH!

Schreiben Sie folgenden Satz ab:

Bei der Elektrolyse scheidet sich Aluminium (wie alle Metalle) an der Kathode (dem . . . . . . . . . -Pol) ab.   ⟶   38

---

**65**    Schreiben Sie folgende Sätze ab.

*Tonerde* ist chemisch *Aluminiumoxid.*

*Bauxit* ist Aluminiumhydroxid, dem ein Molekül Wasser fehlt.

Kehren Sie nach 75 zurück.

---

**66**    Bitte vergleichen Sie die Summenformel des Kalium-Eisen-Alauns:

$$KFe(SO_4)_2 \cdot 12\,H_2O$$

Hier noch einmal eine Zusammenstellung der Ihnen bekannten Alaune:

$$KAl(SO_4)_2 \qquad \cdot 12\,H_2O$$
$$NaAl(SO_4)_2 \qquad \cdot 12\,H_2O$$
$$(NH_4)Al(SO_4)_2 \quad \cdot 12\,H_2O$$
$$KFe(SO_4)_2 \qquad \cdot 12\,H_2O$$

Sie können jetzt sicher die fehlenden Wörter des folgenden Satzes notieren:

Die Formel eines jeden Alauns enthält ein einfach positiv geladenes Metall-Ion und ein . . . . . . . . . . . positiv geladenes Metall-Ion neben zwei zweifach negativ geladenen . . . . . . . . . und zwölf Molekülen . . . . . . . . . .   ⟶   75

---

**67**    $Al(OH)_3 + NaOH \longrightarrow Na[Al(OH)_4]$

Eine weitere wichtige Aluminiumverbindung ist das Aluminiumsulfat.

Stellen Sie bitte die Summenformel des Aluminiumsulfats auf, und berechnen Sie

**28**

auf Grund dieser Formel die Molekülmasse des Aluminiumsulfats (Al = 27, S = 32, O = 16).

Welche Molekülmasse finden Sie für Aluminiumsulfat?

- 123             →   $\boxed{3}$
- 219             →   $\boxed{19}$
- 246             →   $\boxed{36}$
- 342             →   $\boxed{44}$
- Ich brauche eine Erklärung   →   $\boxed{56}$

---

$\boxed{68}$    Aluminiumacetat ist ein Salz der *Essigsäure*.

*Die Salze der Essigsäure heißen Acetate.*

Und nun versuchen Sie einmal, ob Sie noch die Summenformel und die Bauformel der Essigsäure aufstellen können. Denken Sie dabei daran: Essigsäure ist eine organische Säure, die Kohlenstoff, Wasserstoff und Sauerstoff enthält. Kohlenstoff ist in organischen Verbindungen stets vierwertig, Sauerstoff ist zweiwertig und Wasserstoff ist einwertig.

Wenn Sie sicher sind, daß Sie die richtigen Formeln aufgestellt haben, gehen Sie nach $\boxed{77}$.

Haben Sie Zweifel, oder kommen Sie mit der Aufgabe gar nicht zurecht, so gehen Sie nach $\boxed{11}$.

---

$\boxed{69}$    $Al_2(SO_4)_3 \cdot 18\,H_2O$

Aluminiumsulfat wird z. B. in der Papierindustrie verwendet.

Dort dient es zum „Leimen" des Papiers. Ungeleimtes Papier ist zum Beschreiben mit Tinte nicht zu gebrauchen, weil die Tinte ausläuft.

Eine weitere wichtige Aluminiumverbindung ist der Alaun mit der Summenformel

$KAl(SO_4)_2$

Im Alaun werden die vier negativen Ladungen der beiden Sulfat-Ionen durch die drei positiven Ladungen des Aluminium-Ions und die Ladung des Kalium-Ions ausglichen. $KAl(SO_4)_2$ ist ein Doppelsalz.

**28**

Doppelsalze sind Verbindungen, in denen die negativen Ladungen der Säurereste mehrbasiger Säuren durch die positiven Ladungen verschiedener Metall-Ionen ausgeglichen werden. Ammonium-Ionen ($NH_4^{\oplus}$) sind hierbei gleichberechtigt den einfach positiv geladenen Metall-Ionen ($Na^{\oplus}$, $K^{\oplus}$).

Prägen Sie sich die Begriffsbestimmung der Doppelsalze gut ein, und beantworten Sie dann die folgende Frage:

Welche der folgenden Salze sind Doppelsalze?

$$Na_2HPO_4, \ Na_2(NH_4)PO_4, \ NaFe(SO_4)_2, \ Al_2(SO_4)_3$$

- Alle vier Salze sind Doppelsalze                            $\longrightarrow$  $\boxed{12}$
- Die ersten drei Salze sind Doppelsalze                      $\longrightarrow$  $\boxed{41}$
- Die letzten drei Salze sind Doppelsalze                     $\longrightarrow$  $\boxed{52}$
- $Na_2(NH_4)PO_4$ und $NaFe(SO_4)_2$ sind Doppelsalze        $\longrightarrow$  $\boxed{58}$
- Nur $NaFe(SO_4)_2$ ist ein Doppelsalz                       $\longrightarrow$  $\boxed{18}$

---

$\boxed{70}$      Wir wollen die Gleichung schrittweise entwickeln:

Bei der Reaktion von Aluminiumhydroxid mit Schwefelsäure entstehen Aluminiumsulfat und Wasser:

$$Al(OH)_3 \ + \ H_2SO_4 \longrightarrow Al_2(SO_4)_3 \ + \ H_2O$$

Auf der rechten Seite dieser Gleichung stehen 2 Al.
Wir müssen also auch auf der linken Seite von 2 Molekülen Aluminiumhydroxid ausgehen:

$$2\,Al(OH)_3 \ + \ H_2SO_4 \longrightarrow Al_2(SO_4)_3 \ + \ H_2O$$

Auch diese Gleichung ist noch unvollständig.

Welche Faktoren stehen in der Gleichung?

| vor $H_2SO_4$ | vor $Al_2(SO_4)_3$ | vor $H_2O$ | | |
|---|---|---|---|---|
| 2 | 1 | 4 | $\longrightarrow$ | $\boxed{35}$ |
| 3 | 1 | 6 | $\longrightarrow$ | $\boxed{59}$ |
| 3 | 0 | 6 | $\longrightarrow$ | $\boxed{16}$ |
| Ich brauche eine Erklärung | | | $\longrightarrow$ | $\boxed{79}$ |

**28**

**71**     *Bauxit-Reinigung.*

1. Glühen von Bauxit:   $2\,AlO(OH) \longrightarrow Al_2O_3 + H_2O$

2. Lösen von $Al_2O_3$:   $Al_2O_3 + 2\,NaOH + 3\,H_2O \longrightarrow 2\,Na[Al(OH)_4]$

3. Auskristallisieren von $Al(OH)_3$

4. Glühen von $Al(OH)_3$:   $2\,Al(OH)_3 \longrightarrow Al_2O_3 + 3\,H_2O$

Die Gleichung von Schritt 2 ist noch aus einem anderen Grunde von Interesse. Sie zeigt uns, warum metallisches Aluminium trotz der Oxid-Schutzschicht von Laugen angegriffen wird.

Die dünne Schutzschicht, die sich auf dem Aluminium bildet, wird von der Lauge weggelöst.

Beantworten Sie die beiden Fragen:

a) Woraus besteht die Schutzschicht?

b) Was entsteht beim Auflösen der Schutzschicht durch Natronlauge?

- a) Aus Aluminiumhydroxid    b) Natriumaluminat    $\longrightarrow$   **63**
- a) Aus Aluminiumoxid    b) Aluminiumhydroxid    $\longrightarrow$   **78**
- a) Aus Aluminiumoxid    b) Natriumaluminat    $\longrightarrow$   **55**
- Ich weiß es nicht    $\longrightarrow$   **46**

**72**     $Al_2O_3 + 2\,NaOH + 3\,H_2O \longrightarrow 2\,Na[Al(OH)_4]$

Damit haben wir Bauxit, nachdem er durch Glühen in $Al_2O_3$ überführt wurde, in Lösung gebracht.

Die *Verunreinigungen* des geglühten Bauxits bleiben *ungelöst*. Sie können abfiltriert werden. Aus dem Filtrat, welches das Natriumaluminat enthält, kann man Aluminiumhydroxid, $Al(OH)_3$, auskristallisieren.

Beantworten Sie schriftlich folgende Frage:

Warum muß geglühter Bauxit in Lösung gebracht werden?   $\longrightarrow$   **51**

**73**     $Ca(HCO_3)_2$ ist ein Hydrogensalz, aber kein Doppelsalz!

Ein Doppelsalz besteht aus verschiedenen Metallen und den Säureresten mehrbasiger Säuren.

**28**

Kehren Sie nach $\boxed{69}$ zurück, und überlegen Sie sich noch einmal die Bedeutung der dort angegebenen Begriffsbestimmung.

---

$\boxed{74}$    Bauxit-Reinigung:

1. Schritt: Glühen: $2\ AlO(OH) \longrightarrow Al_2O_3 + H_2O$

2. Schritt: Lösen: $Al_2O_3 + 2\ NaOH + 3\ H_2O \longrightarrow 2\ Na[Al(OH)_4]$

3. Schritt: Auskristallisieren von $Al(OH)_3$

Aus $Al(OH)_3$ kann durch Glühen reines $Al_2O_3$ hergestellt werden, das nun zur Gewinnung des Aluminiums durch Elektrolyse eingesetzt werden kann.

Für den 4. Schritt (Glühen von Aluminiumhydroxid zu Aluminiumoxid) sollen Sie jetzt die Gleichung aufstellen.

Das sollte Ihnen nicht schwerfallen, wenn Sie an den 1. Schritt denken, bei dem eine ähnliche Reaktion durchgeführt wird.    $\longrightarrow$ $\boxed{60}$

---

$\boxed{75}$    Es fehlen die Wörter:

*dreifach*

*Sulfat-Ionen*

*Wasser*

Eine weitere wichtige Aluminiumverbindung ist die *Tonerde*. Chemisch ist Tonerde *Aluminiumoxid*. Ebenso wie der Bauxit kommt Tonerde in der Natur vor. Tonerde und Bauxit sind die beiden wichtigsten natürlich vorkommenden Aluminiumverbindungen.

Welche chemische Zusammensetzung haben die beiden wichtigsten natürlich vorkommenden Aluminiumverbindungen?

| | Tonerde | Bauxit | | |
|---|---|---|---|---|
| ● | $AlO(OH)$ | $Al(OH)_3$ | $\longrightarrow$ | $\boxed{53}$ |
| ● | $Al(OH)_3$ | $Al_2O_3$ | $\longrightarrow$ | $\boxed{65}$ |
| ● | $Al_2O_3$ | $AlO(OH)$ | $\longrightarrow$ | $\boxed{76}$ |
| ● | $Al(OH)_3$ | $AlO(OH)$ | $\longrightarrow$ | $\boxed{57}$ |

**28**

**76**     Hier sind noch einmal die richtigen Summenformeln:

Bauxit:    AlO(OH)        Tonerde:   $Al_2O_3$

Die letzte Aluminiumverbindung, die wir besprechen wollen, ist eine organische Aluminiumverbindung, das *Aluminiumacetat*.

Aluminiumacetat ist ein Aluminiumsalz. Wie heißt die zugehörige Säure? Bitte notieren Sie:

Aluminiumacetat ist ein Salz der ........ $\longrightarrow$ **68**

---

**77**     Vergleichen Sie nun die von Ihnen aufgestellte Bauformel mit der hier gezeichneten.

Der Säurerest der Essigsäure ist das einfach negativ geladene Acetat-Ion.

    $CH_3COO^{\ominus}$

Hier ist die Formel für Aluminiumacetat:

    $(CH_3-COO)_3Al$

oder (da wir gewöhnt sind, erst das Metall und dann den Säurerest zu schreiben) $Al(CH_3COO)_3$.

Aluminiumacetat stellt man durch Reaktion von Aluminiumhydroxid mit Essigsäure her.

Stellen Sie bitte die Reaktionsgleichung (eine Neutralisationsgleichung) auf, und schreiben Sie die Namen der Ausgangs- und Endprodukte dazu. $\longrightarrow$ **43**

---

**78**     Die Schutzschicht des Aluminiums besteht aus $Al_2O_3$.

Beim Auflösen dieser Schicht durch Natronlauge entsteht $Na[Al(OH)_4]$.

Wie heißen die beiden Substanzen? Notieren Sie die Namen, und vergleichen Sie unter **55** .

**28**

**79**

Hier noch einmal die noch nicht vollständige Gleichung für die Auflösung von Aluminiumhydroxid in Schwefelsäure:

$$2\,Al(OH)_3 \ + \ H_2SO_4 \longrightarrow Al_2(SO_4)_3 \ + \ H_2O$$

Links und rechts stimmt das Aluminium. Dagegen sind rechts 3 $SO_4$ vorhanden, links aber nur ein $SO_4$. Zum Ausgleich müssen wir links also 3 Moleküle Schwefelsäure hinschreiben.

$$2\,Al(OH)_3 \ + \ 3\,H_2SO_4 \longrightarrow Al_2(SO_4)_3 \ + \ H_2O$$

Jetzt stimmt in dieser Gleichung nur die Zahl der Wassermoleküle noch nicht.

Wir haben links 6 OH-Gruppen. Hilft Ihnen dieser Hinweis weiter?

Schreiben Sie bitte die vollständige Gleichung auf, und vergleichen Sie unter $\boxed{59}$.

---

**80**

1.   Al ist ein *Leicht*metall.

2.   Ja, Al ist gegen Wasser und Luft *beständig,* da es sich mit einer *Schutzschicht aus Aluminiumoxid* überzieht.

3.   Nein, Al ist gegen Laugen und starke Säuren *nicht* beständig, da diese die *Schutzschicht* aus $Al_2O_3$ *auflösen.*

4.   Zum Beispiel:   $Al_2O_3 \ + \ 6\,HCl \longrightarrow 2\,AlCl_3 \ + \ 3\,H_2O$

$$Al_2O_3 \ + \ 2\,NaOH \ + \ 3\,H_2O \longrightarrow 2\,Na[Al(OH)_4]$$

5.   In der Aluminothermie werden *Metalloxide* mit *Aluminium reduziert.* Dabei entsteht *viel Wärme.*

Beispiel: $Fe_2O_3 \ + \ 2\,Al \longrightarrow 2\,Fe \ + \ Al_2O_3$

Diese Reaktion erfolgt z. B. beim Schweißen von Schienen.

6.   Al wird durch Elektrolyse von geschmolzenem $Al_2O_3$ hergestellt.

Al scheidet sich an der *Kathode* ab. Die *Anoden,* die aus *Kohle* bestehen, werden von dem dort entstehenden *Sauerstoff angegriffen* und allmählich *verbraucht.* Es bildet sich CO, das an der Oberfläche zu $CO_2$ verbrennt.

$$2\,C \ + \ O_2 \longrightarrow 2\,CO$$

$$2\,CO \ + \ O_2 \longrightarrow 2\,CO_2$$

**28**

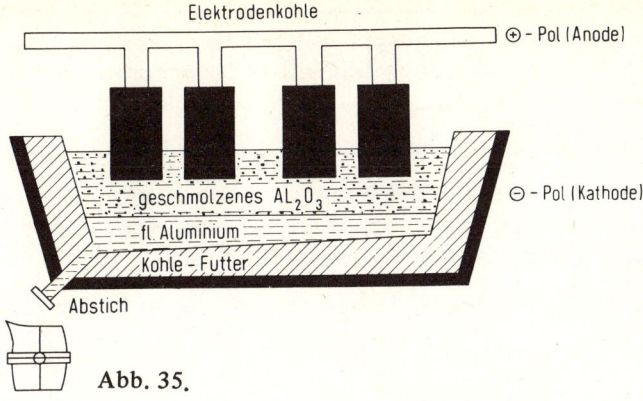

Abb. 35.

7.    1. Schritt:   Der Rohstoff Bauxit wird geglüht.

$$2\,AlO(OH) \longrightarrow Al_2O_3 + H_2O$$

2. Schritt:   $Al_2O_3$ wird in Lauge gelöst.

$$Al_2O_3 + 2\,NaOH + 3\,H_2O \longrightarrow 2\,Na[Al(OH)_4]$$

3. Schritt:   Auskristallisieren von $Al(OH)_3$.

4. Schritt:   $Al(OH)_3$ wird geglüht, es bildet sich *reines* $Al_2O_3$.

$$2\,Al(OH)_3 \longrightarrow Al_2O_3 + 3\,H_2O$$

8.    Doppelsalze sind Verbindungen, in denen die negativen Ladungen der Säurereste mehrbasiger Säuren durch die positiven Ladungen verschiedener Metall-Ionen ausgeglichen werden.

9.    $Al_2O_3$     $AlO(OH)$     $Al_2(SO_4)_3$     $KAl(SO_4)_2 \cdot 12\,H_2O$     $Al(CH_3COO)_3$

Alumini-   Bauxit      Aluminium-     Kaliumalaun           Aluminiumacetat
umoxid           sulfat

10.    Aluminiumsulfat wird hergestellt durch Lösen von $Al_2O_3$ oder $Al(OH)_3$ in Schwefelsäure.

$$Al_2O_3 + 3\,H_2SO_4 \longrightarrow Al_2(SO_4)_3 + 3\,H_2O \text{ oder}$$

$$2\,Al(OH)_3 + 3\,H_2SO_4 \longrightarrow Al_2(SO_4)_3 + 6\,H_2O$$

Ende des 28. Programms.

81

Doppelsalze sind Verbindungen, in denen die *negativen* Ladungen der Säurereste mehrbasiger Säuren durch die positiven Ladungen *verschiedener* Metall-Ionen ausgeglichen werden.

$KAl(SO_4)_2$, Kalium-aluminium-sulfat (oder kurz: Alaun) ist ein Doppelsalz.

Es gibt noch andere *Alaune,* z. B. den Natriumalaun, den Ammoniumalaun usw. Sie haben alle eine ähnliche Zusammensetzung, außerdem kristallisieren sie alle mit 12 Molekülen Kristallwasser. Die Summenformeln sind:

Kaliumalaun          $KAl(SO_4)_2 \cdot 12\,H_2O$

Natriumalaun          $NaAl(SO_4)_2 \cdot 12\,H_2O$

Ammoniumalaun          $(NH_4)Al(SO_4)_2 \cdot 12\,H_2O$

Das Aluminium kann in den Alaunen durch ein anderes dreiwertiges Metall ersetzt werden, z. B. durch das dreiwertige Eisen. Wir erhalten dann z. B. den Kalium-Eisen-Alaun.

Stellen Sie für diese Verbindung die Summenformel auf.   $\longrightarrow$   66

28

## 29. Programm

**Magnesium**

---

**1**      Magnesium hat das Zeichen Mg. Magnesium ist ein Leichtmetall. Es ist gegen Luft und Wasser beständig, weil es sich mit einer festhaftenden, unlöslichen Oxidschicht überzieht. Diese schützt das Metall vor dem weiteren Angriff durch Luft oder Wasser. Schon von verdünnten Säuren wird das Magnesium jedoch angegriffen.

Welchem der folgenden Metalle ist das Magnesium am ähnlichsten?

- Dem Natrium     $\longrightarrow$   31

- Dem Aluminium    $\longrightarrow$   22

- Dem Zink          $\longrightarrow$   10

---

**2**      Es ist gut, daß Sie nicht raten. Bitte prägen Sie sich das kursiv Gedruckte gut ein:

*Metalle scheiden sich bei der Elektrolyse immer an der Kathode (dem Minuspol) ab.*

Ende des 29. Programms.

---

**3**      Ihre Antwort ist richtig.

Bei der Reaktion von Aluminium mit Natronlauge entstehen *Natriumaluminat* und *Wasserstoff.* Zuerst wird dabei die Oxid-Schutzschicht aufgelöst.

Dagegen ist Magnesium gegen Natronlauge beständig, weil seine Oxid-Schutzschicht *nicht* angegriffen wird.

Magnesium kommt in der Natur nicht frei vor. Wichtige, natürlich vorkommende Magnesiumverbindungen sind:

       $MgCO_3$

       $MgCl_2$

       $MgSO_4$

Notieren Sie die Namen dieser drei Magnesiumverbindungen, und lesen Sie dann weiter unter 28 .

---

---

**4**        Außer Magnesium werden noch folgende Metalle durch Schmelzelektrolyse gewonnen:

>   Natrium
>   Kalium
>   Aluminium

Bei welchem Metall setzt man zur Schmelzelektrolyse ein *Salz* ein?

- Beim Natrium      $\longrightarrow$   12
- Beim Kalium       $\longrightarrow$   20
- Beim Magnesium    $\longrightarrow$   36
- Beim Aluminium    $\longrightarrow$   29

---

**5**        Beim Dolomit handelt es sich um ein *Misch*carbonat. Notieren Sie, welche
beiden Carbonate darin enthalten sind, und lesen Sie dann weiter unter 15 .

---

**6**        Magnesiumhydroxid: $Mg(OH)_2$

Formulieren Sie nun bitte die Gleichung für die Reaktion von Magnesium mit Wasser, und lesen Sie dann weiter unter 37 .

---

**7**        Natrium reagiert bereits bei Zimmertemperatur sehr heftig mit Wasser.
Sogar von der in der Luft enthaltenen Feuchtigkeit wird Natrium angegriffen.

*Wegen seiner Empfindlichkeit gegen Wasser muß man Natrium unter Petroleum
aufbewahren.*

Bitte notieren Sie:

Magnesium wird von Wasser nur in der Hitze angegriffen. Es entstehen dabei Magnesium . . . . . . . . . . . . . und . . . . . . . . . . . . . . . .

Lesen Sie bitte weiter unter 18 .

---

**8**        Bitte vergleichen Sie:

Magnesiumchlorid, Magnesiumsulfat, Magnesiumnitrat.

In wäßriger Lösung dissoziieren diese Salze in die zweifach positiv geladenen Magnesium-Ionen und die negativ geladenen Säurereste.

Notieren Sie bitte die Gleichungen für die Dissoziation von Magnesiumchlorid, Magnesiumsulfat und Magnesiumnitrat.      $\longrightarrow$   14

**29**

**9**    Doch!

*Al und Mg werden beide von verdünnten Säuren angegriffen!*

Lesen Sie weiter unter ⎡27⎤ .

---

**10**    Zink und Magnesium sind zwar einander ähnlich im Verhalten gegen Wasser und verdünnte Säuren (beide Metalle sind gegen Wasser beständig, von verdünnten Säuren werden sie angegriffen), Magnesium ist aber ein *Leichtmetall,* Zink ist ein *Schwer*metall.

Lesen Sie noch einmal ⎡1⎤ .

---

**11**    Bei der *Schmelzelektrolyse* von *Magnesiumchlorid* entstehen an der *Anode Chlor* und an der *Kathode* metallisches *Magnesium.*

Das Magnesium hat eine große technische Bedeutung. Im allgemeinen wird jedoch nicht das reine Metall verwendet, sondern es werden Magnesiumlegierungen benutzt. Als Legierungsbestandteil kommt im wesentlichen Aluminium in Frage. Man stellt aus Magnesium-Aluminium-Legierungen Beschläge für Türen und Fenster (Klinken und Griffe), Teile für Maschinen, Karosserien von Fahrzeugen und Flugzeuge her.

Nun wollen wir wiederholen:

Notieren Sie bitte das Folgende mit Ergänzungen:

Aluminium und Magnesium sind . . . . . . . . -metalle mit den Zeichen . . . . . und . . . . . . Beide sind gegen Luft und Wasser . . . . . . . . , weil sie sich mit einer schützenden Schicht von Aluminium- bzw. Magnesium . . . . . . . überziehen.

Lesen Sie bitte weiter unter ⎡23⎤ .

---

**12**    Zur Gewinnung von Natrium durch Schmelzelektrolyse setzt man Natriumhydroxid ein. Natriumhydroxid ist aber eine Base.  ⟶  ⎡4⎤

---

**13**    *Magnesium* ist gegen Natronlauge *beständig, Aluminium* wird unter Bildung von Natriumaluminat und Wasserstoff *angegriffen.*

Das liegt daran, daß die Magnesiumoxid-Schutzschicht gegen Laugen beständig ist.

Dagegen wird die Aluminiumoxid-Schutzschicht von Laugen aufgelöst.

Bitte notieren Sie mit Ergänzungen:

Bei der Reaktion von Aluminium mit Natronlauge entstehen . . . . . . . . . . . . . . . . . und . . . . . . . . . . . . Lesen Sie bitte weiter unter ⎡3⎤ .

---

**14** Bitte vergleichen Sie:

$$MgCl_2 \longrightarrow Mg^{2\oplus} + 2\,Cl^{\ominus}$$

$$MgSO_4 \longrightarrow Mg^{2\oplus} + SO_4^{2\ominus}$$

$$Mg(NO_3)_2 \longrightarrow Mg^{2\oplus} + 2\,NO_3^{\ominus}$$

Im Gegensatz zum Aluminium ist Magnesium *gegen Laugen beständig*. Das kommt daher, daß sich die Magnesiumoxid-Schutzschicht nicht in Laugen auflöst, während die Aluminiumoxid-Schutzschicht von Laugen aufgelöst und dadurch entfernt wird. Prägen Sie sich diesen Unterschied zwischen den beiden Leichtmetallen gut ein.

Magnesium kommt in der Natur nicht frei vor.

Wichtige natürlich vorkommende Magnesiumverbindungen sind:

Magnesiumcarbonat
Magnesiumsulfat
Magnesiumchlorid

Notieren Sie bitte die Namen dieser drei Magnesiumverbindungen, und schreiben Sie auch die Formeln dazu.

Lesen Sie dann bitte weiter unter **33** .

**15** Ihre Antwort ist richtig.

Der Dolomit hat die Zusammensetzung $MgCO_3 \cdot CaCO_3$, d. h. auf 1 $MgCO_3$ kommt (etwa) 1 $CaCO_3$.

Wir müssen nun noch über die Gewinnung und die Verwendung des Magnesiums sprechen.

Metallisches Magnesium gewinnt man technisch durch *Schmelzelektrolyse von Magnesiumchlorid.*

Wir erinnern uns, daß auch andere Metalle durch Schmelzelektrolyse hergestellt werden. Welche Metalle sind das? (Bitte aufschreiben!)

Lesen Sie bitte weiter unter **4** .

**16** Dolomit ist ein Mischcarbonat aus Magnesiumcarbonat und Calciumcarbonat, $MgCO_3 \cdot CaCO_3$.

Welche Magnesiumverbindung setzt man zur Gewinnung des freien Metalls ein? (Bitte aufschreiben!) $\longrightarrow$ **24**

**29**

**17**      Ihre Antwort ist richtig.

Metalle scheiden sich bei der Elektrolyse immer an der Kathode (dem Minuspol) ab.

Ende des 29. Programms.

**18**      Magnesium wird von Wasser nur in der Hitze angegriffen. Es entstehen dabei Magnesium*hydroxid* und *Wasserstoff*.

Dagegen reagiert Natrium mit Wasser schon bei tiefen Temperaturen sehr heftig. Wegen seiner Empfindlichkeit gegen Wasser muß man ja Natrium unter Petroleum aufbewahren.

In seiner Reaktionsfähigkeit gegenüber Säuren verhält sich das Magnesium wiederum ähnlich wie das Aluminium.

Werden Magnesium und Aluminium von verdünnten Säuren angegriffen?

- Ja            $\longrightarrow$   27
- Nein         $\longrightarrow$   9
- Ich weiß es nicht    $\longrightarrow$   38

**19**      Vergleichen Sie Ihr Ergebnis, und verbessern Sie eventuelle Fehler:

$$Mg + 2\,HCl \longrightarrow MgCl_2 + H_2$$

$$Mg + H_2SO_4 \longrightarrow MgSO_4 + H_2$$

$$Mg + 2\,HNO_3 \longrightarrow Mg(NO_3)_2 + H_2$$

Schreiben Sie die Namen der nach diesen drei Gleichungen entstandenen Magnesium-salze auf, und lesen Sie dann weiter unter 8 .

**20**      Zur Gewinnung von Kalium durch Schmelzelektrolyse setzt man Kaliumhydroxid ein. Kaliumhydroxid ist aber eine Base.    $\longrightarrow$   4

**21**      Bitte vergleichen Sie:

$$2\,Mg + O_2 \longrightarrow 2\,MgO$$

Die Tatsache, daß Magnesium unter starker Licht- und Hitzeentwicklung verbrennt, deutet darauf hin, daß es sich sehr gern mit Sauerstoff verbindet. Man kann auch sagen, Magnesium hat eine große *Affinität* zum Sauerstoff.

**29**

Gegenüber Wasser ist Magnesium recht widerstandsfähig. Erst bei längerem Erhitzen von feuchtem Magnesiumpulver kann man eine chemische Reaktion beobachten. Es entstehen Magnesiumhydroxid und Wasserstoff.

Notieren Sie bitte die Formel für Magnesiumhydroxid, und lesen Sie weiter unter $\boxed{6}$ .

---

$\boxed{22}$     Ihre Antwort ist richtig.

Das Magnesium ist dem Aluminium sehr ähnlich.

Beide Metalle sind Leichtmetalle. Beide werden durch eine Oxidschicht vor dem weiteren Angriff durch Luft und Wasser geschützt, und beide werden von verdünnten Säuren angegriffen.

Magnesium ist in Verbindungen *zwei*wertig.

Stellen Sie die Summenformel für Magnesiumoxid auf, und lesen Sie dann weiter unter $\boxed{30}$ .

---

$\boxed{23}$     Bitte vergleichen Sie:

Aluminium und Magnesium sind *Leicht*metalle mit den Zeichen *Al* und *Mg*. Beide sind gegen Luft und Wasser *beständig,* weil sie sich mit einer schützenden Schicht von Aluminium- bzw. Magnesium*oxid* überziehen.

Sind Aluminium und Magnesium gegenüber Natronlauge beständig?

- Beide sind gegen Natronlauge beständig                          $\longrightarrow$ $\boxed{35}$
- Beide werden von Natronlauge angegriffen                       $\longrightarrow$ $\boxed{13}$
- Aluminium wird von Natronlauge angegriffen, Magnesium nicht    $\longrightarrow$ $\boxed{3}$

---

$\boxed{24}$     Zur Gewinnung von Magnesium setzt man *Magnesiumchlorid* ein. Man gewinnt Magnesium genauso wie Aluminium durch *Schmelzelektrolyse,* allerdings geht man beim Aluminium vom Oxid aus.
An welchem Pol scheiden sich Aluminium bzw. Magnesium ab?

- An der Anode (dem Pluspol)      $\longrightarrow$ $\boxed{32}$
- An der Kathode (dem Minuspol)   $\longrightarrow$ $\boxed{17}$
- Ich bin nicht sicher            $\longrightarrow$ $\boxed{2}$

---

$\boxed{25}$     Beim Dolomit handelt es sich um ein *Misch*carbonat. Notieren Sie, welche beiden Carbonate darin enthalten sind, und lesen Sie dann weiter unter $\boxed{15}$ .

**29**

26          Bitte vergleichen Sie:

$$2\,Na\ +\ 2\,H_2O\ \longrightarrow\ 2\,NaOH\ +\ H_2$$

Wie steht es mit der Widerstandsfähigkeit von Magnesium gegen Wasser im Vergleich zur Widerstandsfähigkeit von Natrium gegen Wasser?

- Magnesium ist viel widerstandsfähiger          $\longrightarrow$          18

- Magnesium ist nicht so widerstandsfähig          $\longrightarrow$          7

- Beide Metalle verhalten sich gegenüber Wasser gleich          $\longrightarrow$          34

27          Ihre Antwort ist richtig.

Mg und Al werden von verdünnten Säuren angegriffen.

Bei der Einwirkung von verdünnten Säuren auf Magnesium entstehen die entsprechenden Magnesiumsalze und Wasserstoff.

Formulieren Sie bitte die drei Gleichungen für die Reaktion des Magnesiums

1. mit verdünnter Salzsäure,
2. mit verdünnter Schwefelsäure,
3. mit verdünnter Salpetersäure.

Lesen Sie bitte weiter unter 19 .

28          Bitte, vergleichen Sie:

$MgCO_3$          Magnesiumcarbonat

$MgCl_2$          Magnesiumchlorid

$MgSO_4$          Magnesiumsulfat

Eine weitere wichtige natürlich vorkommende Magnesiumverbindung ist der Dolomit. Schreiben Sie bitte auf, woraus Dolomit besteht.

Lesen Sie bitte weiter unter 16 .

29          Zur Gewinnung von Aluminium durch Schmelzelektrolyse setzt man das Aluminiumoxid ein. Oxide gehören aber nicht zu den Salzen.          $\longrightarrow$          4

**29**

**30**　　　Magnesiumoxid: MgO.

An der Luft verbrennt Magnesium mit einem außerordentlich hellen, weißen Licht. Blitzlichtbirnen, wie man sie beim Fotografieren benutzt, enthalten feine Magnesium-Drähte. Nach dem Abbrennen kann man in der Birne einen weißen Belag von Magnesiumoxid beobachten.

Stellen Sie bitte die Gleichung für die Verbrennung des Magnesiums auf, und lesen Sie dann weiter unter 21 .

**31**　　　Magnesium und Natrium sind zwar beide Leichtmetalle, *ganz verschieden verhalten sie sich aber gegenüber Wasser*. Magnesium überzieht sich an der Luft mit einer Oxidschicht, die von Wasser nicht angegriffen wird. Magnesium ist also gegen Wasser beständig. Natrium dagegen reagiert mit Wasser sehr heftig. Man muß das Natrium sogar vor der Luftfeuchtigkeit schützen, indem man es unter Petroleum aufbewahrt.

Lesen Sie bitte noch einmal 1 .

**32**　　　Ihre Antwort ist falsch.

*Metalle scheiden sich bei der Elektrolyse immer an der Kathode (dem Minuspol) ab.*

Prägen Sie sich diesen Satz gut ein.

Ende des 29. Programms.

**33**　　　Bitte vergleichen Sie:

Magnesiumcarbonat　　　$MgCO_3$

Magnesiumsulfat　　　$MgSO_4$

Magnesiumchlorid　　　$MgCl_2$

Magnesiumcarbonat kommt meist zusammen mit Calciumcarbonat vor und bildet mit diesem ein Mischcarbonat, den *Dolomit*. Ganze Gebirgszüge (z.B. die Dolomiten) bestehen aus diesem Gestein.

Welche Zusammensetzung hat der Dolomit?

- $MgCO_3$　　　　　$\longrightarrow$　 5
- $CaCO_3$　　　　　$\longrightarrow$　 25
- $CaCO_3 \cdot MgCO_3$　　$\longrightarrow$　 15

**29**

**34** Natrium reagiert bereits bei Zimmertemperatur sehr heftig mit Wasser. Sogar von der in der Luft enthaltenen Feuchtigkeit wird Natrium angegriffen.

*Wegen seiner Empfindlichkeit gegen Wasser muß man Natrium unter Petroleum aufbewahren.*

Bitte notieren Sie:

Magnesium wird von Wasser nur in der Hitze angegriffen.

Es entstehen dabei Magnesium . . . . . . . und . . . . . . . . . .   $\longrightarrow$   **18**

---

**35** *Magnesium* ist gegen Natronlauge *beständig. Aluminium* wird dagegen unter Bildung von Natriumaluminat und Wasserstoff *angegriffen.*

Das liegt daran, daß die Magnesiumoxid-Schutzschicht gegen Laugen beständig ist. Dagegen wird die Aluminiumoxid-Schutzschicht von Laugen aufgelöst.

Bitte notieren Sie mit Ergänzungen:

Bei der Reaktion von Aluminium mit Natronlauge entstehen . . . . . . . . . . . . . . und . . . . . . . . . . .

Lesen Sie bitte weiter unter  **3** .

---

**36** Ihre Antwort ist richtig.

Bei der Schmelzelektrolyse zur Gewinnung der Metalle setzt man ein:

| | |
|---|---|
| Für Natrium: | Natriumhydroxid |
| Für Kalium: | Kaliumhydroxid |
| Für Magnesium: | Magnesiumchlorid |
| Für Aluminium: | Aluminiumoxid |

Ein *Salz* wird also zur Gewinnung des Magnesiums verwendet. Es ist das Magnesiumchlorid.

Beantworten Sie bitte schriftlich folgende Frage:

Was entsteht an der Kathode?

Was entsteht an der Anode?   $\longrightarrow$   **11**

---

**37** Bitte vergleichen Sie Ihr Ergebnis, und verbessern Sie es, wenn nötig:

$$Mg + 2 H_2O \xrightarrow{100\,°C} Mg(OH)_2 + H_2$$

**29**

Eine ganz ähnliche Reaktion haben wir schon für das Natrium kennengelernt. Stellen Sie bitte die Gleichung für die Umsetzung von Natrium mit Wasser auf, und lesen Sie dann weiter unter 26 .

---

**38**     *Aluminium wird ebenso wie Magnesium von verdünnten Säuren ange-griffen.*

Lesen Sie weiter unter 27 .

---

# Register

Jedes Lehrprogramm ist so angelegt, daß es von Anfang an möglichst in einem Zug durchgearbeitet werden muß. Das Register soll dem Benutzer der Lehrprogramme zusätzlich die Wiederholung einzelner Begriffe ermöglichen. Die fettgedruckte Zahl bezieht sich auf das Lehrprogramm, die dahinterstehende Zahl auf den Lernschritt.

Kohlenmonoxid **15**/20
– Eigenschaften **15**/21, 39
– Herstellung **15**/39
Kohlensäure **15**/32
– Anhydrid **15**/9
– Dissoziation **15**/64, **17**/49
– Eigenschaften **15**/9, 17, 64
– Nachweis **15**/50
Kohlenstoff, Eigenschaften **15**/19
– Modifikation **15**/8
– Verbrennung **15**/27, 31
– Wertigkeit **18**/40
Kohlenwasserstoffe, kettenförmige **18**/35
– ungesättigte **18**/35
Kokerei **19**/33
Kompressibilität von Gasen **10**/32
Kontakt **13**/47
Kontaktgas, Zusammensetzung **21**/25, 51
Kontaktverfahren **13**/47
Konzentration **14**/36
– in Gewichtsprozenten **14**/36
– in Gramm pro Liter **14**/36
– in val **14**/36
Konzentrationsbestimmung einer
   Natronlauge **14**/16
– einer Säure **14**/44
Kreide **16**/58
Kreislauf des Wassers **4**/1
Kristallwasser **13**/40
Kupfer, Eigenschaften chem. **27**/1, 11, 24,
   31, 86
– Gewinnung **27**/25
– Nachweis **27**/51
– Reinigung durch Elektrolyse **27**/33
– Verwendung **27**/53
– Vorkommen **27**/25, 39
Kupferkies **27**/4
Kupferlegierungen **27**/31, 54, 86
Kupferseide **27**/51
Kupfersulfat **13**/40
Kunstdünger **21**/8, 55, 57, **24**/12, 27, 31

L

Lackmus **2**/26
Ladung, elektrische **6**/44
– negative **7**/24
– positive **7**/24
Lauge **8**/35
Leblanc, Ausgangsstoffe **16**/39, 53
– Gleichungen **16**/7, 34
– Nebenprodukte **16**/50
– Soda-Verfahren **16**/32, 44
– Wirtschaftlichkeit **16**/41, 53
– Zwischenprodukte **16**/50

Legierung **26**/44
Lehrsatz von Avogadro **10**/41
Leichtmetall **8**/1
Leuchtgas **15**/39, **19**/41
Liebig, Justus von **21**/8, 57
Lithium-Atom **6**/46
Lithopone **27**/67, 71
Löschen **15**/21
– von Feuer **3**/54
Löten **20**/48
Luft-Verflüssigung **2**/15
– Zusammensetzung **2**/27

M

Magensäure **16**/20
Magnesium, chem. Eigenschaften **29**/8, 19,
   22, 27, 37
– Gewinnung **29**/15, 36
– Reaktion mit Säuren **29**/19
– Reaktion mit Wasser **29**/37
– Verbrennung **29**/21
– Verwendung **29**/11
– Vorkommen **29**/14, 33
– Wertigkeit **29**/22
Magnesiumcarbonat **16**/52, **17**/39, **29**/14, 33
Magnesiumchlorid **29**/8, 14, 19, 36
Magnesiumhydrogencarbonat **17**/39
Magnesiumhydroxid **29**/6
Magnesiumnitrat **29**/19
Magnesiumoxid **29**/30
Magnesiumsulfat **29**/8, 19
Magneteisenstein **25**/3
Mangan, Gewinnung **28**/8
Marmor **15**/34, **16**/58
Maßanalyse **14**/79
Masse, Erhaltungsgesetz **3**/13
Mennige **27**/58
Messing **27**/54
Metall **6**/21
Metallglanz **6**/21
Metallhydroxide **8**/35
Metalloxide, Reaktion mit Wasser **8**/35
Methan **18**/25, 40, 50, 52
Methanol **18**/26
Methylalkohol **18**/26
– Eigenschaften **18**/8, 38
Methylamin **19**/7, 20
Methylenchlorid **18**/37
Methylorange **11**/39
Methylrest **18**/26, 39
Minuspol **3**/16
Mischgas **21**/13, 33
– Zusammensetzung **21**/13, 25

Modifikation, Definition  12/10
Modifikationen des Kohlenstoffs  15/1, 8
– des Phosphors  24/1
– des Schwefels  12/10
Mörtel  17/9, 25, 24/32
– Abbinden von  17/9, 24
mol  9/39
Molekül, Definition  7/20
Molekülmasse  9/53
Molekulargewicht  9/53
Molvolumen, Definition  10/85

N

Nachweis, Carbonat  17/6, 52
– Chlorid  22/5, 21, 23/50
– Eisen qualitativ  26/66
– – quantitativ  26/18, 47
– Kohlendioxid  17/40
– Nitrat  22/22, 33
– Salpetersäure  22/22, 33
– Salzsäure  23 /50
Nahrungsmittel  19/35
Natrium, Eigenschaften  8/22
– Herstellung  8/38
– Nachweis  8/12
– Reaktion mit Wasser  8/34
Natriumacetat  19/13
Natriumalaun  28/66, 81
Natriumaluminat  28/47
Natriumcarbonat  8/42, 15/40, 16/44
– Herstellung  16/20, 43, 44, 49, 53
Natriumchlorat  23/26
Natriumchlorid  4/15, 8/48
– Elektrolyse  8/49
– Schmelzelektrolyse  8/38
Natriumdihydrogenphosphat  11/43, 24/6
Natriumhydrogencarbonat  16/17
– Eigenschaften  16/17, 20
– Herstellung  16/33, 43, 68
– Reaktionen  16/49, 59
Natriumhydrogensulfat  11/52
Natriumhydroxid  8/46
– Eigenschaften  8/60
– Herstellung  8/49
Natriumhypochlorit  23/26
Natrium-Ion  7/24
Natriumnitrat  8/42, 22/43, 20/25
Natriumoxid  8/8
Natriumsilikat  24/33, 69
– Eigenschaften  24/48
– Herstellung  24/63
Natriumsulfat  13/40
Natriumsulfid  12/49

Natron  16/20
Natronlauge  8/13
– Konzentrationsbestimmung  14/16
Natronsalpeter  8/42, 22/43
Neutralisation  11/33
Neutralisationsgleichung  11/16, 24
Neutron  6/52
Nichtmetall  6/21
Nichtmetalloxide, Reaktion mit Wasser  8/48
Nitrat  11/13
Nitrate, Eigenschaften  22/17
Nitrat-Ion  11/2, 22/30
Nitrit  22/6, 11
Normalbedingungen  10/85
Normallösung, Definition  14/53
– Herstellung  14/21

O

OH-Gruppe  11/59
Oleum  13/33
organische Chemie  18/1, 9
Oxid  3/34
Oxidation  2/19, 5/13, 21/40
Oxidationsmittel  22/17, 18
Oxygenium  3/34

P

Papierherstellung  28/69
Patina  27/1
Perchlorsäure  23/53
Phenol  18/26
Phenolphthalein  11/39
Phenylamin  19/20
Phenylrest  18/26, 39
Phosphat  11/13
Phosphat-Ion  11/25
Phosphatrest  24/5
– Wertigkeit  24/28
Phosphor, Erscheinungsformen  24/1
– gelber  24/1, 17
– Herstellung  24/31, 42
– Modifikation  24/1
– roter  24/1, 17
– Verbrennungsprodukt  24/17
Phosphorit  24/15
Phosphoroxid, siehe Phosphorpentoxid
Phosphorpentachlorid  24/38
Phosphorpentoxid  24/17, 21
– Herstellung  24/42
– Reaktion mit $H_2O$  24/13

Phosphorsäure, Anhydrid **24**/21
– Bildung **24**/13
– Herstellung **24**/42
– Salze **24**/6
– Verwendung **24**/31
Phosphortrichlorid **24**/38
Physikalischer Vorgang, Definition **1**/32
Pluspol **3**/16
Pottasche **8**/42, **16**/49
Pottasche s. auch Kaliumcarbonat,
Propan **18**/50, 52
Proton **6**/52
p · V = const. **10**/24
Pyrit **12**/30, **25**/12
– Rösten von **13**/48, **25**/22

Q

qualitative Analyse **14**/79
quantitative Analyse **14**/79
Quarz **24**/53, 66
Quarzgeräte **24**/53
– Eigenschaften **24**/63
Quecksilberthermometer **4**/22
Quellwasser **4**/4

R

Reaktion **6**/15
Reaktionsprodukt **6**/7
Reaktionswärme **11**/81
Reduktion **5**/13
Regenwasser **4**/12
Rösten **13**/48
– von Pyrit **25**/22
Roheisen **26**/1, 27
– grau **26**/13, 21
– weiß **26**/13, 21
Rohstoffe **21**/4
Rostschutz **27**/58
Roteisenstein **25**/23
Ruß **15**/8
– Eigenschaften **15**/15, 63
– Herstellung **15**/15
– Verbrennung **15**/19
– Verwendung **15**/15, 42

S

Säure, Äquivalentmasse **14**/26
– Definition **11**/25
– dreibasige **11**/87
– einbasige **11**/71

– Konzentrationsbestimmung **14**/44
– zweibasige **11**/87
Säureanhydrid, Definition **12**/62
Säurerest **11**/15
Salpeter, Vorkommen **20**/25
Salpetersäure **21**/64
– Eigenschaften **22**/18
– Herstellung **21**/12, 49, 54, 64, **22**/14,
  26, 31, 46
salpetrige Säure, Eigenschaften **22**/11, 34
Salz **11**/16
– Definition **11**/56
Salzsäure **4**/15
Sand **24**/32
Sandstein **24**/32
Sauerstoff aus Kaliumchlorat **3**/48
– Gewinnung aus flüssiger Luft **2**/22
– Gewinnung durch Elektrolyse des Wassers
  **3**/16
– Verwendung **3**/72
– Vorkommen **3**/72
Schießpulver **22**/5, 17, 20
Schlacke **25**/17, 27
Schmelzelektrolyse **8**/38
– von Natriumchlorid **8**/38
Schwefel, Gewinnung **12**/22
– plastischer **12**/10
– Verbrennung **12**/32
– Vorkommen **12**/22
Schwefelblume **12**/1
Schwefeldioxid **12**/32
– Eigenschaften **12**/62
– Herstellung **13**/6
– Reaktion mit Wasser **12**/62
Schwefel, Eigenschaften **12**/1
Schwefeleisen **1**/30
Schwefelkies **12**/30, **25**/12
Schwefelsäure **13**/10
– Anhydrid **13**/10
– Eigenschaften **13**/16
– Herstellung aus $SO_3$ **13**/4
– Nachweis **13**/53
– rauchende **13**/17
– Verdünnen mit Wasser **13**/16
Schwefeltrioxid **12**/32
– Eigenschaften **12**/62
– Herstellung **13**/44
– Reaktion mit Wasser **12**/62
Schwefelwasserstoff **12**/27
– Nachweis **12**/59
– Verbrennung **12**/47
schweflige Säure **12**/62
– Eigenschaften **12**/85
Schwermetall **8**/1
Siemens-Martin-Verfahren **26**/55, 69

# Inhalt Lehrprogramm Chemie II